U0872949

超声导波检测技术及应用

◆ 王维斌 编著

CHAOSHENG DAOBO JIANCE
JISHU JI YINGYONG

中国石化出版社
·北京·

内容提要

超声导波技术在工业结构无损检测与健康监测领域得到了越来越广泛的关注。本书介绍了超声导波的基本特性及在常见波导结构中的一些应用。本书介绍了超声导波的基本原理和传播特性、典型波导中超声导波的传播理论、常用的超声导波信号处理方法、超声导波检测仪器、超声导波的典型工程应用、部分超声导波的检测标准，超声导波检测技术在与应用附录给出了一些超声导波的检测标准。

本书可供无损检测技术人员和高等学校相关专业的高年级本科生、研究生和教师使用，亦可以供相关专业的科研人员参考使用。

图书在版编目(CIP)数据

超声导波检测技术及应用 / 王维斌编著. -- 北京 : 中国石化出版社，2024.8 -- ISBN 978-7-5114-7639-5

Ⅰ. TB553

中国国家版本馆 CIP 数据核字第 2024126LF3 号

未经本社书面授权，本书任何部分不得被复制、抄袭，或者以任何形式或任何方式传播。版权所有，侵权必究。

中国石化出版社出版发行

地址:北京市东城区安定门外大街 58 号

邮编:100011　电话:(010)57512500

发行部电话:(010)57512575

http://www.sinopec-press.com

E-mail:press@sinopec.com

北京艾普海德印刷有限公司印刷

全国各地新华书店经销

*

787 毫米×1092 毫米 16 开本 20.75 印张 554 千字

2024 年 8 月第 1 版　2024 年 8 月第 1 次印刷

定价:98.00 元

前　　言

与传统超声检测相比，超声导波检测技术具有传播距离远、检测效率高且范围广等优势，在无损检测领域获得了极高的关注度。在20世纪末，超声导波检测技术发展初期，由于存在频散、多模态和波结构变化等特性，给应用带来了复杂性，加上当时缺乏深入的理论理解和细致的模拟分析，导致导波技术的发展与应用并未受到足够的重视。随着科学技术的高速发展，如计算机技术、精密加工、微电系统、数值模拟技术等，以及研究人员的不懈努力，关于导波的基本理论、数值计算与模拟和实验技术取得了长足的进步，并逐渐成为一种高效快速的无损检测与评价技术和结构健康监测技术。

在将超声导波技术从实验室环境应用到工程领域的阶段，研究人员面临了一系列挑战，包括管道充液、涂层包覆、隐蔽和埋藏结构等复杂几何形状的构件。为了克服这些检测难题，相关研究团队通过精选特定的导波模态和频率，逐步实现了复杂构件的导波检测，推动了导波技术的广泛应用和相关产品的研发。深入探索导波理论，研究人员开发了导波模式选取和激励原则，特别是在激励源的影响和缺陷检测能力方面作出了重要贡献。基于对弯曲模态和对称模态物理特性的理解，设计出能高效完成导波检测任务的压电传感器、电磁声传感器和其他类型的传感器，构建了配套的导波检测系统，成功进行了各类波导结构的缺陷检测与定位，以及新材料力学性能的量化表征。超声导波检测技术的研发仍在持续进行，已成功应用于不同领域的实际检测工作，如电工电厂、石油化工、航空航天、轨道交通、建筑桥梁以及长输油气管道等。通过选择特定的波形模式，导波检测可用于长距离检测、带保温层和涂层的检测。

本书系统阐述了超声导波的概念、多类型几何结构中的传播理论与特性以及超声导波的检测方法与设备等。其中，第1章介绍了超声导波的基本概念、特性与波结构。第2章阐述了超声波反射以及折射的传播特性。第3章系统阐述了基础结构中超声导波的传播理论，具体介绍了板、管中纵向与轴向超声导波的传播特性与解析求解方法。第4章在第3章的基础上，对复杂结构中超声导波的基础理论进行了诠释，包括层状材料、各向异性介质与黏弹性介质。第5章介绍了一些超声导波检测信号的处理方法，如时频分析方法、时间反转法和全聚焦成像方法，用以提高信号检测的灵敏度与特征识别的准确率。第6章介绍了超声导波换能器及检测仪器的种类、指标、原理、检测软件及设备性能，并阐释了相关工作原理。第7章介绍了试块及检测工艺。第8章介绍了超声导波检测技术与应用，包括板材缺陷的超声导波检测、管道缺陷的超声导波检测、压力容器的超声导波检测、结构完整性监测。附录给出了一些超声导波的检测标准，包括国内标准和国外标准。

感谢中科院沈阳金属研究所蔡贵喜研究员对本书的审校，本书是著者以及项目组所有博士、硕士研究生的共同成果，对他们的辛勤付出表示感谢；本书在编写过程中参阅了有关著作和文献资料，对文献作者表示感谢！参考文献中如有遗漏，敬请谅解。

书中可能存在局限性和不足之处，敬请读者批评指正。

2024 年 4 月

目 录

符号表

符号	含义
ρ	密度
E	杨氏模量
λ	拉梅常数
μ	剪切模量
A，B，C	三阶弹性常数
c_L，c_T，c_p，c_g	纵波速度、横波速度、相速度、群速度
u，H，F，v	位移、位移梯度、变形梯度、速度
ε，E	无穷小应变、格林-拉格朗日应变
σ，T_o，$\bar{T}$	柯西应力、第一类皮奥拉-基尔霍夫应力、第二类皮奥拉-基尔霍夫应力
f，ω，k	频率、圆周频率、波长
n	表面向外法线
h	板的半厚度
β	非线性参数
P_{mn}	功率通量

第1章 绪论

1.1 引言

超声导波(Ultrasonic Guided Waves)技术是一项近年来备受关注的无损检测技术。导波是一种由于介质边界的存在而被限制在介质中传播，同时其传播方向平行于介质边界的波。相较传统超声检测需要逐点扫描的方法，大大节省了成本和人力。超声导波是超声波在有界波导体中传播所形成的一类具有复杂波结构的超声波，以其群速度在波导体边界约束下向前传播，在媒介中远距离传播后还能提供较为全面的损伤程度、损伤位置信息，因此在超声无损检测领域得到了广泛的应用。相比传统超声，超声导波方法更为快捷、经济，在某些特定应用场合检测精度也更高。

近三十年来，超声导波技术在无损检测领域获得了极高的关注度，关于导波的出版文献、科研活动、技术产品在检测领域的应用取得了显著增长。二十多年前，导波检测技术起步时，由于缺乏深入的理论理解和细致的模拟分析，因此人们对导波技术的发展与应用并未产生过高的期望。在导波技术从实验室向应用领域发展时，研究人员遇到了诸多挑战，例如管道充液、涂层包覆、隐蔽结构、埋藏结构等具有复杂几何形态的结构。研究人员通过选择特定模态和频率的导波逐步解决了上述检测难题，使目前导波技术转让及相关产品研发方兴未艾。导波在应用广度、检测范围、检测灵敏度上展现出的创新驱动力令人振奋。经过研究人员的不懈努力，关于导波的基本理论、数值计算与模拟和实验技术取得了长足的进步。通过对导波理论的深入理解，从激励源影响和缺陷检测能力等方面发展了导波模式的选取与激励原则，在此基础上理解了弯曲模态和对称模态的物理特性，设计了一系列的压电传感器、电磁声传感器以及其他类型传感器，并搭建了相应的导波检测系统，成功进行了各类波导结构的缺陷检测与定位，以及新材料力学性能的量化表征。最近十年，基于导波技术的基础研究，各种商业导波检测系统逐步面世，极大地促进了超声导波技术在特种设备、石油化工、航空航天、兵器工业等行业中的发展与应用。目前关于导波检测技术的研究和产品已在相当程度上替代了传统超声体波检测的市场，并仍在快速增长过程中。关于导波技术的应用，发展无线激励与接收系统对于导波产品来说将是一项革命性的变化。这可以改变当前预检设置复杂和略显笨重的导波系统，进而使得系统向轻便，使用简单、快速和大范围检测方向发展。同时，也需改进导波检测软件以减少操作人员的培训时间，降低导波系统的使用难度。作为一种高效快速的无损检测与评价技术和结构健康监测技术，超声导波在工业基础设施中的应用将在未来得到蓬勃发展。

关于导波传播的基本理论可以在诸多专著中找到相应内容，这是建立在过去两个世纪波动力学和弹性力学领域学者工作基础之上的杰出成果，如 Stokes、Navier、Poisson、

Rayleigh、Hopkinson、Pochhammer、Chree、Lamb、Love、Davies、Mindlin、Viktorov、Graff、Miklowitz、Auld 和 Achenbach 等著名学者完成了导波理论领域的开拓性工作。过去二十多年，经过世界各地研究人员的艰辛努力，导波技术已从理论研究发展到无损检测与评价的应用，目前正向结构健康监测领域发展。帝国理工学院 Cawley P. 等和宾夕法尼亚州立大学的 Rose 等带领各自的研究小组在超声导波理论研究方面完成了很多卓有成效的工作，并分别开发出 Disperse 软件和 ZANLY 程序包[30]以用于板和管道结构中频散曲线的计算，进而推动了超声导波在板和管道结构检测技术中的发展；此外，Cawley P. 研究团队在缺陷尺寸表征、复杂结构导波检测、导波高效数值计算方法埋藏管道检测、导波成像方法等方面做了大量基础性工作；Rose J. L. 研究团队关于超声导波技术的研究工作主要集中于导波传播机理、检测模态和频率选取、波相控聚焦检测技术、复合材料导波检测、导波成像算法、非线性导波等方面，并且这些方面的研究在 Rose 的专著中有系统性阐述；北京工业大学何存富带领研究小组在管道导波激励方法和检测装置方面取得了丰硕成果，如包覆层充液管道导波检测、锚固结构检测、管道时间反转聚焦检测方法与系统研制，磁致伸缩导波检测仪器研制、超声显微镜系统研制等；华威大学 Dixon S. 研究小组关于导波技术的研究工作主要集中在电磁超声探头（Electromagnetic Acoustic Transducers，EMAT）和激光超声非接触式导波检测方法；佐治亚理工学院 Michaels 等在波信号分析与成像算法研究方面进行了深入研究；布里斯托大学超声无损检测课题组利用超声导波技术开展工程结构的健康监测与评价工作；大阪大学研究组和首尔大学研究组面向 EMAT 和 MsS 传感器，研制了形式多样的单一模态电磁声传感器；加利福尼亚大学圣迭戈分校 Lanza D. S. F. 小组在钢轨导波检测机理导波在线检测系统开发方面进行了大量研究，并针对实际轨道进行了现场检测，取得了不错的效果；南卡罗来纳大学 Giurgiutiu 研究团队利用主动式压电阵列，针对复合材料开展了超声导波检测与结构健康监测等相关工作；同济大学研究组针对超声导波在管道和复合材料中的传播机理做了大量研究；哈尔滨工业大学研究组基于电超声导波检测技术，开发了铝板和钢轨电磁超声导波检测装置；此外，美国西南研究院和英国 TWI 研究所各自经过二十多年的技术积累与研发，分别开发了 MsS 导波检测仪器和 Teletest 长距离导波检测仪器，作为典型的商业化导波检测仪器，已在各行业中进行了大量应用，并取得了良好的效益。

关于空心圆柱体的导波研究是在 19 世纪末的柱面导波传播理论基础上开展的，Pochhammer B. L.（1876 年）和 Chree C.（1889 年）最早研究了自由棒中的导波传播。20 世纪中期，关于柱体结构中的导波研究再次获得关注，并取得了相当成就。Davies R. M. 分析了棒中的纵向模态，随后，Pao 等、Onoe 等、Meeker T. P. 等发展了真空中实心圆柱的三维求解方法。Gazis 在 1958 年求解出了无限长空心圆柱体中的稳态谐波解，并给出了轴对称纵向模态和扭转模态的频散曲线。随后 Fitch 利用非对称和对称模态分别开展实验研究测得了群速度的实验值，进而验证了 Gazis 的理论解。有关超声导波最早的缺陷检测实验研究，可追溯到 1976 年，Mohr 等采用电磁式传感器激励 $L(0,2)$ 态对横向和纵向切槽进行检测。1979 年，Silk 等采用压电陶瓷探头（Piezoelectric Ceramic Transducer，PZT）激励纵波波束，入射到布置在管道内部的钢制锥形反射面，反射纵波入射到管壁，根据 Snell 定律产生纵向 $L(0,1)$ 和 $L(0,2)$ 模态，并对不同深度的缝进行了检测。1994 年，Rose 等提出了管道导波检测的一般原则。在对管道导波原理透彻理解的基础上，研究人员根据管道导波各模态激励的力学原理，设计各种压电传感器、MsS 传感器、EMAT 传感器等激励装置。此后，针对管道中的切槽、裂纹、孔、腐蚀、密集型坑洞等典型缺陷，基于不同的导波模态进行了大量的数值模拟和实验研究。此外，为了提高导波对管道缺陷的检测与定位能力，Hayashi 等于 2005 年提出了基于合成聚焦技术的缺陷成像方法，随后 MU 等于 2008 年发展了导波相控阵聚焦技术，并实现了对管道包覆层的检测，Deng 等将时间反转聚焦技术应用于管道检测中。近 20 年来，对超声导波的研究已渗透到了管道、实心柱体以及复合板材等介质。国外对于超声导波的研究与应用较早，已有较完整的理论指导。国内对超声导波的探索始于 21 世纪初，其中国内众多知名高校和研究机构，如复旦大学、北京大学、南京大学、上海交通大学、北京工业大学以及中科院声学研究所等都对超声导波理论以及相关应用进行了探索。

导波检测的成功与否在很大程度上取决于波型模式的选择和信号分析。一个波导结构中存在很多种波形模式。这给检测提供了很多可能性，同时增加了检测规程设计和信号分析的复杂性。导波多模态和频散特性是导波检测技术的难点，同时也是其潜在优势。超声导波的传播特性往往与材料结构、缺陷类型以及材料力学性能密切相关，使得导波的应用范围更广泛。近年来，利用数值计算技术，可以更加准确地了解超声导波的传播规律，从而根据需要进行模式选择和优化，解决了以前存在的很多技术难题。

从无损检测理念到结构健康监测理念的转变也带动了超声导波技术的飞速发展。使用超声导波，可以使用少量的传感器实现设备关键部分的大面积监测，从而提高设备的安全性和可靠性。未来的几十年内，超声导波将在结构健康监测领域得到广泛应用。同时，超声导波还可以用在很多其他领域，例如钢轨检测、飞机结构件检测，管道包覆层检测，甚至旋翼机和固定翼机的结冰检测。

具体应用以管道为例，检测保温层下的腐蚀，传统方法需要拆除所有保温层，然后逐点扫查，而使用超声导波，只需在布置探头的若干位置拆除保温层即可。超声导波与传统超声波技术相比，有两大明显的优势：第一，传播距离远。在管道一端激励特定模态的导波，则该导波可沿构件传播约几十米的距离。第二，覆盖范围广。导波的传播是介质中所有质点共同振动的结果，所以在导波传播过程中，声场可覆盖整个介质。基于这两个优点，当从管道一端激励一个特定的导波信号时，从几十米外的另一端就可以接收到该信号，而该信号携带了传播路程中所有介质的信息。基于这些介质的信息，可以对管道运行寿命进行科学合理的评估，提供可靠的维修或更换决策依据，由此发展出一种经济实用、高效可靠的无损检测和结构健康监测方法对管道进行在线检测和长期监测。

1.2 超声导波与超声体波

当弹性介质的某一部分受力发生形变时，形变状态会通过介质中各相邻质点的相互作用向前传递，从而形成声波。在无限均匀介质中传播的声波称为体波，包括纵波和剪切波。纵波和剪切波在无界介质中以各自的特定速度(相速度)进行传播，模态之间无相互耦合、互不影响。通常意义下的超声波是指无限均匀固体介质中传播的体波，体波以各自的特征速度进行传播，所以体波的传播不需要边界来维持。

超声导波作为一种固体中的弹性波，可以看作由基本的体波构成。当介质中存在一个以上的交界面时，声波将发生反射，产生复杂的波形转换，波与波之间还将发生干涉，并沿弹性介质向前传播，从而形成超声导波。因此，导波可以被理解为传播状态受传播介质几何形状约束的机械弹性波。与体波不同的是，导波的波速不仅与波导的材料密度和弹性参数有关，还与波导的厚度及导波频率等因素密切相关。对于典型的波导，如板、管、杆以及其他复杂截面结构，由于它们都有边界约束，所以在弹性波导内传播的导波称为超声导波。与体波相比，导波特有的性质决定了超声导波检测技术的独特优势。

导波的激发受激发源的频率、分布和入射角影响很大。不同的激发源可形成不同的干涉结果，从而形成不同的导波模式。所有导波模式的集合可通过频散曲线显示出来。当激发源所激发导波模式的参数和频散曲线所描述的某一曲线对应时，可以有效地激发对应的导波模式。

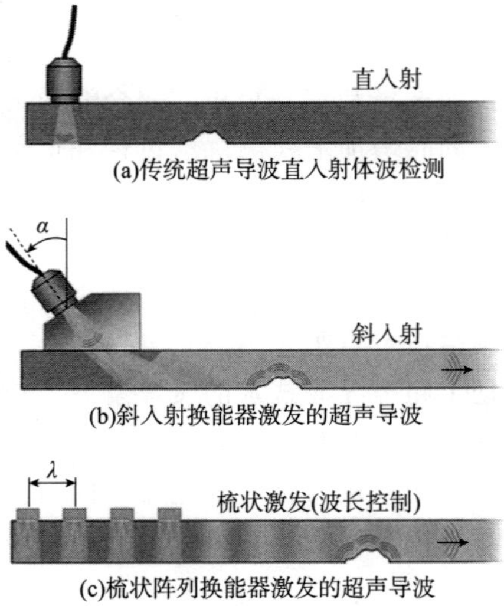

图 1-1　体波检测和导波检测原理比较

图 1-1(b)与(c)简单描述了斜入射和梳状阵列换能器两种导波激励的方法。斜入射方法也可以用来激发传统的斜入射体波。斜入射传感器对体波或者导波的激励是由其设计参数和使用频率决定的，导波的产生一般要求声波波长与结构的厚度相近或者更大。

对于梳状阵列导波换能器，其换能片之间的距离是由要激励的导波模式的频率和波长决定的，一般梳状阵列换能器是由多个换能片组成，多个换能片产生的波相互叠加干涉并与传播结构耦合从而激励出目标的导波模式。

超声导波的主要优势是可以从一个固定探头位置检测较大的距离或范围，而不需要进行多点扫描。虽然总体上导波被认为是一种预扫查工具，但是可以通过波结构分析、灵敏度分析等方法来进行模式优化以提高灵敏度。导波可以用来检测掩埋区域、水下结构、带涂层、保温层、埋地和水泥浇筑结构等。导波检测只需在探头位置处拆除保温层，准备工作简便、快速且成本较低，在很多情况下可以弥补传统方法的不足。

表 1-1 所示为各向同性介质中体波和导波的传播特性比较。表 1-2 所示为各向同性和各向异性材料中超声波传播特性的比较。注意：金属不都是各向同性的，例如，离心铸造的不锈钢具有长条形粗大晶粒，是各向异性的。体波和导波在板材和管材检测中更多方面因素的比较参见表 1-3。

表 1-1　超声体波和超声导波的传播特性

传播特性	超声体波	超声导波
相速度	常数	随频率变化
群速度	和相速度相同	通常与相速度不同
脉冲形状	非频散	频散

表 1-2　各向同性和各向异性材料中超声波传播特性

传播特性	各向同性材料中	各向异性材料中
波速	不随方向变化	随方向变化
有角度偏转	否	是

表 1-3　体波和导波在板材和管材检测中的优缺点对比

体波	导波
耗时费力	快速
逐点扫描(精确的矩形栅格扫查)	全局扫描(近似线扫描)
不可靠(可能有遗漏点)	可靠(整体覆盖)
需要大量的培训	需要少量的培训
探头与缺陷相对距离较小	检测范围大
缺陷需要可达	可对隔离区进行有效检测

1.3　超声导波的基本特性

导波在传播过程中，如果遇到孔洞、裂纹等几何界面不连续处或不同介质分界面处，声阻抗就会发生改变，继而发生反射、透射或散射及模态转换等声学现象。通过对回波信号或透射波信号进行处理分析，可得到检测试件的结构信息。超声体波只有纵波及横波两种类型，即使在传播过程中发生模态转换，其后仍以各自的恒定速度传播(波速与传播介质有关)。而导波具有频散、多模态和非线性的特点，在传播过程中由于介质声阻抗发生改变而引发的频散和模态转化，以及模态波之间发生的复杂干涉等都给导波的控制和分析带来了极大困难。因此，对于不同的应用对象，合理分析并选择相应的模态导波和频率进行试验研究非常重要。在实际的工程试验中，为保证获取包络清晰的导波信号，需要针对被检试件绘制出频散曲线，并结合波结构特征、激励频率以及衰减等因素，综合考虑导波模态的选择。

1.3.1　超声导波的传播特性

导波的传播介质称为波导，典型的波导包括管道、平板、缆索，以及其他一些截面变化较小、轴向长度长的结构。超声导波的传播特性，不仅与导波本身的频率有关，还与传播介质的尺寸和材料特性有关。因此，研究导波在各种介质中的传播特性之前，首先需要了解导波的频散和多模态特性。

1. *群速度和相速度*

群速度和相速度是导波理论中两个最基本的概念。导波在传播时，由于频散特性，会使得导波存在多种频率的波在一起传播。群速度是关于一族频率相近的波的传播速度，即波包的速度是指脉冲波的包络上具有某种特性(如幅值最大)的点的传播速度，它是波群的能量传播速度。导波的相速度或相位速度简称相速，是指超声导波相位传播的速度，即波上相位固定的一点的传播速度。通俗地讲，就是导波形状向前变化的速度。在波导中，相速度往往比群速度要大。

Lord Rayleigh 曾说过：“群速度的概念常用下面的例子说明，即当一簇波列到达一个静止水面时，波群的速度比它所包含的每个子波的速度都要小；这些子波仿佛通过波群前进，当达到其内部极限时而消失。”

群速度和相速度的意义可以通过波的叠加引出。谐波是最简单的波，一个谐波的振动方程可以表示为式(1-1)的形式：

$$u=A\cos(kx-\omega t) \tag{1-1}$$

式中 u——质点振动的位移；

A——振幅；

k——波数，$k=2\pi/\lambda$；

λ——波长；

ω——振动的角频率；

x——波传播的位置矢量；

t——时间变量。

最简单的分析法是考虑两个振幅相同，频率 ω_1 和 ω_2 略有差异的谐波的传播问题，有：

$$u=A\cos(k_1x-\omega_1t)+A\cos(k_2x-\omega_2t) \tag{1-2}$$

式中 $k_1=\omega_1/c_1$；$k_2=\omega_2/c_2$。通过三角变换和如下代换：

$$\Delta\omega=\omega_2-\omega_1,\ \Delta k=k_2-k_1,\ \omega_{AV}=\frac{1}{2}(\omega_2+\omega_1),\ k_{AV}=\frac{1}{2}(k_2+k_1),\ c_{AV}=\omega_{AV}/k_{AV}$$

则

$$u=\underbrace{2A\cos\left(\frac{1}{2}\Delta kx-\frac{1}{2}\Delta\omega t\right)}_{\text{低频项}}\underbrace{\cos(k_{AV}x-\omega_{AV}t)}_{\text{高频项}} \tag{1-3}$$

注意到低频项有传播速度，群速度定义为：

$$c_g=\frac{\Delta\omega}{\Delta k}\text{取极限为}\ c_g=\frac{d\omega}{dk} \tag{1-4}$$

高频项同样有传播速度，相速度定义为：

$$c_p=\frac{\omega}{k} \tag{1-5}$$

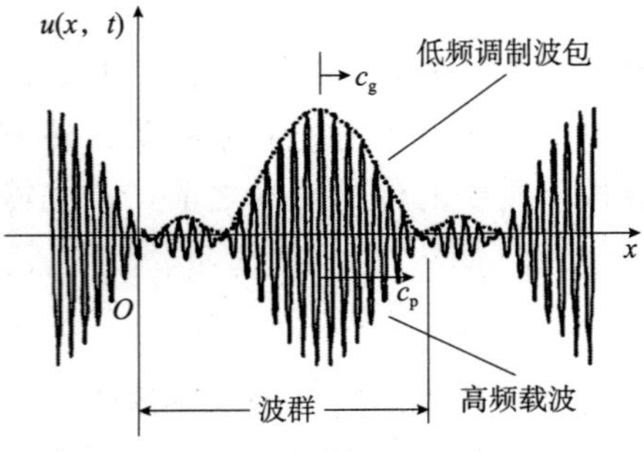

图 1-2　群速度、相速度示意

频率相近的一簇波的叠加导致图 1-2 中的典型结果。不同的谐波以不同的相速度 c_p 传播，但叠加之后的波群以群速度 c_g 传播，故超声导波总是以群速度传播。虽然实际应用中往往只能得到导波的相速度，但是群速度 c_g 可以由相速度 c_p，利用式(1-6)：

$$c_g=\frac{d\omega}{dk} \tag{1-6}$$

得到，将 $k=\dfrac{\omega}{c_p}$，代入式(1-6)，得

$$c_g=\frac{d\omega}{d\left(\dfrac{\omega}{c_p}\right)}=\frac{d\omega}{\dfrac{d\omega}{c_p}-\omega\dfrac{dc_p}{c_p^2}}=\frac{c_p^2}{c_p-\omega\dfrac{dc_p}{d\omega}}=\frac{c_p^2}{c_p^2-(fd)\dfrac{dc_p}{d(fd)}} \tag{1-7}$$

因此

$$c_g=\frac{c_p^2}{c_p^2-(fd)\dfrac{dc_p}{d(fd)}} \tag{1-8}$$

此时就可以通过式(1-8)得到导波的群速度。式(1-8)描述了导波群速度与相速度的

关系，其中 c_g 为群速度，c_p 为相速度，fd 为频率-厚度积（f 为导波的频率，d 为测试件的厚度）。对于板而言，d 为板的厚度；而对于圆管而言，d 为管的壁厚。

此外，群速度代表能量的传播速度。值得注意的是，导波以群速度向前传播。如图 1-3 所示，波包 a 为弹性波在传播一定距离时得到的一个时域信号导波波形。波包 b 为传播距离加大了 Δl 后得到的一个导波波形。比较图中的两个波包，波包 b 的波峰明显向前移动了一段时间 t_2，两个波形的等相位点（这里将其视为某一固定波形的过零点）相差的时间为 t_1。在工程上，就可以借此粗略地估计这种模式导波的群速度 c_g 和相速度 c_p：

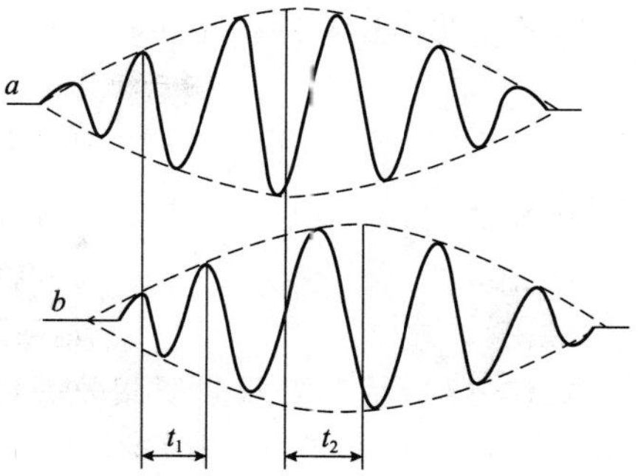

图 1-3　群速度与相速度的关系

$$c_g = \frac{\Delta l}{t_2} \tag{1-9}$$

$$c_p = \frac{\Delta l}{t_1} \tag{1-10}$$

可以看出，导波的群速度与相速度并无直接关系。

2. 频散原理

导波的频散特性是指导波在传播过程中其相速度和群速度随频率的变化而发生改变，引起频散的原因有几何频散和物理频散。几何频散是指波导的尺寸发生改变而引起的频散。物理频散是指波导自身的结构材料的物理特性（梯度材料）发生改变而引起的频散。导波的频散特性使不同频率的导波传播速度不一致，从而引起相同结构特征的导波回波不同时到达换能器，由于波速的不同使回波波包在时域上随着传播距离的增加而逐渐变宽，声能量分散在时域空间中，降低了检测信号的分辨力。

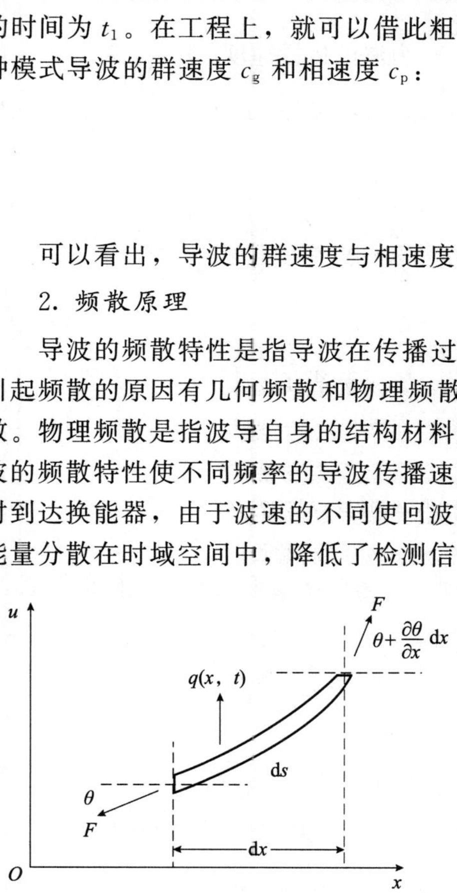

图 1-4　张紧弦的微元示意

本小节通过介绍波在张紧弦和弹性基础上的弦中传播引入频散原理，即波速和频率的关系以及一些相关术语，如波速、波数、波长等，并介绍了散射波传播的例子。

(1)张紧弦中的波

用微积分的方法来推导张紧弦中的波动方程。图 1-4 所示为弦的一个微分单元，引入如下记号：

$$u_{xx} = \frac{\partial^2 u}{\partial x^2},\ \ddot{u} = \frac{\partial^2 u}{\partial t^2},\ u' = \frac{\partial u}{\partial x} \tag{1-11}$$

根据牛顿第二定律 $\sum F = ma$，沿位移 u 方向的运动方程为：

$$-F\sin\theta + F\sin\left(\theta + \frac{\partial\theta}{\partial x}\mathrm{d}x\right) + q\mathrm{d}s = \rho\mathrm{d}s\ddot{u} \tag{1-12}$$

式中，u——位移；

F——张力；

q——体作用力或单元长度上的外载荷；

$\mathrm{d}s$——弧长；

ρ——线密度。

在小形变$\left(\mathrm{d}s\approx\mathrm{d}x,\ \sin\theta\approx\theta,\ \theta\cong\frac{\partial u}{\partial x}\right)$假设下可得：

$$-F\theta+F\left(\theta+\frac{\partial\theta}{\partial x}\mathrm{d}x\right)+q\mathrm{d}s=\rho\mathrm{d}x\ddot{u} \tag{1-13}$$

化简后得：

$$F\frac{\partial^2 u}{\partial x^2}+q=\rho\ddot{u} \tag{1-14}$$

式(1-14)是二阶双曲型微分方程。当无外力作用时($q=0$)，上述方程可表示为：

$$u_{xx}=\frac{1}{c_0^2}\ddot{u} \tag{1-15}$$

式(1-15)为简单的一维齐次波动方程。式中，c_0 为波的传播速度，$c_0=\sqrt{\frac{E}{\rho}}$。

波动方程可以利用分离变量法进行求解。令 $u(x,t)=X(x)T(t)$，代入式(1-15)中，有：

$$\frac{\partial^2 u}{\partial x^2}=X''T,\ \frac{\partial^2 u}{\partial t^2}=XT'',\ TX''=\frac{1}{c_0^2}XT'' \tag{1-16}$$

由于 $X=X(x)$，$T=T(t)$，故可写成：

$$\frac{X''}{X}=\frac{T''}{c_0^2T}=\mathrm{const}=-k^2 \tag{1-17}$$

为保证方程有解，式(1-17)中的常数必须等于$-k^2$。于是有：

$$X''+k^2X=0,\ T''+k^2c_0^2T=0 \tag{1-18}$$

这就是简谐波运动方程，相应的通解为：

$$X(x)=A_1\sin(kx)+A_2\cos(kx),\ T(t)=A_3\sin(kc_0t)+A_4\cos(kc_0t) \tag{1-19}$$

选择$+k^2$ 会产生双曲函数 sinh 和 cosh 的解。

上述结果可解释如下：首先给出波数 k、相速度 c_p、角频率 ω 和波长 λ 之间的关系：

$$k=\frac{2\pi}{\lambda}=\frac{\omega}{c_p} \tag{1-20}$$

式中，$\omega=2\pi f$；

$c_p=f\lambda$。

对于特殊情况 $c_p=c_0$，由于 $\omega=kc_0$，可以给出通解为：

$$u(x,t)=X(x)T(t)=[A_1\sin(kx)+A_2\cos(kx)][A_3\sin(\omega t)+A_4\cos(\omega t)] \tag{1-21}$$

重新组合可得：

$$u(x,t)=A_1A_4\sin(kx)\cos(\omega t)+A_2A_3\cos(kx)\sin(\omega t)+A_2A_4\cos(kx)\cos(\omega t)+A_1A_3\sin(kx)\sin(\omega t) \tag{1-22}$$

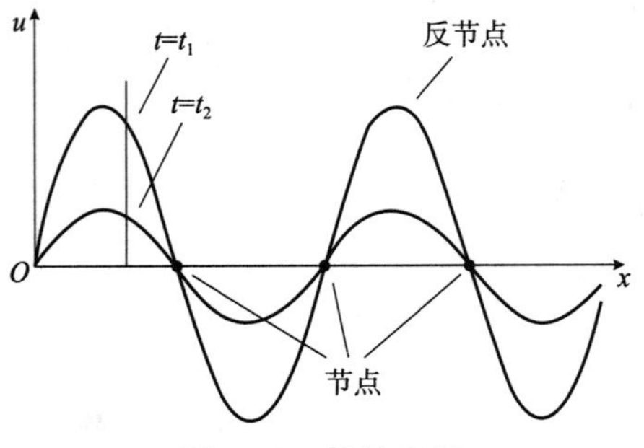

图 1-5　驻波实例

考虑式(1-22)中的一项，对比图 1-5 的描述可知，波形没有移动，产生了驻波。

根据 $\sin(\alpha+\beta)=\sin\alpha\cos\beta+\cos\alpha\sin\beta$ 等三角恒等式，式(1-22)变为：

$$u(x,t)=B_1\sin(kx+\omega t)+B_2\sin(kx-\omega t)+B_3\cos(kx+\omega t)-B_4\cos(kx-\omega t) \tag{1-23}$$

考虑式(1-23)中的 $u(x,t)=A\cos(kx-\omega t)$ 一项，由于 $\omega=kc_0$，则：

$$u(x,\ t)=A\cos(k(x-c_0 t)) \tag{1-24}$$

该项表示沿 x 轴正方向传播、波长为 λ 的波。由于 $k=\frac{2\pi}{\lambda}$，可以绘出 $u(x)$ 随时间 t 的变化曲线。相位角 $\phi=kx-\omega t=k(x-c_0 t)$。注意：当时间 t 增加时，x 也增加 $c_0\Delta t$，以便保持 ϕ 为一常数。由于 $\Delta x=c_0\Delta t$，有：

①$f(x-c_0 t)$是沿 x 轴正方向传播的右行波；

②$f(x+c_0 t)$是沿 x 轴负方向传播的左行波。

如图 1－6 所示，波的同一个相位点随着 t 的增加，x 也增加。也就是说，波沿着 x 轴方向传播，其传播速度为 c_0。

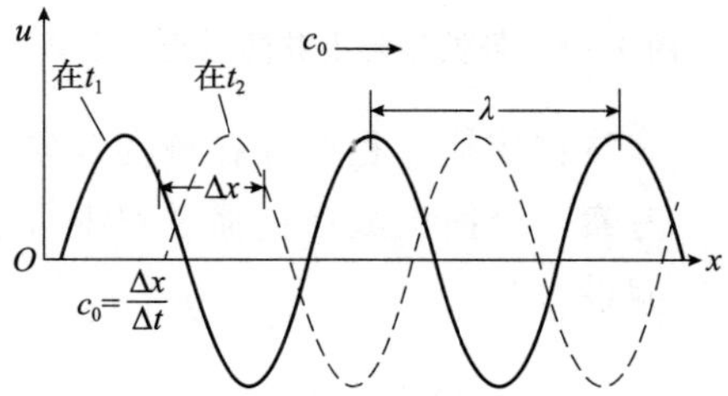

图 1－6　以固定相速度传播的扰动

利用欧拉公式 $e^{i\theta}=\cos\theta+i\sin\theta$ 可将式(1－22)用指数形式表达为 $u=c_1 e^{i(kx+\omega t)}+c_2 e^{-i(kx-\omega t)}$ 或 $u=(c_1 e^{ikx}+c_2 e^{-ikx})e^{i\omega t}$。

1750 年发表的一维波动方程的达朗贝尔(D'Alembert)解的形式为：

$$u(x,\ t)=f(x-ct)+g(x+ct) \tag{1-25}$$

只要满足一定的初始条件和边界条件，对于任意函数 f 和 g，式(1－25)都能满足一维波动方程[式(1－15)]。令 $\xi=x-ct$，$\eta=x+ct$，则式(1－15)变为$\frac{\partial^2 u}{\partial\xi\partial\eta}=0$，两者具有相同的解。

考虑初值问题：

$$u(x,\ 0)=U(x),\ \dot{u}(x,\ 0)=V(x) \tag{1-26}$$

代入式(1－26)，得：

$$f(x)+g(x)=U(x),\ t=0-c_0 f'(x)+c_0 g'(x)=V(x) \tag{1-27}$$

由 $u(x,\ t)=f(x-c_0 t)+g(x+c_0 t)$ 可得到 f 和 g 的表达式。

现在讨论有初始位移的情况，$u(x,\ 0)=U(x)=+1(-a<x<a)$，$U(x)=0(x>a)$。其解为 $u(x,\ t)=\frac{1}{2}U(x-c_0 t)+\frac{1}{2}U(x+c_0 t)$，结果如图 1－7 所示。

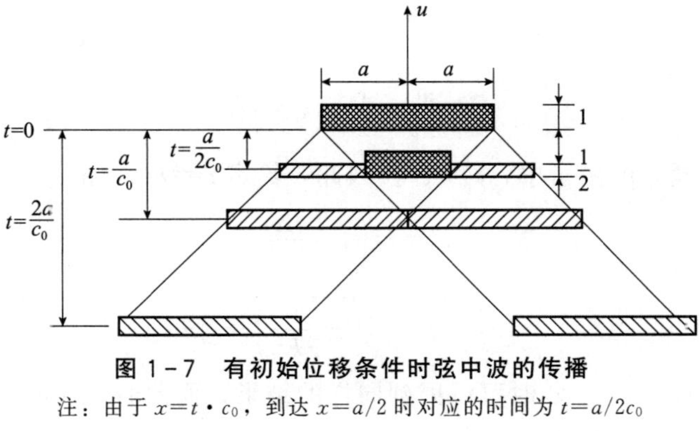

图 1－7　有初始位移条件时弦中波的传播

注：由于 $x=t\cdot c_0$，到达 $x=a/2$ 时对应的时间为 $t=a/2c_0$

(2)弹性基础上的弦

如图 1－8 所示，弹性基础上的弦的力和位移的关系为：

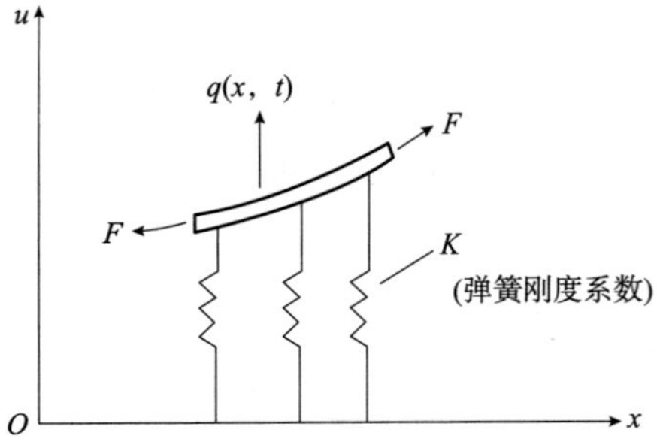

图 1-8 弹性基础上弦的微元段示意

$$q(x,t)=-Ku(x,t) \tag{1-28}$$

将式(1-28)代入式(1-14)中，得：

$$u_{xx}-\frac{K}{E}u=\frac{1}{c_0^2}\ddot{u} \tag{1-29}$$

式中，$c_0=\sqrt{\frac{E}{\rho}}$。比较式(1-29)和式(1-15)可发现：

①式(1-29)比式(1-15)多一项；

②$f(x-c_0t)$形式的解可能不适用；

③波在传播过程中存在畸变现象。

考察一个简谐波在传播过程中可能出现的情况。

假设

$$u(x,t)=Ae^{i(kx-\omega t)} \tag{1-30}$$

将式(1-30)代入式(1-29)中，有：

$$\frac{\partial u}{\partial x}=Ae^{i(kx-\omega t)}(ik),\ \frac{\partial^2 u}{\partial x^2}=Ae^{i(kx-\omega t)}(ik)(ik)=-Ae^{i(kx-\omega t)}k^2$$

$$\frac{\partial u}{\partial t}=Ae^{i(kx-\omega t)}(i\omega),\ \frac{\partial^2 u}{\partial t^2}=Ae^{i(kx-\omega t)}(-i\omega)(-i\omega)=-Ae^{i(kx-\omega t)}\omega^2 \tag{1-31}$$

将式(1-31)代入式(1-29)中，有：

$$-Ak^2e^{i(kx-\omega t)}-\frac{K}{F}Ae^{i(kx-\omega t)}=\frac{1}{c_0^2}(-Ae^{i(kx-\omega t)}\omega^2)-k^2e^{i(kx-\omega t)}-\frac{K}{F}e^{i(kx-\omega t)}=\frac{-\omega^2}{c_0^2}e^{i(kx-\omega t)}$$

$$\left(-k^2-\frac{K}{F}+\frac{\omega^2}{c_0^2}\right)e^{i(kx-\omega t)}=0 \tag{1-32}$$

此式称为特征方程(亦称为频散方程或久期方程)。对于非平凡解，相应的频散方程为：

$$-k^2-\frac{K}{F}+\frac{\omega^2}{c_0^2}=0 \tag{1-33}$$

式(1-33)有多种表示方法，如：

$$\omega^2=c_0^2\left(k^2+\frac{K}{F}\right),\ \omega=\omega(k) \tag{1-34}$$

或

$$k^2=\frac{\omega^2}{c_0^2}-\frac{K}{F},\ k=k(\omega) \tag{1-35}$$

注意到，在张紧弦的例子中，$c_p\neq c_0$。因此，给定 $\omega=kc_p$，由式(1-33)有：

$$c_p^2=c_0^2\left(1+\frac{K}{Fk^2}\right) \tag{1-36}$$

当 $k\to\infty$ 时

$$\omega=c_0k\sqrt{\left(1+\frac{K}{Fk^2}\right)}\to c_0k \tag{1-37}$$

在式(1-34)中，当 $K=0$ 时可以得到同样的结果，而此时 $c_p=c_0$[式(1-36)]。因此，$c=c(k)$或 $k=k(c)$时，由式(1-36)有：

$$k^2=\frac{K/F}{(c_p^2/c_0^2)-1} \tag{1-38}$$

这将得到以下3个重要结论：

①波速是频率的函数。因此，从傅里叶谐波分析观点考虑，一定会发生波形畸变；

②式(1-35)有两个实根。

$$k=\pm\sqrt{\frac{\omega^2}{c_0^2}-\frac{K}{F}} \tag{1-39}$$

如果 $\omega^2/c_0^2>K/F$，则波的传播方向可能向左，也可能向右，此时 $u=Ae^{-i(\pm kx+\omega t)}$；另一种情况，如果 $\omega^2/c_0^2<K/F$，k 为虚数，则表示一个不能传播的扰动，此类情况不作考虑。若使 $\bar{k}^2=-k^2$ 则 $u(x,t)=A(e^{\pm\bar{k}x})(e^{-\omega t})$，此时将产生驻波。

③对于 $k=0$ 的特殊情况，由式(1-35)得 $\omega^2/c_0^2=K/F$。利用 $k=2\pi/\lambda$，可以得到，当 $k\to\infty$(长波长极限)时，$u=Ae^{-i\omega_0 t}$，并由式(1-34)可知，这是一种匀速振动，且截止频率 $\omega_0=c_0\sqrt{K/F}$。

(3)频散波传播的例子

图1-9为非频散波和频散波传播的例子。频散波传播时脉冲形状发生了变化。在无损耗波导介质中波的能量守恒。可结合频散曲线和特定的频谱来模拟频散导波的传播过程。以图1-10为例，振幅 a 代表在对应频率时的模式激发强度。激发频率对应的相速度为：

$$\omega_i=2\pi f_i \tag{1-40}$$

根据激发频率和相速度可计算波数 k：

$$k_i=\frac{\omega_i}{c_i} \tag{1-41}$$

因 $c_p=\frac{\omega_0}{k}$，当 k 值减小时，c_p 增大；当 k 值趋近于0时，c_p 趋于无穷大。利用式(1-42)可模拟频散波的传播：

$$f(x,t)=\sum_{i=1}^{n}a_i\cos(k_i x-\omega_i t) \tag{1-42}$$

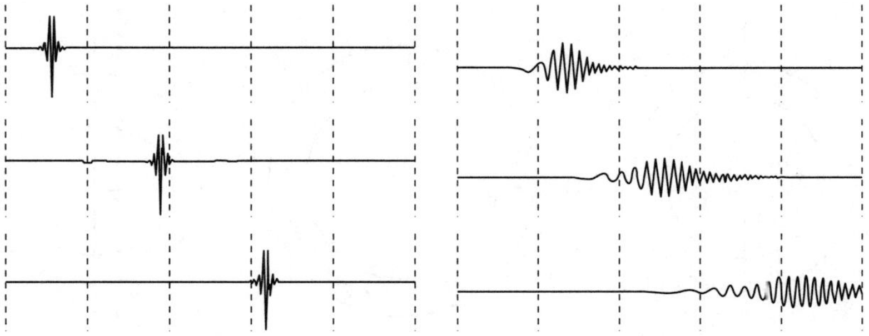

图1-9　波导中波传播非频散和频散的示例

固定点 x 处的振动信号波形可由时间 t 从0到 T 变化计算得到。在 $x+A$ 处，可再生成下一个波形。重复这一过程，可得到整个范围内的波形。图1-9是在几个特定时间点的波形分布，如将各点的波形整合，制作成.avi文件，则可得到频散波传播的视频。

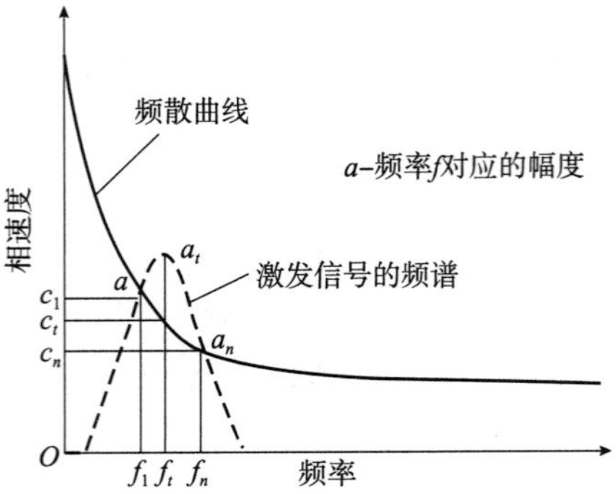

图 1-10　利用频散曲线和频谱计算频散波传播动画的参数

3. 多模态特性

多模态特性是指波导中同一频率下会存在多种模态的导波同时传播。具体到在管道中传播的导波，根据导波振动位移的圆周对称性，可以将导波分成三种模态，分别是扭转模态(torsional mode)、纵向模态(longitudinal mode)、和弯曲模态(flexural mode)，如图 1-11 所示。

实际检测应用中，一方面，导波的多模态特性会引起模态间的相互干扰，使信号的信噪比降低，增加导波模式控制、换能器设计的难度；但另一方面，不同模态对不同的缺陷有不同的敏感程度，利用多模态的特性能够增加无损检测信息冗余度，提高检测结果置信度，拓展超声导波无损检测技术的操作空间。这是超声导波多模态的两面性和辩证性。

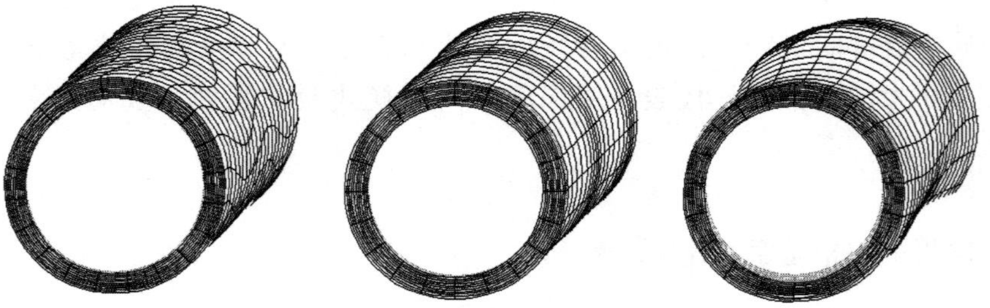

(a)扭转模态　　(b)纵向模态　　(c)弯曲模态

图 1-11　圆管中的轴向导波

纵向模态和扭转模态均为圆周对称模态，在管道截面处，纵向模态导波振动位移以轴向和径向为主，扭转模态导波振动位移以周向为主，弯曲模态导波振动位移同时具有轴向、径向和周向分量，故又称为非对称模态。图 1-12 所示为三种模态导波振动位移在管道截面的分布情况。

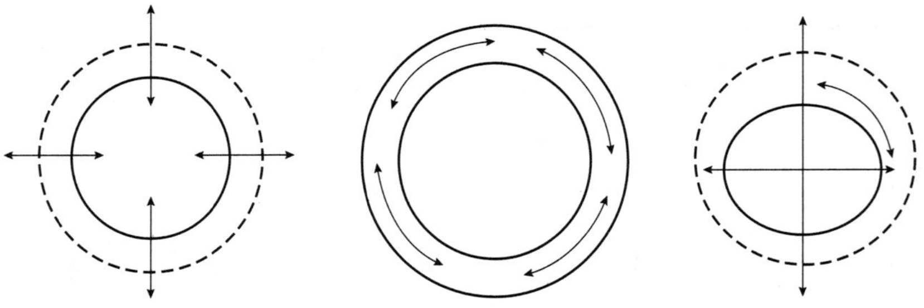

(a)纵向模态　　(b)扭转模态　　(c)弯曲模态

图 1-12　三种导波模态振动位移在管道截面的分布示意图

为了方便区分，通常将纵向模态、扭转模态和弯曲模态分别记为 $L(n, m)$、$T(n, m)$ 和 $F(n, m)$，其中 n 表示导波的周向阶数，$n=0$ 表示圆周对称模态，$n>0$ 表示非圆周对称模态；m 表示族数，$m=1, 2, 3\cdots$。在实际工程中应用，管状波导中存在数量巨大的导波模态，不同模态的导波具有不同的波结构，其能量分布和可激发性等特征均有所不同。因此，对于不同的被测结构和检测环境，选择合适的导波模态可有效地提高对不同类型缺陷的敏感度，大幅提高检测效率。同时，导波的多模态特性会使检测信号中包含多个模态的导波，从而让检测结果变得复杂且难以解释。因此在利用导波进行检测时，要注意对导波模态的控制，尽量减少导波的频散对检测结果的影响。由于在实际应用中不可避免地会受到换能器、耦合条件、仪器等因素的影响，因此难以做到模态的精确控制。实际应用中，通常会根据频散曲线选择模态较少的频率段作为激励频率，从而在激励原理上避免过多模态导波的出现，减少频散对检测结果的影响。

1.3.2　超声导波的波结构

导波的波结构是振动位移和应力等物理量在波导几何形貌中的分布规律，体现了导波的各种模态在振动和能量分布方面的差别。导波的波结构与导波模态及频率相关，是分析导波检测敏感区域及设计可激励特定模态导波传感器的重要依据，对频率和模态的选择及换能器的设计有重要的指导作用。图 1－13 所示为管道中 3 种模态的能量分布：图 1－13(a)所示为模态的能量集中在管壁外侧，适于检测管道外侧的缺陷；图 1－13(b)所示为模态的能量集中在管壁内侧，适于检测管道内侧的缺陷；而图 1－13(c)所示为模态的能量集中在管壁内部，适于检测管壁中的缺陷。

图 1－13　管道中不同模态导波的能量分布

工程上，常使用位移/应力在结构中的空间分布曲线对某一模态的波结构进行描述，此处以位移为例。当声波在管道内传播时，管道内的各质点会在平衡点附近发生振动。如图 1－14 所示，以管道轴线为 z 轴建立柱坐标系，则质点的振动方向可以分解为 3 个正交的分量，分别为轴向位移 u_z、径向位移 u_r、周向位移 u_θ。

管壁中不同位置的质点，其振动沿各方向分量也不同。以外径 219mm，壁厚 5mm 的钢管为样管，该样管中 $L(0,1)$模态超声导波径向位移分布如图 1－15 所示。

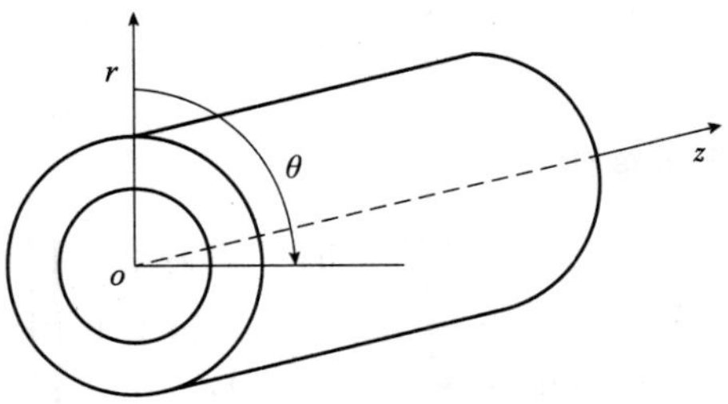

图 1－14　管道与柱坐标系

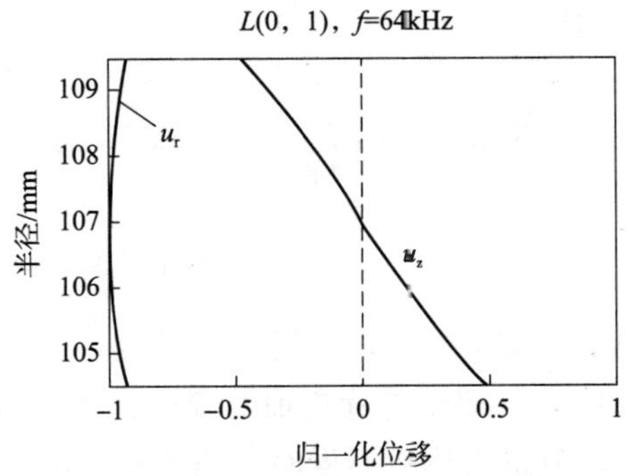

图 1－15　样管中 $L(0,1)$模态超声导波径向位移分布

能够看出，$L(0,1)$模态主要以轴向位移与径向位移为主，不存在周向位移。轴向位移在管壁厚度中央处为0，在管壁表面处到达最大值，且外表面与内表面的振动相位相反。在开始超声导波测试之前，应仔细选择模态和频率，找到对缺陷敏感的合适模态波形。

由图1-16可以看出，不同模态导波的波结构可以反映出管道上各个质点的振动方向。

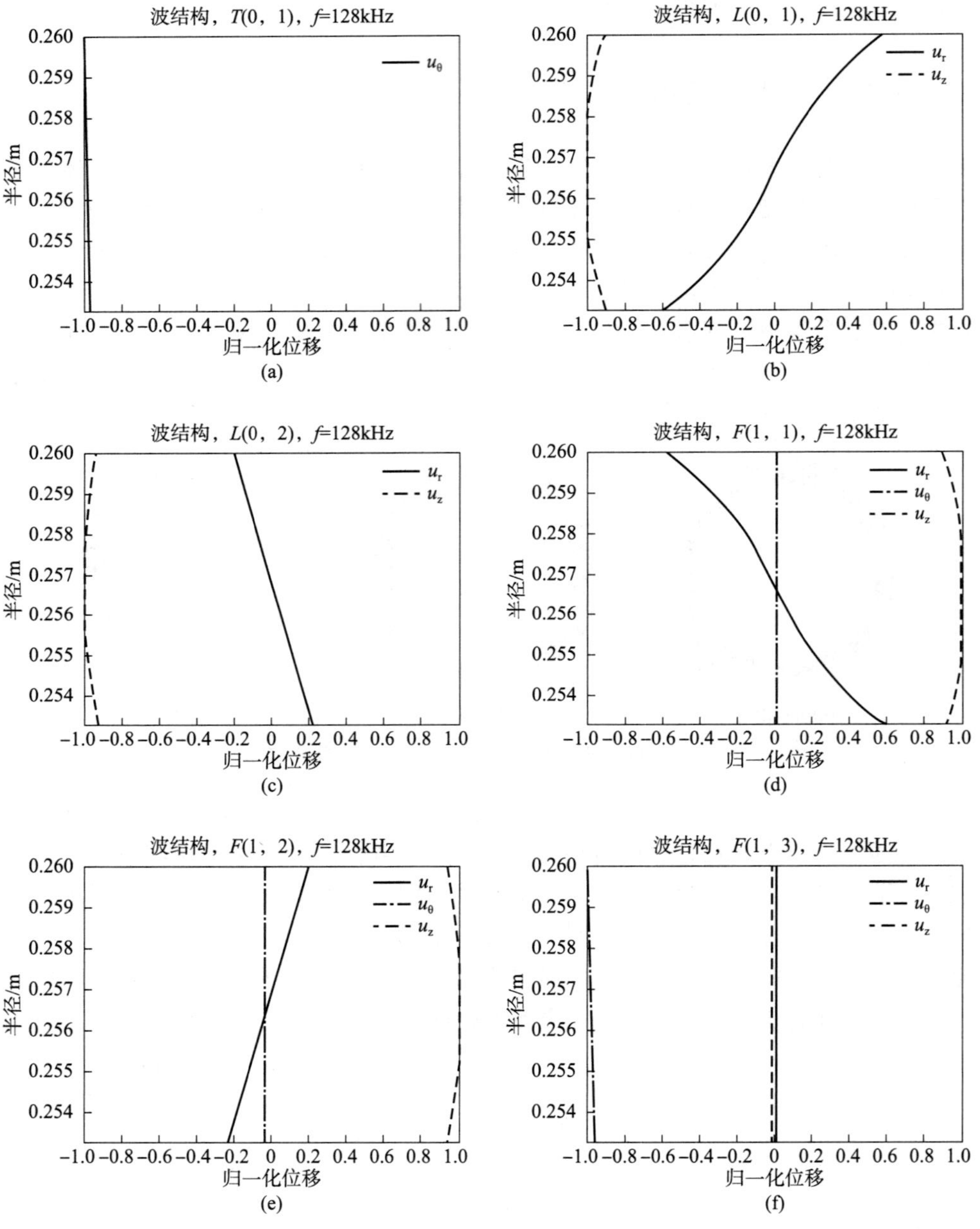

图1-16　三类导波模态的波结构

例如，对于$T(0,1)$模态的导波，由其波结构可以看出，管道质点的主要运动只存在周向位移u_θ，即沿着管道轴的旋转运动。而对于纵向模态的导波质点的振动会沿着径向或者轴向，但是当模数不同时，质点运动的方式和大小也会发生变化。例如，对于$L(0,1)$模态的导波，管道质点的主要运动为径向位移u_r；对于$L(0,2)$模态的导波，管道质点的主要运动为沿着轴向的位移 u_z。特别的，对于非轴对称的弯曲模态导波，管道中的质点会出现沿 3 个方向的同时振动的位移；同样，当模数 m 不同时，产生最大位移的方向也在发生变化。

参考文献

[1]ZHU W，ROSE J L，BARSHINGER J N，et al. Ultrasonic guided wave NDT for hidden corrosion detection[J]. Journal of Research in Nondestructive Evaluation，1998，10(4)：205 - 225.

[2]WILCOX P D. Omni-directional guided wave transducer arrays for the rapid inspection of large areas of plate structures[J]. IEEE Transactions on Ultrasonics，Ferroelectrics，and Frequency Control，2003，50(6)：699 - 709.

[3]TYU L，GIURGIUTIU V. Multi-mode damage detection methods with piezoelectric wafer active sensors [J]. Journal of Intelligent Material Systems and Structures，2009，20(11)：1329 - 1341.

[4]LIU Z，HE C，WU B，et al. Circumferential and longitudinal defect detection using T(0，1)mode excited by thickness shear mode piezoelectric elements[J]. Ultrasonics，2006，44(8)：e1135 - e1138.

[5]MAHRA M，ROSIER M，MARTOWICZ A，et al. Lamb wave transducers made of piezoelectic macro-fiber composite[J]. Structural Control and Health Monitoring，2013，20(8)：1138 - 1158.

[6]ZHOU W，LI H，YUAN F G. Fundamental understanding of wave generation and reception using d36 type piezoelectric transducers[J]. Ultrasonic，2015，57(3)：135 - 143.

[7]HIRAO M，OGI H. Emats for science and industry：noncontacting ultrasonic measurements[M]. Berlin：Springer Science&Business Media，2003.

[8]NAKAMURA N，OGI H，HIRAO M. Mode conversion and total reflection of torsional waves for pipe inspection[J]. Japanese Journal of Applied Physic，2013，52(7S)，1044 - 1055.

[9]KIM Y Y，KWON Y E. Review of raagnetostrictive patch transducers and applications in ultrasonic nondestructive testing of waveguides[J]. Ultrasonics，2015，62(9)：3 - 19.

[10]STASZEWSKI W J，LE B C，Traynor R. Fatigue crack detection in metallic structures with Lamb waves and 3D laser vibrometry[J]. Measurement science and Technology，2007，18(3)：727.

[11]TAKEDAN，OKABE Y，KUWAHARA J，et al. Development of smart composite structures with smalldiameter fiber Bragg grating sensors for damage detection：Quantitative evaluation of delamination length in CFRP laminates using Lamb wave sensing[J]. Composites Science and Technology，2005，65(15)：2575 - 2587.

[12]GUORONG S，YAN L，ZHONGYANG G，et al. Development of high-precision ultrasonic microscopy measurement system an measurement of the surface wave velocities of(100)silicon wafer[J]. Insight-NonDestructive Testing and Condition Monitoring，2013，55(5)：253 - 256.

[13]LU Y，HE C，SONG G，et al. Fabrication of broadband poly(vinylidene difluoride-trifluroethylene) line-focus ultrasonic transducers far surface acoustic wave measurements of anisotropy of a(100)silicon wafer[J]. Ultrasonics，2014，54(1)：296 - 304.

[14]STOKES G G. Smith's Prize examination question no. 11[J]. Mathematics and Physics Papers，1905，5：362.

[15]NAVIER L R. Memoire surles lois de I6quilibre et du movement des corps solides elastiques M6m[J]. Acad. Sci，1827，7：375 - 394.

[16]POISSON S D. Memoire sur la propagation du mouvement dans les milieux Slastiques[M]. France：L'Academie Des Sciences，France，1830.

[17]RAYLEIGH J W S. The theory of sound[M]. Macmillan and Company, New York, 1894.

[18]HOPKINSON J. On the rupture of iron wire by a blow[J]. Proc. Menchester Lit Philos Soc, 1872, 11: 4045.

[19]POCHHAMMER B L. Biegung des kreiscylinders fortpflanzungs-geschwindigkeit kleiner schwingungen in einem kreiscy linder, journal fur die reine und angewandte[C]. Mathematik, 1876, 81: 326 -336.

[20]CHREI C. The equations of an isotropic elastic solid in polar and cylindrical coordinates their solution and application[C]//Transactions of the Cambridge Philosophical Society, 1889: 250 - 369.

[21]LAMB H. On waves in an elastic plate[J]. Proceedings of the Royal Society A, 1917, 93(648): 114 - 128.

[22]LOVE A E H. Some problems of geodynamics[M]. Cambridge; Cambridge University Press, 2015.

[23]DAVIES R M. A critical study of the Hopkinson pressure bar[J]. Philosophical Transactions of the Royal Society of London A; Matemacal, Physical and Engineering sciences, 1948, 240(821): 375 - 457.

[24]MINDLIN R D. An introduction to the mathematical theory of vibrations of elastic plates[M]. Singapore: World Scientific, 2006.

[25]VIKTOROV I A. Rayleigh and Lamb waves-Physical theory and applications(ultrasonic technology) [M]. New York: Plenum Press, 2014.

[26]GRAFF K F. Wave motion in elastic solids[M]. Courier Corporation, 1975.

[27]MIKLOWITZ J. The theory of elastic waves and wave quides[M]. Amsterdam: Elseyier, 2012.

[28]AULD B A. Acoustic fields and waves in solids[M]. New York: Wiley, 1973.

[29]ACHENBACH J. Wave propagation in elastic solids[M]. Amsterdam: Elsevier, 2012.

[30]ROSE J L, NAGY P B. Ultrasonic waves in solid media[J]. Journal of the Acoustical Society of America, 2000, 107(4): 1807 - 1808.

[31]ROSE J L. Ultrasonic guided waves in solid medial[M]. Cambridge: Cambridge University Press, 2014.

[32]PAVLAKOVIC B, LOWE M, ALLEYNE D, et al. Disperse A general purpose program for creating dispersion curves[C]//Review of Progress in Quantitative Nondestructive Evaluation, 1997: 185 - 192.

[33]ALLEYNE D N, LOWE M, CAWLEY P. The reflection of guided waves from circumferential notches in pipes[J]. Journal of Applied Mechanics, 1998, 65(3): 635 - 641.

[34]DEMMA A, CAWLEY P, LOWE M. Scattering of the fundamental shear horizontal mode from steps and notches in plates[J]. The Journal of the Acoustical Society of America, 2003, 113(4): 1880 -1891.

[35]DEMMA A, CAWLEY P, LOWE M, et al. The reflection of guided waves from notches in pipes: a guide for interpreting corrosion measurements[J]. NDT&E International, 2004, 37(3): 167 - 180.

[36]RATASSEPP M, LOWE M, CAWLEY P, et al. Scattering of the fundamental shear horizontal mode in a plate when incident at a through crack aligned in the propagation direction of the mode[J]. The journal of the Acoustical Society of America, 2008, 124(5): 2873 - 2882.

[37]HESSE D, CAWLEY P. Surface wave modes in rails[J]. The journal of the Acoustical Society of America, 2006, 120(2): 733 - 740.

[38]ZHANG F, LOWE M J S. Elastic waves guided by a welded joint in a plate[C]. Proceedings of the Royal Society of London A, Mathematical, Physical and Engineering Sciences, 2009, 465(8): 2053 - 2068.

[39]RAJAGOPAL P, SKELTON E A, CHOI W, et al. A generic hybrid model for bulk elastodynamics with application to ultrasonic nondestructive evaluation[J]. IEEE Transactions on Ultrasonics, Ferroelectrics and Frequency Control, 2012, 59(6): 1239 - 1245.

[40]PETTIT J R, WALKER A, CAWLEY P, et al. A stifiness reduction methoc for efficient absorption of waves at boundaries foruse in commercial finite element codes[J]. Ultrasonic, 2014, 54(7): 1868－1879.

[41]LEINOV E, LOWE M, CAWLEY P. Investigation of guided wave propagation and attenuation in pipe buried in sand[J]. Journal of Sound and Vibration, 2015, 347(7): 96－114.

[42]LEINOV E, LOWE M, CAWLEY P. Ultrasonic isolation of buried pipes[J]. Journal of Sound and Vibration, 2016, 363(2): 225－239.

[43]BELANGER P, CAWLEY P. Feasibility of low frequency straight-ray guided wave tomography[J]. NDT&E International, 2009, 42(2): 113－119.

[44]DAVIES J, CAWLEY P. The application of synthetic focusing for imaging crack-like defects in pipelines using guided waves[J]. IEEE Transactions on Ultrasonics, Ferroelectrics, and Frequency Control, 2009, 56(4): 759－771.

[45]HUTHWAITE P, RIBICHINI R, CAWLEY P, et al. Mode selection for corrosion detection in pipes and vessels via guided wave tomography[J]. IEEE Transactions on Ultrasonics, Ferroelectrics, and Frequency Control, 2013, 60(6): 1165－1177.

[46]HAYASHI T, SONG W J, ROSE J L. Guided wave dispersion curves for a bar with an arbitrary cross-section, a rod and rail example[J]. Ultrasonics, 2003, 41(3): 175－183.

[47]ROSE J L, LISSENDEN C J. Guided wave mode and frequency selection tips[C]//American Institute of Physics Conference Series, 2014, 1581(1): 358－364.

[48]KODURU J P, ROSE J L. Mode controlled guided wave tomography using annular array transducers for SHM of water lcaded plate like structures[J]. Smart Materials&Structures, 2013, 22(12): 126－132.

[49]MU J, ROSE J L. Guided wave propagation and mode differentiation in hollow cylinders with viscoelastic coatings[J]. The Jcurnal of the Acoustical Society of America, 2008, 124(2): 866－874.

[50]PUTHILLATH P, ROSE J L. Ultrasonic guided wave inspection of a titanium repair patch bonded to an aluminum aircraft skin[J]. International Journal of Adhesion and Adhesives, 2010, 30(7): 566－573.

[51]BOSTRON J H, ROSE J L, MOOSE C A. Ultrasonic guided interface waves at a soft-stiff boundary [J]. The Journal of the Acoustical Society of America, 2013, 134(6): 4351－4359.

[52]ZHAO X, ROSE J L. Ultrasonic guided wave tomography for ice detection[J]. Ultrasonics, 2015, 67(4): 212－219.

[53]VAN VELSOR J K, GAO H, ROSE J L. Guidedwave tomographic imaging of defects in pipe using a probabilistic reconstruction algorithm[J]. Insight: NonDestructive testing and condition Monitoring, 2007, 49(9): 532－537.

[54]BREON L J, VAN VELSOR J K, ROSE J L. Guided wave damage detection tomography for structural health monitoring in critical zones of pipelines[J]. Materials Evaluation, 2007, 65(12): 1215－1219.

[55]LIU Y, LISSENDEN C J, ROSE J L. Higher order interaction of elastic waves in weakly nonlinear hollow circular cylinders. Analytical foundation[J]. Journal of Applied Physics, 2014, 115(21): 214901.

[56]LIU Y, KHAJEH E, LISSENDEN C J, et al. Higher order interaction of elastic waves in weakly nonlinear hollow circular cvlinders. Ⅱ. Physical interpretation and numerical results[J]. Journal of Applied Physics, 2014, 115(21): 214902.

[57]刘增华，吴斌，王秀彦，等．带粘弹性包覆层充液管道中的超声导波纵向模态[J]. 声学学报，2007，

32(4)：316－322.
[58]吴斌，刘增华，王秀彦，等．利用纵向导波检测充水管道周向缺陷的实验研究[J]．中国机械工程，2005，16(22)：2038－2043.
[59]何存富，孙雅欣，吴斌，等．超声导波技术在埋地锚杆检测中的应用研究[J]．岩土工程学报，2006，28(9)：1144－1147.
[60]何存富，武颖，吴斌．基于 LabVIEW 的便携式锚杆长度检测系统开发[J]．实验力学，2010，25(6)：647－654.
[61]何存富，周进节，吴斌，等．管道导波时反聚焦检测系统的设计与实现[J]．仪器仪表学报，2012，33(2)：342－348.
[62]DENG F，WU B，HE C F. A time-reversal defectidentifying method for guided wave inspection in pipes[J]. Journal of Pressure vessel Technology，2008，130(2)：021503.
[63]LIU Z H，XU Q L，GONG Y，et al. A new multichannel time reversal focusing method for circumferential Lamb waves and its applications for defect detection in thickwalled pipe with large-diameter[J]. Ultrasonics，2014，54(7)：1967－1976.
[64]符浩，吴斌，何存富．基于虚拟时间反转聚焦的管道超声导波检测新方法[J]．机械工程学报，2013，49(12)：17－23.
[65]LIU Z H，YU H T，FAN J W，et al. Baseline-free delamination inspection in composite plates by synthesizing non-contact air-couped lamb wave scan method and virtual time reversal algorithm[J]. Smart Materials&Structures，2015，24(14)：045014.
[66]刘秀成，吴斌，何存富．磁致伸缩与磁弹一体化传感器的研制[J]．机械工程学报，2013，49(22)：46－52.
[67]何存富，魏晓玲，宋国荣，等．小尺寸材料弹性常数超声测量系统的研制及其应用[J]．中国机械工程，2006，17(16)：1738－1741.
[68]宋国荣，何存富，黄垚，等．小试件材料弹性常数超声测量线聚焦 PVDF 探头的研制[J]．仪器仪表学报，2008，29(11)：2298－2303.
[69]何存富，刘兴奇，宋国荣，等．ODS 铁素体钢弹性性能的超声检测方法[J]．仪器仪表学报，2013，34(9)：1948－1954.
[70]SONG G R，HONG G，LU Y，et al. Inversion of elastic constants of anisotropic(100)silicon based on surface wave velocity by acoustic microscopy using particle swarm-based-simulated annealing optimization[J]. Journal of Nondestructive Evaluation，2015，34(4)：1－10.
[71]DIXON S，EDWARDS C，PALMER S B. Texture measurements of metal sheets using wideband electromagnetic acoustic transducers[J]. Journal of Physics D Applied Physics，2002，35(8)：816－824.
[72]JIAN X，DIXON S，GRATTAN K T V，et al. A model for pulsed Rayleigh wave and optimal EMAT design[J]. Sensors&Actuators A Physical，2006，128(2)：296－304.
[73]DIXON S，BURROWS S E，DUTTON B，et al. Detection of cracks in metal sheets using pulsed laser generated ultrasound and EMAT detection[J]. Ultrasonics，2011，51(1)：7－16.
[74]DIXON S，HILL S，FAN Y，et al. The wave-field from an array of periodic emitters driven simultaneously by a broadband pulse[J]. Journal of the Acoustical Society of America，2013，133(6)：3692－3699.
[75]DIXON S，PETCHER P A，FAN Y，et al. Ultrasonic metal sheet thickness measurement without prior wave speed calibration[J]. Journal of Physics D Applied Physics，2013，46(44)：726－731.
[76]PETCHER P A，DIXON S. Weld defect detection using PPM EMAT generated shear horizontal ultrasound[J]. NDT&E International，2015，8(9)：58－65.
[77]MICHAELS J E，MICHAELS T E. Guided wave signal processing and image fusion for in situ，dam-

age localization in plates[J]. Wave Motion, 2007, 44(6): 482-492.

[78]HALL J S, MICHAELS J E. A model-based approach to dispersion and parameter estimation for ultrasonic guided waves[J]. Journal of the Acoustical Society of America, 2010, 127(2): 920-930.

[79]MICHAELS T E, MICHAELS J E, RUZZENE M. Frequency-wavenumber domain analysis of guided wavefields[J]. Uitrasonics, 2011, 51(4): 452-466.

[80]MICHAELS J E, LEE S J, CROXFORD A J, et al. Chirp excitation of ultrasonic guided waves[J]. Ultrasonics, 2013, 53(1): 265-270.

[81]MICHAELS J E. Efficient monitoring and inspection of plate-like structures with ultrasonic guided waves[C]//Ultrasonics Symposium(IUS), 2014: 133-137.

[82]WILCOX P D, VELICHKO A, DRINKWATER B W, et al. Scattering of plane guided waves obliquely incident on a straight feature with uniform cross-section[J]. The journal of the Acoustical Society of America, 2010, 128(5): 2715-2725.

[83]FLYNN E B, TODD M D, CROXFORD A J, et al. Enhanced detection through low-order stochastic modeling for guided-wave structural health monitoring[J]. Structural Health Monitoring, 2011, 11(2): 149-160.

[84]CROXFORD A J, PUTKIS O, WILCOX P D. Efficient baseline gathering and damage detection in guided wave structural health monitoring[C]. Review of Progress in Quantitative Nondestructive Evaluation, 2013, 1511(1): 262-269.

[85]PUTKIS O, CROXFORD A J. Continuous baseline growth and monitoring for guided wave SHM[J]. Smart Materials and Structures, 2013, 22(5): 955-962.

[86]ZHONG C H, CROXFORD A J, WILCOX P D. Remote inspection system for impact damage in large composite structure[C]. Proceedings of the Royal Society of London A: Mathematical, Phvsical and Engineering Sciences, 2015, 471(2173): 20140631.

[87]HIRAO M, OGI H. EMATs for science and industry: noncontacting ultrasonic measurements[M]. Springer Science&Business Media, 2003.

[88]OHTANI T, OGI H, HIRAO M. Electromagnetic acoustic resonance to assess creep damage in Cr-Mov steel[J]. Japanese journal of applied physics, 2006, 45(636): 4526-4523.

[89]RIBICHINI R, NAGY P B, OGI H. The impact of magnetostriction on the transduction of normal bias field EMATSJ[J]. NDT&E Intenational, 2012, 51(10): 8-15.

[90]TAKISHITA T, ASHIDA K, NAKAMURA N, et al. Development of shear-vertical-wave point-focusing electromagnetic acoustic transducer [J]. Japanese Journal of Applied Physics, 2015, 54(7S1): 07HC04.

[91]HONG J C, SUN K H, KIM Y Y. Waveguide damage detection by the matching pursuit approach employing the dispersion-basechirp functions[J]. IEEE Transactions on Ultrasonics, Ferroelectrics, and Frequency Control, 2006, 53(3): 592-605.

[92]KIM H W, CHO S H, KIM Y Y. Analysis of internal wave reflection within a magnetostrictive patch transducer for high-frequency guided torsional waves[J]. Ultrasonics, 2011, 51(6): 647-652.

[93]LEE J K, LEE J K, KIM Y Y. Analysis of magnetic interferences in ultrasonic magnetostrictive patch transducers[J]. Smart Materials and Structures, 2015, 24(8): 085026.

[94]SEUNG H M, PARK CI, KIM Y Y. An omnidirectional shear-horizontal guided wave EMAT for a metallic plate[J]. Uitrasonics, 2016, 69(7): 58-66.

[95]KIM K, LEE H J, LEE J K, et al. Effects of slits in a patch of omnidirectional Lamb-wave MPT on the transducer output[J]. Smart Materials and Structures, 2016, 25(3): 035019.

[96]SCALEA F L. Advances in non-contact ultrasonic inspection of railroad tracks[J]. Experimental Tech-

niques，2000，24(5)：23 - 26.

[97]LANZA D S F，RIZZO P，COCClA S，et al. Noncontact ultrasonic inspection of rails and signal processing for automatic defect detection and classification[J]. Insight-Non-Destructive Testing and Condition Monitoring，2005，47(6)：346 - 353.

[98]MARIANI S，NGUYEN T，PHILLIPS R R，et al. Noncontact air-coupled ultrasonic guided wave inspection of rails[J]. Structural Health Monitoring，2013，12(5-6)：539 - 548.

[99]NUCERA C，PHILLIPS R，DI SCALEA F L，et al. RAIL-NT System for the in-situ measurement of neutral temperature in CWR；results from laboratory and field test[J]. Journal of the Transportation Research Board，2013：3511.

[100]NUCERA C，DI SCALEA F L. Nondestructive measurement of neutral temperature in continuous welded rails by nonlinear ultrasonic guided waves[J]. The journal of the Acoustical Society of America，2014，136(5)：2561 - 2574.

[101]GIURGIUTIU V. Tuned Lamb wave excitation and detection with piezoelectric wafer active sensors for structural health monioring[J]. Journal of intelligent Material Systems and Structures，2005，16(4)：291 - 305.

[102]YU L，SANTONI G，XU B，et al. Piezoelectric wafer active sensors for in situ ultrasonic-guided wave SHM[J]. Fatigue&Fracture of Engineering Materials&Structures，2008，31(8)：611 - 628.

[103]YU L，SANTONI G，GIURGIUTIU V. Shear lag solution for tuning ultrasonic piezoelectric wafer active sensors with applications to Lamb wave array imaging[J]. International Journal of Engineering Science，2010，48(10)：848 - 861.

[104]GRESIL M，GIURGIUTIU V. Guided wave propagation in composite laminates using piezoelectric wafer active sensors[J]. Aeronautical Journal. 2013，117(1196)：971.

[105]KAMAL A M，LIN B，GIURGIUTIU V. Exact analytical modeling of power and energy for multimode lamb waves excited by piezoelectric wafer active sensors[J]. Journal of intelligent Material Systems and Structures，2014，25(4)：452 - 471.

[106]刘镇清．超声无损检测中的导波技术[J]. 无损检测，1999，21(8)：367 - 369.

[107]他得安，刘镇清，田光春．超声导波在管材中的传播特性[J]. 声学技术，2001，20(3)：131 - 134.

[108]刘镇清，黄瑞菊．薄板声-超声检测超声传播模式的实验研究[J]. 声学学报，2000，25(3)：268 -273.

[109]张海燕，刘镇清，吕东辉．全局矩阵法及其在层状各向异性复合板中 Lamb 波传播特性研究中的应用[J]. 复合材料学报，2004，21(2)：111 - 116.

[110]张海燕，他得安，刘镇清．层状各向异性复合板中的兰姆波[M]. 北京：科学出版社，2008.

[111]汪开灿，许霁，翟国富．基于电磁超声的铝板缺陷识别方法[J]. 浙江大学学报(工学版)，2014，48(11)：2031 - 2038.

[112]WANG S，LI Z，LI P，et al. Numerical and experimental evaluation of the receiving performance of meander-line coil EMATs[J]. Nondestructive Testing&Evaluation，2014，29(4)：269 - 282.

[113]ZHAI G，WANG K，WANG Y，et al. Analytical modeling and analysis of electromagnetic acoustic transducers with spiral coils[J]. Zhongguo Dianji Gongcheng Xuebao，2013，33(18)：147 - 154.

[114]WANG S，WANG R，WU X，et al. Numerical and experimental analysis of unidirectional meander-ine coil electromagnetic acoustic transducers. [J]. IEEE Transactions on Ultrasonics Ferroelectrics&Frequency Control，2013，60(12)：2657 - 2664.

[115]PAO Y H，MINDLIN R D. Dispersion of flexural waves in an elastic，circular cvlinder[J]. Journal of Applied Mechanics，1960，27(3)：513 - 520.

[116]ONOE M，MCNIVEN H D，MINDLIN R D. Dispersion of axially symmetric waves in elastic rods

[J]. Journal of Applied Mechanics, 1962, 29(4): 729－734.

[117]MEEKER T R, MEITZLER A H. Guided wave propagation in elongated cylinders and plates[J]. Phvsical acoustics, 1964, (PartA): 111－167.

[118]GAZIS D C. Three-dimensional investigation of the propagation of waves in hollow circular cylinders. Ⅰ. Analytical foundation[J]. The Journal of the Acoustical Society of America, 1959, 31(5): 568－573.

[119]GAZIS D C. Three-dimensional investigation of the propagation of waves in hollow circular cylinders. Ⅱ. numerical results[J]. The Journal of the Acoustical Society of America, 1959, 31(5): 573－578.

[120]FITCH A H. Observation of elastic-pulse propagation in axially symmetric and nonaxially symmetric longitudinal modes of hollow cylinders[J]. The Journal of the Acoustical Society of America, 1963, 35(5): 706－708.

[121]MOHR W, HOLLER P. On inspection of thin-walled tubes for transverse and longitudinal flaws by guided ultrasonic waves[J]. IEEE Transactions on Sonics and Ultrasonics, 1976, 23(5): 369－373.

[122]SILK M G, BAINTON K F. The propagation in metal tubing of ultrasonic wave modes equivalent to Lamb waves[J]. Ultrasonics, 1979, 17(1): 11－19.

[123]ROSE J L, DITRI J J, PILARSKI A, et al. A guided wave inspection technique for nuclear steam generator tubing[J]. NDT&E intrnational, 1994, 27(6): 307－310.

[124]LOWE M, ALLEYNE D N, CAWLEY P. The mode conversion of a guided wave by a part-circumferential notch in a pipe[J]. Jounal of Applied mechanics, 1998, 65(3): 649－656.

[125]ZHENG M F, LU C, CHEN G L, et al. Modeling threedimensional ultrasonic guided wave propagation and scattering in circular cylindrical structures using finite element approach[J]. Physics Procedia, 2011, 22: 112－118.

[126]CARANDENTE R, MA J, CAWLEY P. The scattering of the fundamental torsional mode from axisymmetric defects with varying depth profile in pipes[J]. The journal of the Acoustical Society of America, 2010, 127(6): 3440－3448.

[127]BAI H, SHAH A H, POPPLEWELL N, et al. Scattering of guided waves by circumferential cracks in steel pipes[J], Journal of Applied Mechanics, 2001, 68(4): 619－631.

[128]DEMMA A, CAWLEY P, LOWE M, et al. The reflection of the fundamental torsional mode from cracks and notches in pipes[J]. The Journal of the Acoustical Society of America, 2003, 114(2): 611－625.

[129]ZHUANG W, SHAH A H, DATTA S K. Axisymmetric guided wave scattering by cracks in welded steel pipes[J]. Journal of Pressure Vessel Technology, 1997, 119(4): 401－406.

[130]VALLE C, NIETHAMMER M, QU J, et al. Crack characterization using guided circumferential waves[J]. The journal of the Acoustical Society of America, 2001, 110(3): 1282－1290.

[131]LOVSTAD A, CAWLEY P. The reflection of the fundamental torsional guided wave from multiple circular holes in pipes[J]. NDT&E International, 2011, 44(7): 553－562.

[132]SHIVARAJ K, BALASUBRAMANIAM K, KRISHNAMURTHY C V, et al. Ultrasonic circumferential guided wave for pitting-type corrosion imaging at inaccessible pipe-support locations[J]. Journal of Pressure Vessel Technology, 2008, 130(2): 021502.

[133]SHARMA S, MUKHERJEE A. Longitudinal guided waves for monitoring chloride corrosion in reinforcing bars in concrete[J]. Structural Health Monitoring, 2010, 9(4): 555－567.

[134]ANDRUSCHAK N, SALETES I, FILLETER T, et al. An NDT guided wave technique for the identification of corrosion defects at support locations[J]. NDT&E International, 2015, 75(10): 72－79.

[135]LOVSTAD A, CAWLEY P. The reflection of the fundamental torsional mode from pit clusters in pipes[J]. NDT&E International, 2012, 46(1): 83-93.

[136]HAYASHI T, MURASE M. Defect imaging with guided waves in a pipe[J]. The Journal of the Acoustical Society of America, 2005, 117(4): 2134-2140.

[137]ROSE J L, AVIOLI M J, MUDGE P, et al. Guided wave inspection potential of defects in rail[J]. NDT&E Intemational, 2004, 37(2): 153-161.

[138]WILCOX P, EVANS M, PAVLAKOVIC B, et al. Guided wave testing of rail[J]. Insight-Non-Destructive Testing and Condition Monitoring, 2003, 45(6): 413-420.

[139]卢超，盛华吉，宋凯，等．钢轨轨底斜裂纹的超声导波散射特性[J]．无损检测，2016，38(5)：18-25.

[140]CHANH, MASSEREYB, FROMME P. High frequency guided ultrasonic waves for hidden fatigue crack growth monitoring in multi-laver model aerospace structures[J]. Smart Materials and Structures, 2015, 24(2): 025037.

[141]QIU L, YUAN S, BAO Q, et al. Crack propagation monitoring in a full-scale aircraft fatigue test based on guided wave-Gaussian mixture model[J]. Smart Materials and Structures, 2016, 25(5): 055048.

[142]GAO H, ROSE J L. Ice detection and classification on an aircraft wing with ultrasonic shear horizontal guided waves[J]. IEEE Transactions on Ultrasonics Ferroelectrics & Frequency Control, 2009, 56(2): 334-344.

第 2 章　超声波的反射与折射

超声导波是一种特殊的波动形式，是由超声波在介质中传播时产生。当超声波遇到不同介质的界面时，会发生反射和折射现象。这种现象虽在光学中非常常见，但在超声导波中却具有特殊的意义。通过对超声导波的反射和折射现象的研究，可以更好地理解超声导波在介质中的传播特性。

超声导波的反射是指当超声波从一种介质传播到另一种介质时，部分声波被界面反射回原介质的现象。反射现象的发生是由两种介质的声阻抗差异引起的。声阻抗是对声振动位移的阻碍程度，它与介质的密度、弹性模量和压缩模量有关。当两种介质的声阻抗相差较大时，反射现象尤为明显。

超声导波的折射是指当超声波从一种介质传播到另一种介质时，部分声波传播方向发生偏转的现象。折射现象的发生是由两种介质的声速差异引起的。声速是声波在介质中传播的速度，它与介质的密度和弹性模量有关。当两种介质的声速相差较大时，折射现象尤为明显。

超声波的反射与折射研究是超声导波技术发展中的重要组成部分。它们不仅能提供材料性质和界面形态的信息，还能帮助优化超声传感器和改进成像算法，提高超声成像的分辨率和灵敏度。

2.1　垂直入射波的反射与透射系数

当一平面波入射到两种材料的界面时分成两部分：一部分能量透过界面；另一部分被反射回来。下面给出了垂直入射时反射系数的计算公式：

$$R_{12}=\frac{\sigma_R}{\sigma_I}=\frac{W_2-W_1}{W_1+W_2},\ T_{12}=\frac{2W_2}{W_1+W_2} \tag{2-1}$$

式中　$W=\rho c$。

如图 2-1 所示，考虑沿 x 轴方向传播的谐波，反射声压为 σ_R，透射声压为 σ_T。由于弹性场和 y 无关，运动方程中所有振动位移 u 关于 y 的微分都为 0。波动方程为：

$$\frac{\partial^2 u_x}{\partial x^2}=\frac{1}{c_L^2}\frac{\partial^2 u_x}{\partial t^2} \tag{2-2}$$

或

$$\frac{\partial^2 u_y}{\partial x^2}=\frac{1}{c_T^2}\frac{\partial^2 u_y}{\partial t^2} \tag{2-3}$$

式中　u_x、u_y——沿 x、y 轴的位移分量。

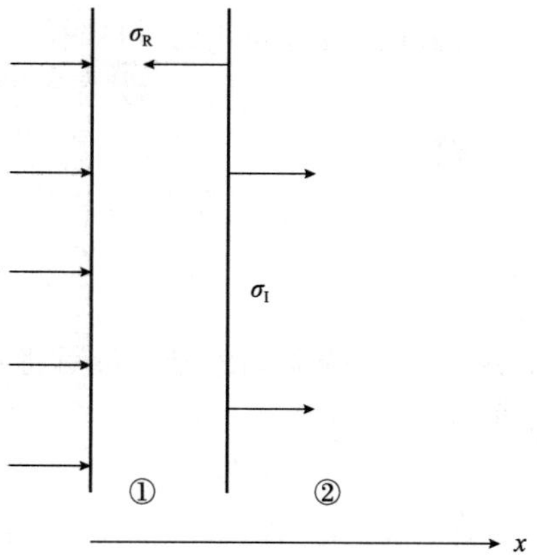

图 2-1　反射系数

当考虑纵波时，式(2-2)的谐波解为：

$$u_x=A_1\mathrm{e}^{\mathrm{i}(kx-\omega t)}+A_2\mathrm{e}^{-\mathrm{i}(kx+\omega t)} \tag{2-4}$$

式中：

$$k=\frac{\omega}{c_{\mathrm{L}}},\quad c_{\mathrm{T}}^2=\frac{\mu}{\rho},\quad c_{\mathrm{L}}^2=\frac{\lambda+2\mu}{\rho} \tag{2-5}$$

式(2－4)中第一项表示波沿 x 轴正向传播，第二项表示波沿 x 轴负向传播。

假设入射波为：

$$u_x^{(I)}=I\mathrm{e}^{\mathrm{i}(k_1x-\omega t)},\quad k_1=\frac{\omega}{c_{\mathrm{L}}^{(1)}} \tag{2-6}$$

这种情况下，反射场的位移可写为：

$$u_x^{(R)}=A_{\mathrm{R}}\mathrm{e}^{-\mathrm{i}(k_1x+\omega t)} \tag{2-7}$$

在第二种介质中的透射场的位移可写为：

$$u_x^{(T)}=A_{\mathrm{T}}\mathrm{e}^{\mathrm{i}(k_2x-\omega t)},\quad k_2=\frac{\omega}{c_{\mathrm{L}}^{(2)}} \tag{2-8}$$

式中　A_{R}、A_{T}——待定系数。

在两种介质的界面上必须满足边界条件。对于介质 1 有：

$$u^{(1)}=u_x^{(I)}+u_x^{(R)}=I\mathrm{e}^{\mathrm{i}(k_1x-\omega t)}+A_{\mathrm{R}}\mathrm{e}^{-\mathrm{i}(k_1x+\omega t)} \tag{2-9}$$

对于介质 2，则有：

$$u^{(2)}=u_x^{(T)}=A_{\mathrm{T}}\mathrm{e}^{\mathrm{i}(k_2x-\omega t)} \tag{2-10}$$

相应的边界条件为：

$$u^{(1)}\big|_{x=0}=u^{(2)}\big|_{x=0} \tag{2-11}$$

$$\sigma_x^{(1)}\big|_{x=0}=\sigma_x^{(2)}\big|_{x=0} \tag{2-12}$$

$$\sigma_{xy}^{(1)}\big|_{x=0}=\sigma_{xy}^{(2)}\big|_{x=0} \tag{2-13}$$

就一维情况而言，广义的胡克定律为：

$$\sigma_x=(\lambda+2\mu)\frac{\partial u_x}{\partial x} \tag{2-14}$$

$$\sigma_{xy}=0 \tag{2-15}$$

将式(2－9)和式(2－10)代入式(2－11)，得：

$$I+A_{\mathrm{R}}=A_{\mathrm{T}} \tag{2-16}$$

联立式(2－9)、式(2－10)和式(2－14)，有：

$$\sigma_x^{(1)}=\mathrm{i}(\lambda_1+2\mu_1)\cdot k_1[I\mathrm{e}^{\mathrm{i}(k_1x-\omega t)}-A_{\mathrm{R}}\mathrm{e}^{-\mathrm{i}(k_1x+\omega t)}] \tag{2-17}$$

$$\sigma_x^{(2)}=\mathrm{i}(\lambda_2+2\mu_2)\cdot k_2\cdot A_{\mathrm{T}}\mathrm{e}^{\mathrm{i}(k_2x-\omega t)} \tag{2-18}$$

将式(2－17)和式(2－18)代入式(2－12)，得：

$$(\lambda_1+2\mu_1)\cdot k_1[I-A_{\mathrm{R}}]=(\lambda_2+2\mu_2)k_2A_{\mathrm{T}} \tag{2-19}$$

波数：

$$k_n=\frac{\omega}{c_{\mathrm{L}}^{(n)}},\quad n=1,\ 2 \tag{2-20}$$

$$\lambda_n+2\mu_n=\rho_n\cdot[c_{\mathrm{L}}^{(n)}]^2 \tag{2-21}$$

式中　n——介质的编号。最后将式(2－20)、式(2－21)代入式(2－19)，与式(2－16)联立可导出：

$$\begin{cases}I+A_{\mathrm{R}}=A_{\mathrm{T}}\\ \rho c_{\mathrm{L}}^{(1)}(I-A_{\mathrm{R}})=\rho_2c_{\mathrm{L}}^{(2)}A_{\mathrm{T}}\end{cases} \tag{2-22}$$

式(2－22)的解为：

$$A_R=\frac{\rho_1 c_L^{(1)}-\rho_2 c_L^{(2)}}{\rho_1 c_L^{(1)}+\rho_2 c_L^{(2)}}\cdot I \tag{2-23}$$

$$A_T=\frac{2\rho_1 c_L^{(1)}}{\rho_1 c_L^{(1)}+\rho_2 c_L^{(2)}}\cdot I \tag{2-24}$$

利用式(2-23)和式(2-24)，由式(2-7)和式(2-8)可得到波的反射场和透射场。

现在讨论波的入射、反射和透射应力。从式(2-14)得入射声压场：

$$\sigma_x^{(I)}=(\lambda_1+2\mu_1)\frac{\partial u_x^{(I)}}{\partial x}=\mathrm{i}k_1(\lambda_1+2\mu_1)\cdot I\mathrm{e}^{\mathrm{i}(k_1x-\omega t)} \tag{2-25}$$

类似地，可得反射声压场为：

$$\sigma_x^{(R)}=-\mathrm{i}k_1(\lambda_1+2\mu_1)\cdot A_R\mathrm{e}^{-\mathrm{i}(k_1x+\omega t)} \tag{2-26}$$

式(2-18)给出了波的透射场，因此，应力反射系数和透射系数可由式(2-18)、式(2-25)和式(2-26)联立求得，即：

$$R=\left.\frac{\sigma_x^{(R)}}{\sigma_x^{(I)}}\right|_{x=0}=-\frac{A_R}{I}=-\frac{\rho_1 c_1-\rho_2 c_2}{\rho_1 c_1+\rho_2 c_2} \tag{2-27}$$

$$T=\left.\frac{\sigma_x^{(T)}}{\sigma_x^{(I)}}\right|_{x=0}=\frac{(\lambda_2+2\mu_2)k_2}{(\lambda_1+2\mu_1)k_1}\cdot\frac{A_T}{I}=+\frac{2\rho_2 c_2}{\rho_1 c_1+\rho_2 c_2} \tag{2-28}$$

定义声阻抗 $W=\rho c_L$，则反射系数和透射系数可写为：

$$R=\frac{W_2-W_1}{W_1+W_2} \tag{2-29}$$

$$T=\frac{2W_2}{W_1+W_2} \tag{2-30}$$

考虑能量与压力幅度的平方成正比，因此可推导出能量在界面透射和反射的分配公式，将单位时间内通过垂直于传播方向单位面积的能量定义为能量密度(波的强度)，用 I_I、I_R 和 I_T 表示。该能量密度取决于波的幅度，在一个周期内平均：

$$I_R=\frac{A_R^2}{2\rho_1 c_L^{(1)}},\ I_T=\frac{A_T^2}{2\rho_2 c_L^{(2)}},\ I_I=\frac{I^2}{2\rho_1 c_L^{(1)}} \tag{2-31}$$

由式(2-27)、式(2-28)及式(2-31)得：

$$\frac{I_R}{I_I}=\left(\frac{B-1}{B+1}\right)^2,\ \frac{I_T}{I_I}=\frac{4B}{(B+1)^2} \tag{2-32}$$

式中　$B=W_2/W_1$。

表 2-1 列出了各种材料的密度和超声波波速，表 2-2 所示为几种材料界面上的反射率与透射率。声阻抗 W 是材料的一个特征量：

$$W=\rho c\sim\sqrt{\rho E} \tag{2-33}$$

声阻抗和材料刚度 E 有关。

表 2-1　选定材料的波速

材料	密度/(g/cm³)	波速/(m/s)	
		纵波速度	横波速度
空气	0.001	330	—
铝	2.7～2.8	6250～6350	3100
铍	1.82	12800	8710
黏合剂	1.738	2240(1%±8%)	—

续表

材料	密度/(g/cm³)	波速/(m/s)	
		纵波速度	横波速度
黄铜	8.1	4430	2120
青铜	8.86	3530	2230
铸铁	7.7	4500	2400
细云片岩(黑)	1.302	2584	960
铜	8.9	4660	2260
软木	0.24	510	—
玻璃	2.23～2.51	5570～5770	3430～3440
甘油	1.261	1920	—
金	19.3	3240	1200
冰	1.00	3980	1990
铅	11.4	2160	700
锆钛酸铅	7.65	3791	—
氧化镁	1.74	5790	3100
镍	8.3	5630	2960
油	0.92～0.953	1380～1500	—
有机玻璃	1.18	2670	1120
聚乙烯(典型)	0.920	2000	—
石英	2.65	5736	—
银	10.5	3600	1590
软组织	1.06	1540	—
钢	7.8	5850	3230
不锈钢	7.67～8.03	5660～7390	2990～3120
锡	7.3	3320	1670
钛	4.54	6100	3120
钨	19.25	5180	2870
水(20℃)	1.00	1480	—
木头、橡木(顺纹)	0.4615	4640	1750
木头、橡木(横纹)	0.4615	1630～2150	1460～1750
锌	7.1	4170	2410

表 2-2　材料界面的反射率与透射率

反射边界	σ_R/σ_I	I_R/I_I	σ_T/σ_I	I_T/I_I
软木-钢	0.995	0.989	1.995	0.011
钢-软木	−0.995	0.989	0.005	0.011
铝-有机玻璃	−0.692	0.479	0.308	0.521
有机玻璃-铝	0.692	0.479	1.692	0.521

注：第一列为材料；第二列为反射波与入射波幅度之比；第三列为反射波与入射波能量之比；第四列为透射波与入射波幅度之比；第五列为透射波与入射波能量之比。

2.2　斜入射波的 Snell 定律

当一束超声波以一定的倾斜角入射到两种材料的界面时，会出现以下几种情况。

一是发生折射，如图 2-2 所示，利用 Snell 定律 $c_1\sin\theta_2=c_2\sin\theta_1$ 可以计算折射角。

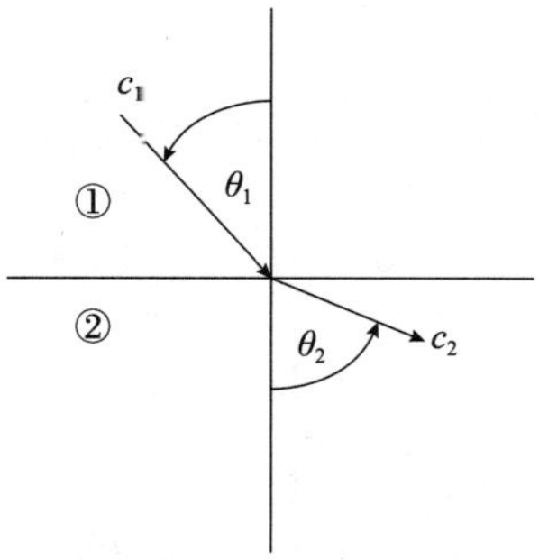

图 2-2　斜入射分析的 Snell 定律

二是模式转换。图 2-3 描述了当一束超声波到达两种材料的界面时，入射能量被分成几部分，包括透射纵波和横波，以及反射纵波和横波。考虑以角度 θ 作用在界面上的力，它产生的波动可以认为是两种力和运动的叠加：一种是法向力，和纵波传播相关；另一种是切向力，和横波传播有关。由于横波波速小于纵波波速，因此纵波和横波两种波形在有限脉冲激发时会随着距离的增加而逐渐分离。若激励源为连续的，则这两种波动在整个结构中相互叠加。

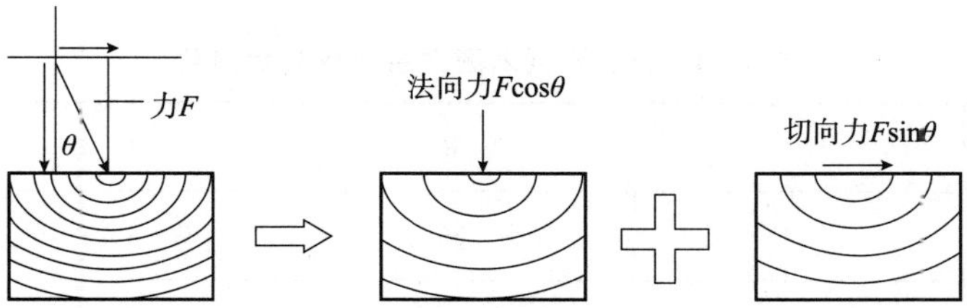

图 2-3　点源的分解模型

可通过波在界面两侧的情况，结合边界条件，来研究波形转换问题。如图 2-4 所示，在平面上取倾斜波前的一部分，记为 AB 段，波沿着材料 1 和材料 2 间的界面方向传播。利用球面波传播的惠更斯原理，设想在 A 点产生的球面波和一系列球面子波沿 A 到 C 方向传播。当波前段 AB 沿材料 1 和材料 2 的界面传播时，由初始的波前 AB 经过一段时间传播到材料 2 中的 CD 位置(此时 B 点恰好传到界面上的 C 点)，利用几何关系，波前在材料 1 中从 B 点运动到 C 点和波前在材料 2 中从 A 点运动到 D 点的时间相同，从而得到 Snell 定律：

$$\sin\theta_1=\frac{\overline{BC}}{\overline{AC}},\ \sin\theta_2=\frac{\overline{AD}}{\overline{AC}} \tag{2-34}$$

由于$\frac{\overline{BC}}{c_1}=t_{BC}=t_{AD}=\frac{\overline{AD}}{c_2}$，继而可得：

$$c_1\sin\theta_2=c_2\sin\theta_1 \tag{2-35}$$

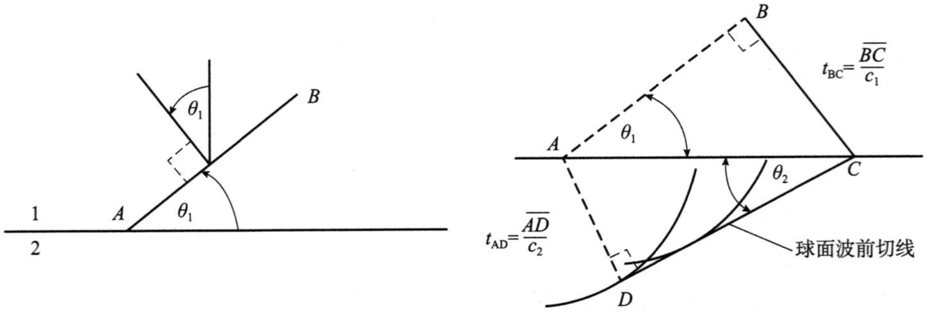

图 2-4　Snell 定律的推导

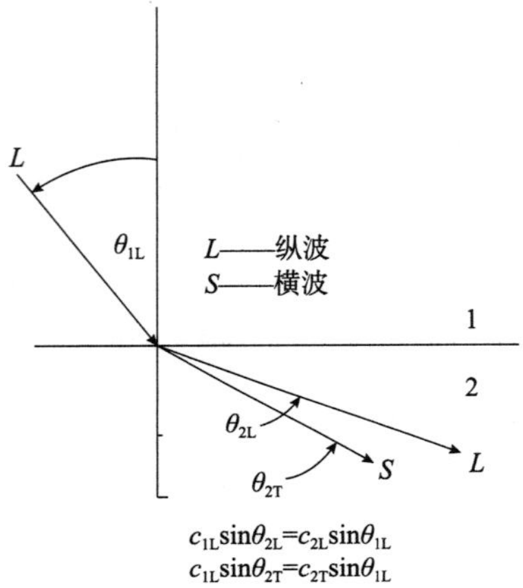

图 2-5　Snell 定律和波形转换

Snell 定律不仅可用来分析波速，还可以用来计算材料 2 中的横波折射角。由 Snell 定律还可推出图 2-5 中的两个等式。

表 2-3 所示为超声波以 15°、30°和 45°的入射角从一种材料传播到另一种材料的情况。如图 2-6 所示，当波从波速较慢的材料向波速较快的材料中传播时，折射波远离法线方向；反之，折射波靠拢法线方向。

表 2-3　纵波不同入射角所对应的折射角

界面	θ_{2L}值			$\theta_{2L}=90°$
	$\theta_1=15°$	$\theta_1=30°$	$\theta_1=45°$	$\theta_1=\theta_{cr}$
钢-树脂玻璃	6.8°	13.2°	18.8°	—
树脂玻璃-钢	34.5°	—	—	27°

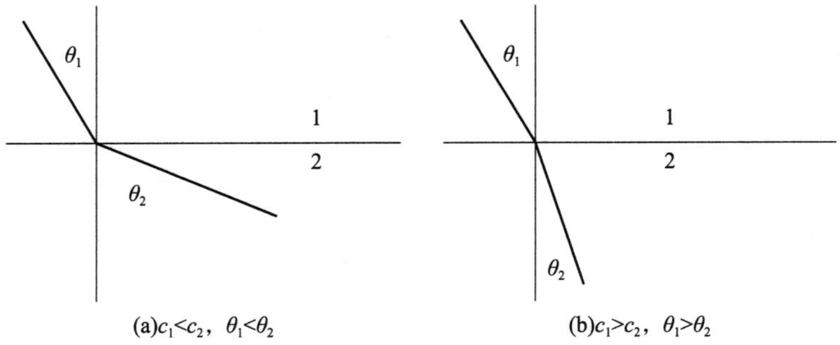

图 2-6　Snell 定律示例

2.3　临界角与波形转换

如图 2－7 所示，在折射过程中存在两个临界角。

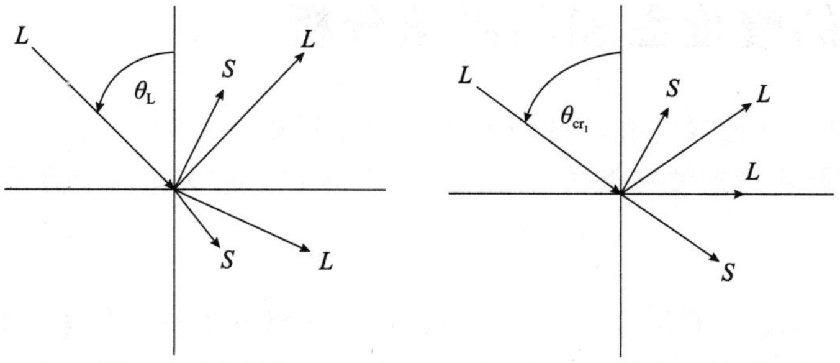

(a)一般纵波的入射情况　　(b)入射角为第一临界角的纵波入射

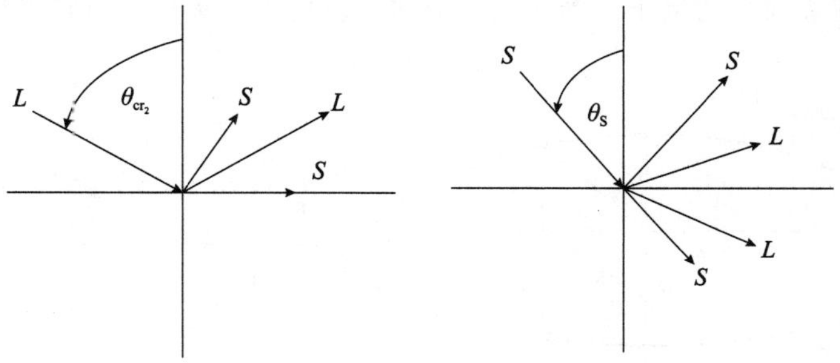

(c)入射角为第二临界角的纵波入射　　(d)入射波为横波

图 2－7　波形转换

(1)第一临界角是纵波折射角为 90°时的入射角：

$$\theta_{cr}=\arcsin\frac{c_1}{c_{2L}}，\theta_2=90^\circ \tag{2－36}$$

在这种情况下，第二种材料中只有横波。

(2)第二临界角是横波的折射角为 90°时的入射角。所有的能量或是被反射或是以界面波的形式沿界面传播。第二临界角可以通过 c_1/c_{2S} 的反正弦函数求得。

如果想要计算从不锈钢到有机玻璃入射的临界角，则会发现这个角度不存在($\sin\theta>1$)。

图 2－7 描述了四种可能出现的波形转换。

图 2－7(a)为纵波入射角为 θ_L 时的情况，在这种情况下，第二种材料中的折射波有纵波和横波，反射波也同样有纵波或横波，其中两个反射角和两个折射角都可以利用 Snell 定律求出。对于纵波入射纵波反射的情况，入射角等于反射角。

图 2－7(b)为入射角为第一临界角的情况，在这种情况下，第二种材料中只有横波，纵波偏离界面法线 90°从而成为界面波。当然，反射波中既有纵波又有横波。

图 2－7(c)为入射角为第二临界角的情况，材料 2 在界面部分有表面波传播，反射波中有纵波和横波。

图 2－7(d)为入射波为横波的情况，入射角为 θ_S。此时，横波反射角等于横波入射角。

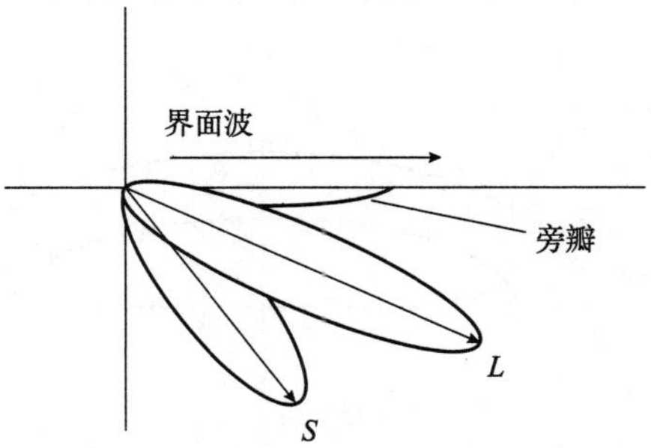

图 2－8　模式转换和由旁瓣产生的界面波

图 2－8 介绍了波形转换的一个有趣特征：当波

从材料 1 入射到材料 2 时，在入射角未达到第一临界角之前，可产生界面波。界面波的产生是波束扩散的结果。第二种材料中的折射纵波包括能量主瓣和旁瓣。当折射角增大时，在能量主瓣的中心位置达到 90°前，一部分能量已与交界面平行。

2.4 折射的慢度图和临界角分析

当波入射到两个各向异性介质的界面时会发生反射和折射。图 2-9 所示为对称但不同的椭圆形慢度图（慢度即波速倒数）。根据 Snell 定律，波矢量沿交界面的分量为一常量：

$$\frac{1}{c_{\mathrm{p}_1}}\sin\theta_1=\frac{1}{c_{\mathrm{p}_2}}\sin\theta_2 \tag{2-37}$$

即 $c_{\mathrm{p}_1}\sin\theta_2=c_{\mathrm{p}_2}\sin\theta_1$。利用这个关系，波在第二种材料中的折射角和相应的临界角可以被计算出。图 2-9 中不存在临界角，因为在介质 2 中的波传播速度比介质 1 中得小。图 2-10 给出了一个存在临界角的例子。当介质 1 中的入射角达到 θ_{cr} 时，介质 2 中的折射角为 90°。

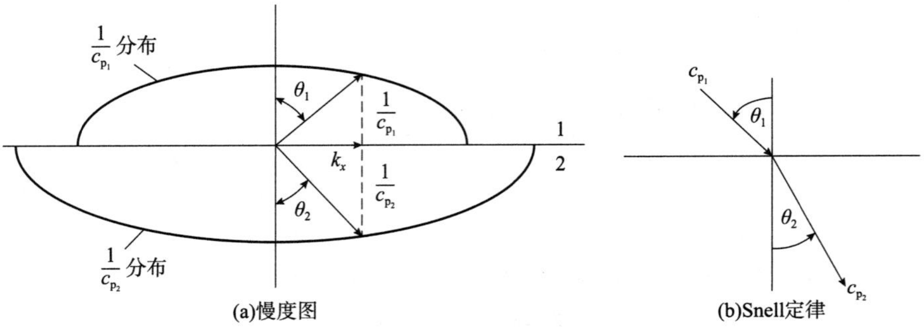

图 2-9 用慢度图计算折射角

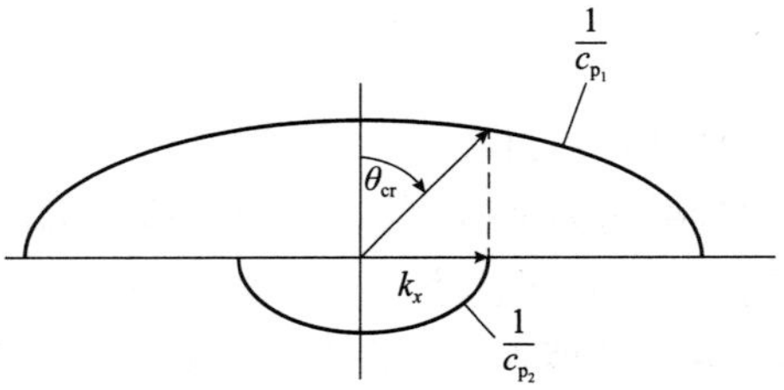

图 2-10 用慢度图计算临界角

图 2-11 所示为利用慢度图确定反射角和临界角的方法。以角 θ_{S} 入射的横波，横波反射角仍是 θ_{S}。反射纵波的反射角为 θ_{L}，k_x 保持不变。在实际应用中，使用表 2-1 中的材料参数，可以确定波束偏转角及斜入射条件下的临界角。

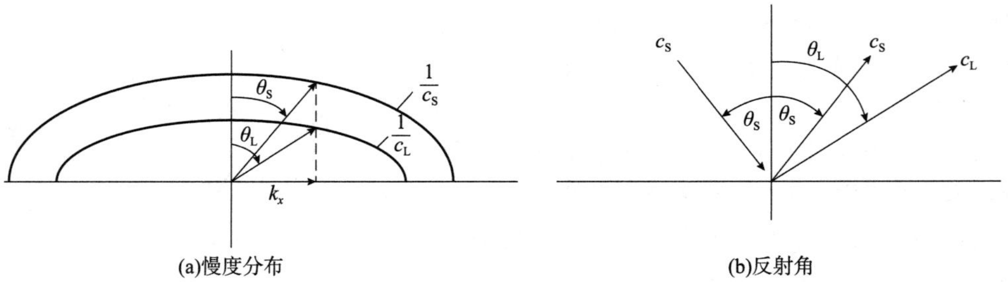

图 2-11 利用入射波为横波的慢度图计算折射角

2.5　斜入射波的反射与透射系数

在 2.4 节中论述了 Snell 定律，并引入第一临界角和第二临界角的概念。本节研究各模式波的幅度以及反射和折射系数，和超声导波分析有密切联系。反射系数为反射波的振幅与入射波的振幅之比，折射系数是折射波振幅与入射波振幅之比。反射系数和折射系数与入射角、波速相关，根据界面状况，还可能与频率有关。

按照物理学和波动力学原理，入射波到达两介质的界面时会产生模式转换。在固体介质中可能同时产生纵波和横波。然而，在无黏性液体(如水)中，只存在纵波。本节利用边界条件法计算固-固界面、固-液界面和液-固界面的情况。

2.5.1　固-固界面

如图 2－12 所示，振幅为 A_N 的平面波以角度 θ 入射到两个半无限大各向均匀介质的交界面 $y=0$ 处，反射纵波和横波的振幅分别为 A_L、A_T，其角度分别为 α_L、α_T。此外，折射波的振幅和角度分别为 B_L、B_T 以及 β_L、β_T。反射波和折射波的角度可通过 Snell 定律得到：

$$\frac{\sin\theta}{c_N}=\frac{\sin\alpha_T}{c_{1T}}=\frac{\sin\alpha_L}{c_{1L}}=\frac{\sin\beta_T}{c_{2T}}=\frac{\sin\beta_L}{c_{2L}} \tag{2－38}$$

式中　c_{1T}、c_{1L}、c_{2T}、c_{2L}——材料 1 和材料 2 中的横波和纵波速度；

c_N——入射波的速度，入射波速取值为 c_{1T} 或 c_{1L} 由入射波的类型决定。

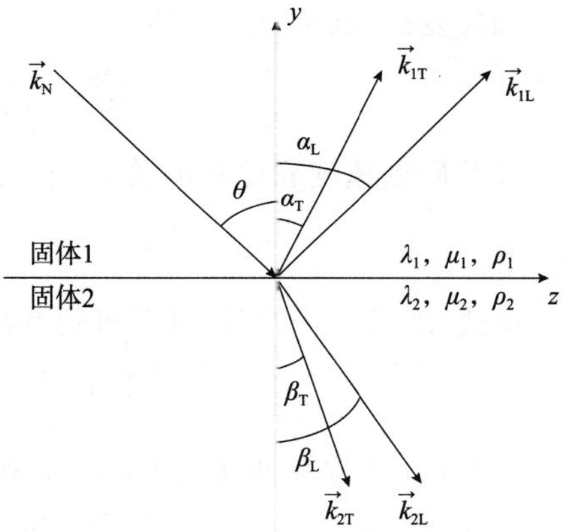

图 2－12　固-固界面的反射与折射

这里，首先考虑横波入射问题。

5 种波的波速会被用于计算反射和透射系数。对于横波入射，不同类型波的质点振动速度可表示为：

$$\vec{V}_N=\frac{-\hat{x}\times k_N}{|k_N|}A_N e^{-ik_N\cdot\vec{r}} \tag{2－39}$$

$$\vec{V}_{1T}=\frac{\hat{x}\times k_{1T}}{|k_{1T}|}A_T e^{-ik_{1T}\cdot\vec{r}} \tag{2－40}$$

$$\vec{V}_{1L}=\frac{k_{1L}}{|k_{1L}|}A_L e^{-ik_{1L}\cdot\vec{r}} \tag{2－41}$$

$$\vec{V}_{2T}=\frac{-\hat{x}\times k_{2T}}{|k_{2T}|}B_T e^{-ik_{2T}\cdot\vec{r}} \tag{2－42}$$

$$\vec{V}_{2L}=\frac{k_{2L}}{|k_{2L}|}B_L e^{-ik_{2L}\cdot\vec{r}} \tag{2－43}$$

对于纵波入射的情况，式(2－39)需要改变。从这里开始，将 $|k|$ 简单地写为 k。

入射波在 $y-z$ 平面内，向下($-\hat{y}$ 轴)和向右($\hat{z}$ 轴)传播。将波矢 k_N 沿 y 轴和 z 轴方向分解为：

$$k_N=-\hat{y}|k_N|\cos\theta+\hat{z}|k_N|\sin\theta \tag{2－44}$$

将式(2-44)代入式(2-39)中，可得：

$$\vec{V}_N=(\dot{y}\sin\theta+\dot{z}\cos\theta)A_N e^{-i(-yk_N\cos\theta+zk_N\sin\theta)} \tag{2-45}$$

理想的固-固界面，质点速度和应力分别在垂直方向和切线方向连续，边界条件可表示为：

$$(V_y)_N+(V_y)_{1T}+(V_y)_{1L}=(V_y)_{2T}+(V_y)_{2L} \tag{2-46}$$

$$(V_z)_N+(V_z)_{1T}+(V_z)_{1L}=(V_z)_{2T}+(V_z)_{2L} \tag{2-47}$$

$$(\sigma_{yy})_N+(\sigma_{yy})_{1T}+(\sigma_{yy})_{1L}=(\sigma_{yy})_{2T}+(\sigma_{yy})_{2L} \tag{2-48}$$

$$(\sigma_{yz})_N+(\sigma_{yz})_{1T}+(\sigma_{yz})_{1L}=(\sigma_{yz})_{2T}+(\sigma_{yz})_{2L} \tag{2-49}$$

式中　$(V_y)_N$——入射波(N)的质点速度在 y 轴方向(V_y)的分量，其他记法类似。

各向同性材料中弹性常数与速度之间的关系：

$$C_{11}=\rho c_L^2=\lambda+2\mu,\ C_{44}=\rho c_T^2=\mu,\ C_{12}=\lambda \tag{2-50}$$

和各向同性材料在二维平面中的应力-应变关系(胡克定律)：

$$\sigma_{yy}=\lambda(\varepsilon_{yy}+\varepsilon_{zz})+2\mu\varepsilon_{yy} \tag{2-51}$$

$$\sigma_{yz}=2\mu\varepsilon_{yz} \tag{2-52}$$

和应变-质点位移的关系：

$$\varepsilon_{yy}=\frac{\partial u_y}{\partial y},\ \varepsilon_{zz}=\frac{\partial u_z}{\partial z},\ \varepsilon_{yz}=\frac{1}{2}\left(\frac{\partial u_y}{\partial z}+\frac{\partial u_z}{\partial y}\right) \tag{2-53}$$

以及质点速度和位移的关系(谐波运动)：

$$\vec{V}=\frac{\partial \vec{u}}{\partial t}=i\omega\vec{u} \tag{2-54}$$

由式(2-52)～式(2-54)可得到应力与质点速度的关系：

$$\sigma_{yy}=\frac{\lambda+2\mu}{i\omega}\frac{\partial V_y}{\partial y}+\frac{\lambda}{i\omega}\frac{\partial V_z}{\partial z},\ \sigma_{yz}=\frac{\mu}{i\omega}\left(\frac{\partial V_y}{\partial z}+\frac{\partial V_z}{\partial y}\right) \tag{2-55}$$

由 Snell 定律及波速与 Lamé(拉梅)常数的关系，可以推出：

$$\lambda+2\mu\cos^2\theta_L=(\lambda+2\mu)\cos2\theta_T \tag{2-56}$$

接着是用边界条件解决本问题。利用垂直方向的质点速度在固-固界面上连续，可得：

$$A_N(-\sin\alpha_T)+A_L(-\cos\alpha_L)+A_T(\sin\alpha_T)=B_L(\cos\beta_L)+B_T(-\sin\beta_T) \tag{2-57}$$

式(2-57)是横波入射的情况，其中时间谐变项 $e^{-i\omega t}$ 已经被消去了。式(2-57)还可写为：

$$A_L(M_{11})+A_T(M_{12})+B_L(M_{13})+B_T(M_{14})=A_N(a_1) \tag{2-58}$$

式中　M_{11}、M_{12}、M_{13}、M_{14} 和 a_1——矩阵 $\boldsymbol{Mx}=\boldsymbol{a}$ 的矩阵元。在这种情况下，将反射和透射波的振幅用入射波振幅进行归一化，为：

$$RL=\frac{A_L}{A_N},\ RT=\frac{A_T}{A_N},\ SL=\frac{B_L}{A_N},\ ST=\frac{B_T}{A_N} \tag{2-59}$$

这 4 个变量组成了未知量，$x=[RL,\ RT,\ SL,\ ST]^T$。

使用边界条件式(2-46)～式(2-49)及式(2-56)，就可获得矩阵 $\boldsymbol{Mx}=\boldsymbol{a}$，

$$\boldsymbol{M}=\begin{bmatrix} -\cos\alpha_L & \sin\alpha_T & -\cos\beta_L & \sin\beta_T \\ -\sin\alpha_L & -\cos\alpha_T & \sin\beta_L & \cos\beta_T \\ -k_{1L}(\lambda_1+2\mu_1)\cos(2\alpha_T) & k_{1T}\mu_1\sin(2\alpha_T) & k_{2L}(\lambda_2+2\mu_2)\cos(2\beta_T) & -k_{2T}\mu_2\sin(2\beta_T) \\ -k_{1L}\mu_1\sin(2\alpha_L) & -k_{1T}\mu_1\cos(2\alpha_T) & -k_{2L}\mu_2\sin(2\beta_L) & -k_{2T}\mu_2\cos(2\beta_T) \end{bmatrix} \tag{2-60}$$

矩阵 $\boldsymbol{M}$ 对于入射横波、纵波都是一样的，因为反射和折射波是一致的。但是，向量 $\boldsymbol{a}$ 会改变，因为它代表入射波。对于入射横波和纵波，向量 $\boldsymbol{a}$ 分别表示为：

$$
\boldsymbol{a}_{\mathrm{T}}=\begin{bmatrix}\sin\alpha_{\mathrm{T}}\\ \cos\alpha_{\mathrm{T}}\\ -k_{1T}\mu_1\sin(2\alpha_{\mathrm{T}})\\ -k_{1T}\mu_1\cos(2\alpha_{\mathrm{T}})\end{bmatrix},\ \boldsymbol{a}_{\mathrm{L}}=\begin{bmatrix}-\cos\alpha_{\mathrm{L}}\\ \sin\alpha_{\mathrm{L}}\\ k_{1L}(\lambda_1+2\mu_1)\cos(2\alpha_{\mathrm{L}})\\ -k_{1L}\mu_1\sin(2\alpha_{\mathrm{L}})\end{bmatrix} \tag{2-61}
$$

由此可知，对于不同类型的入射波、材料特性和入射角度，都可由方程 $\boldsymbol{Mx}=\boldsymbol{a}$ 解出反射和折射系数 $\boldsymbol{x}$。图 2－13 所示为纵波和横波分别入射到铝-有机玻璃界面的计算结果。注意，对于入射纵波，曲线是平滑的；但对于入射横波，在角度 29.2°处出现了斜率的突然变化。

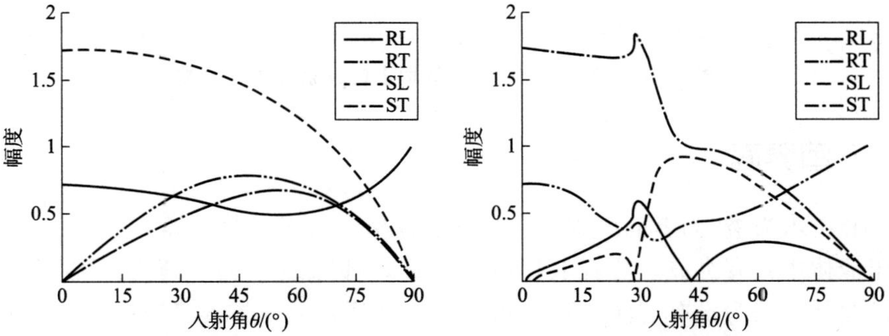

(a)纵波入射　　(b)横波入射

图 2－13　斜入射到铝-有机玻璃界面上的反射和透射系数结果

2.5.2　固-液界面

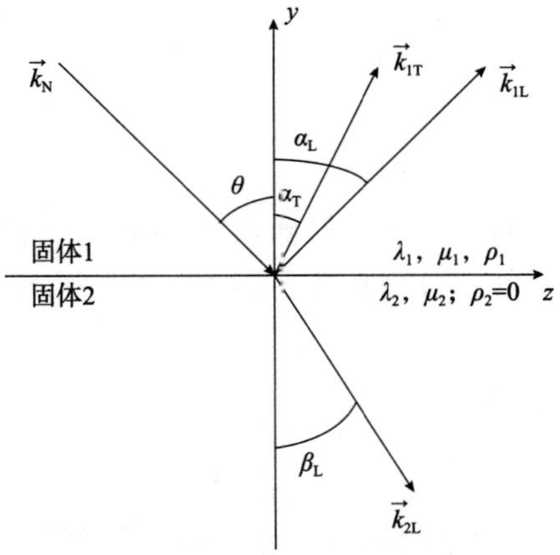

图 2－14　固-液界面的反射和折射

平面波斜入射到固-液界面的情况(图 2－14)可用与固-固边界条件相似的方法推导反射和折射系数，固-液界面和固-固界面问题主要有两点不同：第一，液体不能承载剪切波；第二，对于质点横向速度在界面上的连续条件不再成立。

液体中没有剪切波，故有 ST＝0。因此可以移除矩阵 $\boldsymbol{M}$ 的第四列以及向量 $\boldsymbol{a}$ 和 $\boldsymbol{x}$ 的第四行。此外，因为剪切位移在界面上不连续，可移除矩阵 $\boldsymbol{M}$ 的第二行。需要注意的是，液体的泊松比 $\mu_2=0$，且由 Snell 定律得到 $\beta_{\mathrm{T}}=0$，表达式可简化为：

$$
\boldsymbol{M}=\begin{bmatrix}-\cos\alpha_{\mathrm{L}} & \sin\alpha_{\mathrm{T}} & -\cos\beta_{\mathrm{L}}\\ -k_{1\mathrm{L}}(\lambda_1+2\mu_1)\cos(2\alpha_{\mathrm{T}}) & k_{1\mathrm{T}}\mu_1\sin(2\alpha_{\mathrm{T}}) & k_{2\mathrm{L}}\lambda_2\\ -k_{1\mathrm{L}}\mu_1\sin(2\alpha_{\mathrm{L}}) & -k_{1\mathrm{T}}\mu_1\cos(2\alpha_{\mathrm{T}}) & 0\end{bmatrix} \tag{2-62}
$$

式(2－62)对于入射纵波和横波都成立。对于纵波和横波入射，分别有：

$$
\boldsymbol{a}_{L}=\begin{bmatrix}-\cos\alpha_{\mathrm{L}}\\ k_{1\mathrm{L}}(\lambda_1+2\mu_1)\cos(2\alpha_{\mathrm{L}})\\ -k_{1\mathrm{L}}\mu_1\sin(2\alpha_{\mathrm{L}})\end{bmatrix},\ \boldsymbol{a}_{T}=\begin{bmatrix}\sin\alpha_{\mathrm{T}}\\ -k_{1\mathrm{T}}\mu_1\sin(2\alpha_{\mathrm{T}})\\ -k_{1\mathrm{T}}\mu_1\cos(2\alpha_{\mathrm{T}})\end{bmatrix} \tag{2-63}
$$

计算结果如图 2－15 所示，分别为纵波和横波入射到铝-水界面。对于纵波入射，计算得到的反射和折射系数是平滑的。对于横波入射，角度 29.2°处斜率突然变化。

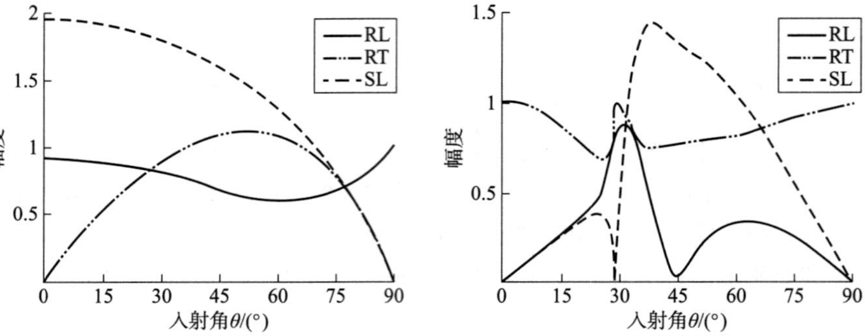

(a)纵波入射　　(b)横波入射

图 2-15　斜入射到铝-水界面上的反射和透射系数

2.5.3　液-固界面

图 2-16 所示为液-固界面的斜入射情况。反射、折射系数推导方法和固-固界面情况类似。由于液体中只有纵波，故有 RT=0。因此，移除矩阵 $\boldsymbol{M}$ 的第二列以及向量 $\boldsymbol{a}$ 和 $\boldsymbol{x}$ 的第二行。此外，因为没有切向位移的边界连续，还需要移除矩阵 $\boldsymbol{M}$ 的第二行。需要注意的是，液体的泊松比 $\mu_1=0$，并且由 Snell 定律得到 $\alpha_T=0$，表达式也就简化了。

$$\boldsymbol{M}=\begin{bmatrix} -\cos\alpha_L & -\cos\beta_L & \sin\beta_T \\ -k_{1L}\lambda_1 & k_{1L}(\lambda_2+2\mu_2)\cos(2\beta_T) & -k_{2T}\mu_2\sin(2\beta_T) \\ 0 & -k_{2L}\mu_2\sin(2\beta_L) & -k_{2T}\mu_2\cos(2\beta_T) \end{bmatrix} \tag{2-64}$$

$$\boldsymbol{a}_L=\begin{bmatrix} -\cos\alpha_L \\ k_{1L}\lambda_1 \\ 0 \end{bmatrix} \tag{2-65}$$

对于纵波入射到水-铝界面的情况，计算结果如图 2-17 所示。由反射和折射系数结果可知，分别在临界角 13.5°和 28.5°处斜率突然变化。

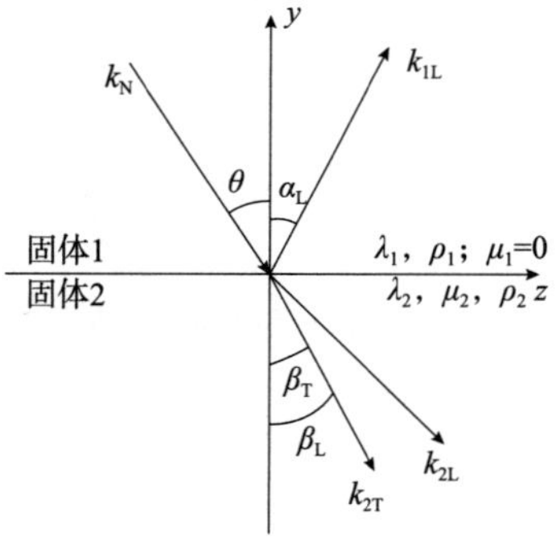

图 2-16　液-固界面的反射和折射

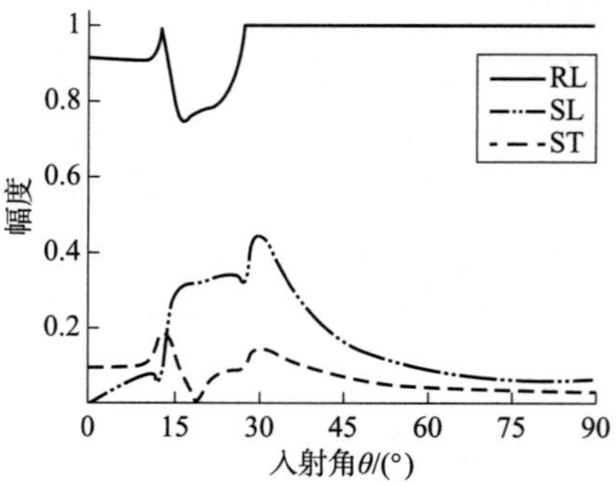

图 2-17　斜入射到水-铝界面的反射和折射系数

参考文献

[1]POLLARD H F. Sound Waves in Solids[M]. London：Germany：Pion Ltd，1977.

[2]POLLARD H F，GEORGE HERRMANN. Sound Waves in Solids[J]. Journal of Applied Mechanics，1978(45)：967-968.

[3]TIMOSHENKO S P，GOODIER J N. Theory of Elasticity[M]. 3rd ed. New York：McGraw-Hill，1987.

[4]GRAFF K F. Wave Motion in Elastic Solids[M]. New York：Dover，1991.

第3章　基础结构中的超声导波

这里简单描述一下导波与体波的根本区别。体波在介质体内传播，以反射与折射的形式与边界发生相互作用，反射和折射时伴随纵波与横波间的模式转换。导波与体波的控制方程相同，主要区别是：导波问题的求解过程加入了边界条件，因此不需要单独考虑各界面和表面的反射和折射。引入边界条件增加了导波问题解析解的难度，因此大多数情况需要进行数值计算。边界条件的引入改变了波的传播模式的表述。导波存在无数种模式，这些模式可由频散曲线描述。

自然界中存在很多波导结构，现今以研究它们的科学家的名字来命名一些经典的导波问题，如瑞利(Rayleigh)波、兰姆(Lamb)波和斯通莱(Stoneley)波等。瑞利波是半无限固体表面上的波，边界上应力为0，波幅随深度衰减(图3-1)。兰姆波的经典问题(图3-2)是在均匀各向同性自由边界板中的导波，板的上下表面应力为0。斯通莱波是一种界面导波(图3-3)，交界面上需要满足应力和位移连续性条件及辐射条件。

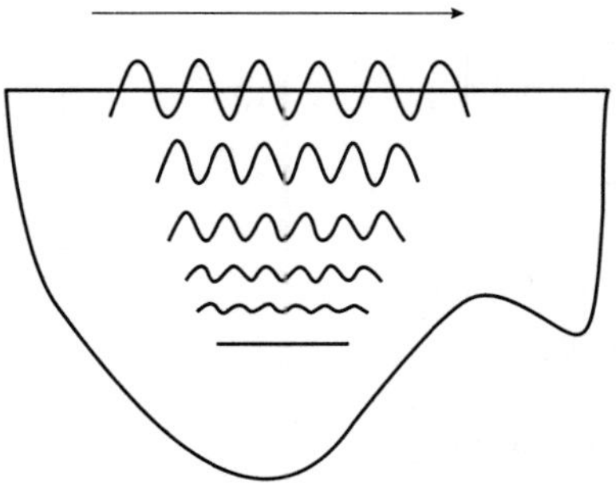

图3-1　瑞利波示意

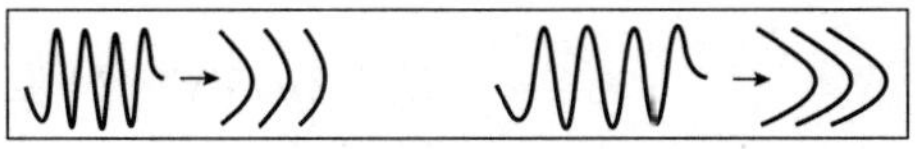

图3-2　兰姆波示意

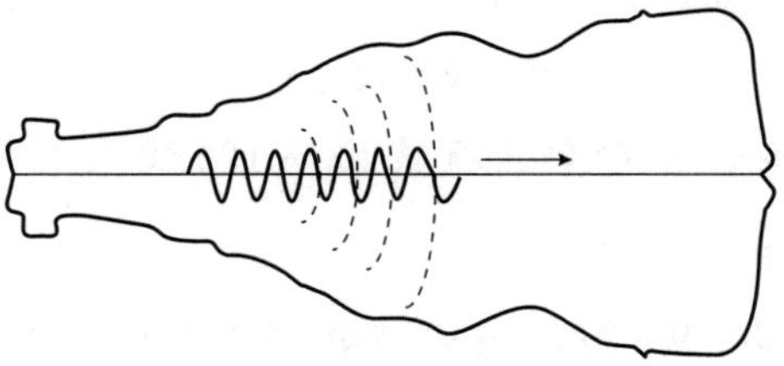

图3-3　斯通莱波示意

3.1　板中的超声导波

3.1.1　各向同性介质

各向同性弹性介质中的波动方程在经典弹性力学教科书中都有阐述。控制方程为：

$$(\lambda+\mu)u_{j,ij}+\mu u_{i,jj}+f_i=\rho\ddot{u}_i \qquad i,\ j=1,\ 2,\ 3 \tag{3-1}$$

笛卡儿坐标的分量形式为：

$$(\lambda+\mu)\frac{\partial}{\partial x_1}\left(\frac{\partial u_1}{\partial x_1}+\frac{\partial u_2}{\partial x_2}+\frac{\partial u_3}{\partial x_3}\right)+\mu\nabla^2 u_1+f_x=\rho\frac{\partial^2 u_1}{\partial t^2} \tag{3-2}$$

$$(\lambda+\mu)\frac{\partial}{\partial x_2}\left(\frac{\partial u_1}{\partial x_1}+\frac{\partial u_2}{\partial x_2}+\frac{\partial u_3}{\partial x_3}\right)+\mu\nabla^2 u_2+f_y=\rho\frac{\partial^2 u_2}{\partial t^2} \tag{3-3}$$

$$(\lambda+\mu)\frac{\partial}{\partial x_3}\left(\frac{\partial u_1}{\partial x_1}+\frac{\partial u_2}{\partial x_2}+\frac{\partial u_3}{\partial x_3}\right)+\mu\nabla^2 u_3+f_z=\rho\frac{\partial^2 u_3}{\partial t^2} \tag{3-4}$$

式中：

$$\nabla^2=\frac{\partial^2}{\partial x_1^2}+\frac{\partial^2}{\partial x_2^2}+\frac{\partial^2}{\partial x_3^2} \tag{3-5}$$

引入标记：

$$\nabla^2=\bar{i}_1\frac{\partial}{\partial x_1}+\bar{i}_2\frac{\partial}{\partial x_2}+\bar{i}_3\frac{\partial}{\partial x_3} \tag{3-6}$$

$$\bar{u}=(u_1,\ u_2,\ u_3) \tag{3-7}$$

当不考虑体作用力时，式(3－2)～式(3－4)可写成如下矢量形式：

$$(\lambda+\mu)\nabla\nabla\cdot\bar{u}+\mu\nabla^2\bar{u}=\rho\frac{\partial^2\bar{u}}{\partial t^2} \tag{3-8}$$

使用矢量恒等式：

$$\nabla^2\bar{u}=\nabla\nabla\cdot\bar{u}-\nabla\times\nabla\times\bar{u} \tag{3-9}$$

式中：

$$\nabla\times\bar{u}=\begin{vmatrix}\bar{i}_1 & \bar{i}_2 & \bar{i}_3\\ \dfrac{\partial}{\partial x_1} & \dfrac{\partial}{\partial x_2} & \dfrac{\partial}{\partial x_3}\\ u_1 & u_2 & u_3\end{vmatrix} \tag{3-10}$$

将式(3－9)代入式(3－8)中，运动方程可表示为：

$$(\lambda+2\mu)\nabla\nabla\cdot\bar{u}-\mu\nabla\times\nabla\times\bar{u}=\rho\frac{\partial^2\bar{u}}{\partial t^2} \tag{3-11}$$

以上运动方程可进一步简化。首先，将位移矢量 $\bar{u}$ 通过亥姆霍兹(Helmholtz)分解表示为标量的梯度和零散度矢量的旋度，即：

$$\bar{u}=\nabla\Phi+\nabla\times\bar{H},\ \nabla\cdot\bar{H}=0 \tag{3-12}$$

式中 Φ 和 $\bar{H}$——标量势和矢量势。将式(3－12)代入纳维尔(Navier)运动方程式(3－8)，得：

$$(\lambda+\mu)\nabla\nabla\cdot(\nabla\Phi+\nabla\times\bar{H})+\mu\nabla^2(\nabla\Phi+\nabla\times\bar{H})=\rho\left(\nabla\frac{\partial^2\Phi}{\partial t^2}+\nabla\times\frac{\partial^2\bar{H}}{\partial t^2}\right) \tag{3-13}$$

根据式(3－9)，式(3－13)可以改写为：

$$\left[(\lambda+2\mu)\nabla\nabla\cdot(\nabla\Phi)-\rho\nabla\frac{\partial^2\Phi}{\partial t^2}\right]-\mu\nabla\times\nabla\times\nabla\Phi+(\lambda+\mu)\nabla\nabla\cdot\nabla\times\bar{H}+$$

$$\left[\mu\nabla^2\nabla\times\bar{H}-\nabla\times\frac{\partial^2\bar{H}}{\partial t^2}\right]=0 \tag{3-14}$$

采用下面的恒等式：

$$\nabla\cdot\nabla\Phi=\nabla^2\Phi,\ \nabla\times\nabla\times\nabla\Phi=0,\ \nabla\cdot\nabla\times\bar{H}=0 \tag{3-15}$$

根据式(3-14)和式(3-15)可得：

$$\nabla\left[(\lambda+2\mu)\nabla^2\Phi-\rho\frac{\partial^2\Phi}{\partial t^2}\right]+\nabla\times\left[\mu\nabla^2\bar{H}-\rho\frac{\partial^2\bar{H}}{\partial t^2}\right]=0 \tag{3-16}$$

若使式(3-16)成立，必须使其两项均为 0，从而有：

$$\nabla^2\Phi=\frac{1}{c_L^2}\frac{\partial^2\Phi}{\partial t^2} \tag{3-17}$$

$$\nabla^2\bar{H}=\frac{1}{c_T^2}\frac{\partial^2\bar{H}}{\partial t^2} \tag{3-18}$$

式中：

$$c_L^2=\frac{\lambda+2\mu}{\rho},\ c_T^2=\frac{\mu}{\rho} \tag{3-19}$$

这样，可以把波动方程(3-8)分解成两个简单的波动方程式(3-17)和式(3-18)。

3.1.2 膨胀波和等容波

假设式(3-12)中旋转部分$\nabla\times\bar{H}$为零，则：

$$\bar{u}=\nabla\Phi \tag{3-20}$$

在这种情况下，由式(3-16)和式(3-17)得：

$$\nabla^2\bar{u}=\frac{1}{c_L^2}\frac{\partial^2\bar{u}}{\partial t^2} \tag{3-21}$$

这意味着膨胀波(纵波)以速度 c_L 传播。假设式(3-12)位移中只有旋度部分，则：

$$\bar{u}=\nabla\times\bar{H},\ \nabla\cdot\bar{H}=0 \tag{3-22}$$

在此情况下，由式(3-16)和式(3-17)得：

$$\nabla^2\bar{u}=\frac{1}{c_T^2}\frac{\partial^2\bar{u}}{\partial t^2} \tag{3-23}$$

式(3-23)说明等容波以速度 c_L 传播。式(3-21)和式(3-23)相互独立，说明纵波和横波(也称等容波、畸变波或剪切波)在无界介质中传播时互不影响。这两种类型的波在弹性体边界上为了满足边界条件相互耦合。

3.1.3 自由边界条件板问题

根据弹塑性力学理论相关知识，通过相关公式描述平面问题中的边界条件。

运动方程：

$$\sigma_{ij,j}+f_i=\rho\ddot{u}_i \tag{3-24}$$

6 个相互独立的应变-位移方程：

$$\varepsilon_{ij}=\frac{1}{2}(u_{i,j}+u_{j,i}) \tag{3-25}$$

6 个独立本构方程：

$$\sigma_{ij}=\lambda\varepsilon_{kk}\delta_{ij}+2\mu\varepsilon_{ij} \tag{3-26}$$

运动方程和应变-位移方程适用于任何介质，有关介质的特性由式(3-26)引入，若不考虑应力和应变项的，即消去上面方程中的应力和应变项，则得到只含有质点位移(关于位移的偏微分方程)的运动方程式：

$$\mu u_{i,jj}+(\lambda+\mu)u_{j,ji}+f_i=\rho\ddot{u}_i \tag{3-27}$$

如果求解域无限大，则这些方程已经足以描述；但如果求解域是有限的，则需要考虑边界条件，边界条件的形式如下。

表面位移：

$$u(x, t)=u_0(x, t) \tag{3-28}$$

表面应力：

$$t_i=\sigma_{ji}n_j \tag{3-29}$$

混合边界条件：

$$\begin{cases}u(x, t)=u_0(x, t)，\text{在有限定表面位移的区域}\\ t_i=\sigma_{ji}n_j，\text{在有限定表面作用力的区域}\end{cases} \tag{3-30}$$

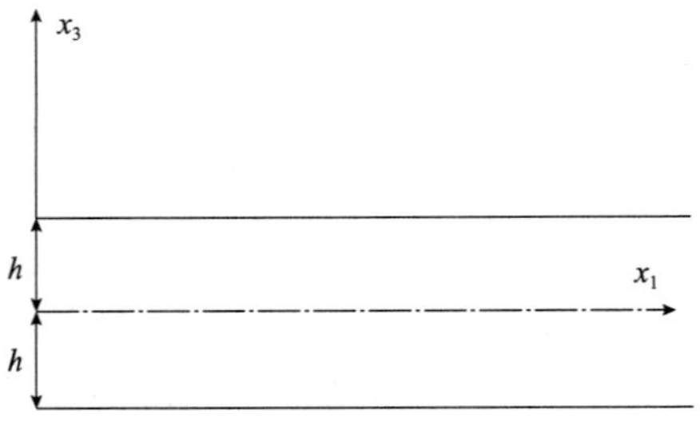

图 3-4　自由板问题的几何描述

板中导波的几何模型如图 3-4 所示，两个表面 $x_3=d/2=h$ 和 $x_3=-d/2=-h$ 为自由表面在板的某点上激发超声导波，由于激发区域的超声导波传播到板的上下界面时会发生波形转换(L 波变为 T 波，反之亦然)，经过在板内一段时间的传播后，因叠加而产生“波包”，即通常说的板中的导波模式。导波问题最常见的解法是位移势函数法和部分波法，此处介绍位移势函数法。

位移势函数法是将问题转化为求解一个标量位移势函数，通过波动方程和边界条件，得到位移势函数的解析表达式。根据位移势函数的解析表达式，可以得到波动场中的位移、速度、加速度等物理量。

通过亥姆霍兹分解位移矢量(场)，参见式(3-12)，分解的结果代入式(3-27)，可以得到两个解耦合的波动方程(对于平面应变)。

纵波：

$$\frac{\partial^2\phi}{\partial x_1^2}+\frac{\partial^2\phi}{\partial x_3^2}=\frac{1}{c_L^2}\frac{\partial^2\phi}{\partial t^2} \tag{3-31}$$

剪切波：

$$\frac{\partial^2\psi}{\partial x_1^2}+\frac{\partial^2\psi}{\partial x_3^2}=\frac{1}{c_T^2}\frac{\partial^2\psi}{\partial t^2} \tag{3-32}$$

通常三维空间中的波存在三个位移分量。Achenbach 研究表明：各向同性固体中的水平剪切波模式和兰姆波模式解耦。因此，可以先只考虑平面内应变、位移和应力与势函数的关系：

$$u_1=u=\frac{\partial\phi}{\partial x_1}+\frac{\partial\psi}{\partial x_3} \tag{3-33}$$

$$u_2=v=0 \tag{3-34}$$

$$u_3=w=\frac{\partial\phi}{\partial x_3}-\frac{\partial\psi}{\partial x_1} \tag{3-35}$$

$$\sigma_{31}=\mu\left(\frac{\partial u_3}{\partial x_1}+\frac{\partial u_1}{\partial x_3}\right)=\mu\left(\frac{2\partial^2\phi}{\partial x_1\partial x_3}-\frac{\partial^2\psi}{\partial x_1^2}+\frac{\partial^2\psi}{\partial x_3^2}\right) \tag{3-36}$$

$$\sigma_{33}=\lambda\left(\frac{\partial u_1}{\partial x_1}+\frac{\partial u_3}{\partial x_3}\right)+2\mu\frac{\partial u_3}{\partial x_3}=\lambda\left(\frac{\partial^2\phi}{\partial x_1^2}+\frac{\partial^2\phi}{\partial x_3^2}\right)+2\mu\left(\frac{\partial^2\phi}{\partial x_3^2}-\frac{\partial^2\psi}{\partial x_1\partial x_3}\right) \tag{3-37}$$

式中　λ 和 μ——Lamé 常数。

假定式(3-31)和式(3-32)的解为如下平面简谐波形式：

$$\phi=\Phi(x_3)\exp[i(kx_1-\omega t)] \tag{3-38}$$

$$\psi=\Psi(x_3)\exp[i(kx_1-\omega t)] \tag{3-39}$$

注意到这些解为沿 x_1 方向的行波和沿 x_3 方向的驻波。存在一个 x_1 和 t 变量的指数项，和一个关于 x_3 的静态函数。另外，这些解代表沿板方向传播的波以及在横向上固定分布的扰动。

将这些假设的解 ϕ 和 ψ 代入式(3-31)和式(3-32)，得到未知函数 ϕ 和 ψ 的控制方程，其解如下：

$$\Phi(x_3)=A_1\sin(px_3)+A_2\cos(px_3) \tag{3-40}$$

$$\Psi(x_3)=B_1\sin(qx_3)+B_2\cos(qx_3) \tag{3-41}$$

式中：

$$p^2=\frac{\omega^2}{c_L^2}-k^2,\quad q^2=\frac{\omega^2}{c_T^2}-k^2 \tag{3-42}$$

基于以上公式，位移和应力可直接由式(3-33)～式(3-37)得到。在所有表达式中略去 $\exp[i(kx_1-\omega t)]$ 项可得：

$$u_1=\left(ik\Phi+\frac{\mathrm{d}\Psi}{\mathrm{d}x_3}\right) \tag{3-43}$$

$$u_3=\left(-ik\Psi+\frac{\mathrm{d}\Phi}{\mathrm{d}x_3}\right) \tag{3-44}$$

$$\sigma_{31}=\mu\left(2ik\frac{\mathrm{d}\Phi}{\mathrm{d}x_3}+k^2\Psi+\frac{\mathrm{d}^2\Psi}{\mathrm{d}x_3^2}\right) \tag{3-45}$$

$$\sigma_{33}=\left[\lambda\left(-k^2\Phi+\frac{\mathrm{d}^2\Phi}{\mathrm{d}x_3^2}\right)+2\mu\left(\frac{\mathrm{d}^2\Phi}{\mathrm{d}x_3^2}-ik\frac{\mathrm{d}\Psi}{\mathrm{d}x_3}\right)\right] \tag{3-46}$$

由此可见，位移场和应力场就是含有以 x_3 为宗量的 sin(或 cos)函数，sin(或 cos)函数为关于 $x=0$ 的奇(或偶)函数。解可分成对称或反对称两组模式。特别是对于 x_1 方向上的位移，如果 u_1 中包含余弦项，则运动是(关于板的中面)对称的。如果 u_1 中包含正弦项，则运动为反对称的。x_3 方向的位移情况正好与之相反，因此在板中传播的模式分成两种。

对称模式：

$$\begin{cases}\Phi=A_2\cos(px_3)\\ \Psi=B_1\sin(qx_3)\\ u=u_1=ikA_2\cos(px_3)+qB_1\cos(qx_3)\\ w=u_3=-pA_2\sin(px_3)-ikB_1\sin(qx_3)\\ \sigma_{31}=\mu[-2ikpA_2\sin(px_3)+(k^2-q^2)B_1\sin(qx_3)]\\ \sigma_{33}=-\lambda(k^2+p^2)A_2\cos(px_3)-2\mu[p^2A_2\cos(px_3)+ikqB_1\cos(qx_3)]\end{cases} \tag{3-47}$$

反对称模式：

$$\begin{cases}\Phi=A_1\sin(px_3)\\ \Psi=B_2\cos(qx_3)\\ u=u_1=ikA_1\sin(px_3)+qB_2\sin(qx_3)\\ w=u_3=pA_1\cos(px_3)-ikB_2\cos(qx_3)\\ \sigma_{31}=\mu[2ikpA_1\cos(px_3)+(k^2-q^2)B_2\cos(qx_3)]\\ \sigma_{33}=-\lambda(k^2+p^2)A_1\sin(px_3)-2\mu[p^2A_1\sin(px_3)-ikqB_2\sin(qx_3)]\end{cases} \tag{3-48}$$

对称模式中 u 相对板厚度中心是对称的，w 是反对称的；反对称模式中 w 相对板厚度中心是对称的，u 是反对称的。现在，常数 A_1、A_2、B_1、B_2 仍然是未知的。考虑平面应变情况下的自由边界条件，在 $x_3=\pm d/2=\pm h$ 时，有：

$$\sigma_{31}=\sigma_{33}\equiv 0 \tag{3-49}$$

位移、应力和应变场依赖于模式的种类(对称和反对称)。然而，应用边界条件将给出两个关于常数 A_2、B_1(对称情况)和 A_1、B_2(反对称情况)的齐次方程组。对于齐次方程组，令系数矩阵的行列式为 0，以使其解为非平凡解。由式(3-49)有：

$$\frac{(k^2-q^2)\sin(qh)}{2ikp[\sin(ph)]}=\frac{-2\mu ikq[\cos(qh)]}{(\lambda k^2+\lambda p^2+2\mu p^2)\cos(ph)} \tag{3-50}$$

可变换成如下正切形式：

$$\frac{\tan(qh)}{\tan(ph)}=\frac{4k^2qp\mu}{(\lambda k^2+\lambda p^2+2\mu p^2)(k^2-q^2)} \tag{3-51}$$

可利用波速和式(3-42)定义的 p 和 q 对式(3-51)进行简化。由 c_L 的定义可得到：

$$\lambda=c_L^2\rho-2\mu \tag{3-52}$$

则有：

$$\lambda k^2+\lambda p^2+2\mu p^2=\lambda(k^2+p^2)+2\mu p^2=(c_L^2\rho-2\mu)(k^2+p^2)+2\mu p^2 \tag{3-53}$$

$$\lambda k^2+\lambda p^2+2\mu p^2=\rho c_L^2(k^2+p^2)-2\mu k^2 \tag{3-54}$$

利用式(3-42)和 $c_T^2=\mu/\rho$，式(3-54)可写为：

$$\lambda k^2+\lambda p^2+2\mu p^2=\rho\omega^2-2\rho c_T^2k^2 \tag{3-55}$$

亦可化为如下形式：

$$\rho c_T^2\left[\left(\frac{\omega}{c_T}\right)^2-2k^2\right]=\rho c_T^2(q^2-k^2)=\mu(q^2-k^2) \tag{3-56}$$

将式(3-56)代入原始频散方程式(3-51)可得：

$$\frac{\tan(qh)}{\tan(ph)}=-\frac{4k^2qp}{(q^2-k^2)^2}，\text{对称模式} \tag{3-57}$$

用类似的方法，继而可得到：

$$\frac{\tan(qh)}{\tan(ph)}=-\frac{(q^2-k^2)^2}{4k^2qp}，\text{反对称模式} \tag{3-58}$$

这些方程是众所周知的瑞利—兰姆频率方程。这些方程可以用于确定板内传播的某一频厚积的波对应的相速度。这一方程也称为频散方程。尽管该方程看起来很简单，但只能用数值方法求解。对于给定的 ω 和导出的 k，可以利用式(3-47)和式(3-48)中的 u 和 w 的表达式来计算位移。

3.1.4 波结构

超声导波模式的波结构是频散曲线上的一点所对应的位移、应变、应力等波场函数随厚度的分布关系。即使在同一根频散曲线上，随着频厚积的增加，波结构也会发生明显变化。图 3-5～图 3-10 所示为铝板中 S0、S1、S2、A0、A1、A2 在不同 fd 时的波结构解。计算时使用的 c_T 和 c_L 的值分别为 3.1mm/μs 和 6.3mm/μs。

图 3-5 所示为对称模式 S0，在 fd 值较小时，面内位移随板厚分布几乎为常数：随着 fd 值的增加，面内位移在板中心的幅度相比表面增强。与表面垂直的位移分量 w，在 fd 值较小时与面内位移相比很小。随着 fd 增加到 2 或 2.5 时，垂直表面的位移逐渐增大

直至大于面内位移。

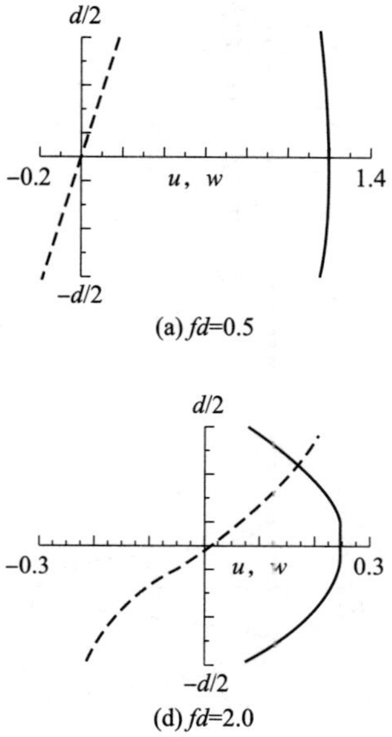

图 3－5　铝板 S0 模式各点的波结构

图中给出了沿板厚的面内位移(u，实线)和离面位移(w，虚线)分布

图 3－6 所示为 S1 模式的位移分布。关注在表面处的位移幅度，当 fd 较小时面内位移很大，而垂直于表面的位移几乎为 0。当 fd 值增加时，面内位移逐步减小而垂直于表面的位移分量则逐步增大。到 $fd=6.0$ 时，垂直分量占据主导地位。

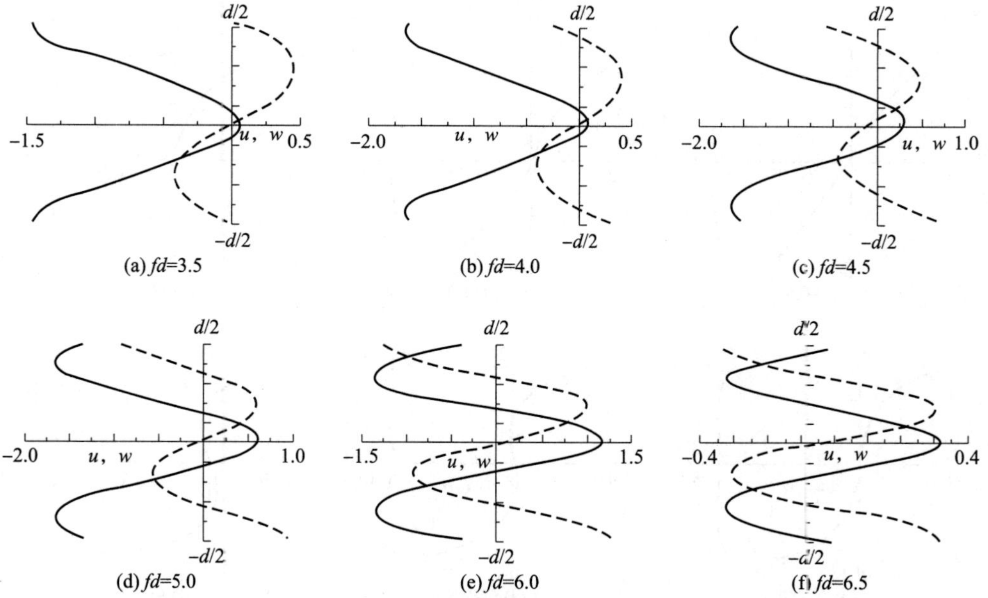

图 3－6　铝板 S1 模式各点的波结构

图 3－7 所示为 S2 模式的位移分布。在 fd 值较小时，外表面的面内位移值接近于 0，相比垂直位移较小。随着 fd 值从 2.0 变为 7.0，面内位移逐步成为主导。

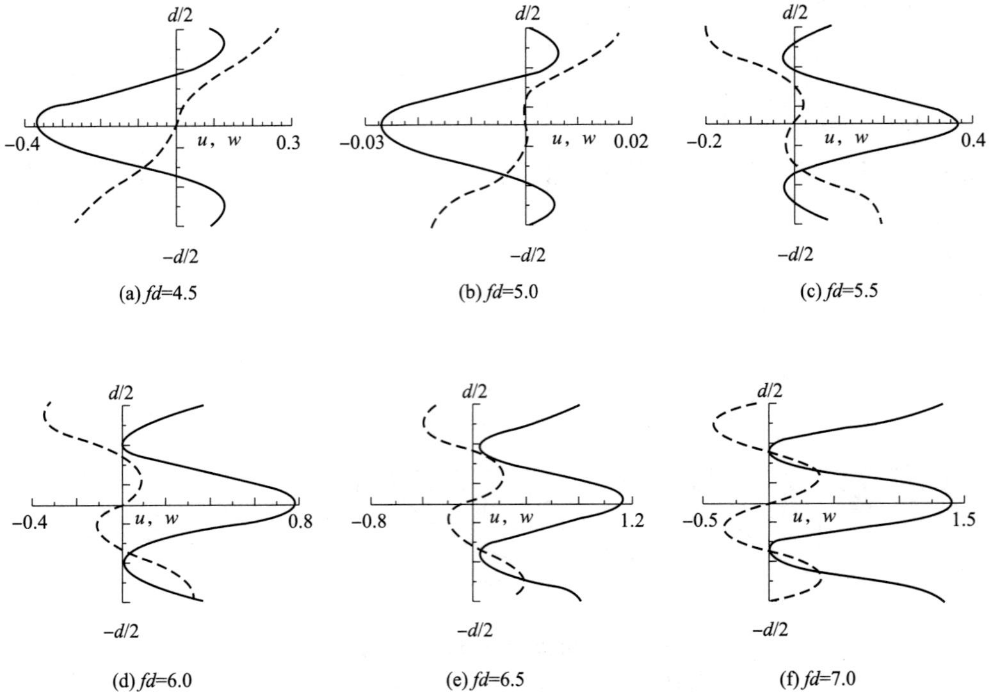

图 3-7　铝板 S2 模式各点的波结构

反对称模式的结果如图 3-8～图 3-10 所示，其中存在很多有趣的现象，例如，对于 A1 模式，当 fd 值为 4.5 时表面的离面位移占主导地位，而在这一点时，面内位移为 0。

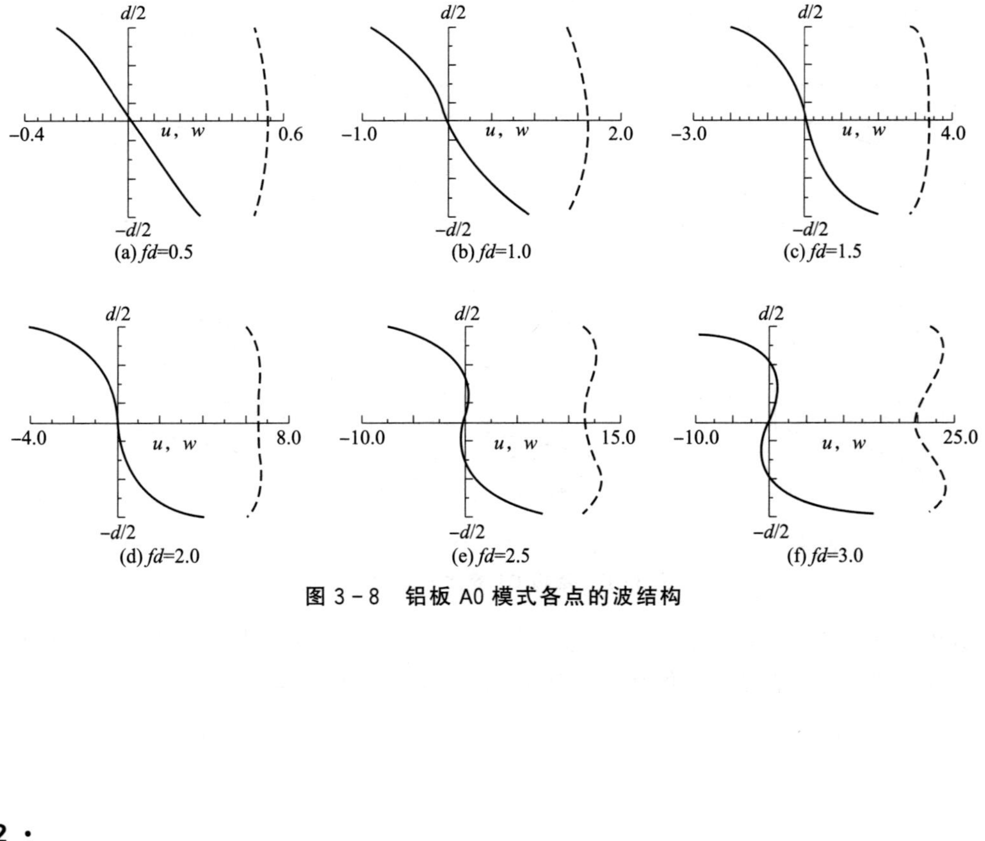

图 3-8　铝板 A0 模式各点的波结构

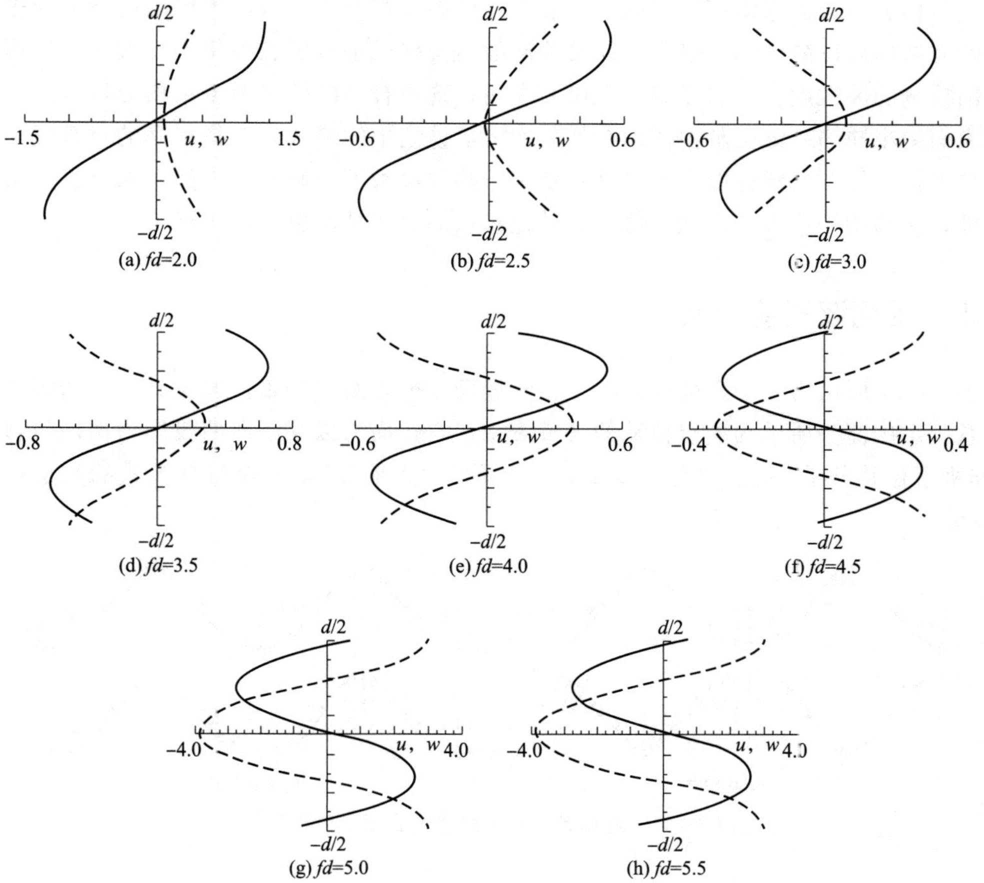

图 3－9　铝板中 A1 模式各点的波结构

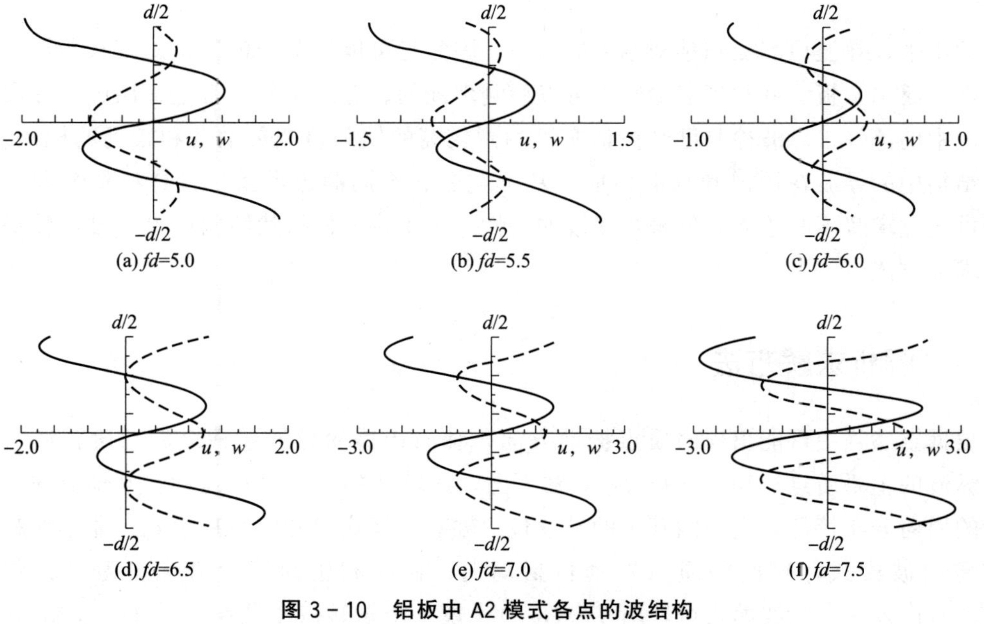

图 3－10　铝板中 A2 模式各点的波结构

波结构分析可以帮助提高波的穿透能力。例如，在有水负载或覆层的情况下通过选择合适的波结构可以减少能量泄漏。通过控制面内位移或垂直于表面位移的大小，也可以提高缺陷检测的灵敏度。目前已有相关研究表明，选择合理的模式和波结构分析可以检测到结构表面的小缺陷，该文献中使用在外表面上能量集中的模式，获得很高的灵敏度。也有很多关于提高导波的穿透能力或对某一特定缺陷的灵敏度的研究。当然，除位移分量 u 和 w 以外，波结构中应力、应变、能流等其他参数的分布情况也可能很有用。

3.1.5 压缩波和弯曲波

图 3－11 所示为一个高度放大的位移向量场在板表面的分布情况及其对板的形状影响的示意。图中箭头所示为质点位移的矢量表示，它在面内以及法向的投影为面内位移分量(u)和垂直位移分量(w)。对称模式的波也被称为“压缩波”，而反对称模式的波也被称为“弯曲波”。

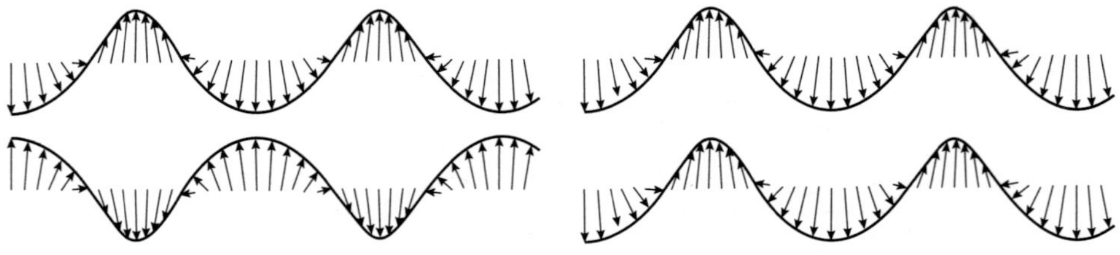

(a)对称模式　(b)反对称模式

图 3－11　对称模式和反对称模式质点位移示意

3.2 管中的纵向超声导波

近年来，导波检测受到越来越多的关注，因为它可以从单个位置检测较长距离。超声导波被广泛用于板、杆和管道检测，可以检测埋地的、有涂层的、有绝缘层的、油浸的或在水泥中的部件。导波检测已经被证实可达到较高的缺陷检测灵敏度和较远的检测距离。柱状结构中的导波在周向和轴向传播。基于空心管不同的边界条件、材料特性和几何特征，可通过求解不同边界条件来描述波的特性。本章将分析柱状结构中沿着轴向传播的导波的求解方法。

3.2.1 解析求解方法

根据空心管中可能出现的质点振动方向，轴向传播的导波包括纵波、扭转波及弯曲波。纵波的主要质点运动在 r 和(或) z 轴方向，扭转波的主要质点运动在 θ 轴方向。根据能量的周向分布特征，空心圆管中的导波包括轴对称模式和非轴对称模式。非轴对称模式也称弯曲波模式，它们的质点振动包括周向、径向和轴向三个方向。为了方便，用 $L(m, n)$ 代表一个纵波模式组，用 $T(m, n)$ 代表一个扭转波模式组。其中，整数 m 代表模式的周向阶数，整数 n 代表某一模式组的阶数。轴对称模式的周向阶数 $m=0$。

如图 3－12 所示，当弹性各向同性空心圆管在内外界面都满足零应力(自由)边界条件时，导波传播的纳维尔波动控制方程可表示为：

$$\mu\nabla^2\vec{U}+(\lambda+\mu)\nabla\nabla\cdot\vec{U}=\rho(\partial^2\vec{U}/\partial t^2) \tag{3-59}$$

式中　t——时间；

$\vec{U}$——位移场，是柱坐标系位置和时间的函数。

材料的体波波速由密度 ρ 和拉梅常数 μ 及 λ 决定。其中，纵波体波波速 c_1 和横波体波波速 c_2，分别可表示为：

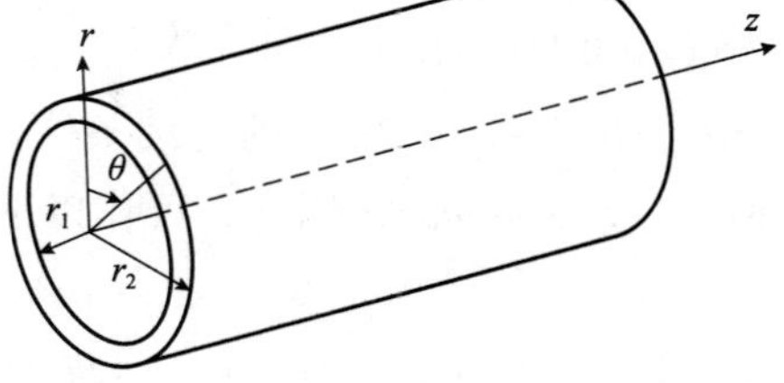

图 3-12　空心圆管中的柱坐标系

$$c_1=\sqrt{\frac{\lambda+2\mu}{\rho}} \tag{3-60}$$

$$c_2=\sqrt{\frac{\mu}{\rho}} \tag{3-61}$$

在各向同性柱体中，亥姆霍兹分解可用于简化问题：

$$\vec{U}=\nabla\Phi+\nabla\times\vec{H} \tag{3-62}$$

式中，用标量膨胀势函数 Φ 和矢量等体积势函数 $\vec{H}$ 来表示位移场。

用边界条件来求解波动控制方程。空心圆管的内外界面上都满足自由边界条件。假设管无限长，此时规范不变性可定义为：

$$\nabla\cdot\vec{H}=0 \tag{3-63}$$

此处规范不变性条件也称为等体积条件，也就是说，整个结构的体积是常数。因为空心管具有无限大的长度和体积，所以规范不变性条件适用。利用规范不变性条件，不需要考虑空心管两端的边界条件就可求解波动方程。

将式(3-62)代入式(3-59)，可得：

$$\nabla^2\Phi=\frac{1}{c_1}\frac{\partial^2\Phi}{\partial t^2} \tag{3-64}$$

$$\nabla^2\vec{H}=\frac{1}{c_2}\frac{\partial^2\vec{H}}{\partial t^2} \tag{3-65}$$

基于弹性理论，柱坐标系下的位移势函数 $\vec{H}$ 和 Φ 可表示为：

$$\nabla^2\Phi=\frac{\partial^2\Phi}{\partial r^2}+\frac{1}{r}\frac{\partial\Phi}{\partial r}+\frac{1}{r^2}\frac{\partial^2\Phi}{\partial\theta^2}+\frac{\partial^2\Phi}{\partial z^2} \tag{3-66}$$

$$\vec{H}=H_r\vec{e}_r+H_\theta\vec{e}_\theta+H_z\vec{e}_z \tag{3-67}$$

$$\begin{aligned}\nabla^2\vec{H}&=\nabla^2(H_r\vec{e}_r+H_\theta\vec{e}_\theta+H_z\vec{e}_z)\\&=\left(\nabla^2H_r-\frac{1}{r^2}H_r-2\frac{1}{r^2}\frac{\partial H_\theta}{\partial\theta}\right)\vec{e}_r+\left(\nabla^2H_\theta-\frac{1}{r^2}H_\theta+2\frac{1}{r^2}\frac{\partial H_r}{\partial\theta}\right)\vec{e}_\theta+\nabla^2H_z\vec{e}_z\end{aligned} \tag{3-68}$$

为了分离变量，位移势函数表达可表示为：

$$\begin{cases}\Phi=f(r)\Theta(m\theta)e^{i(kz-\omega t)}\\H_r=h_r(r)\Theta_r(m\theta)e^{i(kz-\omega t)}\\H_\theta=h_\theta(r)\Theta_\theta(m\theta)e^{i(kz-\omega t)}\\H_z=h_z(r)\Theta_z(m\theta)e^{i(kz-\omega t)}\end{cases} \tag{3-69}$$

式中　整数 m——模式波的周向阶数，$m=0$，1，2，…；

k——波数；

$f(r)$和$h_\xi(r)(\xi=r,\ \theta,\ z)$——未知系数。

为满足θ和$\theta+2\pi$处的连续条件，函数$\Theta(m\theta)$和$\Theta_\xi(m\theta)(\xi=r,\ \theta,\ z)$必须只包含$\sin(m\theta)$和(或)$\cos(m\theta)$。因此，可作以下假定：

$$\begin{cases}\Phi=f(r)\cos(m\theta)e^{i(kz-\omega t)}\\ H_r=h_r(r)\sin(m\theta)e^{i(kz-\omega t)}\\ H_\theta=h_\theta(r)\cos(m\theta)e^{i(kz-\omega t)}\\ H_z=h_z(r)\sin(m\theta)e^{i(kz-\omega t)}\end{cases} \tag{3-70}$$

引入式(3－70)，位移有如下形式：

$$\begin{cases}U_r=A_r(r)\cos(m\theta)e^{i(kz-\omega t)}\\ U_\theta=A_\theta(r)\sin(m\theta)e^{i(kz-\omega t)}\\ U_z=A_z(r)\cos(m\theta)e^{i(kz-\omega t)}\end{cases} \tag{3-71}$$

按照式(3－71)，当$m=0$(轴对称模式)时，周向位移分量$U_\theta=0$。任何轴对称扭转模式的主要位移都是周向位移分量U_θ，因此，式(3－70)不适合描述扭转模式。或者说，该解仅适用于纵波模式求解，而不适用于扭转波。

对于扭转波的解，可通过以下方式进行求解：

$$\begin{cases}\Phi=f(r)\sin(m\theta)e^{i(kz-\omega t)}\\ H_r=h_r(r)\cos(m\theta)e^{i(kz-\omega t)}\\ H_\theta=h_\theta(r)\sin(m\theta)e^{i(kz-\omega t)}\\ H_z=h_z(r)\cos(m\theta)e^{i(kz-\omega t)}\end{cases} \tag{3-72}$$

既适用于纵波又适用于扭转波的位移函数可表示为：

$$\begin{cases}\Phi=f(r)e^{im\theta}e^{i(kz-\omega t)}\\ H_r=h_r(r)e^{im\theta}e^{i(kz-\omega t)}\\ H_\theta=h_\theta(r)e^{im\theta}e^{i(kz-\omega t)}\\ H_z=h_z(r)e^{im\theta}e^{i(kz-\omega t)}\end{cases} \tag{3-73}$$

只考虑轴对称模式时，式(3－73)可简化为：

$$\Phi=f(r)e^{i(kz-\omega t)},\quad H=h(r)e^{i(kz-\omega t)} \tag{3-74}$$

为简化，可引入

$$\alpha^2=\omega^2/c_1^2-k^2,\ \beta^2=\omega^2/c_2^2-k^2,\ \alpha_1=|\alpha|,\ \beta_1=|\beta| \tag{3-75}$$

将式(3－66)～式(3－69)、式(3－73)和式(3－75)代入式(3－64)和式(3－65)得：

$$\begin{cases}r^2f''+rf'+\left[\left(\dfrac{\omega^2}{c_1^2}-k^2\right)r^2-m^2\right]f=0\\ r^2h_r''+rh_r'+\left[\left(\dfrac{\omega^2}{c_2^2}-k^2\right)r^2-(m^2+1)\right]h_r-2mih_\theta=0\\ r^2h_\theta''+rh_\theta'+\left[\left(\dfrac{\omega^2}{c_2^2}-k^2\right)r^2-(m^2+1)\right]h_\theta+2mih_r=0\\ r^2h_z''+rh_z'+\left[\left(\dfrac{\omega^2}{c_2^2}-k^2\right)r^2-m^2\right]h_z=0\end{cases} \tag{3-76}$$

使得：

$$2h_1=(ih_r-h_\theta),\ 2h_2=(ih_r+h_\theta),\ h_3=h_z \tag{3-77}$$

式(3-76)变成：

$$\begin{cases} r^2h_1''+rh_1'+\left[\left(\dfrac{\omega^2}{c_2^2}-k^2\right)r^2-(m+1)^2\right]h_1=0 \\ r^2h_2''+rh_2'+\left[\left(\dfrac{\omega^2}{c_2^2}-k^2\right)r^2-(m-1)^2\right]h_2=0 \\ r^2h_3''+rh_3'+\left[\left(\dfrac{\omega^2}{c_2^2}-k^2\right)r^2-m^2\right]h_3=0 \end{cases} \tag{3-78}$$

求解贝塞尔方程可得：

$$\begin{cases} f=AZ_m(\alpha_1 r)+BW_m(\alpha_1 r) \\ h_3=h_z=A_3Z_m(\beta_1 r)+B_3W_m(\beta_1 r) \\ h_1=\dfrac{(ih_r-h_\theta)}{2}=A_1Z_{m+1}(\beta_1 r)+B_1W_{m+1}(\beta_1 r) \\ h_2=\dfrac{(ih_r+h_\theta)}{2}=A_2Z_{m-1}(\beta_1 r)+B_2W_{m-1}(\beta_1 r) \end{cases} \tag{3-79}$$

式中　函数 Z_m 和 W_m——m 阶贝塞尔函数，它们可定义为：

$$Z_m(\alpha_1 r)=\begin{cases} J_m(\alpha_1 r),\ \dfrac{\omega^2}{c_1^2}-k^2\geqslant 0 \\ I_m(\alpha_1 r),\ \dfrac{\omega^2}{c_1^2}-k^2<0 \end{cases} \tag{3-80}$$

$$W_m(\alpha_1 r)=\begin{cases} K_m(\alpha_1 r),\ \dfrac{\omega^2}{c_1^2}-k^2\geqslant 0 \\ Y_m(\alpha_1 r),\ \dfrac{\omega^2}{c_1^2}-k^2<0 \end{cases} \tag{3-81}$$

$$Z_m(\beta_1 r)=\begin{cases} J_m(\beta_1 r),\ \dfrac{\omega^2}{c_2^2}-k^2\geqslant 0 \\ I_m(\beta_1 r),\ \dfrac{\omega^2}{c_2^2}-k^2<0 \end{cases} \tag{3-82}$$

$$W_m(\beta_1 r)=\begin{cases} K_m(\beta_1 r),\ \dfrac{\omega^2}{c_2^2}-k^2\geqslant 0 \\ Y_m(\beta_1 r),\ \dfrac{\omega^2}{c_2^2}-k^2<0 \end{cases} \tag{3-83}$$

相似地，规范不变性条件可表示为：

$$\frac{i}{r}(-h_1-h_2-rh_1'-rh_2'+mh_2-mh_1+krh_3)=0 \tag{3-84}$$

将式(3-79)代入式(3-62)，则位移场可表示为：

$$U_r=\frac{\partial\Phi}{\partial r}+\frac{1}{r}\frac{\partial H_z}{\partial\theta}-\frac{\partial H_\theta}{\partial z}=[f'+(im/r)h_3+ikh_1-ikh_2]\mathrm{e}^{im\theta}\mathrm{e}^{i(kz-\omega t)} \tag{3-85}$$

$$U_\theta=\frac{1}{r}\frac{\partial\Phi}{\partial\theta}+\frac{\partial H_r}{\partial z}-\frac{\partial H_z}{\partial r}=[(im/r)f+kh_1+kh_2-h_3']\mathrm{e}^{im\theta}\mathrm{e}^{i(kz-\omega t)} \tag{3-86}$$

$$\begin{aligned} U_z&=\frac{\partial\Phi}{\partial z}+\frac{1}{r}\frac{\partial}{\partial r}(rH_\theta)-\frac{1}{r}\frac{\partial H_r}{\partial\theta} \\ &=[ikf+h_2'-h_1'-(m+1)(h_1/r)-(m-1)(h_2/r)]\mathrm{e}^{im\theta}\mathrm{e}^{i(kz-\omega t)} \end{aligned} \tag{3-87}$$

基于弹性理论，纵波模式的应力场表示为：

$$\sigma_{rr}=\lambda\,\nabla^2\Phi+2\mu\varepsilon_{rr}=\lambda\,\nabla^2\Phi+2\mu\frac{\partial U_r}{\partial r}$$

$$=\left\{-\lambda(\alpha^2+k^2)f+2\mu\left[f''+\frac{m}{r}\left(h_3{}'-\frac{h_3}{r}\right)+ik(h_1{}'-h_2{}')\right]\right\}\mathrm{e}^{im\theta}\,\mathrm{e}^{\mathrm{i}(kz-\omega t)} \tag{3-88}$$

$$\sigma_{r\theta}=2\mu\varepsilon_{r\theta}=2\mu(1/2)\left[r\frac{\partial}{\partial r}\left(\frac{U_\theta}{r}\right)+\frac{1}{r}\frac{\partial U_r}{\partial\theta}\right]$$

$$=\mu\left[\frac{2mi}{r}\left(f'-\frac{f}{r}\right)-k\left(\frac{m-1}{r}h_1-h_1{}'\right)+k\left(\frac{m+1}{r}h_2+h_2{}'\right)\right. \tag{3-89}$$

$$\left.+\beta^2h_3\right]\mathrm{e}^{im\theta}\,\mathrm{e}^{\mathrm{i}(kz-\omega t)}$$

$$\sigma_{rz}=2\mu\varepsilon_{rz}=2\mu(1/2)\left[\frac{\partial U_r}{\partial z}+\frac{\partial U_z}{\partial r}\right]$$

$$=\mu\left\{2ikf'+\frac{m}{r}\left(h_1{}'+\frac{m+1}{r}h_1\right)+(k^2-\beta^2)(h_1-h_2)-\frac{mk}{r}h_3\right. \tag{3-90}$$

$$\left.-\frac{m}{r}\left(h_2{}'+\frac{m-1}{r}h_2\right)\right\}\mathrm{e}^{im\theta}\,\mathrm{e}^{\mathrm{i}(kz-\omega t)}$$

无限长空心圆管在内界面($r=r_1$)和外界面($r=r_2$)上的应力均为 0，自由边界条件可表示为 6 个应力分量均为 0，即：

$$\sigma_{rr}=\sigma_{r\theta}=\sigma_{rz}=0(\text{当 } r=r_1,\ r=r_2 \text{ 时}) \tag{3-91}$$

以及在 $r=r_1$ 和 $r=r_2$ 处的两个规范不变性条件方程。

因此，可得以下本征值方程：

$$\begin{bmatrix} C_{11} & C_{12} & \cdots & C_{18} \\ C_{21} & C_{22} & \cdots & C_{28} \\ \vdots & \vdots & \ddots & \vdots \\ C_{81} & C_{82} & \cdots & C_{88} \end{bmatrix}\begin{bmatrix} A \\ B \\ \vdots \\ B_3 \end{bmatrix}=\begin{bmatrix} 0 \\ 0 \\ \vdots \\ 0 \end{bmatrix} \tag{3-92}$$

使 $k_1=\dfrac{\omega}{c_1}$，$k_2=\dfrac{\omega}{c_2}$，$[C]_{8\times8}$矩阵元素可表示如下。

假设 $r=r_1$，矩阵前三行的元素为：

$$C_{11}=\frac{2\mu}{\lambda}Z''_m(\alpha_1r)-k_1^2Z_m(\alpha_1r)$$

$$C_{12}=\frac{2\mu}{\lambda}W''_m(\alpha_1r)-k_1{}^2W_m(\alpha_1r)$$

$$C_{13}=\frac{2\mu ki}{\lambda}Z'_{m+1}(\beta_1r)$$

$$C_{14}=\frac{2\mu ki}{\lambda}W'_{m+1}(\beta_1r)$$

$$C_{15}=-\frac{2\mu ki}{\lambda}Z'_{m-1}(\beta_1r)$$

$$C_{16}=-\frac{2\mu ki}{\lambda}W'_{m-1}(\beta_1r)$$

$$C_{17}=\frac{2\mu m}{\lambda r}\left(Z'_m(\beta_1 r)-\frac{Z_m(\beta_1 r)}{r}\right)$$

$$C_{18}=\frac{2\mu m}{\lambda r}\left(W'_m(\beta_1 r)-\frac{W_m(\beta_1 r)}{r}\right)$$

$$C_{21}=\frac{2mi}{r}\left(Z'_m(\alpha_1 r)-\frac{Z_m(\alpha_1 r)}{r}\right)$$

$$C_{22}=\frac{2mi}{r}\left(W'_m(\alpha_1 r)-\frac{W_m(\alpha_1 r)}{r}\right)$$

$$C_{23}=-k\left(\frac{m-1}{r}Z_{m+1}(\beta_1 r)-Z'_{m+1}(\beta_1 r)\right)$$

$$C_{24}=-k\left(\frac{m-1}{r}W_{m+1}(\beta_1 r)-W'_{m+1}(\beta_1 r)\right)$$

$$C_{25}=k\left(\frac{m+1}{r}Z_{m-1}(\beta_1 r)+Z'_{m-1}(\beta_1 r)\right)$$

$$C_{26}=k\left(\frac{m+1}{r}W_{m-1}(\beta_1 r)+W'_{m-1}(\beta_1 r)\right)$$

$$C_{27}=\beta^2 Z_m(\beta_1 r)$$

$$C_{28}=\beta^2 W_m(\beta_1 r)$$

$$C_{31}=2ikZ_m{}'(\alpha_1 r)$$

$$C_{32}=2ikW_m{}'(\alpha_1 r)$$

$$C_{33}=\left(\frac{m(m+1)}{r^2}+2k^2-k_2^2\right)Z_{m+1}(\beta_1 r)+\frac{m}{r}Z'_{m+1}(\beta_1 r)$$

$$C_{34}=\left(\frac{m(m+1)}{r^2}+2k^2-k_2^2\right)W_{m+1}(\beta_1 r)+\frac{m}{r}W'_{m+1}(\beta_1 r)$$

$$C_{35}=-\left(\frac{m(m-1)}{r^2}+2k^2-k_2^2\right)Z_{m-1}(\beta_1 r)-\frac{m}{r}Z'_{m-1}(\beta_1 r) \tag{3-93}$$

$$C_{36}=-\left(\frac{m(m-1)}{r^2}+2k^2-k_2^2\right)W_{m-1}(\beta_1 r)-\frac{m}{r}W'_{m-1}(\beta_1 r)$$

$$C_{37}=-\frac{km}{r}Z_m(\beta_1 r)$$

$$C_{38}=-\frac{km}{r}W_m(\beta_1 r)$$

假设 $r=r_2$，矩阵第 4～6 行的元素也可用式(3-93)表示。

除此之外，矩阵最后两行的元素可由式(3-84)求解出：

$$C_{71}=C_{72}=C_{74}=C_{76}=C_{78}=0，C_{73}=-\beta_1，C_{77}=k$$

$$C_{81}=C_{82}=C_{83}=C_{85}=C_{87}=0，C_{86}=\beta_1，C_{88}=k \tag{3-94}$$

若 $c\geqslant c_2$，则 $C_{75}=\beta_1$，$C_{84}=-\beta_1$；否则 $C_{75}=-\beta_1$，$C_{84}=\beta_1$。

空心管中的频散曲线可由本征值得到。图 3-13 所示为直径 3in、标号 40 的(内半径 39mm，外半径 44.45mm)钢管中纵波和扭转波的频散曲线。

由本征量$[C]_{8\times 8}$的实部可得到每个模式的位移分布情况。在 r 轴方向的能量分布称为波结构，在 θ 轴方向的能量分布称为角度面(或指向性图)。图 3-14 说明同一组(n 相同)模式具有类似的波结构。图 3-14 中，$L(2，1)$模式具有一个很小的周向位移分量，而轴对称模式 $L(0，1)$的周向位移分量为 0，$U_\theta=0$。

周向阶数为 m 的模式波的周向能量分布图(指向性图)不随管的材料特性具体数值以及模式阶数 n 变化而变化。图 3-15 显示了周向阶数为 0～2 的模式指向性图。然而，在实际测量中，由于一组模式的频散曲线特别接近，高阶模式很难单独存在，一组模式波的传播周向能量分布图受管的材料特性和激发条件的影响很大。

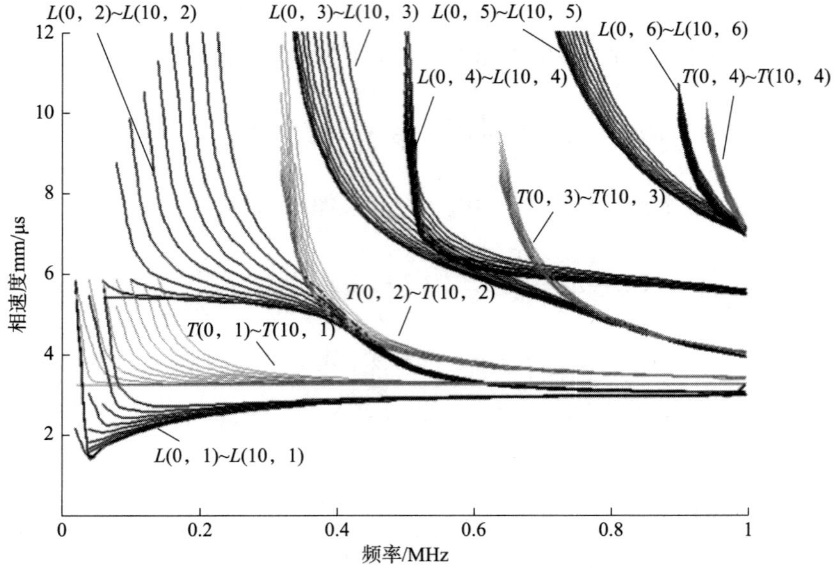

图 3-13　直径 3in、标号 40 的钢管中纵波和扭转波的频散曲线

注：包括轴对称模式 $L(0, n)/T(0, n)(n=1, 2, 3, \cdots)$

和非轴对称模式 $L(m, n)/T(m, n)(m=1, 2, 3, \cdots; n=1, 2, 3, \cdots)$

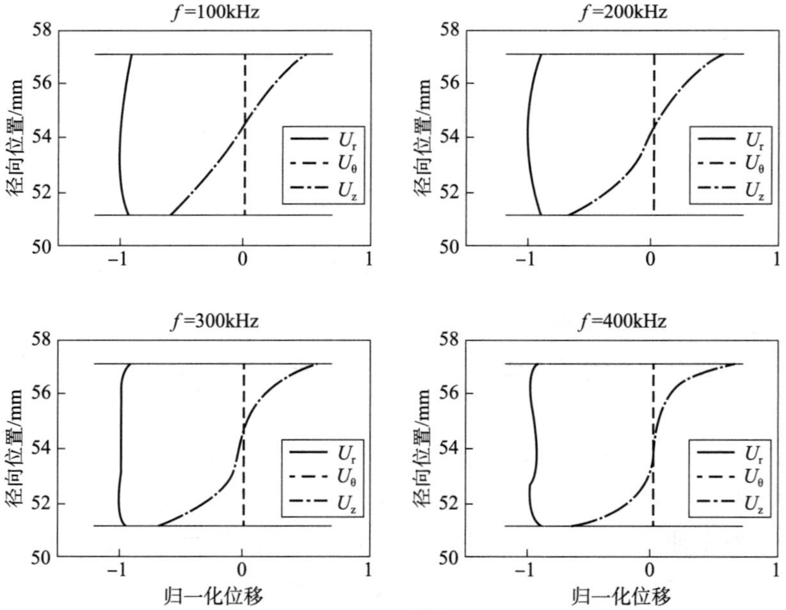

(a)$L(0, 1)$模式

图 3-14　直径 4in、标号 40 的钢管(内半径 51mm，外半径 57mm)中 $L(0, 1)$ 模式和 $L(2, 1)$ 模式在频率分别为 100kHz、200kHz、300kHz、400kHz 时的波结构

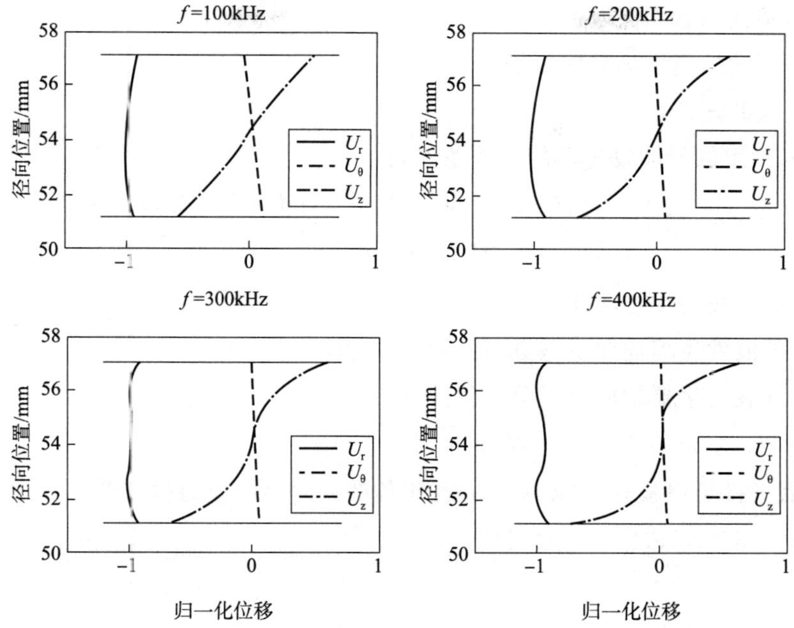

(b)$L(2,\ 1)$模式

图 3－14　直径 4in、标号 40 的钢管(内半径 51mm，外半径 57mm)中 $L(0,\ 1)$ 模式和 $L(2,\ 1)$ 模式在频率分别为 100kHz、200kHz、300kHz、400kHz 时的波结构(续)

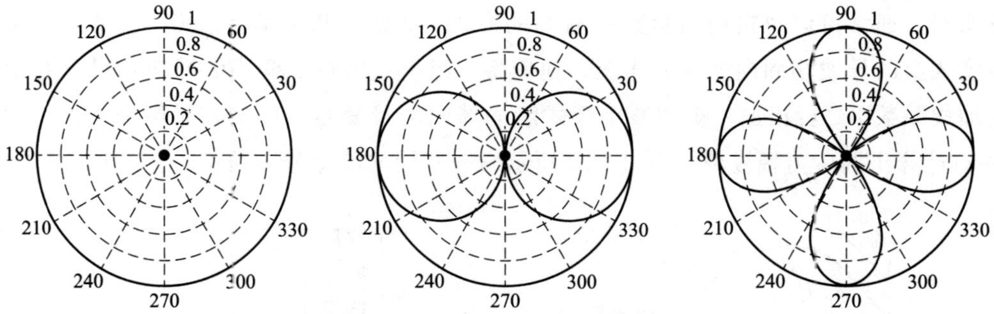

图 3－15　周向阶数为 $m=0$，$m=1$，$m=2$ 的模式组 $n=0$，1，2，3，…的周向能量分布

从图 3－15 可看出，管道性质和模式阶数 n 都不会影响单个模式的周向能量分布。

3.2.2　激发条件和周向能量分布

从式(3－85)～式(3－87)中推导了质点速度场，计算公式如下：

$$\nu_r = R_r^{mn}(r)\mathrm{e}^{\mathrm{i}m\theta}\mathrm{e}^{\mathrm{i}(\omega t - k^{mn}z)}$$

$$\nu_\theta = R_\theta^{mn}(r)\mathrm{e}^{\mathrm{i}m\theta}\mathrm{e}^{\mathrm{i}(\omega t - k^{mn}z)},\quad m=0,\ 1,\ 2,\ \cdots;\ n=1,\ 2,\ 3,\ \cdots$$

$$\nu_z = R_z^{mn}(r)\mathrm{e}^{\mathrm{i}m\theta}\mathrm{e}^{\mathrm{i}(\omega t - k^{mn}z)} \tag{3-95}$$

两个模式 $M(m,\ n)$ 和 $M(l,\ s)$(其中，M 代表纵波模式 L 或者扭转波模式 T)之间的正交关系可表示为：

$$P_{mlns} = -\frac{1}{4}\iint_D (\vec{\nu}_{mn}^* \cdot \hat{T}_{ls} + \vec{\nu}_{ls}^* \cdot \hat{T}_{mn}) \cdot \vec{e}_z \mathrm{d}V = 0, m \neq l \text{ 或 } k^{mn} \neq k^{ls} \tag{3-96}$$

式中　D——圆柱的截面区域；

$\bar{v}$和 $\bar{T}$——模式的速度场和应力场；

$*$——复共轭。

图 3－16 给出的导波发生器的负载条件为：

$$\bar{T}\cdot\vec{n}=\begin{cases}-p_1(\theta)p_2(z)\vec{e}_\xi, & |z|\leqslant L,\ |\theta|\leqslant\alpha,\ r=r_2\\ 0, & |z|>L,\ 或\ |\theta|>\alpha,\ 或\ r\neq r_2\end{cases} \tag{3-97}$$

式中　$\vec{n}$——应力场的单位法向量；

$p_1(\theta)$——导波发生器周向负载分布函数；

$p_2(z)$——导波发生器轴向负载分布函数；

$\vec{e}_\xi(\xi=1,2,3)$——主要振动方向。

应用负载条件可得模式波 $M(m,n)$在正传播方向上的应力幅度值：

$$A_{+}^{mn}=-\frac{R_{\xi}^{mn}(r)\mathrm{e}^{-\mathrm{i}k^{mn}z}r_{n+1}}{4P_{mmnn}}\int_{-\alpha}^{-\alpha+2\pi}\mathrm{e}^{\mathrm{i}m\theta}p_1(\theta)\mathrm{d}\theta\int_{-\infty}^{+\infty}p_2(z)\mathrm{e}^{\mathrm{i}k^{mn}z}\mathrm{d}z,z\geqslant L,\xi=1,2,3 \tag{3-98}$$

图 3－17 所示为直径 16in、标号 30 钢管中，$\alpha=90°$周向负载角度和 $L=10$mm 轴向长度换能器激励下的 100kHz $L(m,2)$模式组的位移分布。

从图 3－17 可看出，高周向阶数(m 较大)模式的幅度较小。因此，讨论一组模式的能量分布时，通常可以忽略周向阶数 m 较高的模式的影响。相关学者给出了空心圆管中所有级波模式组的导波场周向能量分布图，他们将一组模式中每个模式的周向能量分布乘以各自的加权系数 A_{+}^{mn}后相加，得到整个模式组的周向能量分布，而加权系数 A_{+}^{mn}就是用通过(3－98)计算出的应力幅度值。图 3－18 所示为一些周向能量分布的例子。

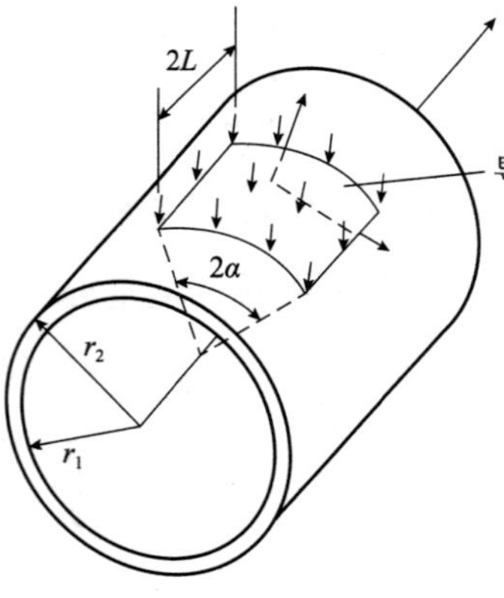

图 3－16　置于空心圆管上的超声导波发生器（负载的轴向长度为 $2L$，周向角度为 2α）

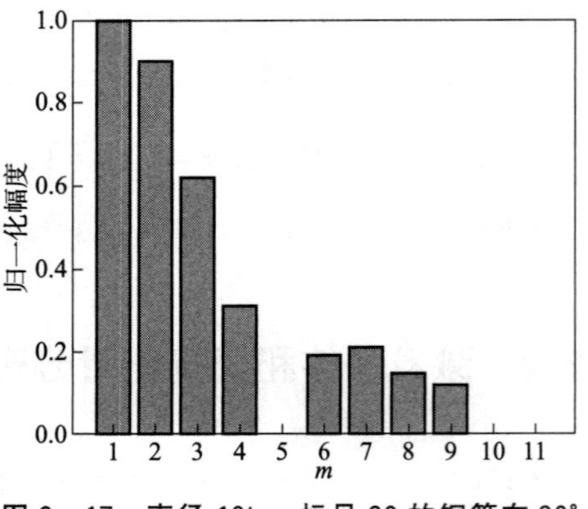

图 3－17　直径 16in、标号 30 的钢管在 90°周向负载激励下，100kHz 的 $L(m,2)$模式组的位移分布

类似地，总的波分布也是由模式阶数的波结构及其幅度值决定的。图 3－19 所示为直径 4in、标号 40 的钢管(内半径 51mm，外半径 57mm)中的一组 $L(m,1)$模式的波结构。比较图 3－19 和图 3－14 可知，同一组模式中所有模式的波结构都是类似的。

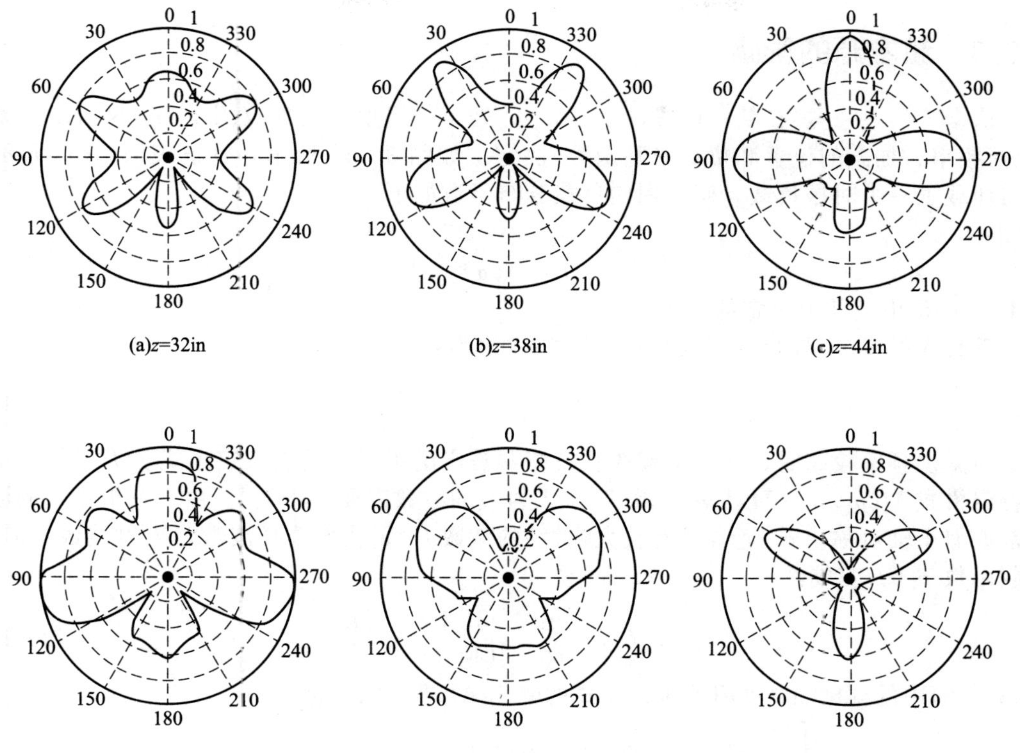

(a)z=32in　(b)z=38in　(c)z=44in

(d)z=50in　(e)z=56in　(f)z=62in

图 3－18　壁厚 0.125in、直径 2in 的钢管在 45°周向激励下，频率为 545kHz，扭转波模式组的周向能量分布

注：图中轴向距离 z 在 32～62in 等间隔变化，间隔为 6in

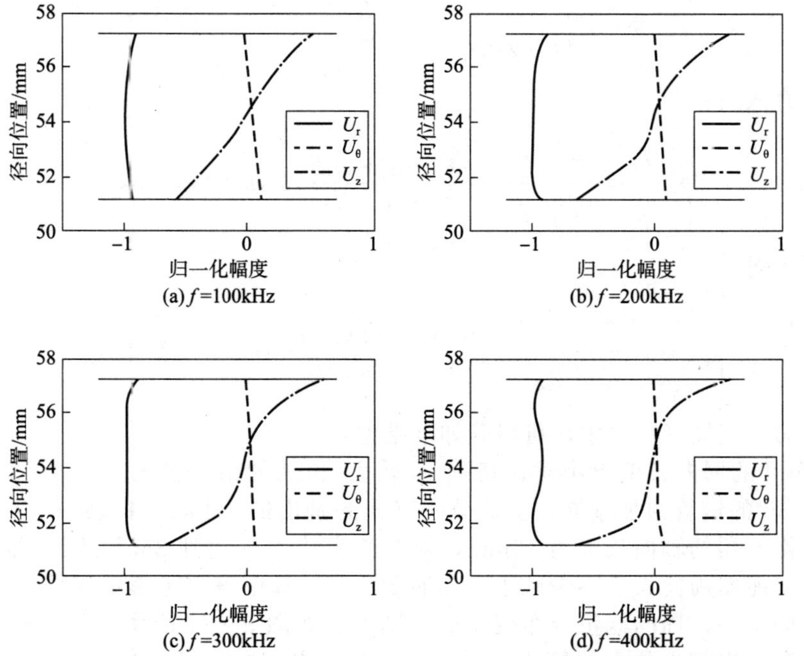

(a) f=100kHz　(b) f=200kHz

(c) f=300kHz　(d) f=400kHz

图 3－19　直径 4in、标号 40 的钢管中，$L(m，1)$模式在不同频率时的波结构

3.2.3 激发源的影响

依据式(3－96)，在某一位置(r_0，θ_0，z_0)处，一组模式的加权因子 A_+^{mn} 仅由激发条件(包括频率、加载的位置和负载激励函数)决定。如图 3－17 所示，管道表面 $2\alpha\times 2L$ 区域均匀加载了一个时振负载，假设周向负载分布函数如下：

$$p_1(\theta)=\begin{cases}p_0, & -\alpha\leqslant\theta\leqslant\alpha\\ 0, & -\alpha>\theta \text{ 或 } \theta>\alpha\end{cases} \tag{3-99}$$

式中，p_0 是由负载力决定的常数。

垂直入射换能器的轴向负载分布函数 $p_2(z)$ 为：

$$p_2(z)=\begin{cases}1, & |z|\leqslant L\\ 0, & |z|>L\end{cases} \tag{3-100}$$

当激发频率较高时，斜探头或梳状换能器被广泛用于激励出特定模式。为了激发出某一特定模式 $M(m,n)$(M 代表 L 或 T)，入射波的波数需要等于 k^{mn}。由于一组模式的波数通常近似于轴对称模式(通常具有较大幅度)的波数 k^{0n}，我们选择波数为入射波数。因此，负载函数 $p_2(z)$ 变成：

$$p_2(z)=\begin{cases}e^{-ik^{0n}z}, & |z|\leqslant L\\ 0, & \text{其他}\end{cases} \tag{3-101}$$

式(3－98)中的幅度 A_+^{mn} 可用轴对称模式的幅度 A_+^{0n} 进行归一化，得：

$$\frac{\int_{-\alpha}^{-\alpha+2\pi} e^{im\theta} p_1(\theta)\,d\theta}{\int_{-\alpha}^{-\alpha+2\pi} e^{0} p_1(\theta)\,d\theta}\cdot\frac{\int_{-\infty}^{\infty} p_2(z)e^{ik^{mn}z}\,dz}{\int_{-\infty}^{\infty} p_2(z)e^{ik^{0n}z}\,dz},m=1,2,3,\cdots \tag{3-102}$$

将式(3－99)和式(3－100)[或式(3－101)]代入式(3－102)中，可得：

$$\frac{\int_{-\alpha}^{-\alpha+2\pi} e^{im\theta} p_1(\theta)\,d\theta}{\int_{-\alpha}^{-\alpha+2\pi} e^{0} p_1(\theta)\,d\theta}=\frac{\sin(m\alpha)}{m\alpha},m=1,2,3,\cdots \tag{3-103}$$

对于垂直入射：

$$\frac{\int_{-\infty}^{\infty} p_2(z)e^{ik^{mn}z}\,dz}{\int_{-\infty}^{\infty} p_2(z)e^{ik^{0n}z}\,dz}=\frac{k^{0n}\sin(k^{mn}L)}{k^{mn}\sin(k^{0n}L)},m,n=1,2,3,\cdots \tag{3-104}$$

对于斜入射：

$$\frac{\int_{-\infty}^{\infty} p_2(z)e^{ik^{mn}z}\,dz}{\int_{-\infty}^{\infty} p_2(z)e^{ik^{0n}z}\,dz}=\frac{\sin[(k^{mn}-k^{0n})L]}{(k^{mn}-k^{0n})L},m,n=1,2,3,\cdots \tag{3-105}$$

从式(3－103)～式(3－105)中，可得到如下结论：

(1)当负载的周向长度较小时，高阶(m 较大)模式的幅度较大。图 3－20 所示为直径 16im、标号 30 的钢管由加载周向上的单一阵元激励出的 100kHz 扭转波 $T(m,1)$的位移分布。发射换能器的轴向长度为 10mm，周向长度从 1°变化到 360°。图中显示了 21 个模式波。随着换能器周向长度不断减小，在能量分布计算中需要考虑更多数量的模式。随着弯曲波数量的增多，周向能量分布变化更加剧烈。如图 3－21 所示，具有较大周向长度 α 的负载可以激励出较少数量的模式，因而角度分布更加“平滑”。当 $\alpha=\pi$ 时，只有轴对称模式会激发出来，对应于一个圆形的周向能量分布图。

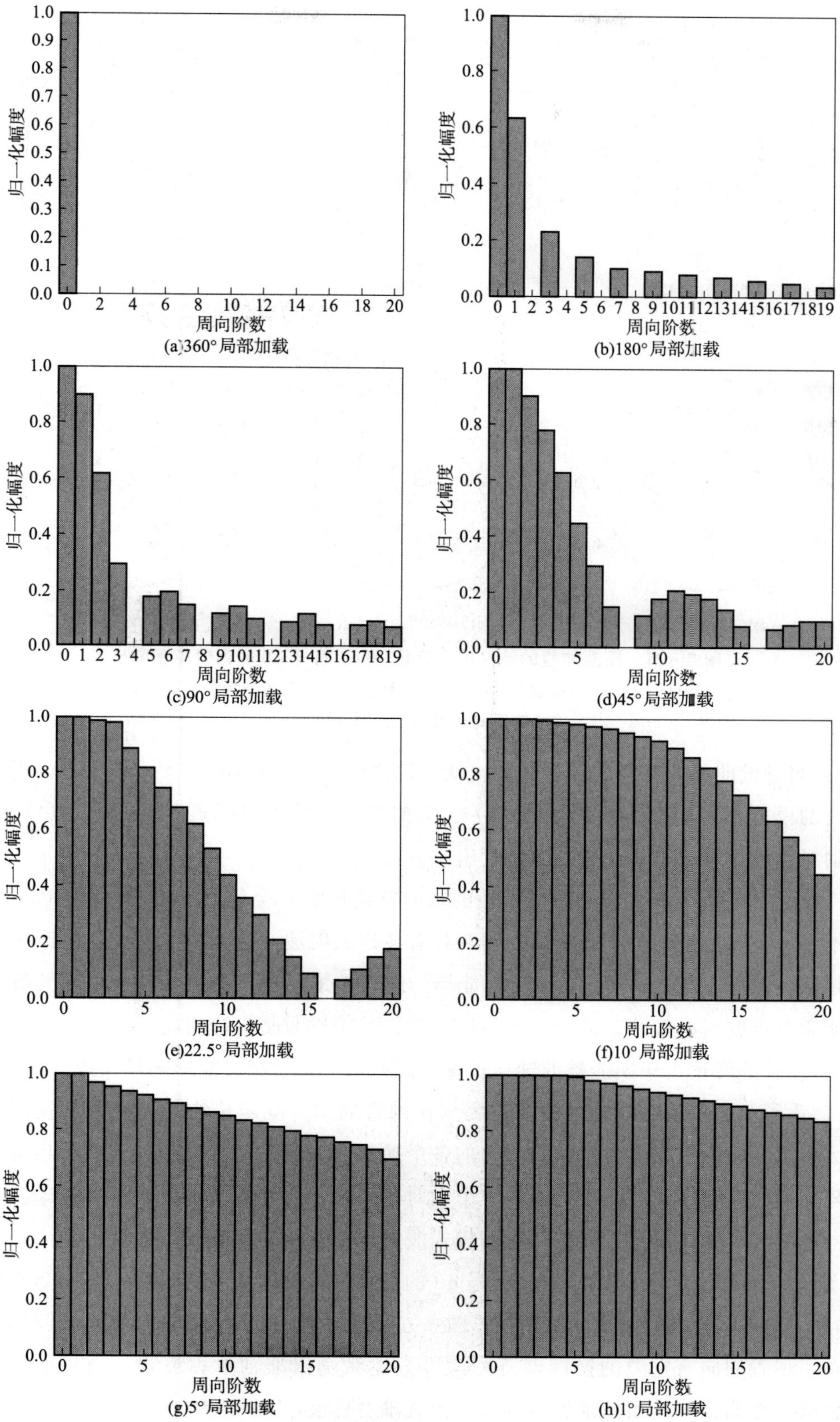

图 3 - 20　直径 16in、标号 30 的钢管中，100kHz 轴对称(周向阶数 $m=0$)和非轴对称周向阶数($m>0$)扭转波模式 $T(m, 1)$的幅度加权因子

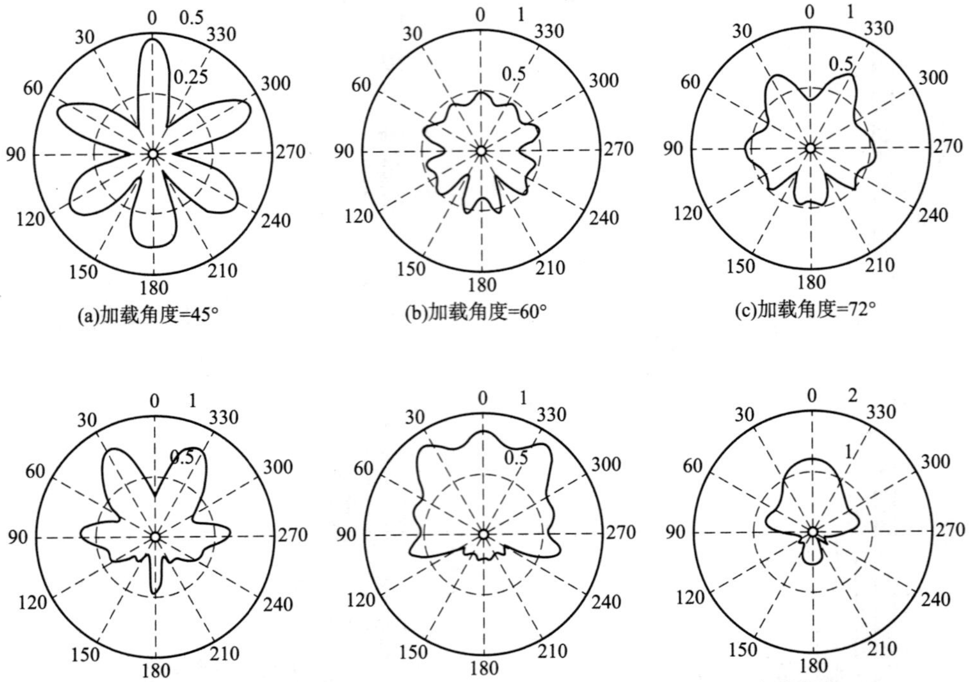

(a)加载角度=45°　(b)加载角度=60°　(c)加载角度=72°

(d)加载角度=90°　(e)加载角度=120°　(f)加载角度=180°

图 3-21　局部加载的换能器在直径 16in、标号 30 的钢管中激励出 40kHz $L(m,1)$模式组的角度指向性图(激励源在 $z=240$in 位置，其周向长度从 45°到 180°)

(2)当频散曲线两个模式分开时，也就是说两个波数差距$|k^{mn}-k^{0n}|$较大时，周向阶数 m 较高的模式幅度较小。因此，轴对称模式 $M(0,n)$是主要模式。当$|k^{mn}-k^{0n}|\to\infty$时，只有轴对称模式可以被局部激励源激发出来。

(3)当$|k^{mn}-k^{0n}|$相对较小时，较短的轴向负载长度 L 会使式(3-102)和式(3-103)的值差不多。也就是说，垂直入射换能器和具有特定入射波波数的斜入射换能器产生的激励效果相似。然而，如果 $L\to\infty$，两种换能器的激励效果不同：具有特定入射波波数的换能器只能激发出轴对称模式，而垂直入射换能器仍然可以激励出弯曲波。

(4)波长通常远大于换能器的轴向长度，因此轴向长度很少能影响模式角度面分布。

(5)为了只激励出轴对称导波，需要用在圆管周向 360°范围内均匀加载的换能器。然而，大多数商用管道导波检测仪器周向的各个换能器阵元之间有空隙。因此，当所有的换能器阵元同时发射时，不是激励出了单个轴对称模式，而是激发出了很多个模式波。在与换能器阵列较近的距离处，一定数量的模式波叠加形成了一个准轴对称模式。

图 3-22 举例说明在直径 4in、标号 40 的钢管中，换能器阵列(包含 8 个 22.5°范围的阵元)在 100kHz 同时激励出导波模式。图 3-22(b)～(f)所示为准轴对称模式波的周向能量分布。尽管周向有空隙的换能器阵列激励只能激励出准轴对称模式，当减小间隙尺寸时，会减少弯曲波，从而使准轴对称模式接近轴对称波。

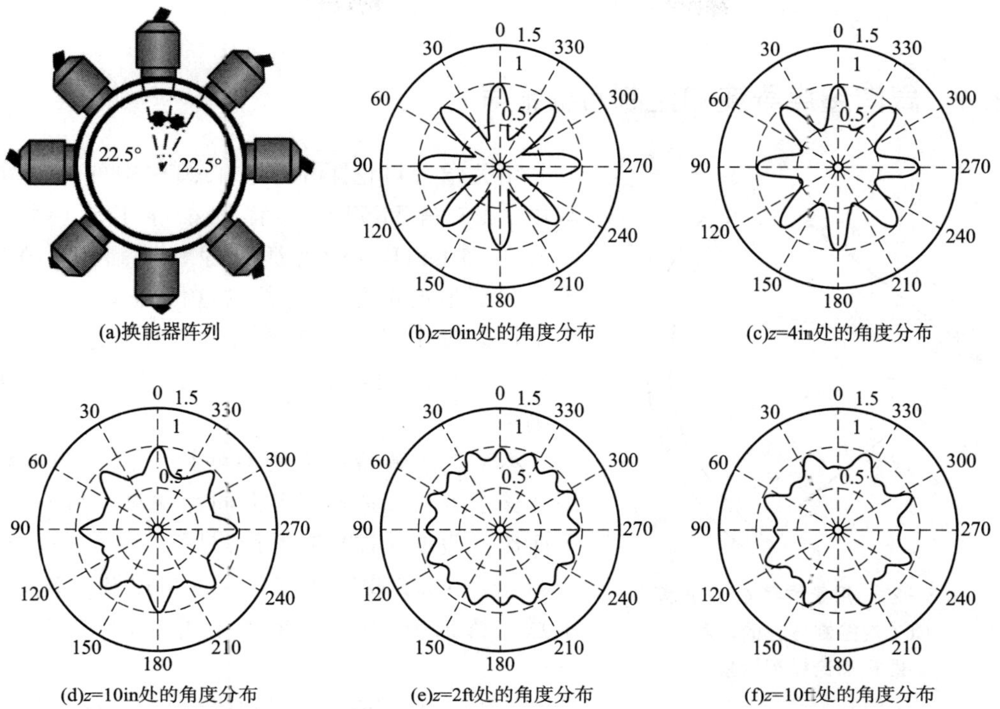

(a)换能器阵列 (b)z=0in处的角度分布 (c)z=4in处的角度分布

(d)z=10in处的角度分布 (e)z=2ft处的角度分布 (f)z=10ft处的角度分布

图 3-22 直径 4in、标号 40 的钢管中 100kHz 扭转波模式 $T(m,1)$在距离换能器不同轴向距离 z 时的角度面(阵列包括 8 个同时激发的阵元，每个换能器的周向长度都是 22.5°，且换能器之间的间隔是 22.5°)

3.3 管中周向超声导波

周向导波是在圆管中沿着周向传播的导波，其应用范围很广，如管道内检测和生产过程中的质量控制。为了方便，研究者通常用平面波近似解来研究周向传播的导波。本环节从波动物理的角度说明周向导波和平面波控制方程的差异，并给出可以作平面波近似的情况。在均匀各向同性圆管中，周向导波分为周向 SH 波和周向类兰姆波两种，在本章中分别简写为 CSH 波和 CLT 波。

管中周向导波相关的论文发表量相对少于沿轴向传播的导波。Viktorov 指出在柱状结构周向和平面结构中波传播的主要差别，着重介绍了凸面和凹面上的瑞利波以及柱状曲面波导中的类兰姆波，并且定义了角波数，角波数是柱状曲面波导中独特的物理现象，并推导出了一层弹性介质中类兰姆波的特征方程。受计算能力的限制，Viktorov 在计算过程中作了一些近似处理。具体就是对特征方程中的贝塞尔和诺伊曼函数用半收敛的德拜序列作了近似处理。

尽管有些研究者重新研究了表面波问题，但仍未重视管中周向导波的传播问题。直到 20 世纪 90 年代，多名学者首次发表了周向类兰姆波在空心圆柱体上周向传播时的频散曲线和波结构的数值模拟结果。不久，他们利用模式本征函数分解方法(或称为模式正交分解法)，获得了 CLT 波在空心圆柱体周向的瞬态传播解。另一种重要的周向波问题是周向水平剪切波(CSH 波)。虽然这种波的解相对简单，但 CSH 波具有重要的实用价值。例如，CSH 波具有卓越的模式分离能力，它对液体负载不敏感且对黏带性介质的敏感度较低，并且可用电磁声换能器(EMAT)激励出单一的 CSH 波模式。

3.3.1 周向超声导波的控制方程推导

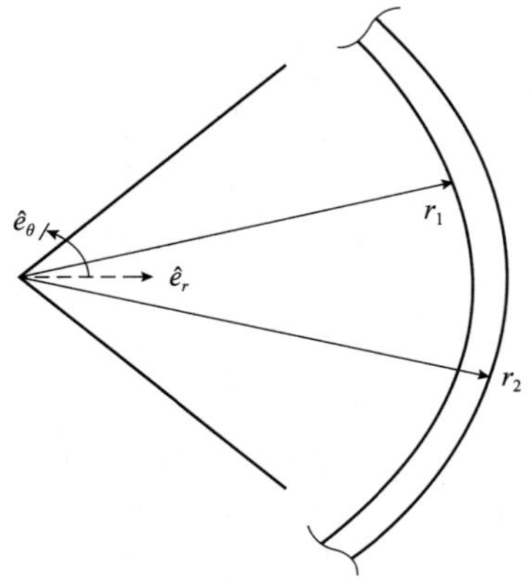

图 3-23 用于推导 CSH 波和 CLT 波控制方程的单层圆环理论模型示意

相关学者讨论了单层空心圆柱中的周向导波，其中，Liu 等和 Zhao 等详细推导了单层情况下 CLT 波和 CSH 波的特征方程和波结构。本节给出的单层情况的推导过程以这两篇文章的内容作为基础，提出了一种普适的边界值问题处理方法，使相位与环的边界无关，另外去掉了公式中的无量纲参数。

本节在求解特征方程时使用了位移势函数法，因此该求解法仅适用于各向同性材料。另外，广义平面应变假设在推导时适用。图 3-23 所示为推导 CSH 波和 CLT 波特征方程时，单层圆环理论模式示意。特征方程的推导始于著名的纳维尔运动方程。

$$(\lambda+2\mu)\nabla\Delta-2\mu\nabla\times\omega+\boldsymbol{f}=\rho\ddot{u} \quad (3-106)$$

式中 ρ——材料密度；

λ，μ——拉梅系数；

$\boldsymbol{f}$——体力矢量；

$\boldsymbol{u}$——位移矢量。

扩张分量：

$$\Delta=\nabla\cdot\boldsymbol{u} \quad (3-107)$$

旋转矢量：

$$\omega=\frac{1}{2}\nabla\times\boldsymbol{u} \quad (3-108)$$

纳维尔运动方程(式 3-106)适用于任何曲线坐标系，可以方便地分解为扩张分量和旋转分量。以下推导中均假设外力为 0。

对于周向导波传播，位移矢量可表示为：

$$\boldsymbol{u}=u_r(r,\theta,t)\boldsymbol{e}_r+u_\theta(r,\theta,t)\boldsymbol{e}_\theta+u_z(r,\theta,t)\boldsymbol{e}_z \quad (3-109)$$

从式(3-109)可以看出，由于广义平面应变假设，位移分量仅仅是 r、θ 和 t 的函数。这并不表明没有 z 轴方向的位移分量，而是表示 z 轴位移分量必须在整个 z 轴方向上是均一的。

1. 单层环中的周向水平剪切波

水平剪切波的质点运动是在面内，且与波传播方向垂直。对于 CSH 波，质点位移在 z 轴方向，且在 r 轴和 θ 轴方向的位移分量均为 0($u_r=u_\theta=0$)。而且，由于符合广义平面-应变假设，z 轴方向的分量不随 z 变化，即 $\partial/\partial z=0$。在这些条件下，式(3-106)可简化为：

$$\mu\nabla^2u_z=\rho\frac{\partial^2u_z}{\partial t^2} \quad 或 \quad \nabla^2u_z=\frac{1}{c_s^2}\frac{\partial^2u_z}{\partial t^2} \quad (3-110)$$

需要注意的是，对 CSH 波来说，不需要用亥姆霍兹分解就可以得到运动控制方程的标量形式。式(3-110)显示了波控制方程的两种形式，由式(3-110)可知，横波体波速度值为：

$$c_s=\sqrt{\frac{\mu}{\rho}} \tag{3-111}$$

假设谐波具有形式 $e^{-i\omega t}$，且传播方向是 θ 轴，则方程式(3－110)的解可表示为：

$$u_z=\psi(r)e^{i(p\theta-\omega t)} \tag{3-112}$$

式中，p 是角波数，需要注意区分环向波数 k 和角波数 p。角波数 p 为环向波数 k 与半径 R 的乘积，在半径 R 处可确定线性相速度值，是无量纲量。式(3－113)显示了角波数与环向波数之间的关系：

$$p=kR \tag{3-113}$$

从式(3－113)可知，有两种求解特征方程的方式：第一种方式是先假设一个半径 R，然后求解在该半径 R 处特征方程的环向波数 k 的根：第二种方式是先求解特征方程的角波数 p，然后求解在任意半径处的环向波数 k。对于多层环的情况，在频率-波数域求解特征方程的根，可获得普适的解，随后可以根据式(3－114)和式(3－115)来确定在多层结构中任意半径处的线性相速度：

$$\alpha_p=\frac{\omega}{p} \tag{3-114}$$

$$c_p(R)=\alpha_p R \tag{3-115}$$

由式(3－115)可知，相速度 c_p 从环的内径到外径线性增大，这种相速度随半径增大而增大的现象是在环厚度方向保持相位不变的必要条件，且属于波沿着曲面传播时的独特现象。需要注意的是，当波沿着空心柱体的轴向传播时不存在这种相速度随半径增大的现象，因为通常情况下该结构的轴向是直的。

将式(3－112)代入式(3－110)，可以得到：

$$r^2\psi''+r\psi'+\left[\left(\frac{r\omega}{c_s}\right)^2-p^2\right]\psi=0 \tag{3-116}$$

式(3－116)是一个二阶常微分方程，通常可以用贝塞尔或汉克尔函数求解。方程(3－116)的解用贝塞尔函数的形式可表示为：

$$\psi(r)=A_1J_p(k_sr)+A_2Y_p(k_sr) \tag{3-117}$$

式中：

$$k_s=\frac{\omega}{c_s} \tag{3-118}$$

是横波体波的环向波数。

为了求解式(3－117)中的未知系数，需要考虑模型的边界条件。对于单层自由环，应力自由边界条件成立，也就是说环的内表面和外表面的应力为 0。对于 CSH 波，剪切应力可表示为：

$$\sigma_{rz}=\mu\frac{\partial u_z}{\partial r} \tag{3-119}$$

利用贝塞尔函数的递推关系：

$$2\xi_\nu'(x)=\xi_{\nu-1}(x)-\xi_{\nu+1}(x),\ \xi=J\text{ 或 }Y \tag{3-120}$$

然后根据式(3－112)和式(3－117)，式(3－119)可以写为：

$$\sigma_{rz}=s(r)e^{ip\theta} \tag{3-121}$$

式中：

$$s(r)=\mu\frac{k_s}{2}\{A_1((J_{p-1}(k_sr)-J_{p+1}(k_sr))+A_2(Y_{p-1}(k_sr)-Y_{p+1}(k_sr))\} \tag{3-122}$$

在式(3－121)和式(3－122)中忽略了时间项 $e^{-i\omega t}$，本章其他公式也略写了该项。

为了方便推广到多层情况，相关的应力和位移本征函数表示成式(3－123)所示的单矩阵方程，即：

$$\begin{bmatrix} J_p(k_s r) & Y_p(k_s r) \\ \mu\frac{k_s}{2}(J_{p-1}(k_s r)-J_{p+1}(k_s r)) & \mu\frac{k_s}{2}(Y_{p-1}(k_s r)-Y_{p+1}(k_s r)) \end{bmatrix}\begin{Bmatrix} A_1 \\ A_2 \end{Bmatrix}=\begin{Bmatrix} \psi(r) \\ s(r) \end{Bmatrix} \tag{3-123}$$

对于单层的情况，只需考虑式(3－123)中应力相关的分量；而对于多层的情况，需要考虑位移和应力相关的分量。在单层情况下，需要满足应力自由边界条件：

$$\sigma_{rz}\big|_{r_1,r_2}=0 \tag{3-124}$$

随后形成了如式(3－125)和式(3－126)所示的线性均匀代数方程组：

$$\boldsymbol{D}(p,\ \omega)\boldsymbol{A}=\boldsymbol{0} \tag{3-125}$$

$$\boldsymbol{D}(p,\ \omega)=\begin{bmatrix} J_{p-1}(k_s r_1)-J_{p+1}(k_s r_1) & Y_{p-1}(k_s r_1)-Y_{p+1}(k_s r_1) \\ J_{p-1}(k_s r_2)-J_{p+1}(k_s r_2) & Y_{p-1}(k_s r_2)-Y_{p+1}(k_s r_2) \end{bmatrix} \tag{3-126}$$

式中　$\boldsymbol{A}=(A_1,\ A_2)^{\mathrm{T}}$。该方程组的非零解是方程组系数矩阵 $\boldsymbol{D}(p,\ \omega)$ 的行列式为 0，即：

$$\det(\boldsymbol{D}(p,\ \omega))=0 \tag{3-127}$$

式(3－127)是单层环中 CSH 波的特征方程，该方程的本征值可组成频率-波数频散曲线。分别利用式(3－114)和式(3－128)可以求出角相速度和群速度频散曲线：

$$\alpha_g=\frac{\partial\omega}{\partial p} \tag{3-128}$$

当确定了特征方程的本征值后，可以进一步解出任意模式和频率组合时，环厚度方向上的位移和应力分布情况。其中，位移场可表示为：

$$u_z=(J_p(k_s r)-\Lambda Y_p(k_s r))e^{i(p\theta-\omega t)} \tag{3-129}$$

式中：

$$\Lambda=\frac{J_{p-1}(k_s r_1)-J_{p+1}(k_s r_1)}{Y_{p-1}(k_s r_1)-Y_{p+1}(k_s r_1)} \tag{3-130}$$

非零应力分量由式(3－131)和式(3－132)表示：

$$\sigma_{rz}=\frac{k_s\mu}{2}\{J_{p-1}(k_s r)-J_{p+1}(k_s r)-\Lambda[Y_{p-1}(k_s r)-Y_{p+1}(k_s r)]\}e^{i(p\theta-\omega t)} \tag{3-131}$$

$$\sigma_{\theta z}=\frac{\mu}{r}\frac{\partial u_z}{\partial\theta}=\frac{ip\mu}{r}(J_p(k_s r)-\Lambda Y_p(k_s r))e^{i(p\theta-\omega t)} \tag{3-132}$$

在式(3－129)、式(3－131)和式(3－132)中，常数 A_1，取值为 1，取其他也是合理的。因此，位移和应力分量的解不是唯一的，乘以任何常数都可以产生一个合理解。

2. 单层环面上的周向类兰姆波

兰姆波的位移有板内和垂直面内两个方向。与 SH 波不同，兰姆波的板内位移分量是与传播方向平行的。本章标记在环面上传播的周向类兰姆波为 CLT 波。兰姆波和周向类兰姆波物理上差异巨大，但当空心柱体的内径和外径比值趋近于 1 时，环面可近似为平板，此时 CLT 和兰姆波近似。

利用亥姆霍兹分解可以把位移场分解为标量 Φ 的梯度场和矢量 $\boldsymbol{H}$ 的旋度场之和，其中矢量 $\boldsymbol{H}$ 的散度为 0，如式(3－133)所示：

$$\boldsymbol{u}=\nabla\Phi+\nabla\times\boldsymbol{H},\ \nabla\cdot\boldsymbol{H}=0 \tag{3-133}$$

式中 $\nabla\cdot\boldsymbol{H}=0$ 是保证共有 4 个分量的标量 Φ 和量 $\boldsymbol{H}$ 可形成三个位移分量的必要条件。将式(3-133)代入纳维尔运动方程式(3-106)，可得：

$$\nabla[(\lambda+2\mu)\nabla^2\Phi-\rho\ddot{\Phi}]+\nabla\times(-\mu\nabla\times\nabla\times\boldsymbol{H}-\rho\ddot{\boldsymbol{H}})=0 \tag{3-134}$$

为了得到方程(3-134)的非零解，需要：

$$(\lambda+2\mu)\nabla^2\Phi=\rho\ddot{\Phi} \tag{3-135}$$

且：

$$\mu\nabla^2\boldsymbol{H}=\rho\ddot{\boldsymbol{H}} \tag{3-136}$$

与式(3-111)类似，纵波体波的波速为：

$$c_1=\sqrt{\frac{(\lambda+2\mu)}{\rho}} \tag{3-137}$$

可以把式(3-135)和式(3-136)写成：

$$\nabla^2\Phi=\frac{1}{c_1^2}\frac{\partial^2\Phi}{\partial t^2} \tag{3-138}$$

$$\nabla^2\boldsymbol{H}=\frac{1}{c_s^2}\frac{\partial^2\boldsymbol{H}}{\partial t^2} \tag{3-139}$$

在式(3-139)中：

$$\boldsymbol{H}=H_r\boldsymbol{e}_r+H_\theta\boldsymbol{e}_\theta+H_z\boldsymbol{e}_z \tag{3-140}$$

假设满足广义平面应变以及类兰姆波传播，即：

$$H_r=H_\theta=0 \tag{3-141}$$

因为

$$u_z=(\nabla\times H)_z=\frac{\partial H_\theta}{\partial r}-\frac{\partial H_r}{\partial\theta}=0 \tag{3-142}$$

利用式(3-141)和式(3-142)所给出的条件，式(3-138)可简化为如式(3-143)所示的标量方程：

$$\nabla^2H_z=\frac{1}{c_s^2}\frac{\partial^2H_z}{\partial t^2} \tag{3-143}$$

与 CSH 波的情况类似，假设式(3-139)和式(3-143)的解可分别表示为：

$$\Phi=f(r)e^{i(p\theta-\omega t)} \tag{3-144}$$

$$H_z=h_z(r)e^{i(p\theta-\omega t)} \tag{3-145}$$

式中 f 和 h_z——r 的函数，需要进一步求解。将式(3-144)代入式(3-138)，并将式(3-145)代入式(3-143)，可以得到两个二阶偏微分方程：

$$f''(r)+\frac{1}{r}f'(r)+\left[k_1{}^2-\left(\frac{p}{r}\right)^2\right]f(r)=0 \tag{3-146}$$

$$h_z''(r)+\frac{1}{r}h_z'(r)+\left[k_s^2-\left(\frac{p}{r}\right)^2\right]h_z(r)=0 \tag{3-147}$$

式中 k_s 的定义由式(3-118)给出，而 k_1 是纵波体波波数：

$$k_1=\omega/c_1 \tag{3-148}$$

式(3-146)式(3-147)和式(3-129)的贝塞尔函数解可分别由式(3-149)和式(3-150)表示：

$$f(r)=A_1J_p(k_1r)+A_2Y_p(k_1r) \tag{3-149}$$

$$h_z(r)=A_3J_p(k_sr)+A_4Y_p(k_sr) \tag{3-150}$$

同样，需要利用应力自由边界条件来求解式(3－149)和式(3－150)中的4个未知系数。边界条件是环内外表面上的法向和剪切应力分量均为0，其中法向和剪切应力分量分别表示为：

$$\sigma_r=\lambda\left[\frac{\partial u_r}{\partial r}+\frac{1}{r}\left(u_r+\frac{\partial u_\theta}{\partial \theta}\right)\right]+2\mu\frac{\partial u_r}{\partial r} \tag{3-151}$$

$$\sigma_{r\theta}=\mu\left(\frac{1}{r}\frac{\partial u_r}{\partial \theta}+\frac{\partial u_\theta}{\partial r}-\frac{u_\theta}{r}\right) \tag{3-152}$$

式中　质点位移分量 u_r 和 u_θ 分别由式(3－153)和式(3－154)给出：

$$u_r=\frac{\partial \Phi}{\partial r}+\frac{1}{r}\frac{\partial H_z}{\partial \theta} \tag{3-153}$$

$$u_\theta=\frac{1}{r}\frac{\partial \Phi}{\partial \theta}-\frac{\partial H_z}{\partial r} \tag{3-154}$$

将式(3－153)和式(3－154)代入式(3－152)和式(3－152)中，并将其整合为一个矩阵方程(3－155)，即：

$$\mathbf{D}(p,\ \omega)\mathbf{A}=\begin{Bmatrix} u_r \\ u_\theta \\ \sigma_r \\ \sigma_{r\theta} \end{Bmatrix} \tag{3-155}$$

式中：

$$\mathbf{D}(p,\ \omega)=\begin{bmatrix} d_{11} & d_{12} & d_{13} & d_{14} \\ d_{21} & d_{22} & d_{23} & d_{24} \\ d_{31} & d_{32} & d_{33} & d_{34} \\ d_{41} & d_{42} & d_{43} & d_{44} \end{bmatrix} \tag{3-156}$$

且 $\mathbf{A}=(A_1,\ A_2,\ A_3,\ A_4)^{\mathrm{T}}$。系数矩阵 $\mathbf{D}(p,\ \omega)$ 的矩阵元分别由式(3－157)给出：

$$d_{11}=\frac{k_1}{2}J_{\mathrm{p}-1}(k_1r)-\frac{k_1}{2}J_{\mathrm{p}+1}(k_1r)$$

$$d_{12}=\frac{k_1}{2}Y_{\mathrm{p}-1}(k_1r)-\frac{k_1}{2}Y_{\mathrm{p}+1}(k_1r)$$

$$d_{13}=i\,\frac{P}{r}J_{\mathrm{p}}(k_sr)$$

$$d_{14}=i\,\frac{p}{r}Y_{\mathrm{p}}(k_sr)$$

$$d_{21}=i\,\frac{p}{r}J_{\mathrm{p}}(k_1r)$$

$$d_{22}=i\,\frac{p}{r}Y_{\mathrm{p}}(k_1r)$$

$$d_{23}=\frac{k_s}{2}J_{\mathrm{p}+1}(k_sr)-\frac{k_s}{2}J_{\mathrm{p}-1}(k_sr)$$

$$d_{24}=\frac{k_s}{2}Y_{\mathrm{p}+1}(k_sr)-\frac{k_s}{2}Y_{\mathrm{p}-1}(k_sr)$$

$$d_{31}=\frac{\mu}{r^2}\left(\frac{r^2\kappa^2k_1^2}{4}(J_{\mathrm{p}-2}(k_1r)-2J_{\mathrm{p}}(k_1r)+J_{\mathrm{p}+2}(k_1r)\right)$$
$$+\frac{rk_1(\kappa^2-2)}{2}(J_{\mathrm{p}-1}(k_1r)-J_{\mathrm{p}+1}(k_1r))-p^2(\kappa^2-2)J_{\mathrm{p}}(k_1r))$$

$$\kappa = c_l / c_s$$

$$d_{32} = \frac{\mu}{r^2}\left(\frac{r^2\kappa^2 k_l^2}{4}(Y_{p-2}(k_l r) - 2Y_p(k_l r) + Y_{p+2}(k_l r)\right)$$

$$+ \frac{rk_l(\kappa^2 - 2)}{2}(Y_{p-1}(k_l r) - Y_{p+1}(k_l r)) - p^2(\kappa^2 - 2)Y_p(k_l r))$$

$$d_{33} = \frac{\mu}{r^2}(irpk_s(J_{p-1}(k_s r) - J_{p+1}(k_s r)) - i2pJ_p(k_s r))$$

$$d_{34} = \frac{\mu}{r^2}(irpk_s(Y_{p-1}(k_s r) - Y_{p+1}(k_s r)) - i2pY_p(k_s r))$$

$$d_{41} = \frac{\mu}{r^{*2}}(irpk_l(J_{p-1}(k_l r) - J_{p+1}(k_l r)) - i2pJ_p(k_l r))$$

$$d_{42} = \frac{\mu}{r^2}(irpk_l(Y_{p-1}(k_l r) - Y_{p+1}(k_l r)) - i2pY_p(k_l r))$$

$$d_{43} = \frac{\mu}{r^2}(-\frac{r^2 k_s^2}{4}(J_{p-2}(k_s r) - 2J_p(k_s r) + J_{p+2}(k_s r))$$

$$+ \frac{rk_s}{2}(J_{p-1}(k_s r) - J_{p+1}(k_s r)) - p^2 J_p(k_s r))$$

$$d_{44} = \frac{\mu}{r^2}\left(-\frac{r^2 k_s^2}{4}(Y_{p-2}(k_s r) - 2Y_p(k_s r) + Y_{p+2}(k_s r)\right)$$

$$+ \frac{rk_s}{2}(Y_{p-1}(k_s r) - Y_{p+1}(k_s r)) - P^2 Y_p(k_s r))$$

(3 - 157)

与 CSH 波的情况类似，对单层环面的情况，式(3 - 156)中与应力相关的分量需满足边界条件，也就是说，式中第三行和第四行的值在环的内外边界面处需等于 0。特征方程的本征值组成单层环面上 CLT 波的频率-波数频散曲线。分别利用式(3 - 114)和式(3 - 128)可获得角相速度和群速度频散曲线。

当确定了特征方程的本征值后，可随意设置 4 个位移幅度系数中的一个为 1，然后计算出另外 3 个位移幅度系数，随后可获得位移分量 u_r 和 u_θ。以及应力分量 σ_r 和 $\sigma_{r\theta}$。也就是说，当求出 4 个位移幅度系数的相对值 $A_1 \sim A_4$ 后，可通过式(3 - 155)和式(3 - 156)解出位移和应力分量。

3.3.2　多层环面中的周向波

从单层情况到多层的推广需要用到两种基本矩阵方法中的一种，传递矩阵法或全局矩阵法。本节选用了全局矩阵法，虽然全局矩阵法计算时间较长，但它求解时稳定性更好，且不需要作很多修改就可适用于很多类型的问题。全局矩阵法的策略是：首先求出每一层的位移和应力方程，然后应用边界条件和连续条件可以获得一个全局矩阵，这个矩阵可代表整个多层系统。全局矩阵的行列式为 0 就是多层结构的特征方程。

考虑如图 3 - 24 所示的多层环面模型。本节以 CSH 波在多层环面中的传播为例来介绍全局矩阵法，因为 CSH 波的情况较简单，可以更清晰地理解用全局矩阵法求解多层结构特征方程的过程。同样的求解方法也适用于 CLT 波在多层环面中的传播，区别在于 CLT 波情况下边界和连续条件的数量较多。

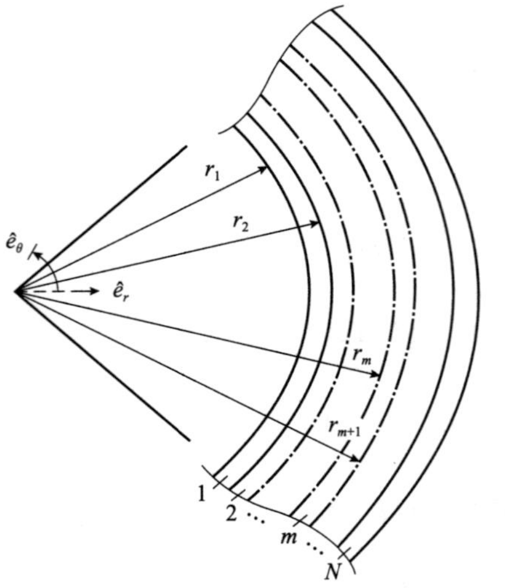

图 3-24 用于推导 CSH 波和 CLT 波在多层环面沿着轴向传播的控制方程的多层环面理论模型示意

首先，每一层被视为单一层的情况，假设第 m 层中，纳维尔运动方程的时谐波稳态解具有式(3-158)的形式：

$$u_z^{(m)}=\psi^{(m)}(r)\mathrm{e}^{\mathrm{i}(p\theta-\omega t)},\quad r_m\leqslant r\leqslant r_{m+1} \tag{3-158}$$

对式(3-117)稍作修改，在第 m 层中，位移势函数 $\psi^{(m)}(r)$ 可用贝塞尔函数表达为：

$$\psi^{(m)}(r)=A_1^{(m)}J_\mathrm{p}(k_\mathrm{s}^{(m)}r)+A_2^{(m)}Y_\mathrm{p}(k_\mathrm{s}^{(m)}r) \tag{3-159}$$

式中 $A_1^{(m)}$、$A_2^{(m)}$ 为两个第 m 层的未知系数。第 m 层的相关应力分量方程可将式(3-159)代入式(3-119)得到。

对于 CSH 波，每一层有一个与位移相关的方程以及一个与应力相关的方程，因此，在 N 层环中共有 $2N$ 个方程(CLT 波的情况共有 $4N$ 个方程)。因此，需要 $2N$ 个边界/连续条件来求解系统方程组。与单层情况类似，最内层和最外层的边界条件假设为应力自由。对于多层系统，需要对层与层之间的相互关系进行描述。这里使用了层与层间的连续边界条件，即位移和应力在边界上连续。式(3-160)总结了 CSH 波传播时的边界条件和界面连续条件，式(3-161)是 CLT 波的边界条件和界面连续条件：

$$\{\sigma_{rz}\}_{\text{free surface}}=0,\quad \begin{Bmatrix}\dot{u}_z\\ \sigma_{rz}\end{Bmatrix}_{\substack{\text{layer } m\\ \text{infer face } m+1}}=\begin{Bmatrix}u_z\\ \sigma_{rz}\end{Bmatrix}_{\substack{\text{layer } m+1\\ \text{infer face } m+1}} \tag{3-160}$$

$$\begin{Bmatrix}\sigma_r\\ \sigma_{r\theta}\end{Bmatrix}_{\text{free surface}}=0,\quad \begin{Bmatrix}u_r\\ u_\theta\\ \sigma_r\\ \sigma_\theta\end{Bmatrix}_{\substack{\text{layer } m\\ \text{infer face } m+1}}=\begin{Bmatrix}u_r\\ u_\theta\\ \sigma_r\\ \sigma_\theta\end{Bmatrix}_{\substack{\text{layer } m+1\\ \text{infer face } m+1}} \tag{3-161}$$

然后，根据式(3-123)，每一层的矩阵可分为底部的矩阵 $\boldsymbol{D}_\mathrm{B}^{(m)}$ 和顶部的矩阵 $\boldsymbol{D}_\mathrm{T}^{(m)}$。CSH 波在第 m 层的底部和顶部矩阵分别在式(3-162)和式(3-163)中表示：

$$[\boldsymbol{D}_\mathrm{B}^{(m)}]=\begin{bmatrix}J_\mathrm{p}(k_\mathrm{s}^m r_m) & Y_\mathrm{p}(k_\mathrm{s}^m r_m)\\ \dfrac{\mu^m k_\mathrm{s}^m}{2}(J_{\mathrm{p}-1}(k_\mathrm{s}^m r_m)-J_{\mathrm{p}+1}(k_\mathrm{s}^m r_m)) & \dfrac{\mu^m k_\mathrm{s}^m}{2}(Y_{\mathrm{p}-1}(k_\mathrm{s}^m r_m)-Y_{\mathrm{p}+1}(k_\mathrm{s}^m r_m))\end{bmatrix} \tag{3-162}$$

$$[\boldsymbol{D}_\mathrm{T}^{(m)}]=\begin{bmatrix}J_\mathrm{p}(k_\mathrm{s}^m r_{m+1}) & Y_\mathrm{p}(k_\mathrm{s}^m r_{m+1})\\ \dfrac{\mu^m k_\mathrm{s}^m}{2}(J_{\mathrm{p}-1}(k_\mathrm{s}^m r_{m+1})-J_{\mathrm{p}+1}(k_\mathrm{s}^m r_{m+1})) & \dfrac{\mu^m k_\mathrm{s}^m}{2}(Y_{\mathrm{p}-1}(k_\mathrm{s}^m r_{m+1})-Y_{\mathrm{p}+1}(k_\mathrm{s}^m r_{m+1}))\end{bmatrix} \tag{3-163}$$

对于自由表面边界条件，式(3-162)和式(3-163)的矩阵中仅第二行需要考虑，即最内层和最外层界面的边界条件可表示为：

$$[D_\mathrm{B}^{(1)}]_2\begin{Bmatrix}A_1^{(1)}\\ A_2^{(1)}\end{Bmatrix}=[D_\mathrm{T}^{(N)}]_2\begin{Bmatrix}A_1^{(N)}\\ A_2^{(N)}\end{Bmatrix}=\begin{Bmatrix}0\\ 0\end{Bmatrix} \tag{3-164}$$

式中 $\boldsymbol{D}$ 的下标 2 代表仅需要考虑矩阵的第二行，这些矩阵元是与应力相关的物理量。式

(3-164)中显示的两个矩阵分别组成了全局矩阵的第一行和最后一行；矩阵中的其他行代表界面连续条件。

利用式(3-162)和式(3-163)中引入的符号，界面连续条件可表示为：

$$\begin{bmatrix} d_{t11}^{m} & d_{t12}^{m} \\ d_{t21}^{m} & d_{t22}^{m} \end{bmatrix}\begin{bmatrix} A_1^{m} \\ A_2^{m} \end{bmatrix}=\begin{bmatrix} d_{b11}^{m+1} & d_{b12}^{m+1} \\ d_{b21}^{m+1} & d_{b22}^{m+1} \end{bmatrix}\begin{bmatrix} A_1^{m+1} \\ A_2^{m+1} \end{bmatrix} \tag{3-165}$$

或者可以写成齐次方程组：

$$\begin{bmatrix} d_{t11}^{m} & d_{t12}^{m} & -d_{b11}^{m+1} & -d_{b12}^{m+1} \\ d_{t21}^{m} & d_{t22}^{m} & -d_{b21}^{m+1} & -d_{b22}^{m+1} \end{bmatrix}\begin{bmatrix} \mathrm{A}_1^{m} \\ \mathrm{A}_2^{m} \\ \mathrm{A}_1^{m+1} \\ \mathrm{A}_2^{m+1} \end{bmatrix}=\begin{Bmatrix} 0 \\ 0 \end{Bmatrix} \tag{3-166}$$

把边界条件和界面连续条件都表达为齐次方程后，可以组成全局矩阵。每层的矩阵组合在一起形成一整个大矩阵，例如，第 m 层的顶部系数矩阵和第 $m+1$ 层底部系数矩阵在全局矩阵的同一行。式(3-167)左侧给出了 N 层系统的全局矩阵，如：

$$\begin{bmatrix} [D_{\mathrm{B}}^{(1)}]_2 & 0 & 0 & 0 & 0 & 0 & 0 & 0 \\ [D_{\mathrm{T}}^{(1)}] & -[D_{\mathrm{B}}^{(2)}] & 0 & 0 & 0 & 0 & 0 & 0 \\ 0 & \ddots & \ddots & 0 & 0 & 0 & 0 & 0 \\ 0 & 0 & 0 & [D_{\mathrm{T}}^{(m-1)}] & -[D_{\mathrm{B}}^{(m)}] & 0 & 0 & 0 \\ 0 & 0 & 0 & 0 & [D_{\mathrm{T}}^{(m)}] & -[D_{\mathrm{B}}^{(m+1)}] & 0 & 0 \\ 0 & 0 & 0 & 0 & 0 & \ddots & \ddots & 0 \\ 0 & 0 & 0 & 0 & 0 & 0 & [D_{\mathrm{T}}^{(N-1)}] & -[D_{\mathrm{B}}^{(N)}] \\ 0 & 0 & 0 & 0 & 0 & 0 & 0 & [D_{\mathrm{T}}^{(N)}] \end{bmatrix}$$

$$\begin{Bmatrix} \boldsymbol{A}^{(1)} \\ \boldsymbol{A}^{(2)} \\ \vdots \\ \boldsymbol{A}^{(m-1)} \\ \boldsymbol{A}^{(m)} \\ \vdots \\ \boldsymbol{A}^{(N-1)} \\ \boldsymbol{A}^{(N)} \end{Bmatrix}=\begin{Bmatrix} \mathbf{0} \\ \mathbf{0} \\ \vdots \\ \mathbf{0} \\ \mathbf{0} \\ \vdots \\ \mathbf{0} \\ \mathbf{0} \end{Bmatrix} \tag{3-167}$$

式中，

$$\boldsymbol{A}^{(m)}=\begin{Bmatrix} \boldsymbol{A}_1^{(m)} \\ \boldsymbol{A}_2^{(m)} \end{Bmatrix},\ \mathbf{0}=\begin{Bmatrix} 0 \\ 0 \end{Bmatrix} \tag{3-168}$$

对于在多层环面上周向传播的 CSH 波，由式(3-167)可得到一个 $2N\times 2N$ 的全局矩阵。对多层系统中的 CLT 波，全局矩阵的大小为 $4N\times 4N$，因为在这种情况下，每个表面有两个应力分量需满足边界条件，每一层有两个应力分量和两个位移分量需要满足层间的界面连续条件。获得全局矩阵后，求解多层情况解的情况与单层情况类似：全局矩阵的行列式是特征方程，特征方程的根是多层结构的本征值。当确定了特征方程的本征值后，可以通过假设任意一个未知常数 $\mathbf{A}_{1,2}^{(1)}\cdots\mathbf{A}_{1,2}^{(N)}$ 为 1，然后求解出其他常数与该常数的相对值。

同样，在频率-角波数($\omega-p$)空间可计算得到角相速度和群速度，因而可确定任意半径处的线性相速度和群速度。或者可以先选定半径 R，然后求解频率-周向波数空间的解，直接得到线性相速度和群速度。

3.3.3 管中保护覆层对周向导波传播的影响

实际应用中，由于超声波的波长一般都较短，大多数管状系统都符合广义平面应变要求，很多结构中的周向导波都可以用环状模型来模拟。应用的例子如输气管线、储气管井、锅炉、热交换管道以及很多其他管道应用。

本节设计了一个实验来研究覆层厚度对 CSH 波的影响。由于 CSH 波频散分析可知，在单层环中增加一个低声阻抗层的影响之一是：某一模式可达到的群速度最大值会降低。另外，如果低阻抗层是黏弹性介质，会引入波衰减。图 3-25 所示为 24in 标号 10 的管中 CSH 波受不同煤焦油覆层厚度的影响。覆层管的材料参数、衰减系数和几何尺寸列在表 3-1 中，计算频散曲线的半径等于管的外径值。

从图 3-25 可观察到，当覆层的厚度增加时，线性相速度和群速度相应地降低了，而衰减增大。需要注意的是，在处理黏弹性材料时，波群的速度不一定等于群速度，而是等于能量速度。在衰减达到最小值的区域内，群速度和能流速度基本相等。另外，如图 3-25(a)所示，黏弹性情况下的相速度频散曲线与等价弹性情况下的频散曲线基本符合，因而两种情况下的群速度频散曲线也基本符合。考虑这些因素，图 3-25(b)的曲线是群速度频散曲线。

图 3-26 为图 3-25 中覆层厚度对 CSH 波的影响势的实验验证。本实验用 Lorentz 型电磁超声换能器(EMAT)来激发管壁中的 CSH 波。EMAT 换能器固定在某个特定的波长，而不是以某个频率为中心。本研究采用一个 EMAT 换能器来激发出 130kHz 的 SH0 模式。这个传感器的半波长约为 0.5in，对应于 3.23mm/μs 的相速度值。

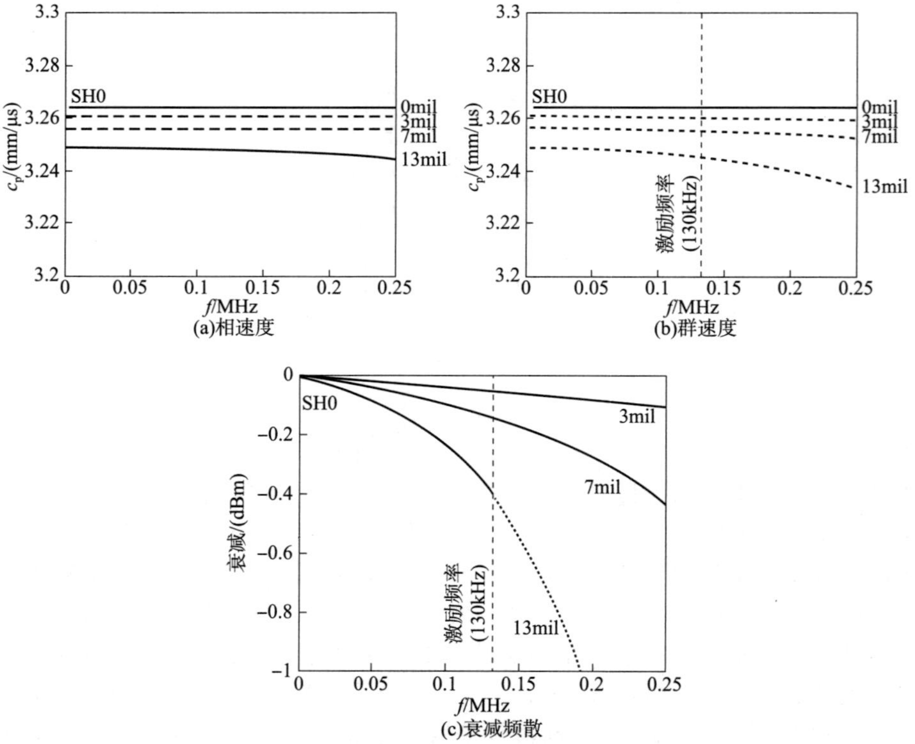

图 3-25 具有不同厚度覆层的管中，CSH 波的相速度、群速度和衰减频散曲线(覆层管的材料参数和几何尺寸参见表 3-1。计算线性相速度、群速度和衰减的半径是管的外径值)

注：1mil≈10^{-3}in≈0.0254mm

表 3-1　用于研究覆层厚度影响的管道模型材料参数和几何尺寸
(沥青 50 覆层的材料参数取值于文献)

	rinner/m	router/m	ρ/(kg/m^3)	C_l/(m/s)	α_l/ω	C_s/(m/s)	α_l/ω
软钢	0.29845	0.3048	7850	5850	0	3230	0
沥青 50	0.3048	varied	1500	1860	0.023	750	0.20

图 3-26 中的照片为发射和接收 EMAT 换能器放置在管周向相距 2ft 的位置，分别采集了没有覆层、覆层厚度分别为 3mil、7mil 和 13mil 时的数据。换能器在整个实验过程中没有被挪动过，因此任何波幅度和传播时间上的变化都是由于覆层厚度的影响。

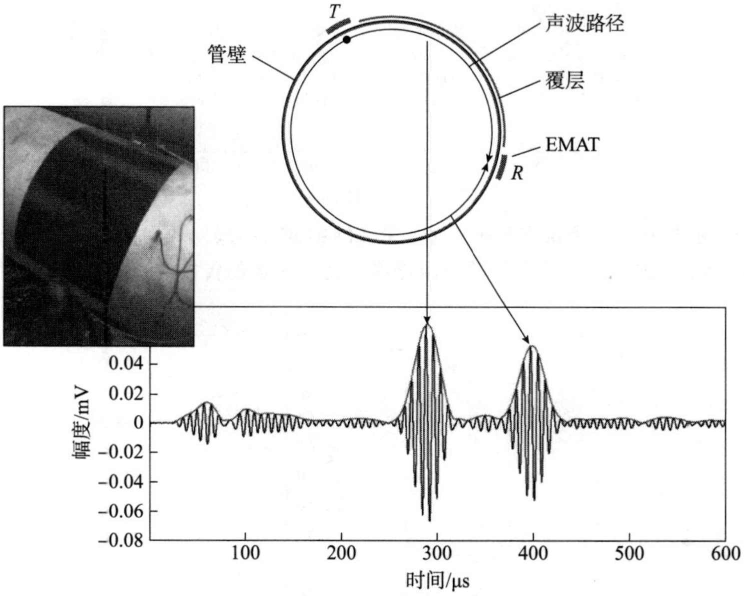

图 3-26　研究覆层厚度影响的实验装置示意

图 3-27 所示为波包在裸管、3mil、7mil 和 13mil 厚度的覆层管中的模拟波形，总结了厚度变化对波包幅度和传播时间的影响。可看出，当覆层厚度增加时，传播时间变长、幅度减小。实验测量结果也显示了与理论预测结果同样的趋势。另外，当覆层厚度为 13mil 时，衰减量很大，这符合图 3-25(c)对衰减频散曲线的预测。图 3-28 总结了时间和幅度的变化情况。

基于理论模型，裸管和 13mil 覆层管中传播时间变化为 1.1μs，幅度的变化约为 0.24dB。实际测量到的变化比理论预测值大，分别为 1.6μs 和 2.58dB。这说明实际材料参数与论文中给出的略有差异，但重要的是实验测量和理论预测的变化趋势是一致的。在实际应用中，覆层的材料参数性质与温度、覆层服役年限和经历，以及不同的制造过程都关系密切。

理论预测的覆层厚度对周向波的影响趋势可以通过实验验证。结果表明，当覆层厚度增加时，波群的传播速度降低，衰减明显变大。如图 3-25 频散曲线所示，当频率增大时，传播时长和衰减的增加量会升高，可增强检测灵敏度。

周向导波频散问题的实际应用包括管道中腐蚀缺陷的内检测、检测管道脱黏或覆层缺失测量覆层材料性质、测量管道壁厚、检测水冷管和锅炉管的腐蚀或裂纹等。

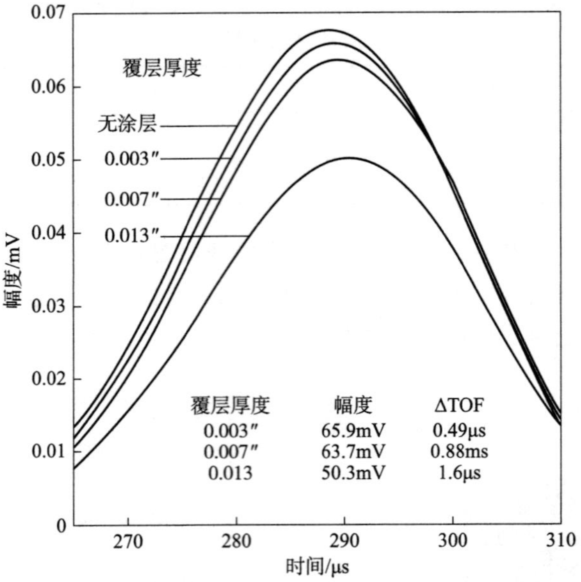

图 3-27 在具有不同覆层厚度的管中，在 2ft(约 61cm)周向距离内传播的 CSH 波包的理论模拟波形图，显示了覆层厚度增加时，增加的传播时长和减小的幅度

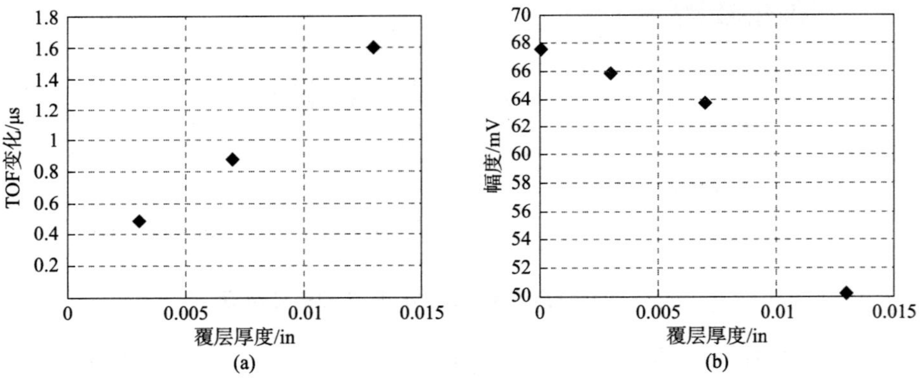

图 3-28 TOF 变化以及幅度随覆层厚度的变化关系

参考文献

[1]KOLSKY H. Stress Waves in Solids[M]. New York：Dover，1963.

[2]POLLARD H F. Sound Waves in Solids[M]. London：Germany：Pion Ltd，1977.

[3]TIMOSHENKO S P，GOODIER J N. Theory of Elasticity[M]. New York，1970.

[4]LURIE A I，BELYAEV A. Theory of Elasticity[M]. Springer Berlin Heidelberg，2005.

[5]ACHENBACH J D. Generalized continuum theories for directionally reinforced solids[J]. Archives of Mechanics，1976，28：257-278.

[6]ACHENBACH J D. Wave Propagation in Elastic Solids[M]. New York：North-Holland，1984.

[7]DITRI J J，ROSE J L. Excitation of guided elastic wave modes in hollow cylinders by applied surface tractions[J]. Journal of Applied Physics. 1992，72：2589-2597.

[8]GAZIS D C. Three-dimensional investigation of the propagation of waves in hollow circular cylinders. Ⅰ. analytical foundation[J]. The Journal of the Acoustical Society of America. 1959(31)：568-573.

[9]SUN Z, ZHANG L, ROSE J L. Flexural torsional guided wave mechanics and focusing in pipe[J]. Journal of Pressure Vessel Technology. 2005, 127: 471 - 478.

[10]ROSE J L. Guided waves in hollow cylinders. In: ultrasonic guided waves in solid media[J]. Cambridge: Cambridge University Press; 2014: 155 - 173.

[11]LI J, ROSE J L. Excitation and propagation of non-axisymmetric guided waves in a hollow cylinder[J]. The Journal of the Acoustical Society of America. 2001, 109: 457 - 464.

[12]VIKTOROV I A. Rayleigh and lamb waves, physical theory and applications[M]. New York: Plenum Press, 1967.

[13]QU J, BERTHELOT Y H, LI Z. Dispersion of guided circumferential waves in a circular annulus: review of progress in quantitative NDE[M]. New York: American Institute of Physics, 1996.

[14]LIU G, QU J. Guided circumferential waves in a circular annulus[J]. Journal of Applied Mechanics. 1998, 65: 424 - 430.

[15]ZHAO X, ROSE J L. Guided circumferential shear horizontal waves in an isotropic hollow cylinder[J]. The Journal of the Acoustical Society of America. 2004, 115: 1912 - 1916.

[16]GRAFF K F. Wave motion in elastic solids[M]. New York: Dover Publications, Inc, 1991.

[17]HAYEK S I. Advanced mathematical methods in science and engineering[M]. New York: Marcel Dekker, Inc, 2001.

[18]MORSE P, FESHBACH H. Methods of theoretical physics[M]. New York: McGraw-Hill, 1953.

[19]THOMSON W T. Transmission of elastic waves through a stratified solid medium[J]. Journal of Applied Physics 1950, 21: 89 - 93.

[20]HASKELL N A. The dispersion of surface waves on multilayered media[J]. Bulletin of the Seismological Society of America. 1953, 43: 17 - 34.

[21]KNOPOFF L. A matrix method for elastic wave problems[J]. Bulletin of the Seismological Society of America. 1964, 54: 431 - 438.

[22]LOWE M J S. Matrix techniques for modeling ultrasonic waves in multilayered media[J]. IEEE Transactions on Ultrasonics, Ferroelectrics, and Frequency Control. 1995, 42: 525 - 542.

[23]BARSHINGER J N, ROSE J L. Guided wave propagation in an elastic hollow cylinder coated with a viscoelastic material[J]. IEEE Transactions on Ultrasonics, Ferroelectrics, and Frequency Control. 2004, 51: 1547 -1556.

第4章　复杂结构中的超声导波

本章介绍复杂结构中超声导波的传播，重点介绍层状材料、各向异性介质以及黏弹性介质中的超声导波的传播问题。层状材料中的声传播特性的理论模型可以根据材料厚度和波长的关系来建立；各向异性介质中相速度随入射角变化而改变，这一现象引起相速度和能流速度的差别，从而产生角度偏转，在某些方向发射超声波会比较困难；黏弹性导致的衰减问题是超声无损检测的一个研究热点。

4.1　各向异性介质的克里斯托费尔方程

现在考虑声波在各向异性弹性介质中的传播，这里仅考虑均匀各向异性材料。该问题有多种不同的处理方法，以下给出其中一种。利用下标(或张量)标记法和牛顿定律，令：

$$\frac{\partial \sigma_{ik}}{\partial x_k}=\rho \ddot{u}_i \text{ 或 } \rho \ddot{u}_i=\sigma_{ik,k} \tag{4-1}$$

式(4－1)为波动控制方程，式中，σ 表示应力。根据胡克定律：

$$\sigma_{ik}=C_{iklm}\varepsilon_{lm} \tag{4-2}$$

此方程也称为本构方程。联立式(4－1)和式(4－2)，得：

$$\rho \ddot{u}_i=C_{iklm}\frac{\partial \varepsilon_{lm}}{\partial x_k}=C_{iklm}\varepsilon_{lm,k} \tag{4-3}$$

根据应变-位移方程的定义，有：

$$\varepsilon_{lm}=\frac{1}{2}\left(\frac{\partial u_l}{\partial x_m}+\frac{\partial u_m}{\partial x_l}\right)=\frac{1}{2}(u_{l,m}+u_{m,l}) \tag{4-4}$$

联立式(4－2)～式(4－4)，则以位移表示的波动方程为：

$$\rho \ddot{u}_i=\frac{1}{2}C_{iklm}\left(\frac{\partial^2 u_l}{\partial x_k \partial x_m}+\frac{\partial^2 u_m}{\partial x_k \partial x_l}\right) \tag{4-5}$$

或：

$$\rho \ddot{u}_i=\frac{1}{2}C_{iklm}(u_{l,km}+u_{m,kl}) \tag{4-6}$$

注意到 C_{iklm} 关于 l 和 m 对称，交换 l 和 m 的位置，有：$C_{iklm}=C_{ikml}=C_{kilm}$

假设波的形式为平面简谐波，令：

$$u_i=A_i\exp[\mathrm{i}(k_j x_j-\omega t)] \tag{4-7}$$

式中　k_j——波矢量(注意到 $A_i=A\alpha_i$，α_i 为质点位移的方向余弦)。

将式(4－7)代入式(4－6)可得到一特征值问题。由谐波运动方程代入推导可知 $\rho\ddot{u}_i=-\rho\omega^2 u_i$。同时注意到 $k_j x_j$ 为内积，这在微分运算中非常有用，于是有：$\rho\ddot{u}_i=-\rho\omega^2 u_i=-C_{iklm}k_k k_l u_m$。

由张量分析可以建立起 $C_{iklm}u_{m,kl}$ 和 $C_{iklm}k_k k_l u_m$ 的等价关系，其中，i 作为自由下标而

对 k、l、m 求和，对于其中任意一项都可写出如下等式。若 $u_m = A\exp[\mathrm{i}(k_1x_1 + k_2x_2 + k_3x_3 - \omega t)] = A\exp Q$，则：$\frac{\partial u_m}{\partial x_1} = \mathrm{i}k_1 A\exp Q$，$\frac{\partial^2 u_m}{\partial x_1 \partial x_2} = -k_1k_2A\exp Q$。这里，$u_{m,kl} = -k_kk_1u_m$（注意 $u_i = u_m\delta_{in}$）。因此，有：

$$(\rho\omega^2\delta_{im} - C_{iklm}k_kk_l)u_m = 0 \tag{4-8}$$

这是研究各向异性介质问题中著名的克里斯托费尔（Christoffel）方程。

Christoffel 声张量可以定义为：

$$\lambda_{im} = \Gamma_{im} = C_{iklm}n_kn_l \tag{4-9}$$

式中　n_k——波前法向量的方向余弦（由于 $k_k = kn_k$，$k_l = kn_l$，$c^2 = \omega^2/k^2$ 波速 c 总是可以求得的）。因此，由 $(C_{iklm}k_kk_l - \rho\omega^2\delta_{im})u_m = 0$，有：$(\Gamma_{im}k^2 - \rho\omega^2\delta_{im})u_m = 0$ 或：$(\Gamma_{im} - \rho c^2\delta_{im})u_m = 0$。

上式关于 c^2 的三次方程给出了三个齐次方程、三个实根和三个不同的速度，这是经典的正交特征值问题。若有非平凡解，则必须使系数矩阵行列式为 0，即：

$$|\Gamma_{im} - \rho c^2\delta_{im}| = 0 \tag{4-10}$$

因为 Γ_{im} 取决于材料的对称性和波的传播方向，所以有：

$$\begin{vmatrix} \lambda_{11} - \rho c^2 & \lambda_{12} & \lambda_{13} \\ \lambda_{21} & \lambda_{22} - \rho c^2 & \lambda_{23} \\ \lambda_{31} & \lambda_{32} & \lambda_{33} - \rho c^2 \end{vmatrix} = 0$$

式中　λ_{11}，λ_{12}，λ_{13}，…可以从声波张量的表达式中得到。将式（4-9）中的 $\lambda_{im} = C_{iklm}n_kn_l$ 展开，可得到矩阵中的所有元素。i 和 m 为自由下标，k 和 l 为求和下标：

$$\begin{aligned} & \quad\ \ k=1 \qquad\qquad k=2 \qquad\qquad k=3 \\ \lambda_{11} = & \underbrace{C_{1111}n_1n_1 + C_{1211}n_2n_1 + C_{1311}n_3n_1}_{l=1} \\ & + \underbrace{C_{1121}n_1n_2 + C_{1221}n_2n_2 + C_{1321}n_3n_2}_{l=2} \\ & + \underbrace{C_{1131}n_1n_3 + C_{1231}n_2n_3 + C_{1331}n_3n_3}_{l=3} \end{aligned}$$

为了便于展开，指定 i 和 m 为 11、12、13、21、22、23、31、32、33 九个下标。把 $l=1$、$l=2$、$l=3$ 分别置于第一行、第二行、第三行，把 $k=1$、$k=2$、$k=3$ 分别置于第一列、第二列、第三列。

通过将 C_{ikjl} 转化为 C_{nm}，可以将结果进一步简化如下：如果 $i=k$，则 $n=i$；如果 $j=l$，则 $m=j$；如果 $i \neq k$，则 $n = 9-(i+k)$；如果 $j \neq l$，则 $m = 9-(j+l)$。因此有：

$$\begin{aligned} C_{1111} = C_{11},\ C_{1211} = C_{61},\ C_{1311} = C_{51} \\ C_{1121} = C_{16},\ C_{1221} = C_{66},\ C_{1321} = C_{56} \\ C_{1131} = C_{15},\ C_{1231} = C_{65},\ C_{1331} = C_{55} \end{aligned}$$

举例如下：

$$\lambda_{11} = C_{11}n_1^2 + C_{16}n_2n_1 + C_{15}n_3n_1 + C_{16}n_1n_2 + C_{66}n_2n_2 + C_{56}n_3n_2 + C_{15}n_1n_3 + C_{65}n_2n_3 + C_{55}n_3^2$$

继续上面的计算即可得到相速度。给定弹性常数和方向余弦，可以计算出不同波矢量 $\bar{k}$ 方向上的 c 值，这一过程通常需要借助计算机编程实现。对于给定波的传播方向，一旦求得相速度值，就可以寻求是否存在纯模式，即质点速度方向是否和计算相速度时选定的 $\bar{k}$ 方向完全重合。要检验是否存在纯模式，必须将双三次方程展开并求出全部解。对于给定的传播方向 $\bar{k}$，存在三个波，$k_l = kn_l$，而这三个波可能存在相互正交的位移矢量。也许可以找到某一特定方向，在该方向上存在一个纯纵波和两个纯横波，进而得到质点位移的方向余弦 α_i。

为计算特征向量，将每一个 c^2 的值代回原来的齐次方程中，有：

$$\begin{bmatrix} \lambda_{11}-\rho c^2 & \lambda_{12} & \lambda_{13} \\ \lambda_{21} & \lambda_{22}-\rho c^2 & \lambda_{23} \\ \lambda_{31} & \lambda_{32} & \lambda_{33}-\rho c^2 \end{bmatrix} \begin{Bmatrix} \alpha_1 \\ \alpha_2 \\ \alpha_3 \end{Bmatrix} = 0$$

可得：

$$\begin{cases} (\lambda_{11}-\rho c^2)\alpha_1+\lambda_{12}\alpha_2+\lambda_{13}\alpha_3=0 \\ \lambda_{21}\alpha_1+(\lambda_{22}-\rho c^2)\alpha_2+\lambda_{23}\alpha_3=0 \\ \lambda_{31}\alpha_1+\lambda_{32}\alpha_2+(\lambda_{33}-\rho c^2)\alpha_3=0 \end{cases} \tag{4-11}$$

对于每一个 c^2 的值可得到一组解，将解写成如下形式：

$$\begin{matrix} & c_1^2 & c_2^2 & c_3^2 \end{matrix}$$

$$\mathbf{A}=\begin{bmatrix} \alpha_{11} & \alpha_{12} & \alpha_{13} \\ \alpha_{21} & \alpha_{22} & \alpha_{23} \\ \alpha_{31} & \alpha_{32} & \alpha_{33} \end{bmatrix}$$

对于笛卡儿右手定则坐标系，由于 $\mathbf{A}$ 为正交矩阵，故行列式的值 $|\mathbf{A}|=\pm1$。

4.2 关于速度、波和慢度面

各向异性介质中可能出现几种相速度曲面，它们均为非球面的。图 4 - 1 所示为几个示意图。

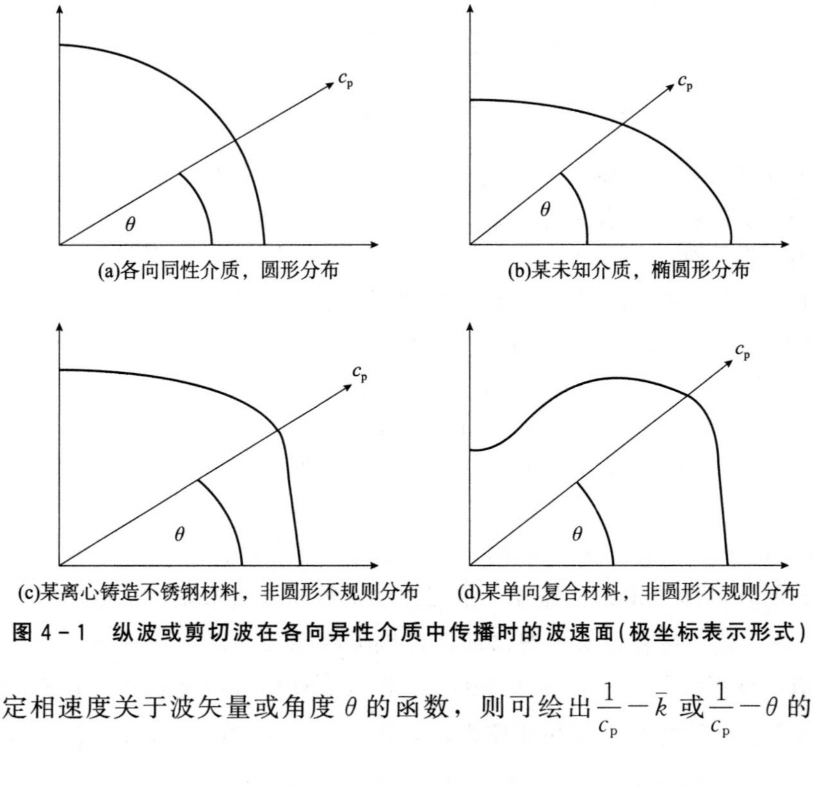

图 4 - 1　纵波或剪切波在各向异性介质中传播时的波速面(极坐标表示形式)

如果给定相速度关于波矢量或角度 θ 的函数，则可绘出 $\frac{1}{c_p}-\bar{k}$ 或 $\frac{1}{c_p}-\theta$ 的关系图，称为慢度面。

如果给出波前和 $\bar{k}$ 或 θ 的方向，可以计算出相速度 c_p 和波束偏转角 ϕ，例如在无耗散介质中的能量速度矢量 $\boldsymbol{c}_E$ 和群速度矢量 $\boldsymbol{c}_g$ 相同。这可以从图 4－2 中慢度面的法线得到验证。图 4－2 还给出了波束偏转角。如果通过逐点描述法作出 $\frac{1}{c_p}$，随 θ 变化的轨迹，就可得出群速度和波束偏转角 ϕ 与 θ 的函数关系。如果绘出 $c_E-\Psi=\theta+\phi$ 的关系(这里把 θ 和 ϕ 的和用 Ψ 表示)，即可得到如图 4－3 所示的波前曲面图，图中给出了群速度或能速度随角度变化的情况(如果 ϕ 和 θ 未知，则入射角亦未知)。

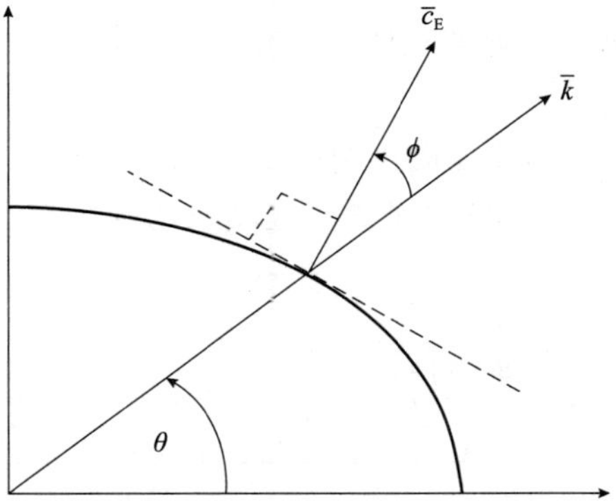

图 4－2　$\frac{1}{c_p}-\theta$ 慢度面示意，$c_E\cos\phi=c_p$

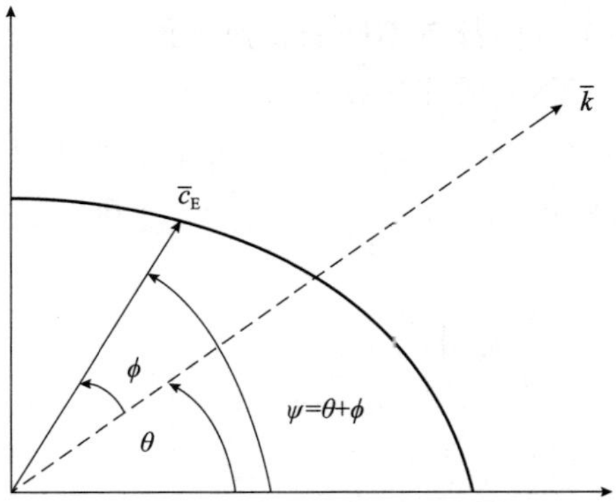

图 4－3　从 $\frac{1}{c_p}-\theta$ 关系中导出的 $c_E-\Psi$ 慢度面示意

可以简单地证实能速度垂直于慢度面。对于不同种类的问题，可从频谱 $\omega(\bar{k})$ 中得到一些启发。例如，由一维弦问题可求得 $\omega(k_x)$，由各向异性平面介质问题求得 $\omega(k_x, k_y)$，由三维问题中求得 $\omega(k_x, k_y, k_z)$。

现在来考虑二维问题。$\omega(k_x, k_y)$ 可以在三维空间中绘出，对于特定的 ω 值，用与平面 (k_x, k_y) 平行的平面截取 $\omega(k_x, k_y)$ 圆锥面。对于各向异性材料，平行于平面 (k_x, k_y) 的相交面与锥面 $\omega(k_x, k_y)$ 的交线不是圆的，如图 4－4 所示。

任选一 ω，与 (k_x, k_y) 平行的平面与 $\omega(k_x, k_y)$ 锥面的交线形状相似，只是截面面积不同。注意：由原点到所考虑点的线给出此方向的 c_p。在三维问题中，$\omega(k_x, k_y)$ 函数在所考虑的点处切平面的法向量具有斜率 $(\partial\omega/\partial k_x, \partial\omega/\partial k_y, 1)$。与 (k_x, k_y) 平行的平面与慢度面相切得到慢度曲线 $(1/c_p)(k_x, k_y)$，其在 (k_x, k_y) 平面上的投影就是克里斯托费尔方程的解。$\bar{n}$ 在平面 (k_x, k_y) 上的投影为 $(\partial\omega/\partial k_x, \partial\omega/\partial k_y, 0)$，这就是此处的群速度。

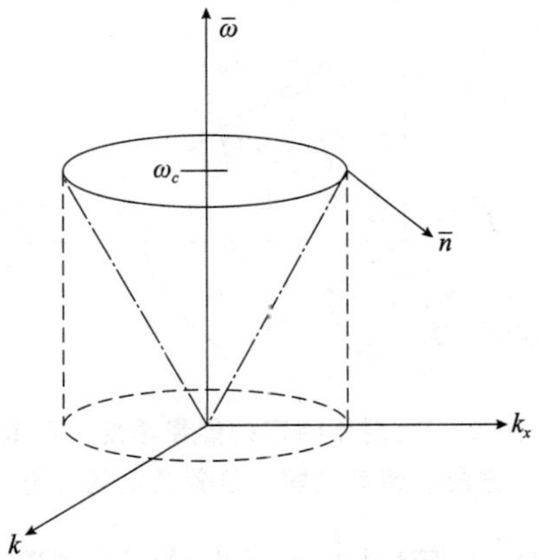

图 4－4　$\omega(k_x, k_y)$ 锥面被平行于 (k_x, k_y) 的平面所截，得到的慢度曲线及在 (k_x, k_y) 上投影

因此，群速度方向就是慢度图的法线方向。设想与 (k_x, k_y) 面平行的平面与 $\omega(k_x, k_y)$ 曲面上一点处的切平面相交，其交线在 (k_x, k_y) 面上的投影是曲线 $(1/c_p)(k_x, k_y)$ 的切线。切线的斜率为 $\bar{t}(t_x, t_y, 0)$，则 $\bar{t}\cdot\bar{n}=0$，且 $t_x\left(\frac{\partial\omega}{\partial k_x}\right)+t_y\left(\frac{\partial\omega}{\partial k_y}\right)+0=0$。Auld 提出另外一种方

法，对 $\bar{k}+\Delta\bar{k}$ 求极限的过程可以说明 c_g 即慢度面的法向量。

如图 4－5 所示，波包向各个方向传播，但波矢量只与相速度 $\bar{k}$ 一致。如果将声源看成一系列点波源(惠更斯原理)，则可计算得到相长干涉路径方向。传感器表面的波向所有方向发射声波。如果相速度面关于方向 $\overline{D}$ 对称，则在这个方向上没有波束偏转，并且相速度等于能量速度。如果波矢量 $\bar{k}$ 和能量传播方向不一致，则很难估计波的传播图样。从点源发射出的波不是球形的，存在一个倾角 γ。能量集中的波的路径有 1、2、3 或其他路径，具体取决于相速度曲面、倾角 γ 和最终干涉图样。一个活塞源会产生三个波面，每一个波面在各个方向都有不同的相速度值。最快的波面为纵波面，两个剪切波面其次，两个剪切波面也有不同的相速度分布。

图 4－6 中时间 t_{s1}、t_{s2} 和 t_L 的间距与 $\bar{k}$ 方向的相速度成比例。图 4－6 同时给出了三个波束偏转角(ϕ_1，ϕ_2，ϕ_3)，t_{qs1}、t_{qs2} 和 t_{qL} 之间的比例与三个波的群速度成比例。

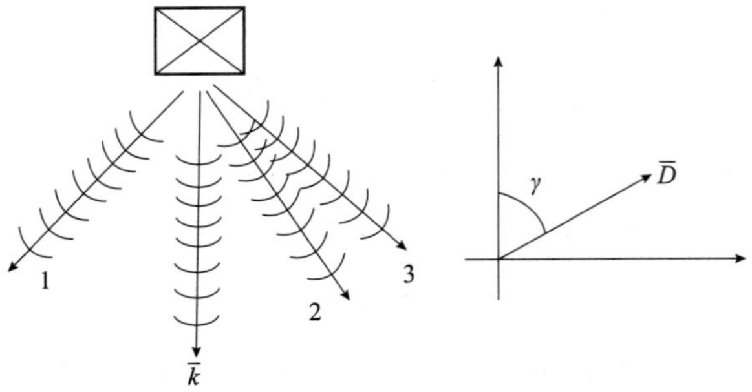

图 4－5　各向异性介质中，从声源发射的波可能的传播方向

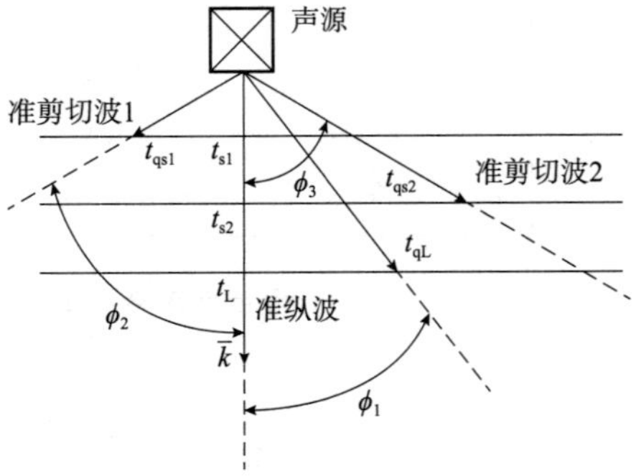

图 4－6　以特定波矢量方向入射到各向异性介质的波

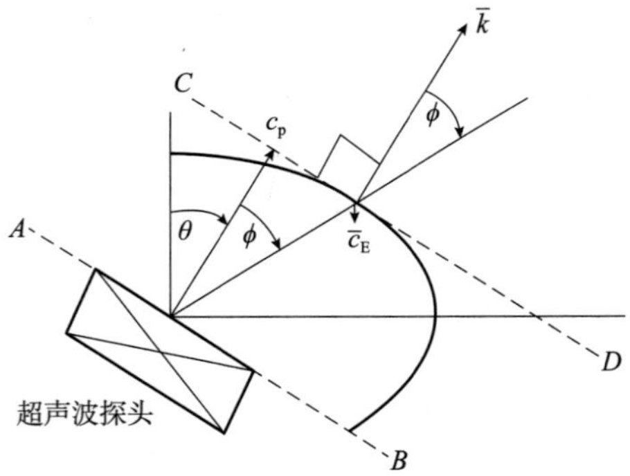

图 4－7　对于特定的能量速度大小或方向，超声波探头位置角度的计算

如图 4－7 所示，$\bar{c}_E-(\theta+\phi)$ 的波面图说明了如何确定角 θ 和相速度。对于特定的 $\bar{c}_E$，由于 $\bar{\boldsymbol{k}}$ 是波阵面上的法向量。要得到一个特定的能速度或能速度的方向，则可根据图 4－7 反推来确定相速度方向。也就是确定使用探头角度来达到预定的 $\bar{c}_E$ 值或 $\bar{c}_E$ 的角度。求解步骤如下：①在波面 $\bar{c}_E$ 的顶端作切线 CD；②作 CD 的平行线 AB；③已知角 θ 和相速度 c_p(这里 $c_p=|\bar{c}_E|\cos\phi$)，进而求得已知 θ 的 $\bar{k}$ 的方向；④$\bar{k}$ 和 $\bar{c}_E$ 间的夹角 ϕ 即为所求。

4.3　层状材料中的超声导波

很多工程材料是层状结构，如带涂层的板材、机械压合材料、黏合材料、多层复合材料、结了冰的飞机蒙皮等。为了提高导波检测的传播距离和灵敏度，必须对这些材料中的超声导波的传播特性有深入的了解。

层状材料中的声传播特性的理论模型可以根据材料厚度和波长的关系来建立。当材料厚度远大于波长时，界面波模型可以用一个半无限空间来模拟。当两个厚度较大的材料结合在一起时，界面波传播可以用两个半无限空间模型来模拟。斯通莱波以及肖特基(Scholte)波就是界面波的经典例子。当有薄层在厚基底上时，会在薄层以及厚层界面附近产生导波。这种情况下，厚层可以用半无限空间来模拟。这类波型的一个经典例子是勒夫(Love)波。勒夫波的振动方向和水平横波类似。当所有层的厚度都与波长相当时，需要采用多层模型。

4.3.1　界面波

1. 固-固界面波：斯通莱波

考虑两个粘接在一起的半无限空间，粘接面是图4-8中的 $x_3=0$ 平面。符号 $\rho^{(m)}$、$\lambda^{(m)}$ 和 $\mu^{(m)}$ $(m=1, 2)$ 分别用来表示各层中材料的密度和拉梅常数。

这个界面波问题的最初求解是Stoneley完成的，具体求解过程如下。式(4-12)是各层材料中的波动方程，这里，带括号的上标表示材料所在的层标号，如第1层、第2层。

$$(\lambda^{(1)}+\mu^{(1)})u^{(1)}_{j,ji}+\mu^{(1)}u^{(1)}_{i,jj}=\rho^{(1)}\ddot{u}^{(1)}_{i},\ i,\ j=1,\ 2,\ 3$$
$$(\lambda^{(2)}+\mu^{(2)})u^{(2)}_{j,ji}+\mu^{(2)}u^{(2)}_{i,jj}=\rho^{(2)}\ddot{u}^{(2)}_{i},\ i,\ j=1,\ 2,\ 3 \tag{4-12}$$

求解每个半无限空间的部分波解的方法如下：

对于各向异性板中的导波问题，唯一适合的技术是部分波分析法。与势函数方法相比，部分波分析法主要有两个优势：一是可以更直接地求解；二是可以提供更多有关波的物理特性的信息。在部分波分析法中，可通过构造简单的指数形式来描述来回反射的解。

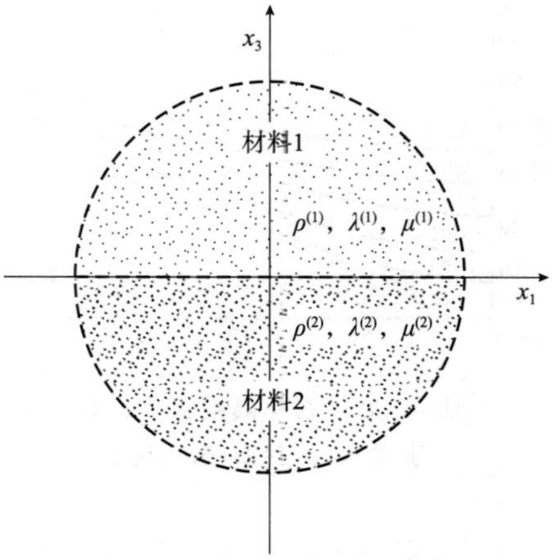

图4-8　界面波问题求解中使用的坐标系

首先假定图4-9中每一种波都可表示为：

$$u_j=B_j\exp[ik(x+\alpha_z z)] \tag{4-13}$$

式中　$j=x, y, z$；$\alpha_z=k_z/k_x$(用 x、y 和 z 代替表示坐标位置)，这里不作平面应变假设。注意到每一个假定的部分波，其波数的 x 分量都相同(根据Snell定律)。将式(4-13)代入克里斯托费尔方程得：

$$(k_{iI}c_{IJ}k_{Jj}-\rho\omega^2\delta_{ij})u_j=0 \tag{4-14}$$

式中　$i, j=x, y, z$；$I, J=xx, yy, zz, yz, xz, xy$；以及

$$[k_{iI}]=\begin{pmatrix} k_x & 0 & 0 & 0 & k_z & k_y \\ 0 & k_y & 0 & k_z & 0 & k_x \\ 0 & 0 & k_z & k_y & k_x & 0 \end{pmatrix} \tag{4-15}$$

每一个部分波在 x、y、z 的3个方向上构成一个齐次线性方程组(3个方程)。其系数矩阵是 α_z 的函数。为得到非平凡解需要行列式为0，这将产生一个 α_z 的六次方的方程，而 α_z 定义了6个部分波的传播方向(图4-9)。

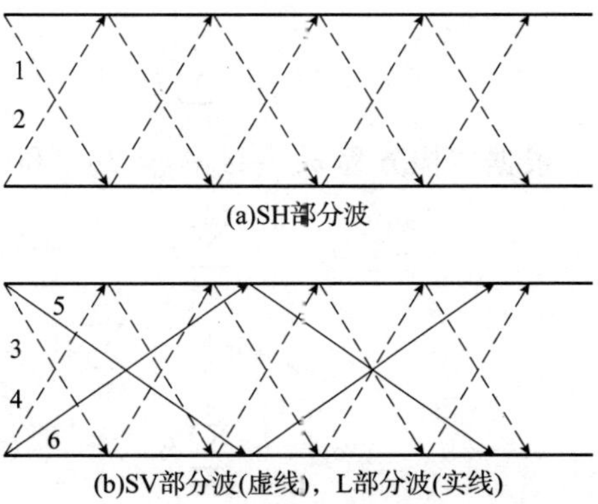

图4-9　各向同性问题中的部分波种类

已知每一个部分波的传播方向后，整个波场是各部分波波场的线性组合：

$$u_j = \sum_{n=1}^{6} C_n B_j^{(n)} \exp[ik(x + \alpha_z^{(n)} z)], j = x, y, z \tag{4-16}$$

使用无应力边界条件，可以确定系数 $C_n(n=1, 2, \cdots, 6)$，并得到频散曲线。注意到沿着整个上、下表面必须满足无应力边界条件，各部分波的组合在厚度方向必须形成驻波。最后将假定的部分波线性组合代入边界条件方程。这样就得到一个由 6 个齐次线性方程组(此处未假设平面应变，因此在 $\sigma_{31}=\sigma_{33}\equiv 0$，$x_3=\pm d/2=\pm h$ 中 $\sigma_{xz}=0$)，其中的系数 C_n 是密度函数、板的弹性常数和 hk 乘积的函数，使边界条件矩阵的行列式为 0 可得到频散关系。此时，这里没有使用平面内应力的假设，所以频散关系也包含剪切波(SH 波)模式：

$$(M\pi)^2 = (\omega h/c_T)^2 - (kh)^2 \tag{4-17}$$

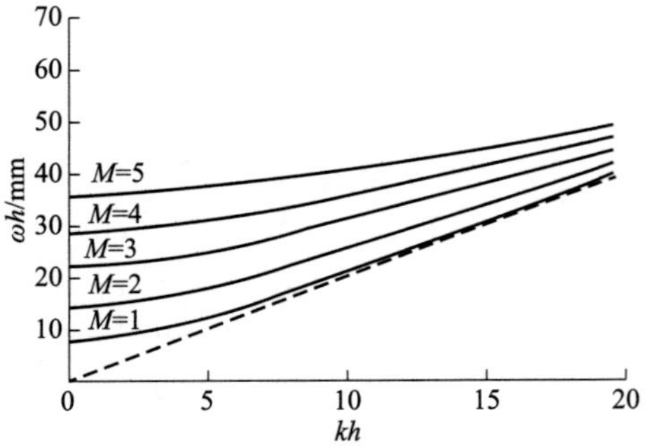

图 4-10　在单晶铜板上的 SH 模式波($c_T=2.26$mm/μs)

例如图 4-10 给出了 M 为 0～5 时，SH 模式的 ωh 和 kh 的关系。

在分析两材料界面波时，只考虑从界面开始逐步衰减的部分波，而不考虑入射到界面上的部分波，具体为材料 1 中波数为正数的部分波和材料 2 中波数为负数的部分波。部分波波数的具体描述见式(4-18)。这里，α_1、α_2、α_3、α_4 是 x_3 方向波数与 x_1 方向波数的比值，它们可以从求解克里斯托费尔方程得到：

$$\alpha_1=\sqrt{-1+\frac{\rho^{(1)}}{\mu^{(1)}}c_p^2}, \quad \alpha_2=\sqrt{-1+\frac{\rho^{(1)}}{\lambda^{(1)}+2\mu^{(1)}}c_p^2}, \text{材料 1}$$

$$\alpha_3=-\sqrt{-1+\frac{\rho^{(2)}}{\mu^{(2)}}c_p^2}, \quad \alpha_4=-\sqrt{-1+\frac{\rho^{(2)}}{\lambda^{(2)}+2\mu^{(2)}}c_p^2}, \text{材料 2} \tag{4-18}$$

根据前面的知识，每个部分波的振动分量可以描述为：

$$U_{31}=\frac{-1}{\alpha_1}, \quad U_{32}=\alpha_2, \quad U_{33}=\frac{-1}{\alpha_3}, \quad U_{34}=\alpha_4 \tag{4-19}$$

式中，下标第一个数代表 x_3 方向，下标第二个数代表不同波数比对应的类别。

总体的波动方程解为：

$$u_1^{(1)} = \sum_{n=1}^{2} B_n e^{ik(x_1+\alpha_n x_3-c_p t)}, u_3^{(1)} = \sum_{n=1}^{2} B_n U_{3n} e^{ik(x_1+\alpha_n x_3-c_p t)}$$

$$u_1^{(2)} = \sum_{n=3}^{4} B_n e^{ik(x_1+\alpha_n x_3-c_p t)}, u_3^{(2)} = \sum_{n=3}^{4} B_n U_{3n} e^{ik(x_1+\alpha_n x_3-c_p t)} \tag{4-20}$$

根据本构方程 $\sigma_{ij}=\lambda\varepsilon_{kk}\delta_{ij}+2\mu\varepsilon_{ij}$ 和应力-应变关系，可得应力分布的解为：

$$\sigma_{33}^{(1)} = \sum_{n=1}^{2} B_n[\lambda^{(1)} + (\lambda^{(1)} + 2\mu^{(1)})\alpha_n U_{3n}](ik) e^{ik(x_1+\alpha_n x_3-c_p t)}$$

$$\sigma_{31}^{(1)} = \sum_{n=1}^{2} B_n[\alpha_n + U_{3n}]\mu^{(1)}(ik) e^{ik(x_1+\alpha_n x_3-c_p t)}$$

$$\sigma_{33}^{(2)} = \sum_{n=3}^{4} B_n[\lambda^{(2)} + (\lambda^{(2)} + 2\mu^{(2)})\alpha_n U_{3n}](ik) e^{ik(x_1+\alpha_n x_3-c_p t)}$$

$$\sigma_{31}^{(2)} = \sum_{n=3}^{4} B_n[\alpha_n + U_{3n}]\mu^{(2)}(ik) e^{ik(x_1+\alpha_n x_3-c_p t)} \tag{4-21}$$

理想黏合状态下的界面条件为：

$$u_1^{(1)}=u_1^{(2)},\ u_3^{(1)}=u_3^{(2)},\ \sigma_{31}^{(1)}=\sigma_{31}^{(2)},\ \sigma_{31}^{(1)}=\sigma_{31}^{(2)} \tag{4-22}$$

将式(4－20)和式(4－21)代入式(4－22)，可得该边界条件问题的特征方程为：

$$\begin{bmatrix} 1 & 1 & -1 & -1 \\ \dfrac{-1}{\alpha_1} & \alpha_2 & \dfrac{1}{\alpha_3} & -\alpha_4 \\ -2\mu^{(1)} & (\lambda^{(1)}+2\mu^{(1)})\alpha_2^2+\lambda^{(1)} & 2\mu^{(2)} & -[(\lambda^{(2)}+2\mu^{(2)})\alpha_4^2+\lambda^{(2)}] \\ \dfrac{\alpha_1^2-1}{\alpha_1}\mu^{(1)} & 2\alpha_2\mu^{(1)} & -\dfrac{\alpha_3^2-1}{\alpha_3}\mu^{(2)} & -2\alpha_4\mu^{(2)} \end{bmatrix}\begin{bmatrix} B_1 \\ B_2 \\ B_3 \\ B_4 \end{bmatrix}=\begin{bmatrix} 0 \\ 0 \\ 0 \\ 0 \end{bmatrix} \tag{4-23}$$

和兰姆波求解过程类似，这里的特征方程也是一个齐次线性方程组。为了能够得到 B_k 的非平凡解，系数矩阵行列式的值必须为 0。代入具体的材料参数就可得到关于相速度的超越方程。由于式(4－23)中不含频率，所以斯通莱波的相速度和频率无关。也就是说，斯通莱波是非色散波。

求解式(4－23)，也可得到斯通莱波的波结构。虽然相速度和频率无关，但斯通莱波的波结构还是随着频率变化的。把波结构的分布对波长进行归一化，可以得到归一化的波结构分布。这里，横坐标是 x_3/Λ，Λ 是波长。

以钨-铝界面上的斯通莱波的研究为例。钨和铝的材料参数在表 4－1 中列出。

表 4－1　钨和铝的材料参数

材料	ρ/(g/cm³)	λ/GPa	μ/GPa
钨	19.25	199.4	158.56
铝	2.7	55.28	25.94

通过数值计算来求解式(4－23)。使行列式的值为 0 的相速度值为 2.77km/s。这个界面波的波结构分布如图 4－11 所示。先得到 B 的解，然后得到位移的解，最后利用式(4－21)得到应力分布。图 4－11(b)表明大部分应力分布于钨的一侧。

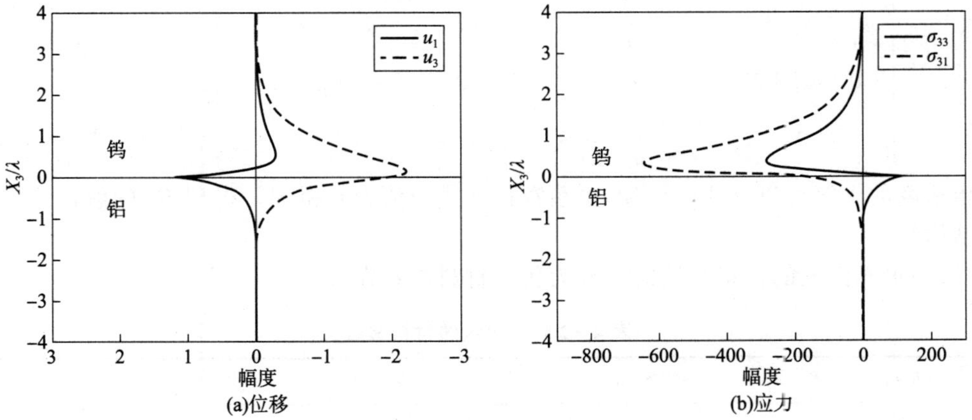

图 4－11　钨-铝界面波上的斯通莱波结构分布

有些情况下，式(4－23)没有实数解。表明这些材料的界面上不存在斯通莱波。例如，当铝和钛黏合在一起时就不存在斯通莱波界面波。斯通莱波的激发和表面波以及兰姆波的激发类似，入射波的角度可由以下公式计算：

$$\frac{C_I}{\sin(\theta)}=C_{\text{stoneley}}$$

2. 固-液界面：肖特基波

本节研究固-液界面的导波。这一问题首先由Scholte研究，因此以他的名字命名。求解过程和斯通莱波类似，区别在于将第一层材料参数替换为液体的材料参数。液体中，$\mu^{(1)}=0$。则对于液体半空间中的克里斯托费尔方程简化为：

$$\begin{bmatrix}\lambda-\rho c_{\mathrm{p}}^2 & \lambda\alpha \\ \lambda\alpha & \lambda\alpha^2-\rho c_{\mathrm{p}}^2\end{bmatrix}\begin{bmatrix}U_1\\U_3\end{bmatrix}=\begin{bmatrix}0\\0\end{bmatrix} \tag{4-24}$$

该特征方程的解可表示为：

$$\alpha^2=-1+\frac{\rho}{\lambda}c_{\mathrm{p}}^2 \tag{4-25}$$

液体中只存在两个部分波，相应的部分波的幅度解表示为：

$$\begin{Bmatrix}U_1\\U_3\end{Bmatrix}\Bigg|_1=\begin{Bmatrix}1\\\alpha\end{Bmatrix}\Bigg|_1,\quad \begin{Bmatrix}U_1\\U_3\end{Bmatrix}\Bigg|_2=\begin{Bmatrix}1\\\alpha\end{Bmatrix}\Bigg|_2 \tag{4-26}$$

不考虑入射波的情况下，界面波只由从界面向外发散的部分波组成。满足条件的部分波总共有3个。在液体和固体界面，只需满足3个边界条件，而关于u_1位移连续性的条件不必满足。声场可以描述为：

$$\begin{aligned}
u_3^{(1)} &= B_1U_{31}\mathrm{e}^{\mathrm{i}k(x_1+\alpha_1x_3-c_{\mathrm{p}}t)},\ u_3^{(2)} = \sum_{n=2}^{3}B_nU_{3n}\mathrm{e}^{\mathrm{i}k(x_1+\alpha_nx_3-c_{\mathrm{p}}t)}\\
\sigma_{33}^{(1)} &= B_1[\lambda^{(1)}+(\lambda^{(1)}+2\mu^{(1)})\alpha_1U_{31}](\mathrm{i}k)\mathrm{e}^{\mathrm{i}k(x_1+\alpha_1x_3-c_{\mathrm{p}}t)}\\
\sigma_{31}^{(1)} &= B_1[\alpha_1+U_{31}]\mu^{(1)}(\mathrm{i}k)\mathrm{e}^{\mathrm{i}k(x_1+\alpha_1x_3-c_{\mathrm{p}}t)}\\
\sigma_{33}^{(2)} &= \sum_{n=2}^{3}B_n[\lambda^{(2)}+(\lambda^{(2)}+2\mu^{(2)})\alpha_nU_{3n}](\mathrm{i}k)\mathrm{e}^{\mathrm{i}k(x_1+\alpha_nx_3-c_{\mathrm{p}}t)}\\
\sigma_{31}^{(2)} &= \sum_{n=2}^{3}B_n[\alpha_n+U_{3n}]\mu^{(2)}(\mathrm{i}k)\mathrm{e}^{\mathrm{i}k(x_1+\alpha_nx_3-c_{\mathrm{p}}t)}
\end{aligned} \tag{4-27}$$

整合边界条件的要求，可以得到如下特征方程：

$$\begin{bmatrix}\alpha_1 & \dfrac{1}{\alpha_2} & -\alpha_3\\ (\lambda^{(1)})\alpha_1^2+\lambda^{(1)} & 2\mu^{(2)} & -[(\lambda^{(2)}+2\mu^{(2)})\alpha_3^2+\lambda^{(2)}]\\ 0 & -\dfrac{\alpha_2^2-1}{\alpha_2}\mu^{(2)} & -2\alpha_3\mu^{(2)}\end{bmatrix}\begin{bmatrix}B_1\\B_2\\B_3\end{bmatrix}=\begin{bmatrix}0\\0\\0\end{bmatrix} \tag{4-28}$$

相速度的求解可以令式(4-28)中系数行列式的值为0得到，得到B_k的解以后可以得到波结构解。

以铝-水界面上的肖特基波的研究为例。材料参数在表4-2中列出。

表4-2　铝和水的材料参数

材料	$\rho/(\mathrm{g/cm^3})$	λ/GPa	μ/GPa
水	1	2.25	0
铝	2.7	55.28	25.94

使用这些材料参数来求解式(4-24)～式(4-28)，可以得到肖特基波的相速度解为1.496km/s。这个值小于这两种材料中的纵波和横波声速。相应的波结构分布如图4-12所示。在界面上沿x_1方向的位移不连续。波在水中的穿透深度大于在铝中的穿透深度。

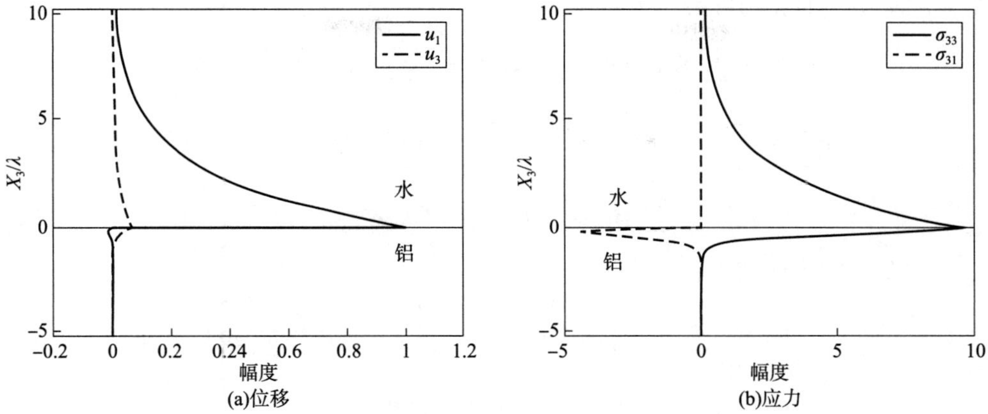

图 4-12　水-铝界面上的肖特基波的波结构

4.3.2　无限基底上层状材料中的声传播

1. 瑞利-兰姆型波

根据兰姆波和水平剪切导波的研究，发现各向同性材料中偏振方向在 x_2 方向的部分波和偏振方向在(x_1，x_3)平面内的部分波完全解耦。因此，偏振方向在(x_1，x_3)平面内的导波模式通常称为瑞利-兰姆模式(R-L 型)，而偏振方向在 x_2 方向上的导波则称为水平剪切波模式(SH 型)。

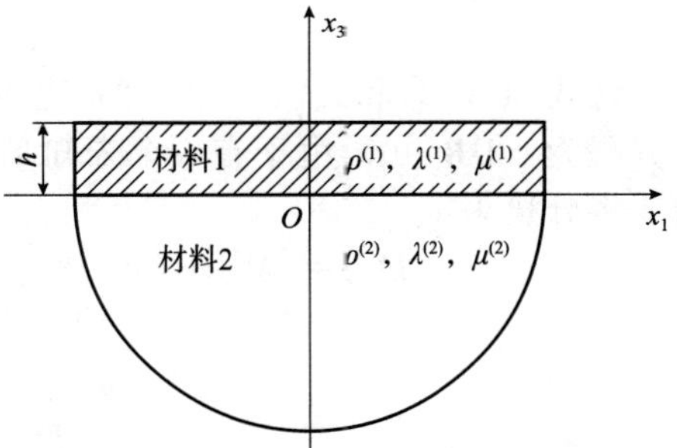

图 4-13　半无限基地上层状材料波传播研究的模型和坐标系

图 4-13 所示为一个半无限基底上一层材料的模型。单层材料的厚度为 h，两种材料的密度和拉梅常数分别为 $\rho^{(1)}$、$\lambda^{(1)}$、$\mu^{(1)}$ 和 $\rho^{(2)}$、$\lambda^{(2)}$、$\mu^{(2)}$。

这种结构中的 R-L 型导波的传播规律可以通过部分波理论结合相应的边界条件来解决。在这一层材料和基底中分别有 4 个和 2 个部分波。这层材料中的位移以及应力的分量可表达为：

$$u_1^{(1)} = \sum_{n=1}^{4} B_n \mathrm{e}^{\mathrm{i}k(x_1+\alpha_n x_3-c_\mathrm{p}t)},\ u_3^{(1)} = \sum_{n=1}^{4} B_n U_{3n} \mathrm{e}^{\mathrm{i}k(x_1+\alpha_n x_3-c_\mathrm{p}t)}$$

$$\sigma_{33}^{(1)} = \sum_{n=1}^{4} B_n[\lambda^{(1)} + (\lambda^{(1)} + 2\mu^{(1)})\alpha_n U_{3n}](\mathrm{i}k)\mathrm{e}^{\mathrm{i}k(x_1+\alpha_n x_3-c_\mathrm{p}t)}$$

$$\sigma_{31}^{(1)} = \sum_{n=1}^{4} B_n[\alpha_n + U_{3n}]\mu^{(1)}(\mathrm{i}k)\mathrm{e}^{\mathrm{i}k(x_1+\alpha_n x_3-c_\mathrm{p}t)} \tag{4-29}$$

式中，α_n 和 U_{3n} 的表达式为：

$$\alpha_1 = \sqrt{-1+\frac{\rho^{(1)}}{\mu^{(1)}}c_\mathrm{p}^2},\ \alpha_2 = \sqrt{-1+\frac{\rho^{(1)}}{\lambda^{(1)}+2\mu^{(1)}}c_\mathrm{p}^2},$$

$$\alpha_3 = -\sqrt{-1+\frac{\rho^{(1)}}{\mu^{(1)}}c_\mathrm{p}^2},\ \alpha_4 = -\sqrt{-1+\frac{\rho^{(1)}}{\lambda^{(1)}+2\mu^{(1)}}c_\mathrm{p}^2} \tag{4-30}$$

$$U_{31} = \frac{-1}{\alpha_1},\ U_{32} = \alpha_2,\ U_{33} = \frac{-1}{\alpha_3},\ U_{34} = \alpha_4 \tag{4-31}$$

半无限基底中的波场可表达为：

$$u_1^{(2)} = \sum_{n=5}^{6} B_n e^{ik(x_1+\alpha_n x_3-c_p t)}, u_3^{(2)} = \sum_{n=5}^{6} B_n U_{3n} e^{ik(x_1+\alpha_n x_3-c_p t)}$$

$$\sigma_{33}^{(2)} = \sum_{n=5}^{6} B_n[\lambda^{(2)} + (\lambda^{(2)} + 2\mu^{(2)})\alpha_n U_{3n}](ik) e^{ik(x_1+\alpha_n x_3-c_p t)}$$

$$\sigma_{31}^{(2)} = \sum_{n=5}^{6} B_n[\alpha_n + U_{3n}]\mu^{(1)}(ik) e^{ik(x_1+\alpha_n x_3-c_p t)} \tag{4-32}$$

式中，α_n 和 U_{3n} 的表达式为：

$$\alpha_5 = -\sqrt{-1+\frac{\rho^{(2)}}{\mu^{(2)}}c_p^2},\ \alpha_6 = -\sqrt{-1+\frac{\rho^{(2)}}{\lambda^{(2)}+2\mu^{(2)}}c_p^2} \tag{4-33}$$

$$U_{35} = \frac{-1}{\alpha_5},\ U_{36} = \alpha_6 \tag{4-34}$$

在这一结构中，声波传播必须满足如下边界条件：

$$\begin{gathered}\sigma_{33}^{(1)} = 0,\ x_3 = h\\ \sigma_{31}^{(1)} = 0,\ x_3 = h\\ u_1^{(1)} = u_1^{(2)},\ x_3 = 0\\ u_3^{(1)} = u_3^{(2)},\ x_3 = 0\\ \sigma_{33}^{(1)} = \sigma_{33}^{(2)},\ x_3 = 0\\ \sigma_{31}^{(1)} = \sigma_{31}^{(2)},\ x_3 = 0\end{gathered} \tag{4-35}$$

将式(4-29)和式(4-32)代入边界条件式(4-35)，经过整理可以得到这个问题的特征方程为：$\boldsymbol{DB}=0$，由于有6个未知量和6个边界条件，所以 $\boldsymbol{D}$ 是一个 6×6 的矩阵，它的非零分量为

$$\begin{gathered}D_{1,n} = [\lambda^{(1)} + (\lambda^{(1)} + 2\mu^{(1)})\alpha_n U_{3n}](ik)e^{ik\alpha_n h},\ n=1,2,3,4\\ D_{2,n} = [\alpha_n + U_{3n}]\mu^{(1)}(ik)e^{ik\alpha_n h},\ n=1,2,3,4\\ D_{3,n} = 1,\ n=1,2,3,4\\ D_{3,n} = -1,\ n=5,6\\ D_{4,n} = U_{3n},\ n=1,2,3,4\\ D_{4,n} = -U_{3n},\ n=5,6\\ D_{5,n} = [\lambda^{(1)} + (\lambda^{(1)} + 2\mu^{(1)})\alpha_n U_{3n}](ik),\ n=1,2,3,4\\ D_{5,n} = -[\lambda^{(2)} + (\lambda^{(2)} + 2\mu^{(2)})\alpha_n U_{3n}](ik),\ n=5,6\\ D_{6,n} = [\alpha_n + U_{3n}]\mu^{(1)}(ik),\ n=1,2,3,4\\ D_{6,n} = -[\alpha_n + U_{3n}]\mu^{(2)}(ik),\ n=5,6\end{gathered} \tag{4-36}$$

为了使得齐次线性方程组有非平凡解，系数行列式的值必须为0。因此

$$|\boldsymbol{D}| = 0 \tag{4-37}$$

当材料参数已知时，这是一个关于波速和波数的超越方程。波速的值也可以表述为频率的函数。一般来说，这种波形是色散的。和兰姆波问题的解决方法类似，色散曲线可以由数值计算得到。对于每一个模式，也可以通过式(4-29)、式(4-32)和式(4-35)来计算其波结构。

2. 勒夫波

半无限基底上一层状材料中传播的偏振方向在 x_2 方向的导波称为勒夫波。根据SH波部分波理论以及对半无限空间的讨论，在上一层中有两个部分波存在，在半无空间中有一个部分波存在。声场的位移和应力的表达式如下：

$$u_2^{(1)} = \sum_{n=1}^{2} B_n e^{ik(x_1+\alpha_n x_3-c_p t)}, u_2^{(2)} = B_3 e^{ik(x_1+\alpha_3 x_3-c_p t)}$$

$$\sigma_{32}^{(1)} = \sum_{n=1}^{2} B_n \alpha_n \mu^{(1)} (\mathrm{i}k) \mathrm{e}^{\mathrm{i}k(x_1+\alpha_n x_3 - c_\mathrm{p} t)}$$
$$\sigma_{32}^{(3)} = B_3 \alpha_3 \mu^{(2)} (\mathrm{i}k) \mathrm{e}^{\mathrm{i}k(x_1+\alpha_3 x_3 - c_\mathrm{p} t)} \tag{4-38}$$

式中，关于 α 的具体描述为：

$$\alpha_1 = \sqrt{\frac{\rho^{(1)}}{\mu^{(1)}} c_\mathrm{p}^2 - 1}，\ \alpha_2 = -\sqrt{\frac{\rho^{(1)}}{\mu^{(1)}} c_\mathrm{p}^2 - 1}，\ \alpha_3 = -\sqrt{\frac{\rho^{(2)}}{\mu^{(2)}} c_\mathrm{p}^2 - 1} \tag{4-39}$$

边界条件为：

$$\sigma_{32}^{(1)} = 0，\ x_3 = h$$
$$\mu_2^{(1)} = \mu_2^{(2)}，\ x_3 = 0$$
$$\sigma_{32}^{(1)} = \sigma_{32}^{(2)}，\ x_3 = 0 \tag{4-40}$$

勒夫波问题的特征方程为：

$$\begin{bmatrix} \alpha_1 \mu^{(1)} \mathrm{e}^{\mathrm{i}k\alpha_1 h} & \alpha_2 \mu^{(1)} \mathrm{e}^{\mathrm{i}k\alpha_1 h} & 0 \\ 1 & 1 & -1 \\ \alpha_1 \mu^{(1)} & \alpha_2 \mu^{(1)} & \alpha_3 \mu^{(2)} \end{bmatrix} \begin{bmatrix} B_1 \\ B_2 \\ B_3 \end{bmatrix} = \begin{bmatrix} 0 \\ 0 \\ 0 \end{bmatrix} \tag{4-41}$$

这个问题的求解过程通常也需要进行数值计算。

4.3.3　多层材料中的超声导波

实际应用中的很多材料是多层材料，如表面带涂层的涡轮叶片、带油漆层的材料、飞机多层材料(黏合材料或者是搭接材料)、扩散结合、胶合材料，甚至是表面结冰的板材。

图 4－14 所示为一个多层材料的模型，每一层的厚度、密度、拉梅常数分别由 $h^{(n)}$、$\rho^{(n)}$、$\lambda^{(n)}$、$\mu^{(n)}$表示。使用直角坐标系，波的传播方向为 x_1 方向，厚度方向为 x_3 方向，x_2 方向垂直于(x_1，x_3)平面。对于 R－L 型导波，偏振方向在(x_1，x_3)平面内，而 SH 型波的偏振方向在 x_2 方向。本节讨论两种边界条件的整合方法：一种是全局矩阵法，另一种是转移矩阵法。

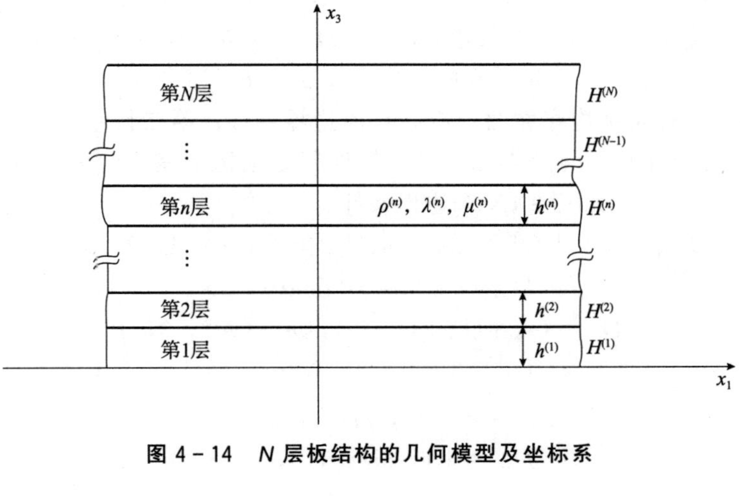

图 4－14　N 层板结构的几何模型及坐标系

1. 全局矩阵法

全局矩阵法将所有的边界条件整合到一个特征方程中，适用于多种类型的材料，包括弹性材料、黏弹性材料、各向同性材料或者是各向异性材料。对于频厚积(fd)大的情况，这种方法的数值计算结果非常稳定。对于层数不多的情况，全局矩阵法有非常广泛的应用。然而，对于层数很多的情况，这种方法的困难是需要处理很大的矩阵。

全局矩阵法的推导有两种方法：一种基于 Navier 方程，根据简谐振动假设、各向同性材料的亥姆霍兹分解、边界条件和界面连续性条件，以及 Snell 定律来求解。对于一个 4 层的材料，总共有 16 个边界条件，最终可以得到 16×16 的齐次线性方程组。

另一种方法基于部分波理论，它可以用来处理各向同性材料或各向异性材料。材料中的声场可以描述为部分波的线性叠加。部分波的解可以从克里斯托费尔方程得到。对于各向同性材料，克里斯托费尔方程为：

$$\begin{bmatrix}(\lambda+2\mu)+\mu\alpha^2-\rho c_{\mathrm{p}}^2 & (\lambda+\mu)\alpha \\ (\lambda+\mu)\alpha & (\lambda+2\mu)\alpha^2+\mu-\rho c_{\mathrm{p}}^2\end{bmatrix}\begin{Bmatrix}U_1\\U_3\end{Bmatrix}=0 \tag{4-42}$$

每一层材料有各自的厚度、密度及拉梅常数，一层里声场由 4 个部分波的线性叠加来表述：

$$u_1^{(n)}=\sum_{m=4n-3}^{4n}B_m\mathrm{e}^{\mathrm{i}k(x_1+\alpha_m x_3-c_{\mathrm{p}}t)}$$

$$u_3^{(n)}=\sum_{m=4n-3}^{4n}B_mU_{3m}\mathrm{e}^{\mathrm{i}k(x_1+\alpha_m x_3-c_{\mathrm{p}}t)}$$

$$\sigma_{33}^{(n)}=\sum_{m=4n-3}^{4n}B_m[\lambda^{(n)}+(\lambda^{(n)}+2\mu^{(n)})\alpha_mU_{3m}](\mathrm{i}k)\mathrm{e}^{\mathrm{i}k(x_1+\alpha_m x_3-c_{\mathrm{p}}t)}$$

$$\sigma_{31}^{(n)}=\sum_{m=4n-3}^{4n}B_m[\alpha_m+U_{3m}]\mu^{(n)}(\mathrm{i}k)\mathrm{e}^{\mathrm{i}k(x_1+\alpha_m x_3-c_{\mathrm{p}}t)} \tag{4-43}$$

当 N 层结构每一层的克里斯托费尔方程的解都得到以后，可得到以 $4N$ 个未知量 B_m $(m=1, 2, \cdots, 4N)$来表述的 R－L 型导波的声场解。每一层的厚度已知，所以每一层上表面在全局坐标系中的位置可以由 $H^{(n)}=\sum_{m=1}^{n}h^{(m)}$ 来描述。

对于 N 层材料的边界条件和界面连续性条件为：

$$\sigma_{33}^{(1)}=0,\ \sigma_{31}^{(1)}=0,\ x_3=0$$

$$u_3^{(n)}=u_3^{(n-1)},\ u_1^{(n)}=u_1^{(n-1)},\ x_3=H^{(n-1)},\ n=2, 3, \cdots, N$$

$$\sigma_{33}^{(n)}=\sigma_{33}^{(n-1)},\ \sigma_{31}^{(n)}=\sigma_{31}^{(n-1)},\ x_3=H^{(n-1)},\ n=2, 3, \cdots, N$$

$$\sigma_{33}^{(N)}=0,\ \sigma_{31}^{(N)}=0,\ x_3=H^{(N)} \tag{4-44}$$

式(4－44)第一行是结构底面两个应力自由边界条件；第二行和第三行分别是结构界面位移和应力连续性条件，每个界面 4 个；第四行是结构上表面两个应力自由边界条件。因此，总共有 $2+4(N-1)+2=4N$ 个边界条件。

$$D_{1m}=[\lambda^{(1)}+(\lambda^{(1)}+2\mu^{(1)})\alpha_mU_{3m}](\mathrm{i}k),\ m=1, 2, 3, 4$$

$$D_{1m}=0,\ m=5, 6, \cdots, 16$$

$$D_{2m}=(\alpha_m+U_{3m})\mu^{(1)}(\mathrm{i}k),\ m=1, 2, 3, 4$$

$$D_{2m}=0,\ m=5, 6, \cdots, 16$$

$$D_{3m}=\mathrm{e}^{\mathrm{i}k\alpha_m H^{(n)}},\ m=1, 2, 3, 4$$

$$D_{3m}=-1,\ m=5, 6, 7, 8$$

$$D_{3m}=0,\ m=9, 10, \cdots, 16$$

$$D_{4m}=U_{3m}\mathrm{e}^{\mathrm{i}k\alpha_m H^{(n)}},\ m=1, 2, 3, 4$$

$$D_{4m}=-U_{3m},\ m=5, 6, 7, 8$$

$$D_{4m}=0,\ m=9, 10, \cdots, 16$$

$$D_{5m}=[\lambda^{(1)}+(\lambda^{(1)}+2\mu^{(1)})\alpha_mU_{3m}](\mathrm{i}k)\mathrm{e}^{\mathrm{i}k\alpha_m H^{(n)}},\ m=1, 2, 3, 4$$

$$D_{5m}=-[\lambda^{(2)}+(\lambda^{(2)}+2\mu^{(2)})\alpha_mU_{3m}](\mathrm{i}k),\ m=5, 6, 7, 8$$

$$D_{5m}=0,\ m=9,\ 10,\ \cdots,\ 16$$

$$D_{6m}=(\alpha_m+U_{3m})\mu^{(1)}(\mathrm{i}k)\mathrm{e}^{\mathrm{i}k\alpha_m H^{(n)}},\ m=1,\ 2,\ 3,\ 4$$

$$D_{6m}=-(\alpha_m+U_{3m})\mu^{(2)}(\mathrm{i}k),\ m=5,\ 6,\ 7,\ 8$$

$$D_{6m}=0,\ m=9,\ 10,\ \cdots,\ 16$$

$$D_{7m}=0,\ m=1,\ 2,\ 3,\ 4$$

$$D_{7m}=\mathrm{e}^{\mathrm{i}k\alpha_m H^{(n)}},\ m=5,\ 6,\ 7,\ 8$$

$$D_{7m}=-1,\ m=9,\ 10,\ 11,\ 12$$

$$D_{7m}=0,\ m=13,\ 14,\ 15,\ 16$$

$$D_{8m}=0,\ m=1,\ 2,\ 3,\ 4$$

$$D_{8m}=U_{3m}\mathrm{e}^{\mathrm{i}k\alpha_m H^{(n)}},\ m=5,\ 6,\ 7,\ 8$$

$$D_{8m}=-U_{3m},\ m=9,\ 10,\ 11,\ 12$$

$$D_{8m}=0,\ m=13,\ 14,\ 15,\ 16$$

$$D_{9m}=0,\ m=1,\ 2,\ 3,\ 4$$

$$D_{9m}=[\lambda^{(2)}+(\lambda^{(2)}+2\mu^{(2)})\alpha_m U_{3m}](\mathrm{i}k)\mathrm{e}^{\mathrm{i}k\alpha_m H^{(n)}},\ m=5,\ 6,\ 7,\ 8$$

$$D_{9m}=[\lambda^{(3)}+(\lambda^{(3)}+2\mu^{(3)})\alpha_m U_{3m}](\mathrm{i}k),\ m=9,\ 10,\ 11,\ 12$$

$$D_{9m}=0,\ m=13,\ 14,\ 15,\ 16$$

$$D_{10m}=0,\ m=1,\ 2,\ 3,\ 4$$

$$D_{10m}=(\alpha_m+U_{3m})\mu^{(2)}(\mathrm{i}k)\mathrm{e}^{\mathrm{i}k\alpha_m H^{(n)}},\ m=5,\ 6,\ 7,\ 8$$

$$D_{10m}=-(\alpha_m+U_{3m})\mu^{(2)}(\mathrm{i}k),\ m=9,\ 10,\ 11,\ 12$$

$$D_{10m}=0,\ m=13,\ 14,\ 15,\ 16$$

$$D_{11m}=0,\ m=1,\ 2,\ \cdots,\ 8$$

$$D_{11m}=\mathrm{e}^{\mathrm{i}k\alpha_m H^{(n)}},\ m=9,\ 10,\ 11,\ 12$$

$$D_{11m}=-1,\ m=13,\ 14,\ 15,\ 16$$

$$D_{12m}=0,\ m=1,\ 2,\ \cdots,\ 8$$

$$D_{12m}=U_{3m}\mathrm{e}^{\mathrm{i}k\alpha_m H^{(n)}},\ m=9,\ 10,\ 11,\ 12$$

$$D_{12m}=-U_{3m},\ m=13,\ 14,\ 15,\ 16$$

$$D_{13m}=0,\ m=1,\ 2,\ \cdots,\ 8$$

$$D_{13m}=[\lambda^{(3)}+(\lambda^{(3)}+2\mu^{(3)})\alpha_m U_{3m}](\mathrm{i}k)\mathrm{e}^{\mathrm{i}k\alpha_m H^{(n)}},\ m=9,\ 10,\ 11,\ 12$$

$$D_{13m}=-[\lambda^{(4)}+(\lambda^{(4)}+2\mu^{(4)})\alpha_m U_{3m}](\mathrm{i}k),\ m=13,\ 14,\ 15,\ 16$$

$$D_{14m}=0,\ m=1,\ 2,\ \cdots,\ 8$$

$$D_{14m}=(\alpha_m+U_{3m})\mu^{(3)}(\mathrm{i}k)\mathrm{e}^{\mathrm{i}k\alpha_m H^{(n)}},\ m=9,\ 10,\ 11,\ 12$$

$$D_{14m}=-(\alpha_m+U_{3m})\mu^{(4)}(\mathrm{i}k),\ m=13,\ 14,\ 15,\ 16$$

$$D_{15m}=0,\ m=1,\ 2,\ \cdots,\ 12$$

$$D_{15m}=[\lambda^{(4)}+(\lambda^{(4)}+2\mu^{(4)})\alpha_m U_{3m}](\mathrm{i}k)\mathrm{e}^{\mathrm{i}k\alpha_m H^{(n)}},\ m=13,\ 14,\ 15,\ 16$$

$$D_{16m}=0,\ m=1,\ 2,\ \cdots,\ 12$$

$$D_{16m}=(\alpha_m+U_{3m})\mu^{(4)}(\mathrm{i}k)\mathrm{e}^{\mathrm{i}k\alpha_m H^{(n)}},\ m=13,\ 14,\ 15,\ 16 \tag{4-45}$$

(1)下表面应力自由边界

第一层的 4 个部分波是 B_m，$m=1$，2，3，4。在下表面，$x_3=0$，因此，边界条件可以展开为：

$$[(\lambda^{(1)}+(\lambda^{(1)}+2\mu^{(1)})\alpha_1U_{31})B_1+(\lambda^{(1)}+(\lambda^{(1)}+2\mu^{(1)})\alpha_2U_{32})B_2$$
$$+(\lambda^{(1)}+(\lambda^{(1)}+2\mu^{(1)})\alpha_3U_{33})B_3+(\lambda^{(1)}+(\lambda^{(1)}+2\mu^{(1)})\alpha_4U_{34})B_4](ik)e^{ik(x_1-c_pt)} \quad (4-46)$$

对于行波解，$e^{ik(x_1-c_pt)}\neq0$。在忽略这一通用项以后，可以得到：

$$[(\lambda^{(1)}+(\lambda^{(1)}+2\mu^{(1)})\alpha_1U_{31})B_1+(\lambda^{(1)}+(\lambda^{(1)}+2\mu^{(1)})\alpha_2U_{32})B_2$$
$$+(\lambda^{(1)}+(\lambda^{(1)}+2\mu^{(1)})\alpha_3U_{33})B_3+(\lambda^{(1)}+(\lambda^{(1)}+2\mu^{(1)})\alpha_4U_{34})B_4](ik)=0 \quad (4-47)$$

(2)第 n 层和第 $n-1$ 层界面处的连续性

这个界面连续性条件涉及 8 个部分波，4 个来自第 n 层，4 个来自第 $n-1$ 层。忽略通用项 $e^{ik(x_1-c_pt)}$，最终的边界条件为：

$$e^{ik(\alpha_{4n-7}H^{(n-1)})}B_{4n-7}+e^{ik(\alpha_{4n-6}H^{(n-1)})}B_{4n-6}+e^{ik(\alpha_{4n-5}H^{(n-1)})}B_{4n-5}+e^{ik(\alpha_{4n-4}H^{(n-1)})}B_{4n-4}$$
$$-e^{ik(\alpha_{4n-3}H^{(n-1)})}B_{4n-3}-e^{ik(\alpha_{4n-2}H^{(n-1)})}B_{4n-2}-e^{ik(\alpha_{4n-1}H^{(n-1)})}B_{4n-1}-e^{ik(\alpha_{4n}H^{(n-1)})}B_{4n}=0$$
$$(4-48)$$

其他边界条件和界面条件都可以根据相似的流程最终表述为 B_k 的方程。

使用全局矩阵法，所有的边界条件都被整理到一个线性方程组中，这个方程组也称为特征方程组。这个特征方程组中 B_m 是未知量，相速度 c_p 和波数 k 是系数矩阵 $\boldsymbol{D}$ 的参数：

$$\boldsymbol{DB}=\boldsymbol{0} \quad (4-49)$$

2. 转移矩阵法

当层数很多时，使用全局矩阵法将产生一个巨大的 $\boldsymbol{D}$ 矩阵，其求解过程将会变得复杂且耗时。在这种情况下，使用转移矩阵法求解将带来很大的便利。

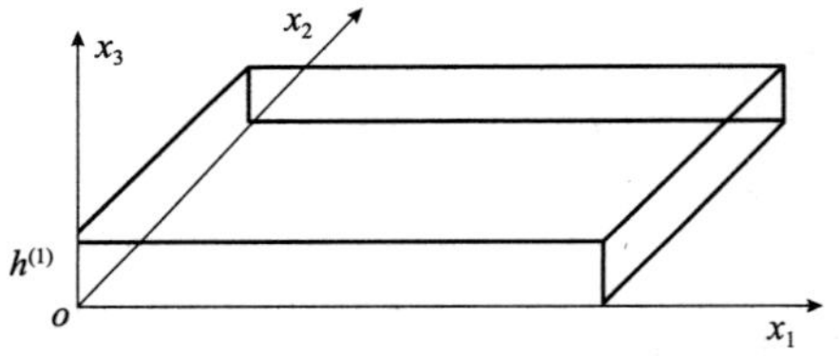

图 4-15　每层全局坐标示意

在分析时为每一层使用局部坐标系。如图 4-15 所示，(x_1, x_2, x_3) 是全局坐标系，而 $(x_1^{(n)}, x_2^{(n)}, x_3^{(n)})$ 则是第 n 层的局域坐标系。当使用同一个位置作为每一层的起点时，所有的 $x_1^{(n)}$ 可以统一为一个 x_1。

使用局域坐标系，每一层中的声场可以由式(4-50)来表述。其中，上标(n)表示第 n 层中的材料参数：

$$u_1^{(n)} = \sum_{m=1}^{4} B_m^{(n)} e^{ik(x_1+\alpha_m^{(n)}x_3^{(n)}-c_pt)}$$
$$u_3^{(n)} = \sum_{m=1}^{4} B_m^{(n)} U_{3m}^{(n)} e^{ik(x_1+\alpha_m^{(n)}x_3^{(n)}-c_pt)}$$
$$\sigma_{33}^{(n)} = \sum_{m=1}^{4} B_m^{(n)}[\lambda^{(n)}+(\lambda^{(n)}+2\mu^{(n)})\alpha_m^{(n)}U_{3m}^{(n)}](ik)e^{ik(x_1+\alpha_m^{(n)}x_3^{(n)}-C_pt)}$$
$$\sigma_{31}^{(n)} = \sum_{m=1}^{4} B_m^{(n)}[\alpha_m^{(n)}+U_{3m}^{(n)}]\mu^{(n)}(ik)e^{ik(x_1+\alpha_m^{(n)}x_3^{(n)}-c_pt)} \quad (4-50)$$

使用 Γ 来表示声场量 $[u_1 \quad u_3 \quad \sigma_{33} \quad \sigma_{31}]^{\mathrm{T}}$，并提取简谐项 $e^{ik(x_1-c_pt)}$ 时，式(4—50)可以用矩阵的形式表示为：

$$\begin{bmatrix} u_1^{(n)} \\ u_3^{(n)} \\ \sigma_{33}^{(n)} \\ \sigma_{31}^{(n)} \end{bmatrix} = \Gamma^{(n)} e^{ik(x_1-c_pt)} \quad (4-51)$$

$$\boldsymbol{\Gamma}^{(n)}=\boldsymbol{X}^{(n)}\boldsymbol{W}^{(n)}\boldsymbol{B}^{(n)} \tag{4-52}$$

式中　$\boldsymbol{X}^{(n)}$——波数和相速度的函数。

$$X^{(n)}=\begin{bmatrix} X_{11}^{(n)} & X_{12}^{(n)} & X_{13}^{(n)} & X_{14}^{(n)} \\ X_{21}^{(n)} & X_{22}^{(n)} & X_{23}^{(n)} & X_{24}^{(n)} \\ X_{31}^{(n)} & X_{32}^{(n)} & X_{33}^{(n)} & X_{34}^{(n)} \\ X_{41}^{(n)} & X_{42}^{(n)} & X_{43}^{(n)} & X_{44}^{(n)} \end{bmatrix}$$

$$\begin{gathered} X_{lm}^{(n)}=1 \\ X_{2m}^{(n)}=U_{3m}^{(n)} \\ X_{3m}^{(n)}=[\lambda^{(n)}+(\lambda^{(n)}+2\mu^{(n)})\alpha_m^{(n)}U_{3m}^{(n)}](\mathrm{i}k) \\ X_{4m}^{(n)}=[\alpha_m^{(n)}+U_{3m}^{(n)}]\mu^{(n)}(\mathrm{i}k),\ m=1,\ 2,\ 3,\ 4 \end{gathered} \tag{4-53}$$

$\boldsymbol{W}^{(n)}$是波数、相速度以及深度位置 $x_3^{(n)}$ 的函数：

$$\boldsymbol{W}^{(n)}=\begin{bmatrix} \mathrm{e}^{\mathrm{i}k(\alpha_1^{(n)}x_3^{(n)})} & 0 & 0 & 0 \\ 0 & \mathrm{e}^{\mathrm{i}k(\alpha_2^{(n)}x_3^{(n)})} & 0 & 0 \\ 0 & 0 & \mathrm{e}^{\mathrm{i}k(\alpha_3^{(n)}x_3^{(n)})} & 0 \\ 0 & 0 & 0 & \mathrm{e}^{\mathrm{i}k(\alpha_4^{(n)}x_3^{(n)})} \end{bmatrix} \tag{4-54}$$

$\boldsymbol{B}^{(n)}$是部分波的加权系数矢量：

$$\boldsymbol{B}^{(n)}=\begin{bmatrix} B_1^{(n)} \\ B_2^{(n)} \\ B_3^{(n)} \\ B_4^{(n)} \end{bmatrix} \tag{4-55}$$

在每一层的底部，$x_3^{(n)}=0$，$W^{(n)}(0)=\boldsymbol{I}$，因此声场分量可简化为：

$$\boldsymbol{\Gamma}^{(n)-}=\boldsymbol{X}^{(n)}\boldsymbol{B}^{(n)}\Rightarrow\boldsymbol{B}^{(n)}=(\boldsymbol{X}^{(n)})^{-1}\boldsymbol{\Gamma}^{(n)-} \tag{4-56}$$

在每一层的顶部，声场分量可以描述为：

$$\boldsymbol{\Gamma}^{(n)+}=\boldsymbol{X}^{(n)}(\boldsymbol{W}^{(n)}\mid_{h^{(n)}})\boldsymbol{B}^{(n)} \tag{4-57}$$

因此，每一层上表面的声场可以用下表面的声场来表示，其关系为：

$$\boldsymbol{\Gamma}^{(n)+}=\boldsymbol{X}^{(n)}(\boldsymbol{W}^{(n)}\mid_{h^{(n)}})(\boldsymbol{X}^{(n)})^{-1}\boldsymbol{\Gamma}^{(n)-}=\boldsymbol{\Psi}^{(n)}\boldsymbol{\Gamma}^{(n)-} \tag{4-58}$$

式中　$\boldsymbol{\Psi}^{(n)}$——第 n 层的转移矩阵，这个矩阵只是相速度和波数的函数。

连续性边界条件要求第 n 层上表面的声场分量和第 $n+1$ 层下表面的声场分量相等：

$$\boldsymbol{\Gamma}^{(n)+}=\boldsymbol{\Gamma}^{(n+1)-},\ n=1,\ 2,\ \cdots,\ N-1 \tag{4-59}$$

将式(4-59)代入式(4-58)得：

$$\boldsymbol{\Gamma}^{(n+1)-}=\boldsymbol{\Psi}^{(n)}\boldsymbol{\Gamma}^{(n)-} \tag{4-60}$$

当把这一关系应用到所有的 $N-1$ 个内部界面以后，得：

$$\boldsymbol{\Gamma}^{(N)+}=\boldsymbol{\Psi}^{(n)}\boldsymbol{\Gamma}^{(N)-}=\boldsymbol{\Psi}^{(n)}\boldsymbol{\Psi}^{(n-1)}\cdots\boldsymbol{\Psi}^{(1)}\boldsymbol{\Gamma}^{(1)-}=\left(\prod_{n=1}^{n}\boldsymbol{\Psi}^{(n)}\right)\boldsymbol{\Gamma}^{(1)-} \tag{4-61}$$

总转移矩阵 $\boldsymbol{\Psi}=\prod\limits_{n=1}^{N}\boldsymbol{\Psi}^{(n)}$ 的阶数和层数无关，一直是 4×4。考虑上下表面的应力边界条件，式(4-61)可以展开来描述为：

$$\begin{bmatrix} u_1^{(N)+} \\ u_3^{(N)+} \\ 0 \\ 0 \end{bmatrix}=\begin{bmatrix} \boldsymbol{\Psi}_{11} & \boldsymbol{\Psi}_{12} & \boldsymbol{\Psi}_{13} & \boldsymbol{\Psi}_{14} \\ \boldsymbol{\Psi}_{21} & \boldsymbol{\Psi}_{22} & \boldsymbol{\Psi}_{23} & \boldsymbol{\Psi}_{24} \\ \boldsymbol{\Psi}_{31} & \boldsymbol{\Psi}_{32} & \boldsymbol{\Psi}_{33} & \boldsymbol{\Psi}_{34} \\ \boldsymbol{\Psi}_{41} & \boldsymbol{\Psi}_{42} & \boldsymbol{\Psi}_{43} & \boldsymbol{\Psi}_{44} \end{bmatrix}\begin{bmatrix} u_1^{(1)-} \\ u_3^{(1)-} \\ 0 \\ 0 \end{bmatrix} \tag{4-62}$$

这个方程可以拆分为：

$$\begin{bmatrix} u_1^{(N)+} \\ u_3^{(N)+} \end{bmatrix} = \begin{bmatrix} \Psi_{11} & \Psi_{12} \\ \Psi_{21} & \Psi_{22} \end{bmatrix} \begin{bmatrix} u_1^{(1)^-} \\ u_3^{(1)^-} \end{bmatrix} \tag{4-63}$$

$$\begin{bmatrix} 0 \\ 0 \end{bmatrix} = \begin{bmatrix} \Psi_{31} & \Psi_{32} \\ \Psi_{41} & \Psi_{42} \end{bmatrix} \begin{bmatrix} u_1^{(1)-} \\ u_3^{(1)-} \end{bmatrix} \tag{4-64}$$

当得到色散曲线以后，色散曲线上每一个点所对应的声场解也就可以得到了。其流程为首先通过式(4-64)得到第一层下表面的位移分布，然后再过式(4-65)得到第一层中4个部分波分量系数：

$$\boldsymbol{B}^{(1)} = (X^{(1)})^{-1} \begin{bmatrix} u_1^{(1)^-} \\ u_3^{(1)^-} \end{bmatrix} \tag{4-65}$$

得到第一层上表面的声场解，也就是第二层下表面的声场解。依此类推，就可以得到每一层的部分波分量以及声场解。然后，整个模式的波结构可以通过全局坐标系(x_1，x_2，x_3)来描述。

4.4 各向异性介质中的超声导波

在过去的几十年里，随着复合材料应用的不断推广，各向异性材料中的弹性波传播的研究受到越来越多的关注。复合材料强度高，密度低；相同的强度，重量比普通金属材料小。另外，复合材料可根据应用的需要来设计，将材料强度高的方向和应力大的方向对应。理解导波的传播规律是用导波对各向异性材料进行无损检测的基础。由于复合材料的各向异性，它对静态和动态载荷的响应也比各向同性材料复杂，声波传播特性也更为复杂，如声速随方向的变化、相速度和群速度方向的区别、三种不同的体波声速等。尽管各向异性材料中的声传播更为复杂，导波模式、频散曲线、波结构等概念还是相同的。

4.4.1 相速度频散曲线

各向异性层状材料中的导波频散方程的推导过程以前面所述的部分波方法为理论基础。图4-16为各向异性板及其坐标系示意。各向异性材料中导波传播问题需要两套坐标系：一套是定义材料参数的坐标系(x，y，z)，另一套是描述波传播及振动的坐标系(x_1，x_2，x_3)。假设波沿着x_1方向传播。对于图4-16所示的情形，这两套坐标系重合，因此材料参数可以不经过坐标转换直接在振动坐标系中使用。

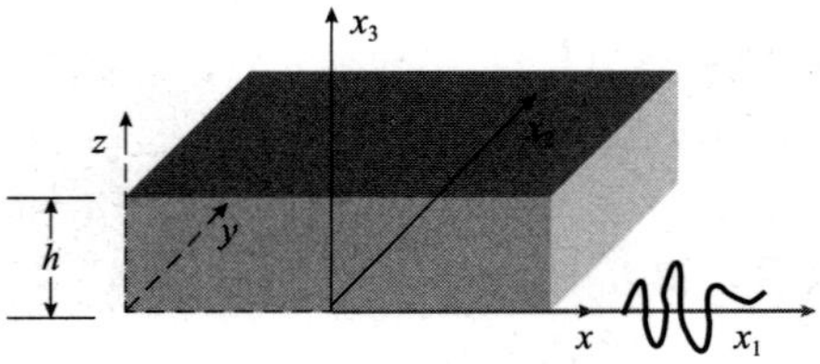

图4-16 用来研究各向异性板材中导波传播的坐标系示意

各向异性材料中的声波控制方程、应力-应变方程、应变-位移关系分别为：

$$\rho \frac{\partial^2 u_i}{\partial t^2} = c_{ijkl} \frac{\partial^2 u_l}{\partial x_j \partial x_k} \tag{4-66}$$

$$\sigma_{ij} = c_{ijkl} s_{kl} \tag{4-67}$$

$$s_{kl} = \frac{1}{2}\left(\frac{\partial u_l}{\partial x_k} + \frac{\partial u_k}{\partial x_l}\right) \tag{4-68}$$

式中　u_i——位移量的分量；

S_{kl}——应变张量的分量；

σ_{ij}——应力张量的分量。

部分波理论假设在无限大介质板中传播的部分波具有如下形式：

$$u_1 = U_1 e^{ik(x_1 + \alpha x_3 - c_p t)}$$
$$u_2 = U_2 e^{ik(x_1 + \alpha x_3 - c_p t)}$$
$$u_3 = U_3 e^{ik(x_1 + \alpha x_3 - c_p t)} \qquad (4-69)$$

将式(4-69)代入式(4-66)，可以得到克里斯托费尔方程：

$$\begin{bmatrix} A_{11} & A_{12} & A_{13} \\ A_{12} & A_{22} & A_{23} \\ A_{13} & A_{23} & A_{33} \end{bmatrix} \begin{bmatrix} U_1 \\ U_2 \\ U_3 \end{bmatrix} = \begin{bmatrix} 0 \\ 0 \\ 0 \end{bmatrix} \qquad (4-70)$$

式中，矩阵 **A** 的各分量的具体表达式如下：

$$A_{11} = C_{11} + 2C_{15}\alpha + C_{55}\alpha^2 - \rho c_p^2,\ A_{12} = C_{16} + (C_{14} + C_{56})\alpha + C_{45}\alpha^2$$
$$A_{13} = C_{15} + (C_{13} + C_{55})\alpha + C_{35}\alpha^2,\ A_{22} = C_{66} + 2C_{46}\alpha + C_{44}\alpha^2 - \rho c_p^2$$
$$A_{23} = C_{55} + (C_{36} + C_{45})\alpha + C_{34}\alpha^2,\ A_{33} = C_{55} + 2C_{35}\alpha + C_{33}\alpha^2 - \rho c_p^2 \qquad (4-71)$$

这是针对三斜晶系的各向异性材料的一个普遍的表达式。当矩阵 **A** 的所有项都不为 0 时，3 个方向的位移互相耦合。也就是说，各向异性材料中可能不存在独立的纯纵波模式和纯横波模式，而是准纵波或准横波模式。

和各向同性材料中克里斯托费尔方程的处理方法一样，为了得到$[U_1\ U_2\ U_3]$的非平凡解，需要 **A** 矩阵的行列式值为 0。**A** 矩阵的行列式值在 c_p 已知的情况下是关于 α 的 6 次多项式。因此，在各向异性材料中，得到 6 个部分波的解。在各向同性材料中，同样得到 6 个部分波解，只不过它们分解为 4 个 R－L 型的部分波和 2 个 SH 型的部分波。α 的具体解析表达式非常复杂，这里不详细给出。当 α 的解得到以后，通过解齐次线性方程组，可以得$[U_1\ U_2\ U_3]$的解。

当所有的部分波解都得到以后，板材中的声场可以描述为这 6 个部分波的线性组合：

$$u_l = \left[\sum_{m=1}^{6} B_m U_{lm} \exp(ik(\alpha_m x_3))\right] \exp(i(kx_1 - \omega t)),\quad l = 1,2,3 \qquad (4-72)$$

式中　α——从$|\mathbf{A}|=0$ 得到的 6 个解；

U_{lm}——与之相对应的$[U_1\ U_2\ U_3]$的解；

B_m——6 个未知加权系数，这个加权系数的解可以由边界条件问题求解得到。

自由应力边界条件下的数学表达式如下：

$$\sigma_{3l} = 0,\ l = 1,\ 2,\ 3,\quad 在\ x_3 = 0\ 和\ x_3 = h\ 的位置 \qquad (4-73)$$

解这个边界条件问题，还需要使用式(4-67)和式(4-68)，将应力表示成部分波的解：

$$\sigma_l = \left[\sum_{m=1}^{6} M_{lm} B_m \exp(ik\alpha_m x_3)\right] (ik) \exp(i(kx_1 - \omega t)) \qquad (4-74)$$

M_{lm} 的具体表达式如下：

$$M_{1m} = C_{11}U_{1m} + C_{13}U_{3m}\alpha_m + C_{14}U_{2m}\alpha_m + C_{15}(U_{1m}\alpha_m + U_{3m}) + C_{16}U_{2m}$$
$$M_{2m} = C_{12}U_{1m} + C_{23}U_{3m}\alpha_m + C_{24}U_{2m}\alpha_m + C_{25}(U_{1m}\alpha_m + U_{3m}) + C_{26}U_{2m}$$
$$M_{3m} = C_{13}U_{1m} + C_{33}U_{3m}\alpha_m + C_{34}U_{2m}\alpha_m + C_{35}(U_{1m}\alpha_m + U_{3m}) + C_{36}U_{2m}$$
$$M_{4m} = C_{14}U_{1m} + C_{34}U_{3m}\alpha_m + C_{44}U_{2m}\alpha_m + C_{45}(U_{1m}\alpha_m + U_{3m}) + C_{46}U_{2m}$$

$$M_{5m}=C_{15}U_{1m}+C_{35}U_{3m}\alpha_m+C_{45}U_{2m}\alpha_m+C_{55}(U_{1m}\alpha_m+U_{3m})+C_{56}U_{2m}$$

$$M_{6m}=C_{16}U_{1m}+C_{35}U_{3m}\alpha_m+C_{46}U_{2m}\alpha_m+C_{56}(U_{1m}\alpha_m+U_{3m})+C_{66}U_{2m} \qquad (4-75)$$

将 σ_3、σ_4、σ_5，也就是 σ_{33}、σ_{32}、σ_{31} 的表达式代入式(4-73)所示的边界条件，可得到：

$$\begin{bmatrix} M_{31} & M_{32} & M_{33} & M_{34} & M_{35} & M_{36} \\ M_{41} & M_{42} & M_{43} & M_{44} & M_{45} & M_{46} \\ M_{51} & M_{52} & M_{53} & M_{54} & M_{55} & M_{56} \\ M_{31}\exp(ik\alpha_1 h) & M_{32}\exp(ik\alpha_2 h) & M_{33}\exp(ik\alpha_3 h) & M_{34}\exp(ik\alpha_4 h) & M_{35}\exp(ik\alpha_5 h) & M_{36}\exp(ik\alpha_6 h) \\ M_{41}\exp(ik\alpha_1 h) & M_{42}\exp(ik\alpha_2 h) & M_{43}\exp(ik\alpha_3 h) & M_{44}\exp(ik\alpha_4 h) & M_{45}\exp(ik\alpha_5 h) & M_{46}\exp(ik\alpha_6 h) \\ M_{51}\exp(ik\alpha_1 h) & M_{52}\exp(ik\alpha_2 h) & M_{53}\exp(ik\alpha_3 h) & M_{54}\exp(ik\alpha_4 h) & M_{55}\exp(ik\alpha_5 h) & M_{56}\exp(ik\alpha_6 h) \end{bmatrix}$$

$$\begin{bmatrix} B_1 \\ B_2 \\ B_3 \\ B_4 \\ B_5 \\ B_6 \end{bmatrix}=\begin{bmatrix} 0 \\ 0 \\ 0 \\ 0 \\ 0 \\ 0 \end{bmatrix} \qquad (4-76)$$

通过求解系数矩阵的行列式的值为 0 的方程来得到频散曲线，求解过程一般需要数值计算。

4.4.2 传播方向对超声导波的影响

导波的传播不一定沿着 x 轴方向，而是沿着图 4-16 的(x，y)平面内的任意方向。本节将建立一个假设传播方向 x_1 和材料的主轴方向 x 的夹角为 θ 的通用模型，如图 4-17 所示。

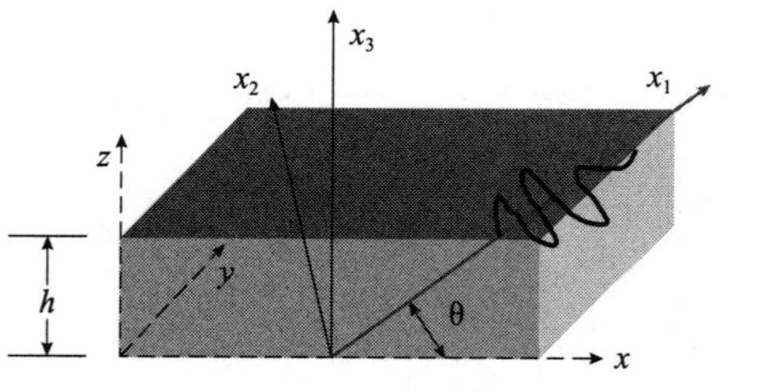

图 4-17　各向异性材料中沿着任意方向传播的超声导波的模型示意

本节用两种方法来研究沿着 x_1 方向的导波。第一种方法是仍然在(x，y，z)坐标系中建立模型。使用这种方法，平面波声场的位移不再独立于 y，而是沿着方向 θ。因此，位移的一般表达式为 $u_l=U_l e^{ik(\cos(\theta)x+\sin(\theta)y+\alpha z-c_p t)}$，而材料参数仍然和第 4.4.1 节中的描述相同。第二种方法是在(x_1，x_2，x_3)坐标系里建模。这样，平面波的解和 x_2 无关，整个理论推导过程和上一小节相同。区别在于，需要在(x_1，x_2，x_3)坐标系中表达材料的力学参数。因此，需要对材料参数进行坐标转换。密度是一个标量，无须进行转换。而弹性刚度常数是一个 4 维张量，可以用式(4-77)所示的方法进行转换

$$c_{\mathrm{mnop}}=\beta_{mi}\beta_{nj}\beta_{ok}\beta_{pl}c'_{ijkl} \qquad (4-77)$$

式中，β_{ij} 是转换矩阵 β 的分量：

$$\beta=\begin{bmatrix} \cos\theta & \sin\theta & 0 \\ -\sin\theta & \cos\theta & 0 \\ 0 & 0 & 1 \end{bmatrix} \qquad (4-78)$$

当得到(x_1，x_2，x_3)坐标系里的材料参数以后，就可以计算频散曲线。得到各个方向

上传播的波的频散曲线以后，就可以分析声波传播随方向的变化关系。

4.4.3　多层复合材料的超声导波传播

常用的纤维增强复合材料通常是由好多层复合材料黏合成的多层结构，每一层的纤维方向根据需要的力学特性经过特定的工程设计来决定。因此，可以结合各向异性材料和多层材料中的声传播知识来研究多层复合材料中的超声导波传播特性。图 4－18 所示为多层复合材料及相应的坐标系示意。图中画出了一个 5 层结构，每一层的厚度用 $h^{(n)}$ 表示。波的传播方向为（x_1，x_2，x_3，）坐标系里的 x_1 方向。每一层的材料参数在其局部坐标系中定义，然后旋转变换到全局坐标系。

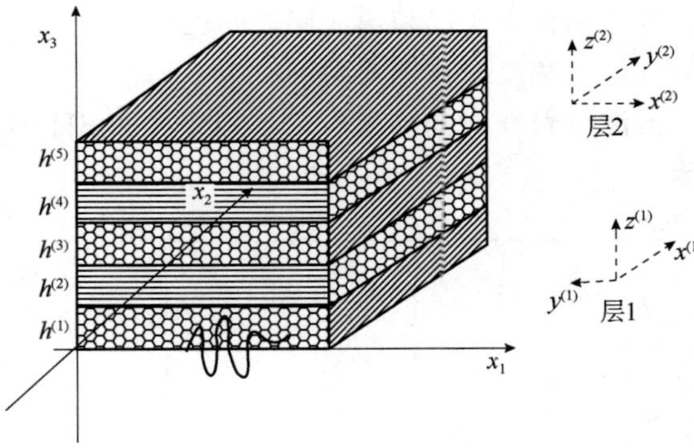

图 4－18　多层复合材料及坐标系示意

每一层的声场可以描述为 6 个部分波的线性组合：

$$u_l^{(n)} = \left[\sum_{m=6(n-1)+1}^{6n} B_m U_{lm} \exp(\mathrm{i}k(\alpha_m x_3))\right]\exp(\mathrm{i}(kx_1 - \omega t)), l = 1,2,3$$

$$\sigma_l^{(n)} = \left[(\mathrm{i}k)\sum_{m=6(n-1)+1}^{6n} M_{lm} B_m \exp(\mathrm{i}k(\alpha_m x_3))\right]\exp(\mathrm{i}(kx_1 - \omega t)) \tag{4-79}$$

相应的应力自由边界条件和界面连续性条件如下：

$$\sigma_{3l}^{(1)}=0,\ l=1,\ 2,\ 3,\ x_3=0$$
$$u_l^{(n)}=u_l^{(n-1)},\ l=1,\ 2,\ 3,\ x_3=H^{(n-1)},\ n=2,\ 3,\ \cdots,\ N$$
$$\sigma_{3l}^{(n)}=\sigma_{3l}^{(n-1)},\ l=1,\ 2,\ 3,\ x_3=H^{(n-1)},\ n=2,\ 3,\ \cdots,\ N$$
$$\sigma_{3l}^{(n)}=0,\ l=1,\ 2,\ 3,\ x_3=H^{(N)} \tag{4-80}$$

将部分波解代入边界条件可以得到全局矩阵，也就是描述导波传播的特征方程。简略表达如下：

$$\boldsymbol{D}\cdot\boldsymbol{B}=\boldsymbol{0} \tag{4-81}$$

式中　$\boldsymbol{D}$——一个 $6N\times6N$ 的矩阵；未知量 $\boldsymbol{B}$ 是一个 $6N$ 矢量。矩阵 $\boldsymbol{D}$ 的具体表达式在这里不作详细说明，读者可参照各向同性层状材料的相同方法进行推导。

当得到一个具体问题的特征方程以后，可以通过数值解得到相应的频散曲线。对于频散曲线上的每一个点，可以通过求解齐次线性方程组的方法得到波结构。以下给出几个具体的例子。

1. 正交复合材料

正交复合材料在工程结构中有着很广泛的应用，这里来研究超声导波在这种材料中传播的一个例子。假设该复合材料是一个 8 层的材料，每一层的材料参数见表 4－3。层叠序列为$[(0/90)_s]_2$，具体描述为[0/90/90/0/0/90/90/0]。每一层的厚度为 0.2mm，总厚度为 1.6mm。

表 4-3　IM7/977-3 复合材料的力学参数

密度/(g/cm³)	E_1/GPa	E_2/GPa	G_{12}/GPa	G_{23}/GPa	υ_{12}	υ_{23}
1.608	172	9.8	6.1	3.2	0.37	0.55

可以证明在正交复合材料中当波的传播方向为 0°或 90°时兰姆波和 SH 波仍然是解耦的。该结构在第 4 层和第 5 层之间也存在一个关于厚度的对称面。因此，导波模式也可分为对称模式和反对称模式两种。

当波沿着 0°方向传播时，兰姆型波和 SH 型波的频散曲线分别如图 4-19 和图 4-20 所示。

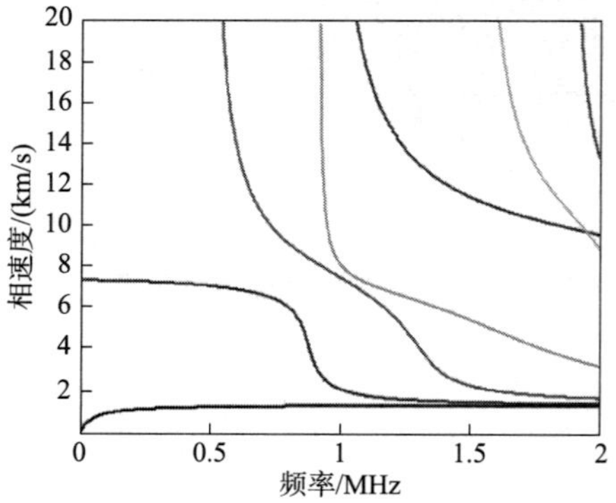

图 4-19　正交[$(0/90)_s$]$_2$ 叠加序列复合材料中沿着 0°方向传播的兰姆型导波的频散曲线

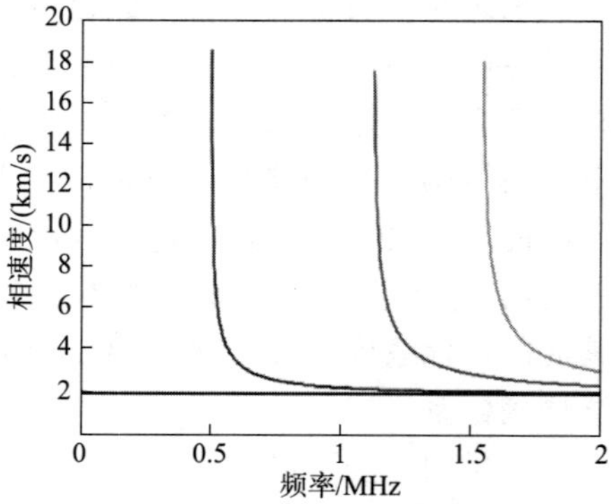

图 4-20　正交[$(0/90)_s$]$_2$ 叠加序列复合材料中沿着 0°方向传播的 SH 导波的频散曲线

当波沿着 45°方向传播时，两种类型的波不解耦，整个频散曲线如图 4-21 所示。

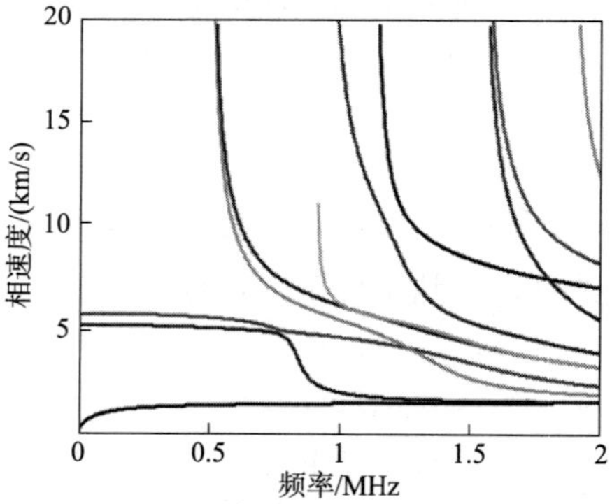

图 4-21　正交[$(0/90)_s$]$_2$ 叠加序列复合材料中沿着 45°方向传播的导波频散曲线

2. 准各向同性复合材料板

本节研究一个叠加顺序为[$(0/45/90/-45)_s$]$_2$ 的准各向同性复合材料。假设所用的材料仍然是 IM7/973-3，材料参数见表 4-3。注意到，这个材料中没有完全解耦的兰姆型波和 SH 型波。因此，所有的导波模式在一张图上显示。图 4-22 所示为声波传播方向为 0°、45°及 90°三个不同方向的频散曲线。

当频率很小时，第二个和第三个模式的频散曲线基本和方向无关。这两个模式的波结构分别对应于平面内拉应力和平面内剪切应力。当受到这些应力作用时，准各向同性复合材料表现出准各向同性特性。然而，频率较高或者高阶模式表现出很明显的各向异性。

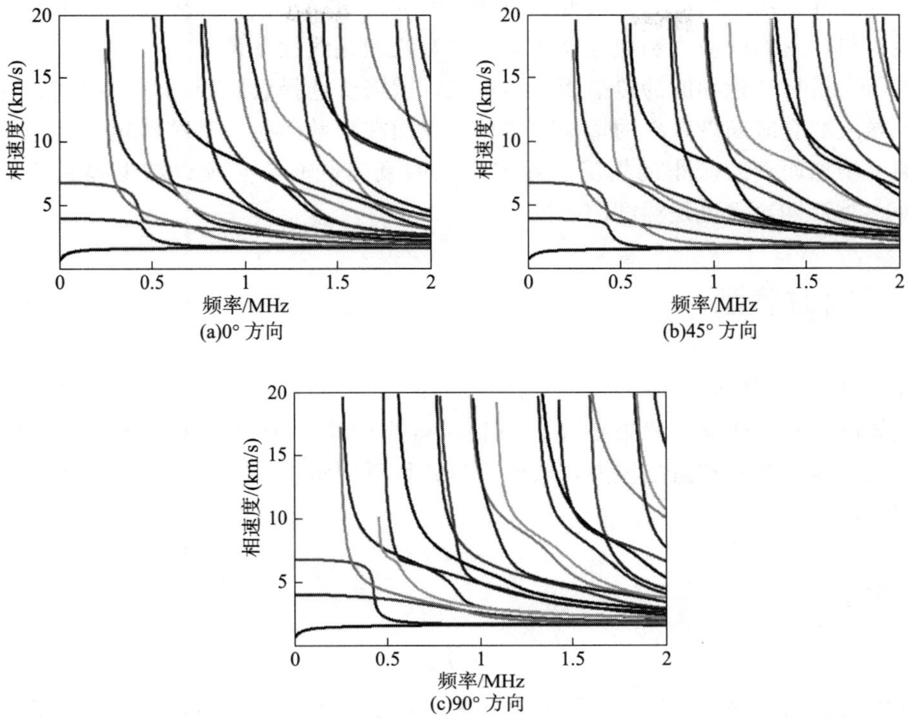

图 4－22　$[(0/45/90/-45)_s]_2$ 准各向同性复合材料中沿着 0°、45°及 90°三个方向的频散曲线

在准各向同性复合材料中也可能存在比较大的波束偏转。图 4－23 画出了$[(0/45/90/-45)_s]_2$ 复合板中沿着 0°方向传播的导波的波束偏转频散曲线。波束偏转频散曲线是指在各向异性介质中超声导波传播的一个特性是某些模式的能量传播方向和波矢量方向存在一个夹角，也称为偏转角，对于一个特定的模式，偏转角的大小可以由波结构或通过慢度面来计算，和各向同性材料相同，一个特定的声波模式的波结构可以在得到频散曲线以后通过数值计算得到。根据所选模式不同，波束偏转可能达到 40°或－40°。因此，即使在准各向同性复合材料中，准确地预测导波传播需要进行仔细的波束偏转分析。

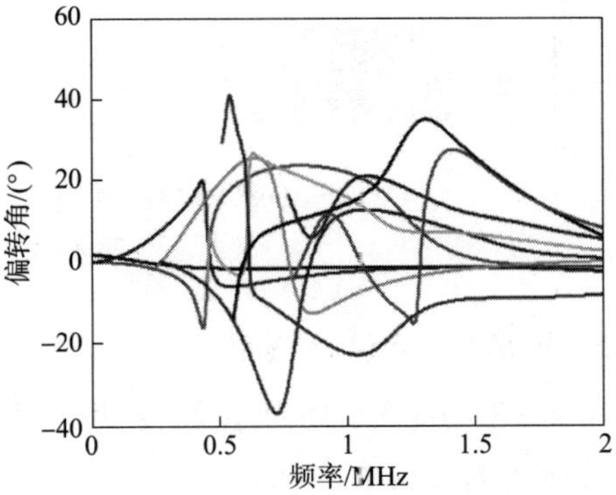

图 4－23　准各向同性复合材料板中沿着 0°方向的导波波束偏转频散曲线

由以上分析可见，对于导波的传播而言，每一个模式除了相速度、群速度外，还需要有一系列参数来描述其传播特性，如这里所述的波束偏转角、激发效率等。这些参数也可以颜色谱的形式画在相速度频散曲线上。

4.5　黏弹性介质中的超声导波

本节介绍黏弹性的基本概念和它对导波传播的影响。弹性理论假设：在发生形变过程中应力是应变的线性函数，形变过程没有能量损耗。这种假设适用于大多数金属、陶瓷等材料。聚合物、复合材料等其他材料在形变过程中会损耗较多的能量，这类材料称为黏弹性材料。黏弹性材料中的应力是应变和应变对时间导数的函数。黏弹性材料中有一类是线性黏弹性材料，它们的应力和应变及其时间导数之间是线性关系。

如果研究目标是让导波的传播距离尽量长，就需要选择衰减小的导波模式。在大部分情况下，导波的衰减随着频率的增加而增加，然而在频散曲线上某些特定的区域下也会出现随着频率增加而衰减减小的情况。导波模式的衰减研究还必须以波形模式、频率为参数。另外，黏弹性通常也是温度的函数。

4.5.1 黏弹性模型

1. 黏弹性材料模型

弹性效应通常由胡克定律来描述，而黏带效应则由牛顿定律来描述。一维问题情况下，它们也称为弹模型和阻尼模型，数值表达式如下所示：

胡克定律：

$$\sigma=C\varepsilon \tag{4-82}$$

牛顿定律：

$$\sigma=\eta\frac{\mathrm{d}\varepsilon}{\mathrm{d}t} \tag{4-83}$$

黏弹性材料的本构关系通常用两种方式来表示：一个是弹簧和阻尼器串联的麦克斯韦模型；另一个是弹簧和阻尼器并联的凯尔文-沃伊特模型。这两种模型示意见图 4-24。

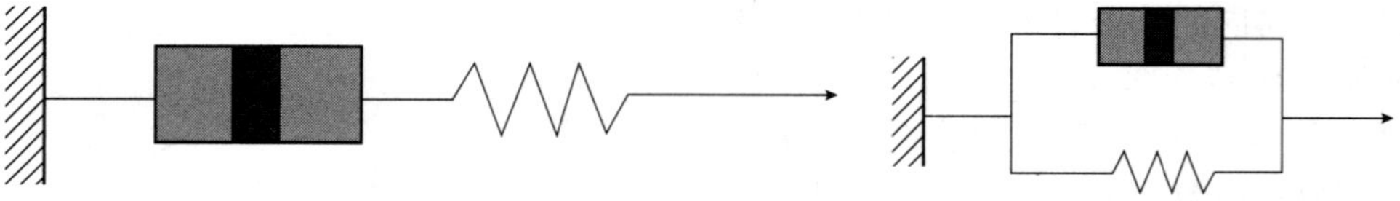

图 4-24 黏弹性材料模型

2. 凯尔文-沃伊特模型

图 4-24(b)所示的凯尔文-沃伊特模型中阻尼器和弹簧并联，这两个元件的应变相等并且总应力为分应力之和：

$$\sigma=\sigma_1+\sigma_2=C\varepsilon+\eta\frac{\mathrm{d}\varepsilon}{\mathrm{d}t} \tag{4-84}$$

简谐波解可以用式(4-85)描述：

$$\varepsilon=\dot{\varepsilon}\mathrm{e}^{\mathrm{i}\omega t},\ \sigma=\dot{\sigma}\mathrm{e}^{\mathrm{i}\omega t} \tag{4-85}$$

$$\dot{\sigma}=C\dot{\varepsilon}+\mathrm{i}\omega\eta\dot{\varepsilon}=(C+\mathrm{i}\omega\eta)\dot{\varepsilon} \tag{4-86}$$

因此，黏弹性材料的本构关系仍然可以用和弹性理论类似的方法来表示，不同的是刚度常数是复数，实部为弹性刚度常数，虚部表示耗散的能量，和频率相关。

Auld 将一维对应原理推广到三维波动力学，如式(4-87)所示，刚度矩阵 $\boldsymbol{C}$ 的基本元素为复数形式，并且与频率相关：

$$\sigma_{ij}=C_{ijkl}\varepsilon_{kl} \tag{4-87}$$

3. 麦克斯韦模型

如图 4-24(a)所示，在麦克斯韦模型中弹簧和阻尼串联，总应变为两个分应变的和，如式(4－88)所示：

$$\varepsilon=\varepsilon_1+\varepsilon_2 \tag{4-88}$$

对时间求导，可以得到：

$$\dot{\varepsilon}=\dot{\varepsilon}_1+\dot{\varepsilon}_2 \tag{4-89}$$

使用式(4－82)和式(4－83)的关系，应力-应变关系可以表示为：

$$\dot{\varepsilon}=\frac{\dot{\sigma}}{C}+\frac{\sigma}{\eta} \tag{4-90}$$

所有场变量可以表示为对时间的谐波方程，因此可以写成式(4－85)。

将这些表达式代入式(4－90)，有：

$$\hat{\sigma}=\hat{C}\hat{\varepsilon}=(\hat{C}_1+\hat{C}_2)\hat{\varepsilon} \tag{4-91}$$

$$\hat{C}_1=\frac{C\omega^2\eta^2}{C^2+\omega^2\eta^2} \tag{4-92}$$

$$\hat{C}_2=\frac{\mathrm{i}C^2\omega\eta}{C^2+\omega^2\eta^2} \tag{4-93}$$

4. 滞回模型和凯尔文-沃伊特模型的其他细节

滞回模型用复数刚度系数表达迟滞形变应力-应变关系的动态属性。Lake 描述了基本模型，其中每个复数刚度系数分别由实部和虚部给出。在该模型中，刚度系数中对应黏弹性系数的虚部和频率无关。这与凯尔文-沃伊特模型形成对比，此模型中黏弹性刚度与频率相关。这个模型通过控制波动方程的复数刚度系数引入黏弹性。根据对应原理，同样的控制方程适用于弹性情况。例如，考虑刚度变量 $\boldsymbol{C}^*$，刚度值的实数部分 $\boldsymbol{C}'$ 对应存储的能量，而复数部分 $\boldsymbol{C}''$ 对应引入材料黏弹性的衰减。刚度矩阵可以表示为：

$$\boldsymbol{C}^*=\boldsymbol{C}'-\mathrm{i}\,\boldsymbol{C}'' \tag{4-94}$$

滞回模型假设 $\boldsymbol{C}''$ 是独立的(并且是常数，与频率无关)，运用损耗因子 η，方程可以改写为：

$$\boldsymbol{C}^*=\boldsymbol{C}'-\mathrm{i}\eta \tag{4-95}$$

而凯尔文-沃伊特模型假设 $\boldsymbol{C}''$ 是频率的线性函数。η 在参考频率 f_0 处测得，其关系为：

$$\boldsymbol{C}^*=\boldsymbol{C}'-\mathrm{i}\,\frac{f}{f_0}\eta \tag{4-96}$$

当频率为特征频率 f_0 时，这两个模型结果相同。当频率 f 不是特征频率时，结果不同。凯尔文-沃伊特模型在频率低于 f_0 时衰减小，而高于 f_0 时衰减增大。我们运用实数频率来求解导波模式的控制方程，因此每个解为复数波数 k^*。可以根据复数波数计算相速度和衰减：

$$k^*=k'+\mathrm{i}k'' \tag{4-97}$$

把复数相速度写为：

$$c_{\mathrm{p}}^*(\omega)=\left(\frac{1}{c_{\mathrm{p}}(\omega)}-\mathrm{i}\,\frac{\alpha(\omega)}{\omega}\right)-1 \tag{4-98}$$

根据式(4－97)得到实数相速度 c_{p}：

$$c_{\mathrm{p}}(\omega)=\left(\frac{k'}{\omega}\right)-1 \tag{4-99}$$

和衰减系数 α：

$$\alpha(\omega)=-\omega \mathrm{Im}\left\{\frac{1}{c^*(\omega)}\right\}=-k'' \tag{4-100}$$

式中，这两个变量均为圆频率 ω 的函数。α 的单位是 neper/m。当传播距离为一个波长时，幅度衰减 $1/e$，那么衰减因子就是 1。奈培(neper)和分贝的转换公式为：

$$1\ \text{neper}=20\log_{10}(e)\text{dB}=8.69\ \text{dB} \tag{4-101}$$

因为求解复数的导数容易引起歧义，所以不能直接使用前面章节得到的群速度方程，因此需要计算能量速度来找出导波能量的传播速度。对于衰减较小的模式，仅使用相速度的实数部分来计算群速度可以得到较好的近似结果。

4.5.2 黏弹各向同性板

基于对应理论，可将复数刚度常数矩阵代入控制方程来分析黏弹性介质中的超声导波。部分波理论、克里斯托费尔方程、全局矩阵法、转移矩阵法等方法在黏弹性介质中仍然适用。Chan 等研究了黏弹性系数增强时板中导波的传播，发现随着衰减的增大，相速度频散曲线和衰减曲线都发生改变。衰减系数通常随着频率的增大而增大，但也存在一些区域衰减随频率增加而减小。这些相反趋势的区域通常波结构为纵波主导。由于横波的衰减系数通常是纵波衰减系数的 3～10 倍，当导波波结构是纵波部分主导时，衰减系数会低于横波部分主导的模式。因此，在实际应用中应该使用这些模式以提高有效检测距离。

4.5.3 黏弹正交各向异性板

现在来推导一个黏弹正交各向异性板中的导波传播规律。假设板在直角坐标系内的区域为($|z|\leqslant d/2$，$|x|<\infty$，$|y|<\infty$)，在板上表面 $|x|\leqslant b$ 的范围内加载剪切应力载荷 $p(x)e^{i\omega t}$，下表面为自由边界，ω 为振动的圆频率。对于 SH 波，控制方程为(为了推导简洁，省去了时间因子 $e^{i\omega t}$)：

$$C_{66}(\omega)\frac{\partial^2 u_y}{\partial x^2}+C_{44}(\omega)\frac{\partial^2 u_y}{\partial z^2}+\rho\omega^2 u_y=0 \tag{4-102}$$

$$C_{kl}(\omega)=C_{kl}^r(\omega)+iC_{kl}^i(\omega) \tag{4-103}$$

式中，$u_y=u_y(x,z)$。

边界条件为：

$$\begin{aligned}&\sigma_{yz}=P(x)e^{i\omega t}，当\ z=d/2，|x|\leqslant b\ 时\\&\sigma_{yz}=0，当\ z=d/2，|x|>b\ 时\\&\sigma_{yz}=0，当\ z=-d/2，|x|\geqslant 0\ 时\end{aligned} \tag{4-104}$$

引入无量纲变量：

$$\zeta=z/d，\xi=x/d，a=b/d \tag{4-105}$$

对式(4－100)沿 x 轴作傅里叶变换，并满足边界条件式(4－102)(Achenbach)，可以得到如下形式的位移场：

$$u_y(\xi,\zeta,\omega)=\frac{d}{2\pi C_{44}(\omega)}\int_{-\infty}^{+\infty}\left[\frac{\sinh(\lambda\zeta)}{\lambda\cosh(\lambda/2)}+\frac{\cosh(\lambda\zeta)}{\lambda\sinh(\lambda/2)}\right]T(\alpha)e^{-i\alpha\xi}d\alpha \tag{4-106}$$

式中：

$$\lambda^2=(C_{66}(\omega)\alpha^2-s^2)C_{44}^{-1}(\omega)，s^2=\rho(\omega d)^2 \tag{4-107}$$

$$T(\alpha) = \frac{1}{2}\int_{-a}^{a} p(\gamma)\mathrm{e}^{\mathrm{i}\alpha\gamma}\mathrm{d}\gamma \tag{4-108}$$

式(4 - 106)的解和弹性情况相同，积分时需要考虑被积函数的极点。解的对称部分的极点[式(4 - 106)的第一项]为：

$$\alpha_n = \sqrt{\{s^2 - C_{44}(\omega)(2\pi n)^2\}C_{66}^{-1}(\omega)},\ n=0,\ 1,\ 2,\ \cdots \tag{4-109}$$

对于反对称部分[式(4 - 106)的第二项]极点为：

$$\beta_n = \sqrt{\{s^2 - C_{44}(\omega)[\pi(2n+1)^2]\}C_{66}^{-1}(\omega)},\ n=0,\ 1,\ 2,\ \cdots \tag{4-110}$$

在弹性固体中，对于每个特定的 ω，可以得到有限数量的实数极点和无限多个沿坐标轴方向对称的虚数极点。对于黏弹性情况，α_n 和 β_n 通常为复数，虚部是衰减系数。对式(4 - 106)运用留数定理可以得到：

$$u_y(\xi,\zeta,\omega) = -\frac{\mathrm{i}d}{C_{66}(\omega)} \times \left\{\frac{T(\alpha_0)}{2\alpha_0}\mathrm{e}^{-\mathrm{i}\alpha_0\xi} + \sum_{n=1}^{\infty}\left[\frac{\cos(2\pi n\zeta)}{\cos(\pi n)}\frac{T(\alpha_n)}{2\alpha_n}\mathrm{e}^{-\mathrm{i}\alpha_n\xi} + \frac{\sin(\pi(2n-1)\zeta)}{\cos(\pi(n-1))}\frac{T(\beta_n)}{2\beta_n}\mathrm{e}^{-\mathrm{i}\beta_n\xi}\right]\right\} \tag{4-111}$$

式中，$|\xi| > a$。式(4 - 111)在以下极点求和，ξ 为正的半边时波数虚部为负，ξ 为负的半边时波数虚部为正。

当 $p(x)=1$ 时，考虑两种黏弹性固体的情况。第一种为沃伊特固体，其弹性模量为：

$$C_{kl}(\omega) = C_{kl}^{r} + \mathrm{i}\omega C_{kl}^{i} \tag{4-112}$$

对于第二种情况，刚度的实部和虚部均与频率无关。这两种假设可以描述材料在相当宽频率范围内的响应。

4.5.4　黏弹性介质层中的兰姆波

本节讨论兰姆波在黏弹性材料中的传播。假设 x 为传播方向，厚度为 d。对于黏弹情况，可以使用复数波数和波速度。波数的实部为波的传播，虚部为波的衰减。根据凯尔文-沃伊特模型方程，假设体波衰减随频率线性变化，因此可以分别为纵波和横波体波定义两个衰减参数(每个单位频率)η_{L} 和 η_{T}。复数波数和体波速度可以表示为：

$$k_{\mathrm{L}}^{*} = \omega/c_{\mathrm{L}} + \mathrm{i}\eta_{\mathrm{L}}\omega/(2\pi),\ k_{\mathrm{T}}^{*} = \omega/c_{\mathrm{T}} + \mathrm{i}\eta_{\mathrm{T}}\omega/(2\pi)$$

$$c_{\mathrm{L}}^{*} = \omega/k_{\mathrm{L}}^{*},\ c_{\mathrm{T}}^{*} = \omega/k_{\mathrm{T}}^{*} \tag{4-113}$$

和之前一样，c_{L} 和 c_{T} 分别为对应的弹性材料中的纵波和横波波速。

波传播问题的解析解可以用和弹性材料相同的方法得到：根据式(4 - 113)，用复数波数和速度代替实数波数和体波速度。应力自由边界条件为：

$$\sigma_x = \sigma_{xy} = 0,\ 当\ y = \pm d/2 \tag{4-114}$$

可得复数瑞利-兰姆波频散方程：

$$\frac{\tan(qd/2)}{\tan(pd/2)} + \left\{\frac{4pqk^2}{(q^2-k^2)^2}\right\}^{\pm 1} = 0,\ p^2 = (\omega/c_{\mathrm{L}}^{*})^2 - k^2,\ q^2 = (\omega/c_{\mathrm{T}}^{*})^2 - k^2 \tag{4-115}$$

现在考虑式(4 - 115)的根 $k=\alpha+\mathrm{i}\beta$。对于每一个根，位移场的分量可以写为：

$$u_m(x,\ y) = U_m(y,\ k)\mathrm{e}^{\mathrm{i}(kx-\omega t)} = U_m(y,\ k)\mathrm{e}^{\mathrm{i}(\alpha x-\omega t)}\mathrm{e}^{-\beta x} \tag{4-116}$$

式中，m 取 x，y。如式(4 - 116)所示，导波的幅度在传播距离 x 处的衰减为 $\mathrm{e}^{-\beta x}$。然后对于恰当的 k 值，相速度值可以表示为 $c_{\mathrm{p}} = \omega/\alpha$。

因为式(4 - 115)自身为复数形式，所以没有复共根，这导致频谱相对于坐标系的对称性被破坏。当 η_L 和 η_T 均接近 0 时，弹性频谱近似为黏弹性材料的情况。截止频率的概念对黏弹性材料而言没有意义，因为 $k=0$ 不是式(4－115)在 $\omega>0$ 时的根。如图 4－25 所示，黏弹性材料情况下的相速度和衰减频散曲线在弹性情况下的频谱的截止频率附近有最大的曲率。因此，可以通过使用极小衰减值来产生一系列低衰减远距离传播的导波。图 4－25 和图 4－26 所示为黏弹性材料的两种情况，只有 A0 模式的衰减随频率线性变化。

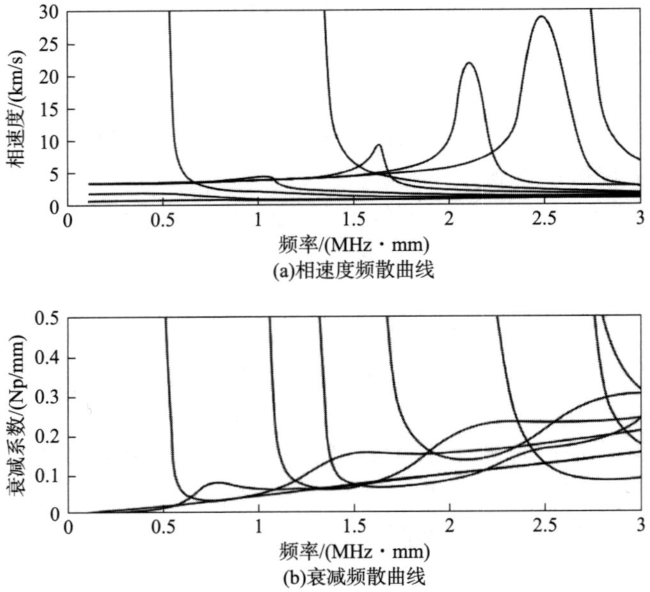

图 4－25　黏弹板中相速度和衰减频散曲线

(η_L=0.02neper/(MHz・mm)，η_T=0.07neper/(MHz・mm)；
c_L=2.7km/s，c_T=1.1km/s)

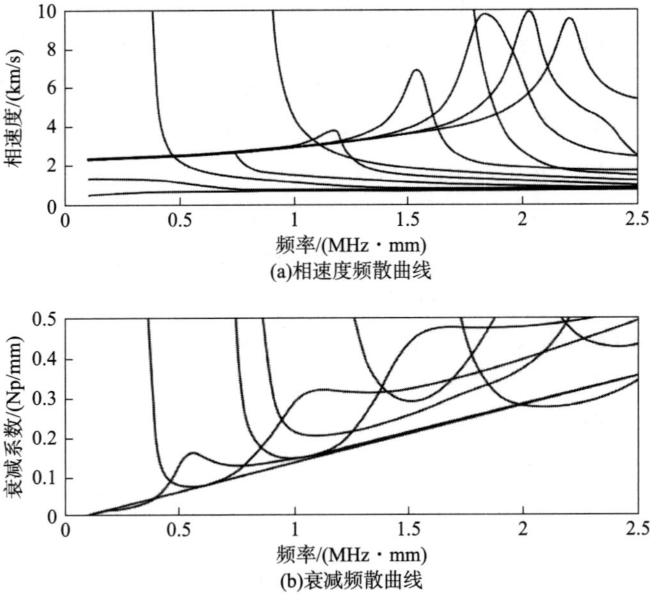

图 4－26　黏弹板中相速度和衰减频散曲线

(η_L=0.1neper/(MHz・mm)，η_T=0.2neper/(MHz・mm)；
c_L=1.8km/s，c_T=0.8km/s)

参考文献

[1]AULD B A. Acoustic fields and waves in solids[M]. 2nd ed. , vols. 1 and 2. Malabar, FL: Krieger, 1990.

[2]ROSE J L. Guided waves in layered structures[M]. Cambridge: Cambridge University Press, 2014.

[3]ROSE J L. Guided waves in anisotropic media[M]. Cambridge: Cambridge University Press, 2014.

[4]LAKE R S. Viscoelastic solids[M]. Boca Raton, FL: CRC Press, 1999.

[5]CHAN C W, CAWLEY P. Lamb waves in highly attenuative plastic plates[J]. journal of the Acoustical Society of America. 1998, 104(2): 874 - 881.

[6]ACHENBACH J D. Wave propagation in elastic solids[M]. New York: North-Holland, 1984.

第5章　超声导波的信号处理

超声导波在结构传播过程中具有频散和多模态特性。在导波长距离检测中，导波频散现象使得信号波形在传播过程中发生畸变，不仅降低了检测的灵敏度，而且给后续信号分析识别带来很大的困难。结构中同时有多种模态的导波存在，使得导波检测问题变得更加复杂。因此，在超声导波信号分析识别中需要同时考虑频散和多模态特性的影响。

5.1　时频分析方法

根据模态声发射理论，声发射信号实际上是由源或声发射事件在负载作用下产生频率和模态丰富的导波信号，并且该导波信号将在结构中传播。由声发射传感器接收到的声发射信号，既携带有声发射源信息，同时又携带有结构中导波传播特性信息。因此，通过对声发射信号的适当分析处理，将可以得到结构中导波传播特性。

受声发射源的自身特性、声发射信号的传播路径、环境噪声和声发射测量系统等多种复杂因素的影响，声发射传感器输出的波形十分复杂，属于一种非平稳随机信号，需要利用各种信号处理技术才能从中有效提取声发射源的信息。传统信号分析方法对于声发射信号的分析无法解决时间和频率分辨力的矛盾，而时频分析方法可使这一问题得以较好地解决。

5.1.1　传统时频分析方法介绍

时频分析主要有核函数分解法[如短时傅里叶变换(STFT)、小波变换(WT)等)]和能量分布法(如 Wigner-Ville 分布、Margenau-Hill 分布等)两类。各种不同的时频分析方法有其各自的特性和不同的最佳适用场合。

短时傅里叶变换是研究非平稳随机信号最广泛使用的方法，其概念简单有效、意义明确。信号 $x(t)$的短时傅里叶变换 $F_x(t, f, h)$为：

$$F_x(t,f,h) = \int x(\tau)h(t-\tau)\mathrm{e}^{-\mathrm{j}2\pi f\tau}\mathrm{d}\tau \tag{5-1}$$

式中　t，ω——时间和角频率；

$h(t-\tau)$——短时窗；

τ——时延变量。

在许多情况下，短时傅里叶变换给出了与直观感知很相符的时频构造，但是短时傅里叶变换使频谱图中的各物理量都产生了与信号及窗的牵连，即由于不确定原理的制约，存在时宽和频宽分辨率的矛盾，因此不能给出所研究问题足够清晰的描述。

在时频能量分布中，人们最感兴趣的是 Wigner-Ville 分布(简称 WVD)。信号 $x(t)$的

Wigner-Ville 分布为：

$$W_x(t,f)=\int x\left(t+\frac{\tau}{2}\right)x^*\left(t-\frac{\tau}{2}\right)e^{-j2\pi f\tau}d\tau \tag{5-2}$$

式中　*——复共轭。

WVD 可看是信号瞬时相关函数的傅里叶变换。

由于 WVD 是信号的双线性函数，因此无论两个信号项在时频平面内的距离有多远，WVD 的相干项都是非零的。这些相干项会与信号项发生重叠，从而不易对 WVD 的图像做出直观的解释。

对式(5－2)WVD 中积分号内的乘积项进行加窗处理，加窗后的分布称为伪 Wigner-Ville 分布(简称 PWVD)。

$$PW_x(t,f,h)=\int h(\tau)x\left(t+\frac{\tau}{2}\tau\right)x^*\left(t-\frac{\tau}{2}\right)e^{-j2\pi f\tau}d\tau \tag{5-3}$$

与 WVD 中的相干项相比，PWVD 中的相干项的振荡得到削弱，但增加了信号项的频率宽度。在式(5－3)PWVD 基础上，在频域进行加窗处理，得到信号的光滑 Wigner-Ville 分布(简称 SPWVD)：

$$SPW_x(t,f,h,g)=\int g(\tau)\int h(u-t)x\left(u+\frac{\tau}{2}\right)x^*\left(u-\frac{\tau}{2}\right)du\,e^{-j2\pi f\tau}d\tau \tag{5-4}$$

式中，$g(\tau)$为频率窗。这样频谱图在时间分辨率和频率分辨率之间的折中就转变为联合时频分辨率和相干项影响程度的折中，在时域、频域或时频域上光滑处理程度越高，对应的分辨率就越低，即时频聚集性越差。

5.1.2　导波信号的时频分析方法

时频分布是在时频空间对信号进行描述的，它表示信号在时频空间的能量分布密度。超声导波的群速度是声波能量传播的速度，导波的群速度频散曲线是在速度-频率空间上描述导波能量传播特性的，因此，结构中传播的应力波信号的时频分布与结构中超声导波的频散曲线应有一定的对应关系。

以薄板结构中传播的铅芯折断声发射信号为例，进行时频分析，来提取其频散特性。图 5－1 为声发射传感器在距离声发射源 300mm 处接收到的铅芯折断声发射信号的时域波形(采样率为 1MHz)。图 5－2(a)～(c)为该信号的三种时频分布。其中，信号长度取 1024 点，加汉宁窗。图 5－2(a)～(b)中时窗宽取 295 点，5－2(c)中时窗宽 295 点，频窗宽取 195 点。图 5－2(d)薄板结构的理论群速度频散曲线为参照，由图 5－2(a)～(c)可以看出，声发射信号中主要含有 A_0、S_0 两种导波模态，且信号能量组成以 A_0 模态导波为主，S_0 模态导波较少。图 5－2(a)为声发射信号的短时傅里叶变换，频谱图意义明确，直观方便，不含干扰项，但显得粗糙，不能兼顾时域和频域分辨率。图 5－2(b)中信号的 PWD 有很好的时频聚集性，但交

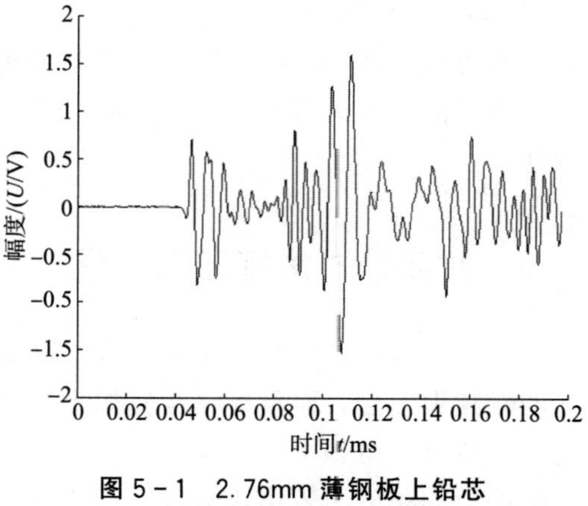

图 5－1　2.76mm 薄钢板上铅芯折断声发射信号波形

叉项的存在给图像的判读造成很大的干扰。图 5-2(c)中信号的 SPWVD 的交叉项得到很好的抑制，但自项得到严重的扩展。因此，要获得分析信号的精细的时频分布信息，需要对伪 Wigner-Ville 分布进一步分析处理。

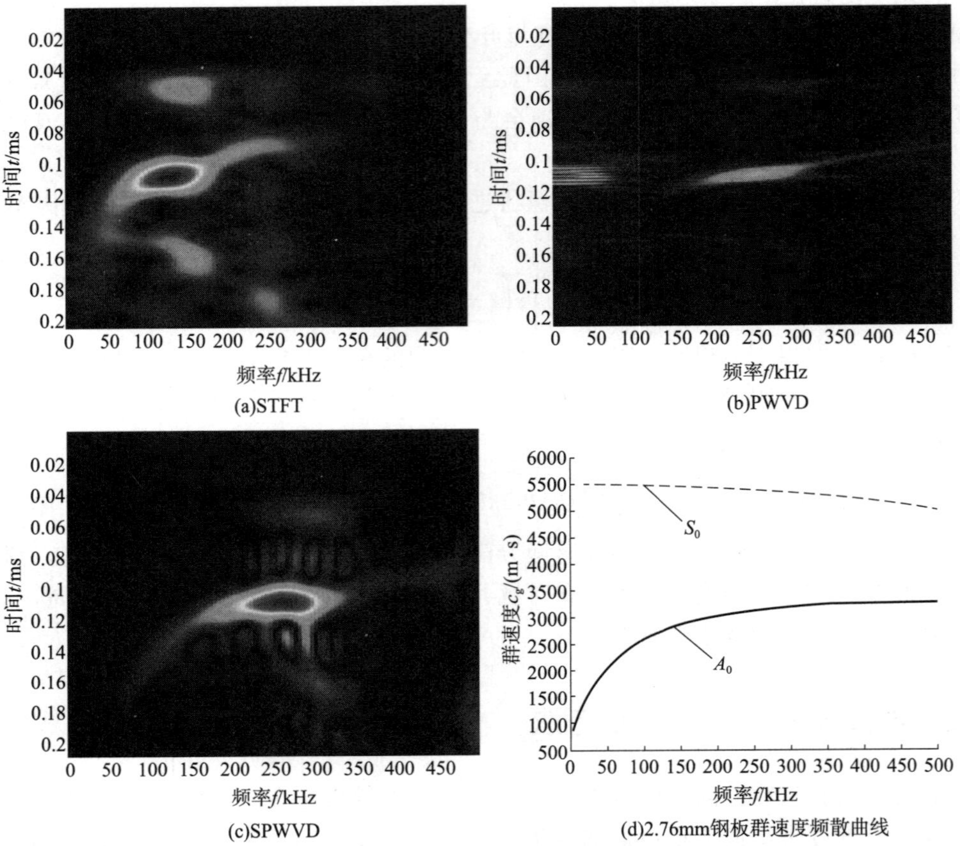

图 5-2　声发射信号时频分布及薄板的理论群速度频散曲线

对于本问题，由于声波的传播距离(声发射传感器与源的距离)为 300mm，可以看出，图 5-2(a)～(c)三种时频分布与图 5-2(d)所示该薄板中导波传播的理论群速度频散曲线有较好的对应关系。这样，通过将信号的时频分布与结构中导波传播的群速度进行对比，就可以确定信号中的模态和频率组成；反之，也可通过时频分析确定导波传播的群速度频散特性。

5.1.3　时频分析重排方法介绍

为了进一步提高各种时频分析方法得到图像的可读性，即不仅要使有用的信号项具有良好的时频聚集性，而且还不能使相干项对问题的分析产生误导。近年来许多学者在这方面进行了研究，得到了一种称为重排的通用方法。

将信号的频谱图表达式写成信号的 WVD 和分析窗的二维卷积形式：

$$S_x(t,f,h)=\iint W_x(s,\xi)W_h(t-s,f-\xi)\mathrm{d}s\mathrm{d}\xi \tag{5-5}$$

这个分布能够衰减信号的 WVD 产生的相干项，但降低了时频分辨率。分析式(5-5)可以看出，$W_h(t-s, f-\xi)$在点(t, f)附近划定了一个邻域来分配信号 WVD 值的加权平均值。这种求平均的运算不仅使振荡的交叉项衰减，也使信号分量扩散。即使原时频分布在某点(t，f)处并没有能量，但是在该点附近存在非零的时频分布值，由式(5-5)加权后也会在(t，f)点处有非零值。为了避免该问题的发生，需要改变该平均值的属性点，也就是进行重排。

时频重排原理的基本思想是：Wigner-Ville 分布值没有理由要围绕(t，f)作对称分布，这些加权平均应该分布在支撑区的重心上，而不是在几何中心(t，f)处，这样更能代表信号的局部能量分布。重排后的坐标值由式(5-6)给出：

$$\hat{t}(x,t,f)=t-\frac{\iint sW_x(s,\xi)W_h(t-s,f-\xi)\mathrm{d}s\mathrm{d}\xi}{\iint W_x(s,\xi)W_h(t-s,f-\xi)\mathrm{d}s\mathrm{d}\xi}\tag{5-6a}$$

$$\hat{f}(x,t,f)=f-\frac{\iint \xi W_x(s,\xi)W_h(t-s,f-\xi)\mathrm{d}s\mathrm{d}\xi}{\iint W_x(s,\xi)W_h(t-s,f-\xi)\mathrm{d}s\mathrm{d}\xi}\tag{5-6b}$$

这样就得到重排后的频谱图，它在任意点(t'，f')的值是所有重排到这一点的频谱之和：

$$S_x^{(r)}(t',f',h)=\iint S_x(t,f,h)\delta(t'-\hat{t}(x,t,f))\delta(f'-\hat{f}(x,t,f))\mathrm{d}t\mathrm{d}f\tag{5-7}$$

经过对时频平面的能量分布进行重新分配，信号分量的定位得到细化，时频聚集性得到提高。图 5-3 为对图 5-2 中 PWD 和 SPWD 进行时频重排后的结果，图 5-3(a)中 RPWD 的时频聚集性进一步提高，但交叉项仍旧对重排后的图像判读造成很大的影响。图 5-3(b)中 RSPWD 有很好的时频聚集性，且交叉项也得到很好的抑制。因此，重排后时频聚集性明显提高。但是交叉项对重排后的 PWD 仍然造成了较大的干扰，在 A_0 模态上产生了一些分叉和扭曲。时频重排不能消除交叉项，所以不能把时频重排看作是某种光滑时频表示的替代，而应看作一种可能或必要的后续处理方法。

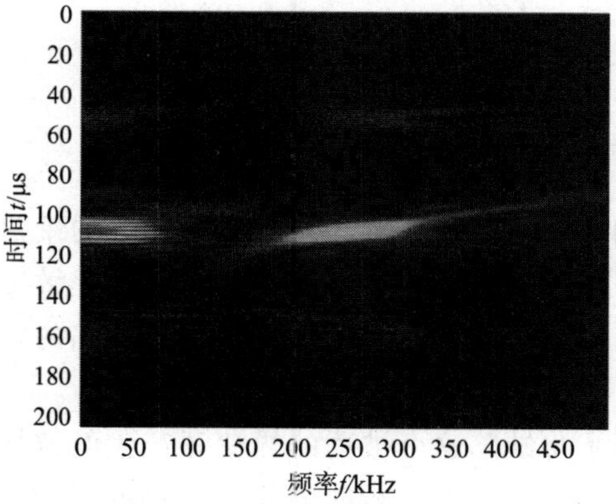

(a)RPWD

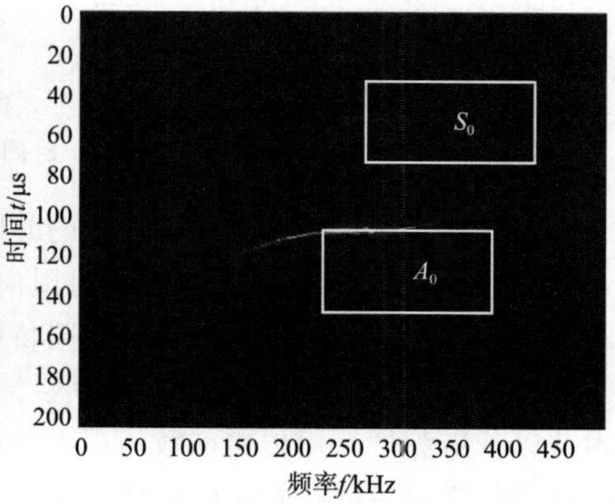

(b)RSPWD

图 5-3　声发射信号时频分布重排后的结果

5.2　时间反转法

时间反转是指接收传感器阵列接收声源发射的时域信号，将这些信号进行时域反转后再分别由相应的接收传感器单元重新激励出去。它是声互易性原理的应用之一，可以实现能量在空间、时间上的聚焦，从而获得声源位置并实现声源信号的重构，其基本原理如图5-4所示。散射体一般不主动发声，它主要依靠声波照射，从而产生散射波，因此，散射体起到一个二次声源的作用。当用一个传感器阵列接收散射体的散射回波，并将它时间反转后再发射出去，声波将会在散射体处发生自适应聚焦。

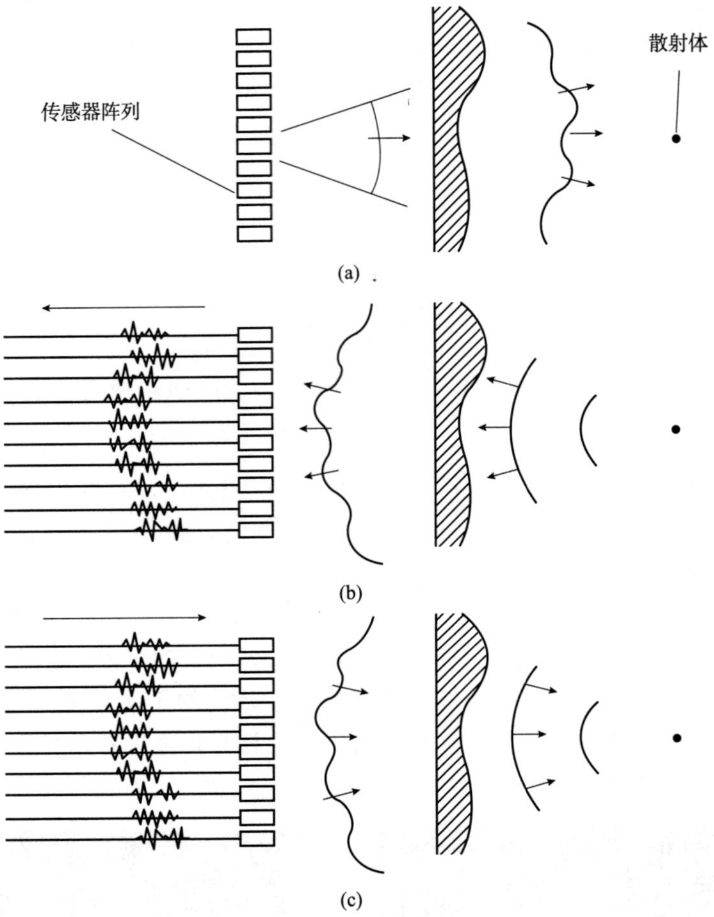

图5-4　时间反转镜原理示意

将时间反转法运用于导波检测，它的时间——空间聚焦特性将对检测能量的聚焦发生作用，因此有望解决导波检测过程中的周向定位问题，并提高小缺陷检测的灵敏度。同时，时间反转波的信息中包含大量与缺陷特征相关的转换模态信息，有利于缺陷的定量检测和辨识。

本节以管道为例，用传递函数的观点分析了将缺陷这个被动的导波源产生的波场时间反转，再重新激励后波在管中的传播方式，从而在理论上分析时间反转波场的时间——空间聚焦效应。理论分析的结果将用于指导基于时间反转法的缺陷检测、定位，以及辨识研究。

5.2.1　基于传递函数的时间反转导波场

管道中导波传播的波动方程满足时间反转不变性和声场的互易性。根据惠更斯原理，导波缺陷检测时，一个缺陷的存在就像一个新的被动导波源，它在反射激励导波模态的同时，也会产生许多新的转换模态。在如图 5－5 所示的柱坐标中，将缺陷位置定义为(z_o，θ_o，r_o)，(z_k，θ_k，r_k)则表示沿管道圆周均匀分布的 N 个时间反转传感器构成的阵列中的某一传感器 E_k 的中心位置($k=1$，2，…，N)。当在管道中激励中心频率为 ω_0 的导波信号时，在管道(z_k，θ_k，r_k)处接收到的，由缺陷这个被动波源产生的导波信号在频域内可以描述为：

$$S_{\mathrm{Re}}(\omega, z, \theta, r)=H_{\mathrm{Re}}(\omega, z, \theta, r)E(\omega) \tag{5-8}$$

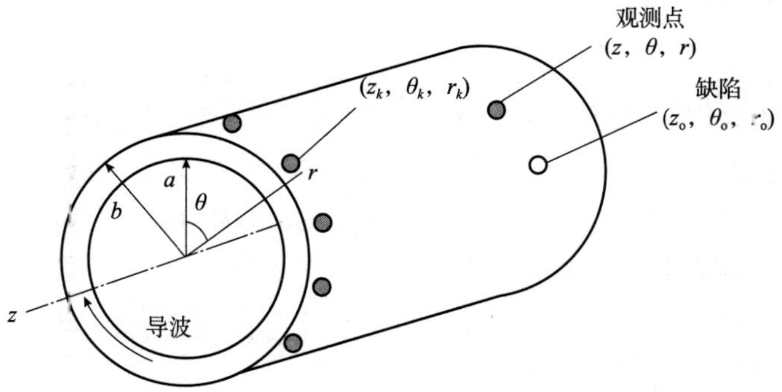

图 5－5　单缺陷管道示意

其中 ω 为角频率，$H_{\mathrm{Re}}(\omega, z, \theta, r)$是波从点($z_o$，$\theta_o$，$r_o$)传播到点($z_k$，$\theta_k$，$r_k$)的传递函数，而 $E(\omega)$则是缺陷这个被动导波源产生的激励信号的傅里叶变换。

理想地假设 N 个时间反转传感器具有相同的声—电效应和电—声效应，并用 $h(\omega)$表示其声—电效应，而以 $h'(\omega)$表示其电—声效应，那么，由传感器 E_k 接收到的电信号在时域可以表示为：

$$S_{\mathrm{e,Re}}(\omega, z, \theta, r)=H_{\mathrm{Re}}(\omega, z, \theta, r)E(\omega)h(\omega) \tag{5-9}$$

式中　e——接收的电信号。

由于导波在管道中传播满足互易定理，因此，根据时间反转法，对接收的信号在时间 τ 内进行时间反转获得时间反转信号：

$$\begin{aligned} S_{\mathrm{TR,e}}(\omega, z, \theta, r) &= \exp(\mathrm{i}\omega\tau)S_{\mathrm{e,Re}}{}^{*}(\omega, z, \theta, r)= \\ &\exp(\mathrm{i}\omega\tau)H_{\mathrm{Re}}{}^{*}(\omega, z, \theta, r)E^{*}(\omega)h^{*}(\omega) \end{aligned} \tag{5-10}$$

式中　*——复共轭；

TR——该信号为时间反转信号。

若研究的对象为薄壁管道，则在后续推导中均可假设 $r=r_o$，则式(5－10)可表示为：

$$S_{\mathrm{TR,e}}(\omega, z, \theta)=\exp(\mathrm{i}\omega\tau)S_{\mathrm{e,Re}}{}^{*}(\omega, z, \theta)=\exp(\mathrm{i}\omega\tau)H_{\mathrm{Re}}{}^{*}(\omega, z, \theta)E^{*}(\omega)h^{*}(\omega) \tag{5-11}$$

将获得的时间反转信号重新通过传感器 E_k 在(z_k，θ_k，r_o)处输出，产生的激励信号为：

$$S_{\mathrm{TR}}(\omega, z, \theta)=\exp(\mathrm{i}\omega\tau)H_{\mathrm{Re}}{}^{*}(\omega, z, \theta)E^{*}(\omega)h'(\omega)h^{*}(\omega) \tag{5-12}$$

在管道上任意观测点(z，θ，r)接收的该声场传播的导波信号为：

$$\begin{aligned} S_{\mathrm{TR},k}(\omega, z, \theta) &= H_{\mathrm{Ex}}(\omega, z, \theta)S_{\mathrm{TR}}(\omega, z, \theta) \\ &= \exp(\mathrm{i}\omega\tau)H_{\mathrm{Ex}}(\omega, z, \theta)H_{\mathrm{Re}}{}^{*}(\omega, z, \theta)E^{*}(\omega)h'(\omega)h^{*}(\omega) \end{aligned} \tag{5-13}$$

式中　k——该声场源于传感器 E_k 激励的时间反转信号；

$H_{\mathrm{Ex}}(\omega, z, \theta)$——波从时间反转传感器 E_k 所在位置(z_k，θ_k，r_o)传播至观测点(z，θ，r_o)的传递函数。

由 N 个时间反转传感器共同产生的波场满足线性叠加原理，因此有：

$$S(\omega,z,\theta) = \sum_{k=1}^{N} S_{\mathrm{TR},k}(\omega,z,\theta)$$

$$= \exp(\mathrm{i}\omega\tau)h'(\omega)h^{*}(\omega)\sum_{k=1}^{N} H_{\mathrm{Ex}}(\omega,z,\theta)H_{\mathrm{Re}}{}^{*}(\omega,z,\theta)E^{*}(\omega) \tag{5-14}$$

式(5－14)表明在任意观测点(z，θ，r_{o})接收的信号不仅与缺陷导波源产生的激励信号 $E(\omega)$有关，而且与传递函数 $H_{\mathrm{Re}}(\omega,\ z,\ \theta)$、$H_{\mathrm{Ex}}(\omega,\ z,\ \theta)$相关。因此，定义时间反转传递函数为：

$$H_{\mathrm{TR}}(\omega,z,\theta) = \exp(\mathrm{i}\omega\tau)h'(\omega)h^{*}(\omega)\sum_{k=1}^{N} H_{\mathrm{Ex}}(\omega,z,\theta)H_{\mathrm{Re}}{}^{*}(\omega,z,\theta) \tag{5-15}$$

式(5－14)可重新表示为：

$$S(\omega,\ z,\ \theta)=H_{\mathrm{TR}}(\omega,\ z,\ \theta)E^{*}(\omega) \tag{5-16}$$

对式(5－16)进行逆傅里叶变换得到：

$$s(t,z,\theta) = \int_{-\infty}^{\infty} S(\omega,z,\theta)\exp(-\mathrm{i}\omega t)\mathrm{d}\omega$$

$$= \int_{-\infty}^{\infty} |S(\omega,z,\theta)|\exp[\mathrm{i}\varphi_{\mathrm{s}}(\omega,z,\theta)-\mathrm{i}\omega t]\mathrm{d}\omega \tag{5-17}$$

式中　$\varphi_{\mathrm{s}}(\omega,\ z,\ \theta)$——$s$ 的相位谱。

该信号在中心频率 ω_0 处变化为：

$$s(t,z,\theta) =$$

$$\int_{-\infty}^{\infty} |S(\omega,z,\theta)|\exp[\mathrm{i}\varphi_{\mathrm{s}}(\omega,z,\theta)-\mathrm{i}\varphi_{\mathrm{s}}(\omega_0,z,\theta)+\mathrm{i}\varphi_{\mathrm{s}}(\omega_0,z,\theta)-\mathrm{i}\omega t+\mathrm{i}\omega_0 t-\mathrm{i}\omega_0 t]\mathrm{d}\omega$$

$$= \exp(\mathrm{i}\varphi_{\mathrm{s}}(\omega_0,z,\theta)-\mathrm{i}\omega_0 t)\times$$

$$\int_{-\infty}^{\infty} |S(\omega,z,\theta)|\exp[\mathrm{i}\varphi_{\mathrm{s}}(\omega,z,\theta)-\mathrm{i}\varphi_{\mathrm{s}}(\omega_0,z,\theta)]\exp[\mathrm{i}\omega_0 t-\mathrm{i}\omega t]\mathrm{d}\omega \tag{5-18}$$

假设频移为 $\Delta\omega=\omega-\omega_0$，接收信号幅值可以表示为：

$$a(t,z,\theta) =$$

$$\int_{-\infty}^{\infty} |S(\omega_0+\Delta\omega,z,\theta)|\times\exp[\mathrm{i}\varphi_{\mathrm{s}}(\omega_0+\Delta\omega,z,\theta)-\mathrm{i}\varphi_{\mathrm{s}}(\omega_0,z,\theta)]\exp[-\mathrm{i}\Delta\omega t]\mathrm{d}\Delta\omega \tag{5-19}$$

为避免过强的频散现象出现，在导波检测时通常选择一个窄带激励信号。因此可以将相位 $\varphi_{\mathrm{s}}(\omega_0+\Delta\omega,\ z,\ \theta)$以 $\Delta\omega$ 近似二阶泰勒展开为：

$$\varphi_{\mathrm{s}}(\omega_0+\Delta\omega,\ z,\ \theta)\approx\varphi_{\mathrm{s}}(\omega_0,\ z,\ \theta)+\left(\frac{\partial\varphi_{\mathrm{s}}}{\partial\omega}\right)_{\omega_0}\Delta\omega+\frac{1}{2}\left(\frac{\partial^2\varphi_{\mathrm{s}}}{\partial\omega^2}\right)_{\omega_0}\Delta\omega^2 \tag{5-20}$$

将式(5－20)代入式(5－19)得到：

$$a(t,z,\theta) = \int_{-\infty}^{\infty} |S(\omega_0+\Delta\omega,z,\theta)|\exp\left\{\mathrm{i}\left[\left(\frac{\partial\varphi_{\mathrm{s}}}{\partial\omega}\right)_{\omega_0}-t\right]\Delta\omega\right\}\exp\left[\frac{i}{2}\left(\frac{\partial^2\varphi_{\mathrm{s}}}{\partial\omega^2}\right)_{\omega_0}\Delta\omega^2\right]\mathrm{d}\Delta\omega \tag{5-21}$$

根据固定相位法，对于任意观测点(z，θ，r_{o})获得的信号的幅值在$\left(\frac{\partial\varphi_{\mathrm{s}}}{\partial\omega}\right)_{\omega_0}-t=0$ 时达到最大，则式(5－21)可表示为：

$$a_{\mathrm{TR,max}}(z,\theta) = \int_{-\infty}^{\infty} |S(\omega_0+\Delta\omega,z,\theta)|\exp\left[\frac{\mathrm{i}}{2}\left(\frac{\partial^2\varphi_{\mathrm{s}}}{\partial\omega^2}\right)_{\omega_0}\Delta\omega^2\right]\mathrm{d}\Delta\omega \tag{5-22}$$

式中　max——信号幅值达到最大。

若将信号的幅值谱$|S|$在中心频率ω_0附近按高斯分布展开为：

$$|S(\omega_0, z, \theta)| = |S(\Delta\omega, z, \theta)| \exp\left(-\frac{\Delta\omega^2}{2B_H^2}\right) \tag{5-23}$$

式中　B_H——半带宽。代入式(5－23)得：

$$\begin{aligned} a_{TR,max}(z,\theta) &= \int_{-\infty}^{\infty} |S(\omega_0,z,\theta)| \exp\left(-\frac{\Delta\omega^2}{2B_H^2}\right) \exp\left[\frac{i}{2}\left(\frac{\partial^2\varphi_s}{\partial\omega^2}\right)_{\omega_0}\Delta\omega^2\right] d\Delta\omega \\ &= |S(\omega_0,z,\theta)| \int_{-\infty}^{\infty} \exp\left\{-\left[\frac{1}{2B_H^2} - \frac{i}{2}\left(\frac{\partial^2\varphi_s}{\partial\omega^2}\right)_{\omega_0}\right]\Delta\omega^2\right\} d\Delta\omega \\ &= |S(\omega_0,z,\theta)| \frac{\sqrt{\pi}}{2\sqrt{\frac{1}{2B_H^2} - \frac{i}{2}\left(\frac{\partial^2\varphi_s}{\partial\omega^2}\right)_{\omega_0}}} \end{aligned} \tag{5-24}$$

$$a_{TR,max}^*(z, \theta) = |S(\omega_0, z, \theta)| \frac{\sqrt{\pi}}{2\sqrt{\frac{1}{2B_H^2} + \frac{i}{2}\left(\frac{\partial^2\varphi_s}{\partial\omega^2}\right)_{\omega_0}}} \tag{5-25}$$

所以

$$|a_{TR,max}(z, \theta)^2| = a_{TR,max}(z, \theta)a_{TR,max}^*(z, \theta) = \frac{\pi B_H^2\ |S(\omega_0, z, \theta)|^2}{2\sqrt{1+B_H^4\left(\frac{\partial^2\varphi_s}{\partial\omega^2}\right)_{\omega_0}^2}} \tag{5-26}$$

将时间反转传递函数和被动导波源产生的激励信号均表示为指数形式：

$$H_{TR}(\omega, z, \theta) = |H_{TR}(\omega, z, \theta)| \exp[i\varphi_{TR}(\omega, z, \theta)] \tag{5-27}$$

$$E(\omega) = |E(\omega)| \exp[i\varphi_E(\omega)] \tag{5-28}$$

相应地可以得到：

$$|S(\omega, z, \theta)| = |H_{TR}(\omega, z, \theta)|\,|E(\omega)| \tag{5-29}$$

$$\varphi_S(\omega, z, \theta) = \varphi_{TR}(\omega, z, \theta) + \varphi_E(\omega) \tag{5-30}$$

代入式(5－26)得到：

$$|a_{TR,max}(z, \theta)^2| = \frac{\pi B_H^2\ |H_{TR}(\omega, z, \theta)|^2\ |E(\omega)|^2}{2\sqrt{1+B_H^4\left(\frac{\partial^2\varphi_{TR}}{\partial\omega^2}+\frac{\partial^2\varphi_E}{\partial\omega^2}\right)_{\omega_0}^2}} \tag{5-31}$$

由式(5－31)可知，在任意观测点接收的信号最大幅值，不仅与时间反转传递函数的幅值$|H_{TR}(\omega, z, \theta)|$和相位$\varphi_{TR}$密切相关，还取决于缺陷作为被动导波源产生的激励信号$E(\omega)$，并且，激励信号包含的能量越强，观测到的幅值越大。

5.2.2　时间反转波场的空间聚焦效应

根据正交模态展开技术，在柱坐标系中任意点(z, θ, r)处的导波轴向位移可以表示为：

$$u(t,z,\theta,r) = \sum_{n,m}[\alpha_{nm}\cos(n\theta)\exp(ik_{nm}(\omega)z + i\omega t)] \tag{5-32}$$

式中　n——导波的阶次；

α_{nm}——第 n 阶第 m 个导波模态的幅值。

对于由缺陷导致的散射波场，α_{nm}主要决定于缺陷的特征。

假设 N 个时间反转传感器以均匀的周向间隔分布于管道，且每个传感器占的圆周夹角为 $\theta_0=2\pi/N$，那么由中心位置在$(z_k,\ \theta_k,\ r_0)$的时间反转传感器 E_k 激励的波信号是在一定带宽范围内存在的多个导波模态的叠加。考查其中某一个导波模态的传播，在观测点接收到波场的轴向位移表达式在频域可表示为：

$$\begin{aligned}U_{k,nm}(\omega,z,\theta,r_0) &= \int_{\theta_k-\theta_0/2}^{\theta_k+\theta_0/2} \alpha_{nm}\cos(n\theta)\exp(\mathrm{i}k_{nm}(\omega)z_k)r_0\,\mathrm{d}\theta \\ &= r_0\alpha_{nm}f_n(\theta_0)\cos(n\theta_k)\exp(\mathrm{i}k_{nm}(\omega)z_k)\end{aligned} \tag{5-33}$$

式中：

$$f_n(\theta_0)=\begin{cases}\theta_0, & \text{for} \quad n=0, \\ \dfrac{2\sin(n\theta_0/2)}{n}, & \text{for} \quad n\neq 0.\end{cases} \tag{5-34}$$

根据式(5－33)得到第 n 阶第 m 个导波模态的时间反转传递函数：

$$\begin{aligned}&H_{\mathrm{TR},nm}(\omega,z,\theta)= \\ &\exp(\mathrm{i}\omega\tau)h'(\omega)h^*(\omega)\sum_{k=1}^{N}H_{\mathrm{Ex}}(\omega,z,\theta)H_{\mathrm{Re}}*(\omega,z,\theta) \\ &=\exp(\mathrm{i}\omega\tau)h'(\omega)h^*(\omega)\sum_{k=1}^{N}\{r_0\alpha_{nm}f_n(\theta_0)\cos(n\Delta(\theta_k-\theta))\exp[\mathrm{i}k_{nm}(\omega)\Delta(z_k-z)] \\ &\times r_0\alpha_{nm}f_n(\theta_0)\cos(n\Delta(\theta_0-\theta_k))\exp[-\mathrm{i}k_{nm}(\omega)\Delta(z_0-z_k)]\} \\ &=\exp(\mathrm{i}\omega\tau)h'(\omega)h^*(\omega) \\ &\times\sum_{k=1}^{N}[r_0^2\alpha_{nm}^2f_n^2(\theta_0)\cos(n\Delta(\theta_k-\theta))\cos(n\Delta(\theta_0-\theta_k))\exp(-\mathrm{i}k_{nm}(\omega)\Delta(z_0-z))]\end{aligned} \tag{5-35}$$

式中 $\Delta(\theta_0-\theta_k)$——被动导波源所在位置$(z_0,\ \theta_0,\ r_0)$与时间反转传感器 E_k 中心所在位置$(z_k,\ \theta_k,\ r_0)$间的圆周夹角；

$\Delta(\theta_k-\theta)$——传感器 E_k 中心所在位置与观测点$(z,\ \theta,\ r_0)$间的圆周夹角；

$\Delta(z_0-z)$——被动导波源与观测点间的轴向距离。

因此，依据线性关系可以得到所有存在的导波模态的时间反转传递函数为：

$$\begin{aligned}H_{\mathrm{TR}}(\omega,z,\theta) &= \sum_{nm}H_{\mathrm{TR},nm}(\omega,z,\theta) \\ &=\exp(\mathrm{i}\omega\tau)h'(\omega)h^*(\omega)r_0^2 \\ &\times\sum_{k=1}^{N}\sum_{nm}[\alpha_{nm}^2f_n^2(\theta_0)\cos(n\Delta(\theta_k-\theta))\cos(n\Delta(\theta_0-\theta_k))\exp(-\mathrm{i}k_{nm}(\omega)\Delta(z_0-z))]\end{aligned} \tag{5-36}$$

考察其中的求和项，并定义：

$$\begin{aligned}&\sum_{nm}[\alpha_{nm}^2f_n^2(\theta_0)\cos(n\Delta(\theta_k-\theta))\cos(n\Delta(\theta_0-\theta_k))\exp(-\mathrm{i}k_{nm}(\omega)\Delta(z_0-z))] \\ &=Q(\omega,z,\theta)\exp[-\mathrm{i}\phi(\omega,z,\theta)]\end{aligned} \tag{5-37}$$

对式(5－37)两端的指数部分近似二阶展开：

$$\exp(-ik_{nm}\Delta(z_0-z))\approx 1-ik_{nm}\Delta(z_0-z)-\frac{1}{2}(k_{nm}\Delta(z_0-z))^2 \tag{5-38}$$

$$\exp(-i\phi(\omega,\ z,\ \theta))\approx 1-i\phi(\omega,\ z,\ \theta)-\frac{1}{2}\phi(\omega,\ z,\ \theta)^2 \tag{5-39}$$

定义多模态传播的平均波数为：

$$\overline{k_{nm}(\omega)} = \frac{1}{\sum_{nm}\alpha_{nm}^{2} f_{n}^{2}(\theta_0)\cos(n\Delta(\theta_k-\theta))\cos(n\Delta(\theta_0-\theta_k))} \times \sum_{nm}[\alpha_{nm}^{2} f_{n}^{2}(\theta_0)\cos(n\Delta(\theta_k-\theta))\cos(n\Delta(\theta_0-\theta_k))k_{nm}(\omega)] \tag{5-40}$$

以及对波数的平方取平均为：

$$\overline{k_{nm}^{2}(\omega)} = \frac{1}{\sum_{nm}\alpha_{nm}^{2} f_{n}^{2}(\theta_0)\cos(n\Delta(\theta_k-\theta))\cos(n\Delta(\theta_0-\theta_k))} \times \sum_{nm}[\alpha_{nm}^{2} f_{n}^{2}(\theta_0)\cos(n\Delta(\theta_k-\theta))\cos(n\Delta(\theta_0-\theta_k))k_{nm}^{2}(\omega)] \tag{5-41}$$

根据等式两边实部、虚部对应相等，得到：

$$Q\phi = \sum_{nm}[\alpha_{nm}^{2} f_{n}^{2}(\theta_0)\cos(n\Delta(\theta_k-\theta))\cos(n\Delta(\theta_0-\theta_k))(\overline{k_{nm}(\omega)}\Delta(z_0-z))] \tag{5-42}$$

$$2Q^2-(Q\phi)2 - 2Q\sum_{nm}\left\{\alpha_{nm}^{2} f_{n}^{2}(\theta_0)\cos(n\Delta(\theta_k-\theta))\cos(n\Delta(\theta_0-\theta_k))\left[1-\frac{1}{2}(k_{nm}(\omega)\Delta(z_0-z))^2\right]\right\}=0 \tag{5-43}$$

因此

$$Q \approx \sum_{nm}[\alpha_{nm}^{2} f_{n}^{2}(\theta_0)\cos(n\Delta(\theta_k-\theta))\cos(n\Delta(\theta_0-\theta_k))] \tag{5-44}$$

$$\phi \approx \overline{k_{nm}(\omega)}\Delta(z_0-z) \tag{5-45}$$

将上述结果代入式(5-45)，则

$$H_{\mathrm{TR}}(\omega,z,\theta) = \exp(\mathrm{i}\omega\tau)h'(\omega)h^{*}(\omega)r_{0}^{2} \times \sum_{nm}\{\alpha_{nm}^{2} f_{n}^{2}(\theta_0)\sum_{k=1}^{N}[\cos(n\Delta(\theta_k-\theta))\cos(n\Delta(\theta_0-\theta_k))]\}\exp(-\mathrm{i}\,\overline{k_{nm}(\omega)}\Delta(z_0-z)) \tag{5-46}$$

将式(5-46)表示为：

$$H_{\mathrm{TR}} = |H_{\mathrm{TR}}|\exp(\mathrm{i}\varphi_{\mathrm{TR}}) \tag{5-47}$$

那么

$$\varphi_{\mathrm{TR}} \approx \omega\tau - \overline{k_{nm}(\omega)}\Delta(z_0-z) \tag{5-48}$$

$$|H_{\mathrm{TR}}|^2 \approx |h'(\omega)|^2\,|h^{*}(\omega)|^2 r_{0}^{4}\{\sum_{nm}\{\alpha_{nm}^{2} f_{n}^{2}(\theta_0)\sum_{k=1}^{N}[\cos(n\Delta(\theta_k-\theta))\cos(n\Delta(\theta_0-\theta_k))]\}\}^2 \tag{5-49}$$

由式(5-48)、式(5-49)可以推得：

$$|a_{\mathrm{TR,max}}(z,\ \theta)^2| = \frac{\pi B_{\mathrm{H}}{}^{2}\ |H_{\mathrm{TR}}(\omega,\ z,\ \theta)|^2\ |E(\omega)|^2}{2\sqrt{1+B_{\mathrm{H}}{}^{4}\left(\frac{\partial^2\,\overline{k_{nm}(\omega)}}{\partial\omega^2}\Delta(z_0-z)\right)^2_{\omega_0}}} \tag{5-50}$$

式中：

$$\sum_{k=1}^{N}[\cos(n\Delta(\theta_k-\theta))\cos(n\Delta(\theta_0-\theta_k))] = \sum_{k=1}^{N}\frac{1}{2}\{\cos(n\theta_0-n\theta)+\cos[n(\theta+\theta_0-2\theta_k)]\} \tag{5-51}$$

假如 N 足够大，而阵列中各传感器对应的 θ_k 从 0 变化至 2π，当 $\theta=\theta_0$ 时，式(5-51)中的求和项达到最大值 $N/2$；当 $z=z_0$ 时，式(5-50)中的分母达到最小值 2。

以上分析表明，任意观测点获得的信号最大幅值，主要受观测点的位置、缺陷产生的激励信号能量，以及时间反转传递函数的影响。在其他条件一致的情况下，仅当 $\theta=\theta_0$、$z=z_0$，即观测点位于缺陷所在位置时，观测信号幅值达到最大。也就是说，从空间的角度看，在时间反转波的传播过程中，能量在缺陷位置发生聚焦。由于该结论的前提是 N 足够大，说明有足够多的时间反转传感器在管道圆周均匀分布是实现空间聚焦的关键。式(5-50)同时也表明观测信号最大幅值与各传感器所处轴向位置没有关系。

对于待测管道，当迫使缺陷被动波源激发的入射波不变时，入射至缺陷的总能量就确定了，而这些能量将被部分分配给反射回波及各转换模态波，由它们共同决定缺陷产生的激励信号能量大小，并且激励信号能量越大，观测信号幅值越大。

缺陷的特征决定在被动导波源产生的波场中存在的导波模态，以及它们相应的幅值 α_{nm}。当传感器的声-电效应和电-声效应确定时，时间反转传递函数主要取决于上述波场中的哪些导波模态被纳入考察的范围。缺陷特征不变时，扩大原有的考察范围，将使观测信号幅值增大，且新增模态的幅值 α_{nm} 越大，观测信号幅值增大的程度越高。

因此，若由实际导波检测信号获得一组时间反转信号，并将它们在管道上重新激励，导波能量在缺陷位置的聚焦，使入射至缺陷的能量增大，对缺陷的检测能力也相应提高。若将这一组时间反转信号在一无缺陷的、模拟实际管道的有限元模型上重新激励，则可由波在传播过程中的位移分布实现缺陷的准确定位。

5.2.3 时间反转波场的时间聚焦效应

1. 多模态聚焦效应

本节将从导波多模态效应分析时间反转波场的时间聚焦效应。

当在管道中激励某一导波模态用于缺陷检测，缺陷的存在使模态转换现象不可避免，因此，在接收的检测信号中，伴随缺陷反射回波的还有各转换模态波包，并且它们以各自不同的速度沿管道传播。由于管道中各导波模态的传播速度 $V_{g,nm}(\omega)$ 取决于管道特征和激励频率 ω，因此反射模态和各转换导波模态从缺陷位置传播至时间反转传感器的时间 t_{nm} 也是各自不同的。

$$V_{g,nm}(\omega)\cdot t_{nm}=z_{\mathrm{def}} \tag{5-52}$$

式中，z_{def}——时间反转传感器与缺陷间的轴向距离。

对于在频率 ω_1 下存在的任意两个导波模态，到达接收传感器的时间差为：

$$\Delta t=z_{\mathrm{def}}\left(\frac{1}{V_{g,nm_2}(\omega_1)}-\frac{1}{V_{g,nm_1}(\omega_1)}\right) \tag{5-53}$$

式中　$V_{g,nm_1}(\omega_1)$，$V_{g,nm_2}(\omega_1)$——两个导波模态在频率 ω_1 下的群速度。

对接收传感器接收的信号在时间 τ 内进行时间反转获得时间反转信号，于是，反射回波与转换模态波包均将被包含在激励信号中，且先接收到的、速度快的导波模态将被后激励，后接收到的、速度慢的导波模态将被先激励。因此，当在点(z, θ, r_0)处观察时间反转波的传播时，观察点和时间反转传感器之间的轴向距离是 z，这决定了任意两个存在的导波模态到达观察点的时间间隔满足：

$$\Delta t' = (z - z_{\mathrm{def}}) \cdot \left(\frac{1}{V_{\mathrm{g},nm_2}(\omega_1)} - \frac{1}{V_{\mathrm{g},nm_1}(\omega_1)} \right) \tag{5-54}$$

式(5－54)表明，当传播距离 $z=z_{\mathrm{def}}$时，各存在的导波模态将在同一时间到达观察点。也就是说，当时间反转法被运用于管道导波检测时，在时间反转激励信号中包含的所有导波模态都将在同一时间到达缺陷位置，这大大增强了时间反转导波检测的检测能量。

2. 频散聚焦效应

在管道中激励汉宁窗调制的正弦信号，由于频散的影响，经过长距离传播后，各模态的波包将会变长，与较高群速度对应的频率分量将会处于波包的前部，而与较低群速度对应的频率分量将会处于波包的后部；若将所接收到的波包在时域进行反转后重新激励，则与较低群速度对应的频率分量将会处于波包的前部，而与较高群速度对应的频率分量将会处于波包的后部，由此所要接收到的模态应该与最初的正弦加窗激励信号相同。

对于一长 L 的管道。若在 $x=0$ 处，激励信号为 $E(t)$，则其频谱为：

$$[F(\omega)]_{x=0} = \int_{-\infty}^{+\infty} E(t)_{x=0} \mathrm{e}^{-\mathrm{i}\omega t} \mathrm{d}t \tag{5-55}$$

假设信号传播到 $x=L$ 处，其频谱为：

$$[F(\omega)]_{x=L} = \int_{-\infty}^{+\infty} E(t)_{x=L} \mathrm{e}^{-\mathrm{i}(\omega t - kL)} \mathrm{d}t \tag{5-56}$$

式中　$k=\dfrac{\omega}{c_{\mathrm{p}}}$ ——导波模态的波数；

c_{p} ——相速度，均可由频散曲线得到。

由此，可以得到波在管中传播的传递函数：

$$H(\omega) = \frac{[F(\omega)]_{x=L}}{[F(\omega)]_{x=0}} \tag{5-57}$$

若希望在 $x=L$ 处得到信号 $a(t)$[其频谱为 $A(\omega)$]，则在 $x=0$ 处所需要的激励信号 $b(t)$ 的频谱应为：

$$B(\omega) = \frac{A(\omega)}{H(\omega)} \tag{5-58}$$

通过逆傅里叶变换，有：

$$b(t) = \frac{1}{2\pi} \int_{-\infty}^{+\infty} \frac{A(\omega)}{H(\omega)} \mathrm{e}^{\mathrm{i}\omega t} \mathrm{d}\omega \tag{5-59}$$

若考虑单一模态的情况，则 $H(\omega)=\mathrm{e}^{\mathrm{i}kL}$。因此

$$b(t) = \frac{1}{2\pi} \int_{-\infty}^{+\infty} A(\omega) \mathrm{e}^{\mathrm{i}\omega(L/C_{\mathrm{p}}+t)} \mathrm{d}\omega \tag{5-60}$$

现在假设信号 $a(t)$作为激励作用于 $x=0$ 处，传播距离为 L，$a(t)$变化后的信号通过传递函数可求出：

$$b^*(t) = \frac{1}{2\pi} \int_{-\infty}^{+\infty} A(\omega) \mathrm{e}^{\mathrm{i}\omega(-L/C_{\mathrm{p}}+t)} \mathrm{d}\omega \tag{5-61}$$

若信号首先到达被测点时记为时间起点 $t=0$，信号 $b^*(t)$持续时间为 T，将该信号进行时域反转并进行时延，则：

$$b^*(T-t) = \frac{1}{2\pi} \int_{-\infty}^{+\infty} A(\omega) \mathrm{e}^{\mathrm{i}\omega(-L/C_{\mathrm{p}}+T-t)} \mathrm{d}\omega \tag{5-62}$$

分析式(5－60)和式(5－62)可知，当 $A(\omega)$为偶函数时，式(5－60)等同于式(5－62)，只是相差了一相位 ωT。而当激励信号由偶数个正弦信号组成时，$A(\omega)$为偶函数。因此，

对接收信号进行时间反转，在激励端重新激励，所得信号将与原来的激励信号相同。这说明，在时间反转波的传播过程中，尽管对于某一导波模态而言，不同频率分量的传播速度不同，但它们最终将同时到达缺陷位置，是时间聚焦效应的又一种体现。

5.2.4 基于时间反转的导波检测方法

基本的时间反转流程如图 5－6 所示。

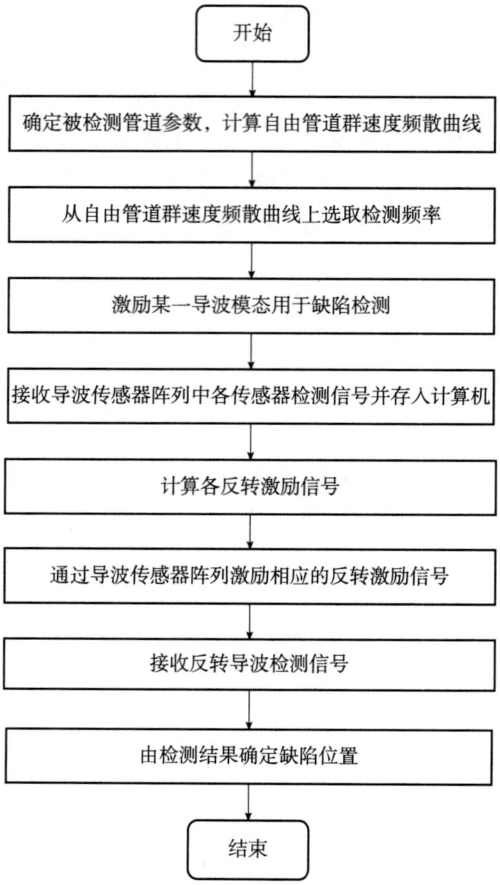

图 5－6　时间反转导波检测流程

为说明时间反转法可用于提高导波技术对小缺陷的检测能力，利用限元软件 Ansys，采用壳单元(Shell63)建立管道模型分别模拟两个管道模型。模型 1：外径 70mm，壁厚 3.5mm 管道，含 5mm×1mm 通透型周向裂纹缺陷；模型 2：外径 63mm，壁厚 3mm 管道，含半径 3mm 通透型小孔缺陷。模型长均为 1800mm，缺陷距离激励端 720mm。

为将时间反转法运用于导波检测，数值模拟时过程如下：

(1)在含缺陷管道的有限元模型上，模拟在管道中激励 $L(0, 2)$模态导波进行缺陷检测。激励信号为中心频率可调的 10 个周期汉宁窗调制正弦波信号，如图 5－7 所示。记录各观测节点上的轴向位移时程曲线。某节点上获取的典型导波检测轴向位移时程曲线如图 5－8(a)所示，回波信号不是单一模态的导波，发生了严重的模态转换现象。

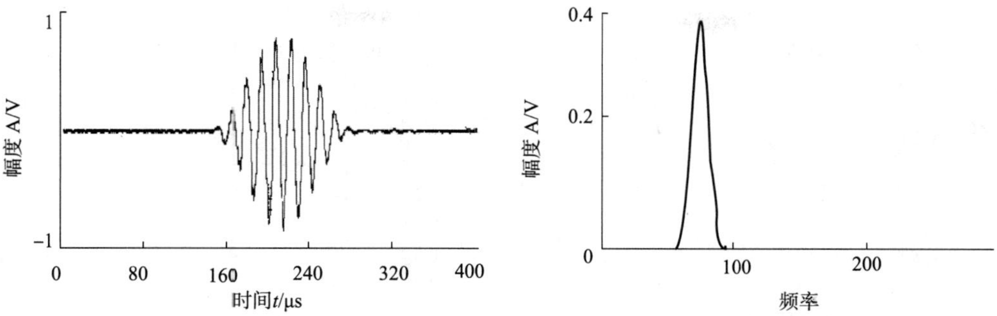

(a)时域信号　　(b)信号的幅频谱

图 5-7　激励信号

(2)计算轴向位移时程曲线中激励波包与第一次端面回波波包之间的时间间隔约为 0.62ms，因此，选择 $T=0.60$ms 的矩形窗，从相同的时间起点开始，对 48 个观测节点接收的轴向位移时程曲线进行信号截取。截取的内容包含缺陷反射回波及转换模态波包信息，记录为 $f(t)$，如图 5-8(b)所示。

(3)对截取的 48 个缺陷反射回波信号进行时间反转，生成相应的时间反转激励信号 $f_{TR}(t)$，如图 5-8(c)所示。两组信号满足：$f_{TR}(t)=f(\tau-t)$。因此，在试验获得的检测信号时程曲线中，轴向传播距离 Z 相同时(从缺陷传播至接收传感器)，传播速度快的导波模态波包先出现，速度慢的后出现。进行时间反转处理后，信号中传播速度慢的导波模态先被激励，速度快的后被激励，且保持激励各模态间的时间差与接收信号中的时间差相同。

(4)选择与接收信号的观测节点周向位置相同的节点作为对应激励节点。在对应激励节点上重新激励时间反转信号，并在 48 个观测节点上再次提取轴向位移时程曲线，进行相应的叠加后得到模拟的时间反转导波检测信号。

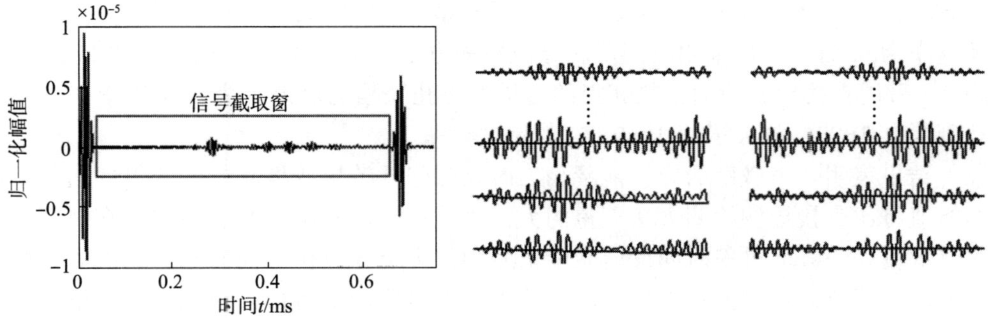

(a)导波检测轴向位移时程曲线　　(b)48个节点上获取的缺陷反射记录　　(c)48个时间反转处理后的信号

图 5-8　某节点上接收的典型导波检测轴向位移时程曲线、48 个节点上获取的缺陷反射记录信号及 48 个时间反转处理后的信号

分别用两个不同模型模拟上述时间反转导波检测过程。若将上述检测过程中第一步获得的 48 个导波检测轴向位移时程曲线直接对应叠加，得到的检测信号如图 5-9(a)、(b)所示，即为直接导波检测方法获得的检测信号。若将第四步中获得的 48 个时间反转检测轴向位移时程曲线对应叠加，得到的时间反转检测信号如图 5-9(c)、(d)所示。图 5-9(a)、(b)表明，对于本节所考察的小缺陷，采用直接的导波检测方法获得的缺陷反射回波非常小，尤其在实际检测中噪声是不可避免的，这样的反射回波波包甚至会被噪声所淹没，无法达到检测的目的。而在图 5-9(c)、(d)中，缺陷反射回波波包则被有效地突出了。

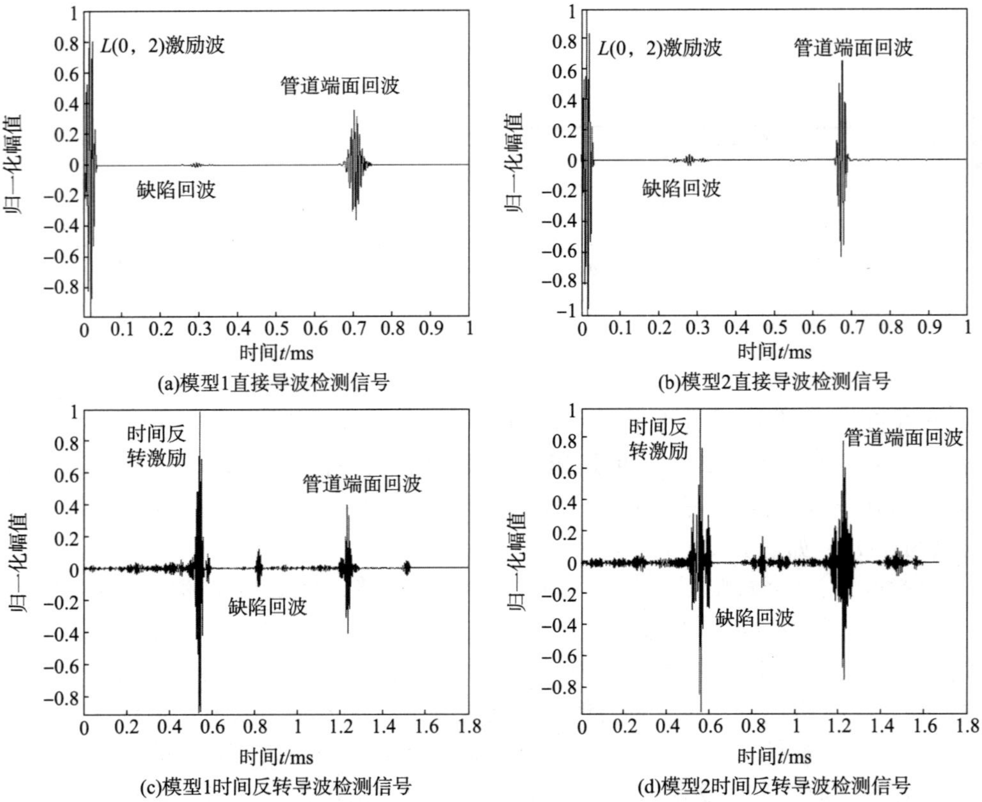

图 5-9　两种模型导波检测信号

用缺陷反射回波波包峰峰值与激励波包峰峰值之比定义为缺陷反射率，可以看出，时间反转方法获得的反射率得到明显放大。对于模型 1，采用直接导波检测方法获得的裂纹缺陷反射率为 0.0135，而采用时间反转导波检测方法则为 0.1253，放大了约 9.28 倍；对于模型 2，采用直接导波检测方法获得的通透型小孔缺陷的反射率为 0.0373，时间反转检测方法则为 0.1675，放大了约 4.49 倍。

以上结果表明，当激励的导波能量相当时，时间反转导波检测方法获得的信号中缺陷回波的幅值将比直接导波检测方法获得的大。也就是说，利用时间反转方法在时间、空间上的聚焦效应，一方面可使时间反转激励信号中的多个导波模态同时到达缺陷处，同时也将原本分散在管道截面的能量汇聚于缺陷位置，使检测能量增加，因此对小缺陷的检测能力增强。

5.3　全聚焦成像方法

超声相控阵技术已广泛应用于无损检测领域中，与传统超声波检测技术相比，该技术具有声束灵活可控、检测精度高、检测效率高等特点。利用商用相控阵检测系统可十分方便地进行实时成像，但在保证成像实时性的同时，检测精度和缺陷表征能力却受到了限制。因此，基于后处理的超声相控阵成像技术成为时下的研究热点，这些后处理算法均建立在全矩阵数据采集基础上。对全矩阵数据数学模型的分析方法不同，衍生出的后处理算法也不同，本节主要介绍全聚焦成像算法、相位成像算法和矢量全聚焦成像算法。这些后处理成像算法虽然是在体波检测中提出的，但可以扩展到导波检测中。

5.3.1　超声阵列全聚焦成像

利用超声相控阵技术，以及后处理成像算法可方便地实现结构中缺陷的成像。其中，全聚焦成像是典型的超声阵列成像算法之一，该成像算法利用信号的幅值信息进行成像。其基本思想是：超声阵列对成像区域内的所有成像点进行虚拟聚焦，虚拟聚焦是指通过对全矩阵数据进行延时、加权合成等数据处理，模拟常规相控阵超声检测技术对试件内部某一特定点进行声束的偏转和聚焦，并获得声波与内部缺陷相互作用后的回波信号，此时的声波并没有在试样内部真实地聚焦，而是一种数据的处理方式。

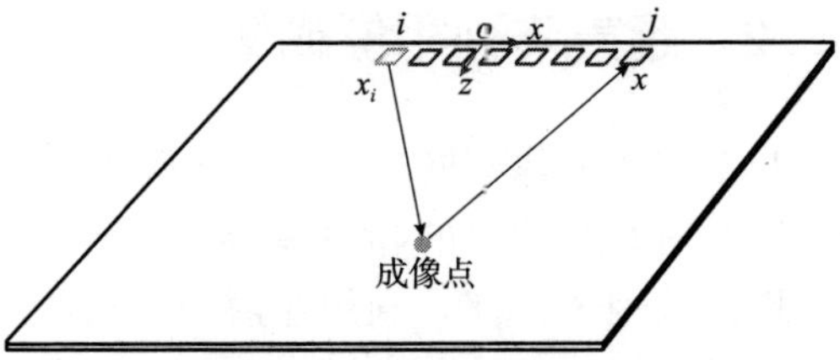

图 5－10　全聚焦成像原理

图 5－10 所示为板结构检测中全聚焦成像原理。通过采集的全矩阵数据计算声波在激励阵元 i、成像点 P[坐标为(x，z)]、接收阵元 j 之间的传播时间 $t_{ij}(x, z)$，依据传播时间从全矩阵数据中提取对应时刻的幅值，成像点 P 处的成像幅值可由式(5－63)得到：

$$
\begin{aligned}
I(x,z) &= \frac{1}{N^2}\left(\sum_{i=1}^{N}\sum_{j=1}^{N}h_{ij}(t_{ij}(x,z))\right) \\
&= \frac{1}{N^2}\left(\sum_{i=1}^{N}\sum_{j=1}^{N}h_{ij}((\sqrt{(x_i-x)^2+z^2}+\sqrt{(x_j-x)^2+z^2})/c)\right)
\end{aligned}
\tag{5-63}
$$

式中　N——阵元个数；

i——激励阵元；

j——接收阵元；

h_{ij}——全矩阵数据；

$t_{ij}(x, z)$——时间延时；

c——波速。

在超声相控阵检测过程中，声束的衰减、扩散和阵元间的指向性不一致会导致成像质量下降。为了提高成像精度，需增加相应的补偿因子对全聚焦成像算法进行修正，校准后的全聚焦成像幅值矩阵 ITFM 如式(5－64)所示：

$$
I_{\mathrm{TFM}}(x, z)=\frac{I(x, z)}{C(x, z)} \tag{5-64}
$$

$C(x, z)$的表达式为：

$$
C(x,z) = \left|\sum_{i=1}^{N}\sum_{j=1}^{N}P_{i,j}(x,z)B_{i,j}(x,z)\right| \tag{5-65}
$$

式中　P——阵元声束指向性补偿因子；

B——声波传播衰减补偿因子。

线形阵列声束指向性补偿因子可用式(5－66)表示：

$$
P_{i,j}(x, z)=\sin\left(\frac{\pi a\sin\theta_i}{\lambda}\right)\times\sin\left(\frac{\pi a\sin\theta_j}{\lambda}\right) \tag{5-66}
$$

一般近似认为声波在材料中的衰减程度与其传播距离成反比，因此衰减补偿因子可表示为：

$$B_{i,j}(x, z)=\frac{1}{\sqrt{|\overline{d}_i||\overline{d}_j|}} \tag{5-67}$$

式中 $\overline{d}_i$——激励阵元到成像点距离矢量；

$\overline{d}_j$——接收阵元到成像点的距离矢量。

5.3.2 超声阵列相位成像

与全聚焦成像不同，相位成像除了利用信号幅值信息外，还将信号相位信息引入算法中。通过对孔径数据的相位差异进行分析，提出两个一致性因子——相位一致因子 PCF 和极性一致因子 SCF，利用这两个一致性因子对全聚焦成像进行加权处理，可得到两种新的阵列成像算法——相位加权全聚焦成像和极性加权全聚焦成像。该相位成像算法能够有效抑制声束的栅瓣和旁瓣，提高成像分辨率和信噪比。

利用采集到的全矩阵数据 $h_{ij}(t)$构造复解析函数 $H_{ij}(t)=HI_{ij}(t)+jHQ_{ij}(t)$，可得信号的瞬时相位：

$$\varphi_{ij}(t)=\tan-1\frac{HQ_{ij}(t)}{HI_{ij}(t)}=\tan-1\frac{HQ_{ij}(t)}{h_{ij}(t)} \tag{5-68}$$

式中 $HI_{ij}(t)$——同相分量即本身；

$HQ_{ij}(t)$——正交分量即原信号 $h_{ij}(t)$的希尔伯特变换。

需要说明的是，实际应用中的瞬时相位是经时延后的相位，即 $\varphi_{ij}(x, z)=\varphi_{ij}(t_{ij}(x, z))$。

进一步可将 φ_{ij} 归一化到$[-\pi, \pi]$区间。归一化后的相位具有周期性，在穿过$-\pi$ 和 π 的边界时，会出现相位不连续的现象，这种不连续性导致原本在边界附近变化不大的相位却发生了巨大的变化。为此，引入辅助相位 $\bar{\varphi}_{ij}(x, z)$的概念。当 $\varphi_{ij}(x, z)>0$ 时，$\bar{\varphi}_{ij}(x, z)=\varphi_{ij}(x, z)-\pi$，当 $\varphi_{ij}(x, z)<0$ 时，$\bar{\varphi}_{ij}(x, z)=\varphi_{ij}(x, z)+\pi$。引入辅助相位后就会使接近$\pm\pi$ 的相位值转变成接近于 0。

求得信号的瞬时相位后，进一步给出激励阵元为 i 时相位一致因子 PCF_i 的表达式：

$$\mathrm{PCF}_i(x, z)=\max\left[0, 1-\frac{\gamma}{\sigma_0}sf_i(x, z)\right] \tag{5-69}$$

式中 γ——调节PCF_i 对非聚焦信号的敏感度的调节因子；

σ_0——在$[-\pi, \pi]$之间均匀分布的标准差；

$sf_i(x, z)$——激励阵元为 i 时的相位差异性评价函数。

其中，γ 通常取 1，$\sigma_0\approx1.8$。$sf_i(x, z)$的表达式为：

$$sf_i(x, z)=\min[\sigma(\varphi_{ij}(x, z)), \sigma(\bar{\varphi}_{ij}(x, z))] \tag{5-70}$$

相位差异性评价函数 $sf_i(x, z)$为 N 个瞬时相位 $\varphi_{ij}(x, z)$在成像点处标准差和 N 个辅助相位 $\bar{\varphi}_{ij}(x, z)$在成像点处标准差中的最小值。

以上给出了相位一致因子 PCF 的定义式，现将信号的瞬时相位进行一种特殊的处理，即：将信号的相位区间$[-\pi, \pi]$分为两部分：$(-\pi/2, \pi/2]$和$[-\pi, -\pi/2]\cup(\pi/2, \pi]$。前者代表正极性，后者代表负极性，用相位的符号位代表相位的极性。如果信号的相位均落入两个区间中的同一区间，则认为信号的极性是一致的。

根据以上对信号相位极性的定义，进一步给出激励阵元为 i 时极性一致因子 SCF_i 的表达式：

$$\mathrm{SCF}_i(x,z)=1-\sigma=1-\sqrt{1-\left(\frac{1}{N}\sum_{j=1}^{N}b_{ij}(x,z)\right)^2} \tag{5-71}$$

式中　$b_{ij}(x,z)$——第 i 个阵元激励、第 j 个阵元接收时成像点 P 对应数据的符号（正或负，极性）。其表达式为：

$$\begin{cases}b_{ij}(x,z)=1, & h_{ij}(t_{ij}(x,z))\geqslant 0\\ b_{ij}(x,z)=-1, & h_{ij}(t_{ij}(x,z))<0\end{cases} \tag{5-72}$$

式中　σ^2——$b_{ij}(x,z)$的方差，$\sigma^2=1-\left(\frac{1}{N}\sum_{j=1}^{N}b_{ij}(x,z)\right)^2$

在极性一致因子 SCF_i 的表达式中，只考虑了阵列数据的极性。当所有信号的极性都一致时，SCF_i 取得最大值 1，而当阵列的数据极性一半为正，一半为负时，SCF_i 取得最小值 0。为进一步压制旁瓣幅度，可以对极性一致因子 SCF_i 进行以下修正：

$$\mathrm{SCF}_i^p(x,z)=\left(1-\sqrt{1-\left(\frac{1}{N}\sum_{j=1}^{N}b_{ij}(x,z)\right)^2}\right)^p \tag{5-73}$$

式中　p——抑制旁瓣幅度的调节因子。

p 的取值范围为 $p\geqslant 0$，式(5－71)是式(5－73)在 $p=1$ 的特殊情况。在 $p=0$ 时，整个算法无加权。p 值越大，旁瓣高度就会被抑制得越低，同时主瓣宽度也就越低。

得到两个一致性因子后，对原始的全聚焦成像方法进行修正，可得相位加权全聚焦成像和极性加权全聚焦成像，为了便于表达，在以后的研究中分别用 PCF 和 SCF 代表两种成像算法，成像公式如下：

$$I_{\mathrm{PCF}}(x,z)=\frac{1}{N}\left(\sum_{i=1}^{N}\mathrm{PCF}_i\left(\frac{1}{N}\sum_{j=1}^{N}h_{ij}(t_{ij}(x,z))\right)\right) \tag{5-74}$$

$$I_{\mathrm{SCF}}(x,z)=\frac{1}{N}\left(\sum_{i=1}^{N}\mathrm{SCF}_i\left(\frac{1}{N}\sum_{j=1}^{N}h_{ij}(t_{ij}(x,z))\right)\right) \tag{5-75}$$

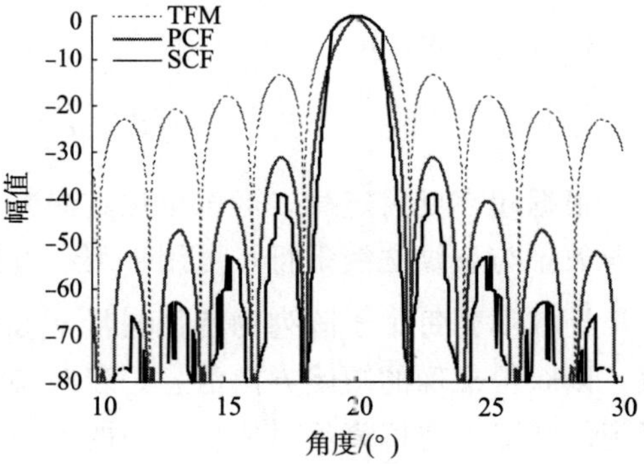

图 5－11　指向性对比

为说明相位一致因子 PCF 和极性一致因子 SCF 对全聚焦加权成像的影响效果，将不同成像方法对声束的指向性进行了对比研究。图 5－11 所示为当聚焦声束偏转角 20°时，PCF 和 SCF 加权前后的声场指向性对比。可以看出，加权后的声束主瓣和旁瓣宽度均减小，而且与 PCF 加权后得到的声束相比，SCF 加权后的旁瓣和主瓣宽度减小更多。

5.3.3　超声阵列矢量全聚焦成像

上述超声阵列成像算法能够有效地对结构中缺陷进行定位检测，但无法实现缺陷方向的识别。矢量全聚焦成像在全聚焦成像的基础上，通过构造子阵列提取缺陷的反射特征构造矢量，能够实现缺陷方向的识别。

在超声阵列检测中，将全部阵元组成的阵列称为全阵列，将全阵列中的几个连续阵元称为子阵列。在以下矢量成像方法研究中，将 N 个阵元组成的全阵列划分为 M 个子阵列，每个子阵列中含有 n 个阵元($n<N$)，相邻两个子阵列的阵元间隔为 g($g<N$)。则第 m 个子阵列对应的阵元在全阵列的最小序号为 $1+g(m-1)$，最大序号为 $n+g(m-1)$。也就是说，第 m 个子阵列中，激励阵元 i 对应的序号范围为 $(1+g(m-1), n+g(m-1))$，接收阵元 j 对应的序号范围为 $(1+g(m-1), n+g(m-1))$。其中，$m=1, 2, 3, \cdots, M$。

在成像区域内任意成像点 P，第 m 个子阵列的特征矢量 $\vec{v}_{\mathrm{TFM}}^{(m)}(x, z)$ 可表示为：

$$\vec{v}_{\mathrm{TFM}}^{(m)}(x, z)=\vec{w}_{\mathrm{TFM}}^{(m)}(x, z)I_{\mathrm{TFM}}^{(m)}(x, z) \tag{5-76}$$

式中 $\vec{w}_{\mathrm{TFM}}^{(m)}(x, z)$——第 m 个子阵列在该点的单位方向矢量；

$I_{\mathrm{TFM}}^{(m)}(x, z)$——第 m 个子阵列的全聚焦成像幅值。

$I_{\mathrm{TFM}}^{(m)}(x, z)$ 的表达式为：

$$I_{\mathrm{TFM}}^{(m)}(x,z)=\frac{\left|\sum\limits_{i=1+g(m-1)}^{n+g(m-1)}\sum\limits_{j=1+g(m-1)}^{n+g(m-1)}h_{ij}(t_{ij}(x,z))\right|}{\left|\sum\limits_{i=1+g(m-1)}^{n+g(m-1)}\sum\limits_{j=1+g(m-1)}^{n+g(m-1)}P_{i,j}(x,z)B_{i,j}(x,z)\right|} \tag{5-77}$$

$\vec{w}_{\mathrm{TFM}}^{(m)}(x, z)$ 的表达式为：

$$\vec{w}_{\mathrm{TFM}}^{(m)}(x,z)=\frac{\sum\limits_{i=1+g(m-1)}^{n+g(m-1)}\sum\limits_{j=1+g(m-1)}^{n+g(m-1)}P_{i,j}(x,z)B_{i,j}(x,z)\vec{s}_{ij}(\vec{d}_i,\vec{d}_j)}{\left|\sum\limits_{i=1+g(m-1)}^{n+g(m-1)}\sum\limits_{j=1+g(m-1)}^{n+g(m-1)}P_{i,j}(x,z)B_{i,j}(x,z)\vec{s}_{ij}(\vec{d}_i,\vec{d}_j)\right|} \tag{5-78}$$

式中 $\vec{s}_{ij}$——矢量 $\vec{d}_i$ 与 $\vec{d}_j$ 合成的单位矢量。

$\vec{s}_{ij}$ 可表示为：

$$\vec{s}_{ij}(\vec{d}_i, \vec{d}_j)=\frac{|\vec{d}_i|\vec{d}_j+|\vec{d}_j|\vec{d}_i}{\left||\vec{d}_i|\vec{d}_j+|\vec{d}_j|\vec{d}_i\right|} \tag{5-79}$$

根据超声反射定律，当该单位方向矢量与裂纹平行时反射最强。因此，子阵列的单位方向矢量与裂纹法线平行，可用于裂纹方向的表征。

计算得到每个子阵列的特征矢量 $\vec{v}_{\mathrm{TFM}}^{(m)}(x, z)$ 后，需要对所有子阵列的特征矢量进行合成，以获得准确的缺陷方向信息。若对得到的子阵列特征矢量进行简单的叠加，会使计算得到的缺陷方向偏离反射能量最强的方向，测得裂纹方向误差较大。为了获得准确的裂纹方向信息，应使合成后特征矢量方向尽量接近反射能量最强的方向。为此，在矢量求和过程中引入权重因子 α，合成特征矢量 $\vec{O}_{\mathrm{TFM}}(x, z)$ 表示为：

$$\vec{O}_{\mathrm{TFM}}(x,z)=\left\{\sum_{m=1}^{M}[\vec{v}_{\mathrm{TFM}}^{(m)}(x,z)]^{\alpha}\right\}^{\frac{1}{\alpha}} \tag{5-80}$$

图 5-12 所示为 α 取不同值时，合成特征矢量方向与各个子阵列特征矢量方向的关系。

图 5-12 中，直线代表各个子阵列在成像点 P 处的特征矢量 $\vec{v}_{\mathrm{TFM}}^{(m)}(x, z)$ 的方向，带箭头虚线代表幅值最大的子阵列特征矢量 $\vec{v}_{\max}^{(m)}(x, z)$ 的方向，带箭头点划线代表合成后特征矢量 $\vec{O}_{\mathrm{TFM}}(x, z)$ 的方向。图 5-12(a) 所示为 $\alpha=1$ 时(直接矢量叠加的情况)，合成特征矢量方向与各子阵列特征矢量的关系。可以发现，合成的特征矢量方向与子阵列幅值最大的矢量方向偏离很大，即合成矢量偏离了反射能量最强的方向。而随着 α 取值增加，合成后特征矢量的方向越接近反射能量最强的子阵列特征矢量方向，因此，理论上，矢量合成的

加权因子取值越大越好。

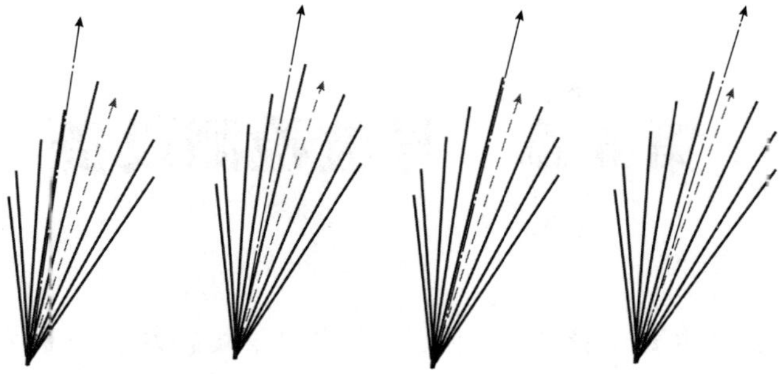

图 5-12　子阵列矢量合成加权因子 α 对矢量合成的影响

根据经验，加权因子 α 一般取 4。为提高缺陷检测精度及对小缺陷的识别能力，对合成特征矢量 $\vec{\boldsymbol{O}}_{\mathrm{TFM}}(x, z)$ 的幅值进行全局化处理，即令合成后特征矢量幅值等于全阵列全聚焦成像幅值，这样处理后，就可得到全阵列在任意成像点处的全阵列幅值矢量 $\vec{\boldsymbol{V}}_{\mathrm{TFM}}(x, z)$：

$$\vec{\boldsymbol{V}}_{\mathrm{TFM}}(x, z)=\frac{\vec{\boldsymbol{O}}_{\mathrm{TFM}}(x, z)}{|\vec{\boldsymbol{O}}_{\mathrm{TFM}}(x, z)|} I_{\mathrm{TFM}}(x, z) \tag{5-81}$$

式中　I_{TFM}——全阵列全聚焦成像，由式(5－64)计算得到。

由于全阵列幅值矢量 $\vec{\boldsymbol{V}}_{\mathrm{TFM}}(x, z)$ 的方向与该点处的反射面能量最强的方向平行，因此，可将其应用于缺陷方向的表征。为此，本文根据缺陷成像最大幅值下降－6dB 局部范围内的矢量分布用于缺陷方向和尺寸的表征，即利用局部范围内平均矢量方向与缺陷反射面垂直的几何关系确定缺陷的方向，利用合成矢量长度表示缺陷长度，其表达式为：

$$\theta=\arctan\left(\frac{\int_{A-6\mathrm{dB}}\left(\vec{V}_{\mathrm{TFM}}(x, z)\right)_x \mathrm{d}A}{\int_{A-6\mathrm{dB}}\left(\vec{V}_{\mathrm{TFM}}(x, z)\right)_z \mathrm{d}A}\right) \tag{5-82}$$

$$l=\sqrt{\left(\int_{A-6\mathrm{dB}}\left(\vec{V}_{\mathrm{TFM}}(x, z)\right)_x \mathrm{d}A\right)^2+\left(\int_{A-6\mathrm{dB}}\left(\vec{V}_{\mathrm{TFM}}(x, z)\right)_z \mathrm{d}A\right)^2} \tag{5-83}$$

式中　$\left(\vec{V}_{\mathrm{TFM}}(x, z)\right)_x$——$\vec{V}_{\mathrm{TFM}}(x, z)$ 在 x 方向上的分量；

$\left(\vec{V}_{\mathrm{TFM}}(x, z)\right)_z$——$\vec{V}_{\mathrm{TFM}}(x, z)$ 在 z 方向上的分量；

A——缺陷局部矢量图的成像区域面积。

反射面角度 θ 表示合成矢量与 z 轴正向的夹角，即缺陷与 x 轴正向的夹角，利用该合成矢量的长度 l 表示缺陷的尺寸。

参考文献

[1]邓菲．基于时间反转法的管道导波检测技术研究[D]．北京：北京工业大学，2008.

[2]邓菲，吴斌，何存富．基于时间反转的管道导波缺陷参数辨识方法[J]．机械工程学报，2010，46(8)：18-24.

[3]杨素方．板结构兰姆波阵列检测与成像方法的改进[D]．北京：北京工业大学，2017.

第6章　导波检测设备

超声导波检测仪器主要由核心控制系统、数据采集模块、波形发生器、脉冲功放模块、前置放大模块以及数据存储与显示模块组成，典型的超声导波仪器框图如图6－1所示。超声导波检测仪器信号激励部分主要由任意波形发生模块、宽频线性脉冲功放模块组成，产生的激励信号传输到探头，通过超声导波探头激励产生超声导波。超声导波探头接收到的微弱导波信号通过仪器的前置信号放大调理模块放大后，再由数据采集系统进行数字化采集、滤波等，最终通过核心控制系统进行存储、通信、显示等，通过数据处理后在软件中显示导波相关信息。目前典型的通信模块有USB通信、以太网通信、Wi－Fi通信三种类型，市场现有的仪器一般是多种通信方式协同工作。

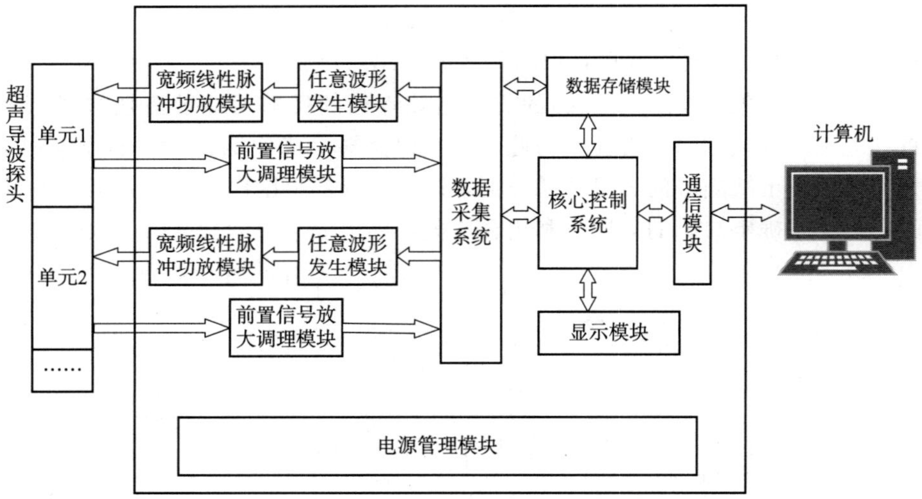

图6－1　超声导波仪器框图

测量仪器包括信号发生器、功率放大器、前级放大器、滤波器、采集卡等设备，一些导波检测仪器已将上述设备实现了集成化，但其本质上还是这些设备功能的集合体，在选择时，需要对这些设备或功能单元的参数做出考量，以下是各功能单元在选择时需要重点关注的参数或特性。

1. 信号发生单元

信号发生器用于产生激励信号，因此在选择信号发生器时，应确保其频率范围能够覆盖需要检测的导波频率范围。一般来说，频率范围越大，信号发生器的成本也越高，应根据实际需求进行选择。

2. 功率放大单元

(1)输出幅值/功率

功率放大单元用于将信号发生单元产生的小信号放大，以驱动探头产生超声波。选择功率放大器时，需要确保其输出幅值/功率能够满足所需的检测强度。

(2)频率范围

除需满足输出功率外，功率放大器的频率范围应与信号发生器的频率范围匹配。需要确保功率放大器能够放大所需频率范围内的信号。

(3)线性度

功率放大器的线性度越好，输出信号的失真程度就越小。因此，需要选择具有较好线性度的功率放大器以获得更准确的检测结果。

(4)噪声系数

功率放大器的噪声系数越小，输出信号的信噪比就越高，检测结果就越准确。因此，需要选择具有较小噪声系数的功率放大器。

(5)稳定性

功率放大器的稳定性对于长时间的检测任务非常重要。需要选择具有较好稳定性的功率放大器，以保证检测结果的准确性和可靠性。

3. 前级信号放大器

(1)增益

由于超声传播衰减和探头换能转化效率等问题，探头接收到的信号往往十分微弱。需要对其进行放大，以便后续进行信号的采集。但是过大的增益可能会导致信号失真或者噪声增加，因此需要根据实际需求选择适当的增益。

(2)频率范围

前级放大器的频率范围应与待测导波的频率范围匹配。需要确保前级放大器能够放大所需频率范围内的信号。

(3)线性度

前级放大器的线性度越好，输出信号的失真程度就越小。因此，需要选择具有较好线性度的前级放大器以获得更准确的检测结果。

(4)噪声系数

前级放大器的噪声系数越小，输出信号的信噪比就越高，检测结果就越准确。因此，需要选择具有较小噪声系数的前级放大器。

(5)稳定性

前级放大器的稳定性对于长时间的检测任务非常重要。需要选择具有较好稳定性的前级放大器，以确保输出信号的稳定性和可靠性。

4. 滤波器

(1)频率范围

需要选择具有所需频率范围的滤波器。需要确保滤波器能够滤除不需要的频率成分，同时保留需要的频率成分。

(2)衰减倍数

滤波器的抑制程度决定了它能够滤除多大程度的不需要的频率成分。需要选择具有足够抑制程度的滤波器，以确保滤除不需要的频率成分。

(3)群延迟

滤波器的群延迟(信号通过滤波器后到达输出端的时间与信号到达输入端的时间之差)会影响信号的时间延迟和相位延迟。需要选择具有较小群延迟的滤波器，以确保滤波后信号的时域和频域特性不受影响。

(4)稳定性

滤波器的稳定性对于长时间的检测任务非常重要。需要选择具有较好稳定性的滤波器，以确保滤波器的性能在长时间使用中不会发生变化。

5. 采集卡

(1)采样率

采样率决定了采集卡能够采集到的最高频率。需要选择具有足够高采样率的采集卡，以确保能够采集到所需的频率范围内的信号。一般情况下，采样率需超过信号最高频率成分的 10 倍。

(2)分辨率

分辨率决定了采集卡的数字化精度。需要选择具有较高分辨率的采集卡，以获得更准确的信号采样结果。

(3)通道数

通道数决定了采集卡能够同时采集的信号数量。需要选择具有足够多通道数的采集卡，以满足实际需求。

除了满足功能需求外，操作便捷性和成本等因素也应当纳入考虑范围。总的来说，选择导波测量仪器时需要综合考虑多个因素，根据具体需求选择最为合适的仪器。

采用超声导波在被检测工件检测缺陷时，超声导波会沿着导波换能器的两侧进行传播，因此一般超声导波仪器需要两个及两个以上独立的激励及信号接收通道单元。目前磁致伸缩式超声导波仪器一般有两个通道单元，压电式超声导波仪器激励扭转波时一般也需要使用两个通道单元，而激励纵波时则采用三个通道单元。

6.1 超声导波换能器

导波换能器是实现电能与声能之间能量转换的器件，当换能器作为导波发射器时，它将电能转换为声能；当作为导波接收器时，它将声能转换为电能。换能器是导波检测系统中的关键器件，其关键技术指标有声功率、能量转化效率及频率响应特性等。由于导波具有多模态特性，换能器对导波模态的调控能力也是重要指标之一。理想的导波换能器可以激励出任意选择的模态，作接收器时可选择性接收导波中的模态分离信号。常用的导波换能器按工作原理可分为压电式、磁致伸缩式、电磁超声式及激光超声式等。

6.1.1 压电式导波换能器

压电式导波换能器是基于压电效应。某些单晶体或者多晶体陶瓷材料，在受到某一方向的外力作用而发生变形时，晶体内部会发生变化并在其两个晶面上产生等量异性电荷的现象称为压电效应；反之，当极化后的晶体放入电场中之后，会在晶体中产生应变或者应力的现象称为逆压电效应。压电陶瓷的压电系数远大于石英晶体，是压电换能器的常用材料。图 6 - 2 所示为压电陶瓷的作用机理。在无外电场作用时，压电陶瓷内部的电畴杂乱分布，即极化方向是随机的，它们各自的极化效应被相互抵消，压电陶瓷的总体极化强度为零，因此原始的压电陶瓷呈电中性，不具有压电性质；当材料外加高压电场后，电畴的极化方向发生转动，趋向于按外电场方向的排列，从而使材料得到极化。外电场越强，就有越多的电畴转向外电场方向。让外电场强度大到使材料的极化达到饱和的程度，即所有电畴极化方向都整齐地与外电场方向一致时，去掉外电场后，电畴的极化方向基本不变，即剩余极化强度很大，这时的材料才具有压电特性。除了石英晶体和压电陶瓷，其他压电材料还有压电复合材料、有机压电材料，如聚偏氟乙烯（Polyvinyl idene fluoride，PVDF），以及压电纤维复合材料（Macro re Fiber Composite，MFC）等。在实际应用中还须注意压电材料的居里温度，一旦高于居里温度，压电效应将消失且不能恢复。

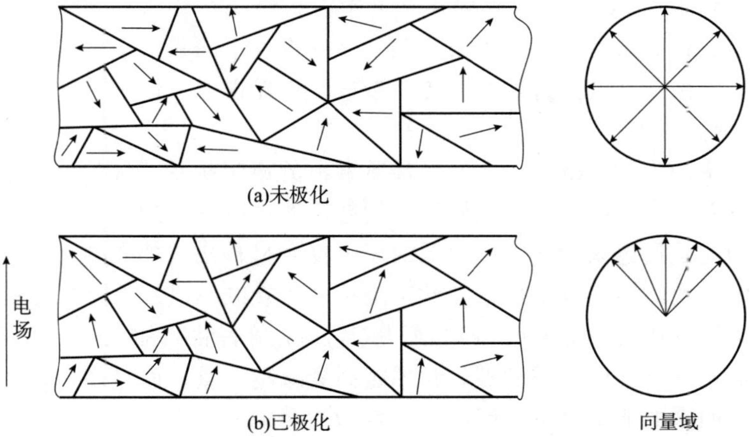

图 6-2　压电陶瓷的作用机理

压电材料具有机械能与电能的双向转换功能，其四端网络模型如图 6-3 所示。当输入应力和应变时，由于正压电效应，会在材料表面产生电荷并形成电场；反之，输入电场参量会得到机械量输出。压电振子存在机械边界条件和电学边界条件。机械边界条件有机械自由和机械夹持；电学边界条件有电学短路和电学断路。利用两种机械边界条件和电学边界条件进行组合，可得到四类边界条件，对应四类压电方程。如果激励信号频率远低于振子谐振频率，压电振子的形变跟得上频率的变化，相当于应变是自由的，振子内部不会形成新的应力，此时应力为零或常数（$\varepsilon \neq 0$；$T=0$），因此在边界自由和激励频率很低的情况下，称为机械自由边界条件：当压电振子电极面上的自由电荷保持不变，则电位移矢量为零或常数，振子内部电场强度不等于零或常数（$D=0$，$E\neq 0$），这样的电学边界条件称为电学开路边界条件。压电导波换能器通常处于机械自由和电学开路的边界条件下，对应第三类压电方程：

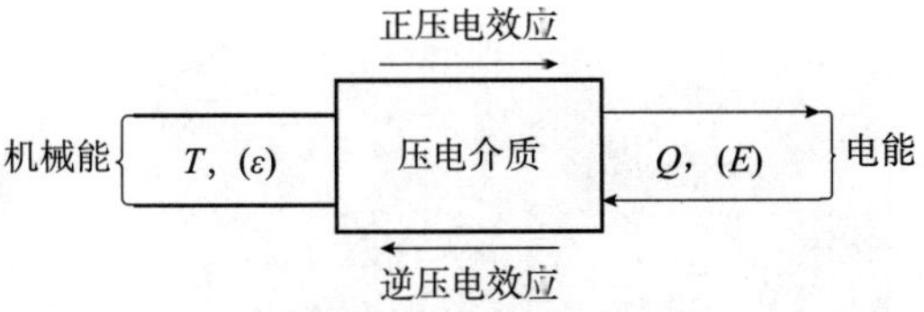

图 6-3　压电四端网络能量转换模型

$$\begin{cases} \boldsymbol{S}=\boldsymbol{s}^{\mathrm{D}}\boldsymbol{T}+\boldsymbol{g}^{\mathrm{T}}\boldsymbol{D} \\ E=-\boldsymbol{g}\boldsymbol{T}+\boldsymbol{\beta}^{\mathrm{T}}\boldsymbol{D} \end{cases} \tag{6-1}$$

式中　$\boldsymbol{S}$，$\boldsymbol{T}$——应变和应力张量；

$\boldsymbol{s}^{\mathrm{D}}$——电学开路柔顺系数矩阵；

$\boldsymbol{g}$——压电系数矩阵；

$\boldsymbol{D}$——电位移矢量；

$\boldsymbol{\beta}^{\mathrm{T}}$——介电常数矩阵。

压电换能器是一种容性阻抗，在等效电路中相当于一个电容。从电激励的角度看，压电换能器适合在中高频范围工作。另外，由于其声阻抗与金属的声阻抗不匹配，通常都需要采用液体耦合剂，在压电元器件或者压电材料与被测构件之间作为声波耦合层。在压电器件施加激励信号，压电材料在逆压电效应作用下产生应力波，通过耦合作用到被测管道中，并产生导波信号。对于超声导波回波的接收依据压电材料的正压电效应，当超声导波作用于压电器件后，即对压电材料产生一个作用力，相应地会在晶体中产生变化的电荷，经过放大转换得到电检测信号，完成对回波信号的接收。

图 6-4 所示为常用的几种压电导波换能传感器，如压电陶瓷片、直入射探头、斜入射探头、梳状阵列式 MFC 等。直入射探头通常在板结构中用来激发 Lamb 导波，或在管道中激发纵波模态；斜入射探头可以通过调节角度得到不同入射角的导波声源，以产生特定的导波模态，但由于声波经过两个交界面造成了声能损失。压电导波探头在管道中的应用如图 6-4 所示。

空气的声阻抗约为 420kg/(m^2·s)，普通钢材的声阻抗约为 45×10^7kg/(m^2·s)，由于巨大的声阻抗差，常规的压电换能器激发的超声波难以耦合到被测目标中。空气耦合式压电换能器的功能是通过采用声阻抗较低的压电复合材料或增加耦合层实现的，制作与空气声阻抗相匹配的换能器，常采用低特性声阻抗、低衰减率以及具有足够机械品质因数(*Q*值)的材料，如聚醚(Polyethe sulfone)和尼龙(Nylon)等，将其加工成厚度合适的薄膜耦合层。但由于超声波在空气中衰减剧烈，频率越高衰减越严重，而且超声波经过多个声阻变化交界面，反射回来的能量极少，因此目前空耦检测主要采用一发一收双探头形式，通过比较穿透波的幅值衰减情况来检测损伤。在一些软质材料、高衰减材料等不能用耦合剂和水等作介质的场合，如复合材料的层间剥离和锂离子电池电解液分布及气孔检测等领域，空耦检测获得了成功应用。但由于存在信号信噪比低、对空气耦合层的状态(如空气流速)较敏感等原因，目前空气耦合超声波检测主要是对传统超声检测(指一般的接触式或水浸式检测)不能检测领域的有利补充。

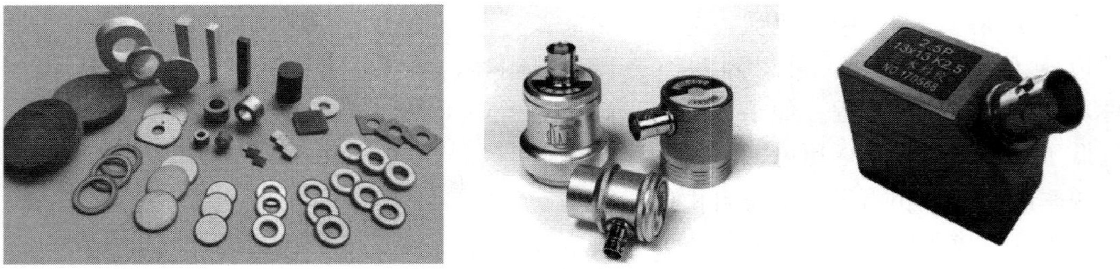

图 6-4　几种常用压电导波换能传感器

6.1.2　磁致伸缩式导波换能器

1. *磁致伸缩效应*

铁磁晶体在外磁场中磁化时其尺寸大小和体积会发生变化的现象，称为磁致伸缩或磁致伸缩效应。磁致伸缩效应表现为三种形式；沿外磁场方向尺寸大小相对变化的纵向磁致伸缩，垂直于外磁场方向尺寸大小相对变化的横向磁致伸缩，以及体积大小相对变化的体积磁致伸缩。纵向或横向磁致伸缩又被称为线磁致伸缩，通常讲的磁致伸缩是指线磁致伸缩。

磁致伸缩正效应是指铁磁性材料在外磁场的作用下，沿磁力线方向会产生机械变形，是 1842 年由英国物理学家焦耳(Joule)发现，所以又称为焦耳效应。当铁磁性材料受到外力作用产生机械变形时，铁磁性材料会产生磁场变化，被称为磁致伸缩逆效应，是 1865

年由维拉里(Villair)发现，所以又称为维拉里效应。磁致伸缩应变曲线，即应变与磁场强度关系曲线，如图6-5所示，可分为三个区域应变：缓慢增长区间Ⅰ，快速增长区间Ⅱ以及应变饱和区间Ⅲ。

常用的磁致伸缩材料有Ni、Fe-Ni、Fe-Al、Fe-Co、Fe-Ga及Terfenol-D等，Terfenol-D的饱和磁致伸缩系数最大可达2000×10^{-6}，但加工性能差、价格昂贵且需要磁场强度大(饱和磁场强度大于2000Oe)；Fe-Ga合金可以在相对较低的磁场驱动(约500Oe)下获得$(200\sim300)\times10^{-6}$的饱和磁致伸缩系数；Fe-Co合金高温性能好，居里温度达900C，轧制性能好，在低场下(50～100Oe)可获得$(50\sim80)\times10^{-6}$的磁致伸缩系数，已在磁致伸缩导波无损检测中获得了广泛应用。

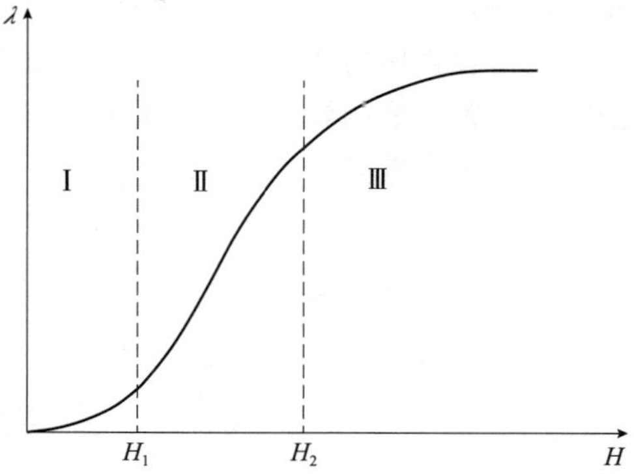

图6-5　磁致伸缩应变曲线

磁致伸缩效应的机理比较复杂，从自由能极小的观点看，磁性材料的磁化状态发生变化时，为使系统的总能量最小，其自身的形状和体积发生改变。产生磁致伸缩的主要原因是外磁场引起的磁畴壁移动和磁畴旋转。对图6-6(b)所示的方向施加弱磁场($0<H<H_1$)，则磁化方向与该磁场方向接近的磁畴将逐渐扩大，磁畴壁相应移动，由于磁场较弱，畴壁不足以脱离钉扎点[图6-6(b)]，当外磁场取消后，畴壁将返回消磁状态[图6-6(a)]，因此称为可逆畴壁移动。畴壁移动导致磁致伸缩，这一区域对应于磁致伸缩应变曲线中图6-5中Ⅰ区域。当外磁场继续增大($0<H<H_2$)，一方面，畴克服钉扎点的阻碍继续移动，部分畴壁开始脱离钉扎点，当H增大到H_2时，磁致伸缩材料中全部畴壁脱离钉扎点，这称为不可逆畴壁移动；另一方面，随着磁场增强，磁畴内的磁矩将向外磁场方向旋转[图6-6(c)]，不可逆壁移动和磁畴旋转导致磁致伸缩数值迅速增大，对应于图6-5中的Ⅱ区域。当外加磁场大于H_2继续增大时，磁致伸缩材料内部所有磁畴旋转成与外磁场方向平行[图6-6(d)]，磁致伸缩材料将不再伸长，即达到饱和磁致伸缩状态，对应于图6-5中Ⅲ区域。

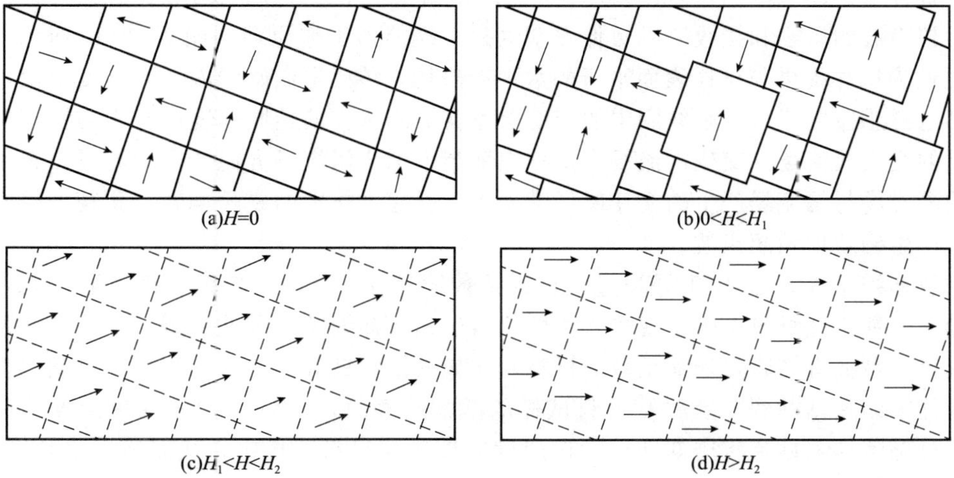

图6-6　磁致伸缩机理

磁致伸缩的倍频效应如图 6 - 7 所示，纵向磁致伸缩效应只与外加激励磁场的大小有关，而与激励磁场的方向无关，如果不加偏置磁场，则在交变激励磁场作用下，磁致伸缩形变输出变化频率是激励场频率的 2 倍，系统的高次谐波成分增加，总谐波失真增大。为了避免倍频效应，一般施加静态偏置磁场，而且偏置磁场的幅值要大于动态激励磁场幅值，静态偏置磁场的选择也就确定了磁致伸缩材料的工作点，通常选择在灵敏度高和线性范围宽的位置。倍频效应本质上是由于磁畴偏转导致的磁致伸缩与外加磁场的方向无关，只与磁场的大小有关。

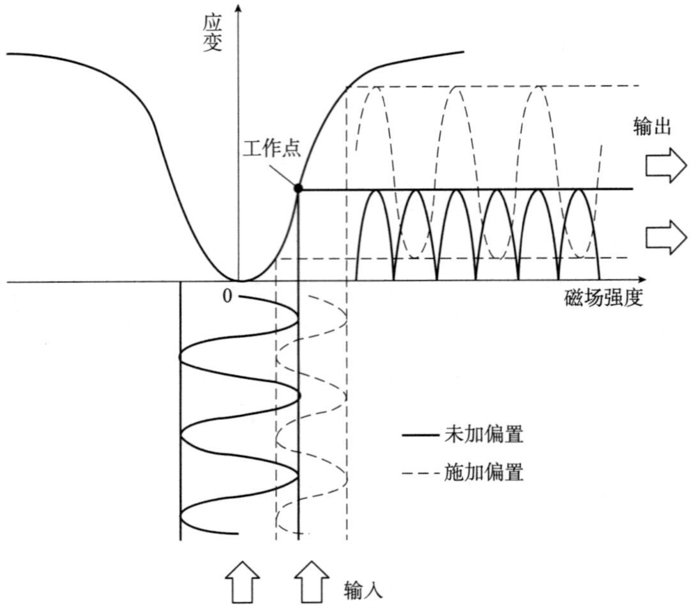

图 6 - 7　磁致伸缩应变与磁场强度关系

图 6 - 8(a)所示为一种简易的磁致伸缩曲线测试传感器。其结构包括与被测试件形成磁回路的轭铁，置于磁心内部的霍尔元件；通常采用任意函数发生器产生所需的激励信号，经过功率放大后输入轭铁上端的励磁线圈，提供交变磁场对试件进行周期磁化。

磁致伸缩工作机制的电磁声换能器(EMAT)是基于磁致伸缩机理和逆磁致伸缩机理来完成对超声波的激励和接收。磁致伸缩型电磁声换能器工作原理如图 6 - 8(b)所示，其中 U 型磁铁为试样提供与试样表面平行的水平静磁场，传感器激励线圈通入交变电流，根据法拉第电磁感应定律，激励线圈中的交变电流在被测试样的趋肤深度内产生与交变电流方向相反的交变涡流场。交变涡流场在试样内部产生围绕涡流场方向的交变磁场。在永磁铁产生的静磁场与涡流场产生的交变磁场带动下，引起试样中的磁畴偏转，磁畴偏转产生振动故而产生磁致伸缩超声波。

磁致伸缩贴片式 EMAT 是通过设计磁致伸缩贴片，将磁致伸缩超声波通过磁致伸缩贴片导入非铁磁性材料中来实现非铁磁性材料的磁致伸缩超声导波检测。磁致伸缩贴片通常会选择一种拥有高磁致伸缩系数的材料，比如铁钴和镍等。然后利用特殊调制的耦合剂将磁致伸缩贴片粘贴到非铁磁性材料试样的激励端表面，EMAT 放置在磁致伸缩贴片上面，通过磁致伸缩贴片将周期性振动传递到非铁磁性材料试样中，从而激发出超声导波，如图 6 - 9 所示。

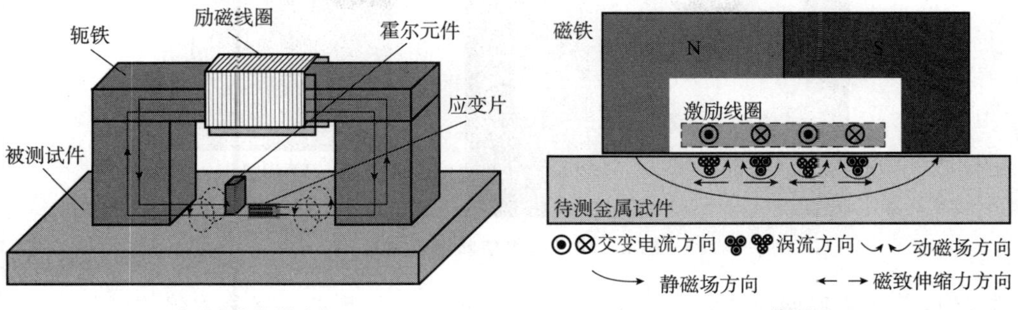

图 6-8　磁致伸缩型 EMAT 工作原理

如图 6-10～图 6-14 所示，磁畴翻转模型示意，并通过磁光克尔显微镜实时观测金属内部及晶界周边磁畴的运动情况。

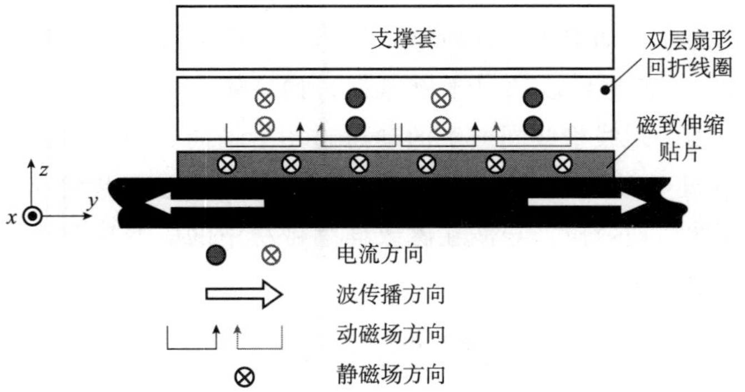

图 6-9　磁致伸缩贴片式 EMAT

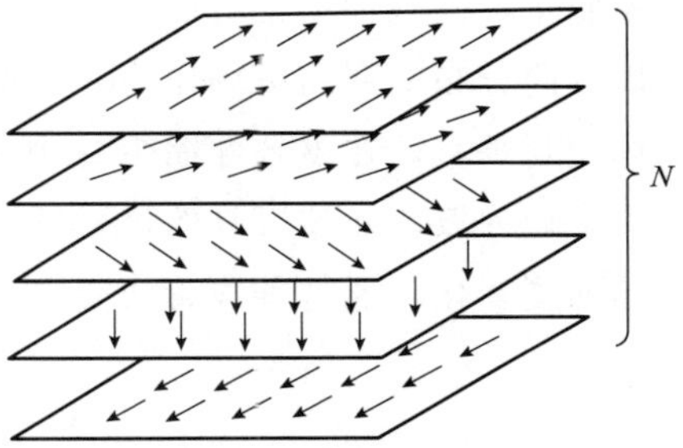

图 6-10　磁畴壁翻转模型

图 6-11　磁光克尔显微镜

图 6-12　试样与薄膜

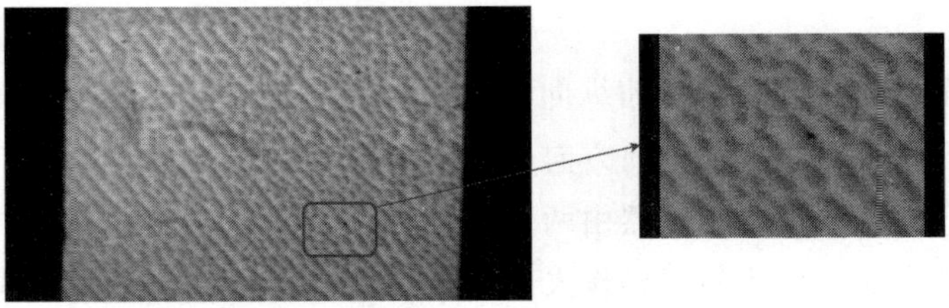

图 6-13　磁畴翻转

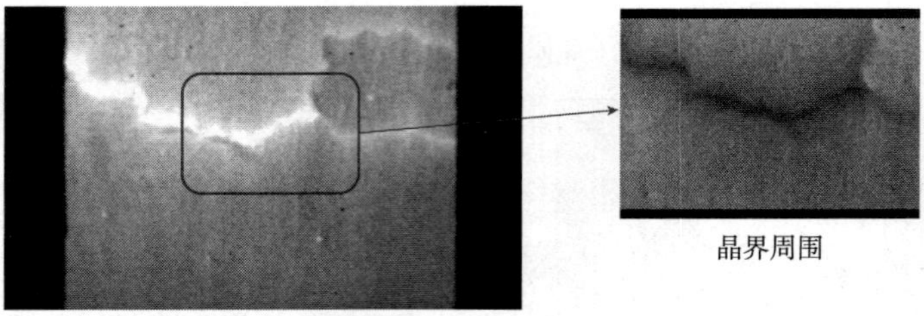

图 6-14　晶界磁畴翻转情况

扭转或剪切磁致伸缩效应是由魏德曼(Wiedemann)发现的，又称为魏德曼效应，是指磁致伸缩材料在两个相互垂直的两个磁场作用下，产生扭转或剪切形变的现象。如在一圆杆或圆管中通脉冲电流形成安培环形磁场，当受到另一正交的磁环产生磁场作用时，在圆杆或圆管上产生扭转变形，这种扭力波会向两端传播，当扭力波往回传播至激励端时，通过导波传播时间与波速乘积可得到磁环的绝对位置，这是磁致伸缩线性位移传感器的基本原理。常用的 $T(0, 1)$ 模态导波管道检测原理如图 6-15 所示，在管道沿圆周方向通过环树脂粘贴磁致伸缩带材(如 Fe-Co 带材)，带材可以通过永磁体进行预先磁化，形成沿圆周方向分布的周向磁场作为静态偏置磁场，螺线管线圈产生的动态磁场沿轴向方向，两磁场相互垂直，在磁致伸缩带材中由于魏德曼效应激励出扭转应力波耦合到管道中形成 $T(0, 1)$ 导波，导波接收的过程基于磁致伸缩逆效应，导波在磁致伸缩带材中的应变导致磁场强度变化，通过螺线管线圈电磁感应转换为电压信号。

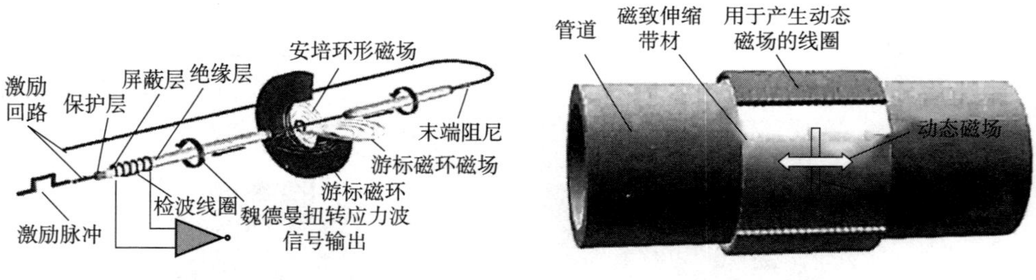

(a)磁致伸缩线性位移传感器原理　　(b)管道 $T(0, 1)$ 模态导波激励原理

图 6-15　基于魏德曼效应的导波传感与检测应用

2. 磁致伸缩导波换能器结构

常用的磁致伸缩导波换能器主要有纵波换能器和扭转波换能器两种。除了常规的 $T(0, 1)$ 模态的磁致伸缩管道导波换能器，近年来出现了多种基于磁致伸缩敏感带材的薄片式换能器(Magnetostrictive Patch Transducer，MPT)形式。

(1)纵波换能器

图 6-16 所示为典型的磁致伸缩纵向导波换能器。螺线管线圈提供轴向的交变磁场，永磁体提供的静态偏置磁场也沿轴向方向，因此被测结构(铁磁性材料)产生纵向振动形成导波。传统的固定式永磁偏置磁化器由两块永磁体和一块衔铁组成[图 6-16(a)]。永磁体磁性较强，在安装和搬运中容易对操作人员造成危险。图 6-16(b)为一种磁路可调节的偏置磁化器结构，在固定式永磁偏置磁化器的基础上增加了另外的可调磁路，在非工作状态时，偏置磁化器形成内部的闭合磁路，对外呈现无磁或弱磁状态；在工作状态时，通过旋

转圆形永磁体的角度，可以多挡位调节偏置磁场的强度，方便选择材料磁致伸缩曲线上的最优工作点，同时也保证了使用过程的安全。

(a)固定式永磁偏置磁化器

(b)可调式偏置磁化器

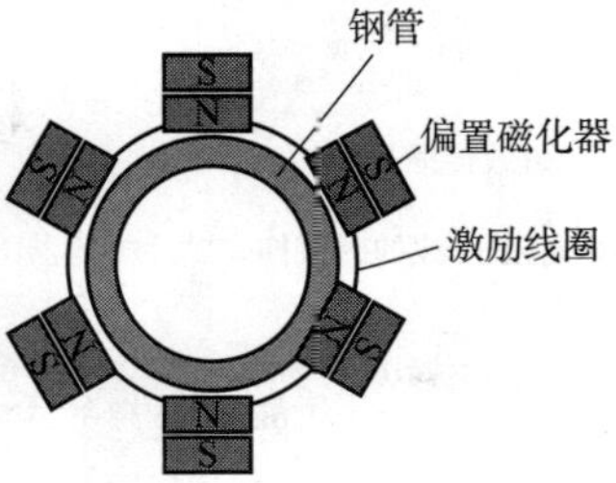

(c)磁致伸缩纵波换能器示意

图6-16 磁致伸缩纵向导波换能器

(2)扭转波换能器

管道的 $T(0，1)$模态具有在很宽频范围内频散小、管道截面位移分布均匀(说明对截面上不同位置的损伤如内伤和外伤具有较一致的灵敏度)且受管道内部流体压力和速度等影响小的特点，因此 $T(0，1)$模态成为普通管道导波检测的首选模态。基于压电和磁致伸缩原理都开发了相应的换能器。相比压电式换能器，磁致伸缩式换能器采用敏感带材 360°全圆周覆盖管道，因此激发的 $T(0，1)$模态较为纯净，信噪比高，而且可灵活适应各种不同管径，可用于密排管线等空间狭窄的场合，且具有结构简单、耐用性好、性价比高、高温性能好及可用于长期监测等优点，在管道的 $T(0，1)$模态导波检测中得到了广泛应用。实际应用中，先裁剪比管道周长略短的磁致伸缩带材，如图6-17所示通过永磁体进行预磁化，然后沿周向绕在钢管上并通过环氧树脂与钢管黏结。偏置磁场方向是沿着钢管周向分布，扁平电缆通过接插件的跳线设计形成螺线管式的线圈，当线圈中加载交变电流后，根据电磁感应原理，在轴向方向会有交变磁场，这个交变磁场与磁致伸缩带材的周向磁场相互垂直，根据魏德曼效应就在磁致伸缩带材上产生面内剪切振动，整个管道中激发出 $T(0，1)$模态扭转导波。

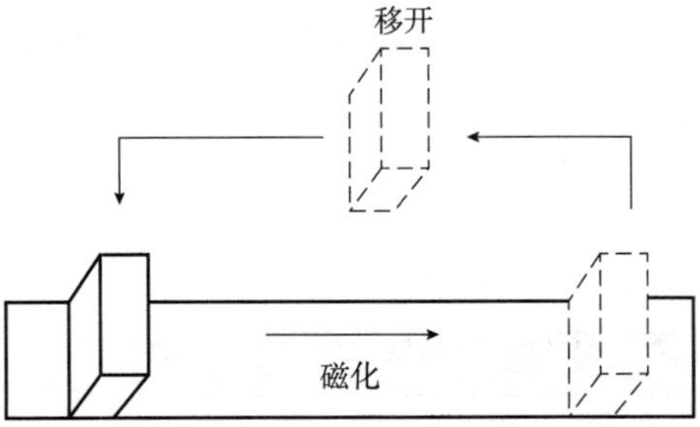

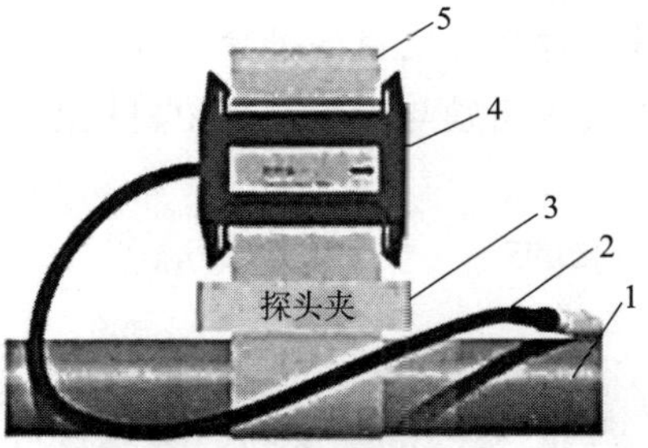

图6-17 磁致伸缩带材磁化与管道换能器结构

1—钢管；2—线缆；3—扁平电缆夹头；4—扁平电缆接头；5—扁平电缆

(3)磁致伸缩换能器优化

图6-18(a)所示为一种全向 Lamb 波 MPT(后文都简称为"OL-MPT")，是轴对称布置的。它是由一个圆形磁致伸缩贴片、一个距离贴片中心上方有一定距离的圆柱形磁铁和一个平面电磁线圈组成。图6-18(b)分别显示了圆形贴片中磁铁产生的径向流动静态磁场和线圈中产生的动态磁场。

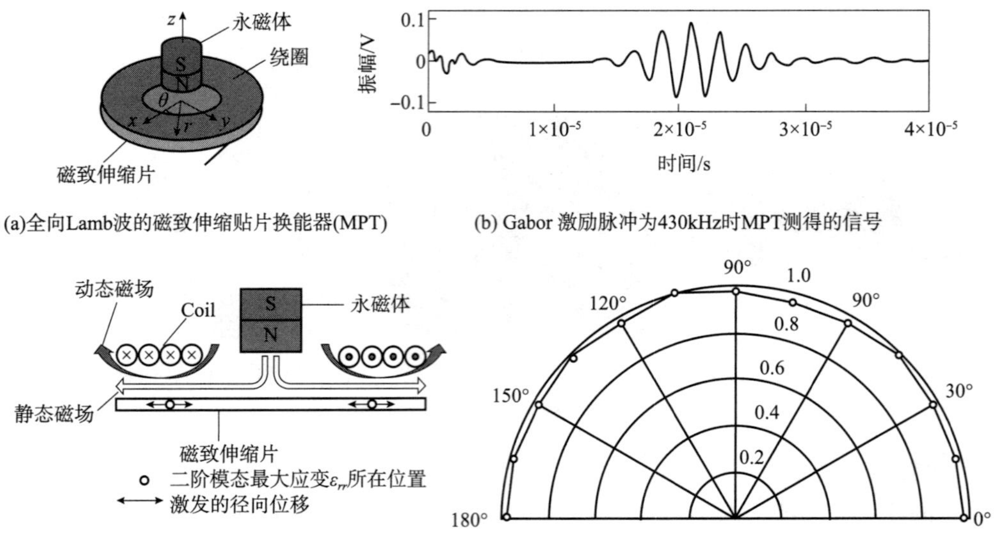

(a)全向Lamb波的磁致伸缩贴片换能器(MPT)　(b) Gabor 激励脉冲为430kHz时MPT测得的信号

(c)偏置磁场和激励磁场示意　(d) MPT的辐射模态

图 6-18　全向 Lamb 波 MPT 及其工作原理

换能器的优化是超声导波检测技术长期以来的研究热点之一。磁致伸缩换能器激发的基本机理，是磁致伸缩材料在外加静态偏置的磁场作用下再叠加一个动态磁场。通常来说，动态磁场都要远小于静态磁场，激发的超声导波强度与动态磁场强度直接相关。通过改变磁路结构可实现一定程度的动态磁场的优化。

3. *单向导波磁致伸缩激励探头*

图 6-19 所示为一种典型层叠式磁致伸缩换能器。整体结构由扁平线圈和磁致伸缩片组成，线圈中部平行导线区段为超声导波激发与接收的主要工作区域，线圈采用双路设计，通过控制两路激励信号的相对延时，结合线圈物理位置与激励导波模态波长的关系，可实现超声导波的单向发射与接收。磁致伸缩片材料选用铁钴合金，用永磁体磁化后，磁致伸缩片中存在一定量的剩余磁场可作为静态偏置磁场。换能器工作时需与被检对象相互耦合，以实现激励与检测过程中机械波的传递。

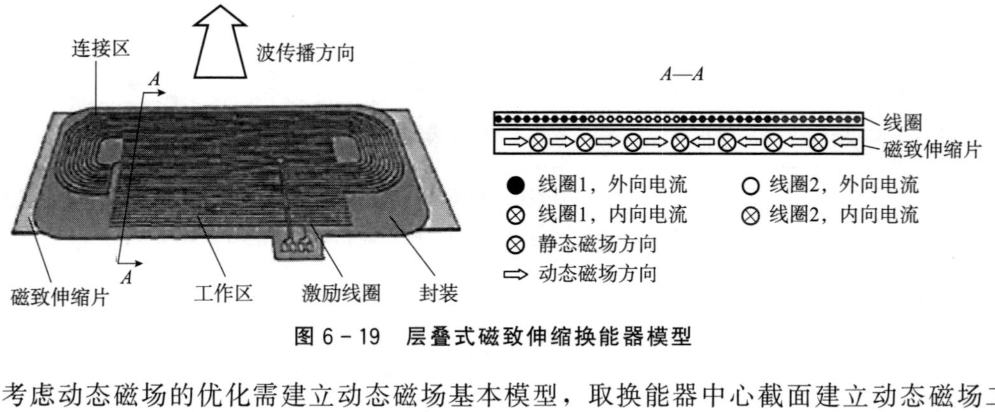

图 6-19　层叠式磁致伸缩换能器模型

考虑动态磁场的优化需建立动态磁场基本模型，取换能器中心截面建立动态磁场二维简化模型，如图 6-20 所示。中间的线圈可认为是动态磁场的磁源，在激励信号强度不变的情况下，提供恒定的磁动势 F，线圈周围分布着激发的动态磁场的区域可认为构成一个完整的磁路(区域 1—区域 2—区域 3—区域 4)。根据磁路欧姆定律，磁动势 F 与磁路中磁通量的关系如下：

$$\phi = \frac{F}{\sum_{i=1}^{4} R_i}, i=1,2,3,4 \tag{6-2}$$

其中：

$$R_i = \frac{L_i}{\mu_i \mu_0 A_i}, i=1,2,3,4 \tag{6-3}$$

式中 R_i——磁路中区域 i 的磁阻；

L_i 和 A_i——区域 i 的长度和截面积；

μ_i——区域 i 材料的相对磁导率；

$\mu_0 = 4\pi \times 10^{-7} N/A^2$——真空磁导率。

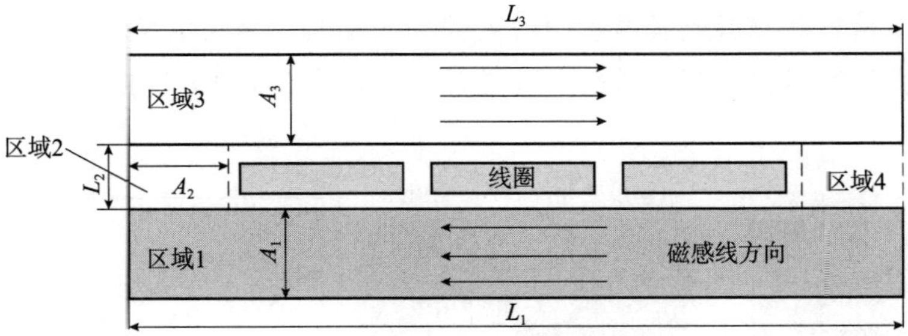

图 6-20 动态磁场二维简化模型

区域 1 即为换能器中的磁致伸缩片，区域 2、区域 3 和区域 4 的材料为空气。磁致伸缩片沿着动态磁场方向未被预磁化，所以磁致伸缩片中动态磁场强度 H_d 为：

$$H_d = \frac{\phi}{\mu_1 \mu_0 A_1} \tag{6-4}$$

区域 2 和区域 4 的磁阻相同($R_2 = R_4$)，结合式(6-2)和式(6-3)，式(6-4)可如下表示：

$$H_d = \frac{F}{L_1 + 2\frac{\mu_1 A_1}{\mu_2 A_2} L_2 + \frac{\mu_1 A_1}{\mu_3 A_3} L_3} \tag{6-5}$$

从式(6-5)中可看出，在维持磁致伸缩片(区域 1)的材料属性(μ_1)和尺寸(L_1 和 A_1)不变的情况下，提高区域 3 的相对磁导率(μ_3)可使磁致伸缩片中的磁场强度增加，而提高区域 3 的相对磁导率可通过在线圈上方覆盖一层高磁导率的软磁层实现，如图 6-21 所示，增加一层软磁层对于换能器的轻薄和柔性的特点不会造成影响。在此基础上，式(6-5)也表明增加区域 3 的厚度(与区域 4 相关)且减少区域 3 和区域 1 之间的间距(L)也同样有利于增强磁致伸缩片中的磁场强度。这说明软磁层不宜过薄且应当与线圈尽量紧密贴合。需要说明的是，以上推导只是定性地说明软磁层对于动态磁场加载具有改善效果。动态

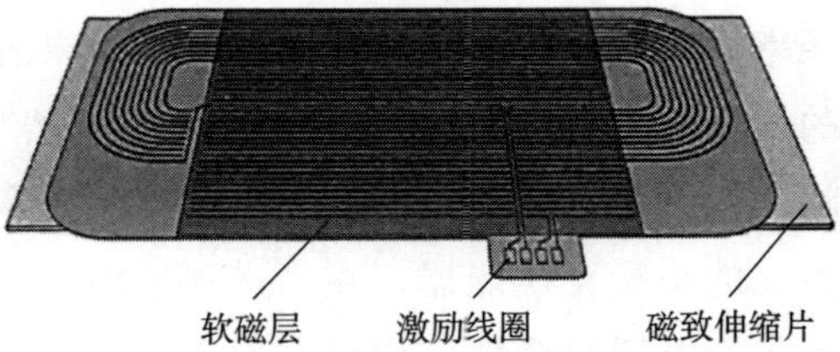

图 6-21 动态磁场优化模型

磁场在线圈周围的分布并非均匀且构成的磁路也并不具备规则的形状。在导波接收过程中，激励线圈起到感应磁场的作用，磁致伸缩片因接收机械波而成为一个感应磁场的磁源，软磁层的存在能够将感应磁场限制在激励线圈的周围区域，有利于激励线圈对于感应磁场的接收。对于超声导波收发过程中的外来电磁干扰，软磁层还能起到屏蔽隔离的作用。

软磁层增强作用的验证实验设置如图 6－22 所示，实验中使用的设备为杭州浙达精益设计研发的 MSGW30 超声导波检测仪。实验中铝板的厚度为 0.5mm。换能器 1 为激励换能器，换能器 2 为接收换能器。为了达到一致的耦合条件，换能器 1(T_1)和换能器 2(T_2)中的磁致伸缩片与铝板之间是使用双面胶进行耦合。为避免串扰，实验中仅使用线圈中的任意一路产生激励。在仅使用单路线圈情况下，换能器在铝板中激励的超声导波会同时向铝板远端面和近端面传播，实验中以远端面的回波信号峰值作为对比标准。当换能器 1 和换能器 2 都未覆盖软磁层时检测信号作为基准数据。当仅换能器 1 覆盖软磁层、仅换能器 2 覆盖软磁层或者两者同时覆盖软磁层时，采集的检测信号作为增强数据，并都与基准数据进行对比。幅值增益以远端面回波信号的峰值为准换算，计算过程中信号都先取包络。

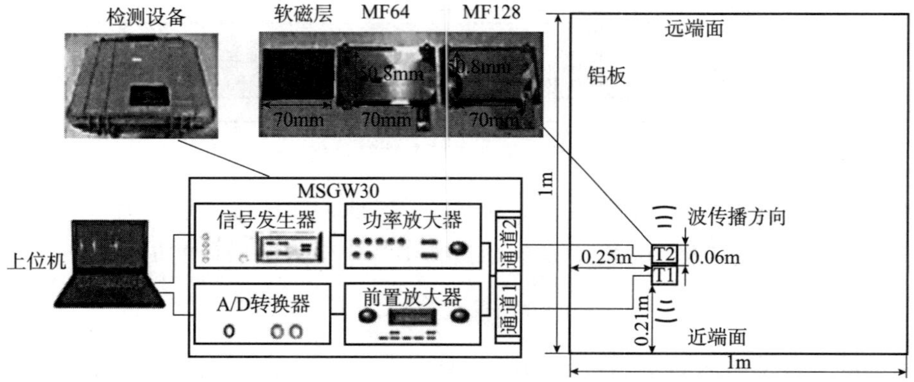

图 6－22　软磁层增强实验示意

图 6－23 所示为软磁层增强验证实验中主频为 85kHz 的典型信号。实验过程中采集的数据都通过带通滤波处理。红色信号为换能器 1 和换能器 2 都覆盖软磁层，黑色信号为两个换能器都不覆盖软磁层。由波包的渡越时间和实验中铝板的两个端面到换能器之间的距离比可以确定，在 2.25×10^{-4}s 处的波包为近端面的反射信号；在 5.48×10^{-4}s 处的波包是远端面的反射信号。近端面之前的波包为盲区信号，远端面之后的波包为多次反射信号。从信号可以对比看出，在软磁层作用下，远端面的回波信号幅值增强 1 倍以上。在其他频率的放大倍数如图 6－24 所示。结果表明：与激励过程相比，软磁层对于导波接收过程的增强作用更多，当换能器 1 和换能器 2 都覆盖软磁层时，信号幅值增益最大可达到 9.8dB。实用中可将软磁层分别与激励线圈和接收线圈封装在一起，与磁致伸缩片构成一个独立的小型化换能器，在管道和板类结构的局部扫查中使用，如图 6－25 所示；将多个小型化换能器组合即可构成多通道的相控阵换能器阵列，在每个阵元中软磁层都能起到换能增强的作用，从而提高相控聚焦的整体能量。

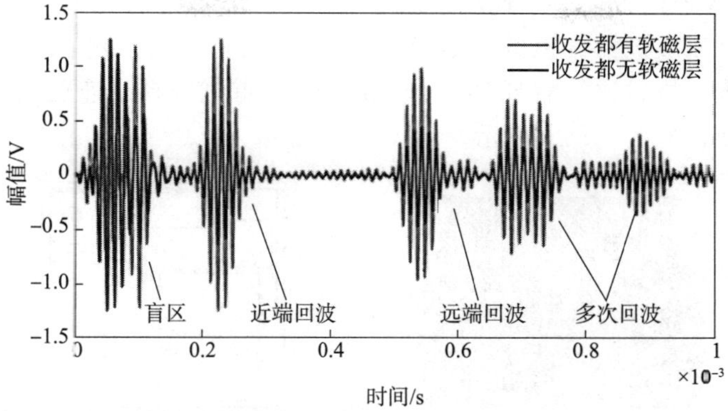

图 6-23　软磁层增强验证实验原始振动信号(85kHz)

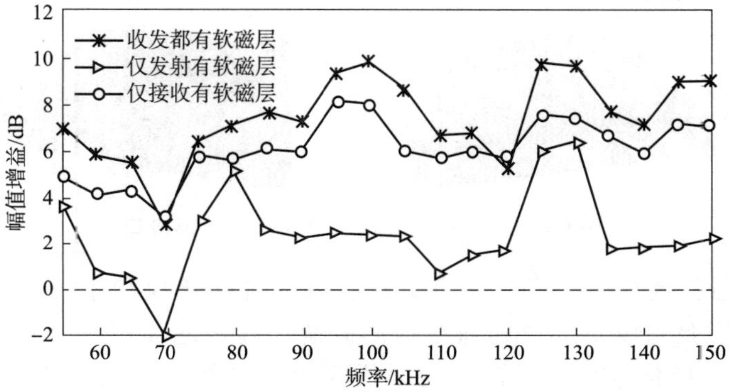

图 6-24　软磁层增强幅值增益

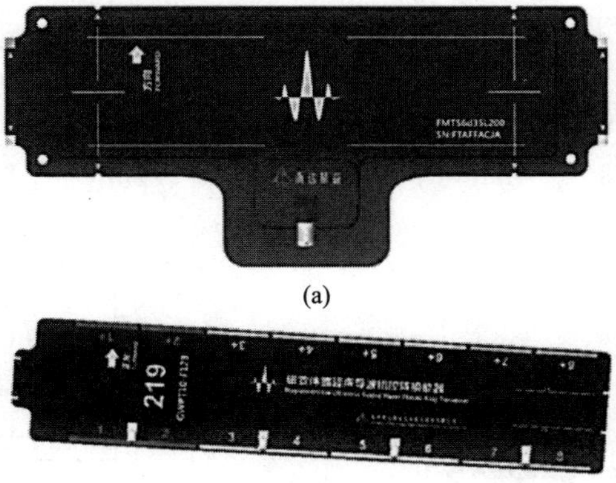

(a)

(b)

图 6-25　小型化换能器与相控阵换能器阵列

4. 导波 EMAT 效能曲线自动化检测系统与磁致伸缩曲线测试系统

利用基于磁致伸缩机制的电磁声换能器(EMAT)，测试其激励超声导波的效能曲线，可以间接表征磁致伸缩曲线，进而发展出基于 EMAT 效能曲线的材料微观组织与应力无损检测方法。目前尚没有针对 EMAT 效能曲线的专用测试仪器，将 EMAT 效能曲线应用于微观组织与应力无损检测的研究报道极少。

基于研制的 EMAT 效能曲线检测仪器，开展几组典型的实验应用，包括：①在镍薄板等钢材中，对比分析两组特征曲线的相关性；②应用 EMAT 效能曲线表征薄板的应力。

(1)基于自研仪器的效能曲线检测系统

自研仪器的后面板包括红色的高压开关、RJ45 接口以及总电源开关；仪器前面板有一个十孔雷莫母座，将磁致伸缩 SH0 导波 EMAT 与雷莫公头相连后插入其中即可。内部布局遵循就近原则，如图 6－26 所示。

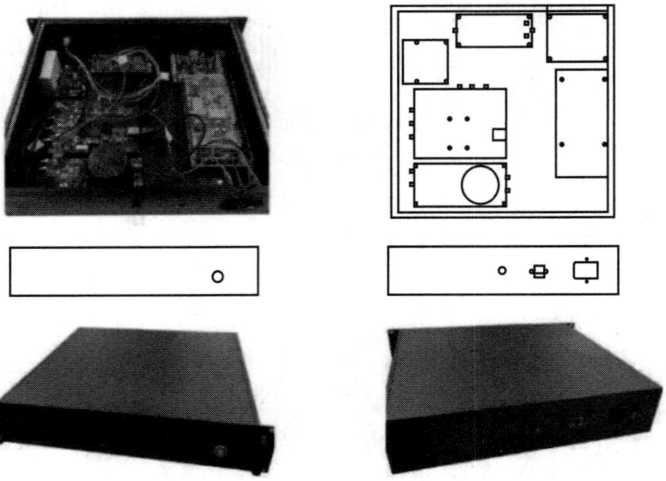

图 6－26　自研仪器的内部布局和外部接口

通过自研仪器搭建 SH0 导波 EMAT 效能曲线自动化检测系统，如图 6－27 所示。相比于先前基于实验室设备的效能曲线检测系统，其占地面积小且集成度很高。然而，EMAT 并未设计标准化接口，因此只能采用鳄鱼夹导线与仪器相连，这是检测系统的不足之处。

在镍薄板中，对比分析两组特征曲线的相关性，应用 EMAT 效能曲线表征薄板的应力。在 6 号镍薄板的中部切割 20cm×2cm 的长条，如图 6－28 所示。选择该区域是因为此处材料均匀性较好，而且测定效能曲线时 EMAT 的摆放位置也处于该区域的正中。在分析两条曲线的相关性时，应尽量保持实验条件一致。

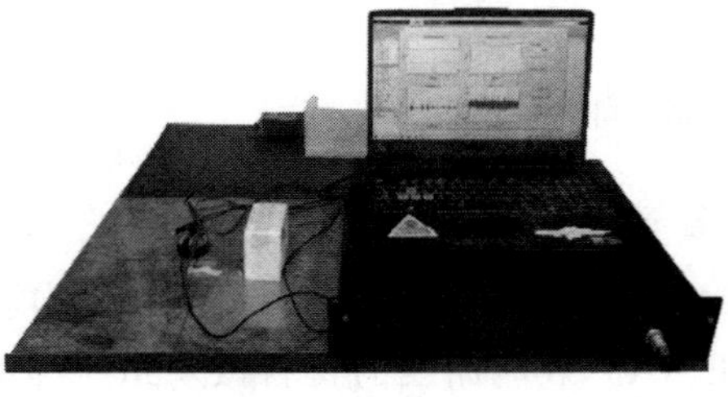

图 6－27　基于自研仪器的 SH0 导波 EMAT 效能曲线检测系统

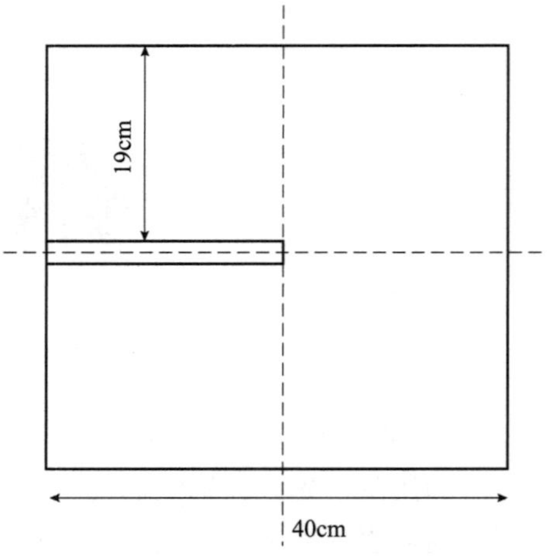

图 6－28　选取薄板特定区域制备待测试件

EMAT 效能曲线与磁致伸缩曲线的相关性检测，对试件的表面用细砂纸打磨以去除氧化层，打磨方向与应变片的丝栅方向呈 45°角，然后用脱脂棉棒蘸取丙酮并将贴片部位擦洗干净，在应变片和贴片部位间滴入粘接剂，最后于应变片上部覆盖一张聚乙烯薄膜，用手指均匀滚压并挤出多余的粘接剂和气泡。最终制得试件如图 6－29 所示。应变片型号为 BF120－3AA，其灵敏系数约为 2%。

图 6－29 制备的试件

搭建图 6－30 的检测系统测定 N6 的磁致伸缩曲线。通过函数发生器产生 0.05Hz 正弦信号，经 BOP 放大后通入传感器励磁线圈，由 System 8000 采集应变量。在线圈间串联 1Ω 采样电阻，应变仪额外引一路通道获取其两端电压，结合安培环路定理反推磁场强度。合理配置函数发生器的输出电压以确保磁致伸缩曲线与 SH0 导波 EMAT 效能曲线的最大静磁场近似，便于后续相关性分析。

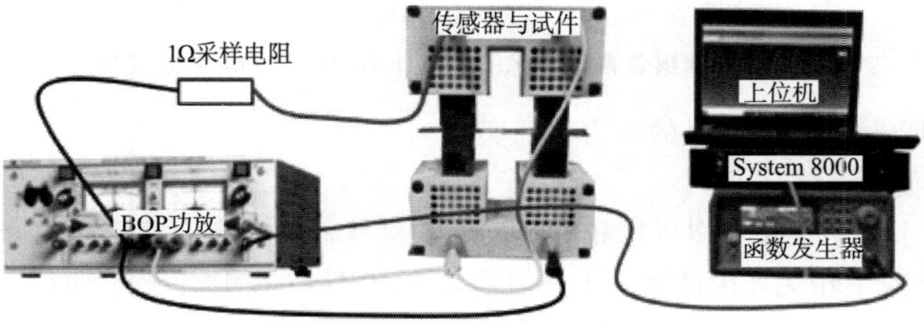

图 6－30 检测系统实物

测试结果如图 6－31 所示。由于镍为负磁致伸缩材料，因此当施加偏置磁场时其应变量均小于 0。EMAT 效能曲线的纵坐标由回波幅值提取包络所得，因此始终为正值，无法体现应变的方向性。为了更好地展示两条曲线的关系，将磁致伸缩曲线的系数取绝对值，对其按最大值做归一化，同时等间隔截取 128 个点，确保磁致伸缩曲线与 EMAT 效能曲线的点数一致，以便计算相关系数。

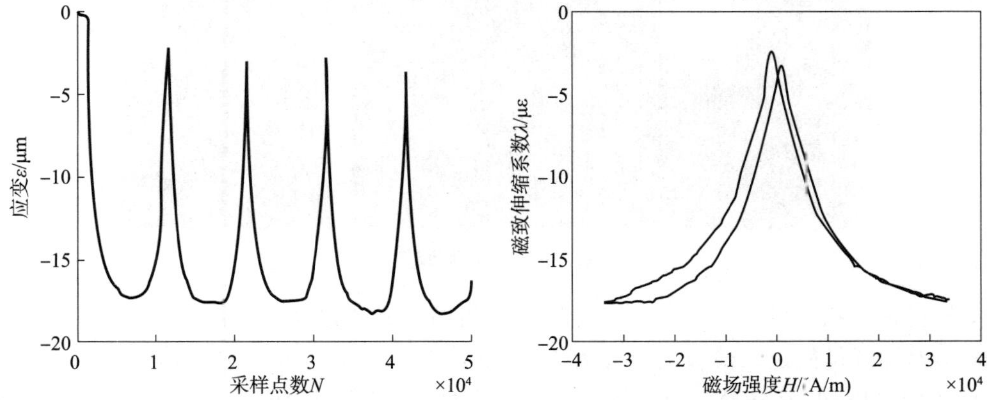

(a)应变信号　　(b)磁致伸缩曲线

图 6－31 镍板的磁致伸缩曲线测量结果

将镍板的磁致伸缩曲线与EMAT效能曲线各自归一化绘制于同一个图像中，如图6-32所示。结果表明：它们的形状具有高度的相似性，曲线滞回区都集中在零磁场附近，计算结果显示，它们的相关系数约为0.95，呈高度相关性。

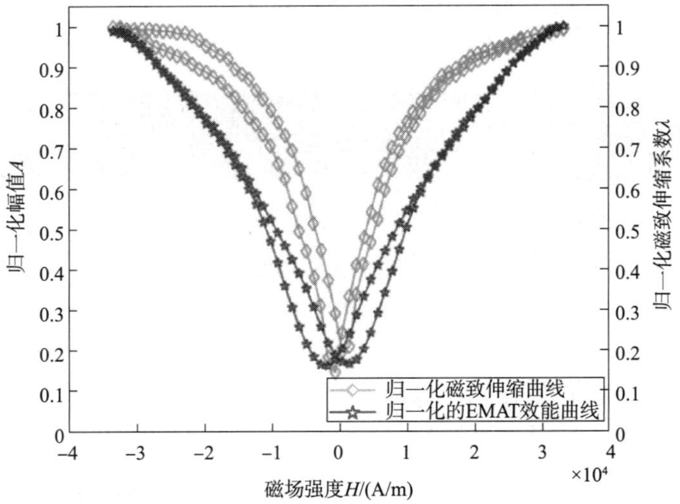

图6-32　镍板各自归一化的磁致伸缩曲线与EMAT效能曲线

(2)基于EMAT效能曲线的应力表征实验

①实验装置设计

磁致伸缩系数的变化规律可以较好地反映铁磁性材料的应力状态，而磁致伸缩系数与EMAT的换能效率相关，因此理论上通过测定SH0导波EMAT效能曲线可以表征薄板铁磁性材料的应力。有必要设计相关的实验进行验证。

图6-33所示为实验装置，由支架、千斤顶、DP780薄板、EMAT、测力传感器、数显仪表、自研仪器、上位机等构成。

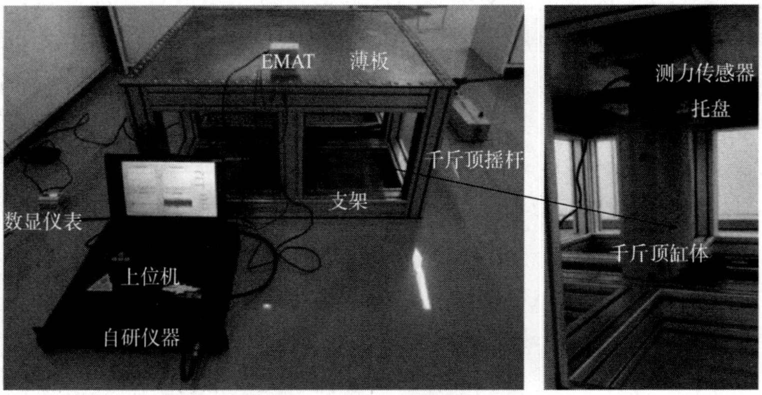

图6-33　实验装置

支架机械结构如图6-34所示，支架立柱间用M8型螺纹孔连接，支架与薄板间用铝制M8型弹性螺母固定。薄板的尺寸为1000mm×1000mm×1mm。

通过COMSOL软件模拟薄板施加-100N力后其表面应力的分布情况，载荷区域位于薄板的正中心，尺寸为200mm×200mm，由图6-35可知，应力在载荷区域最为集中，并呈对称分布。

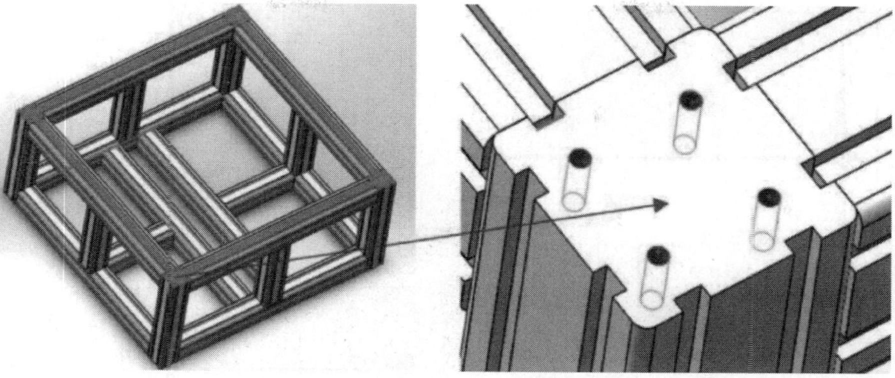

图 6－34　支架的机械结构

进一步模拟薄板施加不同力后其表面的应力分布，由图 6－36 仿真结果可知，薄板从中心至四周应力非线性下降，但薄板同一位置的应力与施加的力线性相关。由于薄板尺寸较大，为了抑制回波幅值衰减，应尽可能将 EMAT 贴近薄板板边，但板边连接处有螺钉等部件，综合考虑，将 EMAT 放置于距薄板板边 10cm 处，该位置的应力约为中心区域的 1/3。

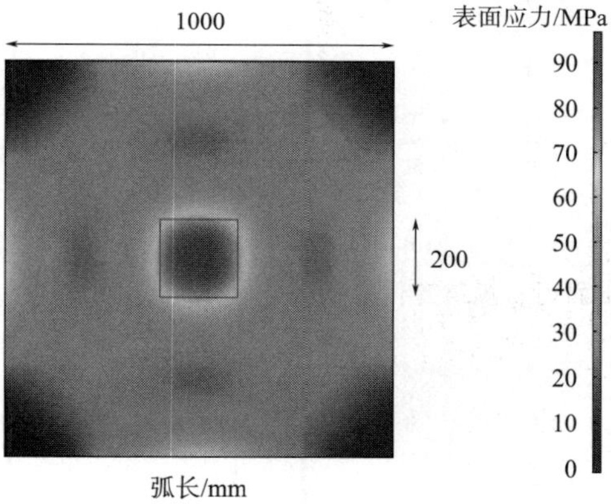

图 6－35　薄板应力分布仿真云图

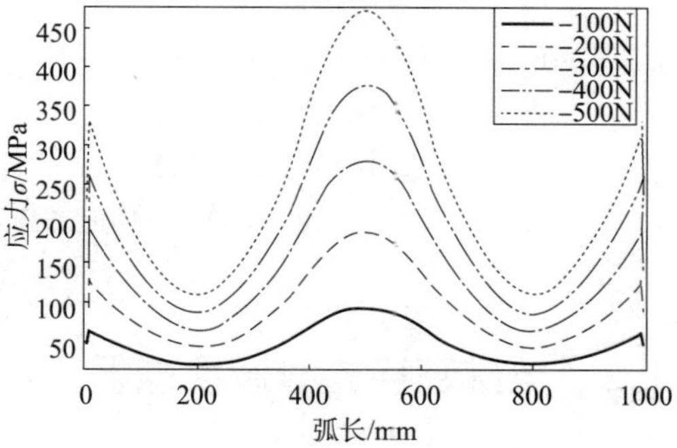

图 6－36　薄板施加不同力时的应力分布仿真

②效能曲线特征参数和应力的关系分析

通过上位机控制低频功放励磁电流为－1～1A，高频功放的输入信号频率为 800kHz，信号峰值为 1V，导波信号调理电路的增益设定为 35dB，实验采用自激自收的方式，将传感器放置于 DP780 边沿 10cm 处。当装置不施加任何载荷时，测定其扫频静磁场最大时的回波原始信号。由图 6－37 可知，近端面回波较为明显，远端面回波传播距离约为 1800mm，其幅值已非常微弱。

拉动千斤顶摇杆使其升起，当测力传感器的数显仪表示数为 0kg、2.5kg、5kg、7.5kg、10kg、12.5kg、15kg、17.5kg、20kg 时，依次测定 SH0 导波 EMAT 效能曲线，实验结果见图 6－38。分别提取最小和最大静态偏置磁场强度，不同力作用下 EMAT 效能曲线的幅值，并绘制各自的力-幅值拟合曲线，见图 6－39。当薄板的载荷升高后，由 COMSOL 仿真可知其上表面拉应力随之线性增大，而效能曲线的幅值呈明显的线性下降趋势。因此 EMAT 效能曲线可用于典型铁磁性材料应力的表征。

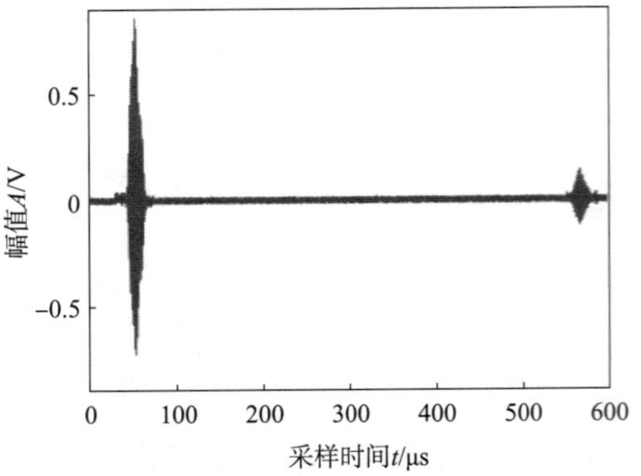

图 6 - 37　最大静磁场下的回波原始信号

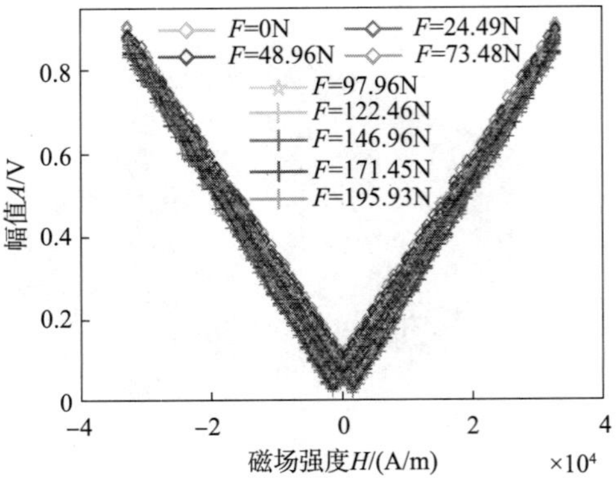

图 6 - 38　施加不同力后 DP780 的 SH0 导波 EMAT 效能曲线

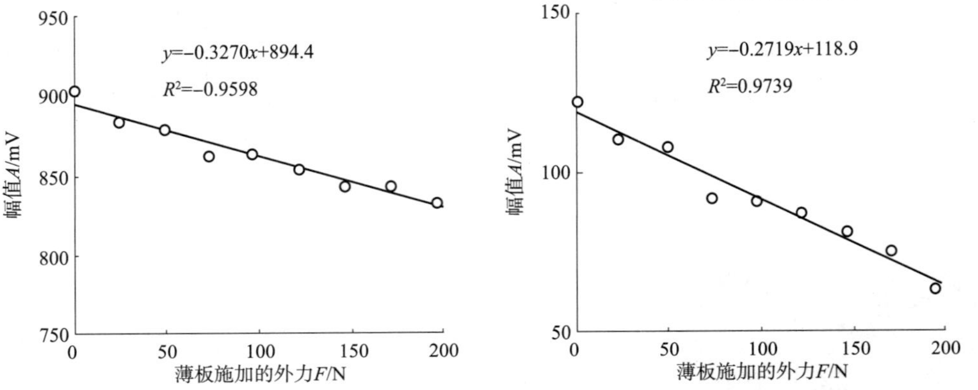

(a)3H(A/m)最大静磁场下　　(b)0H(A/m)最小静磁场下

图 6 - 39　不同静磁场下静端面力与幅值变化关系

6.1.3　电磁超声式导波换能器

电磁超声式换能器与磁致伸缩式换能器的共同点是都需要磁场作为电-声能量转换的中间物理场，不同的是电磁超声式导波激发原理是基于感应的涡电流在磁场作用下受到洛伦兹力，而磁致伸缩式导波是基于材料本身的磁致伸缩效应。电磁超声的激励频率高，能获得更大的涡电流，电磁超声的激励频率通常高于磁致伸缩式换能器，在某些应用场合磁致伸缩和电磁超声同时存在，需要综合分析各自利弊，以发挥换能器最大的功效。

电磁超声式导波换能器由线圈、磁铁和被测工件组成。如图 6 - 40 和图 6 - 41 所示，电磁超声式换能器的线圈形状主要有回折形、螺旋形和跑道形，其中磁铁的布置方式有垂直偏置、水平偏置和周期性偏置。通过线圈和磁铁的不同组合方式，可在波导中产生各种模态的导波，如板中的 Rayleigh 波、Lamb 波和 SH 波以及管道中的 L 模态、T 模态、周向 Lamb 波和周向 SH 波等，并可以实现对波导缺陷、厚度、物理特性等的检测。电磁超声式换能器具有非接触、适用范围广、易激发多种模态等优点。

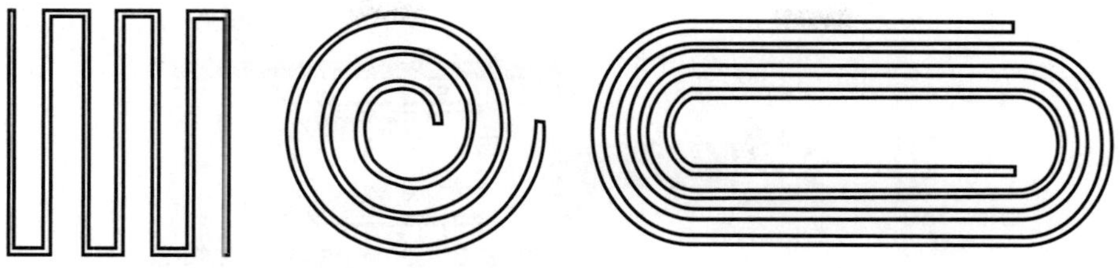

图 6－40　电磁超声换能器线圈形状

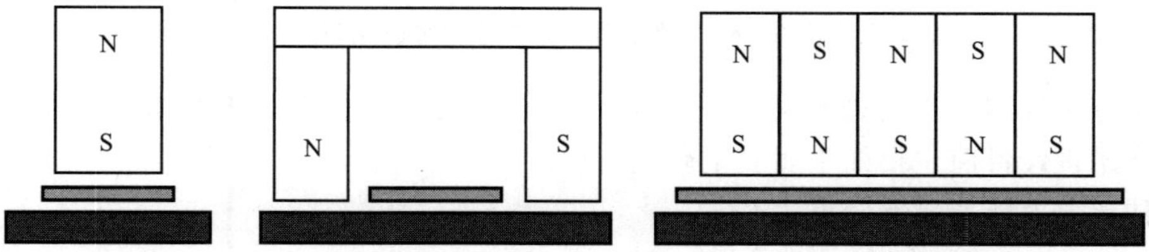

图 6－41　电磁超声式换能器磁铁排布方式

电磁超声式换能器工作原理是通过电磁感应产生的洛伦兹力实现导波的激励和接收。如图 6－42 所示，导波激发过程中，线圈中通入高频电流，并在波导中感应出方向相反的交变涡流，在由磁铁提供的静态偏置磁场的作用下，工件中产生洛伦兹力。在铁磁性材料中，还会存在微弱的磁致伸缩力和磁化力。在这三种力的作用下，工件产生周期性的振动和弹性形变，当这种振动能量以波的形式沿工件传播时，就完成了导波的激励。电磁超声式换能器对导波的接收为激励的逆过程。

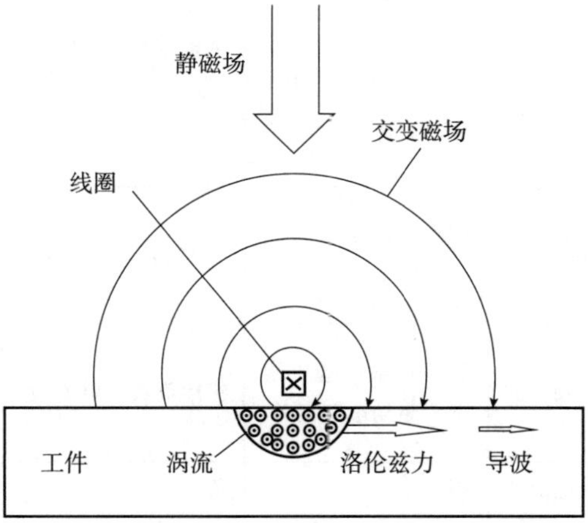

图 6－42　电磁超声式换能器原理示意

6.1.4　激光超声式导波换能器

脉冲激光或调制激光照射固体表面，由于热弹效应或熔蚀效应产生的超声波称为激光超声，若在有界固体中可激发出超声导波。激光超声的研究涉及光学声学、电学及材料学等多学科交叉。由于激光超声具有远距离非接触、无须耦合剂、多模式同时激发、高频宽带等特点，近年来成为无损检测领域的一个发展新方向。

激光超声导波检测系统如图 6－43 所示。一个铝石榴石晶体（neodymium-doped yttrium aluminium garnet，Nd：YAG）发射的脉冲激光束经圆锥形反射镜放大并反转 90°后，透过环形阵列的狭缝照射到整个管的内表面，这就是检测中的单发操作。上述环形阵列狭缝的间距与所生成的超声导波的波长一致。从环形阵列的几何结构上看，主要激励出轴对称模态的导波。总的来说，该超声导波检测系统的工作原理类似于接触式梳状换能器。

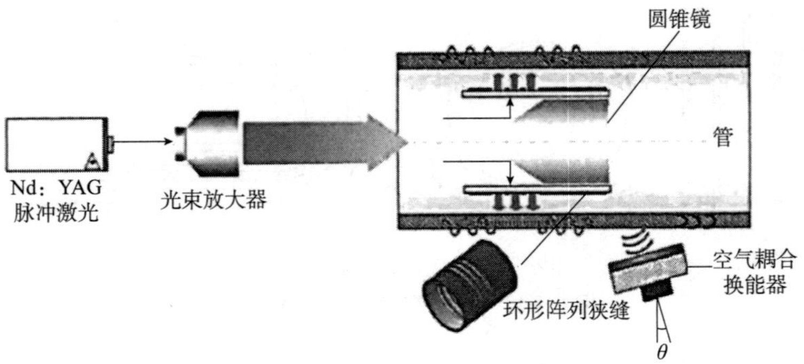

图 6－43 激光超声导波检测管道原理

激光超声检测由于对被检测目标表面状态较敏感，声能耦合效率较低，而且装置复杂、价格昂贵，目前主要处于实验室研究阶段。

四种超声换能方式比较见表 6－1。

表 6－1 四种超声换能方式的比较

	压电式	磁致伸缩式		电磁超声式	激光超声式
		利用被测材料本身的磁致伸缩	MPT		
工作原理	压电效应	磁致伸缩效应		涡电流-超声效应	热弹效应或熔蚀效应
频率范围	中高频，常用主频：1～2MHz	中低频，常用主频：0.02～1MHz		中高频，常用主频：0.1～2MHz	高频脉冲，难以实现窄带激励
激励方式	容性负载，电压激励，驱动电路简单	感性负载，电流激励，驱动电路复杂		感性负载，电流激励，驱动电路较复杂	高能脉冲驱动装置，最复杂
换能效率	高	低	较高	较低	较低
探头振型	振型多样，纵振为主	纵振为主	面内剪切为主	振型多样，纵振为主	—
耦合条件	接触式液体耦合剂或干耦合，对耦合层厚度、接触程度及表面工况敏感	可非接触，对提离距离敏感	接触式，常用环氧树脂粘接，比液体耦合方式稳定	非接触式，对提离距离敏感，通常小于 2mm	非接触式，可远距离激发，对被测物表面工况敏感
工作温度	通常小于 80℃	通常小于 500℃		通常小于 500℃	可大于 500℃
制作成本	较高	低	低	较高	最高
特点	种类多，管道检测中应用广泛	适于激励纵向模态，常用于杆类结构检测	尤其适于激励 $T(0, 1)$模态，管道检测中应用广泛，适合长期监测	适于高温环境，仅可用于金属材料	非常适于高温及异形曲面，尚未广泛应用

选择探头时，需要综合考虑激励频率与模态、换能效率、耦合条件、工作温度等因素，选择最适合当前工况的探头。

6.2　导波检测仪器

6.2.1　集成式导波检测仪器的主要技术指标

集成式导波检测仪器按照各种检测需求，通过各个子程序系统的组建与配合，从而满足各种不同检测场景的具体功能要求和应用需求。集成式导波检测仪器集成度高，耗电少，可便携，方便于现场检测；传感器可根据检测结构和检测需求更换不同结构的传感器，用于不同结构的超声导波检测。可检结构包括管道、板和杆等。仪器检测的先进性包括：检测信号可调；超声导波模态可选；传感器可安装在某点，对数米或数十米的结构进行检测；检测全面、效率高。

检测可靠性是影响检测工作质量最重要的因素之一。超声检测设备与器材包括超声检测仪、探头、电缆线、试块、耦合剂、机械扫查装置、信号采集装置及用于扫描控制与信号采集处理的计算机软件等。为了保证检测结果正确可靠，必须保证所使用的设备与器材符合检测所需的技术要求。集成式的检测设备主要技术指标如下。

(1)探头可操作温度范围：探头能正常工作的温度区间，超过或低于此区间头可能会发生损坏；

(2)适应管径范围：能检测的管径的范围；

(3)检测距离：在各种介质下可检测的最短距离；

(4)检测灵敏度：指仪器测量最小被测量的能力。所测的最小量越小，该仪器的灵敏度就越高。系统的灵敏度常用灵敏度余量表示。灵敏度余量是指，仪器最大输出时规定的反射体回波达到基准高度时仪器所衰减的总量(或保留的增益量)，用分贝表示。由于电噪声的存在，仪器剩余的增益量并不能全部释放用于缺陷检测，因此，测量灵敏度余量时还需扣除避免噪声过高而需要保留的剩余衰减(增益)量；

(5)轴向定位精度：轴向实际位置与标准位置理论位置之间的差距，一般与主机系统的信噪比和所采用的操作频率有关；

(6)纵向定位精度：纵向实际位置与标准位置理论位置之间的差距；

(7)环向定位精度：环向实际位置与标准位置理论位置之间的差距，主要针对磁致伸缩超声导波B扫检测系统；

(8)检测盲区：在靠近始波的一段时间内，缺陷往往不能发现，具体到被检工件中，这段时间所对应的由入射面进入工件的深度距离，称为盲区。检测盲区的大小一般与所采用的检测频率有关；

(9)检测频率范围：声波探伤检测的频率由超声换能器决定，不同换能器所能检测的频率范围也有所不同；

(10)分辨力：能够对一定大小的两个相邻反射体提供可分离指示时两者的最小距离。由于超声脉冲自身有一定宽度，在深度方向上分辨两个相邻信号的能力有一个最小限度(最小距离)，称为纵向分辨力。在试件的入射面和底面附近，可分辨的缺陷和相邻界面间的距离，称为入射面分辨力和底面分辨力，也称为上表面分辨力和下表面分辨力。纵波接触法检测时，入射面附近，由于发射脉冲宽度和阻塞现象引起的盲区，是近表面分辨力的一种情况，此时近表面分辨力的数值就等于盲区。实际检测时，入射面分辨力和底面分辨力与所用的检测灵敏度有关，检测灵敏度高时，界面脉冲或始波宽度会增大，使得分辨力变差；

(11)信噪比：指接收到的有用信号的强度与接收到的干扰信号(噪声和干扰)的强度的比值。由于噪声的存在会掩盖幅度低的小缺陷信号，使小缺陷的存在难以识别。因此，信噪比对缺陷的检出起关键作用。

6.2.2 检测设备国内外现状及设备参数

目前国内外超声导波仪比较成熟的商业应用主要为压电式和磁致伸缩式的超声导波仪，电磁式和激光式超声导波仪以实验室研究居多。压电式超声导波仪一般都为阵列式多通道仪器，其特点是可以实现多模态检测，可聚焦检测，可对缺陷进行粗略的周向定位；但是仪器需要针对不同直径的管道配备不同规格的换能器，通用性较差，现场检测不太方便，价格比较昂贵。目前压电式超声导波仪主要以英国焊接研究所的 Teltest Focus 系统以及英国超声导波公司的 Wavemaker 系统为主。

磁致伸缩式超声导波仪以多通道激发的 $T(0,1)$模态，换能器结构相对简单稳定，探头可灵活适应各种管径，便于现场检测和携带，可对缺陷进行周向精确定位，性价比较高。目前磁致伸缩式超声导波仪主要以美国西南研究院的 MsS 导波检测系统和美国 GuidedWave 公司的 UtraWave LRT，国内主要是杭州浙达精益机电技术股份有限公司的 MSGW 导波检测系统和北京工业大学无损检测研究所研发的一系列导波检测设备(在表 6-2 后重点介绍)，如表 6-2 所示。

表 6-2 导波检测设备比较

技术参数	仪器厂商/型号			
	美国 SwRI South west Research Institute/MsS 长距离超声波检测系统	英国 PI 公司主要导波检测设备/Teletest 长距离管道超声导波检测系统	英国 Guided Ultrasonic Ltd/WaveMAKE G4 检测系统	杭州浙达精益机电技术股份有限公司/MSGW 超声导波检测仪
仪器照片		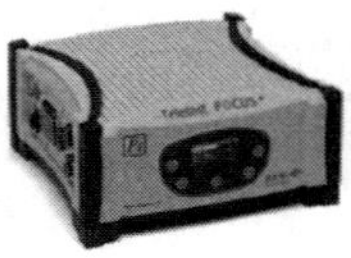		
工作原理	磁致伸缩式	压电式	压电式	磁致伸缩式
适应管径	0.25～80in 或甚至无限大直接管道	2～48in 为标准型号，48～72in 需定制	2～8in 为固定式传感器 8～72in 为伸缩式环状传感器	ϕ30～1000mm，或者甚至无限大直径管道
检测灵敏度	最高检测灵敏度为 1%，可靠检测灵敏度 5%，监测灵敏度为 0.6%	可靠检测灵敏度 5%	检测灵敏度 2%	最高检测灵敏度为 1%，可靠检测灵敏度为 3%，监测灵敏度为 0.5%

续表

探头操作温度	$-45\sim+500$℃	$+5\sim+250$℃	$-40\sim+180$℃	常温探头：$-45\sim+85$℃ 高温探头：最高$+200$℃ 特殊定制探头：最高至$+500$℃
检测频率范围	4～250kHz		7～150kHz	8～250kHz
激励电压	$300V_{pp}$	$300V_{pp}$	$400V_{pp}$	$300V_{pp}$
盲区	频率为 32kHz：350mm 频率为 64kHz：175mm 频率为 128kHz：85mm			频率为 32kHz：350mm 频率为 64kHz：175mm 频率为 128kHz：85mm
定位精度	频率为 32kHz：±150mm 频率为 64kHz：±75mm 频率为 128kHz：±32mm	±100mm	轴向定位精度±60mm； 环向定位精度 22mm	轴向定位精度：频率为 32kHz：±150mm； 频率为 64kHz：±75mm； 频率为 128kHz：±32mm； 环向定位精度：弧长±25mm
检测距离	理想状态：±150m	理想状态：±175m	理想状态：±200m； 良好状态：±100m	理想状态：±150m

注：环向定位精度的技术指标是针对磁致伸缩超声导波 B 扫检测系统，其检测的最小管径为 100mm。

北京工业大学无损检测与评价研究所在超声导波检测仪器开发方面做了很多研究，也取得了许多成果。

6.2.3　国内开发的导波检测设备简介

1. 基于时反聚焦超声导波检测系统

周进节研制了一套基于时反聚焦超声导波检测系统，基于 DSP 以及 FPGA 开发，实现高压时反波输出电路，该系统可激励脉冲信号和任意波形信号，最大激励电压为 $300V_{pp}$。系统在实验检测中具有较好的效果，但是体积庞大，不便于携带。时间反转聚焦超声检测系统如图 6-44 所示。

2. 高速公路护栏立柱埋深超声导波检测仪（两种：基于 UT350 和 COM Express）

胡富翔基于 UT350 开发了一套用于高速公路护栏立柱埋深检测的检测仪器。该系统实验 UT350 硬件系统，基于 LabVIEW 开发上位机软件，并利用该系统进行了多次现场实验，取得了良好的检测效果，但系统存在激励采集模式单一，核心硬件系统无法二次开发的缺点。高速公路护栏立柱 UT350 超声导波检测系统如图 6-45 所示。

图 6－44　时间反转聚焦超声检测系统

图 6－45　高速公路护栏立柱 UT350 超声导波检测系统

王森研发了一套基于 COMExpress 的便携式超声导波检测仪，替代了 UT350 的硬件系统，实现了系统的自主研发。COMExpress 搭载了 Windows 7 系统，与硬件系统集成，通过触控屏幕显示以及交互，减小了系统体积，实现了系统的集成。便携式高速公路护栏立柱检测仪激励信号为双极性脉冲，电压幅值为 20～320V，激励频率为 20kHz～1MHz，采集系统增益为 0～80dB，采样率为 200kHz～40MHz，采样点数为 30k，采样位宽为 12bit，支持 1280×768 分辨率的 10.4 寸液晶触摸屏。高速公路护栏立柱超声导波检测系统如 6－46 所示。

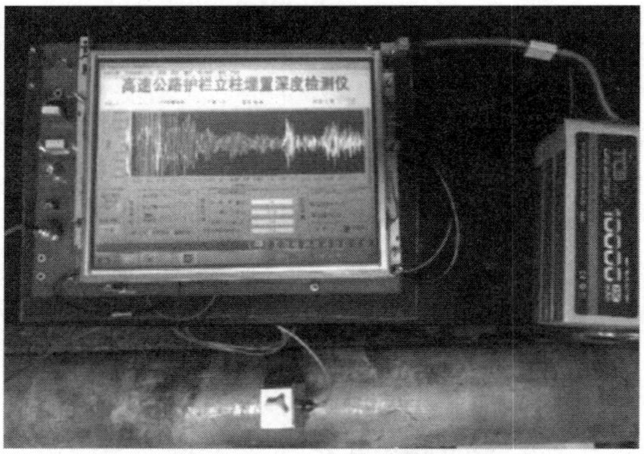

图 6－46　高速公路护栏立柱超声导波检测系统

3. 高速铁路道岔尖轨断轨缺陷超声导波监测系统

无损检测研究所对高速铁路道岔尖轨断轨缺陷监测进行了改造和升级，如图 6－47 所示。尖轨缺陷是道岔系统的重要安全隐患之一。栗霞飞研究了利用平板式磁致伸缩传感器在轨底激发 30kHz、70kHz 和 100kHz 的类水平剪切波，对尖轨轨头和轨底缺陷进行监测。首先，研究了环境温度对尖轨中特征结构反射回波波包能量的影响规律，观察到波包能量随温度近似线性增长。提出了利用特征信号和基准信号能量比值的方法，有效补偿温度对监测结果的影响。其次，开展了尖轨轨头和轨底缺陷体积增大过程中的导波监测实验。以 30kHz 和 70kHz 导波为例，它们可分别识别出长 20.0mm、宽 2.0mm、深 7.1mm 的轨底缺陷和长 38.6mm、宽 2.0mm、深 10.1mm 的轨头缺陷。上述研究表明，磁致伸缩导波技术可以实现道岔尖轨缺陷的有效监测，具有重要的工程应用前景。

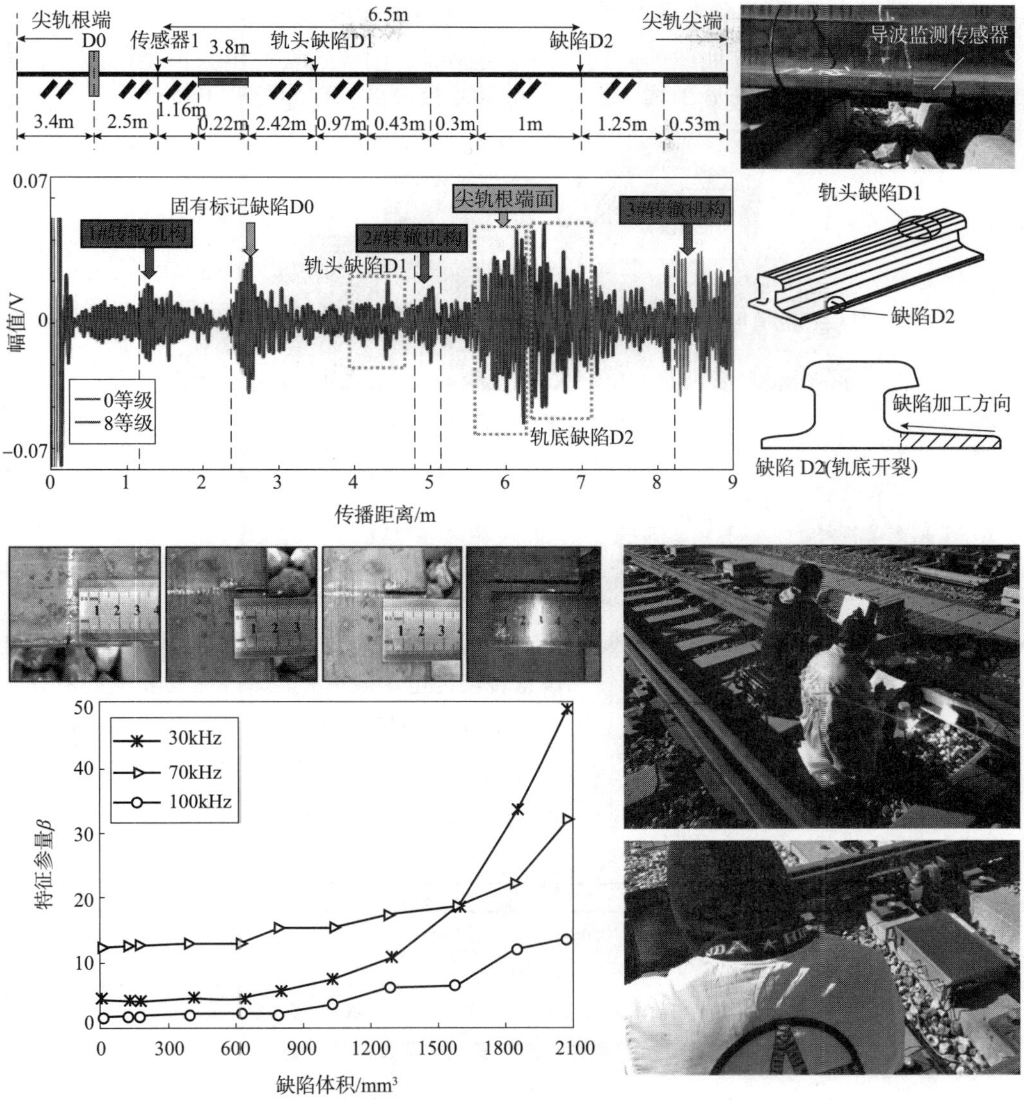

图 6－47　高速铁路道岔尖轨断轨缺陷监测

4. 基于 COM Express 的超声波/导波综合检测仪

安飞跃研发了一套基于 COM Express 的超声波/导波综合检测仪，将超声 C 扫描技术与超声导波技术结合，可以实现宽频 Chirp 信号以及双极性脉冲信号两种激励、缺陷可以自适应聚焦提取。通过常规超声与超声导波两种检测方法的相互补充，既能实现大范围扫查缺陷快速定位，也能实现缺陷的精细成像。超声波/导波综合检测仪如图 6－48 所示。

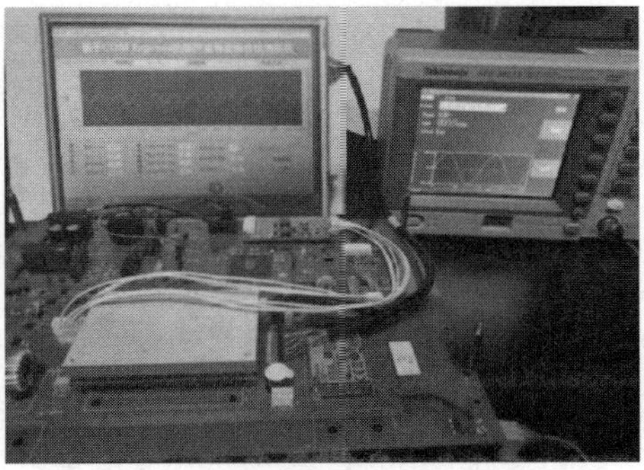

图 6－48　超声波/导波综合检测仪

5. 测试磁致伸缩曲线的特定传感器

陈兆源研制了磁致伸缩曲线的测试用特定传感器。图 6－49 所示为典型的磁致伸缩曲线测试实验平台，包括函数发生器、功放、传感器与试样、应变仪、上位机。

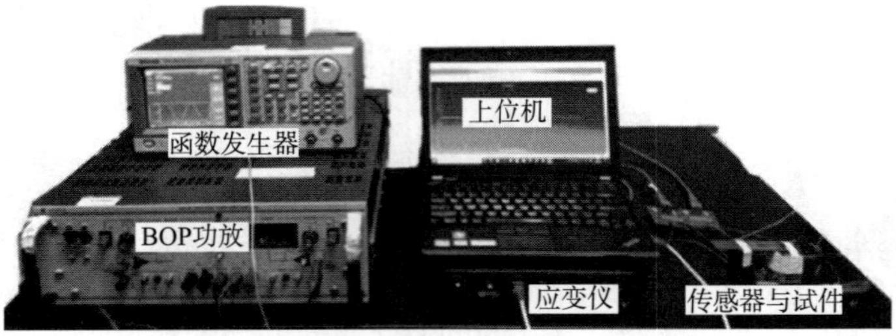

图 6－49　磁致伸缩曲线的检测平台

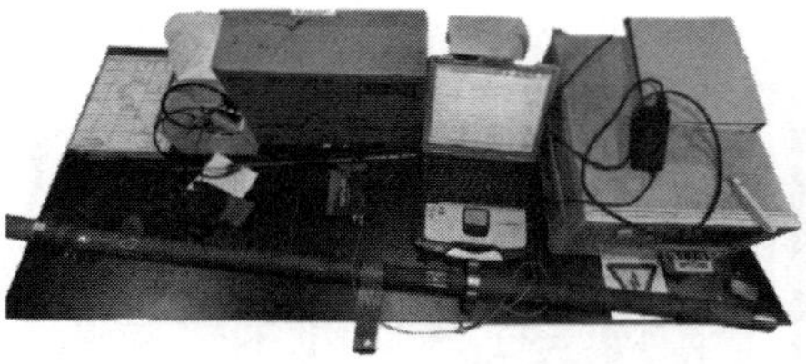

图 6－50　磁致伸缩导波检测设备示意

磁致伸缩曲线的测试方法如下：利用函数发生器产生正弦波并由功放驱动，通入传感器电磁铁的励磁线圈，产生交变的偏置磁场并对被测材料进行磁化；试件在偏置磁场作用下会产生磁致伸缩应变，应变片接入应变仪的电桥，即可将测得的电压信息转换为电压波形，传输至上位机进行存储。

磁致伸缩导波设备的组成、测试及界面分析，如图 6－50、图 6－51 所示。

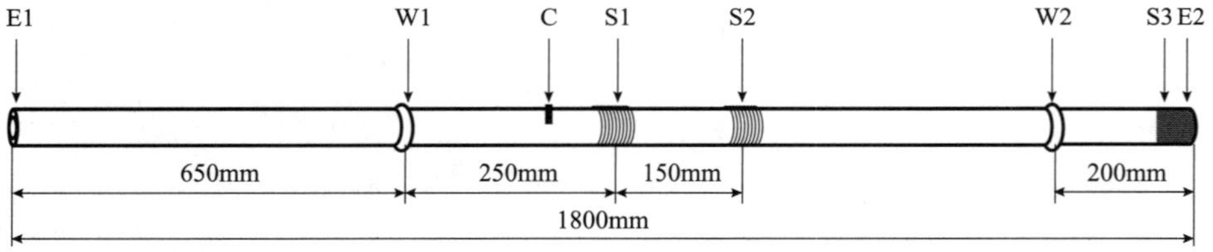

S1、S2、S3—传感器；W1、W2—焊缝；E1、E2—端面；C—缺陷

图 6－51　被测件传感器安装位置及缺陷示意

永磁铁绕 E2 端面绕几圈，在管道壁上产生弱磁场，然后传感器固定到 S1 位置，固定时要尽可能使线圈贴近管壁，这样才能在上位机中看到对钢管的导波检测结果，如图 6－52 所示。

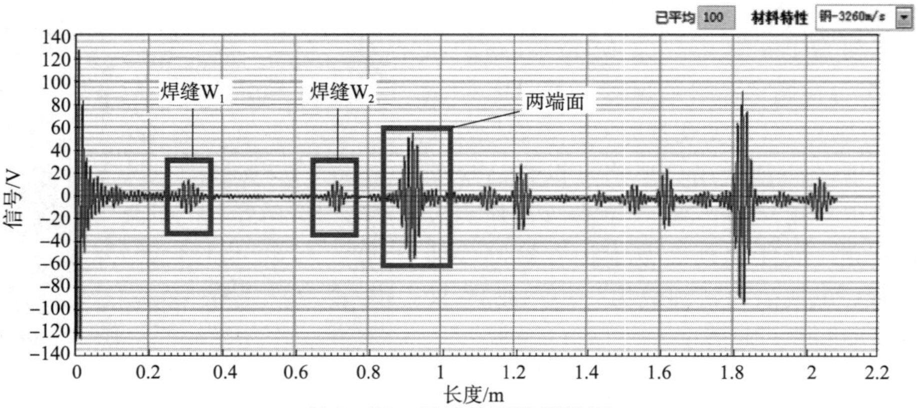

图 6－52　导波检测结果界面

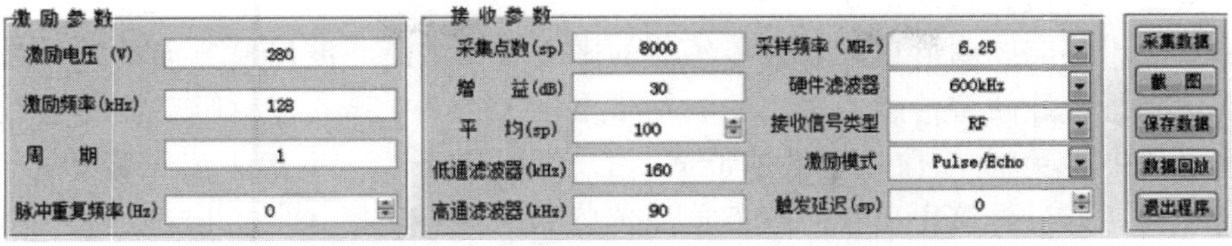

图 6-52　导波检测结果界面(续)

6. MSTGW 型磁致伸缩超声导波检测系统

高博研制的新型磁致伸缩传感器(Torsional Magnetostrictive Sensor，T-MsS)在 MsS 传统磁致伸缩传感器的基础上进行了改进，感应线圈的绕制方向由原来的沿管道轴向发展为沿铁磁性金属带表面，即沿管道的周向绕制，阵列式传感器采用新型磁致伸缩传感器的绕线方式，如图 6-53 所示。最终形成的动态磁场方向也由原来的沿管道轴向分布转变为沿管道的周向分布。

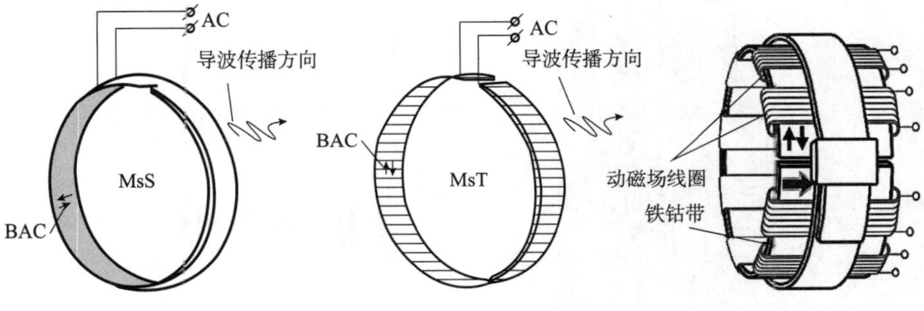

(a)传统形式　　(b)新型　　(c)阵列式

图 6-53　传感器设计图

该传感器由铁钴带、交流感应线圈、直流线圈和匹配电容器等组成，其中交流感应线圈中通有一定频率的交变电流后，将产生方向正反交替的动磁场，该动磁场沿管道的周向分布；直流线圈中通以恒定的直流电，以产生恒定的静态偏置磁场，该静磁场沿管道的轴向分布。静磁场与动磁场相互耦合作用将在管道中形成沿圆周方向对称且沿纵向传播的应力波，即扭转模态超声导波。图 6-54(a)所示为单通道传感器，其交流线圈匝数 $n_1=48$；图 6-54(b)所示为四通道传感器，其每个通道的交流线圈匝数 $n_2=12$；图 6-54(c)所示为六通道传感器，其每个通道的交流线圈匝数 $n_3=35$。

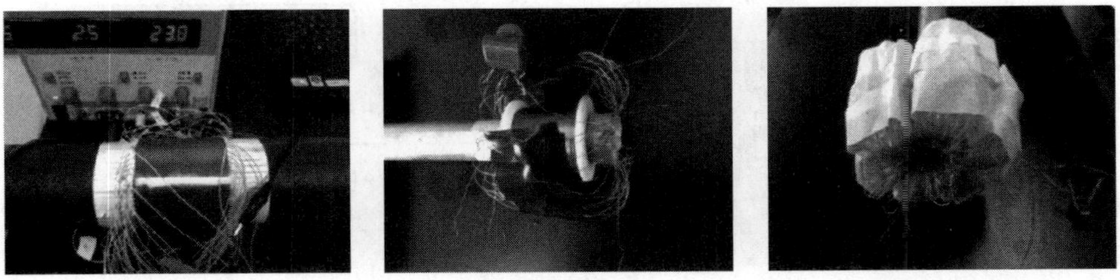

(a)单通道传感器　　(b)四通道传感器　　(c)六通道传感器

图 6-54　三种不同工艺制作的传感器实物

新型扭转模态磁致伸缩传感器的交流感应线圈的绕向是一致的，与传统传感器不同的是每一匝交流线圈都可以与静磁场线圈形成一个单独的传感器。因此，这种新型传感器是由若干个微型扭转模态磁致伸缩传感器组成的，该传感器的工作频率可达到 $f_b=nf_c$。该设计中单匝交流感应线圈形成的单独传感器的中心频率由沿导波传播方向的铁钴带宽度所决定，本章中所设计新型传感器采用的铁钴带宽度 $L_c=50.8\text{mm}$。单匝交流感应线圈所形成的传感器的中心频率 f_c 取决于铁钴带宽度 L_c 与相速度 V_p，一般采用经验公式 $L=0.5\times V/f$ 进行计算，通过计算得出单匝线圈形成传感器的中心频率 $f_c=32\text{kHz}$。

图 6-55 所示为团队研发的 MsTGW 型磁致伸缩超声导波检测系统，图 6-56 中两幅上位机中显示界面的缺陷波形，与美国 MsS3030 系统检测结果对比发现效果相似且在微小缺陷时具有更大的幅值信息，便于观测。图 6-57 为自主研发卡环式（T 模态）磁致伸缩导波传感器与传统 MsS 传感器比较显示具有更加明显的幅值信息，且可以识别到更加微小缺陷的缺陷信息（图中虚线圈起来的内容）。

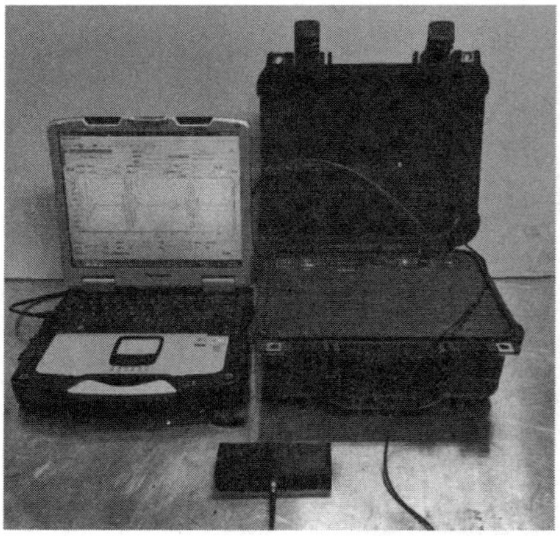

图 6-55　MsTGW 型导波检测仪

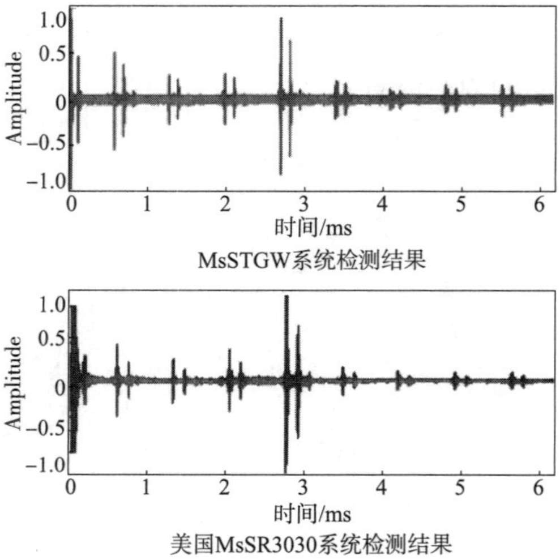

图 6-56　与美国 MsS3030 系统检测结果对比

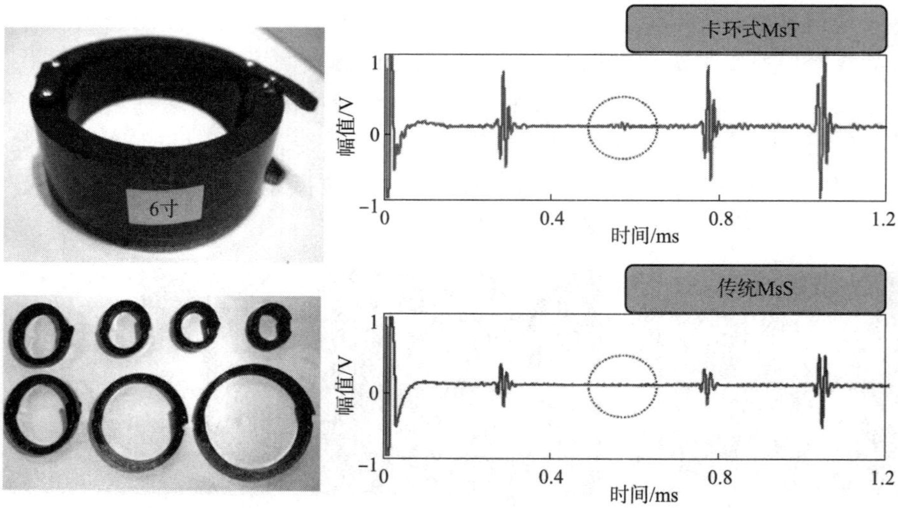

图 6-57　自主研发卡环式（T 模态）磁致伸缩导波传感器与传统 MsS 传感器比较

图 6-58 所示为内径 62mm、外径 71mm 的钢管中 $T(0,1)$ 模态的相速度 $V_p=3250\text{m/s}$，主要制作并应用中心频率为 32kHz 的新型扭转模态磁致伸缩传感器进行实验研究。缺陷尺寸为长 40mm，宽 10mm，与水平夹角为 60°。图 6-58 所示为该新型扭转模态磁致伸缩

传感器的实验装置示意，并搭建如图 6－59 所示的实验系统，利用磁致伸缩导波管道检测系统，采用自激自收的方式进行实验。

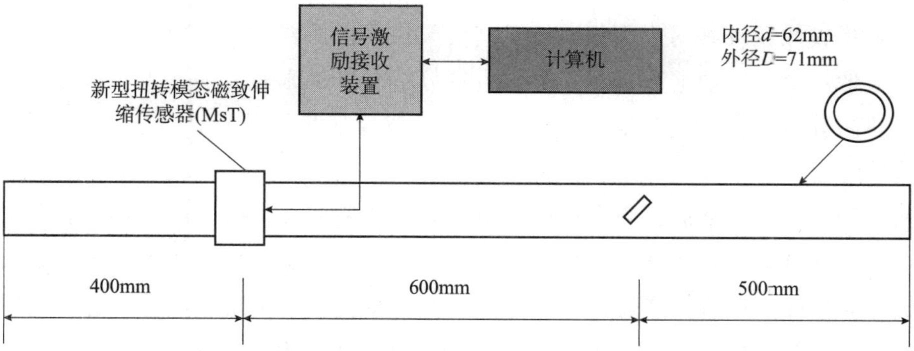

图 6－58　实验装置示意

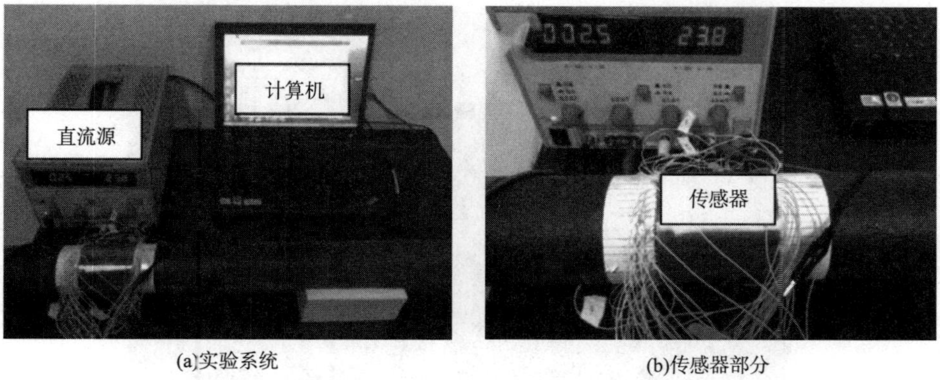

(a)实验系统　(b)传感器部分

图 6－59　新型扭转模态磁致伸缩传感器缺陷检测实物

实验过程中，采集的实验信号经带通滤波处理后如图 6－60 所示。其中 T21 为管道左端面的一次回波信号，T22 为管道缺陷回波信号，T23 为管道右端面的一次回波信号，T24 为叠加信号。依据第一次端面回波 T1 与第二次端面回波 T2 的传播距离差 Δl 和传播时间差 Δt 计算的 $T(0,1)$模态传播速度约为 3200m/s，与通过 Disperse 仿真得到的该尺寸钢管上扭转模态超声导波的相速度 $V_p=3250$m/s 基本一致，因此可确定该传感器所激励的超声导波模态为扭转模态。同时，可以明显看出，通过该传感器激励接收所得到的扭转模态超声导波的信噪比较好，但是能量略低，可以较为有效地进行管道大尺寸缺陷检测。

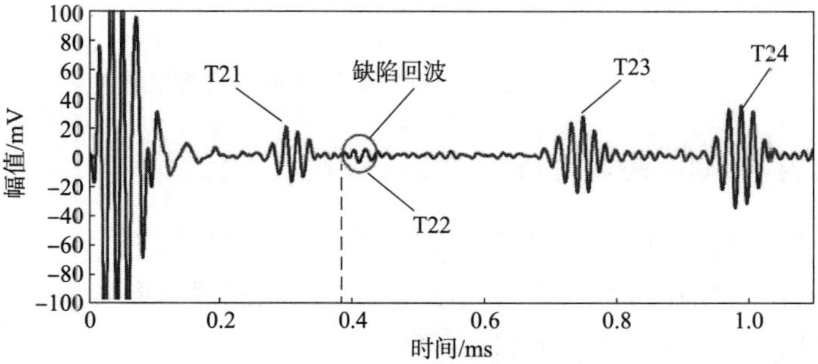

图 6－60　新型扭转模态磁致伸缩传感器接收的信号波形

7. 板式(SH 模态)磁致伸缩导波全聚焦成像仪

板式(SH 模态)磁致伸缩导波传感器可以实现对不同方向、不同深度等级、不同缺陷大小的全聚焦成像及较好的全聚焦成像及其图像拼接。需要进一步对整个成像效果图的准确度以及成像效果进行数据分析。主要进行的分析有以下方面：缺陷大小的改变对检测结果影响；缺陷等级改变对实验信号的影响；对于成像效果的分析，其主要包含缺陷大小、缺陷位置准确度。

如图 6－61 所示，从成像图中可以清晰地看到缺陷回波信号，通过计算信号波形的希尔伯特包络，并合理选择阈值，可以对缺陷进行定位。以检测数据中左端面回波峰峰值的变异系数 ρ 为指标，评价扫查器的工作性能。变异系数 ρ 为标准差和均值之比，越接近 0，表明测试多组数据间的一致性较好。统计结果显示：ρ 约为 9.1%，这表明在实际扫查过程中，所研制扫查器的导波检测能力具有高稳定性。

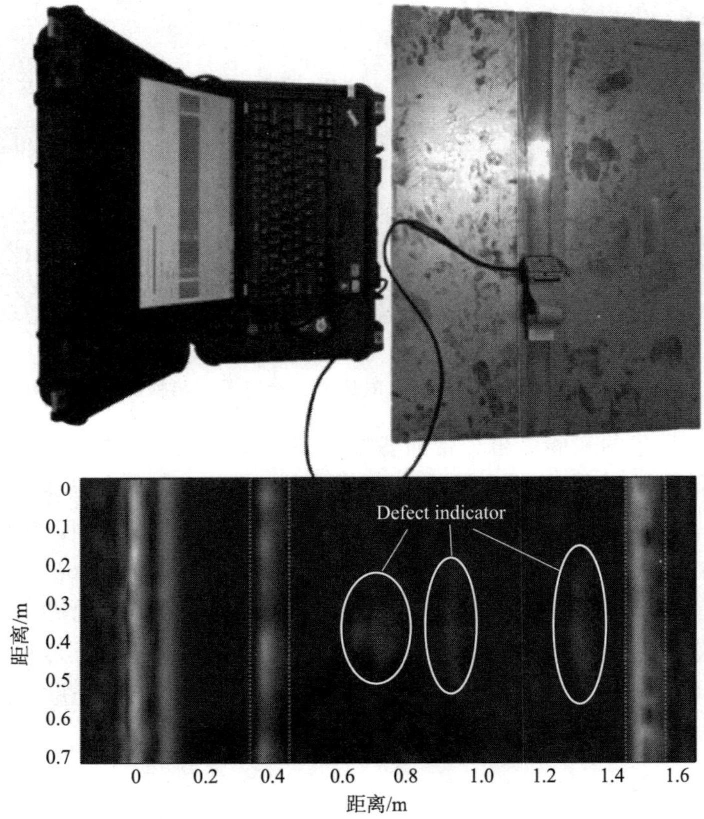

图 6－61　板式(SH 模态)磁致伸缩导波传感器

8. 基于互联网对 4G＋物联网的管道导波云监测系统

北京工业大学无损检测研究所也基于互联网 4G＋物联网的管道导波云监测系统进行了开发，并且云监测系统在广西电力的 GIS 套管健康状态评估中发挥了重要作用，实现了套管穿墙段腐蚀缺陷的有效监测，如图 6－62、图 6－63 所示。

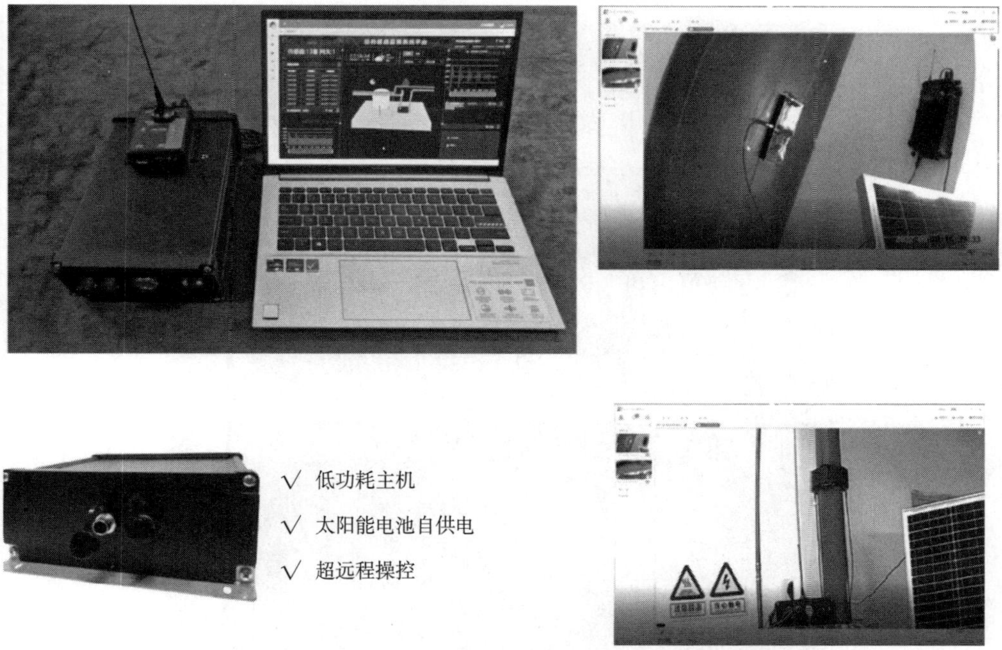

图 6 - 62　基于 4G+物联网的管道导波云监测系统

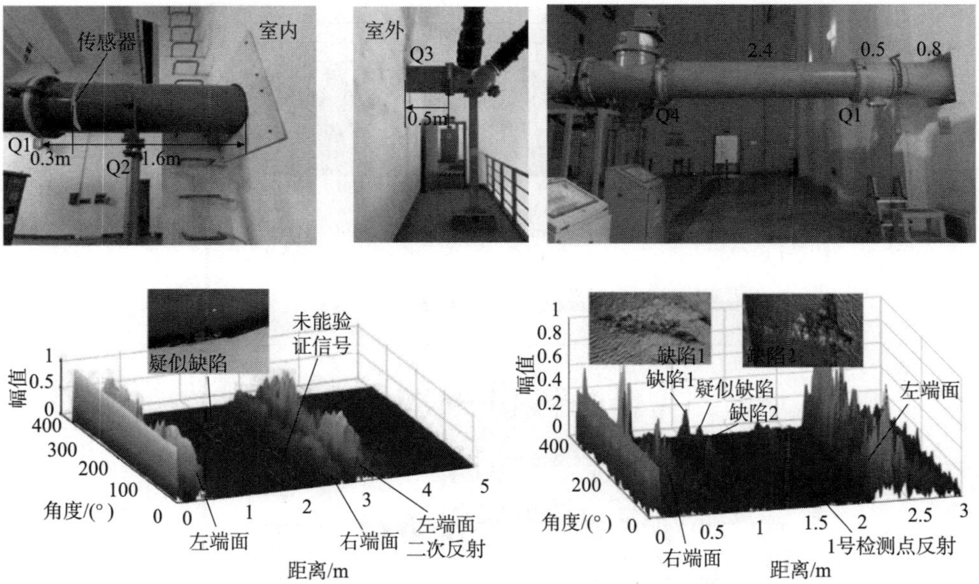

图 6 - 63　基于云监测系统在广西电力的 GIS 套管健康状态评估

北京工业大学无损检测研究所还进行了如下实验研究：通过高浓度酸液体对管道弯头外壁进行为时 100d(每天早中晚三次)的腐蚀操作，通过磁致伸缩导波监测，并对腐蚀过程进行定量分析，如图 6 - 64、图 6 - 65 所示。以及一些重大的应用工程需求进行检测，如图 6 - 66 所示。

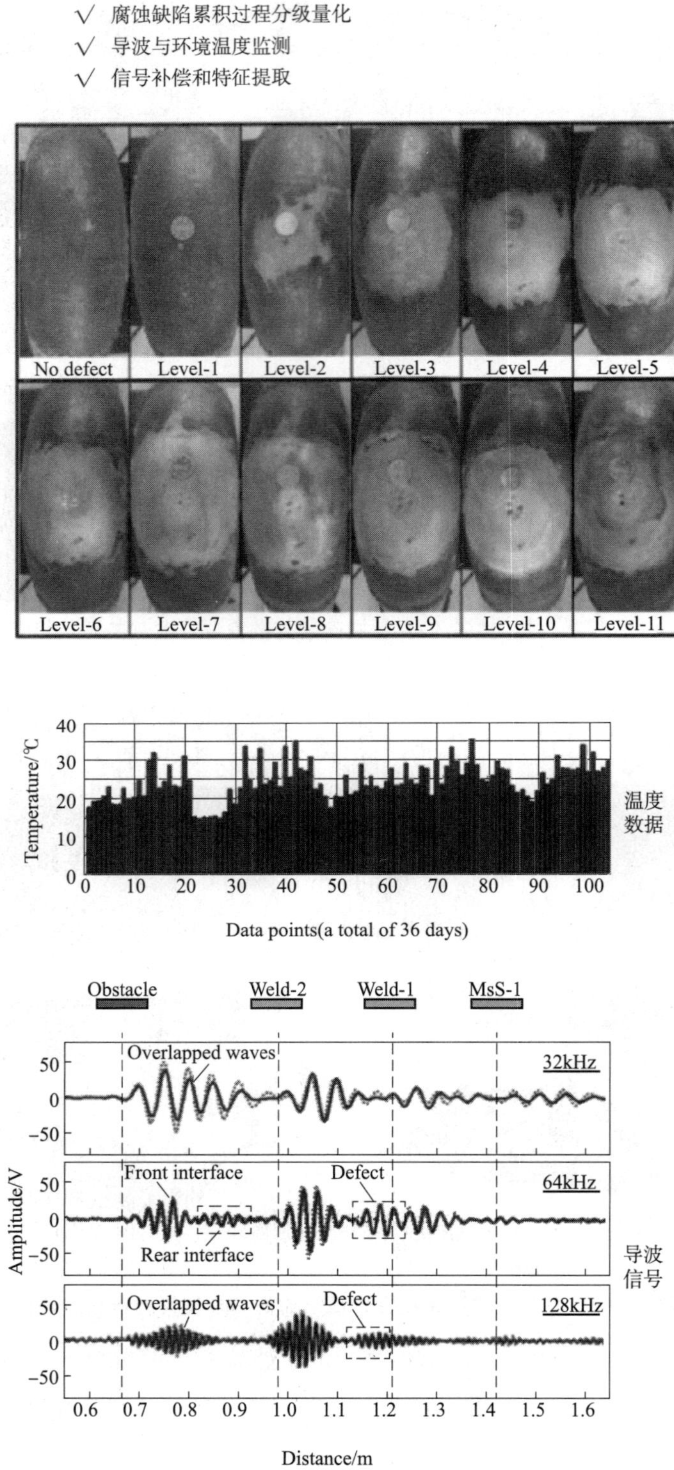

图 6-64 管道弯头外壁腐蚀的磁致伸缩导波监测

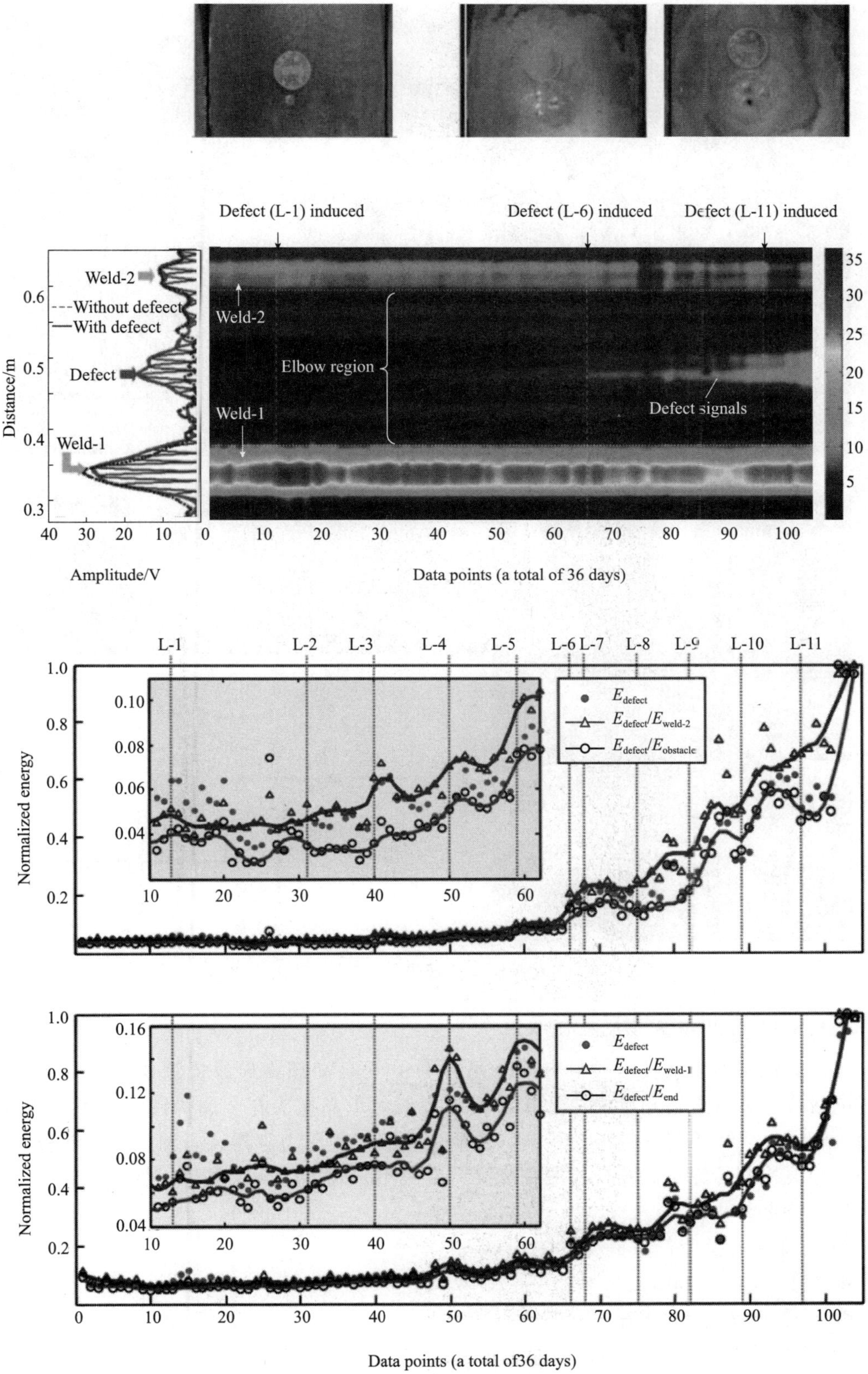

图 6－65　腐蚀过程定量分析

图 6－66　工程检测应用场景(中海油、燕山石化等)

9. HS 900GW 超声导波检测仪

国内武汉中科创新技术股份有限公司的 HS 900GW 超声导波检测仪，HS 900GW 基于压电效应，带有合适角度楔块的接触式超声斜射单晶探头在金属构件中产生超声导波，适用于管、棒、板等材料的快速检测，主要应用于锅炉压力容器、石油化工、钢板钢管制造等。导波检测传输距离长，检测精度高、衰减小、效率高、成本低。

功能特点：

◆ 便携集成设计，重量仅 2.3kg；

◆ 发射压电：800V±10%；

◆ 全新流程化操作模式，易学易用；

◆ 多种视图显示，A+B，图像更直观；

◆ 专用导波探头结合拉线编码器使用，检测精度好，效率高。

技术参数如表 6－3 所示。仪器参数如表 6－4 所示。

表 6-3　技术参数

发射及接收器性能指标	
发射脉冲类型	负脉冲方波
发射脉冲宽度	200～5000ns 连续可调(调节步进 10ns)
发射脉冲幅度	-800V±10%(最高)
重复频率	≤100Hz
发射阻抗	200Ω、500Ω
工作方式	自发自收、一发一收
接收器带宽	0.05～2MHz
衰减器精度	每 20dB 衰减误差≤1dB 每 60dB 衰减误差≤2dB
增益/步进	110dB/0.1dB、2.0dB、6.0dB
垂直线性误差	≤4%
水平线性误差	≤0.1%
等效输入噪声	≤80nV/√Hz
动态范围	≥30dB
检波方式	正、负检波，全检波，射频波

表 6-4　仪器参数

外观尺寸	250mm×180mm×75mm
重量	2.7kg(带电池)
屏幕尺寸	8.4in
屏幕参数	24 位真彩色
屏幕分辨率	800×600
数据存储	64GB
外部接口	USB2.0×2 VGA×1 编码器接口：2 个 报警器：1 个
电池	容量：11.1V～10AH 续航时间：≥6h
供电方式	AC220/DC15V/Bat11.1V
工作温度	0～45℃
存放温度	0～50℃(含电池)

注：HS 900GW 超声导波检测仪发射阻抗：http://www.zkcx.com/product/767.html。

随着导波检测技术的发展，以及石油化工等工业场景的实际需求，国内许多企业及研究机构采购了国外的超声导波检测仪器。然而，这些成套导波检测仪器针对管道检测而设计，价格昂贵，改造和二次开发困难，没有自主研制的商用便携式多通道导波检测仪器，这限制了导波检测技术在实际工程中的应用和发展。因此，如何研发便携式、高精度、低成本的多通道导波检测仪器，成为导波检测技术发展的一个重要问题。

6.3 导波检测软件

6.3.1 导波激励控制软件

1. SoPC 超声导波激励信号发生器设计

(1)系统整体方案设计

本系统以 Xilinx 公司 Spartan3E-Starter 开发板为硬件平台。此开发平台外设资源较为丰富，通过增加少量的外围设备即可实现系统设计。Spartan3E 系列 FPGA 是 Xilinx 公司性价比最高的 FPGA 芯片，可较好地满足产品的高集成化与低成本化。其内部 MicroBlaze 软核处理器采用功能强大的 32 位流水线 RISC 结构，包含 32 个 32 位的通用寄存器、2 个 32 位特殊寄存器，可具有 3/5 级流水线。时钟频率高达 150MHz。以 IBMCoreConnect 技术为基础，提供了丰富的接口资源。其中 PLB(处理器本地总线)总线提供对片上外设、外部存储器以及基于硬件描述语言编写的算法模块的访问，和其他外设 IP 核一起，完成嵌入式的 SoPC 开发。超声导波激励源的 SoPC 实现结构如图 6－67 所示。

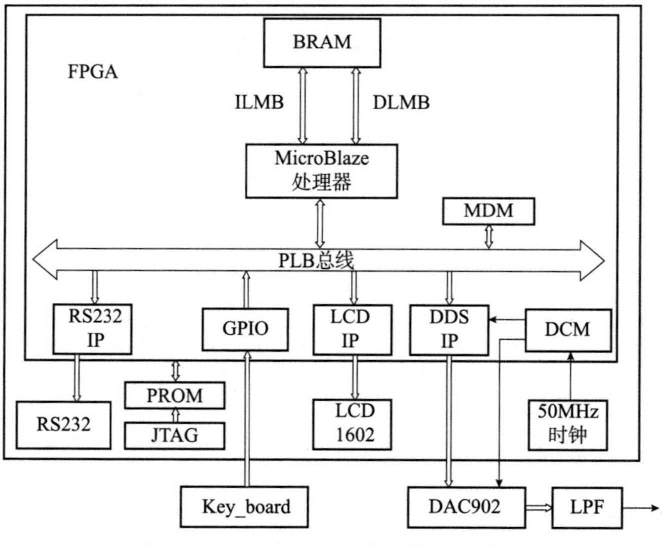

图 6－67　激励信号源发生器实现框图

FPGA 实现所有数字电路部分。MicroBlaze 处理器是系统的控制核心，通过 ILMB(本地存储器总线)访问程序存储空间 BRAM，PLB 总线挂载所需 IP 核。例化 GPIO 接口连接键盘，负责激励信号的频率设置。LCD1602 用于当前频率值显示。自主编写的 DDSIP 为系统波形发生的核心，直接产生激励源波形。MDM 为系统的调试模块，RS232 用于和 PC 通信或程序调试。使用 Xilinx 嵌入式开发套件 EDK 自带的数字时钟管理 DCM(Digital Clock Manager)IP 核，把 50MHz 输入时钟分频，分别为 DDS 模块和外部高速数模转换芯片 DAC902 提供稳定的 5MHz 和 50MHz 时钟信号。程序通过 JTAG 下载到 FPGA 内部的

BRAM，或者片外 PROM 中存储。FPGA 产生的数字信号经过 DAC902 转换为模拟信号，再经过低通滤波器去噪，即可获得高质量的超声导波激励信号源。

(2)超声导波 DDSIP 核设计

1)DDS 算法原理

DDS 是根据采样定理，通过查找表方法产生波形。通常为正弦波、余弦波、三角波或方波等。完整的 DDS 结构示意如图 6-68 所示。在参考时钟的驱动下，N bit 相位累加器对频率控制字 K 进行相位累加，得到的相位码对波形存储器寻址，使之输出相应的波形幅度值。将该值送给 DAC 和低通滤波器 LPF，实现量化幅值到一个平滑信号的转换。当相位累加值大于 2^N 时，相位累加器产生一次溢出，溢出频率就是 DDS 的输出频率。输出信号频率 f_{out} 可表示为：

$$f_{out}=(f_{clk}/2^N)\times K \tag{6-6}$$

当 $K=1$ 时，DDS 为最小频率输出，因此 DDS 的最小频率分辨率(或称步长)为：

$$\Delta f_{out}=f_{clk}/2^N \tag{6-7}$$

因 DDS 遵循奈奎斯特采样定理，最高输出频率是时钟频率的一半，即 $f_{out}=f_{clk}/2$。实际中 DDS 的输出频率要受到杂散水平限制，一般取值为：$f_{out}=40\%f_{clk}$。

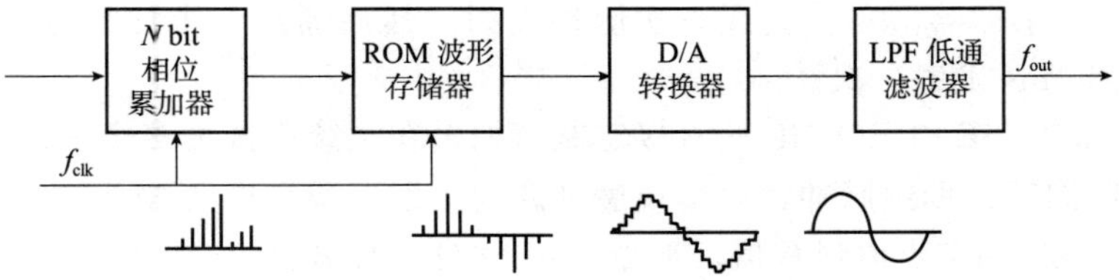

图 6-68　DDS 原理示意

2)超声导波 DDS 模块的 Verilog HDL 设计

在进行超声导波管道检测时，一般选用汉宁窗调制一定周期数 n(一般选取 10 个周期)的正弦波作为激励信号源。设调制后的信号为 $y(t)$，汉宁窗函数为 $\omega(n)$，正弦波信号为 $x(t)$，则可得：

$$y(t)=w(n)*x(t) \tag{6-8}$$

其中汉宁窗函数表达式为：

$$w(n)=\begin{cases}1T(12+12\cos\pi nT) & |n|\leqslant T\\ 0 & |n|>T\end{cases} \tag{6-9}$$

由 DDS 原理可知，相位累加器的位数 N 决定 DDS 的精度。N 值越大，DDS 的频率间隔 Δf 就越细。但 N 值增加，所需 ROM 容量也将呈指数增加。实际上在一般系统中，D/A 转换器的位数 m 是一定的，通常选取累加器的输出位数 $N=m+2$，即可满足需要。设计中 DAC902 为 12bit，取累加器为 14bit，调制脉冲最大幅值为 2^{12}，即 4096。借助 Matlab，生成由汉宁窗调制 10 个周期正弦波的窄带脉冲波形，如图 6-69 所示。

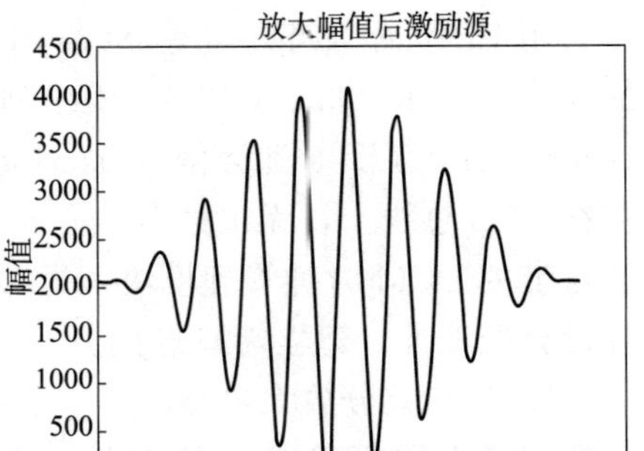

图 6-69　汉宁窗调制波形

基于 DDS 技术，采用 Verilog HDL 硬件描述语言设计直接产生导波激励波形的 DDS 模块，顶层原理如图 6－70 所示。L(0，2)模态超声导波的 50～500kHz 频率是指单音频信号频率(如图 6－69 所示，10 个周期，设单音频率为 f_0)，而非 DDS 输出频率 f_{out}。由 $T_{out}=10T_0$，得 $f_{out}=f_0/10$。所以 DDS 输出 f_{out} 应为 5～50kHz。系统主时钟为 50MHz，在 DDS 输出最高频率为 50kHz 时，为实现 0.3kHz(单音频 3kHz)步进值，10 周期窄带脉冲取样点数不少于 100 点，以减小失真，则时钟频率必须大于 4.9MHz。将系统主时钟 10 分频，得到 5MHz DDS 时钟频率。频率控制字取 8bit 就可满足要求。

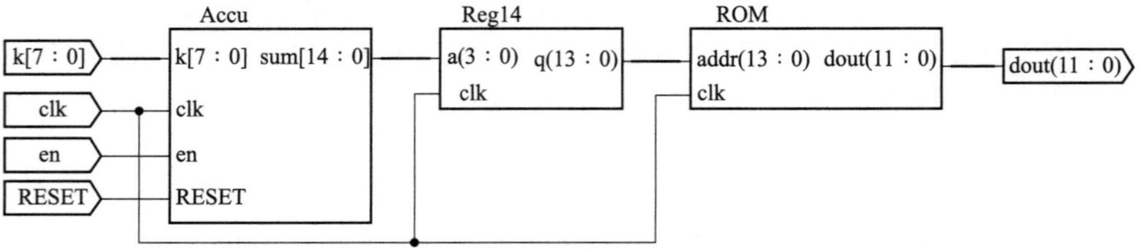

图 6－70　DDS 模块顶层原理

累加器模块 Accu 对频率控制字 K 累加，并将结果的低 14 位 sum[13：0]送给下一级 Reg 寄存器，作为 ROM 地址。Accu 的最高位 sum[14]为判断位。在累加过程中，当相位 sum[14]为 1 时，累加器清零，完成一次脉冲发射。然后通过一个计数器实现延时功能，使激励脉冲每隔 1ms 发射一次。

ROM 模块采用 ISE 中 ROMIP 核直接定制。如果在系统中添加多个 ROM，每个 ROM 中分别载入不同周期的调制脉冲，可实现激励源的周期可调。借助 Matlab，把图 6－69 窄带脉冲量化成 12bit 的定点波形数值，形成 .coe 文件并加载到 ROM 中。

将频率控制字 K 设为 23 时，输出频率 $f_{out}=7$kHz，对应单音频信号为 70kHz。Modelsim 仿真波形如图 6－71 所示。

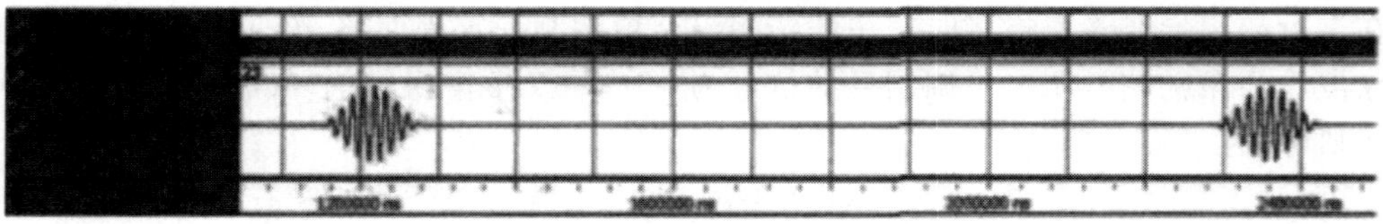

图 6－71　DDS 模块产生波形

(3)系统硬件实现

1)外设 IP 核挂载

利用 EDK 的 XPS，创建 MicroBlaze 硬件平台。通过 BaseSystemBuilderWizard 快速添加配置，如 RS232、GPIO、BRAM 等。对于自主编写的 DDS 模块，使用 Create/ImportPeripheral 工具，适当修改 userlogic 和 IPIF 两个自动生成文件，可将自己的逻辑模块挂接在 PLB 总线上，无须过多关心自定义 IP 与 PLB 总线的协议和接口逻辑。在 XPS 中添加自带的 DCM 时钟管理模块，为 DDSIP 和 DAC 提供精确稳定的时钟输入。最后为所有外设分配地址，建立端口连接。

2)DAC 与差分放大电路

选用高速数模转换器件 DAC902，将 FPGA 输出的数字信号转换为模拟信号。把 DAC902 两输出端 IOUT 和 $\overline{\text{IOUT}}$ 接到由运算放大器 OPA680 组成的差分放大电路的输入端，实现最高幅值±1V 输出。电路连接如图 6－72 所示。

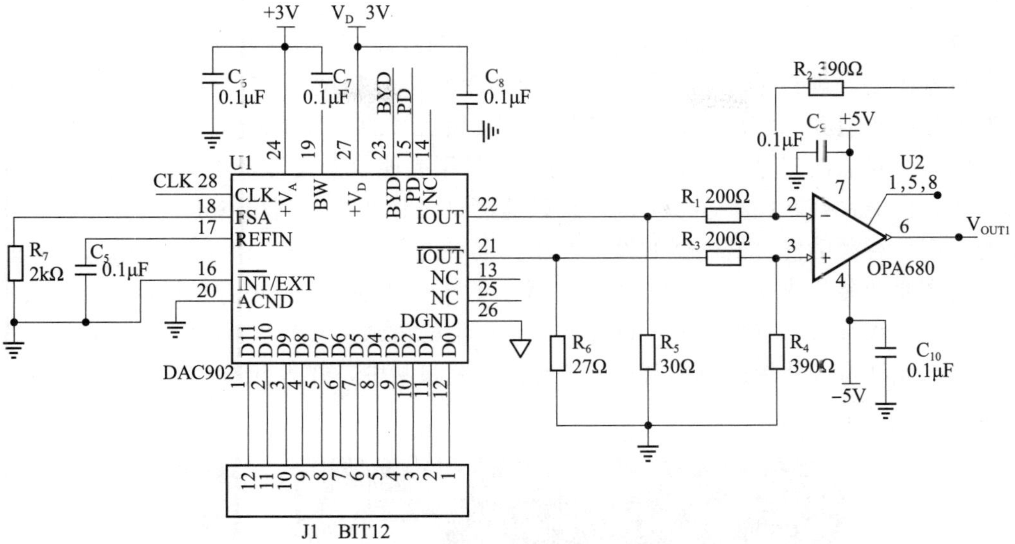

图6-72 数模转换与差分放大电路

3)滤波电路

设计中主要有两方面的杂散：存放在ROM中的波形幅度量化位数 $D\neq\infty$，带来幅度量化误差以及DAC芯片的非理想性转换特性，因此输出信号伴有大量高频噪声，需经过必要的平滑滤波处理后才能得到较为理想的激励信号。

如图6-73所示，由OPA680加上必要元器件组成二阶压控电压源低通滤波器。其截止频率 $f_c=\dfrac{1}{2\pi RC}=530\text{kHz}$，放大倍数为1.5倍，幅频响应为-3dB。

(4)软件设计

软件部分在SDK中通过C语言编写完成，主要包括初始化、GPIO口键盘值读取、LCD显示、DDS频率字输入和调节等。由于导波频率在50～500kHz，跨度较大。为方便实际检测，设计了频率粗调和微调功能。系统键盘包括设置键(Set)、粗调键(Adjust)、微调键(Fine)、确认键(OK)以及复位键(Reset)。上电后，频率控制字 K 为初始值16，系统产生50kHz默认频率激励信号。每按一次粗调键(Adjust)，K 值增加，分别对应70kHz、120kHz、170kHz等基数频率。用微调键(Fine)以3kHz为步进值进行细调。通过写寄存器语句DDS_IP_mWriteReg将 K 值赋给DDS模块，产生相应频率激励信号。程序流程如图6-74所示。

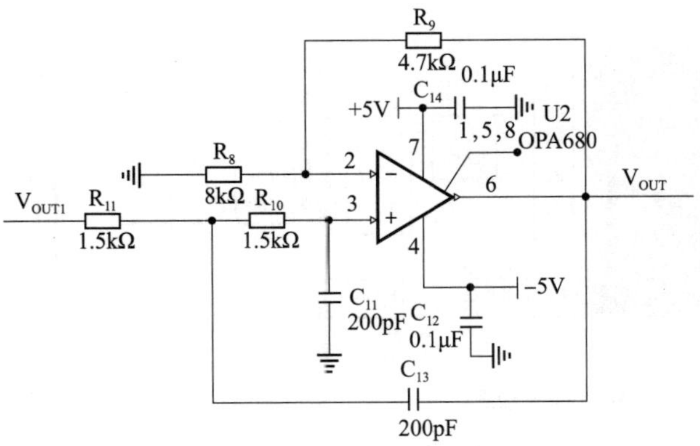

图6-73 低通滤波电路

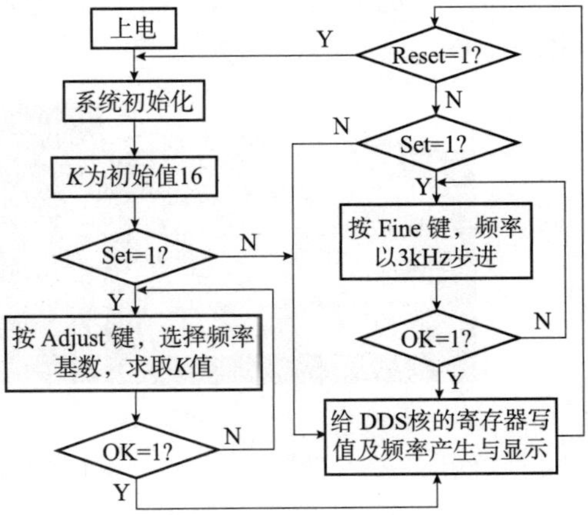

图6-74 系统软件主要程序流程

(5)实验结果分析

系统上电后，在键盘上选择激励频率值为70kHz，使用NIPCI－5102数字化仪的虚拟示波器对输出信号进行采集和分析。捕捉到的激励信号如图6－75所示。由面板参数可知，波形最高幅值为1.5V，包含10个周期单音频信号的窄带脉冲宽度约为0.142ms。改变键盘输入，对输出信号进行FFT频谱分析。结果表明，此设计产生的激励信号精度高，波形纯净，性能良好，频率连续可调，较好地满足设计要求。利用SoPC技术，给出了一种新的超声导波激励信号发生器的设计方法。重点论述了导波专用DDS模块的实现过程。把系统的主要功能集成在单片FPGA内，减少了外围电路，体积小，功耗低，抗干扰能力强，易于扩展和升级，有效降低了设计成本。产生的激励信号精度高，稳定性好，频率连续可调。本设计可方便地应用到管道超声导波缺陷检测中，并为开发小型化、集成化的导波检测系统提供了可能。

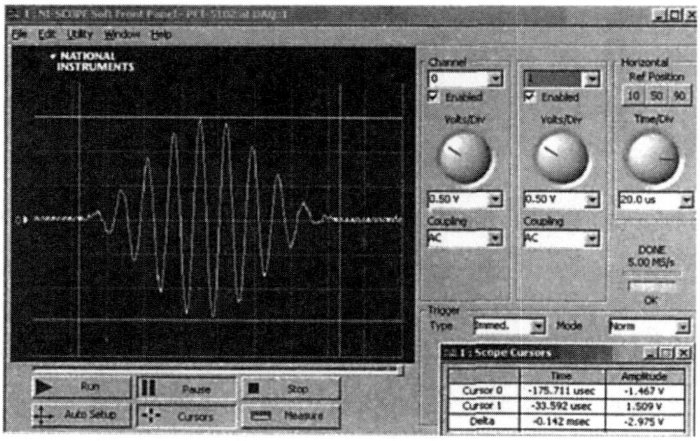

图6－75 示波器采集波形

2. 基于USB总线的超声导波激励接收

开发超声导波激励/接收仪的配套采集分析软件，实现实验测试系统的整体搭建。由于仪器采集的超声导波数据量较大，且考虑仪器的效率和性能，因此选用USB接口从仪器向PC传输数据。如何开发一套完整的基于USB接口的超声导波采集与分析软件是研究工作的基础，同时也关系到后续的数据采集和信号分析工作的顺利进行。超声导波激励/接收仪采用ISP1581接口芯片与PC进行通信，仪器的主控DSP5502控制ISP1581芯片，实现与PC的通信。图6－76所示为已开发完成的超声导波激励/接收仪的实物和模块框图。

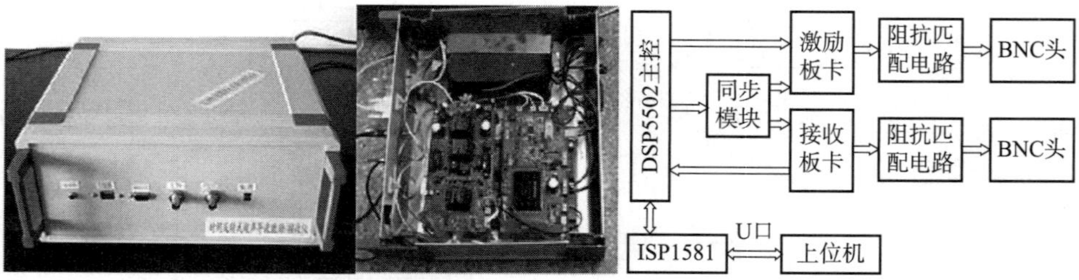

(a)仪器实物　　(b)仪器模块框图

图6－76 超声导波激励接收仪器

为了实现仪器与 PC 通信需要进行相关软件的开发，两者间顺利通信需要以下三种软件的支撑。

(1)由于 DSP5502 内部没有 USB 接口的通信协议，因此开发基于 USB 接口的导波采集分析软件的第一步是开发 5502 内部的 USB 通信协议，即 USB 通信程序的下位机固件驱动。

(2)USB 接口芯片 ISP1581 在 PC 中的 USB 上位机驱动，USB 上位机驱动使得仪器在连入 PC 后能够被 PC 正确识别。

(3)导波检测分析软件，即上位机软件，其能够接收存储导波信号，并进行在线分析。

6.3.2　导波信号分析及成像软件

软件主要分为两个部分：①数据采集显示部分，利用 USB 接口实现高速、稳定、实时采集并显示导波信号。②对导波信号进行时频域分析，保存变换数据供后续缺陷识别算法使用。

1. 数据采集显示模块

数据采集模块调用 API 函数与仪器通信，将仪器采集存储在 SDRAM 的数据读取到上位机软件内开辟的数组并通过波形控件显示。软件提供了三种数据采集方式：单次采集、手动扫频、自动扫频。激励超声导波信号需要合适的激励频率，但通常在实际检测中，用户无法准确确定激励频率，软件中的手动/自动扫频功能可帮助用户分析合适的激励超声导波的频率。在采集数据时，用户需先将仪器准备好，并软连接设备，即打开设备句柄。仪器在操作系统中被看作一个文件，首先用上位机驱动生成的设备接口来查找设备在系统中的路径，之后用 CreateFile 打开设备句柄。若设备句柄成功打开，则利用 DeviceIoControl 通过 USB 管道 1In 来发送自定义命令，之后利用 DeviceIoControl 通过 USB 管道 1Out 来接收超声导波信号数据，数据被保存在软件内部开辟的数组中，并利用波形显示控件来显示超声导波波形图。图 6 - 77 所示为上位机软件数据采集流程。

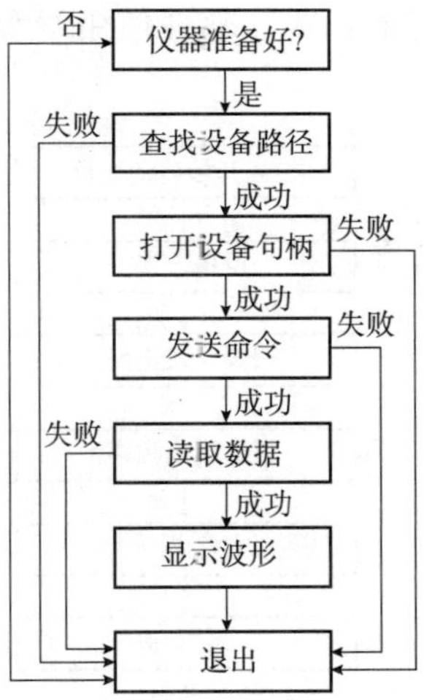

图 6 - 77　上位机软件数据采集流程

图 6 - 78 为用超声导波激励/接收仪和导波检测分析软件来检测半径 11mm、长 2m 的钢杆中的裂纹缺陷所接收的超声导波信号时域波形。软件采用单次采集方式采集导波回波信号，仪器激励信号采用 5 个周期汉宁窗调制的正弦波，频率为 235kHz，仪器采样频率为 1.667MHz。软件内部用 QueryPerformanceCounter 函数获取数据传输时的微秒级别精确计时，经测试数据传输速率为 63.883Mbit/s。

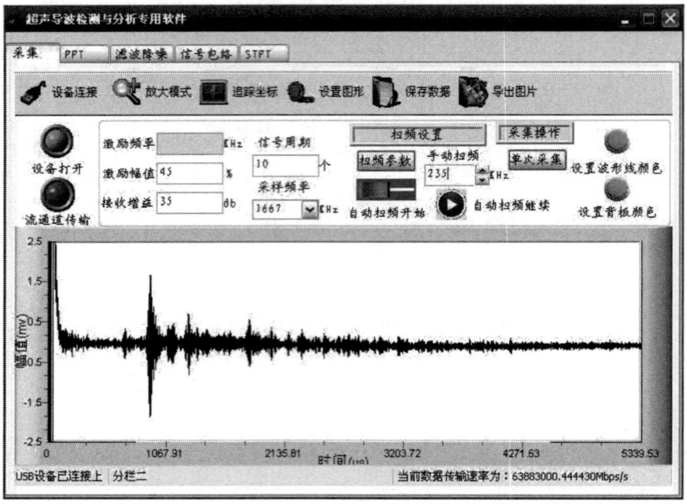

图 6－78　实测导波信号

软件的数据采集模块提供自动/手动扫频，帮助用户确定在典型结构中激励超声导波的最佳频率范围。用户可自行输入扫频起始点、终止点，以及扫频频率间隔，其内部固定3s显示一次所扫频率点的导波回波波形，并将数据自动存储在用户指定的目录中。考虑其扫频功能的耗时，软件使用线程处理方式处理扫频采集过程，图 6－79 所示为自动扫频流程。

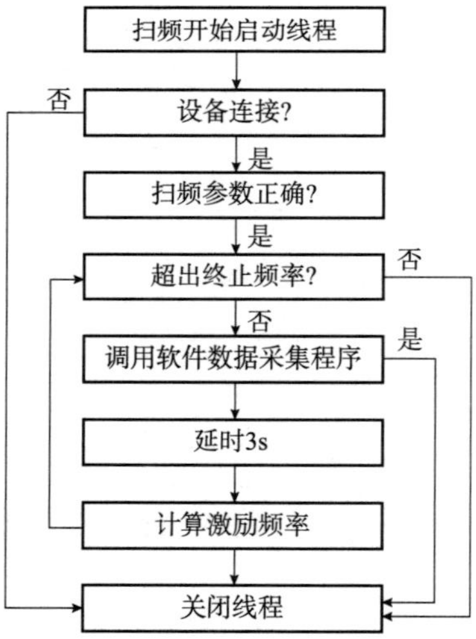

图 6－79　自动扫频流程

2. FFT 变换模块

超声导波信号的频率成分，通常被用来计算透射系数、反射系数、功率谱等。软件采用基 2FFT 分析导波信号的频谱，速度快，为后续分析提供支持。基 2FFT 总的思想是将输入信号对半分割，再对半分割，直至分割为两点，之后进行两点 DFT 计算。图 6－80 所示为基 2FFT 的计算流程，对于任何一个离散信号 $x(k)$，将其表示为奇序列 $x_1(k)$与偶序列 $x_2(k)$之和，分别对奇序列和偶序列对半分割，直至能进行两点 DFT 计算，并循环。软件存储 FFT 计算的数据，据此计算透射、反射系数、功率谱，以及为后续缺陷识别算法的特征量的计算提供变换后数据等。

图 6－81 为软件的 FFT 模块对图 6－78 显示的导波信号进行分析后准确显示信号的频谱范围的结果，其 FFT 变换数据为后续分析提供帮助。

3. 降噪模块

实际采集的超声导波信号常会掺杂噪声，若噪声过大，会使有用信号被噪声湮没，因此需对信号滤波、降噪等。软件提供了两种方式的滤波降噪：小波降噪、FIR 滤波降噪。小波降噪利用小波基函数与超声导波信号的波包进行相似性比较，进行小波降噪，提高信号的分辨率。图 6－82 所示为小波降噪的 C＋＋实现流程。

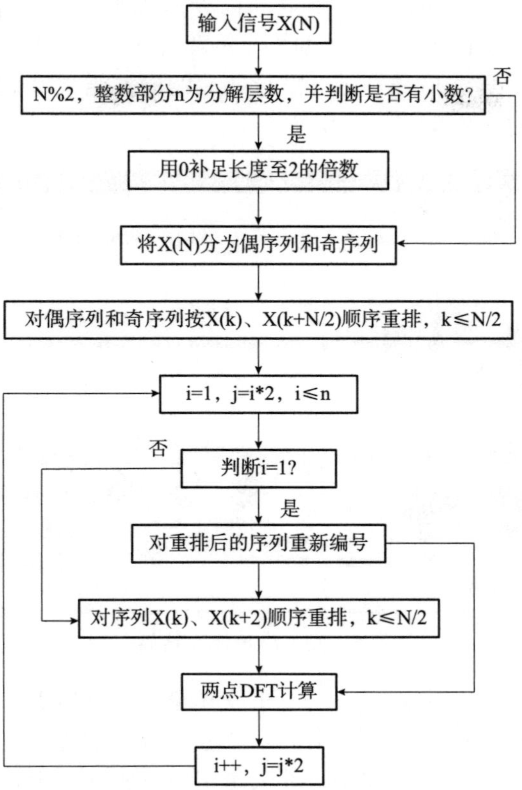

图6-80　基2FFT流程

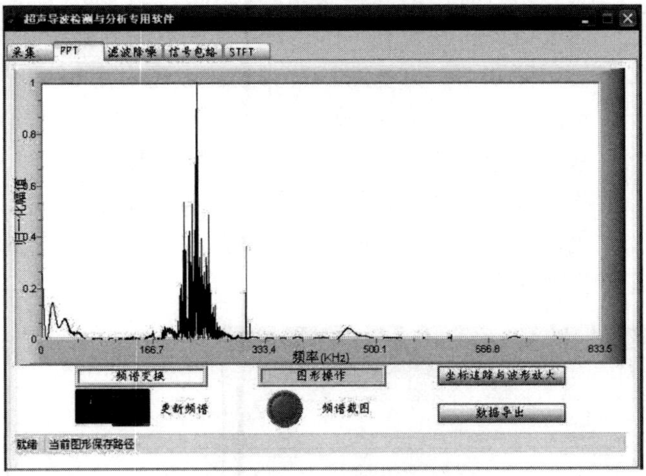

图6-81　FFT变换结果

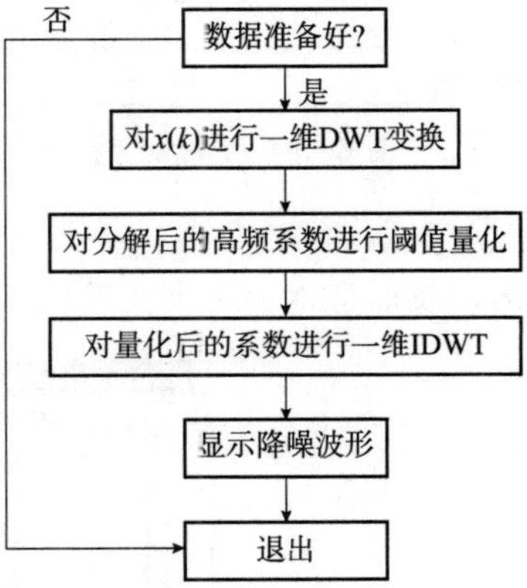

图6-82　小波降噪流程

噪声信号主要为高频成分，因此在图6-82中，可先用小波分解是取离散信号的高频细节系数，再用阈值量化而对信号进行降噪。用mallat算法实现一维IDWT(discrete wavelett ransform)对离散信号进行分解，mallat算法的核心思想为原始信号与低通、高通分解滤波器的卷积并进行偶抽取。通常情况下使用正交小波来获取其低通、高通分解滤波器和其低通、高通重构滤波器，如已知dB系列小波的低通分解滤波器h，则其低通重构滤波器h'为h的倒序，其高通重构滤波器g'为h'的镜像，其高通分解滤波器g为g'的倒序，降噪后信号可由分解后的小波低频系数和高频系数通过 h' 和 g' 后合并得到，即一维 IDWT。图 6－83 为软件的小波降噪功能对图 6－78 显示的导波信号进行降噪处理后的显示结果，使用 dB4 小波对导波信号进行五层分解后的滤波结果有效地提高了导波信号的信噪比，但滤波后信号的波形发生了一些畸变。

图 6－83　小波降噪结果

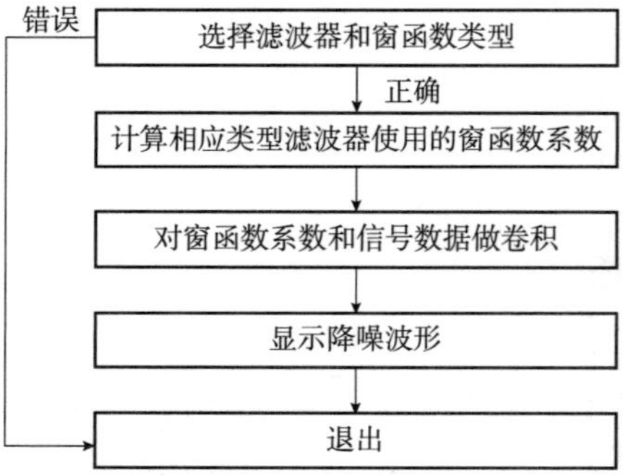

图 6－84　FIR 滤波流程

小波降噪是在整体上对信号进行分解，利用给出的小波基函数自动选择合适的分解层数，但其有时不满足用户分析信号中特定频率段的需要。为此软件提供了 FIR 低通、高通、带通、带阻滤波器滤除信号有用的频率段噪声。图 6－84 所示为 FIR 滤波器的实现流程。

图 6－85 为使用 FIR 带通滤波器对图 6－78 显示的超声导波信号做滤波后的结果，其使用的参数：窗函数为汉宁窗，窗长为 96。图 6－84 所示的滤波后信号更好地提高了信号的信噪比，缺陷波包更容易分辨，且同图 6－83 所示的小波降噪结果相比，波形基本上不发生畸变，更适合于导波信号的降噪滤波。

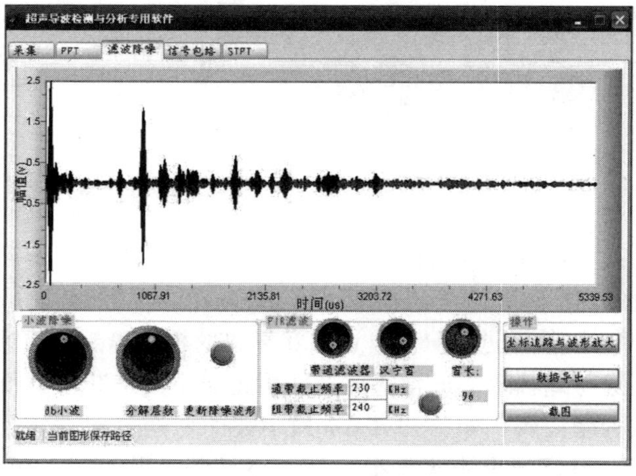

图 6－85　FIR 滤波结果

4. Hilbert 变换模块

仪器采集到的超声导波反射信号常常会由于各种原因使信号波包变形，无法准确提取波包峰值，Hilbert 包络技术可准确获取超声导波信号的峰值信息，提升了从信号中判别有无缺陷等结构存在的可能，变换后数据可以保存供后续分析使用。图 6－86 所示为 C＋＋实现的 Hilbert 包络流程。图 6－87 所示为用 Hilbert 变换对图 6－78 所显示的超声导波信号做包络后的结果，信号包络技术准确抽取了导波信号的各个波包峰值，且可准确定位分析反射体反射的波包峰值信息，并可存储变换数据。

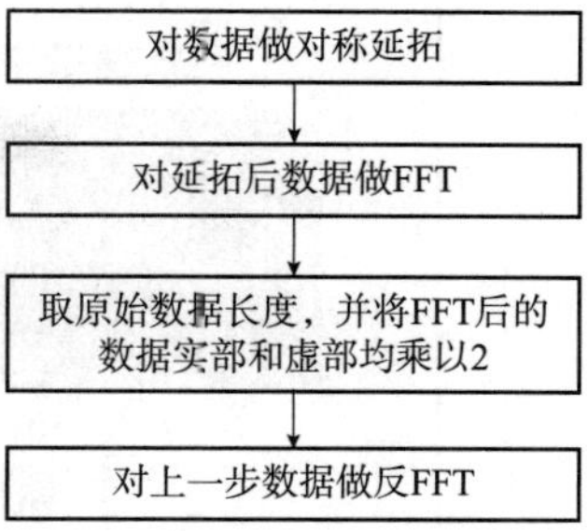

图 6－86　Hilbert 包络流程

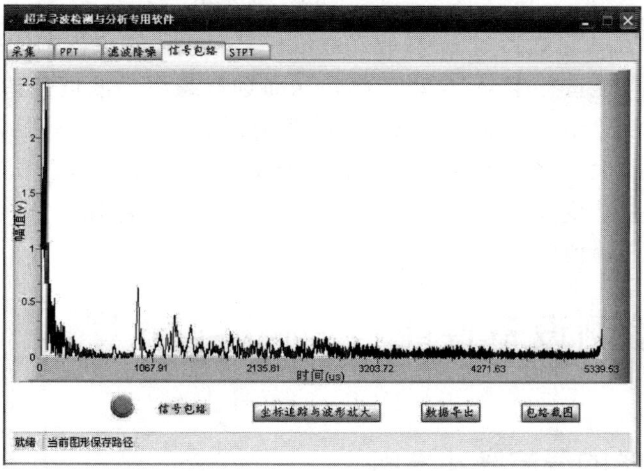

图 6－87　Hibert 变换结果

5. 短时傅里叶变换模块

仪器采集的超声导波反射信号为时域信号，虽可用 FFT 观察其频域信息，但同时抹去了时域信息，短时傅里叶变换可同时观察超声导波信号的时频域信息，软件可展示三维的短时傅里叶变换，同时分析导波信号的频率范围、功率谱、波包位置信息。软件提供两种短时傅里叶变换显示方法：①2D 平面短时傅里叶变换显示；②3D 立体短时傅里叶变换显示。由于 VisualC＋＋的编译环境中不提供现成的 2D 密度显示控件，故采用 VisualC＋＋与 Matlab 混合编程的方法实现 2D 平面短时傅里叶变换显示。图 6－88 所示为短时傅里叶变换的流程。图 6－89(a)为用短时傅里叶变换对图 6－78 所示的超声导波信号做时频域分析后的 2D 显示结果；图6－89(b)为 3D 显示结果。图6－89 可同时分析导波信号的频谱和时域信息，立体展示能值信息。

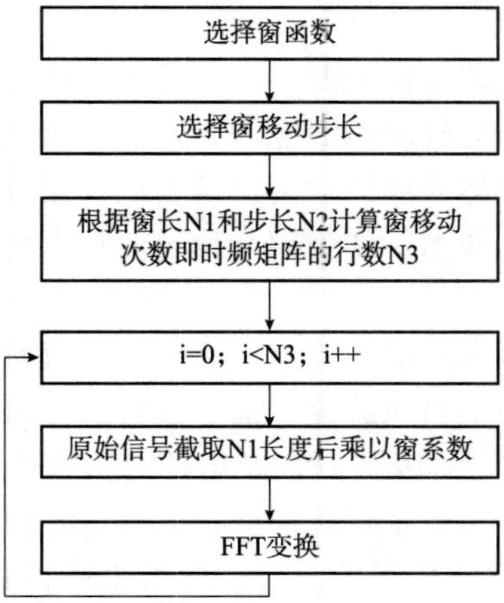

图 6－88　短时傅里叶变换流程

软件在内部集成的短时傅里叶变换功能，可对信号进行在线分析，不过其 2D 显示结果不需要 Matlab 环境的支持，同时短时傅里叶 2D 显示结果图可保存，为后续对信号进行模态识别等分析提供了支持。

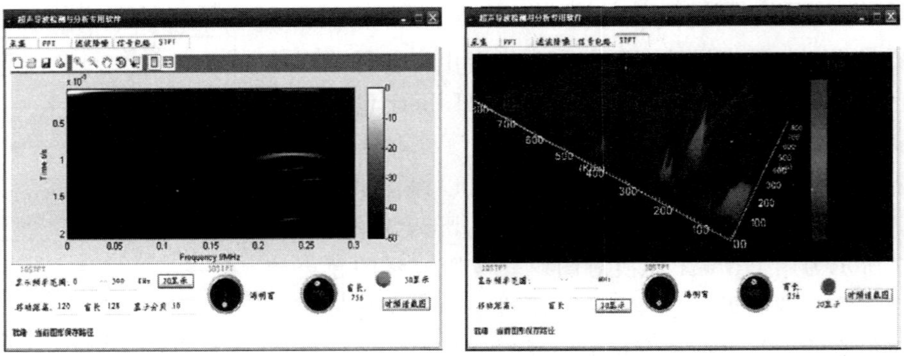

(a)2D显示　　(b)3D显示

图 6-89　短时傅里叶变换结果

软件利用标准 API 函数通过 USB 驱动操纵仪器，可设置仪器的激励频率、采样频率、激励电压等参数，且能进行手动/自动扫频，从而选取超声导波信号的合适激励频率。软件应用于导波扫频实验中，可准确获取合适的激励频率，传输速率达到 63.883Mbit/s，满足导波检测所要求的大容量、高速、稳定、实时的要求。其内部集成的小波降噪、FFT、信号包络、短时傅里叶变换功能，可有效提高导波信号的信噪比，分析其频率成分，准确抽取导波信号的波包峰值等。

6.4　导波检测设备性能

6.4.1　检测设备的导波脉冲发射

管道中的超声导波根据传播方向可分为轴向传播和周向传播导波，管道中轴向传播导波根据质点振动方向的不同分为纵向导波和扭转导波两类，其中纵向导波的质点振动方向主要为轴向 z 和径向 r，扭转导波的质点振动方向主要为周向 θ。根据导波能量的圆周分布情况，管道中轴向传播导波又可分为轴对称模态和非轴对称模态(弯曲模态)，现在主要介绍非轴对称模态导波声场的脉冲发射调控。

轴对称管道导波已经得到深入的研究并大量用于管道的无损检测。然而其检测能力仍然面临着诸多技术挑战：首先，轴对称超声导波对管道斜向缺陷检测能力差，且无法实现缺陷的分类与定征；其次，轴对称超声导波对螺旋焊管管体缺陷的检测灵敏度低，无法满足实际检测需求。因此，需要发展非轴对称导波无损检测技术，作为轴对称导波技术的补充，进一步提高管道缺陷的检测能力。

如图 6-90 所示，轴对称管道导波由于传播方向与斜向缺陷不垂直，导波发生散射和模态转换，回波信号能量很小，使得轴对称导波难以检测出斜向裂纹。螺旋焊管的焊缝沿一定的成型角延伸，这种不对称性为导波检测带来了较大的困难。若采用轴对称模态导波，其波平面与管道轴线垂直，当导波遇到螺旋焊缝时，会产生焊缝回波，焊缝各处的回波存在一定的时间差，不能同时到达导波接收换能器，回波信号的波包在时域上被拉长，缺陷信号很容易淹没在回波信号中。此外，导波在焊缝处还会产生复杂的模态转换，产生较多的噪声信号，也对螺旋焊管的导波检测造成困难。

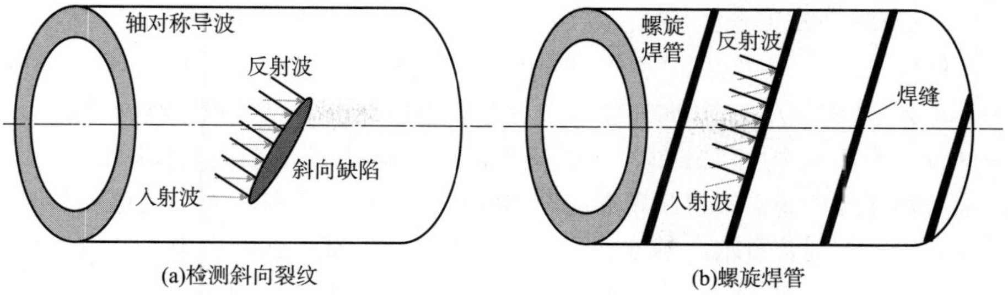

图 6－90　轴对称管道导波检测斜向裂纹和螺旋焊管发生散射示意

同时，超声导波对缺陷引起的待检构件横截面面积变化敏感，其检测灵敏度以当量横截面变化(Equivalent Cross Section Change，ECSC)为标准，目前针对管道超声导波检测的应用，主要使用轴对称模态导波，如 $T(0, 1)$和 $L(0, 2)$，轴对称导波的特性为其沿着管道的轴向传播，因此特别适合检测体积型缺陷和横向裂纹缺陷。但传统的基于轴对称导波的管道无损检测存在两个问题：首先，由于具有相同 ECSC 的体积型缺陷和裂纹类缺陷在信号表征上基本一致，因此难以实现缺陷的分类和缺陷危害程度的评估；其次，由于斜向裂纹 ECSC 较小，即使裂纹较长也难以有效检测，导致斜向裂纹检测灵敏度较低，难以满足现实检测需求。因此，传统的轴对称超声导波无法实现缺陷分类和定征，且对管道斜向缺陷检测能力差，难以满足日益增长的管道定量化无损检测需求。研究表明，非轴对称导波沿着与管道轴线呈一定螺旋角的方向传播，不同周向阶数的非轴对称导波传播螺旋角不同，因此可成为检测管道中的斜向缺陷的理想模态，且具有实现管道中缺陷分类的潜力。

可见，常用的 $T(0, 1)$及 $L(0, 2)$等轴对称模态导波无法对管道斜向缺陷及螺旋焊管管体损伤进行有效检测，所以需要选取传播方向与管道轴线呈一定角度的弯曲模态导波进行检测。然而，管道中的弯曲模态数量庞大，传播特点复杂，如何选取与被检测对象相匹配的弯曲模态导波是实现斜向缺陷和螺旋焊管导波检测的基础。与轴对称模态导波相比，弯曲模态导波的传播特性和激发原理都较为复杂，目前在导波检测中应用较少。在现有的科学研究中，弯曲模态导波的激发方法主要是局部载荷法。但是激发方式是激励出一系列的弯曲模态导波，无法实现单一模态弯曲导波的激发。局部载荷法利用管道的自然聚焦特性，管道在局部载荷的作用下会产生一系列携带不同能量的弯曲模态导波(图 6－91)，众多模态的导波会产生大量的相干噪声，这种相干噪声无法通过信号平均等信号处理方法消除，故极大地降低了信噪比。建立非轴对称管道导波声场调控理论，激发出与螺旋焊管结构或斜向缺陷特征相匹配模态的弯曲导波，从而实现螺旋焊管的检测以及对斜向缺陷进行定征，是发挥导波多模态检测优势的生动体现。

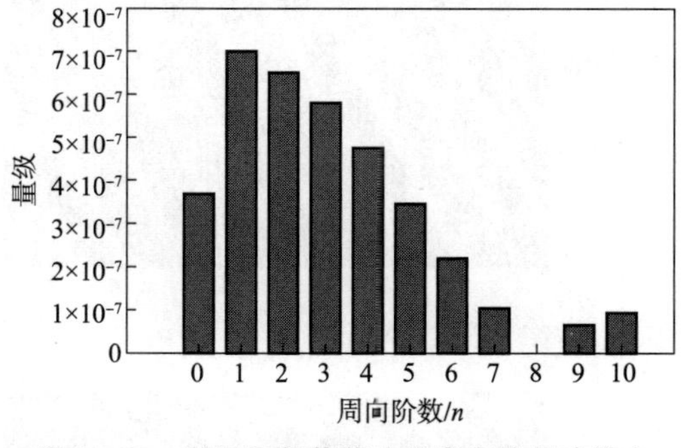

图 6－91　利用局部载荷法激发出的导波模态

(1)基于螺旋换能器的非轴对称导波激励方法

管道中轴向传播的超声导波按照周向阶数 n 的不同分为轴对称模态($n=0$)和非轴对称模态($n\geqslant1$，也称为弯曲模态)。周向阶数的不同表明波结构(周向位移分布)的不同。事实上，了解和理解导波模态的波结构对于理解导波波动行为极为关键，对模态的选择、换能器的设计也具有重要意义。管道中存在无数个轴向传播的导波模态，其中轴向 z 传播的 n

阶 m 模态的速度场可表示为：

$$v_m^n(r,\ \theta)\mathrm{e}^{\mathrm{i}(\omega t-k_m^n z)}=[R_{mr}^n(r)\Theta_r^n(n\theta)e_r+R_{m\theta}^n\Theta_\theta^n(n\theta)e_\theta+R_{mz}^n\Theta_z^n(n\theta)e_z]\mathrm{e}^{\mathrm{i}(\omega t-k_m^n z)} \quad (6-10)$$

式中　$R(r)$和 $\Theta(n\theta)$——径向速度分布函数和周向速度分布函数。轴对称模态导波声场沿管道圆周方向为轴对称均匀分布，表明波束波矢方向为管道轴向，波阵面与管道轴线垂直。而非轴对称导波声场沿管道圆周方向为非轴对称不均匀分布，表明波束波矢与管道轴线呈一定角度，波阵面与管道轴向不垂直，通过波阵面分析可得到管道中非轴对称导波的传播特性。图 6-92 所示为前 6 阶导波模态的波阵面分析。由图清晰可见，轴对称模态导波波阵面垂直管道轴线，非轴对称导波波阵面与管道轴线倾斜相交，且倾斜的程度与周向阶数 n 相关。

根据上述波阵面分析，可得出如下推论：管道中的非轴对称导波与同族的轴对称模态极其相似（频散特性和波结构），可以看作是同族轴对称模态导波沿着与管道轴向呈一定螺旋角 α 传播的结果。图 6-92 所示为非轴对称导波在管道中传播的展开图，n 值从 0～5 依次对应着图 6-92(a)～(f)。

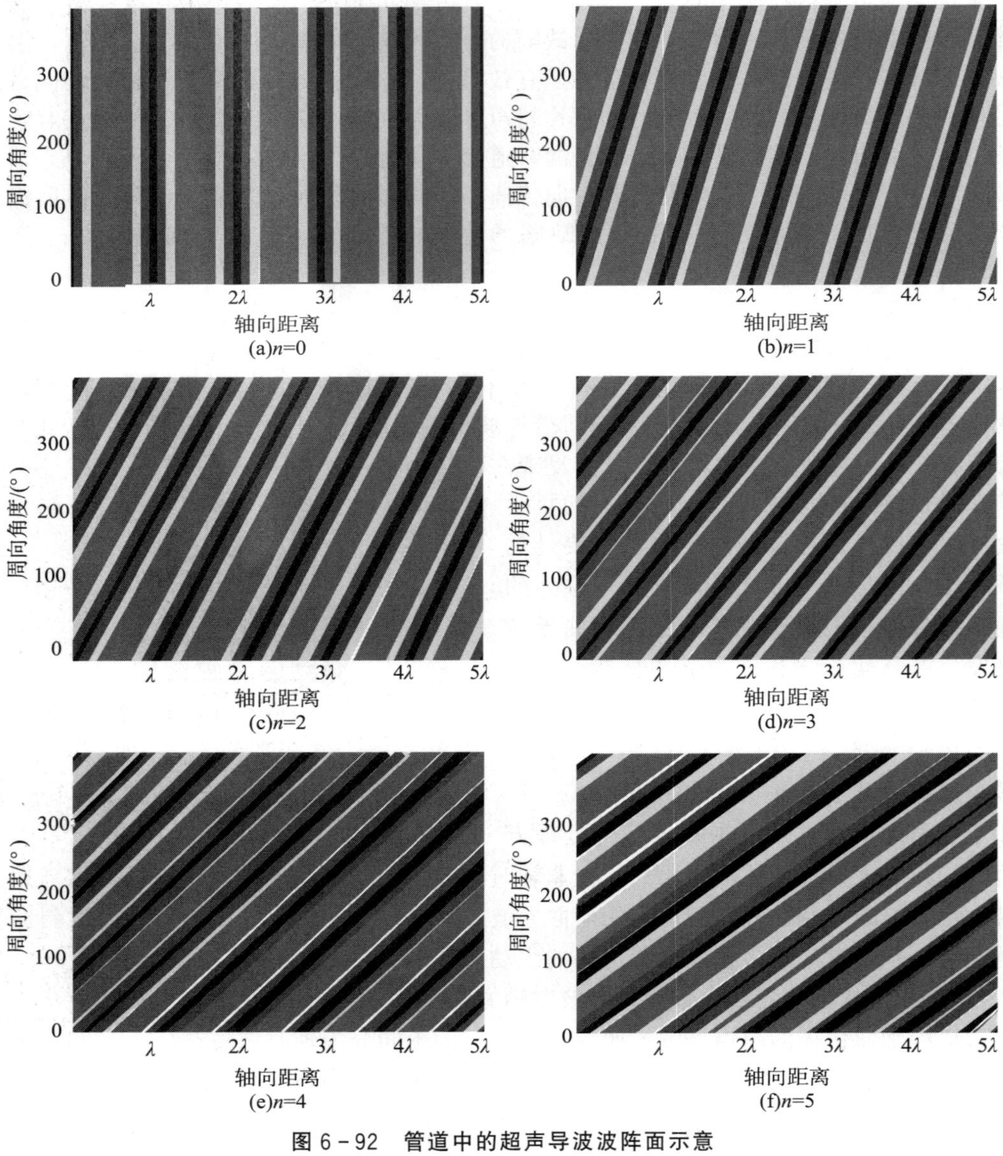

图 6-92　管道中的超声导波波阵面示意

一个连续完整的波阵面在轴向尺度上包含了整数倍个波长 $n\lambda$，通过简单的三角函数关系可得螺旋角 α 满足以下关系：

$$\tan\alpha=\frac{n\lambda_z}{2\pi R_a} \tag{6-11}$$

式中 λ_z——导波模态的轴向波长；

R_a——管道平均半径。

非轴对称导波波阵面分析见图 6-93。

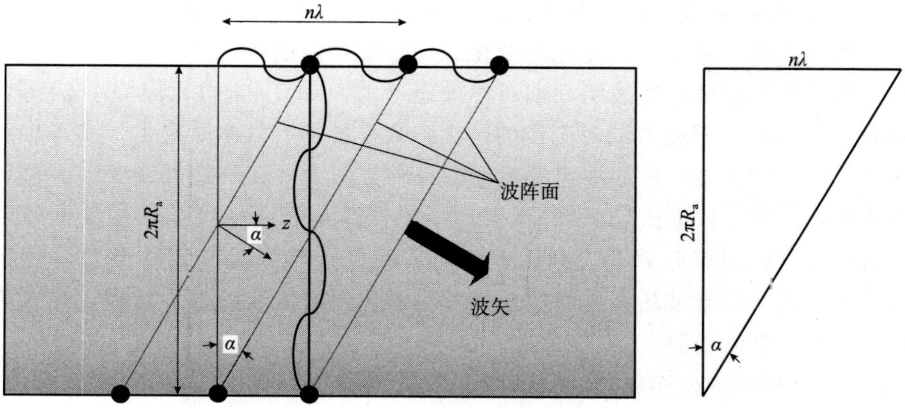

图 6-93 非轴对称导波波阵面分析

根据上述假设，非轴对称导波沿着波矢方向 n 传播，设其波矢方向波数：

$$k_n=\frac{2\pi}{\lambda_n} \tag{6-12}$$

式中 λ_n——导波模态的波矢方向波长，则波矢方向的波数 k_n 可分解为周向和轴向：

$$k_n e_n=k_\theta e_\theta+k_z e_z \tag{6-13}$$

式中：

$$k_n=\frac{k_z}{\cos\alpha} \tag{6-14}$$

$$k_\theta=k_z\tan\alpha=\frac{n}{R_a} \tag{6-15}$$

将沿管道传播的非轴对称导波轴向波数 k_z 表示为波矢方向波数 k_n 和周向波数 k_θ 的函数：

$$k_z=\sqrt{k_n^2-k_\theta^2}=\sqrt{k_n^2-\left(\frac{n}{R_a}\right)^2} \tag{6-16}$$

众所周知，通过求解 Navier 波动控制方程可以得到线弹性各向同性管道中导波模态的轴向波数 k_z，一般为实数，根据式(6-16)，有如下限制：

$$n<k_n R_a=\frac{k_z R_a}{\cos\alpha} \tag{6-17}$$

式(6-17)给出了关于非轴对称导波模态阶数的限制：对于给定频率 f，管道中可能存在的某一族高阶非轴对称模态的个数受此上限限制，并非无穷多个。

综上所述，从波结构分析出发，得出管道中非轴对称导波波阵面与管道轴线倾斜相交的事实：通过非轴对称导波波阵面分析，得到非轴对称导波沿着与管道轴向呈一定螺旋角 α 的方向传播的结论，螺旋角 α 可由式(6-18)确定；进而通过波数分解分析，得到了单频率下可存在的单族非轴对称模态的个数上限。这事实上给出了一种全新的理解管道中非轴对称模态超声导波的方法，即非轴对称模态可近似地看作轴对称模态沿着与管道轴向呈一定角度的方向传播形成的模态。

根据对管道中非轴对称导波的全新理解，非轴对称导波与同族轴对称模态具有非常相似的特性，可认为是轴对称模态沿着与管道轴向呈一定螺旋角 α 的方向传播形成的结果。螺旋角 α 可根据式(6－18)计算：

$$\alpha=\tan^{-1}\left(\frac{n\lambda_z}{2\pi R_a}\right)=\tan^{-1}\left(\frac{nc_p}{2\pi fR_a}\right) \tag{6-18}$$

式(6－18)表明，螺旋角 α 是周向阶数 n、相速度 c_p、频率 f 和平均半径 R_a 等参数的函数，螺旋角 α 依赖于频率 f 的变化而变化，即螺旋角频散特性。

理论分析与实验验证已经表明，轴对称模态导波，如 $T(0,1)$、$L(0,2)$等，可由单个覆盖圆周 360°的换能器或者同时工作的圆周阵列换能器有效激励产生。参考轴对称导波的激励方式，管道中非轴对称导波声场激励的一种方法为：在管道外壁安装螺旋(阵列)换能器，换能器螺旋角 α 根据式(6－18)计算，换能器载荷方向根据波结构匹配原则进行选择；换能器对管道施加螺旋载荷，激励产生沿着与管道轴线呈一定螺旋角 α 传播的导波场，即为目标非轴对称导波场；纯净的单一非轴对称导波场在管道中传播，可实现对管道的无损检测或结构健康监测。

(2)基于圆周相控阵列换能器的非轴对称导波激励方法

管状结构中轴向传播的超声导波按照周向阶数 n 的不同，分为轴对称模态($n=0$)和非轴对称模态($n\geqslant1$，也称非轴对称模态)。管状结构中的导波位移场或速度场是以一系列简正模态为基矢量的线性叠加。根据简正模态展开的思想，受载管状结构中的粒子速度场可展开为：

$$v_m^n(r,\theta)e^{i(\omega t-k_m^n z)}=[R_{mr}^n(r)\Theta_r^n(n\theta)\overrightarrow{e_r}+R_{m\theta}^n(r)\Theta_\theta^n(n\theta)\overrightarrow{e_\theta}+R_{mz}^n(r)\Theta_z^n(n\theta)\overrightarrow{e_z}]e^{i(\omega t-k_m^n z)} \tag{6-19}$$

式中，函数 R_m^n 和 Θ_r^n 分别为 n 阶 m 模态的物理速度分量的径向场和角场分布，包含谐波项 $e^{-ik_m^n z}$。

利用简正模态展开法，求解管状结构受外壁激励载荷作用，正向传播的 n 阶 m 模态导波的叠加幅值为：

$$A_{+m}^n(z)=\frac{R_{m\gamma}^n(b)e^{-ik_m^n z}}{4P_{mn}^{mn}}\langle\Theta_\gamma^n,\ p_1(\theta)\rangle\cdot\langle p_2(z),\ e^{ik_m^n z}\rangle \quad z\geqslant L;\ (\gamma=r,\ \theta,\ z) \tag{6-20}$$

式中，R、Θ 和 P 分别为径向位移分布函数、周向位移分布函数和波导简正模态正交关系。$P\langle\Theta_\gamma^n,\ p_1(\theta)\rangle$和$\langle p_2(z),\ e^{ik_m^n z}\rangle$分别为周向和轴向的波源激励因子：

$$\langle\Theta_\gamma^n,p_1(\theta)\rangle=H_\theta=b\int_\beta^{\beta+2\pi}\Theta_\gamma^n(n\theta)p_1(\theta)d\theta \tag{6-21}$$

$$\langle p_2(z),e^{ik_m^n z}\rangle=H_z=\int_{-\infty}^{+\infty}p_2(z)e^{ik_m^n z}dz \tag{6-22}$$

基于简正模态展开方法的波源分析表明，管道在无延时圆周阵列载荷作用下考虑有延时圆周阵列载荷，即圆周相控阵列，如图 6－94 所示。η 个载荷阵元等距分布在管道圆周方向，载荷区域轴向尺度为 $2L$，圆周尺度为 2α，环向中心位置为 $\theta=(2\xi-1)\pi/\eta(\xi=0,1,2,\cdots,\eta)$，显然载荷圆周角必须满足 $0\leqslant2\alpha\leqslant\frac{2\pi}{\eta}$，每个阵元施加一定工作延时 $T_d=$

$(\xi-1)\Delta t$，此时载荷轴向分布函数和周向分布函数可表示为：

$$p_2(z)=\begin{cases}P_2, & |z|\leqslant L\\ 0, & \text{其他}\end{cases} \tag{6-23}$$

$$p_1(\theta)=\begin{cases}P_1 e^{i\omega(\xi-1)\Delta t}, & \theta\in G\\ 0, & \theta\notin G\\ G=\bigcup_{\xi}^{\eta} g_\xi, & g_\xi\equiv\left\{\theta:\ \dfrac{(2\xi-1)\pi}{\eta}-\alpha<\theta<\dfrac{(2\xi-1)\pi}{\eta}+\alpha\right\}\end{cases} \tag{6-24}$$

由式(6－23)和式(6－24)得到周向和轴向波源函数为：

$$H_\theta=\begin{cases}bP_1\eta(2\alpha)\sum_{\xi=1}^{\eta}e^{i\omega(\xi-1)\Delta t}, N=0\\ 2bP_1\dfrac{\sin(N\alpha)}{N}\sum_{\xi=1}^{\eta}\cos\left[\dfrac{N(\xi-1)\pi}{\eta}\right]\sum_{\xi=1}^{\eta}e^{i\omega(\xi-1)\Delta t}, N\geqslant 1\end{cases} \tag{6-25}$$

$$H_z=\frac{2P_2\sin(k_m^N L)}{k_m^N} \tag{6-26}$$

由式(6－25)和式(6－26)可以得到管道受到圆周相控阵列载荷作用时激励产生的 n 阶 m 模态的幅值。进一步，为激励产生纯净的单一非轴对称导波 $F(n, m)$，设计圆周相控阵列各阵元的工作延时为：

$$\Delta_\xi=(\xi-1)\frac{n}{\eta}\frac{1}{f},\ \xi=0, 1, 2, \cdots, \eta \tag{6-27}$$

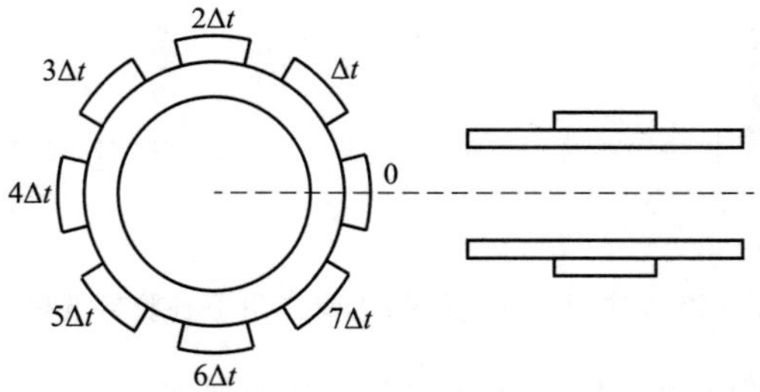

图 6－94　相控阵列载荷作用下的管道模型

以表 6－5 所述管道为例，按照式(6－27)设计阵元延时，计算样管在圆周相控阵列载荷作用下，激励产生的中心频率 $f=64$kHz 的扭转非轴对称导波 $T(n, 1)$模态的归一化幅值如图 6－95 所示。

表 6－5 样管几何、材料参数

几何参数		材料参数		
外径 D/mm	壁厚 h/mm	密度 ρ/(kg·m)	弹性模量 E/GPa	泊松比 v
219	5	7800	210	0.28

由图 6－95 可见，阵元延时经特殊设计的圆周相控阵列载荷具备激励纯净非轴对称导波的能力。这是一种全新的在管道中激励纯净的单一非轴对称导波的方法，式(6－27)给出了计算激励特定导波模态所需要的延时参数 Δt。延时参数的设计公式非常简洁，延时参数只与模态的阶数 n、阵元数 η 和频率 f 有关，而与模态的族数 m、相速度 C_F 等特性无关。

波源分析表明，管道受圆周相控阵列载荷作用时，能够生成纯净的单一非轴对称导波，这是一种全新的管道中非轴对称导波激励方法：在管道外壁安装圆周相控阵列换能器，换能器各单元工作延时根据式(6－27)计算，换能器载荷方向按照波结构匹配原则进行设计；换能器对管道施加圆周相控阵阵列载荷，激励产生稳定的导波场，即为目标非轴对称导波场；非轴对称导波声场在管道中传播，可实现对管道的无损检测或结构健康监测。

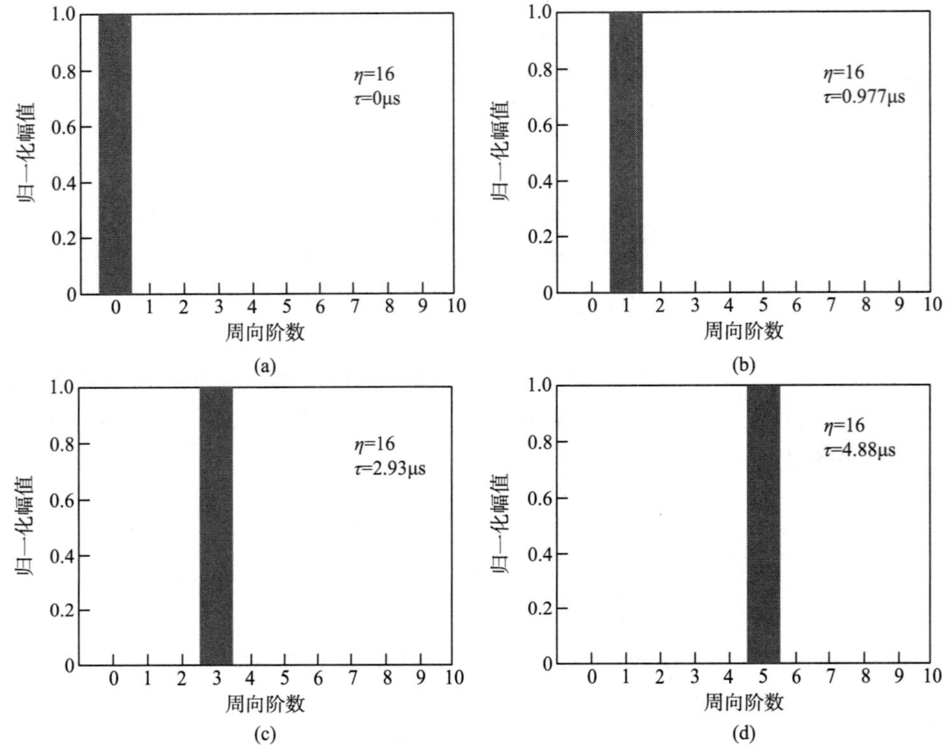

图 6－95　管道在相控圆周阵列载荷作用下各阶导波模态的幅值

从相控阵理论角度理解圆周相控阵列载荷。相控阵技术在雷达和声呐系统中已有广泛应用，一般可通过控制电磁波或声波波束的方向，实现对物体的定位和追踪。其中，最常用的相控阵方法为延时叠加法(delayandsum，DAS)。延时叠加法的基本思想为：对阵列的每个阵元施加合适的相位延时，使得各阵元输出叠加后在特定方向加强。数学上可表述为：

$$p(t) = \sum_{\xi=0}^{\eta-1} W_{\xi} f_{\xi}(t - \Delta_{\xi}) \tag{6-28}$$

式中　$p(t)$——阵列的输出；

W_{ξ}——幅值权重因子；

$f_{\xi}(t)$——单个阵元的输出；

Δ_{ξ}——单个阵元的相位延时。

延时叠加法可通过控制相位延时实现波束控制或波束聚焦。实现波束控制要求各阵元的输出在控制方向上形成建设性的叠加，相位延时参数需要对各阵元输出波束的相位差进行补偿。设 E_{ξ} 为 ξ 阵元位置，$\boldsymbol{s}_{\xi}$ 为阵元矢量，$\boldsymbol{\phi}$ 为控制方向单位矢量，c 为波速，则阵元的相位延时为：

$$\Delta_\xi = -\frac{\boldsymbol{\phi} \cdot \boldsymbol{s}_\xi}{c} \tag{6-29}$$

式中 $\boldsymbol{\phi} \cdot \boldsymbol{s}_\xi$——波程差。

如图 6-96 所示，如果沿着与波束控制方向垂直的方向绘制一条伪激励线，可以将阵元投影到伪激励线，也可以直观地得到波程差，即阵元实际位置与其在伪激励线上的投影位置之间的距离。图 6-96 直观地表述了延时叠加波束控制的基本原理。

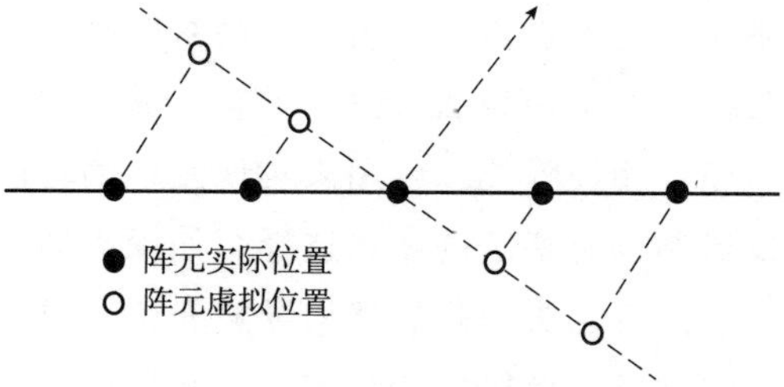

图 6-96 相控阵延时叠加波束控制原理

考虑用于管道导波场激励的圆周相控阵，将管道近似(这种近似一般还要求外径壁厚比值 D/h 较大)展开，如图 6-97 所示，按照相控阵波束控制的基本原理，利用圆周相控阵使波束控制方向为与轴线方程呈角度 α，则要求圆周阵列 ξ 阵元的延时参数为：

$$\Delta_\xi = (\xi-1)\frac{2\pi R_a \sin\alpha}{\eta C_p \cos\alpha} = (\xi-1)\frac{2\pi R_a}{\eta C_p}\tan\alpha,\ \xi=0,1,2,\cdots,\eta \tag{6-30}$$

式中 R_a——管道平均半径。

总结一下，圆周相控阵可以在管道中激励产生较纯净的单一非轴对称导波，延时参数可根据式(6-27)设计计算，圆周相控阵可以在管道中实现弹性波波束控制，延时参数可根据式(6-30)设计计算；式(6-27)和式(6-30)具有相同的形式 $\Delta_\xi=(\xi-1)\Delta t$，即相控阵列各阵元的延时参数均为一个基本延时单元 Δt 的倍数，相互之间呈线性关系。因此，可以将圆周相控阵激励非轴对称导波理解为一种波束控制，即：

$$\Delta_\xi = (\xi-1)\Delta t = (\xi-1)\frac{2\pi R_a}{\eta C_p}\tan\alpha = (\xi-1)\frac{n\ 1}{\eta},\ \xi=0,1,2,\cdots,\eta \tag{6-31}$$

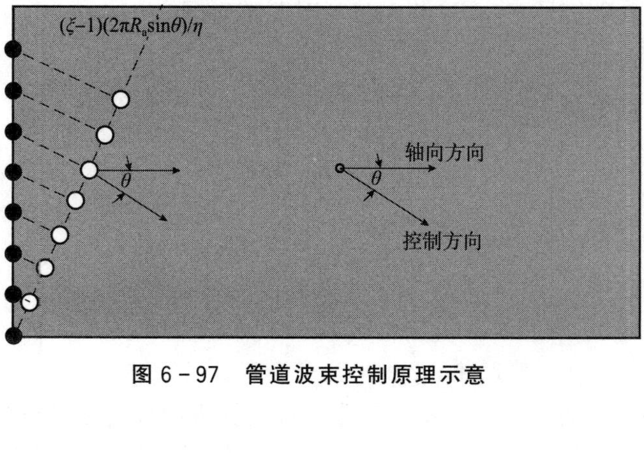

图 6-97 管道波束控制原理示意

6.4.2 检测设备的导波方向控制

在频散曲线的计算过程中，使用平面简谐波假设，也就是时间上是连续波，空间上是无限大平面波。在实际应用中，激发源通常在时间上是瞬态，空间上是有限大小。以板中的导波来考虑有限激发源对波激发的影响。

固体中的超声波可以由很多激发机制产生，如压电传感器、电磁超声传感器、磁致伸缩传感器、机械冲击、激光超声等。压电传感器包括直入射或经过楔块斜入射。电磁超声和激光超声可以在材料表面直接激发声波，而不需要通过耦合剂。压电陶瓷片传感器也可以直接贴到结构表面来进行监测。多个激发源探头可以用来增强超声导波的模式选择能力。超声相控阵技术可用来实现波束偏转控制、波束聚焦，以及导波的模式选择。每一种激发机制都有特定的参数选择，如探头的尺寸、激发信号等。

当沿着探头两侧传播的导波遇到声阻抗发生变化的特征时，都会产生反射回波，并且都能够被导波换能器接收到。两侧特征回波被同一换能器接收到后，不仅在检测信号上会相互干扰，而且一个导波信号中包含两个方向的回波信息，无法确定导波信号中的回波是换能器哪个方向的特征回波，使得信号难以分析与解读。为了减少这种干扰，降低信号解读难度，超声导波仪器需要采用导波方向控制技术，在激励和感应导波时减小非检测方向信号，加强检测方向信号。本节以磁致伸缩超声导波为例，论述超声导波方向控制原理及其方法。

(1)导波激励

如图 6－98 所示，假设激励信号为一个周期的正弦波，激励导波时，为了使导波向加强方向传播，控制激励信号 F_2 相对于 F_1 延时 1/4 周期，左线圈部分与右线圈部分物理位置间隔为 1/4 波长。此时，激励信号 F_1、F_2 在右侧传播对应的导波分量 G_{21}、G_{22} 的相位差 $\Delta\phi'$为：

右侧传播方向：

$$\Delta\phi'=\phi_1'-\phi_2'=k(x_1'-x_2')-\omega(t_1-t_2) \tag{6-32}$$

式中 ϕ_1'，ϕ_2'——导波分量 G_{21}、G_{22}到达参考点的相位角；

$x_1{}'$，$x_2{}'$——测试参考点距左右两个线圈的距离；

t_1，t_2——激励信号 F_1、F_2 相对参考时刻的时间；

k——波数；

ω——角频率。

显然，当 $x_1'-x_2'=\frac{1}{4}\lambda$，$t_1-t_2=\frac{1}{4}T$，故 $\Delta\phi'=0$。此时，导波在右侧方向得到加强。在左侧传播对应的导波分量 G_{11}、G_{12}的相位差 $\Delta\phi''$为：

左侧传播方向：

$$\Delta\phi''=\phi_1''-\phi_2''=k(x_1''-x_2'')+\omega(t_1-t_2) \tag{6-33}$$

式中 ϕ_1''、ϕ_2''——G_{11}、G_{12}相位角；

x_1''、x_2''——左线圈部分与右线圈部分相对左侧传播方向参考点的距离；显然，$x_1''-x_2''=-\frac{1}{4}\lambda$，$t_1-t_2=\frac{1}{4}T$，故 $\Delta\phi'=-\pi$。此时，导波在左侧传播方向得到减弱，右侧传播方向被加强。

(2)导波接收

通过导波激励时的方向控制，可以削减激励源向非目标方向上的传播，但还需要在导波接收时进行导波的方向控制。如图 6－99 所示，当在加强方向上的导波遇到端面或截面损失时会产生一次反射，一次反射波沿着导波减弱的方向传播，当遇到端面或界面损失时又会反射，称为二次反射。二次反射的波信号是代表减弱方向一端的信号，是检测时不希望得到的信号，如果被磁致伸缩换能器接收到，还是会给缺陷位置判断造成困难。所以，还需要针对导波的接收方式进行合理的设计，以获取目标方向的信号，而不应接收非目标方向的信号。

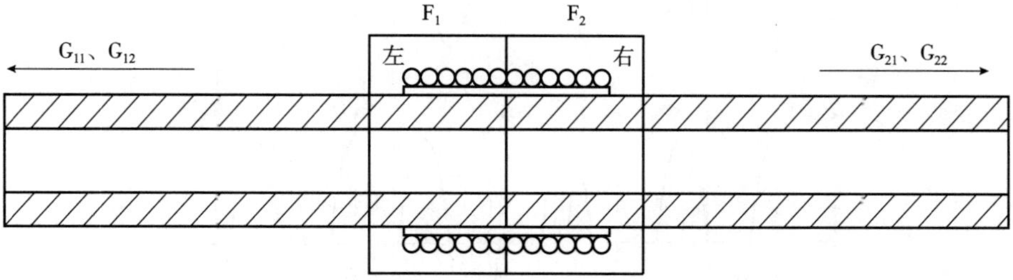

图 6-98　磁致伸缩导波单方向激励控制

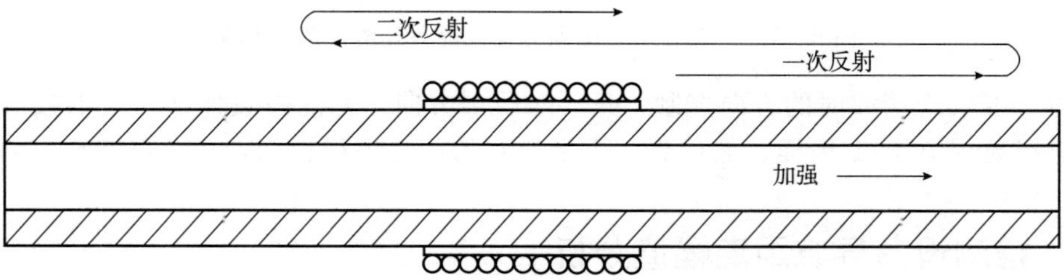

图 6-99　导波加强方向的二次反射波

现在假设在减弱端有一个二次反射波，分析磁致伸缩换能器接收二次反射波的情况。以二次发射波到达图 6-99 磁致伸缩换能器的时刻为 0 时刻。图 6-100 所示为两个磁致伸缩换能器所在位置的质点振幅，分别列出了 0.25T、0.5T、0.75T、1T、1.25T、1.5T 时刻左侧、右侧的振幅情况。图 6-100 所示为对左右磁致伸缩换能器的导波信号进行数据采集后的情况。图 6-101 中下面的波形是对右侧磁致伸缩换能器延时 0.25T 进行数据采集的波形，图 6-101 中上面的波形是对左侧磁致伸缩换能器无延时进行数据采集的波形。从图 6-101 中阴影部分可以看出，如果对上下两个阴影部分的波形进行算数加法运算，那么两个波形的和为 0。

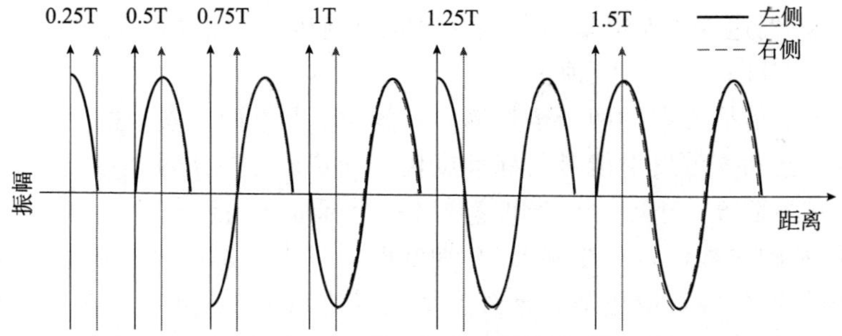

图 6-100　左右两个磁致伸缩换能器位置不同时刻的信号幅度示意

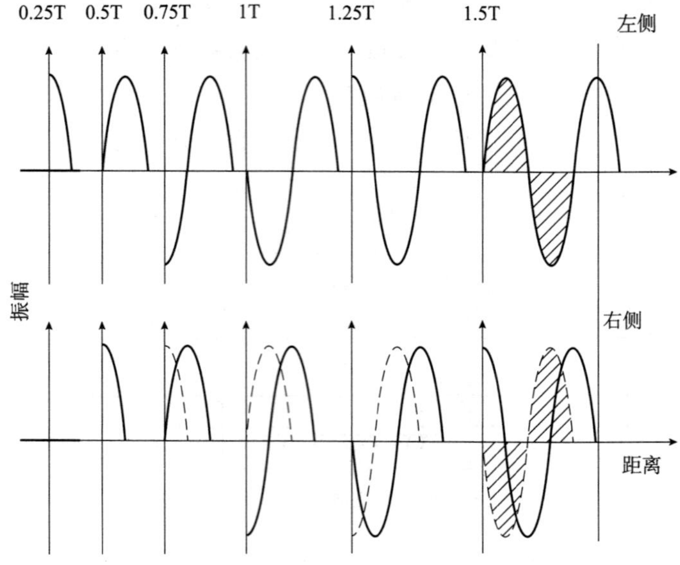

图 6-101 左右两个磁致伸缩换能器延时采集后示意

所以，要实现接收时的方向控制，只要对目标方向一侧的磁致伸缩换能器接收到的导波信号进行延时 0.25T 采样，然后将两个采样到的信号进行相加，就可以实现方向控制。

6.4.3 检测设备导波距离幅值分析

在超声波的应用中，距离-波幅曲线（Distance Amplitude Curve，DAC）是声波距离与回波幅值的关系曲线。DAC 曲线的作用就是以一个基准来判定缺陷分区。DAC 曲线在导波检测领域很早就有应用。在导波传播过程中，$T(0,1)$模态的导波能量的衰减量与导波的声程呈负指数关系，其表达式如下：

$$y=\alpha e^{-\beta x} \tag{6-34}$$

式中 α，β——方程的系数，且(α，$\beta>0$)；

y——导波的能量；

x——导波的声程。

DAC 曲线的绘制，就是基于能量衰减的规律，以某一特征为基准，作出基准的衰减曲线。通常，在 DAC 曲线中，认为其特征的回波能量达到传播能量的 3%即是缺陷，并对缺陷进行评定，到达 6%为定量线，到达 9%为判废线。根据 DAC 制作原则，可以将 DAC 曲线绘制方法归纳为以下三种：

(1)根据在导波传播方向的两个全焊缝，计算出 α 与 β 两个参数的数值；

(2)采用两个已知声波发射能量的标准试块，计算出 α 与 β 两个参数的数值；

(3)已知衰减系数 β，根据一个全焊缝或者一个标准试块计算出 α。

由于波动信号的对称性，在绘制 DAC 曲线时，只需分析信号的正值部分即可。因此，一般都对原始信号取包络，取包络后再对包络信号进行 DAC 分析。在信号判定时，如果信号中的某个波包幅值 A_i 超过了评定线，且该波包幅值 A_i 并非管道的特征信号回波，则认为该幅值为 A_i 的波包为缺陷，缺陷幅值越大，则缺陷的相对横截面损失比就越大。因此，DAC 分析的意义在于，对缺陷的横截面损失比进行估算。因此，DAC 分析对缺陷的定量非常重要，是对管道状态最直观的也最直接的评价。

在实际超声导波的检测应用中，一般无缝管的环焊缝较为一致，是 DAC 曲线绘制过程中较为理想的参考特征。据估计，$T(0, 1)$模态的超声导波在标准的环焊缝中回波能量为导波传播能量的 8%～9%，可根据标准环焊缝来确定 DAC 曲线的判废线。因此为了绘制出 DAC 曲线，尽量在导波信号中单个方向上保留两个及两个以上的全焊缝。当然，在不可能获得两个全焊缝的情况下，至少要保证有一个全焊缝，并根据一个全焊缝和经验的衰减率进行绘制。对于没有全焊缝的管道，使用 DAC 曲线来定量分析会存在误差比较大的问题。

在应用中，DAC 曲线分析会存在一些误差，主要有以下两点：

(1)在实际的管道焊接中，全焊缝的焊接质量会有一定的差异，而且不同模态导波对焊缝的反射率会有所差异，使得焊缝回波的能量存在差值，因此焊缝回波能量是传播中导波的能量的 8%～9%只是一个平均估计值。

(2)对于管道外部条件复杂的环境，其管道外的材质会吸收导波能量，但是不同的材质吸收的能量不相同，因此在实际中，存在同一根管道上不同的距离有着不同的衰减率，而且难以测量。

由于现场管道的复杂性，有些导波特征信号的幅值超过了评定线，但是无法确定其特征信号在管道上的特征状态，特别是如三通、弯头、焊接支架等一些结构存在的时候。因此，只用 DAC 曲线分析来判定某一波包为缺陷信号存在一定的不确定性，需要采用超声探伤仪或者超声相控阵探伤仪等其他无损检测技术手段进行复检确认。

参考文献

[1]陈兆源．磁致伸缩 SH0 导波 EMAT 效能曲线检测仪器开发及实验应用[D]．北京：北京工业大学材料与制造学部，2023.

[2]周进节．基于时间反转方法的超声导波检测设备研制及其应用研究[D]．北京：北京工业大学材料与制造学部，2012.

[3]胡富翔．基于超声导波技术的高速公路护栏立柱检测应用研究[D]．北京：北京工业大学材料与制造学部，2011.

[4]王森．便携式超声导波检测仪的软件系统开发[D]．北京：北京工业大学材料与制造学部，2017.

[5]栗霞飞．液压管路中超声导波传播特性影响因素分析及试验研究[D]．呼和浩特：内蒙古农业大学，2019.

[6]安飞跃．基于 COM Express 的超声波/导波综合检测系统开发[D]．北京：北京工业大学材料与制造学部，2019.

[7]高博．基于新型磁致伸缩传感器的管道缺陷和液体粘滞系数检测研究[D]．北京：北京工业大学材料与制造学部，2014.

[8]林书毅．管道连续弯头缺陷的 T(0，1)模态超声导波检测方法和无线监测技术[D]．北京：北京工业大学材料与制造学部，2021.

第 7 章　试块及检测工艺

7.1　试块

试块是超声波检测的重要设备之一。在脉冲反射法超声波检测过程中，通过仪器显示屏上反射回波的位置、幅度、波形的静态和动态特征变量来表征被检材料或工件质量的优劣。然而，这些变量与缺陷之间的声学关系是十分复杂的，同时，还存在着仪器和探头、材料或工件材质、耦合条件等多种影响因素。因此不能单靠调节仪器上的有关旋钮和简单的计算结果来完成对缺陷的定性、定量和定位。所以采用将仪器检出变量与参考反射体(简单形状的人工反射体)相应位置的已知信号量进行比较的方法来进行评定，即利用这些人工反射体在显示屏上的回波为尺度来衡量被检材料或工件缺陷的反射回波，从而评价其质量。

采用 A 型显示脉冲反射法进行超声波检测时，缺陷在试件内的埋藏深度是通过测量回波在时间基线上的位置来确定的；对于缺陷大小的评定，当其尺寸小于声束截面积时则常以其回波的幅度测量为依据，这些测量工作常用与已知量比较的方法来进行，即与试块进行比较测量。通常情况下，试块的各种特性如尺寸、声性能等都是已知的，并加工有一些标准的孔、槽等人工缺陷。此外，由于超声波检测仪各调节旋钮的位置不足以满足定量检测的要求，因此给定量测量及检测结果的再现带来困难。此时可采用试块进行比较来解决，所以试块在超声波检测中占有重要地位。

这些按照一定用途设计制造的、具有特定形状的人工反射体称为试块。本节介绍各种标准试块和对比试块的用途、分类、设计制造方面的有关知识。

7.1.1　试块的用途

(1)测试、校验仪器和探头的性能

超声检测仪和探头的一些重要性能，如垂直线性、水平线性、动态范围、灵敏度余量、分辨力、盲区、探头的入射点、折射角等都是利用试块来测试的。

(2)调整扫描速度

利用试块的已知尺寸可以调整仪器示波屏上水平刻度值与实际声程之间的比例关系，即扫描速度，以便于对缺陷进行定位。

(3)确定检测灵敏度

检测灵敏度是仪器和探头的综合性能指标之一。超声波检测灵敏度太高或太低都不好。灵敏度太高会导致杂波多，判断困难；灵敏度太低会引起漏检。检测之前，应根据标准，确定仪器与探头组合后的检测灵敏度，然后利用试块上某一特定的人工反射体来调整检测灵敏度。

(4)评判缺陷的大小

利用某些试块绘出的距离-波幅曲线[DAC(Distance Amplitude Curve)曲线]和距离-增益-尺寸曲线[实用 DGS(Distance Gain Size)曲线]来对缺陷定量是目前常用的定量方法之一。特别是 $3N$ 以内的缺陷，采用试块比较法(DAC 曲线法)是最有效的定量方法。

此外，还可利用试块来测量材料的声速、衰减性能等。

7.1.2 试块的分类

试块种类很多，按试块的用途划分，可将其分为标准试块、模拟试块和对比试块。

1. 标准试块(校准试块)

校准试块用于对检测设备进行灵敏度和各种功能的测试。对于压力管道检测，校准试块应选用压力管道常用的无缝钢管制作，应具有3%、6%和9%截面损失率的横向环形切槽各一个，切槽宽度在0.5～2mm范围内，深度方向的公差不大于±0.2mm。校准试样的长度、厚度和切槽位置的要求见表7-1。

表7-1 校准试块的要求

序号	外径 D/mm	厚度 T/mm	长度 L/m	横向环形切槽的位置(距试样左端)/m		
				3%	6%	9%
1	$50>D\geqslant 10$	≥2	≥18	7	12	17
2	$150>D\geqslant 50$	≥4	≥24	9	16	23
3	$1000>D\geqslant 150$	≥10	≥34	12	22	32

2. 模拟试块

模拟试块是含模拟缺陷的试块，可以是模拟工件中实际缺陷而制作的样件，或者是在以往检测中所发现含自然缺陷的样件。模拟试块主要用于检测方法的研究、无损检测人员资格考核和评定、评价和验证仪器探头系统的检测能力和检测工艺等。模拟试块可以由使用单位自己制作或留存，也可以根据需要委托专门的试块生产单位进行专门制作。

模拟试块用于检测灵敏度校准，验证检测工艺的有效性。无损检测模拟试块含有特定的缺陷，用于培训考核，要求重复性好、指导性强、使用方便。为确保检测结果的准确性，保障设备的安全运行，结合实际工作需要制作模拟试块是非常必要的。

制作模拟试块一般选用普通碳素钢。常见的焊接缺陷有气孔、夹杂、未焊透、未熔合、裂纹等。模拟缺陷应根据以上类型进行制作。试块形式需要考虑代表性和各类检测方法特性，对于特种设备检验机构，超声导波检测主要用于在役承压设备对接焊缝及缺陷的检测，因此，模拟试块样式可采用平板、管(直管、弯管)对焊缝及缺陷进行检测。为了方便试块搬动和节约成本，各类模拟试块的制作均应考虑重量问题。

3. 对比试块(参考试块)

对比试样用于对被检构件上缺陷截面损失率当量的评定。

对比试样应采用与被检测构件材料性能及几何形状相同或相近的材料制作，试样的长度至少为仪器可探测9%截面损失率、人工缺陷距离的1.2倍，且不小于12m。

除合同有关各方另有约定之外，应按如下要求加工对比试样：

1)对于管材构件，在对比试样上至少3个部位外表面分别加工出多个直径相同、深度为壁厚40%的平底孔；每处平底孔的数量应分别按截面损失率的3%、6%和9%进行计算，底孔在环向间距应均匀分布，在纵向间距的距离应大于1m，深度的公差不大于±0.2mm；试样两端的平底孔应至少距试样端部1m。

2)对于棒材构件，在对比试样上至少3个部位外表面分别加工出多个直径为5～10mm、深度为2～5mm的平底孔；每处平底孔的数量应分别按截面损失率的3%、6%和9%进行计算，平底孔在环向间距应均匀分布，在纵向间距的距离应大于1m，深度的公差不大于±0.2mm；试样两端的平底孔应至少距试样端部1m。

3)对于线状捆扎的钢索或钢丝绳等构件，在对比试样上3个部位分别加工出线状材料的断口；每处断丝的数量应分别按截面损失率的3%、6%和9%进行计算，同一处断丝应紧密相邻；试样两端的断口应至少距试样端部1m，不同部位断口的间距应大于1m，在环向应均匀分布。

7.1.3 试块的要求与维护

(1)对试块的要求

试块材质应均匀，内部杂质少，无影响使用的缺陷。加工容易，不易变形和锈蚀，具有良好的声学性能。试块的平行度、垂直度、表面粗糙度和尺寸精度都要符合一定的要求。

对比试块材质和声学性能尽可能与被检工件相同或相近。

(2)试块的使用与维护

1)试块应在适当的部位编号，以防混淆。

2)试块在使用和搬运过程中应注意保护，防止碰伤或擦伤。

3)使用试块时应注意清除反射体内的油污和锈蚀。常用沾油细布将锈蚀部位抛光，或用合适的去锈剂处理。平底孔在清洗干燥后用尼龙塞或胶合剂封口。

4)注意防止试块锈蚀，使用后停放时间较长，要涂敷防锈剂。

5)注意防止试块变形，如避免火烤，平板试块尽可能立放，防止重压。

7.2 检测工艺

7.2.1 通用导波检测工艺设计

检测工艺用于指导检测的具体实施细节，其适用性取决于具体的应用场景和检测要求，由于不同的工况下可能需要采用不同的超声检测工艺，因此需要按照实际工况进行设计。设计的大致流程如下：

(1)确定检测目标

首先需要确定待测构件的材料特性和结构类型，材料特性包括密度、弹性模量、泊松比等；结构类型包括管道、板材等，此外还需要确定需要检测的缺陷类型和大小。

(2)选择合适的超声探头和仪器

根据检测目标选择合适的超声探头和仪器，详见6.1节和6.2节。

(3)检测作业指导书或工艺卡的编制

对于每个被检构件，根据使用的仪器和现场实际情况，按照通用检测工艺规程编制被检构件超声导波检测作业指导书或工艺卡；确定超声导波传感器型号，安装的部位和表面条件，画出被检构件结构示意图，确定检测的次序等。

(4)制定检测方案

根据检测目标和选定的探头和仪器制定检测方案，包括检测位置、探头放置方式、检测参数设置等。

(5)对比试件及距离-幅度曲线的绘制

对比试件用于对被检构件上缺陷截面损失率当量的评定，应采用与被检测构件材料性能及几何形状相同或相近的材料制作。通过在实验室内对比试件的测试结果，绘出距离-幅度曲线。该曲线族由记录线、评定线和判废线组成；记录线由 3% 截面损失率的人工缺陷反射波幅直接绘制而成，评定线由 6% 截面损失率的人工缺陷反射波幅直接绘制而成，判废线由 9% 截面损失率的人工缺陷反射波幅直接绘制而成。记录线及以下为Ⅰ区，记录线与评定线(含评定线)之间为Ⅱ区，评定线与判废线之间为Ⅲ区，判废线及其以上区域为Ⅳ区，如图 7-1 所示。

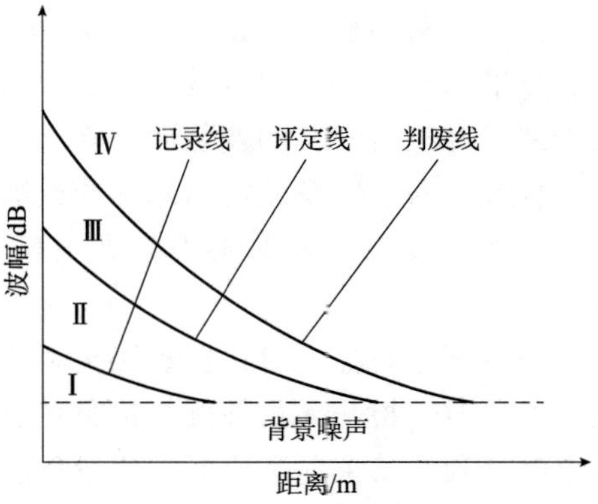

图 7-1　距离-幅度曲线示意

7.2.2　通用导波检测工艺规程

从事超声导波检测的单位应制定通用检测工艺规程，其内容至少应包括如下要素：

(1)适用范围。对该规程适用的检测对象和检测范围进行说明，以确保检测人员和相关人员了解该规程适用的情况，保证工艺规程能够得到的正确应用；

(2)引用标准、法规；

(3)检测人员资格；

(4)检测仪器设备：传感器、传感器夹具、信号线、附置放大器、电缆线、仪器主机、检测数据采集和分析软件等；

(5)被检件的信息：几何形状与尺寸、材质、设计与运行参数；

(6)检测覆盖范围及传感器型号的确定；

(7)被检件表面状态及传感器安装方式；

(8)检测时机：指在产品生命周期中对其检测的时间点，例如原材料检测、在线检测、成品检测和维修检测；

(9)对比试件及距离幅度曲线的绘制；

(10)检测过程和数据分析解释；

(11)检测结果的评定；

(12)检测记录、报告和资料存档；

(13)工艺规程的编制、审核和批准人员；

(14)编制日期。

工艺技术文件除工艺规程外，还有检测作业指导书或检测工艺卡，其主要内容包括检测任务的目的和要求、操作步骤、检测设备的使用方法、安全注意事项等。检测作业指导书通常由检测工程师或现场操作人员编写，对于检测操作中的实际问题提供具体的指导。

7.2.3 检测设备的校准与工艺验证

1. 设备校准和复核

检测设备的校准是指对测量设备进行调整和校验，以确保其测量结果准确无误的过程。校准通常涉及将测量设备与已知精度和准确度的标准设备进行比较，以确定测量设备的误差，并进行必要的调整以消除或减小误差。

标准设备通常是使用国际标准或国家标准来确定其精度和准确度的设备。使用仪器系统，检测前应测定始脉冲宽度、灵敏度余量和分辨力，调节或复核扫描量程和扫查灵敏度。

遇有下述情况应对仪器和探头系统进行复核：校准后的探头、耦合剂和仪器调节旋钮发生变化时；检测人员怀疑扫描量程或扫查灵敏度有变化时；连续工作 4h 以上时；工作结束时。检测结束前，应对扫描量程进行复核。如果任意一点在扫描线上的偏移超过扫描线读数 10%，则扫描量程应重新调整，并对上一次复核以来所有的检测部位进行复检。每次检测结束前，应对扫查灵敏度进行复核。一般对距离-波幅曲线的校核不少于三点。如曲线上任何一点幅度下降 2dB，则应对上一次复核以来所有的检测部位进行复检；如幅度上升 2dB，则应对所有的记录信号进行重新评定。校准、复核和对仪器进行线性检测时，任何影响仪器线性的控制器（如抑制或滤波开关等）都应放在“关”的位置或处于最低水平上。

2. 工艺验证

(1)工艺验证步骤

检测设备的工艺验证是指通过对检测设备的性能、准确度、可重复性等进行测试和验证，以确保检测设备满足其预期的技术要求和应用需求的过程。简单来说，工艺验证是用于验证检测设备能否正确地执行其预期的测量任务。工艺验证的过程通常包括以下几个步骤：

①确定工艺验证的目标和要求；

②编制工艺验证计划和测试方法；

③进行实验测试，记录并分析测试结果；

④对测试结果进行评估和解释，并确定是否符合要求；

⑤如果测试结果不符合要求，则采取纠正和预防措施；

⑥编写工艺验证报告并进行文档记录。

在进行工艺验证时，需要考虑多个因素，包括设备的准确度、可靠性、测量范围、灵敏度、分辨率、稳定性等。在不同类型的检测设备需要不同的工艺验证方法和测试标准。

(2)工艺验证标准

需要注意的是，工艺验证不是一次性的过程，而是需要定期重复进行，以确保检测设备一直保持其性能和质量。定期进行工艺验证还可以帮助提高检测设备的稳定性、可靠性和可重复性，确保其在实际应用中提供准确和可靠的测量结果。

检测设备的工艺验证是保证检测设备性能和质量的重要步骤，对于确保测量结果的准确性和可靠性至关重要。通过定期进行工艺验证，可以帮助识别潜在的问题并采取纠正措施，从而提高检测设备的可靠性和可重复性，确保其在实际应用中提供准确和可靠的测量结果。

3. 检测记录和报告

(1)检测记录

应按检测工艺规程的要求记录检测数据和有关信息，除此之外，还应至少包括检测报告中的内容。所有记录的保存应符合有关法规、标准和(或)合同的要求。

(2)检测报告

检测报告的内容应当根据检测要求制订，应至少包括以下内容：

1)委托单位的信息；

2)检测单位的信息；

3)被检构件的信息，包括设备名称、编号、设计与工作参数、材料和几何尺寸等；

4)执行的标准、规范和相关规定文件；

5)检测仪器型号、检测方式、传感器型号及固定方式；

6)检测仪器工作参数设置；

7)距离-幅度曲线；

8)传感器安装部位示意图；

9)检测软件名及数据文件名；

10)检测结果分析及分级结果及数据图；

11)检测结论；

12)检测人员、报告编写人和审核人签字及资格证书编号；

13)检测日期。

7.3　检测质量控制

7.3.1　检测设备的质量控制要素

为了保证检测结果正确可靠，必须保证所使用的设备与器材符合检测所需的技术要求。为此，需从以下几方面加以严格控制：

(1)超声检测的设备、探头和试块等在购买或制造完成时，应按其各自的技术要求经过严格的测试，证明其符合要求，并提供合格证书。应避免购买缺乏质量保证体系的制造商制造的产品。对于非标产品，应提出科学合理的验收方法，加强验收测试。

(2)使用中的设备、探头和试块应定期进行性能检定，并应有检定标识，保证在有效期内使用。

(3)对于超声检测设备来说，满足标准规定的最低要求有时还是不够的，对于检测特定产品使用的仪器和探头，还需要满足产品的特殊要求。如对薄层试件要求近表面分辨力更好，对于粗晶或组织衰减大、噪声高的试件，要求具有高的灵敏度和信噪比等。这时，还应经常对其所需要的特殊性能进行测试，以保证其满足实际检测的要求。

(4)在选用仪器、探头、试块，包括耦合剂、电缆线时，均应按其特性确认其对特定产品检测的适用性。如仪器与探头频带范围是否匹配并满足要求，电缆线是否与探头匹配、水浸电缆线是否防水并抗噪声，试块与试件声特性是否一致等。

(5)考虑不同的仪器、探头、试块，即使是同型号的，也可能存在一些性能的差异，对于检测要求特别严格的试件，应尽可能采用同一仪器和探头组合检测相同的产品，以保持检测结果的一致性。

(6)对易损的探头或某些试块应进行经常的校验，并记录其变化情况，以便在其性能超出允许范围时及时更换。检测时，可对允许范围内的变化修正后使用。如横波斜探头磨损后角度的变化，试块磨损或生锈等引起超声检测数据的改变等。

(7)在设备出现故障经修理或更换部件之后，应重新进行严格的性能测试，证明其满足要求。

7.3.2 检测设备维护保养与安全要求

1. 检测设备的维护

超声检测仪是一种比较精密的电子仪器，为减少仪器故障的发生，延长仪器的使用寿命，使仪器保持良好的工作状态。应注意对仪器的维护保养。

仪器的维护应注意以下几点：

(1)使用仪器前，应仔细阅读仪器使用说明书，了解仪器的性能特点，熟悉仪器各控制开关和旋钮的位置、操作方法和注意事项，严格按照说明书要求操作；

(2)搬动仪器时应防止强烈振动，现场检测尤其高空作业时，应采取可靠保护措施，防止仪器摔碰；

(3)尽量避免在靠近强磁场、多灰尘、电源波动大、有强烈振动及温度过高或过低的场合使用仪器；

(4)仪器工作时应防止雨、雪、水、机油等进入仪器内部，以免损坏仪器线路和元件；

(5)连接交流电源时，应仔细核对仪器额定电源电压，防止错接电源，烧毁元件。使用蓄电池供电的仪器，应严格按说明书进行充电操作，放电后的蓄电池应及时充电，存放较久的蓄电池也应定期充电，否则会影响蓄电池容量甚至无法重新充电；

(6)转动或按压旋钮时不宜用力过猛，尤其是旋钮在极限位置时更应注意，否则会使旋钮错位甚至损坏；

(7)拔接电源插头或探头插头时，应用手抓住插头壳体操作，不要抓住电缆线拔插，探头线和电源线应理顺，不要弯折扭曲；

(8)仪器每次用完后，应及时擦去表面灰尘、油污，放置在干燥的地方；

(9)在气候潮湿地区或潮湿季节，仪器长期不用时，应定期接通电源开机一次，开机时间约 30min，以驱除潮气，防止仪器内部短路或击穿；

(10)仪器出现故障，应立即关闭电源，及时请专业维修人员检查修理。切忌随意拆卸，以免故障扩大和发生事故。

2. 设备的安全性要求

如下为检测时必要的安全要求，应在检测前建立安全准则。检测过程中的安全要求至少包括如下要素：

(1)在实施检测前，应对检测过程中可能伤害检测人员的各种危险源加以辨识，并对检测人员进行培训和采取必要的保护措施；

(2)检测人员应遵守被检件现场的安全要求，根据检测地点的要求穿戴防护工作服和佩戴有关防护设备；

(3)若有要求，使用的电子仪器应具有防爆功能；

(4)在进行在线检测时，应制定特别的安全措施；

(5)在封闭空间内进行操作时，应考虑氧气含量等相应因素，并采取必要的保护措施；

(6)在高空进行操作时，应考虑人员、检测设备器材坠落等因素，并采取必要的保护措施；

(7)在极端环境下进行操作时，如低温、高温等条件下应考虑人员冻伤、烫伤、中暑等因素，并采取必要的保护措施；

(8)在检测放射性试件时，应做好必要的防护措施。

参考文献

[1]蒋浩森，金祖权，张小影，等．钢筋锈蚀状态的超声导波监测试验[J]．无损检测，2023，45(8)：19-23，54.

[2]李继承．基于超声导波的高温管道壁厚监测技术研究[J]．西部特种设备，2021，4(2)：25-30.

[3]余海军，王孝卿，王良涛，等．管道的相控阵超声高频导波检测[J]．无损检测，2020，42(10)：32-39.

[4]栗霞飞．液压管路中超声导波传播特性影响因素分析及试验研究[D]．呼和浩特：内蒙古农业大学，2019.

[5]田海兵．细长构件内部残余应力超声无损检测与导波调控方法研究[D]．北京：北京理工大学，2017.

[6]卢春燕．充填体强度超声导波监测及充填接顶优化试验研究[D]．赣州：江西理工大学，2016.

[7]谢宁，桑劲鹏，檀道林，等．相控阵超声导波成像检测设备研究[J]．无损探伤，2015，39(6)：23-26，43.

[8]邓进，李兵，刘书宏，等．储罐底板的在役超声高频导波检测[J]．无损检测，2013，35(12)：24-27.

[9]霍达．轧辊疲劳层的超声共振导波检测与信号分析[D]．上海：复旦大学，2013.

[10]利观宝．低频磁致伸缩超声导波及漏磁检测组合新技术在压力管道检验中的应用[J]．特种设备安全技术，2022(5)：55-57.

[11]曹梦若．超声波封接过程导波时频特性研究与热熔视觉监测[D]．大连：大连交通大学，2022.

[12]许波，张子健，柴军辉，等．超声导波B扫成像技术在压力管道腐蚀检测中的应用[J]．化工机械，2022，49(1)：156-159.

[13]王瑞璇，丘国平，刘宇哲．Inconel 783螺栓超声相控阵导波检测技术研究[J]．电力科技与环保，2021，37(5)：29-35.

[14]邸鑫．基于超声导波检测的站场工艺管道缺陷识别技术研究[D]．北京：中国石油大学(北京)，2019.

[15]詹超．超声导波压电换能器的优化设计[J]．中国标准化，2017(6)：41.

[16]马君鹏，杨贤彪，陈大兵，等．钢制管塔腐蚀的超声导波检测[J]．无损检测，2014，36(8)：46-50.

[17]GALVAGNI A，CAWLEY P. Guided wave permanently installed pipeline monitoring system[J]. AIP Conference Proceedings，2012，1043：1591-1598.

第 8 章　超声导波检测技术应用

超声导波无损检测技术是一种长距离、大范围结构“体检式”快速扫查技术，突出特点在于其单点激励、全截面覆盖检测、检测距离远、检测效率高等。特别适用于检测管件、杆件、板件、缆索等波导结构，是一种极具发展潜力的新型无损检测技术手段。近年来，在国内外学者的共同努力下，超声导波无损检测技术得到了进一步发展，理论和应用层面均取得了显著的成果。

本章重点介绍超声导波无损检测技术的相关应用。

8.1　板材缺陷的超声导波检测

8.1.1　板材的主要类型

1. 普通板材

普通板材由板坯轧制而成，板坯则可用浇铸法制成，或由坯料轧制或锻造制成。普通板材包括碳素钢、低合金钢以及奥氏体钢板和双相不锈钢材等，按照厚度，可将板材分为薄板和厚板。从超声检测的角度，将板厚在 6mm 以下的板材称为薄板，厚度大于 6mm 的称为厚板。

2. 复合板

复合板由基材和复合层组成，如不锈钢复合钢板是采用爆炸、轧制或爆炸轧制等工艺，将不锈钢板与普通钢板(碳素结构钢、低合金高强度结构钢、优质碳素结构钢等)复合而成的钢板。它同时具有两种不同钢种的特性，既有不锈钢的耐蚀性，又具有普通钢价格低廉、刚度好等优点。复合钢板是为了保护普通钢板免遭锈蚀，可用电镀、粘黏和喷涂的方法，在钢板的表面罩上一层防护“外衣”，形成复合钢板。复合钢板的制造方法很多。以工业规模制造的方法有铸造复合法、爆炸复合(见金属爆炸加工)法、热轧复合法和冷轧复合法等，热锻复合法，叠锻复合法，焊接复合法。减振钢板按复合形式分为约束型和非约束型。约束型是在两层钢板之间注入几十微米至数毫米厚的一层树脂，经压辊轧制成夹层钢板；非约束型则是采用滚涂法在钢板表面粘贴一层黏弹性物质。

8.1.2　板材中常见缺陷

1. 制造缺陷

板材中主要的制造缺陷有分层、夹杂、裂纹、折叠、白点等。板材中的缺陷经过轧制等工序，大多呈平面状，并与表面平行。其中分层是最常见的内部缺陷，主要由板坯中的缩孔、气泡或夹杂物等在轧制过程中未焊合形成。当板材受垂直于表面的拉应力时，分层会严重影响板材的强度。分层常存在于板厚的中间部位和板宽的中间部位，对于那些并不延伸到板的侧面的分层，肉眼很难发现，超声检测是检查板材分层缺陷的唯一可靠方法。而对于复合板中的缺陷主要是复合层和基材结合不良，界面处出现完全脱开或不完全脱开现象。

2. 腐蚀缺陷

由于受使用环境和腐蚀因素的影响，金属板结构在长期服役期间易于发生腐蚀现象。这是造成板结构件结构失效的主要原因。金属板结构在使用过程中的腐蚀现象根据机理的不同主要分为两类：电化学腐蚀和化学腐蚀。电化学腐蚀是指存在两个电极或导电通路的金属与腐蚀介质组成的在电化学作用下构成的原电池腐蚀，其腐蚀过程有电流产生。化学腐蚀是指材料与腐蚀介质直接接触发生氧化还原反应而被氧化还原的过程，腐蚀过程中不产生电流，例如罐底板直接接触到腐蚀性介质（酸、碱）而发生的腐蚀现象（见图 8－1）。板结构中常见的腐蚀类型主要有以下几种：

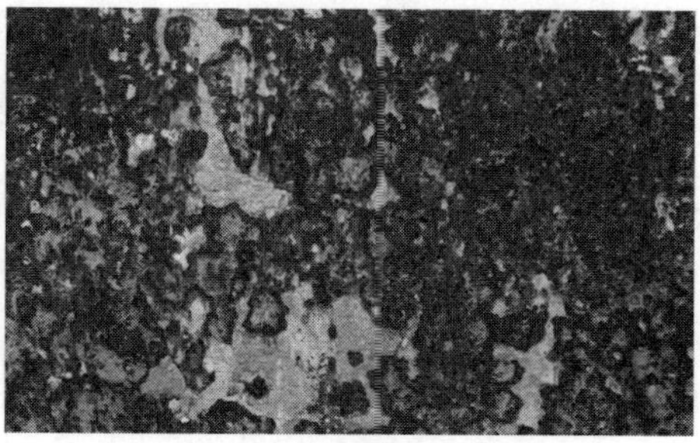

图 8－1　板中腐蚀缺陷

（1）均匀腐蚀

均匀腐蚀也称全面腐蚀，是指在金属与腐蚀介质接触的整个表面发生比较均匀的腐蚀现象，是一种较为常见的腐蚀形态。均匀腐蚀的特征是腐蚀破坏均匀地发生在整个金属表面，钢板由于腐蚀而普遍减薄，阳极溶解和阴极还原反应在整个金属表面上均匀地发生。

（2）点腐蚀（孔蚀）

点腐蚀通常是指金属与腐蚀介质接触时，金属表面上产生的点状、针状和小孔状的局部腐蚀现象。其特征是随着时间的延续，蚀孔的深度不断加深甚至形成穿孔。金属表面的电化学不均匀性是导致点腐蚀形成的重要原因。金属浸入含有某些活化阴离子（特别是氯离子）的溶液中，只要腐蚀电位达到或超过点蚀电位就能产生点蚀。

（3）冲刷腐蚀

冲刷腐蚀又称为磨损腐蚀。冲刷腐蚀是金属表面与流体之间由于高速相对运动而引起的金属损坏现象，是一种危害性较大的局部腐蚀。发生冲刷腐蚀时，因高速腐蚀流体冲刷作用，金属离子或腐蚀产物会离开金属材料表面，使新鲜的金属表面与腐蚀流体直接接触，从而使腐蚀过程加速。

（4）晶间腐蚀

晶间腐蚀是局部腐蚀的一种，主要是由于晶界杂质或内应力的存在以及晶粒表面和内部间化学成分的差异所引起的，是沿着金属晶粒间的分界面向内部扩展的腐蚀。晶间腐蚀会破坏晶粒间的结合，使晶粒间结合力显著减弱，大大降低金属的机械强度，使力学性能恶化最终造成结构失效。

（5）应力腐蚀

应力腐蚀是材料或构件在腐蚀介质和残余应力或外加应力的共同作用下产生结构失效现象，常见于压力容器用钢中。与均匀腐蚀形态不同的是，应力腐蚀发生的条件是必须同时具备腐蚀介质和应力两个因素。常见的应力腐蚀一般有阳极溶解和氢致开裂两种。这种腐蚀一般均穿过晶粒，形成穿晶腐蚀。应力腐蚀产生的裂纹达到临界值后会迅速扩展引起突然断裂，断裂发生前无任何征兆。因此这类腐蚀存在较大的危害。

8.1.3 板材缺陷超声导波检测

1. 兰姆波的激励和传播

通过透声斜楔斜入射至薄板，从而在薄板中激励兰姆波是最常用的方法，为得到较强的能量，入射角可以由式(8－1)确定：

$$\sin\alpha=\frac{c_1}{c_\mathrm{p}} \tag{8-1}$$

式中 c_1——透声斜楔中纵波传播速度；

c_p——板中所激起的兰姆波的相速度。

兰姆波的激励和传播如图 8－2～图 8－4 所示。

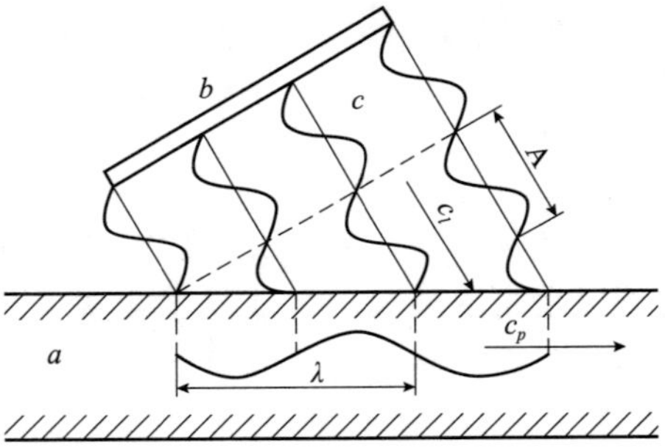

图 8－2 兰姆波斜楔法激励

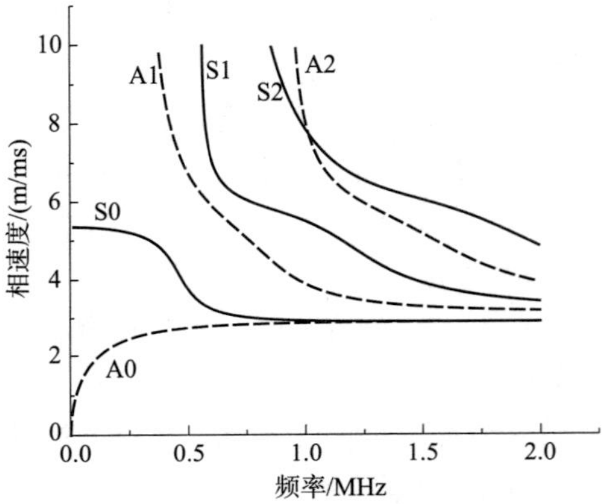

图 8－3 铝板中兰姆波频散曲线

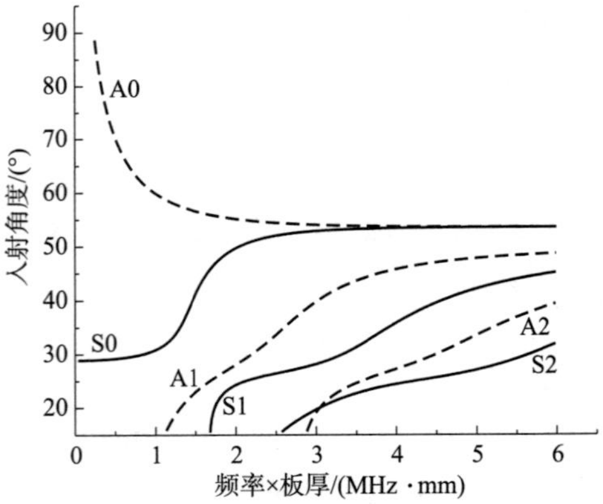

图 8－4 铝板中入射角 α 与 fd 关系曲线

当斜楔为有机玻璃($c_1=2700$m/s)时，根据式(8－1)和板中兰姆波频散曲线，可以得到入射角 α 与频厚积 fd 的关系曲线。

为了在板中易于激励出兰姆波，要求激励脉冲持续时间长，晶片尺寸大；为使激励的兰姆波模式相对单一，超声检测仪发射脉冲的带宽和接收放大器的带宽要求尽可能窄。目前市售的发射脉冲为方波的检测仪与普通的发射脉冲为尖脉冲的检测仪相比，更适合于兰姆波检测。为了达到最佳检测效果，兰姆波检测应选用具有窄带滤波的检测仪。

为了鉴别所激起的波为兰姆波而非横波，可将探头前沿垂直板的边缘放置在紧靠棱边处，再将探头垂直棱边后移，观察荧光屏上的棱边反射回波宽度及幅度的变化。用脉冲波激励兰姆波时，兰姆波是以群速度传播的，由于不同频率的相速度不同，随着探头的后移，探头与棱边的距离增大，棱边反射波的宽度会随之变宽，幅度逐渐变小。若激励的是横波，则当探头后移时，棱边反射波宽度不变，幅度则会作规律性的跳跃性的改变，与兰姆波之间的区别是明显的。板波在传播过程中，如果遇到板的端面或缺陷，不仅会产生反射，而且根据缺陷形状的不同会产生兰姆波模式的转换。

2. u、v 分量的计算

u、v 分量是指兰姆波在板中传播时质点振动的垂直位移分量 v 和水平位移分量 u。u 分量平行于传播方向，即板材延伸方向；v 分量垂直于传播方向，与板面垂直。u、v 分量沿板材厚度方向的变化曲线，代表质点在两个方向上的振动幅度随距表面深度的变化。其中 u 分量的大小，与缺陷检测灵敏度直接相关。图 8－5 所示为某合金材料在频厚积为 10MHz・mm(2.5MHz・4mm)条件下几种典型模式兰姆波 u、v 分量在厚度方向的变化曲线。图中实线为质点水平振动曲线($u-x$)，虚线为质点垂直振动曲线($v-x$)。

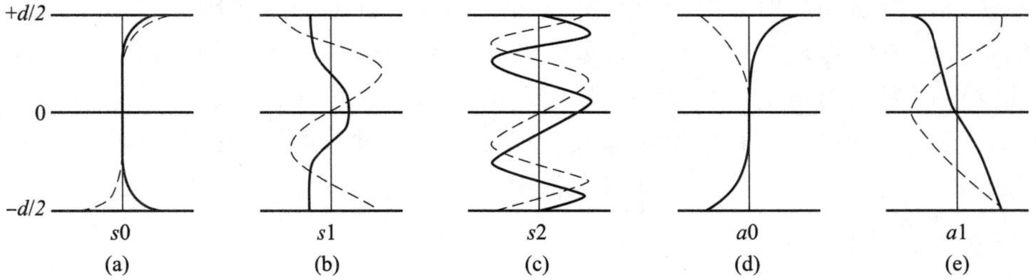

图 8－5　典型兰姆波模式 u、v 关系曲线

3. 兰姆波检测模式的选择

对于某一给定材料的薄板，当工作频率和板厚确定时，可通过改变入射角，在板中得到不同模式的兰姆波。不同模式的兰姆波其灵敏度沿深度的分布不同，为了可靠地发现距表面不同深度的缺陷，应选择两种甚至两种以上的模式分别对同一板材进行检测。模式选择的方法如下：

(1)根据测得的材料纵波速度和横波速度，计算并绘制该板材的相速度曲线和群速度曲线。

(2)将选定频率的可变角探头放置在板材上，使其发射的超声束垂直于板的端面，在改变入射角的同时，观测板的端面反射信号的幅度变化，作出入射角与反射波高的关系曲线(图 8－6)，并根据 c_p 与 fd 的关系曲线，以及出现峰值时的相应入射角，确定各反射波的模式。

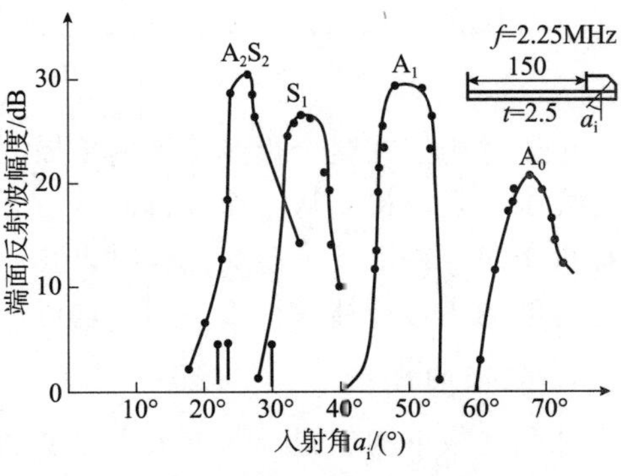

图 8－6　不同入射角的反射波幅度变化

(3)计算各反射波模式的 u、v 分量曲线。u 分量越大，发现该深度缺陷的能力越高。另外还应注意不宜选择群速度较慢的模，以免在端面反射波前出现由模式转换形成的附加信号，影响缺陷信号的判别。

(4)兰姆波对薄板缺陷的检测，对于特定的板材及选用的仪器，按照模式选择的方法正确选择模式后，还需选择适当的检测参数进行板材的扫查。

4. 灵敏度调整

兰姆波检测用对比试块，可在板材上距端面一定距离处加工通孔或在板材端面厚度方向上的某些位置加工切槽。

灵敏度调整时，将探头对准人工通孔，使探头前沿与人工通孔的间距等于所确定的扫查行距(见下段内容)，擦净探头至通孔间的耦合剂，调整检测仪增益，使通孔反射波高达到规定的高度。

5. 扫查行距确定

将探头对准人工通孔，调整仪器使孔反射回波达到调整灵敏度要求的屏幕高度，然后将探头向通孔移近，以通孔反射波前沿与始波后沿刚好相交时，探头后沿至通孔的距离作为探头的前沿盲区。

将探头对准人工通孔，移动探头逐渐远离通孔，并随时擦净探头至通孔间的耦合剂调整检测仪，保持通孔反射波高达到规定的高度，并保持通孔反射波与端面反射波位于荧光屏上适当位置，以通孔反射波与板材端面反射波在荧光屏上能够清晰分辨时，探头的前沿至通孔的最大距离作为最大扫查行距；如果探头远离通孔某一距离后，仪器灵敏度便不足以使通孔反射回波达到规定的高度，则以此距离作为最大扫查行距。以最大扫查行距减去探头前沿盲区作为行扫查的有效检测范围。在实际检验时，可根据板材受检方向的尺寸和探头的有效检测范围合理地确定实际扫查行距。

6. 扫查方式选择

通常采用列线法扫查(图 8－7)。即按确定的扫查行距在板上沿轧制方向画线，探头从板边最近的一条线开始，使声传播方向垂直于轧制方向和侧边沿此线移动，扫查完毕后，再沿相邻的一条线继续扫查。全面扫查一遍后，将探头转 180°后再扫查一遍。改变入射角，按照同样方法，用另一模式再对板材进行扫查。

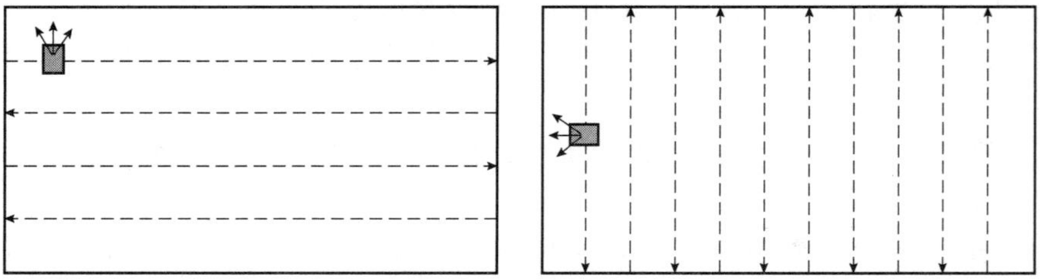

图 8－7　列线法扫查

由于兰姆波在整个板厚范围内传播，只要模式选择合适，在整个板厚范围内的灵敏度满足要求，板的检测从一面进行即可，无须正、反两面进行。扫查前必须将板的正、反两面擦拭干净，在沿下一条线扫查时也要注意前一条线上的残留耦合剂是否擦拭干净，否则将影响波的正常传播；油滴、污物均可产生反射信号造成误判。

7. 缺陷的评判

缺陷在板中的位置可通过荧光屏上端面反射波前的缺陷回波的位置确定，或在声束传播路径上利用油滴或用沾油的手指压按法判断，在缺陷迎波面边缘前拍打，缺陷反射波会减小或消失，在缺陷迎波面边缘后拍打，缺陷反射波幅度不变。兰姆波的反射波高与缺陷迎波面的形态有关，与缺陷面积并无一定关系。因此，兰姆波检测不能根据反射波高度确定缺陷的大小。对于大面积的缺陷(如分层)，可使波从四周入射，以定出周界或确定长度。

板材中的有些分层，由于迎波面开口太小，即使其所处位置的 u 分量并不小，反射波也可能极弱，有时甚至看不到反射，从而造成漏检。此时，由于分层的存在会使板厚被分成两层 d_1、d_2，入射波能量除部分反射外(极弱)，板中原来的兰姆波模式可能会被转换成在 d_1、d_2 中存在的其他模式继续前进，到达板端面后返回的兰姆波回到原厚度的部分，又还原成原模式被探头接收。不同模式的兰姆波速度不同，与无缺陷区相比，当探头距离板端距离相同时，板端回波在荧光屏上的位置可能会发生变化，因此实际检测时，检测人员不仅要观察有无缺陷波出现，还应注意板端回波的位置变化情况。但如果兰姆波速度相差太小，则难以分辨其变化。

8.1.4　板材缺陷超声导波检测应用实例

现利用超声导波对含缺陷的对比试板进行检测，对比试板的 Q235 钢板的厚度为 6.8mm，尺寸为 690mm×350mm，在对比试板上按照图 8-8 所示的缺陷分布加工出长宽相同深度不同的线切槽和直径为 ϕ5mm 深度不同的平底孔以及直径为 ϕ4mm 的通孔缺陷。其中，线切槽用于模拟分层缺陷，通孔和平底孔用于模拟腐蚀穿孔等缺陷。对比试板与人工缺陷尺寸如表 8-1 所示。图 8-9 所示为设计完成的对比试板实物。

表 8-1　对比试板与人工缺陷尺寸

对比试板尺寸/mm	序号	线切槽尺寸 (长度×宽度×深度)/mm	序号	平底孔与通孔尺寸 (深度×直径)/mm
690×350	1	30×1×1	1	2×ϕ5
	2	30×1×2	2	3.6×ϕ5
	3	30×1×3	3	4.8×ϕ5
	4	30×1×5	4	ϕ4 通孔

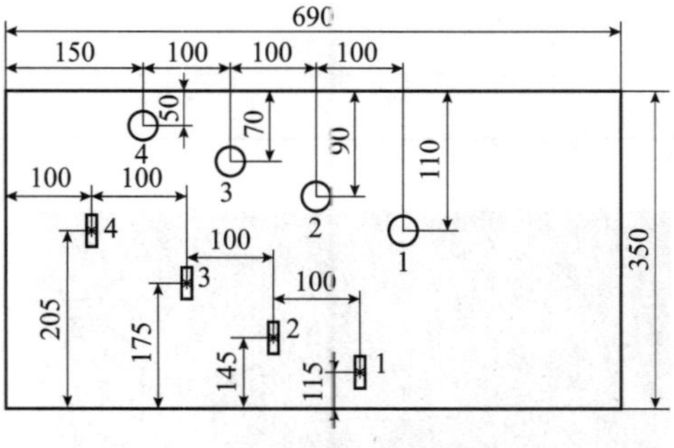

图 8-8　线切槽与平底孔分布

图 8-9　线切槽与平底孔对比试板实物

取两块尺寸为 1250mm×500mm，厚度为 6.8mm 的 Q235 钢板。在其中一块钢板的长度方向的中心轴线上加工出深度分别为板厚的 16%、32%、48%和 64%阶梯数和直径不同的 4 个阶梯平底孔。加工阶梯孔时要使相邻台阶孔的边缘边线形成一个梯形，且孔径与深度的公差需不大于±0.2mm。在另一块钢板的长度方向的中心轴线上加工出深度为板厚的 16%、32%、48%和 64%的 4 个球形孔，球形孔直径分别为 ϕ9mm、ϕ13mm、ϕ15mm 和 ϕ17mm，采用直径为 20mm 的球头铣刀进行加工，并保证深度公差不大于±0.2mm。进行阶梯孔和球形孔的加工时需使孔与孔之间的间距不小于 200mm，两端孔距板端的距离相同。阶梯平底孔和球形孔如图 8-10(a)、(b)所示。图 8-11 所示为缺陷分布示意。

阶梯孔与对比试板具体尺寸如表 8-2 所示。设计完成的球形孔与阶梯平底孔对比试板实物如图 8-12 所示。

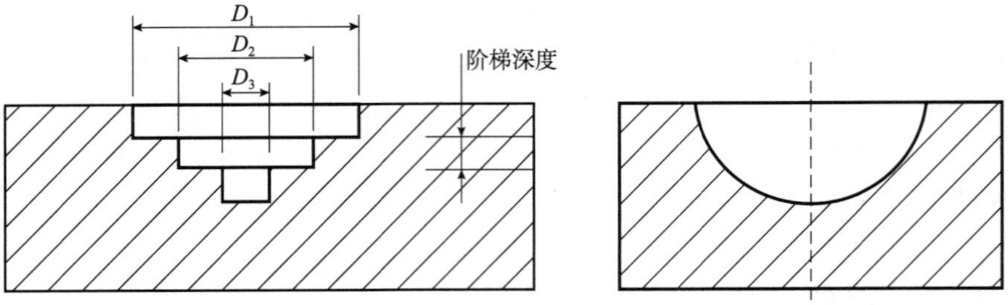

(a)阶梯孔　　(b)球形孔

图 8-10　人工缺陷示意

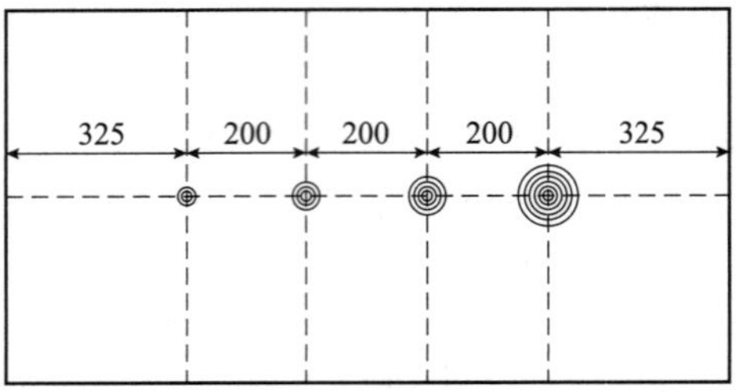

图 8-11　缺陷分布示意

表 8-2　阶梯孔与对比试板尺寸

试板尺寸/mm	孔号	阶梯数	阶梯高度 H/mm	孔径/mm					
				D_1	D_2	D_3	D_4	D_5	D_6
1250×500×6.8（长×宽×厚）	1	2	0.544	6	3	—	—	—	—
	2	3	0.725	12	8	3	—	—	—
	3	4	0.816	18	12	8	3	—	—
	4	6	0.725	24	18	14	10	6	3

(a)阶梯孔试板设　　(b)球形孔试板

图 8-12　对比试板

1. 缺陷检测中的导波入射角影响

导波检测的入射角对缺陷回波的影响非常大，因此，在缺陷检测中如何设定导波入射角至关重要，为了探究最佳的导波入射角设定，在相同的频率条件下针对不同入射角，进行了相关检测实验，实验在加工有线切槽、平底孔和球形孔的对比试板上进行。首先，根据所用钢板的材质厚度以及材料性能绘制出钢板的兰姆波频散曲线。所使用钢板的板厚及主要材料性能如表 8－3 所示。图 8－13(a)、(b)分别所示为板厚为 6.8mm 的钢板的兰姆波相速度频散曲线和群速度频散曲线。在已知探头频率为 1MHz、板厚为 6.8mm 的前提条件下，由图 8－13 中的相速度频散曲线和群速度频散曲线可知，频厚积为 6.8MHz·mm 时可激发的兰姆波模态有：A0、S0、A1、S1、A2、S2 和 S3 模态。

表 8－3　钢板的板厚及主要材料性能

材料	密度/(g/cm^3)	弹性模量/GPa	泊松比	板厚/mm
Q235	7.85	210	0.3	6.8

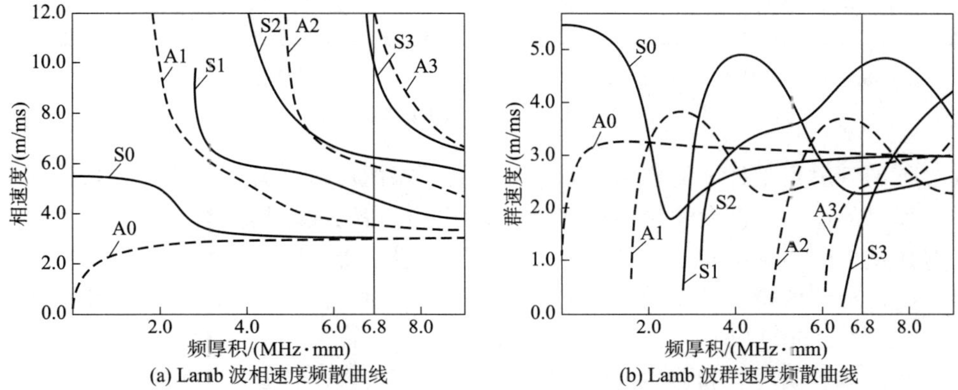

图 8－13　钢板中的 Lamb 波频散曲线

尽管频厚积为 6.8MHz·mm 时共有 7 种不同 Lamb 波模态可用于激发，但实际上 A2、S2 和 S3 模态在频厚积为 6.8MHz·mm 附近处的曲线斜率变化较大，这说明在该频厚积条件下这些模态的 Lamb 波在传播过程中易于发生频散，造成波形发生畸变，使缺陷回波信号分析变得困难。因此，实际可用于检测的模态只有 A0、S0、A1 和 S1 四种模态。在已知激发频率和板厚的前提下，根据图 8－13 的 Lamb 波频散曲线图查出相应预激发模式的相速度 C_p，并计算出相应模式的激发入射角。经过计算，在激发频率为 1MHz，板厚为 6.8mm 条件下，可选激发模态和其相应入射角大小如表 8－4 所示。

表 8－4　频厚积为 6.8MHz·mm 时的可选模式和相应入射角

模式	相速度 C_p/(m/s)	群速度 C_g/(m/s)	入射角 α/(°)
A0	2988.54	3028.69	51.23
S0	3005.43	2954.47	50.83
A1	3547.11	2731.04	41.06
S1	4596.97	2288.95	30.45

上表面缺陷检测过程示意如图 8－14(a)、(b)所示，其中方向 A 为扫查方向，方向 B 为检测方向。检测过程按照如下方法和步骤进行：

首先，检测前要清除对比试板上的油污、污物等保证检测面光洁；

其次，参照表 8－4 调节可变角度楔块入射角大小为相应模式的入射角度，将探头用机油作为耦合剂耦合在试板上，探头位置紧靠试板的邻近侧板边，且要保证探头与楔块、楔块与试板间耦合良好，避免耦合层出现空气间隙；

最后，通过计算机上的多通道超声检测控制与分析软件输入相应控制参数，检测开始时，使探头沿扫查方向匀速运动，同时利用软件的数据采集界面进行检测数据的采集。对于下表面缺陷的检测，按照上述方法步骤进行，检测时翻转试板使探头的耦合面为试板的上表面，缺陷所在面为试板的下表面。

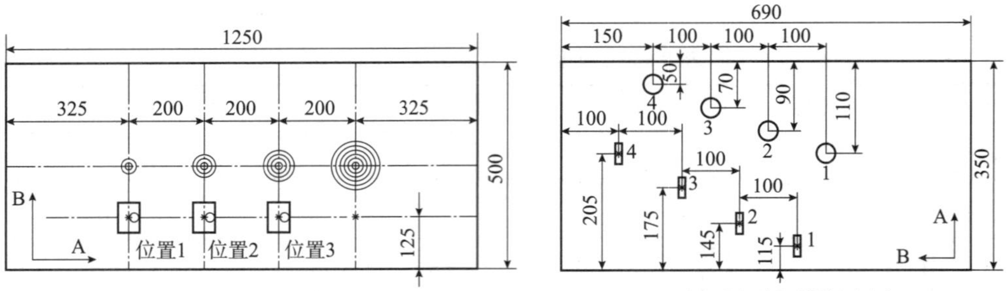

(a)球形孔与阶梯平底孔检测示意　　(b)平底孔与线切槽检测示意

图 8 - 14　检测示意

通过不同入射角条件下的检测实验研究，利用端面反射实验和缺陷反射实验研究了不同入射角度时的 Lamb 波激发特性，并通过对不同模态的波结构分析，研究了其对检测的影响。对比试板端面反射实验如图 8 - 15 所示，探头依次固定于图中所示位置 1、位置 2 和位置 3 处，相邻两检测点之间的距离为 200mm，参照表 8 - 4 调节可变角度楔块入射角依次为 30°、41°、50°和 51°。

在增益、零点偏移量和扫描范围相同条件下，探头位于位置 2 距离右板端 525mm 时，不同入射角条件下的板端回波信号 A 扫描如图 8 - 16 所示。

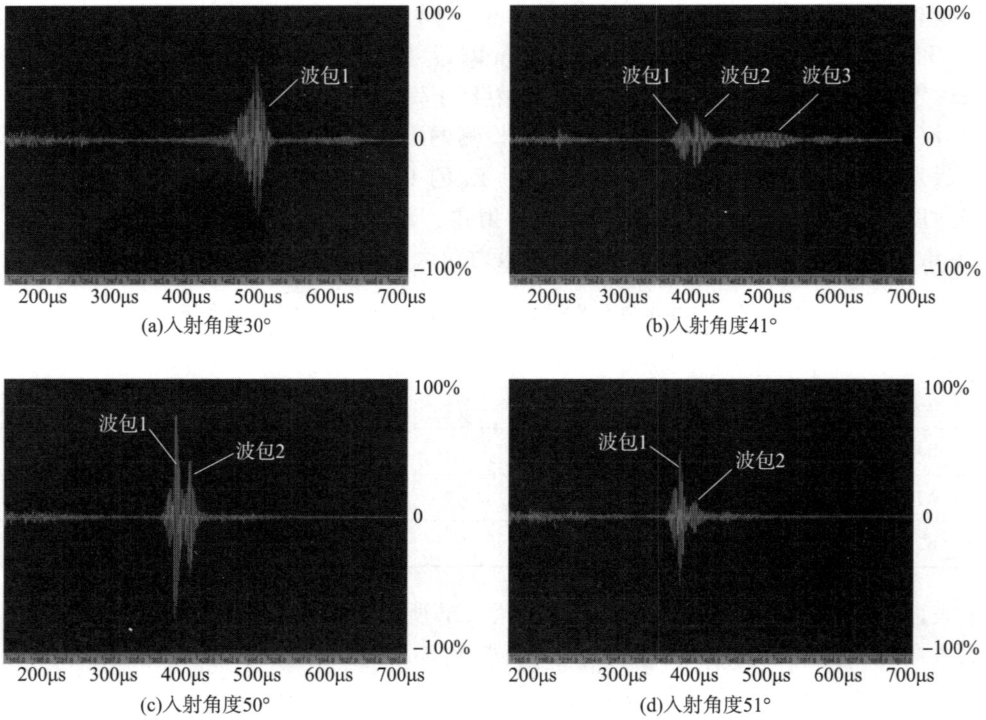

图 8 - 15　不同入射角条件下的板端回波信号

图 8 - 15 板端反射 A 扫描图像表明，入射角分别为 41°、50°和 51°时，板端发射回波信号中出现两个或两个以上的波包。分别将波包 1、波包 2 和波包 3 峰值对应时间记为 t_1、

t_2 和 t_3，则可计算出相应波包的波速即各个波包的群速度，计算结果见表 8－5。

表 8－5　不同入射角条件下群速度实验值

入射角	时间/μs	$L_1=32.5$cm	$L_2=52.5$cm	$L_3=72.5$cm	群速度平均值/(m/s)
51°	t_1	268.28	397.50	528.92	3069.59
	t_2	281.75	419.36	555.74	2919.87
50°	t_1	267.34	398.07	528.94	3058.10
	t_2	280.90	418.79	556.23	2905.61
41°	t_1	262.50	396.60	530.19	2988.54
	t_2	267.70	413.56	556.66	2768.80
	t_3	348.20	525.45	701.80	2262.25
30°	t_1	335.33	512.49	682.28	2306.85

对比表 8－5 中各角度条件下波包 1、波包 2 和波包 3 的群速度计算值和各模式的群速度理论值可以发现，当入射角为 30°时，波包 1 的群速度计算值与 S1 模式的群速度理论值相接近；当入射角为 41°时，波包 1、波包 2 和波包 3 的群速度计算值分别与 S0、A1 和 S1 的群速度理论值相接近；当入射角为 50°和 51°时，波包 1 和波包 2 的群速度计算值分别与 A0 和 S0 的群速度理论值相接近。各角度条件下群速度计算值与理论值的误差如表 8－6 所示。

表 8－6　各角度群速度计算值与理论值相对误差

入射角	时间/μs	群速度计算值/(m/s)	群速度理论值/(m/s)	相对误差/%
51°	波包 1	3069.59	A0(3028.69)	1.35
	波包 2	2919.87	S0(2954.47)	1.17
50°	波包 1	3058.10	A0(3028.69)	0.97
	波包 2	2905.61	S0(2954.47)	1.65
41°	波包 1	2988.54	S0(2954.47)	1.15
	波包 2	2768.80	A1(2731.04)	1.38
	波包 3	2262.25	S1(2288.95)	1.16
30°	波包 1	2306.85	S1(2288.95)	0.78

从表 8－6 的计算结果来看，群速度实验值与理论值之间的相对误差并不大，是可接受的。这表明入射角为 30°时，板中主要激励出的是 S1 模式；入射角为 41°时，板中主要激励出的是 S0、A1 和 S1 模式；入射角为 50°和 51°时，板中激励出的主要是 A0 和 S0 模式。图 8－16 所示为在相同检测条件和检测参数下，采用入射角为 50.8°的固定角度楔块进行检测得到的板端反射 A 扫描图像。

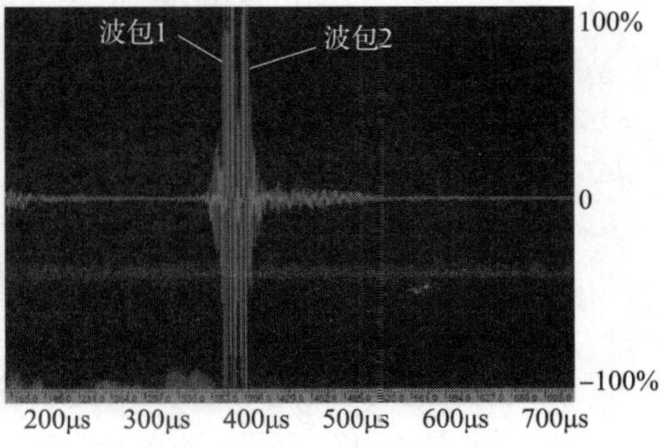

图 8－16　入射角度 50.8°时的板端回波

入射角为 50.8°时，板端反射信号中同样出现两个波包。经过计算波包 1 和波包 2 的波速分别与 A0 和 S0 的理论群速度相接近，即波包 1 为 A0 模式，波包 2 为 S0 模式。图 8－16 表明，即使实际入射角与单一 S0 模态的理论激发角 50.83°已十分接近，依然出现了频散现象。从图 8－15 和图 8－16 可以看出，各入射角条件下均出现了频散，且频散现象的发生并不是由于实际入射角与理论入射角之间存在差异造成的。这种频散主要是由于激励信号造成的，由于实验中采用的超声收发设备所提供的是具有一定脉冲宽度的方波脉冲信号，因此在实际入射角十分接近理论激发角条件下仍然存在一定程度的频散。从上述图中可以看出，兰姆波频散使回波信号的时域宽度变宽，信号幅值减小。频散程度越大，回波信号所占时域宽度越宽，信号幅值越小。除此之外，采用固定角度楔块与采用可变角度楔块相比，相同检测条件下，固定角度楔块所得到的回波信号幅值明显较高。这主要是因为采用可变角度楔块时，其滑动块与半圆体之间需用耦合剂进行耦合，整体的耦合次数要比固定角度楔块的耦合次数多，而超声导波在经过耦合层时存在一定程度的衰减。

图 8－17 所示为入射角分别为 41°、50°和 51°时，深度为 2mm 直径为 ϕ5mm 的平底孔的检测 A 扫描图。检测时探头声束入射点距离平底孔中心 190mm，探头中心与平底孔中心处于同一直线上。图 8－17(a)中始波与板端回波之间未出现明显的波峰，这表明入射角为 41°时未能检测到 1 号平底孔缺陷。图 8－17(b)和图 8－17(c)中在始波与板端回波信号之间存在明显的缺陷回波信号，这表明当入射角为 50°和 51°时，可以检测到平底孔缺陷。对比图 8－17 中各入射角条件下的检测结果可以看出，相同检测条件下入射角为 41°时，板端回波信号所占时域宽度相对较宽，信号幅值较小，信号的展宽使得信噪比降低，缺陷信号难以识别。

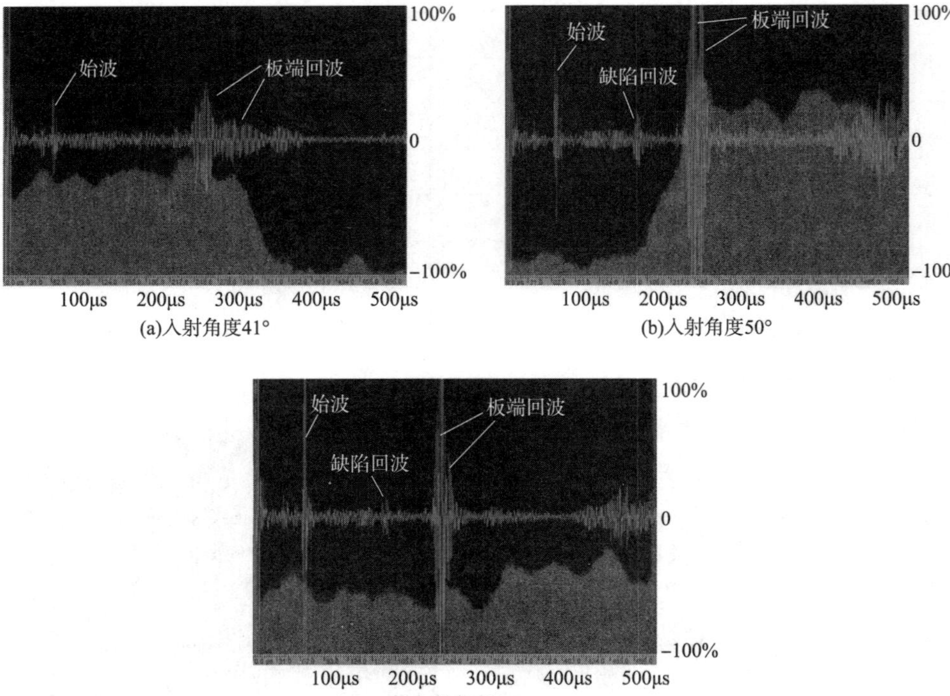

(a)入射角度41°

(b)入射角度50°

(c)入射角度51°

图 8－17　不同入射角条件下深度为 2mm、直径为 ϕ5mm 的平底孔回波

入射角为 50°和 51°时，回波信号宽度较窄，信噪比相对较高，信号幅值较大，这有利于信号的识别和使声波传播较远的距离，即有利于提高检测灵敏度和检测距离。实验表明，由于兰姆波在传播过程中的衰减和频散作用，相同检测条件下，入射角为 30°时，未能检测到 1 号平底孔缺陷。对于平底孔的检测，入射角在 50°～51°范围内时，可以获得相对较好的检测效果。

2. 缺陷检测中的探头探测距离影响

缺陷检测中探头的探测距离对缺陷回波的幅值有很大影响，因此为了能够研究不同模态兰姆波信号在传播过程中衰减规律，进行了检测距离与回波信号幅值关系的研究。对不同模态兰姆波传播过程中的衰减规律的研究将有助于确定适合长距离、大范围检测的模式和其有效检测距离。图 8－18 所示为检测距离与回波信号幅值关系研究的检测示意。

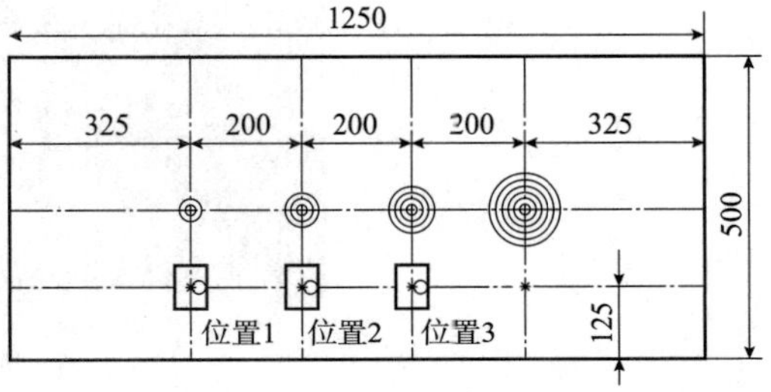

图 8－18　检测距离与回波信号幅值关系检测示意

由图 8－18 可看出，将探头楔块入射角度分别调节为 A0、A1、S0 和 S1 模式相应入射角度，并将探头分别固定于位置 1、位置 2 和位置 3 处，两位置间相距 200mm，探头中心距下板端 125mm，使声束传播方向垂直于板的左端。在位置 1 完成数据采集后将探头移动的位置 2 以相同的检测条件进行数据采集，并依此类推完成位置 3 处的检测数据采集。检测过程中需要注意的是，移动探头进行后一个位置的检测时要清除前一个检测位置处的耦合剂，以避免对检查结果造成影响。

超声导波在介质中传播时存在衰减现象，超声导波的衰减是指超声导波在介质中传播时，声能或声压随传播距离的增大逐渐减小的现象。引起衰减的原因主要有三个方面：一是声束的扩散；二是由于材料中的晶粒或其他微小颗粒引起声波的散射；三是介质的吸收。在实际工程检测中，主要考虑散射衰减和吸收衰减。超声兰姆波在传播过程中同样存在衰减现象。理论上，由于超声兰姆波是在二维空间中传播的，所以与在三维空间中传播的声波相比，其衰减应相对较小，但由于兰姆波波长短，因热损耗而产生的衰减较大，且兰姆波的传播易受工件表面状况的影响，因此在某些情况下兰姆波的检测距离并不大。图 8－19 所示为入射角为 50.8°不同探测距离时的板端回波 A 扫描图，其中探头距离板端的距离分别为 525mm、725mm 和 925mm，各图的检测增益为 40dB。可以看出，随着检测距离的增大，板端回波幅值存在明显衰减。除此之外，随着探测距离的增大，板端回波信号的时域宽度逐渐增大，且 A0 模态波包与 S0 波包之间的间距逐渐变宽。板端回波信号的这一变化规律同样适用于缺陷回波信号，如图 8－20 所示，相同入射角和检测增益条件下，随着检测距离的增大，深度为板厚的 16%的阶梯孔缺陷回波信号幅值亦呈现出逐渐减小，波包宽度变宽的趋势。

超声兰姆波的衰减作用不仅影响其有效检测距离，更对其检测灵敏度存在至关重要的影响。因此研究不同模态兰姆波在材料中的衰减现象，有利于实际工程检测中兰姆波激发模态的选择。图 8－21 所示为频厚积为 6.8MHz・mm 时相同检测增益，不同入射角条件下端面回波信号幅值与探测距离的变化关系。

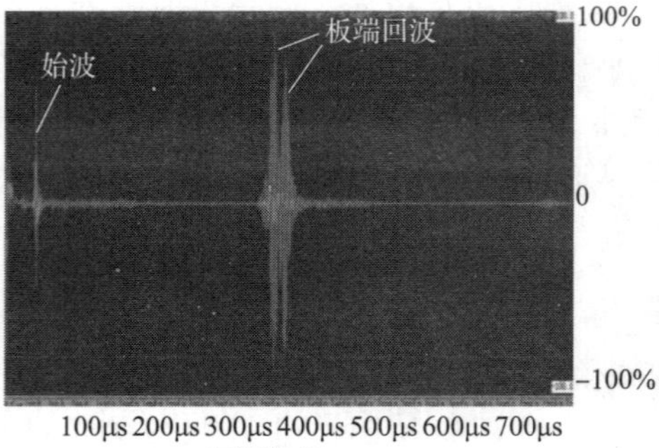

(a)探测距离525mm

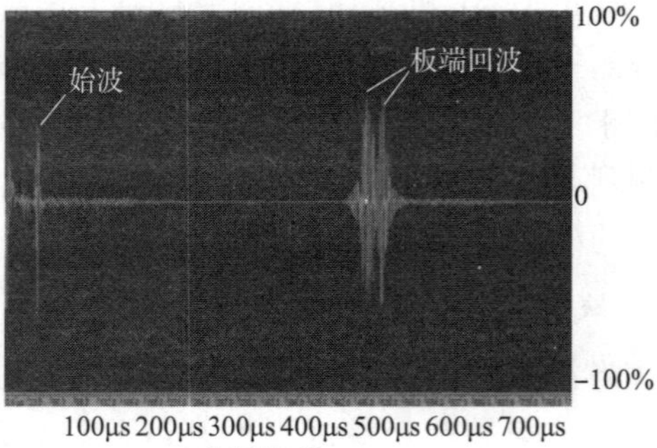

(b)探测距离725mm

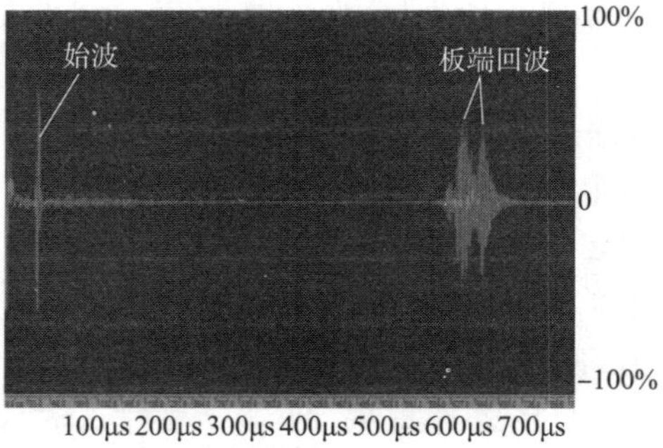

(c)探测距离925mm

图 8－19　不同探测距离时的板端回波信号

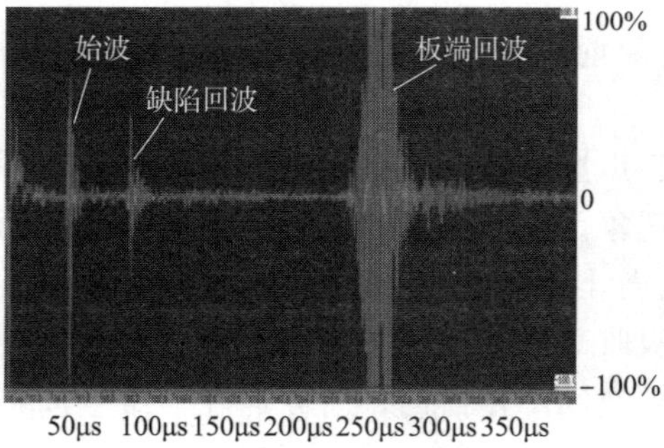

(a)探测距离90mm

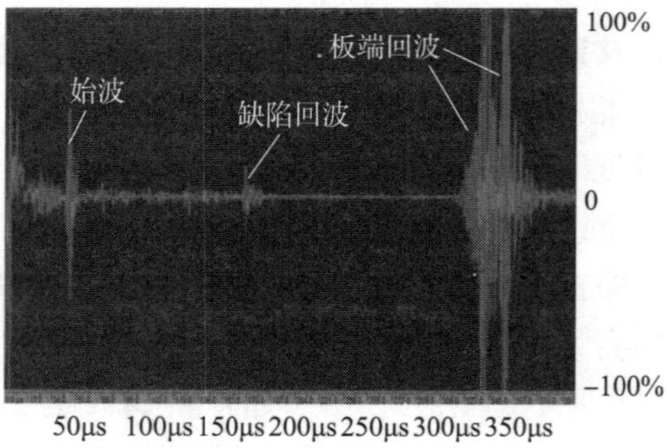

(b)探测距离211mm

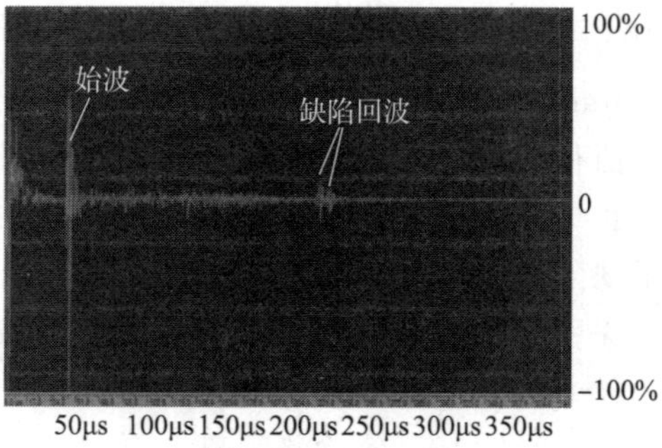

(c)探测距离290mm

图 8－20　不同探测距离时的缺陷回波信号

从实测的兰姆波随探测距离的衰减关系图中可以看出，对于Q235钢板而言，不同入射角条件下兰姆波的衰减变化规律并不同，即不同模态兰姆波的衰减变化是不同的，但总的趋势都是随着探测距离的增大板端回波信号幅值减小。在相同增益情况下，入射角为 50.8°时所激发的 A0＋S0 混合模态的兰姆波回波信号幅值明显较高，且与探测距离并不呈比例关系，探测距离超过 525mm，声波幅值的衰减速率较大。入射角为 41°时所激发的 S0＋A1＋S1 混合模态的兰姆波，探测距离在小于 525mm 范围内，其板端回波衰减速率较大，探测距离超过 525mm 时，衰减速率较小。入射角为 30°时所激发的单一 S1 模态兰姆波，其板端回波信号幅值的衰减与探测距离之间存在较明显的线性关系。由于不同模态兰姆波的衰减特性不同，因此在实际工程应用中应根据对检测距离和监测灵敏度的要求，在考虑不同模态兰姆波在材料中的衰减特点的基础上选择合理的模态进行探伤。

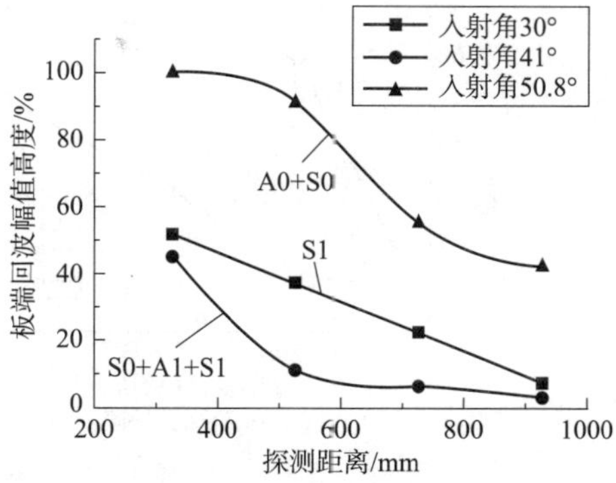

图 8－21　实测兰姆波随探测距离的衰减关系

3. 超声导波的缺陷检测分析

兰姆波信号与缺陷的相互作用是十分复杂的，因而如何分析信号与缺陷的关系十分重要，故对不同模式信号幅值与缺陷大小的关系进行分析，信号幅值与缺陷大小的关系研究检测示意如图 8－22 所示。

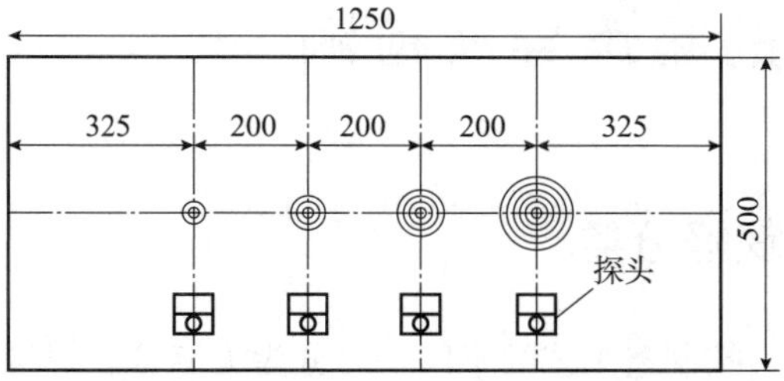

图 8－22　信号幅值与缺陷大小关系研究检测示意

检测试验在阶梯平底孔和球形孔试板上进行。如图 8－22 所示，检测时调节可变角度楔块的入射角为预激发模式兰姆波相应入射角，使探头中心与缺陷中心处于同一纵向轴线上，探头声束入射点距缺陷中心 90mm。在相同检测参数条件下，对不同大小的阶梯平底孔缺陷和球形孔缺陷进行检测，采集检测数据。

图 8－23 所示为入射角为 50.8°条件下，声波入射点与缺陷相距 90mm 时，阶梯孔和球形孔缺陷横截面积大小与回波信号幅值大小的关系曲线。可以观察到，对同一缺陷 A0 模态回波信号幅值较 S0 模态回波信号幅值大，且两种模态的幅值均随缺陷横截面积的增大而增大。对于阶梯孔类缺陷，从曲线斜率上可以看出，缺陷横截面积小于 $20mm^2$ 时 A0 模态对缺陷截面积变化的敏感程度高于 S0 模态；缺陷横截面积超过 $20mm^2$ 时，S0 模态对缺陷横截面积的变化更为敏感。对于球形孔类缺陷，缺陷横截面积小于 $75mm^2$ 时，A0 模态对于缺陷截面积变化的敏感程度高于 S0 模态，而横截面积超过 $75mm^2$ 时，S0 模态对缺陷横截面积的变化比 A0 模态更为敏感。此外，横截面积相同而缺陷类型不同时，同一种模态的信号幅值存在较大差异。横截面积相同时，阶梯平底孔的反射信号幅值较球形孔反射信号幅值大。这表明不同检测模态对同一类型缺陷横截面积变化的敏感程度不同，同一检测模态对不同类型缺陷横截面积的敏感程度也不同。反射信号幅值的大小与缺陷形

貌有关，与圆弧反射面相比阶梯反射面的反射信号幅值相对高。

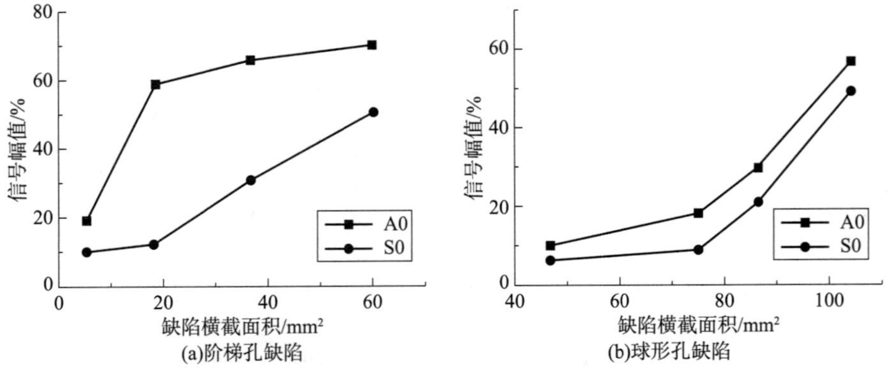

图 8 - 23　信号幅值与缺陷大小的关系

另外，金属板结构超声兰姆波探伤主要检测腐蚀类缺陷，起到安全运行防护和检修的作用，在实际检测中更多的是关心腐蚀的深度或腐蚀现象所造成的板厚的变化。由图 8 - 23 可知缺陷回波信号的幅值随着缺陷深度的增大而增大。对于表面类缺陷当缺陷深度小于板厚的 32％时 A0 模态对于缺陷深度的变化比 S0 模态更为敏感；当缺陷深度大于板厚的 32％时，S0 模态对于缺陷深度变化的敏感性更高。在检测条件一定时，可以根据缺陷回波信号幅值随缺陷横截面积和深度的变化预测表面腐蚀缺陷的腐蚀深度。

8.2　管道缺陷的超声导波检测

8.2.1　管道及管道缺陷分类

管道的分类方法较多，按制造工艺的不同，可分为无缝管、焊接管、复合管等；按材料分类可分为金属管道和非金属管道；按设计压力分类可分为真空管道、低压管道、高压管道、超高压管道；按输送温度分类可分为低温管道、常温管道、中温和高温管道；按输送介质分类可分为给排水管道、压缩空气管道、氢气管道、氧气管道、乙炔管道、热力管道、燃气管道、燃油管道、剧毒流体管道、有毒流体管道、酸碱管道、锅炉管道、制冷管道、净化纯气管道、纯水管道。从尺寸来分，可分为小直径管材与大直径管材，壁管与薄壁管等。一般从超声检测的角度，将外径大于 100mm 的管材称为大直径管，外径小于 100mm 的管材称为小直径管。将壁厚与管外径之比不大于 0.2 的金属管材称为薄壁管，大于 0.2 的金属管材称为厚壁管。薄壁管与厚壁管是以折射横波是否可以到达管材内壁来区分的。

管道中缺陷大致可以分为三类：

1. 制造缺陷

无缝管是用穿孔法和高速挤压法制造而成。无缝管中的主要缺陷有裂纹、折叠、分层、夹杂等(图 8 - 24)；焊接管是将板材卷成管形后，再用电阻焊或埋弧自动焊焊接而成。焊接管焊缝中常见缺陷是裂纹、气孔、未焊透、未熔合等。焊接管的检测可考虑在原板材中缺陷的检测和焊缝缺

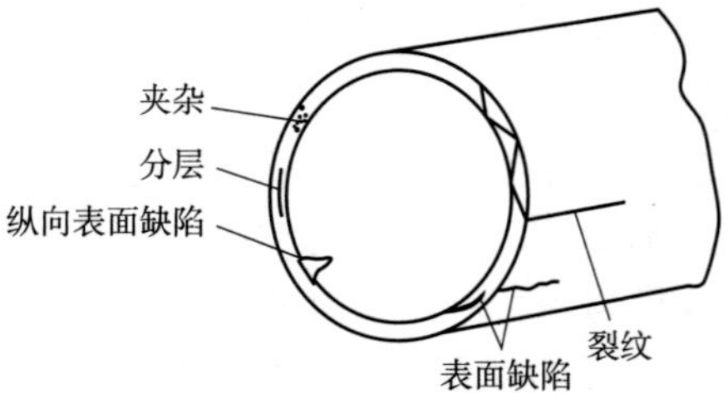

图 8 - 24　管中缺陷类型示意

陷的检测，在本章中不作详细介绍。

2. 腐蚀

管道腐蚀是指输送液体(如石油及石油产品)的管道因化学反应或其他原因发生腐蚀而导致管道的老化，主要有吸氧腐蚀、细菌腐蚀和二氧化硫腐蚀等多种类型。对于管道腐蚀分类主要分为两大类：外腐蚀和内腐蚀。对于有包覆层的管道，外部腐蚀是由于包覆层的缺失或损坏导致管道外壁受到土壤侵蚀和电化学腐蚀造成的。内部腐蚀是由于管道存有腐蚀性的气体、固体、浆体或水造成的。无论是内部腐蚀还是外部腐蚀，均会导致管道管壁变薄，严重时会导致裂纹甚至泄漏。依据管道腐蚀机理的不同，管道腐蚀可分为以下几种类型。

(1)吸氧腐蚀：石油及其产品中常含有一定的水分，还溶解有氧气，水中分子氧的腐蚀作用是通过阴极上耗氧反应进行的。

(2)SO_2 腐蚀：由于输送的物料常常含有硫使得管线内含硫物将积累变多，而管线底部积水中的 SO_2 对钢管可发生酸的再生循环反应。首先由 SO_2、O_2、Fe 反应生成硫酸亚铁，然后硫酸亚铁水解成氧化物和游离酸，游离酸又加速铁的腐蚀，生成新的硫酸亚铁，硫酸亚铁再水解，如此反复循环加速了对管线底部的腐蚀。

(3)H_2S 腐蚀：石油常常含有大量的硫化氢，H_2S 气体本身基本上并不会对管道造成腐蚀，然而当其遇到管线中的水分形成溶液后，便会电离出氢离子，对管道进行腐蚀，同时，H_2S 溶液还会被氧化形成硫酸，加剧对管道的腐蚀。

(4)CO_2 腐蚀：大气降水中含有 CO_2，CO_2 溶于水后形成碳酸，碳酸中的酸性对管道具有腐蚀性，由于多数管道为钢铁材质，钢铁是铁碳合金，铁和碳都能导电，而在相对活动性强的铁和相对活动性弱的碳之间形成了原电池，在此作用下，腐蚀反应速度加快，上述多种腐蚀效应都能因此加速进行。

(5)细菌微生物腐蚀：管道内存在多种细菌，细菌可以代谢盐类物质，使得管道的铁被腐蚀。

3. 机械破坏

管道的机械破坏是指管道系统在安装和运行过程中，常常受到各种外力的作用，比如机械碰撞、地震、风力、冻融等，这些外力容易导致管道的损坏和破裂。此外，在施工过程中，管道易受到外力作用影响(如挖掘机开挖)对管道造成机械损伤，导致管道凹陷、划痕、破裂等现象出现，管道一旦出现机械损伤缺陷，便会在一定程度上降低管道的自身稳定性与安全性。

8.2.2　管道缺陷超声导波检测

超声导波沿着如圆管、棒、杆之类的波导传播，当遇到波导中的缺陷时，由于缺陷造成的介质不连续性，产生了一个或多个反射面，此时将有一部分导波被反射回来，而另一部分将会透射缺陷继续向前传播，即产生了反射和透射现象。这些现象可用于管道结构的损伤识别。另外，在反射和透射过程中将伴随着导波的模态转换，将此称为脉冲回波法。根据此原理，采取同端接收，同端激励的方法，进行管道结构的损伤识别。接收到的信号中包括入射波、反射波和模态转换的干扰波。根据接收信号、激励信号和回波信号的峰值时间差，可由式(8－2)计算出管道中裂纹距离信号接收点的位置，从而确定出缺陷在管中的位置。

$$\frac{c_g \Delta t}{2}=x \tag{8-2}$$

式中 c_g——群速度；

Δt——入射波信号记录点和反射波信号记录点的时间差；

x——缺陷在管中的位置。

图 8－25 所示为脉冲回波法的原理示意。在管道的 A 端激励和接收信号，对接收到的反射波信号进行分析，判断管道是否完好及缺陷的大致位置。

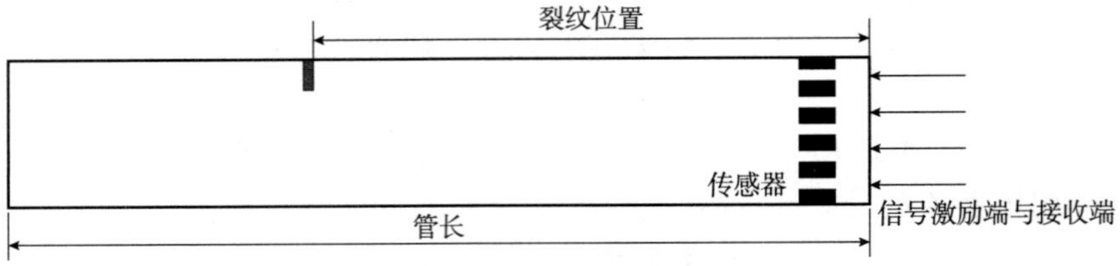

图 8－25 脉冲回波法的原理示意

导波的回波信号可以用来确定裂纹位置，下面介绍利用反射系数识别裂纹大小的方法。直观地理解，裂纹越大，导波的反射面就越大，反射导波能量就越强。这一性质可以用反射系数来定量分析，考虑导波频散效应及材料等因素，需要设置频散修正系数 K（$0<K<1$），一般频散修正系数为 0.8～1，定义导波的反射系数 F_R 为：

$$F_R=\frac{\sigma_R}{K\sigma_I} \tag{8-3}$$

其中：

$$\sigma_R=\frac{1-\alpha}{1+\alpha}\sigma_I \tag{8-4}$$

式中 σ_R——反射波强度；

σ_I——入射波强度；

α——管道截面积减少百分数。

令 β 为裂纹所占管道截面积的百分比，即反射面积百分比，则 $\beta=1-\alpha$，即 $\alpha=1-\beta$，即：

$$F_R=\frac{\sigma_R}{K\sigma_I}=\frac{\beta}{K(2-\beta)} \tag{8-5}$$

为了更好地观察反射系数识别裂纹大小的规律，分别用 L 表示裂纹纵向长度百分比（裂纹周向长度比管道周长），用 W 表示厚度减薄百分比（裂纹在管厚方向的尺寸比管道壁厚），用 T 表示裂纹在纵向的长度（单位为 mm），分析不同裂纹参数对反射系数的影响规律：

（1）当 W、T 一定时，管道裂纹周向长度越长，裂纹反射系数越大；

（2）当 W、L 一定时，反射系数对纵向裂纹宽度 W 变化不敏感；

（3）当 L、T 一定时，管道裂纹处壁厚越薄，裂纹反射系数越大；

（4）裂纹截面面积百分比 β 越大，裂纹反射波波幅越大。

研究发现，缺陷的径向和周向参数对 L 模态导波比较敏感，而纵向参数对 L 模态导波不敏感。究其原因，L 模态振动沿管道方向进行，在周向和径向（壁厚方向）与 L 模态导波的振动方向垂直，故影响最大；缺陷的纵向与 L 模态导波的振动方向平行，故最不敏感。根据 T 模态和 F 模态的振动方向可知：L 模态导波检测环向的裂纹比较敏感，T 模态导波对管长方向的裂纹有效，而 F 模态可以同时对两个裂纹进行检测，但其分析较为复杂。

8.2.3　管道缺陷超声导波检测应用实例

为了利用超声导波对管道缺陷进行检测，现设计含缺陷管道检测的试验，图 8－26(a)～(c)所示为试验所采用的管道 AISI304，为空心管道、充液管道、充液埋地管道的试件示意。表 8－7 所示为管道不同边界条件和不同缺陷长度的工况设置，空心管道、充液管道和充液埋地管道的试件编号分别用 K、Y、T 表示。管道的长度为：$L=2000$mm，管道壁厚为：$d=4$mm，管道的内径为：$D=82$mm。缺陷均沿管道圆周方向设置，单缺陷设置于距离 PZT 激励端 1.2m 处，双缺陷分别设置于距离 PZT 激励端 1.2m 和 1.5m 处，缺陷深度为 2mm、宽度为 5mm，管道周长为 90π，缺陷长度分别为圆周周长的 1/16(5πmm)、2/16(10πmm)、3/16(15πmm)、4/16(20πmm)。空心管道以及充液管道试件设计如图 8－27 所示，管道充水两端用胶塞封住。管道埋地深度为 300mm。充液埋地管道的现场试验如图 8－28 所示，管道的局部缺陷设置如图 8－29 所示，管道的局部缺陷设置示意如图 8－30 所示。

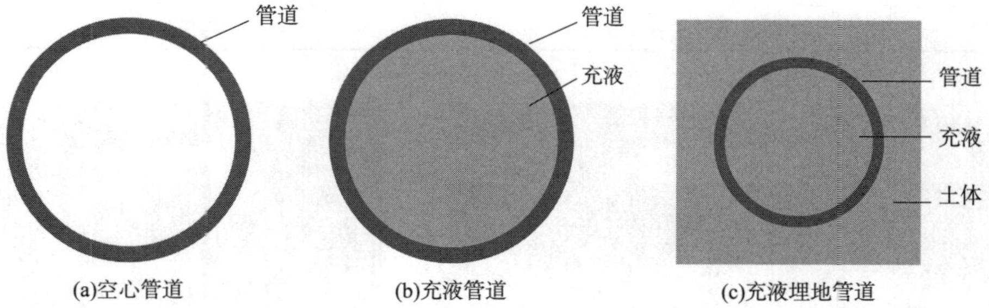

图 8－26　管道工况

图 8－27　空心管道与充液管道试件设计

表 8－7　试验管道不同工况

试件编号	管道长度/mm	缺陷深度/mm	缺陷长度/mm	缺陷位置/m	边界条件
K－1	2000	0	0	0	空心管道
K－2	2000	2	5π	1.2	空心管道
K－3	2000	2	10π	1.2	空心管道
K－4	2000	2	15π	1.2	空心管道
K－5	2000	2	20π	1.2	空心管道

续表

试件编号	管道长度/mm	缺陷深度/mm	缺陷长度/mm	缺陷位置/m	边界条件
Y-1	2000	0	0	0	充液管道
Y-2	2000	2	5π	1.2	充液管道
Y-3	2000	2	10π	1.2	充液管道
Y-4	2000	2	15π	1.2	充液管道
Y-5	2000	2	20π	1.2	充液管道
T-1	2000	0	0	0	充液埋地
T-2	2000	2	5π	1.2	充液埋地
T-3	2000	2	10π	1.2	充液埋地
T-4	2000	2	15π	1.2	充液埋地
T-5	2000	2	20π	1.2	充液埋地
T-6	2000	2	10π，10π	1.2 和 1.5	充液埋地
T-7	2000	2	10π，20π	1.2 和 1.5	充液埋地
T-8	2000	2	20π，20π	1.2 和 1.5	充液埋地
T-9	2000	2	20π，10π	1.2 和 1.5	充液埋地

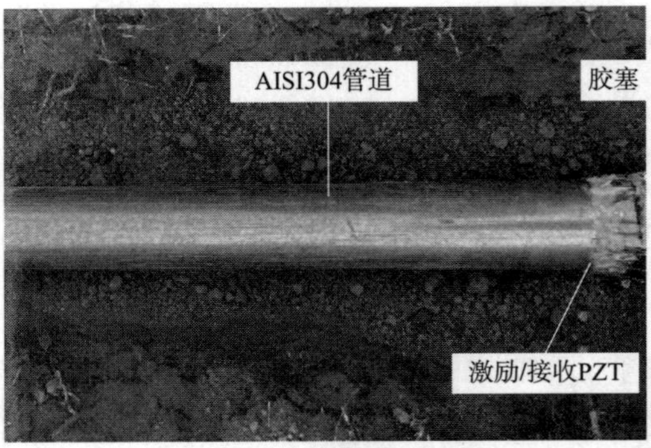

图 8-28 埋地管道现场

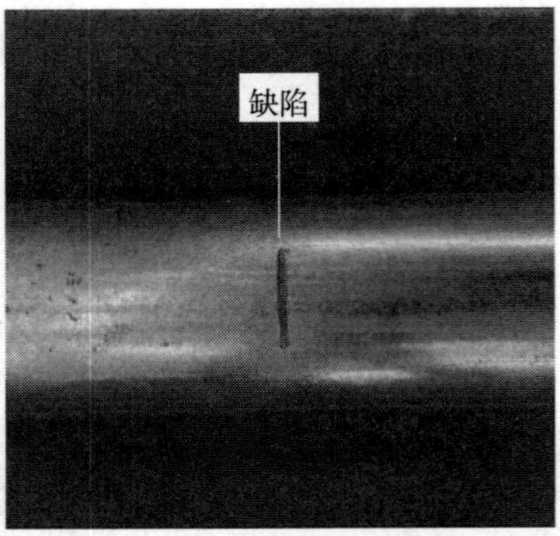

图 8-29 缺陷设置

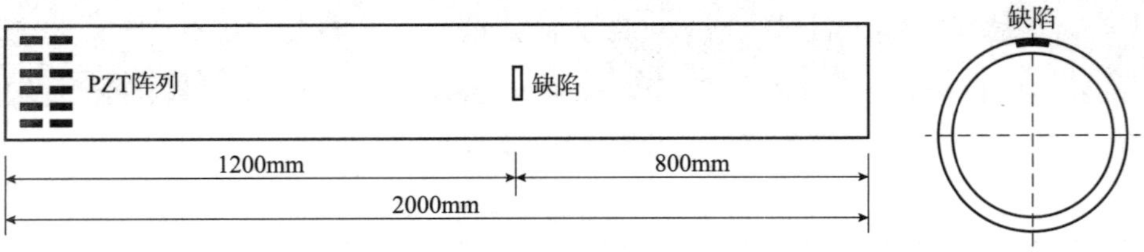

图 8-30 管道缺陷示意

埋地管道的几何及物理参数见表 8-8。

表 8-8 埋地管道的几何及物理参数

参数	内半径/mm	厚度/mm	纵波波速/(m/s)	泊松比/GPa	密度/(kg/m³)
管道	41	4	5140	0.29	7850
埋土	45	300	150	0.30	2000

1. 含缺陷的空心管道超声导波检测

基于超声导波的管道损伤检测，最重要的是在管道激励端激励出信噪比较高的导波信号，才能对缺陷的回波信号进行精确识别。同时，导波信号的频散特性以及用于激励和接收导波信号的 PZT 压电传感器的基本尺寸也会对管道损伤检测的效果产生重要影响。由于不同管道中导波传播的频散特性都不相同，则需要根据不同的管道尺寸进行频散曲线的绘制，根据不同模态导波的频散曲线得到该模态的截止频率，并将截止频率范围内的频带在试验中进行逐一的激励和接收，通过空心无损管道的端面回波信号判断最适合作为该管道在该工况下的激励频率。

对没有缺陷的 K－1 管道进行超声导波传播试验。分别将中心频率为 70kHz、90kHz、110kHz 经汉宁窗调制 10 周期正弦波信号，加载到管道的激励传感器阵列激励出超声导波，从管道端部的接收传感器阵列接收端面的第一次回波信号，对整个接收阵列 16 个 PZT 压电传感器的电压回波信号经过叠加后得到不同激励频率下的压电时程曲线，如图 8－31 所示。从图 8－31(a)～(c)中可以得到，空心管道超声导波传播过程中，导波信号从激励压电阵列发出，到达管道尾端反射回波，被同在激励一端的接收压电传感器阵列接收到回波信号，此时 $L(0, 2)$模态导波在管道中的传播距离为 2 个管道长度(4m)。如果导波能量没有完全衰减，它还会再次在管道激励端部分发生反射，仍沿初始路径传播，如此循环往复，直到导波能量完全衰减为止。因此，通过检测管道尾端回波的反射次数，可推断出导波在管道中的有效传播距离。当中心频率为 90kHz 时，$L(0, 2)$模态导波在空心管道中的传播距离最远、消耗最慢，并且结果显示有 8 个端面回波信号；当频率为 70kHz 时，只接收到 6 个端面回波；当中心频率为 110kHz 时，由于振动频率的加快，加快了超声导波信号能量的消耗，能量越大消耗越快，最终得到的只有 6 个端面回波信号。

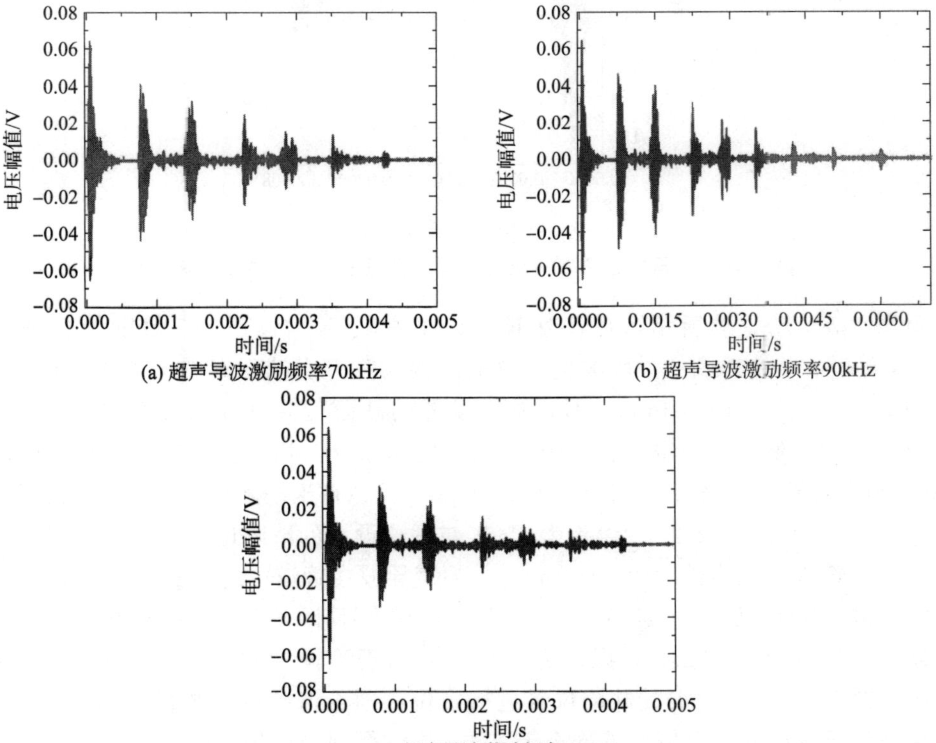

(a) 超声导波激励频率70kHz　　(b) 超声导波激励频率90kHz

(c) 超声导波激励频率110kHz

图 8－31　不同中心频率的激励导波在无缺陷管道中的衰减对比

如图 8-32(a)～(c)所示，为激励频率分别为 70kHz、90kHz、110kHz 时，接收的端面第一个回波信号，从图 8-32(b)可得，当激励频率为 90kHz 时，管道的第一个端面回波信号峰值最大，超声导波的信噪比也最高。比较图 8-32(a)～(c)的第一个端面回波信号可知，当导波激励频率为 70kHz 及 110kHz 时，其回波信号极大值均小于激励频率为 90kHz 时的端面第一个回波信号。由此可以得到，对于空心管道的缺陷检测，选择中心频率为 90kHz 的激励信号能够得到最好的检测结果。根据图 8-32(b)中的第一个端面波包周期，且导波在空心管道中传播的距离为 4m，时间约为 0.00079s，计算得该导波在空心管道中的传播速度约为 5050m/s。

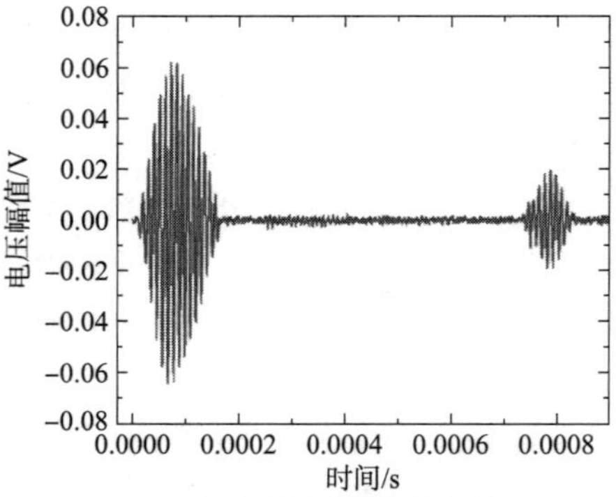

(a) 超声导波激励频率70kHz

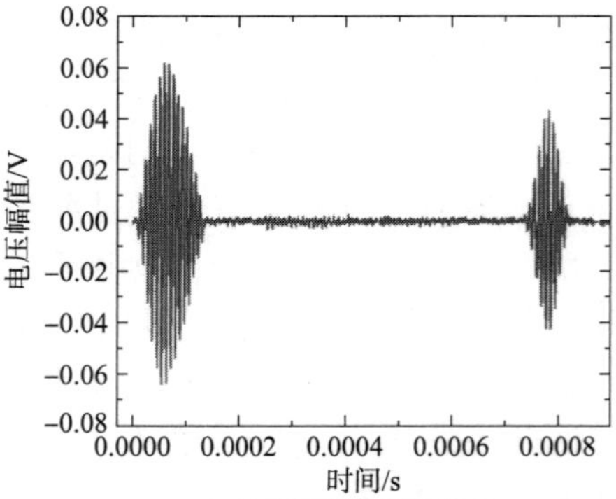

(b) 超声导波激励频率90kHz

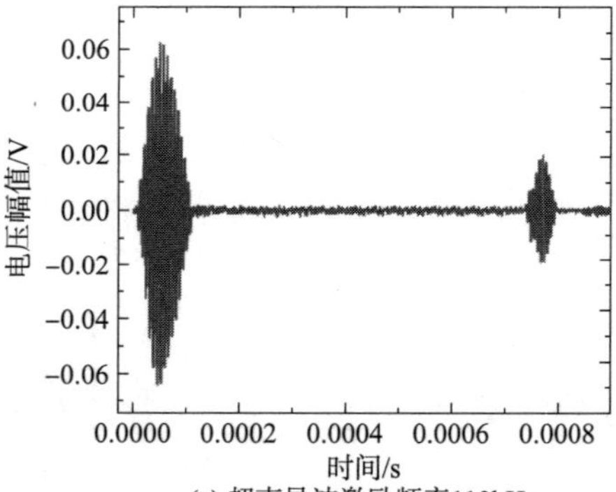

(c) 超声导波激励频率110kHz

图 8-32 不同中心频率的激励导波在管道中第一个端面回波对比

如图 8-33(a)～(d)所示，在管道 K-2、K-3、K-4、K-5 激励 PZT 阵列激励 $L(0,2)$模态超声导波得到的激励波包、缺陷回波和第一次端面回波。当缺陷长度分别为 5πmm、10πmm、15πmm、20πmm 时，管道设置的缺陷位置在距离 PZT 压电阵列 1.2m 处。如图 8-33(a)所示，当空心管道的缺陷长度为 5πmm 时，超声导波在管道中的传播距离为 4m，可以得到该缺陷回波时间约为 0.00048s，可以得到缺陷位置距离导 PZT 压电阵列为(0.00048×5050)/2≈1.212m，误差为 1%，与理论设置的缺陷位置接近；如图 8-33(b)所示，当空心管道的缺陷长度为 10πmm 时，超声导波在管道中的传播距离为 4m，可以得到该缺陷回波时间约为 0.000485s，可以得到缺陷位置距离导 PZT 压电传感器阵列为(0.000485×5050)/2≈1.225m，误差为 2.01%，与理论设置的缺陷位置接近；通过相同计算方法对图 8-33(c)、(d)的缺陷位置进行定位，理论值与试验测量值如表 8-9 所示，缺陷位置理论值与试验测量值误差均小于 3%。可以得到当使用 90kHz 的 $L(0,2)$模态导波对空心管道的损伤检测是可行的，定量确定了缺陷的位置；如图 8-34 可得，随着缺陷长度的逐渐增大，对应的缺陷反射回波峰值逐渐增大，定性地分析了在该模态导波中心频率下，不同缺陷大小的检测规律。

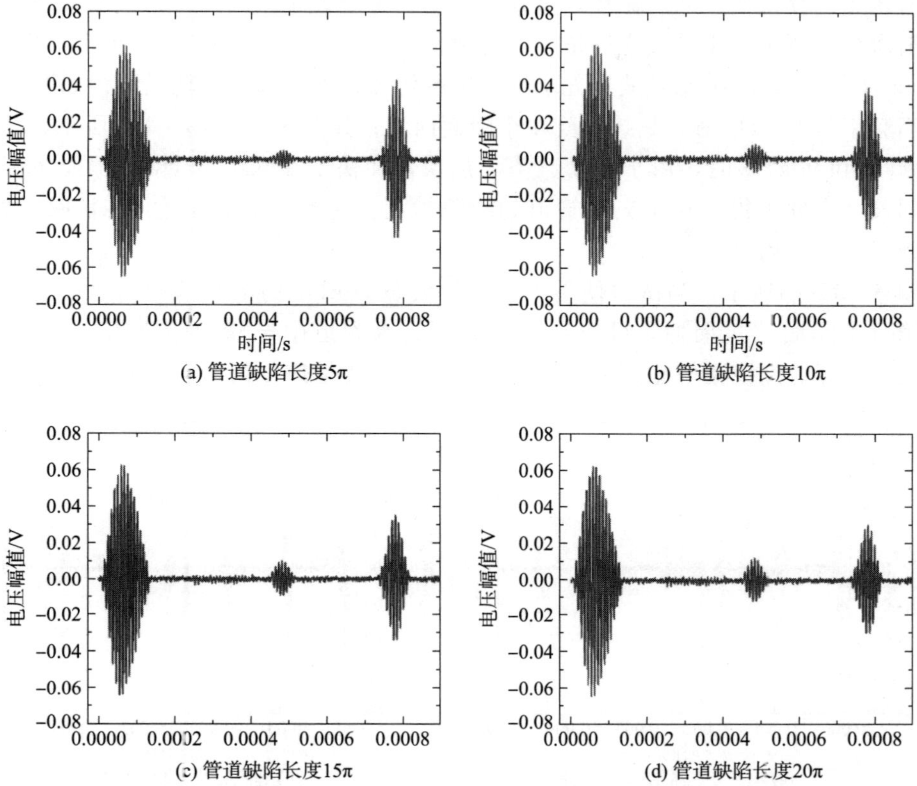

图 8－33　不同周向长度槽型裂纹缺陷的检测试验轴向电压时程曲线

表 8－9　管道缺陷设置的理论值与试验测量值

管道编号	缺陷理论位置/m	缺陷试验位置/m	误差/%
K－2	1.2	1.212	1.00
K－3	1.2	1.225	2.01
K－4	1.2	1.183	1.14
K－5	1.2	1.214	1.17

2. 含缺陷的充液管道超声导波检测

对无损的 Y－1 充水管道进行导波激励试验。分别将中心频率为 60kHz、70kHz、80kHz 和 90kHz 的汉宁窗调制 10 周期正弦波信号加载到管道激励传感器阵列激励出超声导波，从管道端部的接收传感器阵列接收回波信号，对整个接收阵列的压电陶瓷信号经过叠加后得到不同激励频率下的压电时程曲线，如图 8－35 所示。

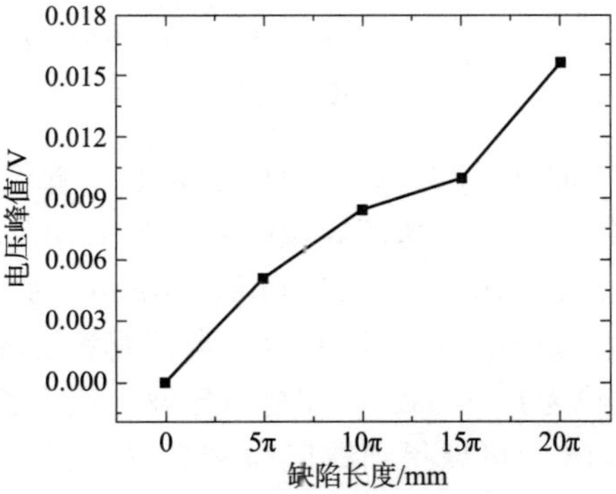

图 8－34　不同缺陷长度下缺陷的反射回波峰值

从图 8－35(a)～(d)中可以得到，充水管道超声导波传播过程中，导波信号从激励压电阵列发出，到达管道尾端反射回波，被接收压电阵列接收到回波信号，此时 $L(0, 2)$模态导波在管道中的传播距离为 4m。若导波能量没有完全衰减，它还会再次在管道激励端发生反射，仍沿初始路径传播，如此循环，直到导波能量完全衰减。因此，通过检测管道尾端回波的反射次数，可推断出导波在管道中的有效传播距离。如图 8－35(b)所示，当中心频率为 70kHz 时，$L(0, 2)$模态导波在充水管道中的传播距离最远、消耗最慢；如图 8－35(a)所示，当频率为 60kHz 时，只接收到 4 个断面回波；如图 8－37(c)、(d)所示，当中心频率为 80kHz 和 90kHz 时，由于振动频率的加快，加快了在水中能量的消耗，最终只有 4 个端面回波。由此可得，对于充水管道的缺陷检测，选择中心频率为 70kHz 的激励信号能够得到最好的反射波包。

如图 8－35(b)所示，当试验使用 $L(0, 2)$模态 70kHz 的激励频率信号时，缺陷的检测使用第一个端面波包周期，可以得到导波在充水管道中传播的距离为 4m，时间约为 0.00085s，计算得到该频率超声导波在充水管道中的传播速度约为 4706m/s。

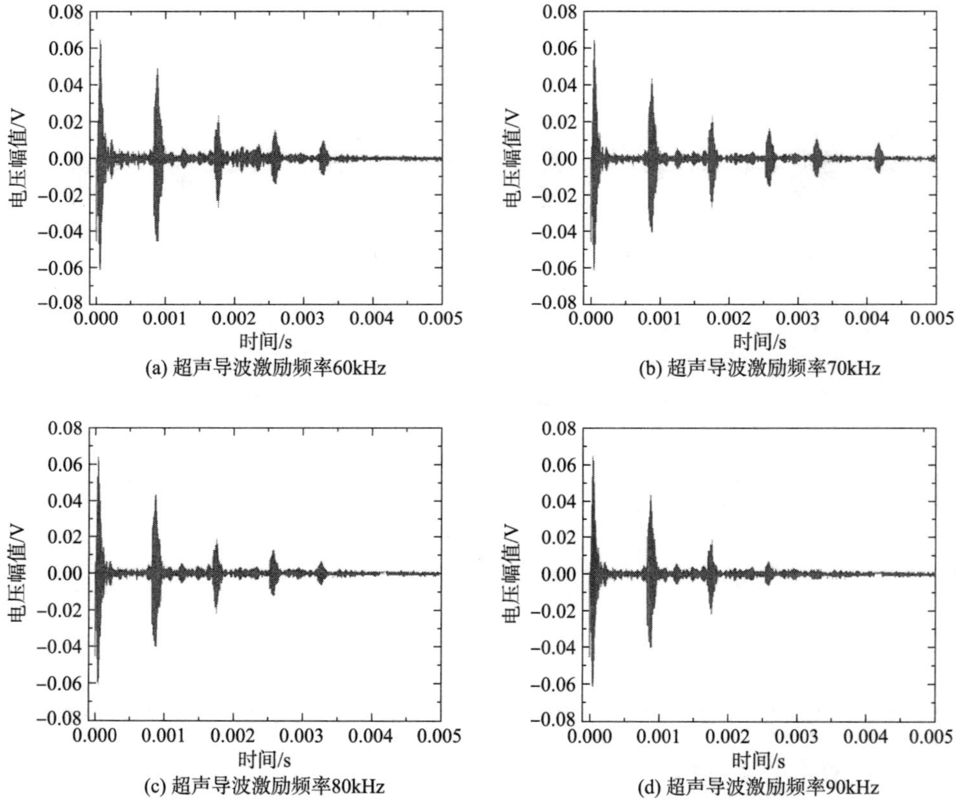

(a) 超声导波激励频率60kHz

(b) 超声导波激励频率70kHz

(c) 超声导波激励频率80kHz

(d) 超声导波激励频率90kHz

图 8－35　不同中心频率的激励导波在无缺陷管道中的衰减对比

图 8－36(a)～(d)所示为充水管道 Y－2、Y－3、Y－4、Y－5 的激励 PZT 阵列激励 $L(0, 2)$模态超声导波得到的激励波包、缺陷回波和第一次端面回波。当缺陷长度分别为 5πmm、10πmm、15πmm、20πmm 时，管道设置的缺陷位置在距离 PZT 压电阵列 1.2m 处。如图 8－36(a)所示，当充液管道的缺陷长度为 5πmm 时，可以得到缺陷回波信号的时间约为 0.00052s，该超声导波在充水管道中的传播速度约为 4706m/s，且导波的传播距离为 4m，可以得到缺陷位置距离 PZT 压电阵列为$(0.00052\times4706)/2\approx1.223$m，误差为 2%，与理论设置的缺陷位置接近；如图 8－36(b)所示，当充液管道的缺陷长度为 10πmm 时，可以得到缺陷回波信号的时间约为 0.000523s，该超声导波在充水管道中的传播速度

约为 4706m/s，且导波的传播距离为 4m，可以得到缺陷位置距离导 PZT 压电阵列为 (0.000523×4706)/2≈1.231m，误差为 2.8%，与理论设置的缺陷位置接近；通过相同计算方法对图 8－36(c)、(d)中的缺陷位置进行轴向定位，得到理论值与试验测量值如表 8－10 所示，缺陷位置理论值与试验测量值误差均小于 3%。可以得到，当使用 70kHz 的 *L*(0，2)模态导波对充水管道的损伤检测是可行的，定量确定了缺陷的位置；对于不同损伤程度充液管道的损伤检测，根据图 8－37 可得，随着缺陷长度的逐渐增大，对应的缺陷反射回波峰值逐渐增大，定性地分析了在该模态导波中心频率下，不同缺陷大小的检测规律。

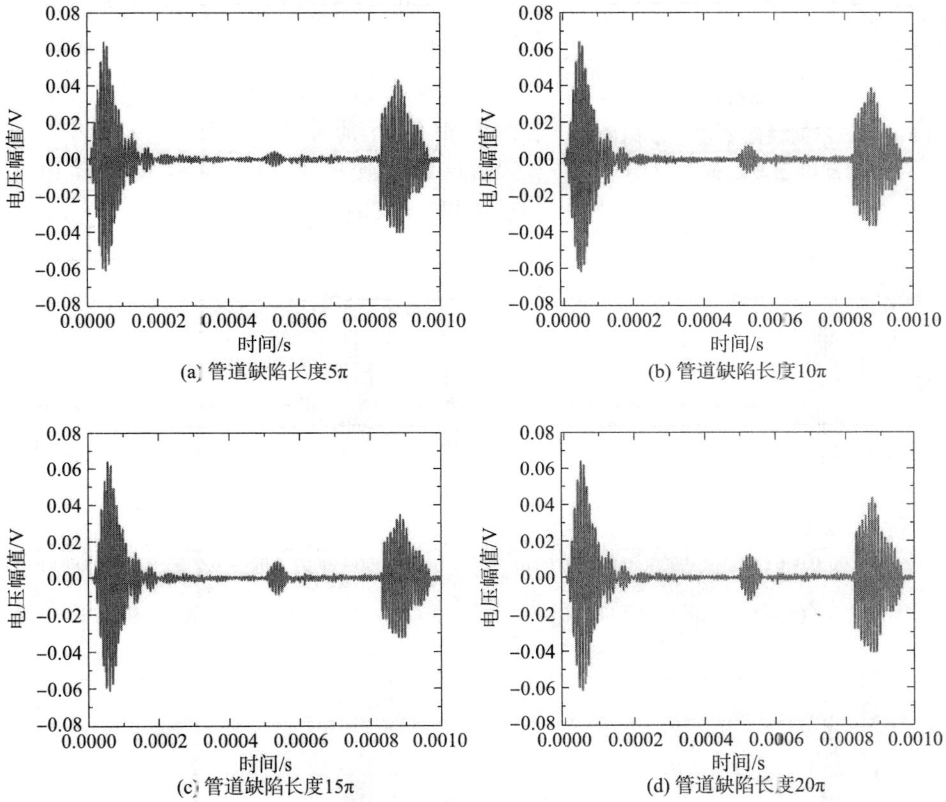

(a) 管道缺陷长度5π　(b) 管道缺陷长度10π

(c) 管道缺陷长度15π　(d) 管道缺陷长度20π

图 8－36　不同周向长度槽型裂纹缺陷的检测实验轴向电压时程曲线

表 8－10　管道缺陷设置的理论值与试验测量值

管道编号	缺陷理论位置/m	缺陷试验位置/m	误差/%
Y－2	1.2	1.223	2.13
Y－3	1.2	1.235	2.81
Y－4	1.2	1.180	1.70
Y－5	1.2	1.231	2.62

3. 含缺陷的充液埋地管道超声导波检测

(1)单缺陷识别

图 8－38 所示为充液埋地管道 T－1 通过激励 PZT 传感器阵列激励导波，同时接收管道尾端第一个回波信号图，其中导波信号的激励中心频率分别为 30kHz、40kHz、50kHz、

60kHz。从图 8－38(a)～(d)可得，当激励信号中心频率在 30kHz、40kHz、60kHz 时，导波的传播速度相对较慢，且管道尾端的端面回波信号峰值都较小，管道的缺陷较小时，但是由于杂波较多的存在，可能检测不到管道的缺陷位置，不适合作为该工况下管道损伤检测的激励频率选择。由图 8－38(c)可以得到，当超声导波的激励信号中心频率为 50kHz 时，管道尾端的端面回波较大，且接受到的杂波较少，在缺陷很小的时候有效地识别缺陷反射波包。所以中心频率为 50kHz 的激励信号适合作为充水埋地管道的损伤检测。从图 8－38(c)可知，从激励信号到接收管道端面回波时间约为 0.00086s，导波在管道中的传播距离为 4m，可得中心频率为 50kHz 的导波在 T－1 管道中的传播速度为 4÷0.00086≈4651m/s。

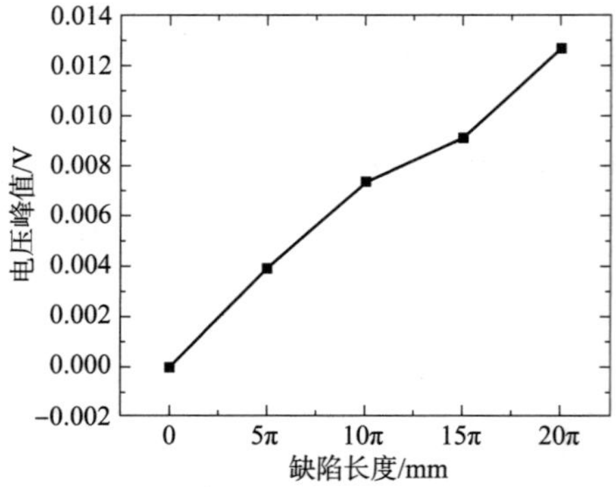

图 8－37　不同缺陷长度下缺陷的反射回波峰值

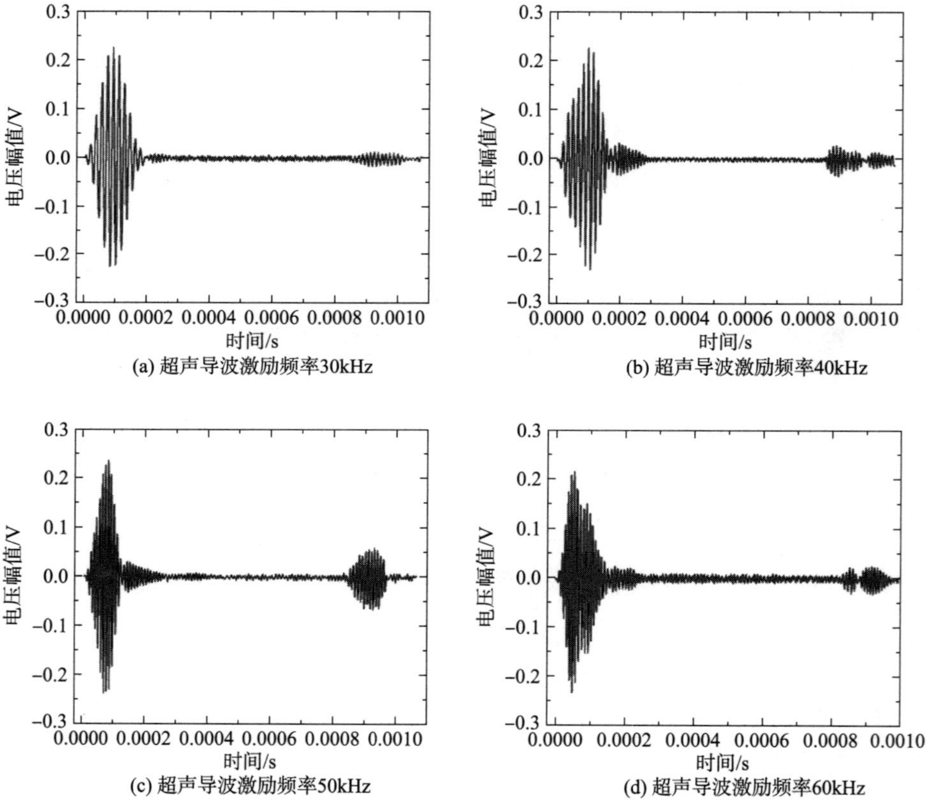

(a) 超声导波激励频率30kHz　(b) 超声导波激励频率40kHz

(c) 超声导波激励频率50kHz　(d) 超声导波激励频率60kHz

图 8－38　不同中心频率的激励导波在 T－1 管道中的衰减对比

由图 8－39 可以得到，对充液埋地管道 T－2、T－3、T－4、T－5，用中心频率为 50kHz 的 $L(0,2)$模态导波的管道损伤检测结果。如图 8－39(a)所示，当管道的缺陷长度为 5πmm 时，此时超声导波在管道中的传播距离为 4m，在充液埋地管道中的传播速度为 4650m/s，其缺陷回波波包时间约为 0.00051s，此时导波在管道中传播距离的理论值为 4m，通过超声导波信号检测的缺陷位置为(0.00051×4650)/2≈1.186m，误差为 1.2%；如图 8－39(b)所示，当管道的缺陷长度为 10πmm 时，此时超声导波在管道中经过缺陷反射的传播距离为 2.4m，在充液埋地管道中的传播速度为 4650m/s，其缺陷回波波包时间约为 0.000532s，则可以计算得到缺陷在管道中的轴向位置位于(0.000532×4650)/2≈1.237m 处，误差为 1.2%；通过相同计算方法对图 8－39(c)、(d)的缺陷位置进行轴向定位，得到的缺陷的轴向位置理论值与试验测量值如表 8－11 所示，显示缺陷设置理论值与试验测量值误差均小于 3%，通过该试验结果可以得到，超声导波检测充水埋地管道能很好地定量识别缺陷的轴向位置。对于不同缺陷大小的管道损伤进行检测，从图 8－40 的结果可以得到，随着设置的缺陷长度逐渐增加时，通过检测得到的缺陷损伤反射波包的极大值逐渐增大，则定性地分析了在该模态导波的中心频率下，充液埋地管道在不同缺陷大小情况下的检测规律。

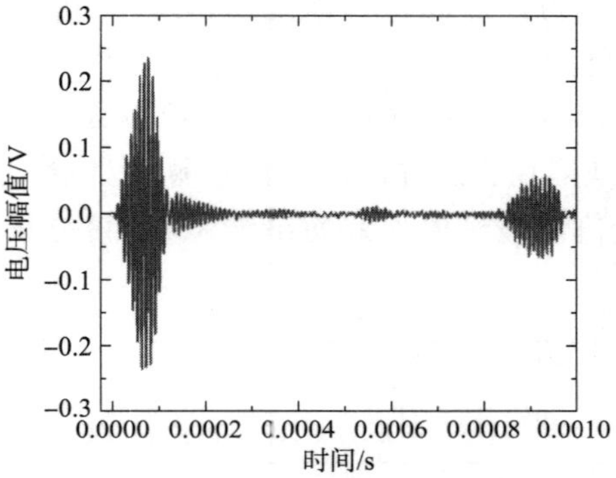

(a) 管道缺陷长度5π

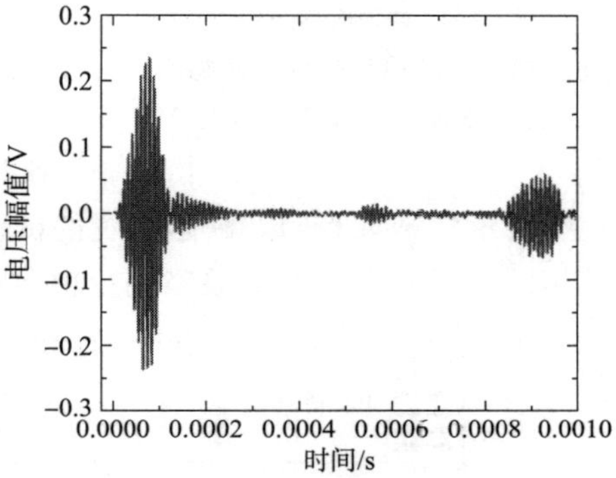

(b) 管道缺陷长度10π

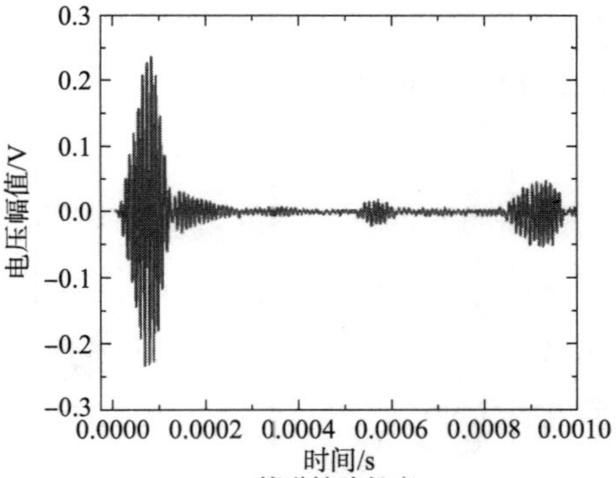

(c) 管道缺陷长度15π

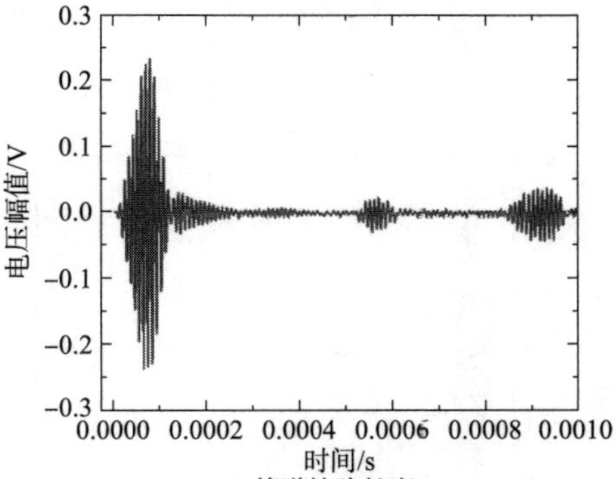

(d) 管道缺陷长度20π

图 8－39　充水埋地管道裂纹缺陷的检测实验轴向电压时程曲线

表 8－11　管道缺陷设置的理论值与试验测量值

管道编号	缺陷长度/mm	缺陷理论位置/m	缺陷试验位置/m	误差/%
T－2	5π	1.2	1.186	1.17
T－3	10π	1.2	1.235	2.91
T－4	15π	1.2	1.175	2.08
T－5	20π	1.2	1.211	0.92

(2)多缺陷识别

充液埋地管道的多缺陷设置如图 8－41 所示，两个缺陷分别位于距离 PZT 压电陶瓷阵列端 1.2m 和 1.5m 位置处。图 8－42(a)～(d)所示为充液埋地管道 T－6、T－7、T－8、T－9 中管道的损伤检测结果。从图 8－42(a)中可得，当在管道上设置两个缺陷尺寸均为

10πmm 时，第二个缺陷回波的间约为 0.00065s，根据前面计算的超声导波在充水埋地管道中的传播的速度为 4650m/s，且超声导波在管道中的传播距离为 4m，可得缺陷距离 PZT 阵列端的试验值约为(0.00065×4650)/2≈1.52m，与缺陷理论值误差为 2%；从图 8-42(b)中可得，当在管道上同时设置缺陷尺寸分别为 20πmm 及 10πmm 时，第一个缺陷回波信号的时间约为 0.00575s，根据计算的超声导波在充液埋地管道中的传播速度为 4650m/s，且导波的传播距离为 4m，则可以计算得到缺陷距离 PZT 阵列激励端的距离为 1.223m，与缺陷的理论设置位置误差仅为 1.92%。通过前面相同的计算方法，可以得到双缺陷在管道轴向的理论位置和试验位置误差如表 8-12 所示。结果表明，缺陷位置的试验值与理论值误差均小于 3%，该方法能有效地对管道相同和不同大小的双缺陷进行轴向定位。

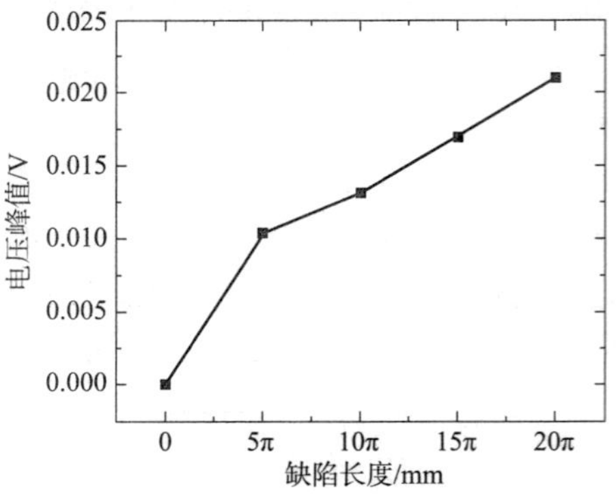

图 8-40 不同缺陷长度下缺陷的反射回波峰值

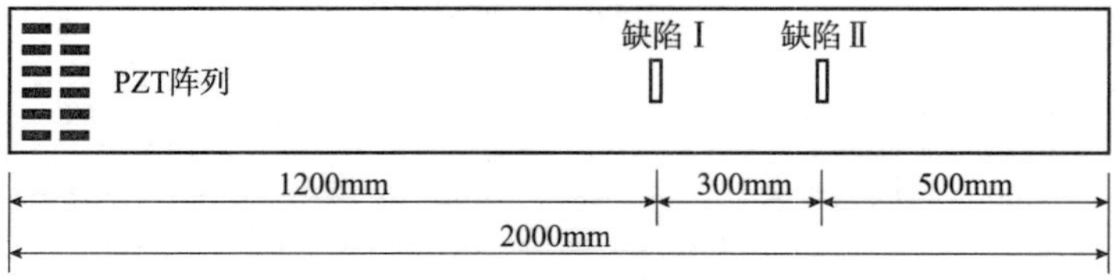

图 8-41 充水埋地管道的多缺陷设置

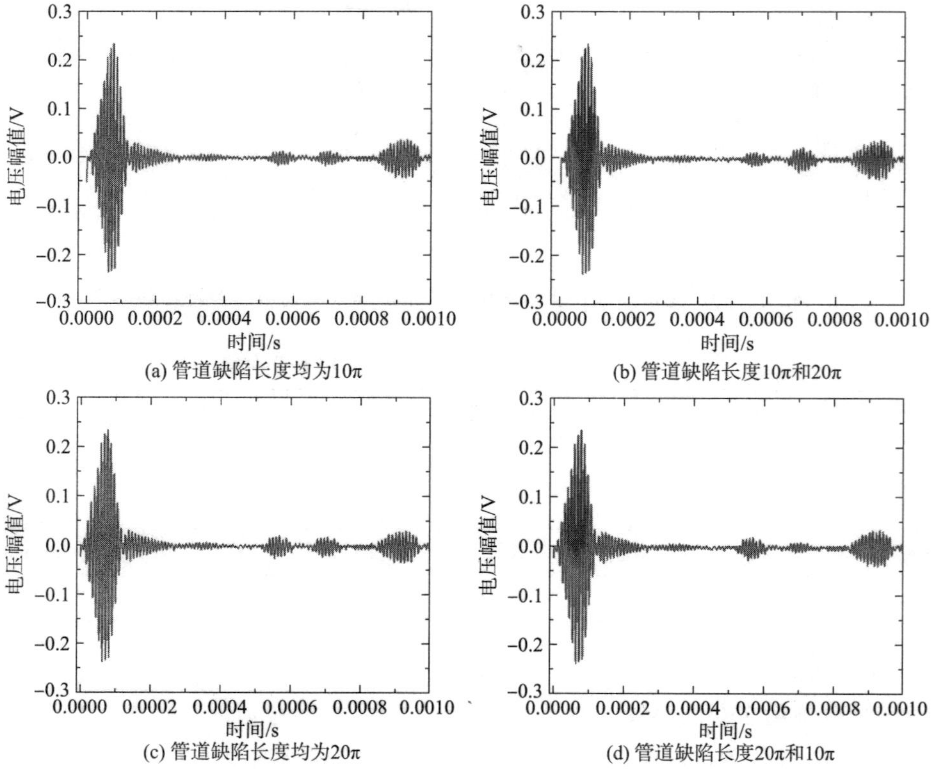

图 8-42 充水埋地多缺陷检测试验的轴向电压时程曲线

表 8-12　管道多缺陷的理论和试验位置

管道编号	1.2m			1.5m		
	理论值/m	试验值/m	误差/%	理论值/m	试验值/m	误差/%
T-6	1.20	1.175	2.13	1.50	1.518	1.20
T-7	1.20	1.223	1.92	1.50	1.540	2.67
T-8	1.20	1.219	1.58	1.50	1.521	1.40
T-9	1.20	1.208	0.67	1.50	1.534	2.27

8.3　压力容器的超声导波检测

8.3.1　压力容器及容器缺陷分类

1. 压力容器分类

压力容器是指盛装气体或者液体，承载一定压力的密闭设备。为了更有效地实施科学管理和安全监检，我国《压力容器安全技术监察规程》中根据工作压力、介质危害性及其在生产中的作用将压力容器分为三类。并对每个类别的压力容器在设计、制造过程，以及检验项目、内容和方式做出了不同的规定。压力容器已实施进口商品安全质量许可制度，未取得进口安全质量许可证书的商品不准进口。应该按照最新 TSG 21—2016《固定式压力容器安全技术监察规程》中划分，先按介质划分为第一组介质和第二组介质，然后再按照压力和容积划分类别Ⅰ类、Ⅱ类、Ⅲ类，老容规的第一类、第二类、第三类已经不适用了。压力容器的分类方法很多，从使用、制造和监检的角度分类，有以下几种。

(1)按承受压力的等级分为：低压容器、中压容器、高压容器和超高压容器。

(2)按盛装介质分为：非易燃、无毒；易燃或有毒；剧毒。

(3)按工艺过程中的作用不同分为：①反应容器。用于完成介质的物理、化学反应的容器；②换热容器。用于完成介质的热量交换的容器；③分离容器。用于完成介质的质量交换、气体净化、固、液、气分离的容器；④贮运容器。用于盛装液体或气体物料、贮运介质或对压力起平衡缓冲作用的容器。

2. 压力容器缺陷分类

通常压力容器的缺陷分为三类，第一类是设计上的缺陷，包括容器结构的不合理，如需要设置防冲挡板的没有设置，与介质的相容性没有很好的考虑，工艺设计缺陷，造成压力温度不稳定，超温超压，介质倒灌等。第二类是压力容器制造过程中的缺陷，一是本体材质缺陷，包括夹层、夹杂等。二是制造过程中的焊接缺陷，①裂纹：器壁母材上裂纹，热影响区裂纹，焊缝区裂纹。②焊接缺陷：未熔合，未焊透，夹渣，气孔，咬边，焊瘤，烧穿，弧坑，焊缝外形、尺寸不符合要求。第三类是在使用过程中产生的缺陷，例如材质劣化、腐蚀、裂纹、减薄等，安全附件未按时校核及检定。压力容器事故现场和损伤如图 8-43 所示。

图 8-43 压力容器事故现场和损伤

8.3.2 压力容器缺陷超声导波检测

压力容器是一种多孔洞的复杂结构，主体结构由筒体和封头组成。其中结构中还包括：手孔、法兰、压力表接口、安全阀接口、出口、入口和排污口。孔洞的存在对结构的整体刚度以及边界条件的影响使得无法通过力学方法获得导波在结构中传播时频散方程的解析表达式。传统的通过控制波动方程、假定解的具体形式并使其满足边界条件，以获得频散曲线和波结构信息的方法不再适用。然而，频散曲线作为优化激励频率，估计实际波速，分析波包成分，损伤识别的基础，是研究工作首要考虑的切入点，频散曲线也是导波传播特性分析的理论基础。

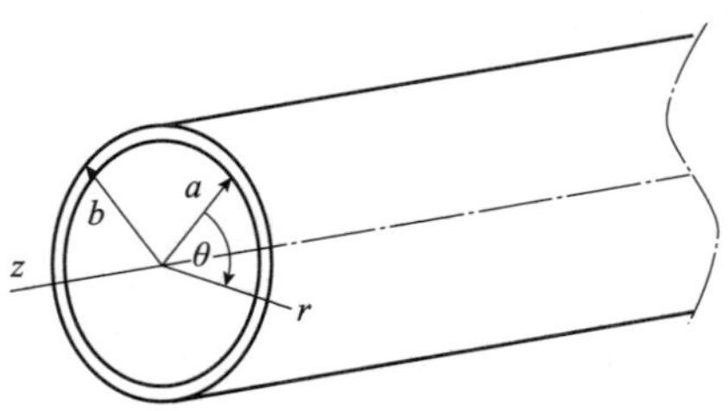

图 8-44 内外径分别为 a、b 的无限长无应力圆管

导波在结构中传播时，其传播特性对于结构截面的尺寸、材料属性、曲率等具有适应性。压力容器主体结构以空心圆柱结构为主，基于此，由于几何形状的相似性，本研究试图尝试利用空心圆柱结构中的频散曲线研究罐状压力容器中的频散特性。

对于压力容器频散曲线的讨论，首先将在柱坐标下研究无限长空心圆柱结构中导波的传播问题。建立如图 8-44 所示的坐标系。

其中 3 个位移分量可以分别表示为：

$$
\begin{aligned}
u_r &= U_r(r)\cos n\theta\cos(\omega t+\xi z)\\
u_\theta &= U_\theta(r)\cos n\theta\cos(\omega t+\xi z)\\
u_z &= U_z(r)\cos n\theta\cos(\omega t+\xi z)
\end{aligned}
\tag{8-6}
$$

式中 n——周向阶数；

ω——圆频率；

ξ——波数；

$U_r(r)$、$U_\theta(r)$、$U_z(r)$是由 Bessel 函数（或者是修正的 Bessel 函数）构成的相应的位移幅度。

研究应力波在空心圆柱结构中的传播时，应分别研究三种不同的传播模态：纵向模态 $L(0, m)$、扭转模态 $T(0, m)$和弯曲模态 $F(n, m)$。其中纵向模态与扭转模态是轴对称模态，而弯曲模态是非轴对称模态。

在空心圆柱结构中 Navier 控制方程依旧适用，其表达式为：

$$\mu \nabla^2 \boldsymbol{u}+(\lambda+\mu)\nabla\nabla \cdot \boldsymbol{u}=\rho(\partial^2 \boldsymbol{u}/\partial t^2) \tag{8-7}$$

式中 $\boldsymbol{u}$——介质中质点的位移向量；

λ，μ——材料的拉梅常数；

ρ——材料的密度；

∇^2——拉普拉斯算子。

利用亥姆霍兹分解，将质点的位移矢量分解为标量势函数 ϕ 和矢量势函数 H：

$$u=\nabla\varphi+\nabla\times H \tag{8-8}$$

$$\nabla \cdot H=0 \tag{8-9}$$

将位移矢量分解后的形式带入控制方程，可以得到两个分离的波动方程：

$$\nabla^2 \phi=\frac{1}{c_L^2}\frac{\partial^2 \phi}{\partial t^2} \tag{8-10}$$

$$\nabla^2 H=\frac{1}{c_T^2}\frac{\partial^2 H}{\partial t^2} \tag{8-11}$$

式中 $c_L=\sqrt{(\lambda+2\mu)/\rho}$，$c_T=\sqrt{\mu/\rho}$分别代表介质中纵波波速与剪切波波速。考虑导波沿着轴向方向（z 方向）进行传播，波动方程的解将具有如下形式：

$$\begin{aligned} \phi&=f(r)\cos n\theta\cos(\omega t+\xi z) \\ H_r&=g_r(r)\sin n\theta\sin(\omega t+\xi z) \\ H_\theta&=g_\theta(r)\cos n\theta\sin(\omega t+\xi z) \\ H_z&=g_z(r)\sin n\theta\cos(\omega t+\xi z) \end{aligned} \tag{8-12}$$

将波动方程的解带入波动方程，得到关于 ϕ、H_r、H_θ 和 H_z 的偏微分方程：

$$\begin{aligned} &(\nabla^2+\omega^2/c_L^2)\phi=0 \\ &(\nabla^2+\omega^2/c_T^2)H_z=0 \\ &(\nabla^2-1/r^2+\omega^2/c_T^2)H_r-(2/r^2)(\partial H_\theta/\partial\theta)=0 \\ &(\nabla^2-1/r^2+\omega^2/c_T^2)H_r+(2/r^2)(\partial H_r/\partial\theta)=0 \end{aligned} \tag{8-13}$$

由式（8-12）和式（8-13），可以得到公式 8-13 的通解：

$$\begin{aligned} f&=AZ_n(\alpha_1 r)+BW_n(\alpha_1 r) \\ g_1&=(g_r-g_\theta)/2=A_1 Z_{n+1}(\beta_1 r)+B_1 W_{n+1}(\beta_1 r) \\ g_2&=(g_r+g_\theta)/2=A_2 Z_{n-1}(\beta_1 r)+B_2 W_{n-1}(\beta_1 r) \\ g_z&=A_3 Z_n(\beta_1 r)+B_3 W_n(\beta_1 r) \end{aligned} \tag{8-14}$$

式中，$\alpha^2=\omega^2/c_L^2-\xi^2$，$\beta^2=\omega^2/c_T^2-\xi^2$，当 α 与 β 取虚数时 $\alpha_1 r=|\alpha r|$，$B_1 r=|Br|$；Z_n 和 W_n 表示 Bessel 函数或者修正的 Bessel 函数，取决于 α 与 β 是实数还是虚数，Bessel 函数的选取如表 8-13 所示。

表 8-13 Bessel 函数选择

区间	函数选取		λ_i 选取
$c_L < c_p$	$J_n(\alpha r)$，$Y_n(\alpha r)$	$J_n(\beta r)$，$Y_n(\beta r)$	$\lambda_1=1$，$\lambda_2=1$
$c_T < c_p < c_L$	$I_n(\alpha_1 r)$，$K_n(\alpha_1 r)$	$J_n(\beta r)$，$Y_n(\beta r)$	$\lambda_1=-1$，$\lambda_2=1$
$c_p < c_T$	$I_n(\alpha_1 r)$，$K_n(\alpha_1 r)$	$I_n(\beta_1 r)$，$K_n(\beta_1 r)$	$\lambda_1=-1$，$\lambda_2=-1$

不失一般性，令 $g_2=0$，可以得到柱坐标下各位移分量的表达式：

$$u_r=[f'+(n/r)g_3+\xi g_1]\cos n\theta\cos(\omega t+\xi z)$$
$$u_\theta=[-(n/r)f+\xi g_1-g_3']\sin n\theta\cos(\omega t+\xi z)$$
$$u_z=[-\xi f-g_1'-(n+1)(g_1/r)]\cos n\theta\sin(\omega t+\xi z) \quad (8-15)$$

利用应力—位移关系和应力—应变关系：

$$\varepsilon_{rr}=\partial u_r/\partial r$$
$$\varepsilon_{rz}=(1/2)[\partial u_r/\partial z+\partial u_z/\partial r]$$
$$\varepsilon_{r\theta}=(1/2)\left[r\frac{\partial}{\partial r}\left(\frac{u_\theta}{r}\right)+\frac{1}{r}\frac{\partial u_r}{\partial\theta}\right]$$
$$\sigma_{rr}=\lambda\nabla^2\phi+2\mu\varepsilon_{rr}$$
$$\sigma_{rz}=2\mu\varepsilon_{rz}$$
$$\sigma_{r\theta}=2\mu\varepsilon_{r\theta} \quad (8-16)$$

由于空心圆柱结构处于自由边界条件状态，所以内外圆柱面的应力分量等于 0：

$$\sigma_{rr}=\sigma_{r2}=\sigma_{r\theta}=0(r=a,\ r=b) \quad (8-17)$$

综合考虑式(8-14)～式(8-16)可以得到关于系数 A，B，A_1，B_1，A_3 和 B_3 的方程组：

$$\begin{bmatrix} d_{11} & d_{12} & d_{13} & d_{14} & d_{15} & d_{16} \\ d_{21} & d_{22} & d_{23} & d_{24} & d_{25} & d_{26} \\ d_{31} & d_{32} & d_{33} & d_{34} & d_{35} & d_{36} \\ d_{41} & d_{42} & d_{43} & d_{44} & d_{45} & d_{46} \\ d_{51} & d_{52} & d_{53} & d_{54} & d_{55} & d_{56} \\ d_{61} & d_{62} & d_{63} & d_{64} & d_{65} & d_{66} \end{bmatrix}\begin{bmatrix} A \\ B \\ A_1 \\ B_1 \\ A_3 \\ B_3 \end{bmatrix}=0 \quad (8-18)$$

为了使方程组存在非零解，系数矩阵所对应的行列式必须为 0，即：

$$|d_{ij}|=0(i,\ j=1,\ 2,\ 3,\ \cdots 6) \quad (8-19)$$

其中行列式中的元素如下：

$$d_{11}=[2n(n-1)-(\beta^2-\xi^2)a^2]Z_n(\alpha_1 a)+2\lambda_1 a_1 aZ_{n+1}(\alpha_1 a)$$
$$d_{12}=2\xi\beta_1 a^2 Z_n(\beta_1 a)-2\xi a(n+1)Z_{n+1}(\beta_1 a)$$
$$d_{13}=-2n(n-1)Z_n(\beta_1 a)+2\lambda_2 n\beta_1 aZ_{n+1}(\beta_1 a)$$
$$d_{14}=[2n(n-1)-(\beta^2-\xi^2)a^2]W_n(\alpha_1 a)+2\alpha_1 aW_{n+1}(\alpha_1 a)$$
$$d_{15}=2\lambda_2\xi\beta_1 a^2 W_n(\beta_1 a)-2(n+1)\xi aW_{n+1}(\beta_1 a)$$
$$d_{16}=-2n(n-1)W_n(\beta_1 a)+2n\beta_1 aW_{n+1}(\beta_1 a)$$
$$d_{21}=2n(n-1)Z_n(\alpha_1 a)-2\lambda_1 n\alpha_1 aZ_{n+1}(\alpha_1 a)$$
$$d_{22}=-\xi\beta_1 a^2 Z_n(\beta_1 a)+2\xi a(n+1)Z_{n+1}(\beta_1 a)$$
$$d_{23}=-[2n(n-1)-\beta^2 a^2]Z_n(\beta_1 a)-2\lambda_2\beta_1 aZ_{n+1}(\beta_1 a)$$
$$d_{24}=2n(n-1)W_n(\alpha_1 a)-2n\alpha_1 aW_{n+1}(\alpha_1 a)$$

$$d_{25}=-\lambda_2\xi\beta_1 a^2 W_n(\beta_1 a)+2(n+1)\xi a W_{n+1}(\beta_1 a)$$
$$d_{26}=-[2n(n-1)-\beta^2 a^2]W_n(\beta_1 a)-2\beta_1 a W_{n+1}(\beta_1 a)$$
$$d_{31}=2n\xi\alpha_1 Z_n(\alpha_1 a)-2\lambda_1\xi\alpha_1 a^2 Z_{n+1}(\alpha_1 a)$$
$$d_{32}=n\beta_1 a Z_n(\beta_1 a)-(\beta^2-\xi^2)a^2 Z_{n+1}(\alpha_1 a)$$
$$d_{33}=-n\xi a Z_n(\beta_1 a)$$
$$d_{34}=2n\xi a W_n(\alpha_1 a)-2\xi\alpha_1 a^2 W_{n+1}(\alpha_1 a)$$
$$d_{35}=\lambda_2 n\beta_1 a W_n(\beta_1 a)-(\beta^2-\xi^2)a^2 W_{n+1}(\beta_1 a)$$
$$d_{36}=-n\xi a W_n(\beta_1 a) \tag{8-20}$$

式中　n——空心圆柱结构中导波的周向阶数，余下的行列式元素 $d_{41}\cdots d_{66}$ 与元素 $d_{11}\cdots d_{36}$ 相同，仅是将其中的 a 替换为 b。

对于导波在空心圆柱结构中传播时的频散方程（式 8－18）的求解，其各值由空心圆柱结构的材料参数和内、外径尺寸的 Bessel 函数决定。导波在筒体中沿周向传播时，存在周向模式；当考虑导波沿轴向进行传播时，存在三种不同的传播模式：即纵向模式 $L(0, m)$、扭转模式 $T(0, m)$和弯曲模式 $F(n, m)$，其中 n 表示周向阶次，$n=1, 2, 3\cdots$，m 代表模数 $m=1, 2, 3\cdots$。当 $n=0$ 时，有无限多个扭转模态和限多个纵向模态，当 $n=1, 2, 3\cdots$时，对于每一个 n 将有双倍无限多个弯曲模态。其中纵向模式与扭转模式为轴对称模式，弯曲模式为非轴对称模式。多模式将导致导波在结构中传播时波包成分的复杂性，增加识别信号中损伤特征的难度。

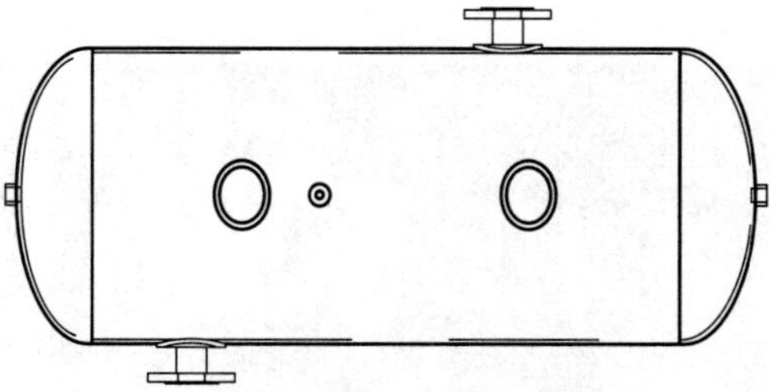

图 8－45　压力容器结构示意

某压力容器试件的结构尺寸如图 8－45 所示。主要参数如表 8－14 所示。基于无限长空心圆柱壳在自由边界条件下导波传播的边值问题理论，计算并绘制出与压力容器尺寸，材料参数相关的频散曲线，如图 8－46 和图 8－47 所示。

表 8－14　压力容器的主要参数

名称	参数
容器容积/m^3	0.3
容器内径/mm	550
容器高/mm	1598
容器质量/kg	162
筒体材料	Q345R(16MnR)
筒体厚度/mm	6
设计压力/MPa	1.68
设计温度/℃	110
工作压力/MPa	1.6
主体机构	单层

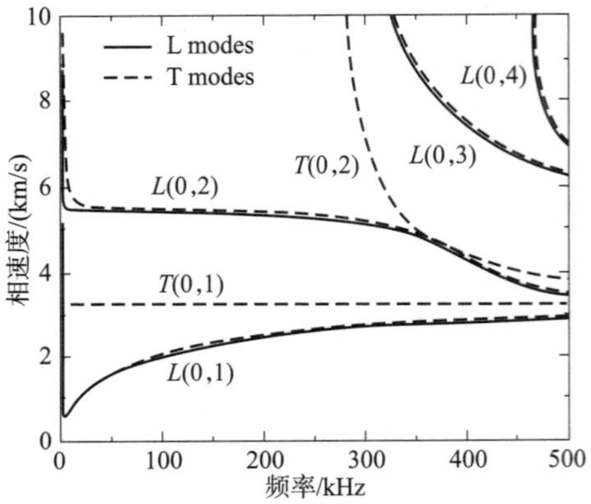

图 8-46 相速度频散曲线

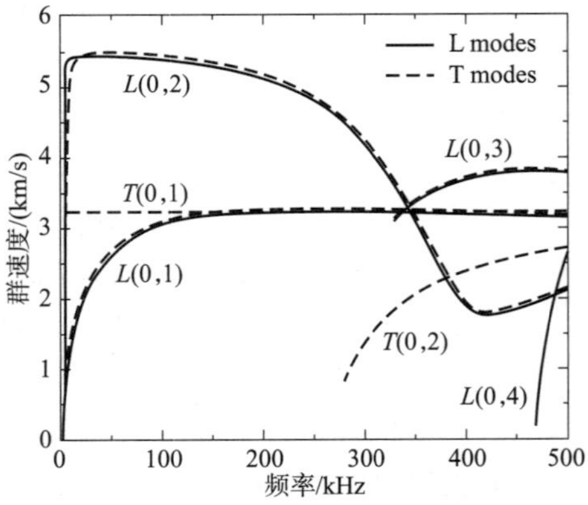

图 8-47 群速度频散曲线

8.3.3 压力容器超声导波检测应用实例

1. 压力容器导波检测实验系统

图 8-48 在线监测系统试验现场

实验系统的现场照片如图 8-48 所示。本实验系统中，信号发生单元由信号发生器(AFG3022B)和信号放大器(KH7602M)组成，信号采集单元由示波器(Tektronix3014)与高通滤波器(YE3770)组成，信号控制与处理单元由计算机及其相关软件组成。实验采用压电陶瓷(PZT)作为驱动器和传感器粘贴在结构上(德国 PI 公司生产，材料编号为 PIC151)。根据筒体和压电陶瓷晶片的几何特性，将矩形压电陶瓷晶片的长边平行于轴线的方式进行粘贴。传感器与驱动器的布置方式为：在筒体边缘每间隔 90°进行布置，筒体的另一端边缘的对应位置以同样的方式进行布置。这样的布置方式可以使监测范围覆盖整个压力容器的罐体结构。

2. 导波激励频率对信号幅值的影响

驱动器在压力容器结构中激励出超声导波后，导波将在结构的整个厚度上向各个方向进行传播。从导波信号处理的角度来讲，增加导波信号的幅值可以提高所捕获导波信号的信噪比，从而提高结构损伤识别的精度。本研究在 50～200kHz 的频率范围内，以 5kHz 作为间隔选取激励中心频率，通过获取导波信号中第一个到达波包[L(0，2)模式波包]的幅值，研究压力容器结构中激励中心频率对导波幅值的影响，实验结果如图 8-49 所示。

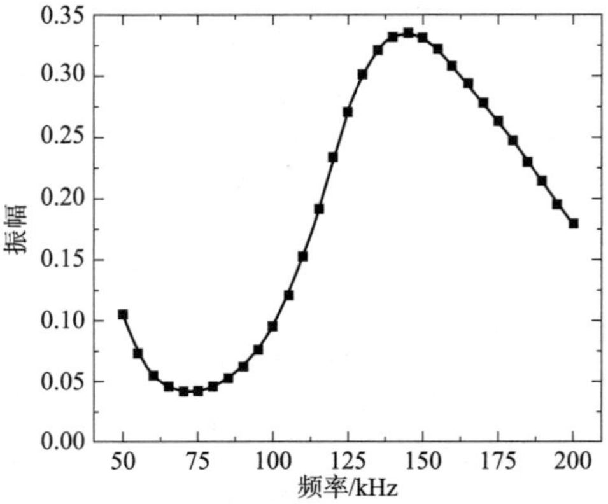

图 8-49 频率-幅值关系曲线

实验结果证实了信号幅值随频率的变化而变化且不是单调变化。从图线中可以发现，当激励频率处于150kHz左右时第一个到达波包的幅值变化出现峰值，当激励频率为75kHz左右时，$L(0,2)$模式波包的幅值最小，这对损伤特征的识别是不利的，在选取激励中心频率时应尽量避开这段区域，而选择较大幅值所对应的频率范围。此外，从信号的时域分辨率角度来讲，如果将激励信号的频率取得很低，这势必增加了信号在时域中的时间跨度，导波的波长过长，从而增加了不同波包交叠的可能，降低了信号的时域分辨率。所以单从这一角度来讲，激励频率选择越高越好。

3. 压力容器固液耦合的导波检测

对于盛装液体的压力容器而言，导波在结构中传播时的能量泄漏问题是必须重点考虑的。压力容器中液体介质的存在为超声导波能量的泄漏提供了途径。最直接的表现就是被反射或散射到接收传感器的导波信号会损失一部分能量。这将降低基于导波的结构健康性监测技术对微小损伤的监测灵敏度和信噪比。本研究中对导波在压力容器结构中传播时固液耦合问题进行了研究，试图寻求合适的导波模式及激励频率范围以降低导波能量的泄漏。研究发现这种方法是可行的。

对于液体介质，剪切波无法在该种介质中进行传播，最主要的能量泄漏方式是压力容器壁厚表面层质点的径向振动，它会在液体中形成波的传播，这势必将分散监测介质中的导波能量，所以应尽量选择合适的模式及激励频率以减小表面层的径向位移。通过模式选择的研究，发现$L(0,2)$模式在检测压力容器结构中的损伤缺陷时具有优势，且在低频段具有较小的径向位移和较大的轴向位移，以下通过理论计算可以得到不同频率下径向位移与轴向位移在结构壁厚方向上的分布情况。

由位移归一化曲线可以发现，$L(0,1)$模式在低频段径向位移占据主要能量，这将加剧能量向液体介质中的泄漏。$L(0,2)$模式在激励频率小于200kHz时，壁厚内、外表面的径向位移始终保持在较小的数值，这对抑制能量的泄漏是非常有益的。同时，容器内外表面轴向位移始终占据主导地位，这也保证了检测内外表面损伤的灵敏度以及更大的监测范围。为了验证以上理论分析的正确性以及进一步定量研究固液耦合状态水位的变化对导波传播的影响，设计了如下的实验，如图8－50所示。

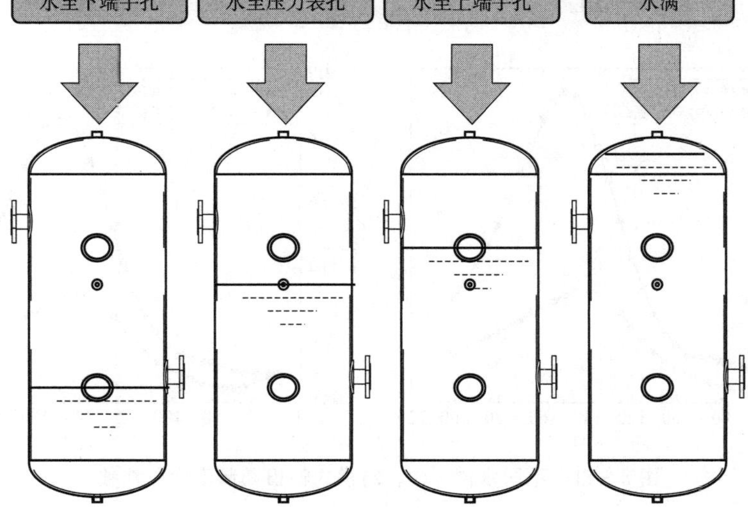

图8－50　水位示意

由图 8－50 可以看到，黑线代表水所到达的位置。由于两个法兰孔处不易监测水位，无法确定水位所到达的确切位置，所以将两个法兰孔分别用法兰盖密封，以免水的溢出。

在压力容器圆筒的上端边沿处安装 PZT 压电晶片作为驱动器，在压力容器圆筒对应驱动器竖直位置的中部(mid)和底部(down)分别布置 PZT 压电晶片作为传感器。实验分别对压力容器所处的 5 个状态进行研究。这 5 个状态分别为：压力容器空置状态、水至下端手孔、水至压力表孔、水至上端手孔和水满状态。实验分为 5 次进行，当水位达到图 8－50 所示位置即停止注水，将频率不同的 30 组激励信号(50～200kHz，频率间隔为 5kHz)依次施加于驱动器，通过传感器获取结构中相应位置处的响应信号，由于导波在压力容器结构中传播时 $L(0, 2)$模式速度最快，所以信号曲线的包络线第一个波包代表 $L(0, 2)$模式，其幅值表征了 $L(0, 2)$模式的能量。5 个状态重复同样的实验流程，将实验结果进行归一化处理。实验结果如图 8－51 所示。可以看出，方块线是中间传感器采集到的数据，圆形线是底部传感器所采集到的数据，比较方块线与圆形线可以发现，随着传播距离的增加，$L(0, 2)$模式的能量在衰减，这种衰减是由传播距离的增加所导致的。为了分析水位的变化对导波传播的影响，将以上 5 组经过归一化的曲线绘制在同一个坐标系内，如图 8－52 所示。

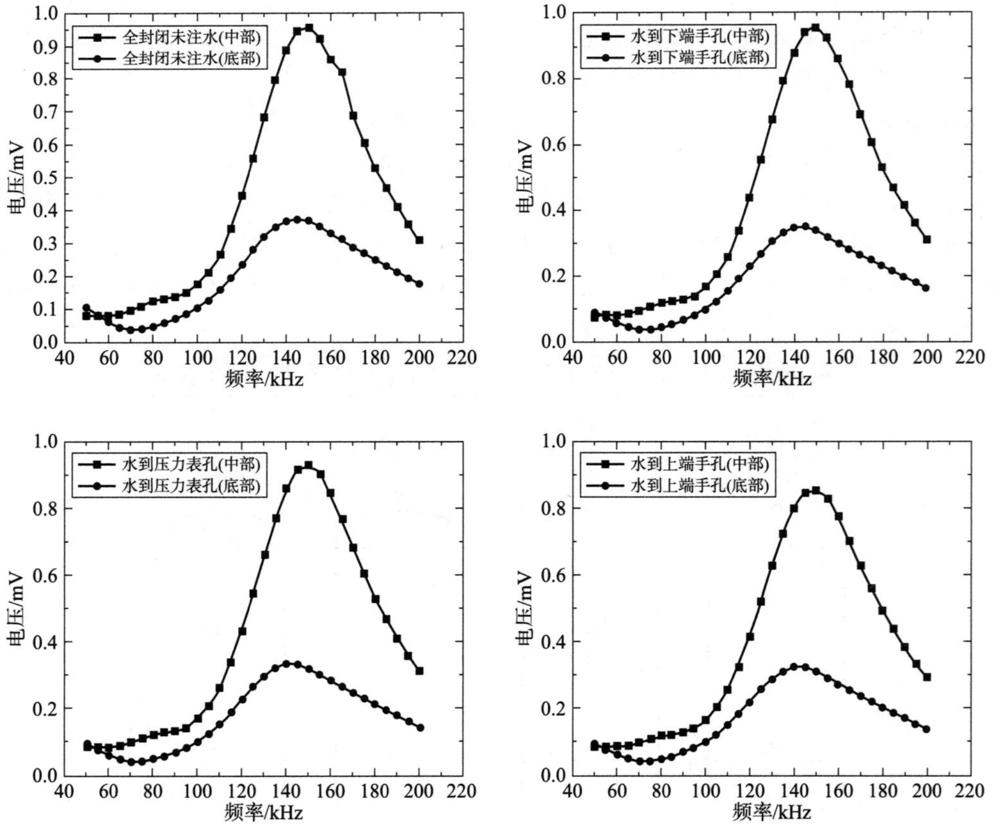

图 8－51　不同水位 $L(0, 2)$模式幅值随频率变化曲线

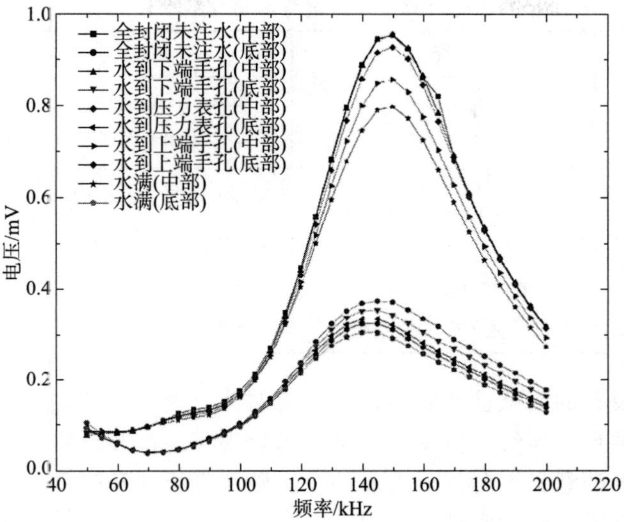

图 8－52　5 种状态对比曲线

由图 8－52 可以发现：在低频段水位的变化所引起的 $L(0,\ 2)$ 模式能量的衰减非常小，但随着频率的增加衰减加剧，这是由于频率较低时，$L(0,\ 2)$ 模式引起质点的位移以面内位移为主而决定的。

8.4　结构完整性监测

8.4.1　结构健康监测技术简介

结构健康监测（Structure Health Monitoring，SHM）通过传感器对结构的健康状态信息（如应力、应变、温度、振动模态、声波特性等）进行采集，结合数据处理方法和力学建模方法，提取结构损伤特征参数，对结构的服役情况、可靠性、耐久力和承载能力进行分析，对结构健康状态进行评估。结构健康监测是一项综合技术，涉及结构动力学、信息技术、传感器技术、材料学、优化设计等多个学科。对于结构损伤检测，Sohn 和 Farrar 提出了 5 个阶段：

（1）识别出结构有缺陷；

（2）可以查找结构中缺陷的位置；

（3）识别出缺陷的类型；

（4）对缺陷的严重程度进行定量化；

（5）计算结构的剩余寿命。

目前，结构健康监测主要应用在大型桥梁、建筑、飞机、船舶、隧道、铁轨、管道等场合。其中传感技术的应用是结构健康监测的最底层技术，但也是整个结构健康监测的基础，决定了结构健康监测可获取的信息维度和体量。其主要技术分类如表 8－15 所示。

表 8-15 结构健康检测技术分类

主要技术分类		适用范围	优点	缺点
主动监测法	波动法	结构表面损伤 结构内部损伤	频率低，检测区域大， 适用范围广	需要主动激励源； 易受噪声干扰
	阻抗法	结构表面损伤	采用高频，敏感性好， 易加工，操作方便	需要主动激励源； 易受环境的影响
被动监测法		监测结构动态信息， 如加速度、冲击荷载等	节省能源； 响应速度快，灵敏度高	不适用于测量低频率、 静态的物理量

由于大型在役设备的复杂性和隐蔽性，出现腐蚀、裂纹等缺陷时难以被人工发现，对管道或大型板材腐蚀点、裂纹、泄漏等安全隐患处进行定位和预警尤为重要，同时对事故的遏制具有非常重大的意义。对外界引起的设备破坏事故，及时了解情况并马上做出补救措施，可以大大降低事故的危害性。

在线监测技术实施，使得设备状态可以被实时监测，不仅可以对在役设备的腐蚀状态进行监测，同时也可以对管道的突发状况进行监测和响应；而且自动化、数字化和智能化的管线监测，不仅可以对现有的状态进行监测与分析，也可以对历史状态进行分析对比，获取缺陷的生长趋势，预测剩余使用寿命，从而提高对系统健康状态评估的准确度。因此，自动化、数字化、智能化的监测，将成为保障管道安全的一个发展趋势。

1. 结构完整性监测技术

通过监测手段对在役设备健康状况以及完整性进行监测，从而获得设备的缺陷信息，如腐蚀量、腐蚀速度、开裂、分层等。目前常用的监测手段主要有以下几种方法：

(1)挂片法

图 8-53 腐蚀挂片

腐蚀挂片(图 8-53)是油气田腐蚀监测中最普遍、最广泛的腐蚀监测方法之一。腐蚀挂片采用与主工艺管线同样材质预制成的片状金属块，并使用合适的悬挂件将该金属片悬挂于待检测的管道内部，使得腐蚀挂片和管道内壁承受同样的腐蚀条件，经过一段时间后再将挂片取出重新称量，通过计算获得管道的腐蚀速率。挂片法直观地反映了管道均匀腐蚀情况，其缺点是监测周期长，不能及时反映腐蚀速率，故在使用中一般采用和其他监测方法共同监测。

(2)探针法

腐蚀探针(图 8-54)主要分为电阻探针、电感探针、电化学探针和氢探针。电阻探针法是通过测量金属元件的横截面积因腐蚀而减少所引起的电阻变化来计算管道的腐蚀速度和腐蚀深度；电感探针法则是通过测量金属元件的厚度因腐蚀而减小所引起的感抗变化来计算管道的腐蚀速度和腐蚀量；电化学探针法是一种金属腐蚀快速测试方法，其主要工作原理是通过线性极化与弱极化相结合来测量腐蚀电流密度，从而获得腐蚀速率的；氢探针法是基于在酸性腐蚀中会产生原子氢，原子氢会渗过探针的金属棒并在金属棒孔内聚集，形成氢分子，通过测量探针孔内氢压的变化情况监测管道的腐蚀速率。上述探针法都是通过间接测量的方法来测量管道的均匀腐蚀情况，但不能监测具有更大危害的孔腐蚀情况。

(3)基于超声导波杆的壁厚监测

基于超声导波杆的壁厚监测技术是利用固定在管道上的超声换能器激励和接收超声导波，通过对被测物体底部反射信号进行声程计算，获取被测管道壁厚数据，以此判断管道腐蚀深度。超声测厚主要应用在严重腐蚀、弯头等腐蚀概率大的区域。基于超声导波杆的壁厚监测只能进行点监测，反映管道的点腐蚀情况，因此监测点的布置情况对监测结果的置信度影响很大。而且要实现大范围监测，需要布置很多监测点，成本比较高。对于查找孔、腐蚀等缺陷仍然没有很好的效果。

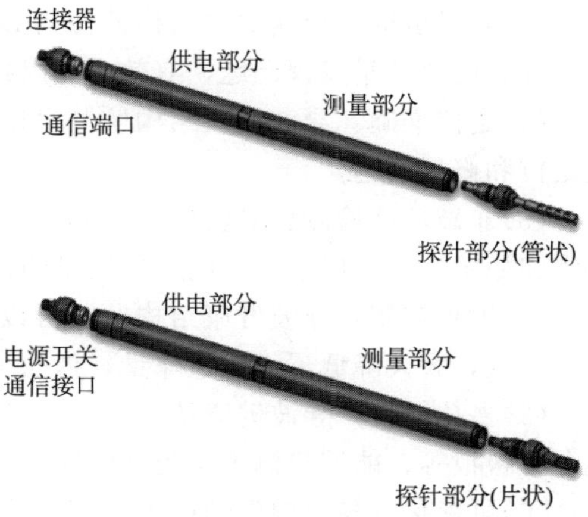

图 8-54　腐蚀探针

(4)场指纹法

场指纹法(Field Signature Method，FSM)是对管道腐蚀量进行直接监测的监测技术。其原理是：在管道外表面的轴向和周向以矩阵式形式布置监测的测量电极，并在被监测区域轴向两端通入恒定电流，当管道的某一区域发生腐蚀时，该区域体的电阻会发生变化，就会改变电流场的分布，从而引起极间电压的变化，通过监测电极矩阵的极间电压变化来判断管道的腐蚀情况。场指纹法能够监测均匀腐蚀、局部腐蚀、冲蚀和小腐蚀坑。场指纹法虽然监测精度高，但是只能监测布置电极的小区域，要实现大范围监测，成本较高。

(5)声发射法

由于外部冲击或形变生成的瞬态应力波的物理现象称为声发射。声发射监测是利用监测仪器获取声发射信号，通过分析检测到的回波信号进行缺陷的无损检测。由于检测的主要信号是缺陷本身发出的，且监测结果也会受到材料的影响，想判断缺陷的严重性需要大量的经验和知识储备。另外，声发射监测方法易受到噪声干扰，这是声发射监测技术发展的障碍。

(6)光纤监测方法

光纤监测方法由光纤调制器和管道相结合组成安装。如果光纤的物理环境发生变化，光波的光学性质令其能够承载环境信息，通过对光波的分析可以检测管道的物理变化。光纤监测方法可以对被测管道的压力、位移、温度及应变等信息进行实时监测，优点是抗电磁干扰、可实时观测、可测距离长、耐腐蚀等。缺点是设备安装难度大，光纤易断裂，使用条件高。

综上可知，监测技术方法很多，应用时期也比较早。但是上述传统的监测方法有些只能监测均匀缺陷，有些只能在很小范围区域进行监测，都无法解决难以预料且危害极大的点腐蚀。所以很多企业虽然每年都做很多的检测和监测工作，但安全事故仍屡有发生。将超声导波技术应用到在役设备的实时在线监测系统上，不仅可以实现截面全覆盖，高效、实时发现管道的内外点腐蚀缺陷，而且单点激励即可实现被测管道长距离、大范围的扫查，在很多传统技术无法达到的区域可以发挥独特作用，大大降低设备使用的安全隐患。

2. 超声导波监测技术在板材中的优势

(1)高灵敏度：导波健康结构监测可以检测到板材中非常小的缺陷，如微小的裂纹、腐蚀等，能够及早发现问题，有效避免因缺陷引起的安全事故。

(2)定位准确：导波健康结构监测可以对板材中缺陷的位置进行准确定位，有助于快速定位和修复问题。

(3)非破坏性检测：导波健康结构监测是一种非破坏性检测技术，不会影响板材的完整性和稳定性，可以在不影响工作安排的情况下进行监测。

(4)远程监测：导波健康结构监测可以通过传感器网络实现对板材的远程监测，无须人工干预，大大降低了人力工作量，提高了监测效率。

(5)多功能性：导波健康结构监测可以应用于不同类型的板材结构中，如钢板、铝板、复合材料板等，能够检测不同类型的缺陷，具有非常广泛的应用领域。

(6)可视化：导波健康结构监测可以将检测结果以图形或视频的形式展现出来，方便用户直观地了解板材结构的健康状况，有助于及时发现和解决问题。

3. 超声导波监测技术在管材中的特点及优势

使用超声导波技术用于管道缺陷的检测时，其导波模态容易受到管道本身特征的影响，如焊缝、弯头、焊接支架、三通等。例如轴对称导波在传播经过弯头时，$L(0, 2)$模态导波会转变为$L(0, 2)$、$F(1, 3)$以及少量的$F(2, 3)$模态，而$T(0, 1)$模态会转变为$T(0, 1)$和$F(1, 2)$，这使得弯头的回波信号比较复杂。正是由于导波的多模态特征，使得使用导波检测复杂的管道时，当含有弯头、三通等一个或者多个特征同时存在时，其导波回波非常复杂，部分回波难以分析和解读。这会导致部分微小的缺陷回波淹没在这些信号中，难以识别。而且管道的一次导波检测，信息中缺少了时间维度，无法及时发现并预警管道中的缺陷，存在一定的漏检风险。一次的导波检测也无法了解缺陷的生长情况，而腐蚀缺陷的生长情况可以帮助研究人员更好地了解腐蚀原因，可以采取一些措施及时降低管道的腐蚀速度，延长管道的使用寿命。

将超声导波技术应用到管道腐蚀实时在线监测系统上，继承了管道导波检测的优点，如管道截面全覆盖、内外点腐蚀缺陷均能检测，而且单点激励即可实现被测管道长距离、大范围的扫查，具体的技术优势如下：

(1)单个探头就能实现管线一个区段内管体腐蚀状态监测，相比现有的单点测厚监测技术，极大降低了监测成本，特别适合于非均匀减薄(如发生点蚀的)管线监测情况；在跨越或穿越管线等传统方法不可达区域的管线监测中具有独特优势。

(2)管线上的三通、支管和焊接支架等结构特征会引起导波模态转换，导致回波信号混乱难以解析，这是导波检测中的常见难题。导波监测把管线上固有结构特征引起的信号干扰作为稳态的共模噪声，通过不同时间的监测信号对比分析，并考虑温度补偿及时飘干扰等因素，消除共模噪声干扰，找出信号差异性，显著提高缺陷检测灵敏度。

(3)可对缺陷的生长情况进行动态监测，对管线的腐蚀趋势进行估算和分析，进而帮助研究人员更加全面了解管道的健康状况。

(4)在导波监测时，可将换能器永久安装在管道上，一次安装即可，从而减少多次安装带来的施工与检测工作量，特别是对于埋地管道、高空架空管道等特殊环境的管道，具有较高的性价比。

8.4.2　基于嵌入式压电晶片主动传感器(PWAS)的时间反转导波监测

1. 一激一收法兰姆波损伤检测

一激一收法是基于兰姆波经过损伤区域后产生的变化来检测损伤的。此方法成对使用传感器，一个作为激励器，另一个作为传感器。如图 8－55 所示，嵌入式一激一收方法中，传感器要么永久粘贴在结构表面，要么嵌入复合材料层间。

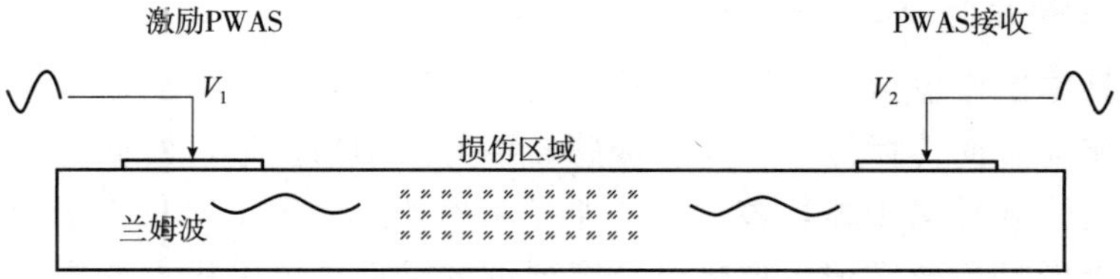

图 8－55　基于一激一收的嵌入式超声损伤检测技术

早期嵌入式一激一收 NDE 方法利用声表面波(Surface Acoustic Wave，SAW)技术。采用超声兰姆波，以压电传感器作为激励器、光纤传感器用作接收器来检测复合材料损伤，应用了传统超声传感器、叉指压电传感器及简单的 PWAS(Piezoelectric Wafer Active Sensors)。需要注意的是，尽管压电传感器结构很简单，但是得到了很好的效果。

在嵌入式 NDE 应用中，叉指 PVDF(Polvinylidene Difluoride)传感器被发展用于激励和检测兰姆波。这些传感器能够在金属试件中激励出固定方向的波，但其工作频率固定，由叉指间距决定。在复合材料板中可以布置压电传感器阵列，其中一些用作弹性波产生器件，另外一些作为结构响应检测器件，通过带宽 0～2kHz 的结构响应信号幅值的差异来实现损伤检测。网络化的压电片被埋入一种介质膜，称为“智能夹层”，通过采用其中一个压电片激发出可控的诊断信号，邻近的压电片会接收到该信号。

采用一激一收方法可以检测传感器和激励器之间结构所发生的变化，具体来说就是通过健康状态对比导波的幅值、相位、离散情况和 TOF，从而实现监测。由于材料刚度及厚度的微小改变会显著影响导波模式(如 A0 兰姆波)，所以本方法很适用。典型应用包括：①金属结构的腐蚀检测；②复合材料的损伤扩展检测；③胶接接头的脱黏检测；④层合复合材料的分层检测等。一激一收法方法也可以通过检测裂纹散射波识别裂纹的出现。

2. PWAS 时间反转与一激一收法

时间反转方法的发展和一激一收法密切相关。激励产生的信号经传播介质影响后，被传感器接收。如果将接收到的传感信号时域翻转，再从传感器发送回激励，那么介质的影响也被反转了，这种反转的效果对于频散兰姆波极其显著。一系列实验表明，某些兰姆波模式的频散可通过时间反转方法几乎得到完全补偿。反射波的时间反转概念也被用于传统超声传感器线中，以实现瑞利波和兰姆波的聚焦激发。时间反转方法对于复杂难测介质的超声成像非常有效。

在 SHM 领域，时间反转方法已被用于铝板和复合材料板的损伤监测。这种损伤监测方法的主要假设是“波的时间可逆性从根本上是基于系统的线性互惠性，如果在波的传播路径上存在因波散射产生的干扰源，这种线性互惠性和时间可逆性会被打破。因此，通过对比原始输入信号和时反重构信号之间的差异就可以检测损伤”。该方法无须像其他 SHM 方法那样依赖基准数据，还可以利用小波信号的激励和处理技术来增强多模式兰姆波的时间反转效果。

兰姆波时间反转方法作为一种无参考损伤监测技术，极具吸引力。该方法无须先验参考数据，可快速监测出某些类型的损伤。但由于兰姆波在任一频率下至少存在两种模式，再加上这些模式的频散特性，这种方法将会变得非常复杂，兰姆波时间反转法理论仍处于发展中。

3. PWAS 兰姆波时间反转理论

时间反转具体操作包括：利用传感器接收入射波，采集相应的波信号，然后将波信号通过同一传感器反向传播回去，此时传感器作为激励器。经过时间反转操作，波信号 $g(t)$ 以 $g(-t)$ 的形式反向传播，该过程就像是用模拟式磁带录音机将磁带从结尾往开头进行倒播，或者像是用数字记录仪将信号序列中的最后一个采样点变为第一个采样点回播出去。

在绝热条件下的声波和超声导波频率范围内，密度为 $\rho(r)$ 的非均匀传播介质中，压缩率为 $\kappa(r)$ 的声压场可描述为 $p(r,\ t)$，并满足方程：

$$(L_r+L_t)p(r,\ t)=0 \tag{8-21}$$

其中：$L_r=\nabla\left(\dfrac{1}{\rho(r)}\nabla\right)$，$L_t=-\kappa(r)\partial_u$

式(8－21)对于时间反转处理是不变的，这是因为 L_r 仅包含时间的二阶导数(时域自共聚)，并且交换声源和传感器的位置不会改变声压场，L_r 满足空间互惠性。

在非耗散介质中，式(8－5)可保证对于声源发出的每组声波，(至少理论上)会存在另一组声波能精确沿着原路返回传播至声源。该结论仍将成立，即使传播介质非均匀，并存在可能引起波的反射、散射和折射的密度和压缩率变化。如果是点状声源，这将使声波聚焦回声源，而不管介质如何复杂。

通过时间反转镜(Time Reversal Mirror，TRM)技术可产生上述聚焦的波，并重构出原始声源。

如图 8－56 所示，TRM 方法包含两个步骤：第一步，声源 $f(t)$ 发出压力波，该波进行传播并因非均匀介质产生波形畸变，镜阵列的第 i 个阵元作为传感器，接收传播至此阵元处的波并将波信号提供给计算机；第二步，第 i 个阵元作为激励，将先前接收到的波信号以时域翻转的形式 $g(-t)$ 激发回去。阵列中所有阵元同时同步执行这两步操作。其中，函数 $G(\xi,\ \omega)$ 是频率相关的结构传递函数，该函数会影响波在介质中的传播情况。为了问题分析的简便，假设某频厚积下传播的兰姆波中只存在两种模式：A0 和 S0。在这种情况下，可将结构传递函数 $G(\xi,\ \omega)$ 写为：

$$G(\omega)=S(\omega)\mathrm{e}^{\mathrm{i}\xi^{S}x}+A(\omega)\mathrm{e}^{\mathrm{i}\xi^{A}x} \tag{8-22}$$

式中　$S(\omega)$ 和 $A(\omega)$ 为对应于 S0 和 A0 兰姆波模式的函数，即：

$$S(\omega)=-i\frac{a\tau_0}{\mu}\sin(\xi^{s}a)N_{\mathrm{s}}(\xi^{s})/D_{\mathrm{s}}'(\xi^{s}) \tag{8-23}$$

$$A(\omega)=-i\frac{a\tau_0}{\mu}\sin(\xi^{A}a)N_{\mathrm{A}}(\xi^{A})/D_{\mathrm{A}}'(\xi^{A}) \tag{8-24}$$

式中　符号 * ——复共轭；$|S(\omega)|^2$ 和 $|A(\omega)|^2$ 为频率相关的实数。

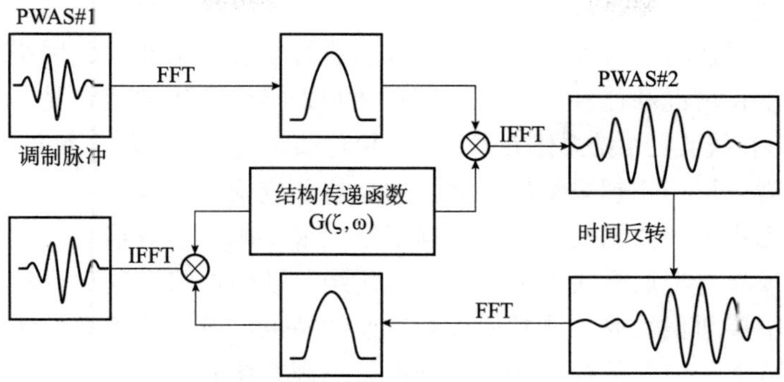

图 8-56　时间反转流程框图

根据时不变原则，原始声波得到重建，但该重建的波是反向传播的，并沿原先波的路径反向传回声源处。在经过介质的传播过程中，TRM 发出的波将会消除自身的波形畸变，在原始声源处聚焦为 $f(-t)$。因此，通过时间反转处理，先前发出的波信号 $f(t)$ 将重新聚焦回声源处，并重构为 $f(-t)$。

由于兰姆波的复杂性和多模式特性，时间反转的概念在兰姆波领域相对较新，只有一些研究者进行了探究。时间反转方法(TRM)被研究用于 NDE 中，即在给定距离上发出某一频散的兰姆波，可获得具有更高信噪比(Signal-to-Noise Ratio，SNR)和空间分辨率的 TRM 重构波。TRM 可用于聚焦兰姆波能量，检测板中的缺陷和损伤。该方法表明时间反转过程可再压缩频散的波，提高检测的空间分辨率，并使实验数据解释变得容易。研究者们基于兰姆波 TRM 发展了一种无参考 SHM 技术，该技术利用时间反转过程的重构特性，即在声源之外的另一个位置采集传播过来的波信号，然后将其时间翻转后反向激发回去，从而在声源处重构出原始波。这种方法的关键假设是：当声源和 TM 之间的波传播路径上存在损伤时，前向传播的波可能会发生模式转换、散射和/或反射，从而破坏时间反转重构过程。如果重构波形相比于原始波形发生异变，则说明结构中存在损伤。该方法仅与自身信号进行对比，无须结构的先验状态信息，所以是无参考的。在某典型实验中，将一个钢块放置于结构中表面粘接的两个 PWAS A 和 B 之间。没有钢块时，重构波形和原始波形几乎相同。放置钢块后，重构波形则不同于原始波形。因此，通过比较重构波形和初始波形就能检测出结构损伤。

重构波与原始波的差异利用均方根误差进行了定量化研究，相似度计算为：

$$Similarity(i,j) = 1 - RMSD = 1 - \sqrt{\sum_{N}(A_i - A_j)^2 / \sum_{N}(A_j)^2} \tag{8-25}$$

式中　N——波形的点数；

　　i——参加比较的两个波形。

该方法对比两组波形数据的幅值，并根据式(8-25)将得到的标量值分布于 0～1(从“不相关”到“相同”)。对比原始输入信号和时反重构信号之间的差异就可以检测损伤。

单模式兰姆波(如 S0 模式或 A0 模式)的带正调制信号是时间可逆的。单模式兰姆波的时间可逆性随着正弦调制信号带宽的降低而提高，而单模式兰姆波可通过 PWAS 兰姆波频率调制获得。

8.4.3　超声导波在线监测系统

超声导波监测的核心思想是通过损伤引起的截面不连续性会导致声阻抗发生变化，使导波在传播时遇到损伤会发生散射或反射，引起导波的能量变化。根据声波传播原理，在信号传播过程中，损伤可以看作一个二次波源。通过结合传感技术、网络技术和计算机技术评估出损伤的生长情况和位置信息，从而自动判别出管道的健康状况。

超声导波管道在线监测系统总体方案采用模块化层级式拓扑结构，其架构框图如图 8-57 所示。可以划分为三层：物理采集层、数据中枢层和应用显示层。物理采集层的各个模块之间互相独立，无物理和数据的交互；数据中枢层采用服务器集群设计，各个服务器共享监测数据；底层模块与上层模块的数据交互采用统一通信协议。这种模块化层级式的架构设计和统一的上下层通信协议，非常便于新增监测站点以及后期的系统维护和升级。服务器集群的设计也可保证监测数据存储的安全性，提高系统容灾性。

图 8-57 超声导波在线监测系统架构框图

物理采集层主要包括监测主机、导波监测换能器、太阳能光板、通道分配器、GPRS/4G 通信模块等一系列硬件监测仪器。导波监测换能器是监测数据获取的关键，其采用多通道相控阵设计，通过使用多频率、多模态、多方式检测管道，检测信息冗余度更高，缺陷检出概率更高，检测结论更可靠。监测产生的数据(管道编号、管道长度、传感器编号、温度、采集信号等)通过统一的通信协议利用 GPRS/4G 传送至数据中枢层的中央服务器。

中央服务器是监测数据管理和存储、分析和处理并推送报警信息至客户端的调度中心。数据中枢层起到承上启下的作用，对于物理采集层，数据中枢层负责接收来自下层的监测数据，并对其进行分解标记和存储，调用监测算法判断监测数据中缺陷存在的可能性，最终把判断结果存储到数据库；对于应用显示层，数据中枢层接收客户端的访问请求，包括监测数据的实时查询以及历史数据的查询、监测用户的管理、监测换能器参数的配置等请求，在确认请求后，数据中枢层会把对应数据按统一通信协议返回。

应用显示层主要包含监测人员在不同场景下使用的监测客户端。监测客户端定时查询中央服务器的数据库，获得实时监测数据以及显示报警信息。监测客户端还能根据现场实际需求，更改导波换能器参数，使之更稳定高效工作。

参考文献

[1]ZHANG XL，XU LU，H F，et al. Ultrasonic guided wave techniques and applications in pipeline defect

detection：A review[J]. International Journal of Pressure Vessels and Piping，2023，206：105033.

[2]JIE G，Yan L，Cunfu H. Estimating state of charge of lithium-ion batteries by using ultrasonic guided waves detection technology[J]. Journal of Physics：Conference Series，2022，2198(1).

[3] HYUNSEONG L，Bonsung K，Aditi C，et al. Damage detection technique using ultrasonic guided waves and outlier detection：Application to interface delamination diagnosis of integrated circuit package [J]. Mechanical Systems and Signal Processing，2021，160.

[4]BURKOV V M，Eremin V A，Lyubutin S P，et al. Applying an ultrasonic lamb wave based rechnique to testing the condition of V96ts3T12 aluminum alloy[J]. Russian Journal of Nondestructive Testing，2017，53(12)：817－829.

[5]张曦冉．基于超声导波技术的复合板结构健康检测研究[D]. 上海：上海应用技术大学，2022.

[6]李冰冰．球罐不锈钢薄板焊缝超声兰姆波检测技术及应用[D]. 济南：山东大学，2022.

[7]牛潘宇．锚固锚杆中超声导波无损检测技术的研究与应用[D]. 太原：太原理工大学，2021.

[8]刘凌汐．基于时间反转的钢杆超声导波检测技术研究[D]. 哈尔滨：哈尔滨工程大学，2019.

[9]王立．架空压力弯管的超声导波检测技术研究[D]. 南昌：南昌航空大学，2018.

附录

附录 1 GB/T 31211.1—2024 无损检测 超声导波检测 第 1 部分：总则

本文件由全国无损检测标准化技术委员会(SAC/TC 56)提出并归口。

本文件起草单位：中国特种设备检测研究院、华中科技大学、浙江大学、上海材料研究所有限公司、湖南省特种设备检验检测研究院、杭州浙达精益机电技术股份有限公司、中特检云智安全科技(嘉兴)有限公司、北京科海恒生科技有限公司，山东瑞祥模具有限公司、山东科捷工程检测有限公司、安徽华夏高科技开发有限责任公司。

1 范围

本文件描述了利用磁致伸缩、压电超声、电磁超声、激光超声等多种超声导波对被检构件检测的通用方法。

本文件适用于管材、棒材、板材、线材(含绳、索)、型材等横截面几何形状规则的弹性固体结构件的超声导波检测。

2 规范性引用文件

下列文件中的内容通过文中的规范性引用而构成本文件必不可少的条款。其中，注日期的引用文件，仅该日期对应的版本适用于本文件；不注日期的引用文件，其最新版本(包括所有的修改单)适用于本文件。

GB/T 9445 无损检测 人员资格鉴定与认证

GB/T 12604.1 无损检测 术语 超声检测

GB/T 20737 无损检测 通用术语和定义

3 术语和定义

GB/T 12604.1 和 GB/T 20737 界定的以及下列术语和定义适用于本文件。

3.1

波导 waveguide

定向引导特定频率超声波的结构件。

注：如细棒材、管材或薄板等。当其壁厚与波长接近时，则纵波和横波受边界条件的影响，不按原来的模式传播，而是按照特定的形式传播。

3.2

超声导波 ultrasonic guided wave

沿着波导(3.1)结构表面或内部按特定导波模态(3.6)传播的超声波。

3.3

频散 dispersion

波速随频率变化的现象。

3.4

频散方程　dispersive equation

根据特定边界条件、满足弹性动力学特解的方程，反映了波速与频率的关系。

3.5

频散曲线　dispersion curve

求解频散方程(3.4)得到的波速与频率的关系曲线。

注：频散曲线的横坐标表示频厚积、频率、波长或波数，纵坐标表示群速度或相速度。

3.6

导波模态　guided wave modes

由波导(3.1)的几何形状、边界条件和介质性质等因素决定的导波在传播过程中的特定运动形式。

3.7

波结构　structure of wave

对同一导波模态(3.6)某一频率下导波传递过程中的质点位移或应力在构件中的分布状态。

3.8

频厚积　product of frequency and thickness

导波激励频率与波导(3.1)厚度的乘积。

3.9

水平剪切导波　horizontal shear guided wave

在薄板类结构中，振动方向垂直于波的传播方向且平行于板上下表面的超声导波(3.2)。

3.10

截面损失　cross sectional area loss

被检构件缺陷处横截面减少的面积。

3.11

截面损失率　ratio of cross sectional area loss

被检构件截面损失(3.10)与其公称截面面积的比值。

4　检测原理

4.1　检测基本原理

根据被检构件特征，采用一定的方式在构件中激励出沿构件传播的导波，当该导波遇到缺陷时，产生反射或透射波，采用接收传感器接收到该波信号，通过分析该波信号特征或传播时间，即实现对缺陷位置或大小的判别。以管道检测为例，图1为超声导波检测原理示意图。

标引序号说明：
1——激励传感器；
2——接收传感器；
3——弹性波；
4——缺陷。

图1　超声导波检测原理示意图

4.2 方法分类

根据超声导波产生与接收的物理原理，分为以下类别：

——磁致伸缩超声导波技术；

——压电超声导波技术；

——电磁超声导波技术；

——激光超声导波技术。

按传感器布置方式，分为以下类别：

——反射式；

——透射式。

上述不同的检测技术具有不同的适用对象和特点，常见检测对象的检测方法选择见附录A。

4.3 检测时机

超声导波检测在以下阶段实施：

——材料或构件制造及安装过程的检测，包括最终验证试验；

——构件投入使用后的在役检测；

——构件运行过程中的在线检测和监测。

5 安全要求

使用本文件的用户应在检测前建立安全准则。

检测过程中的安全要求应至少包括以下要素：

a)在实施检测前，对检测过程中伤害检测人员的各种危险源加以辨识，并对检测人员进行培训和采取必要的保护措施；

b）检测人员遵守被检构件现场的安全要求，根据检测地点的要求穿戴防护工作服和佩戴有关防护设备；

e)若有要求，使用的电子仪器具有防爆功能；

d)在进行在线检测时，制定特别的安全措施；

e)在封闭空间内进行操作时，辨识氧气含量等相应因素，采取必要的保护措施；

f)在高空进行操作时，辨识人员、检测设备器材坠落等因素，采取必要的保护措施；

g)在极端环境下进行操作时，如低温、高温等条件下，辨识人员冻伤、烫伤、中暑等因素，采取必要的保护措施。

6 人员资格

采用本文件进行检测的人员，应具备超声导波方面的基础知识，并按GB/T 9445的要求或有关主管部门的规定取得相应无损检测人员资格鉴定机构颁发或认可的超声检测等级资格证书，从事相应资格等级规定的检测工作。

7 通用检测工艺规程

从事超声导波检测的单位应按本文件的要求制定通用检测工艺规程，其内容应至少包括以下要素：

a)适用范围；

b)引用标准、法规；

c)检测人员资格；

d)检测仪器设备，如传感器、传感器夹具、信号线、电缆线、仪器主机、检测数据采集和分析软件等；

e)被检构件的信息，如几何形状与尺寸、材质、设计与运行参数；
f)检测覆盖范围及传感器型号；
g)被检构件表面状态及传感器安装方式；
h)检测时机；
i)对比试样及距离-幅度曲线；
j)检测过程和数据分析解释；
k)检测结果的评定；
l)检测记录、报告和资料存档；
m)工艺规程的编制、审核和批准人员；
n)编制日期。

8 检测系统

8.1 检测系统构成

超声导波检测系统构成见图2。根据被检构件计算频散曲线，选择导波模态和激励信号频率；计算机根据计算结果控制信号发生单元，产生所需频率的信号源，经功率放大单元放大后驱动传感器产生所需模态的导波，并在被检构件内传播；传感器接收到导波在构件内传播遇到腐蚀等缺陷时产生的反射回波；放大器将传感器接收到的信号放大后通过模数转换输入计算机，计算机进行信号分析处理后，得到检测信号波形及结果。

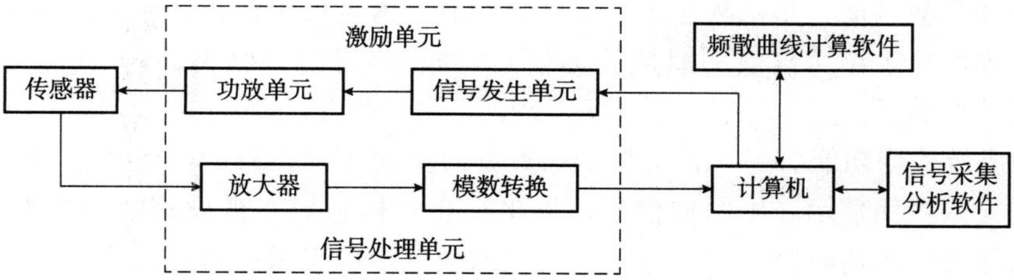

图2 超声导波检测系统构成

8.2 超声导波传感器

8.2.1 传感器分类

8.2.1.1 按传感器产生超声导波的工作原理分类，传感器分为以下类型：
——磁致伸缩式；
——压电式；
——电磁超声式；
——激光超声式。

8.2.1.2 按传感器与被检构件的接触方式不同，传感器分为以下类型：
——接触式，包括干耦合式、黏结式；
——非接触式。

8.2.1.3 按传感器激励与接收的导波模态分类，传感器分为以下类型：
——柱状导波，包含扭转模态 $T(m, n)$、纵向模态 $L(m, n)$、弯曲模态 $F(m, n)$；
注：m 代表模态的族数，n 代表圆周阶数。
——兰姆波，包含对称模态S、反对称模态A；
——水平剪切导波，包含水平剪切模态SH。

8.2.2 传感器选择

选择传感器应辨识以下因素：

——构件的材料特性，如是否导电或导磁等；

——构件的几何形状，如管材、板材、棒材、线材、型材等；

——构件的外部状况，如表面可接近状况，包覆层材料等；

——构件的工作环境状况，如工作温度、工作介质和承载状态等；

——检测目的和检测缺陷的类型等。

根据不同的适用对象和特点，常见对象的传感器选择见附录 A。

8.3　检测仪

8.3.1　检测仪功能分类

检测仪包含激励单元、信号处理单元、上位机(计算机)、信号采集与分析软件等。

根据超声导波传感器与仪器通道数，检测仪分为以下类型：

——单通道检测仪；

——多通道检测仪；

——阵列检测仪。

根据超声导波检测信号扫查与分析方式，检测仪功能分为以下类型：

——A 型脉冲检测功能；

——B 扫查成像检测功能。

仪器应具有 A 扫描显示功能，宜具有 B 扫描显示功能。

A 型脉冲检测功能，是一种显示导波在长距离被检构件中传播历程的检测仪器。仪器的波形显示界面显示超声导波的时域波形信号，即信号幅值(纵坐标)与传播时间或距离(横坐标)的关系曲线。

B 扫查成像检测功能，是一种可显示扫查方向上的不同位置处导波传播历程的检测仪器。仪器的显示界面显示二维图像信号，纵坐标表示传感器在被检构件扫查方向的位置，横坐标表示导波的传播时间或传播距离，云图的颜色深度表示信号幅值大小。对于平板检测，传感器扫查方向为平板的宽度方向($O-Y$)，导波的传播方向为($O-X$)，见图 3，对于管道检测，若传感器扫查方向为圆周(θ)方向，导波的传播方向为($O-Z$)方向；若传感器扫查方向为长度($O-Z$)方向，导波(周向导波)的传播方向为圆周(θ)方向，见图 4。

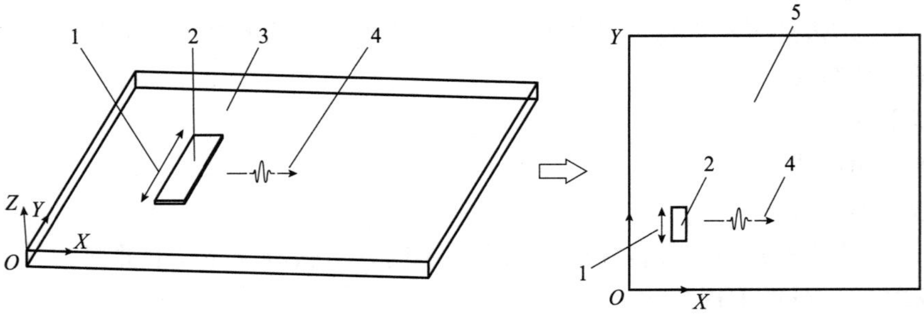

标引说明：
1——扫查方向；
2——传感器；
3——板类被检构件；
4——导波传播方向；
5——B扫查图像；
O——笛卡儿坐标系原点坐标；
X——笛卡儿坐标系X方向坐标轴(板长度方向)；
Y——笛卡儿坐标系Y方向坐标轴(板宽度方向)；
Z——笛卡儿坐标系Z方向坐标轴(板厚度方向)。

图 3　超声导波在板上的 B 扫查显示示意图

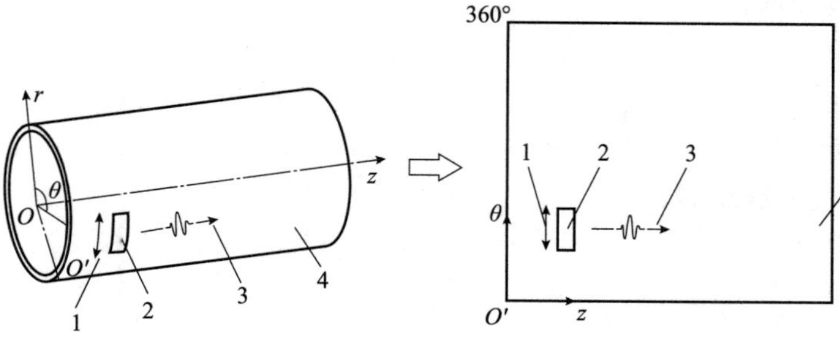

a) 管道周向B搜查示意图

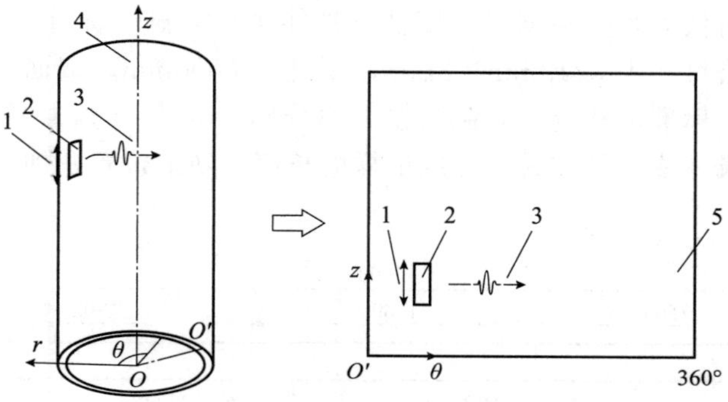

b) 管道轴向B搜查示意图

标引说明：
1——扫查方向；
2——传感器；
3——导波传播方向；
4——管道；
5——B扫查图像；
O——柱坐标系原点坐标；
O'——B扫查起点位置；
θ——柱坐标系θ方向坐标轴(管道圆周方向)；
r——柱坐标系r方向坐标轴(管道半径方向)；
z——柱坐标系z方向坐标轴(管道长度方向)。

图 4　超声导波在管道上的 B 扫查显示示意图

8.3.2　检测仪的组成单元

8.3.2.1　激励单元

激励单元的功能主要是产生相应的激励信号，进而驱动激励传感器在构件中激发出相应模态的导波。应根据构件状况、传感器类型、频散曲线计算结果及检测的缺陷类型选择合适的激励单元。

8.3.2.2　信号处理单元

信号处理单元是将接收传感器接收到的信号进行放大、滤波等调理后，通过模数转换将信号输入计算机。信号处理单元主要包括放大器和模数转换器。

放大器放大来自传感器或探头的信号，同时采用带通滤波器去除干扰噪声。

模数转换器是将模拟信号转换成数字信号，输入计算机。模数转换器的采样频率应至少大于激励频率的 10 倍。

信号处理单元应与传感器、激励单元、采用的导波模式和检测目的相匹配。

8.3.2.3　信号采集与分析软件

超声导波信号采集与分析软件应至少包含以下功能：

——频散曲线计算；
——信号采集；
——信号存储；
——信号分析；
——距离-幅度曲线绘制；
——信号回放；
——信号定位。

8.4 试样

8.4.1 标准试样

标准试样用于对仪器系统检测灵敏度及其功能进行测试，标准试样选用材料为 20 号钢的无缝直管，规格尺寸为 ϕ219mm×8mm，长度为 6000mm，端面平整光滑、与轴线垂直，无管道包覆层。标准试样应具有截面损失率分别为 3%、6%、9% 的三处缺陷，缺陷类型可采用平底孔或环槽两种方式，标准试样的长度、缺陷位置及加工要求，见图 5。

单位为毫米

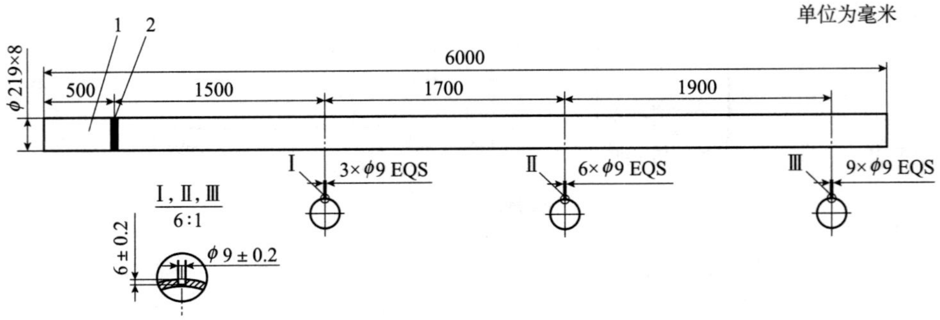

a) 平底孔缺陷

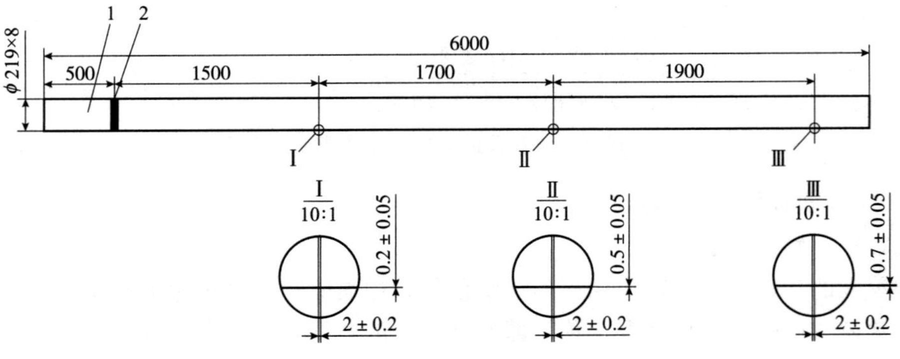

b) 环槽缺陷

标引说明：
1 ——无缝钢管；
2 ——传感器位置；
Ⅰ、Ⅱ、Ⅲ ——局部放大图的部位序号；
EQS ——均匀分布。

图 5 标准试样示意图

8.4.2 对比试样

对比试样用于对被检构件上缺陷的截面损失率当量进行评定。

对比试样应采用与被检测构件材料性能相同或相近的材料制作，其几何尺寸根据被检对象的检测距离和检测灵敏度要求确定。

除合同各方另有约定之外，按以下要求加工对比试样。

a)对于管材构件，试样的长度至少为仪器可探测9%截面损失率人工缺陷距离的1.2倍。在对比试样上至少3个部位外表面分别加工多个直径相同、深度为壁厚40%的平底孔；每个部位所有平底孔组成的截面损失之和应分别按截面损失率3%、6%和9%进行计算，平底孔在环向间距应均匀分布，在纵向间距的距离应大于1m，深度的公差不大于±0.2mm；试样两端的平底孔应至少距试样端部1m。

b)对于板材构件，试样的长度至少为传感器声束有效覆盖范围内9%截面损失率人工缺陷检测距离的1.2倍，试样的宽度至少为传感器声束有效覆盖范围的2倍，在对比试样的长度方向上3个部位分别加工平底孔缺陷，缺陷损失率分别为传感器声束有效覆盖范围内构件截面的3%、6%、9%，孔的直径和深度公差不大于±0.2mm。

c)对于棒材构件，试样的长度至少为仪器可探测9%截面损失率人工缺陷距离的1.2倍。在对比试样上至少3个部位外表面分别加工出多个直径为5mm～10mm，深度为2mm～5mm的平底孔；每个部位所有平底孔组成的截面损失之和应分别按截面损失率3%、6%和9%进行计算，平底孔在环向间距应均匀分布，在纵向间距的距离应大于1m，深度的公差不大于±0.2mm；试样两端的平底孔应至少距试样端部1m。

d)对于线状捆扎的钢索或钢丝绳等构件，试样的长度至少为仪器可探测9%截面损失率人工缺陷距离的1.2倍。在对比试样上3个部位分别加工出线状材料的断口；每个部位所有断丝组成的截面损失之和应分别按截面损失率3%、6%和9%进行计算，同一处断丝应紧密相邻；试样两端的断口应至少距试样端部1m，不同部位断口的间距应大于1m，在环向应均匀分布。

e)对于型材构件，应采用分区检测方式。在对比试样的每个区域至少3个部位分别加工多处槽形缺陷；每个部位所有切槽组成的截面损失之和分别按该检测区域截面损失率3%、6%和9%进行计算，切槽宽度2mm～5mm，切槽在型材长度方向的间隔距离应大于1m，切槽深度公差不大于±0.2mm；试样两端的切槽应至少距试样端部1m。

8.5　检测设备的维护和核查

每6个月对检测设备进行周期性维护和核查，以保证仪器功能。

在现场检测前，应在实验室内选择相应规格的标准试样对检测仪器进行核查，若检测结果与已知试样缺陷分布相符，则表明仪器正常。

在现场检测时，如怀疑设备的检测结果，应对设备进行功能核查和调整，并记录每次核查结果。

9　检测程序

9.1　检测前的准备

9.1.1　资料审查

资料审查应包括以下内容：

a)被检构件制造文件资料，如产品合格证、质量证明文件、竣工图等，重点了解其类型、结构特征和材质特性等；

b)被检构件运行记录资料，如运行参数、工作环境、载荷变化情况以及运行中出现的异常情况等；

c)被检构件检验资料，如历次检验与检测报告：

d)被检构件其他资料，如维护、保养、修理和改造的文件资料等。

9.1.2　现场勘查

在现场勘查时，应找出所有影响检测结果的障碍和噪声源，如内部或外部附件的移动，电磁干扰、机械振动和流体流动等，宜尽可能设法排除这些噪声源。

9.1.3 检测作业指导书或工艺卡编制

对于每个被检构件，根据使用的仪器和现场实际情况，按照通用检测工艺规程编制被检构件超声导波检测作业指导书或工艺卡；确定超声导波传感器型号、安装的部位和表面条件，画出被检构件结构示意图，确定检测次序等。

9.2 导波检测模态与频率的选择

9.2.1 通则

在导波检测中，首先得到被检测构件的频散曲线，结合导波在被检构件截面上的波结构，然后根据频散曲线和波结构选择合适的导波模态和检测频率。不同频率的导波对各类损伤有不同的灵敏度，检测过程中宜采用多种频率扫查或扫频。

9.2.2 频散曲线的获取

应根据被检构件选择合适的计算方程和以下参数，计算超声导波在构件中传播时的频散曲线：

——材料密度；

——材料弹性模量；

——材料泊松比；

——构件的内径和外径(对于管材)、直径(对于棒材和缆索)或壁厚(对于板材)。

针对管、板类构件建立被测对象的纳维尔(Navier)波动方程，求出波在被测构件中传播的位移和应力表达式，然后根据被检构件的位移应力等边界条件建立频散方程，该方程为超声波频率(f)与波传播速度(v)的函数，求解频散方程即得到 $f(v)$曲线，即频散曲线，见附录B。典型管道的导波频散曲线示意图见图6，横坐标代表频厚积，如果厚度给定的情况下可简化成频率，纵坐标代表导波在构件中传播的群速度，对于L(0，1)模态，在频率区域1是非频散的。对于L(0，2)模态，在频率区域2是非频散的。对于T(0，1)模态，在整个频率区间是非频散的。

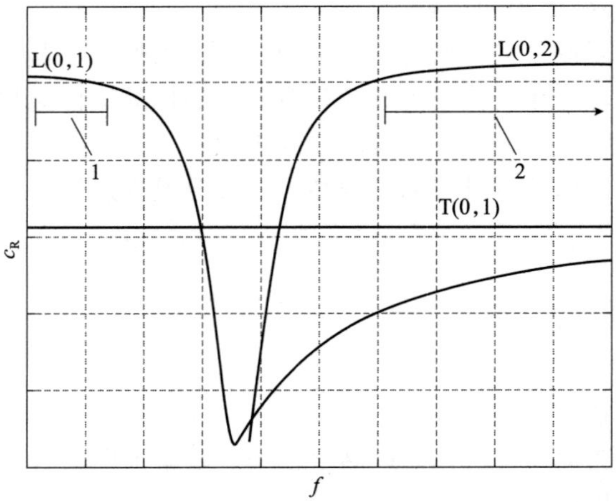

标引说明：

1 ——频率区域1；

2 ——频率区域2；

f ——频率，单位为千赫兹(kHz)；

c_R ——群速度，单位为米每秒(m/s)；

蓝色曲线——L(0,1)模态群速度频散曲线；

红色曲线——T(0,1)模态群速度频散曲线；

紫色曲线——L(0,2)模态群速度频散曲线。

图6 典型频散曲线示意图

针对棒、线材、型材类构件可通过数值模拟方法获取频散曲线，亦可通过现场扫频方式获取合适的检测频率。

9.2.3 波结构分析

导波模态的波结构，用于表征导波振动位移在截面的分布，是导波模态选择参考依据之一。在求解频散曲线的特征方程中分析模态在被检构件的分布，特征向量表征导波振动位移在被检构件截面的分布。

9.2.4 检测模态选择原则

根据不同类型的被检构件，按照以下原则，结合频散曲线和波结构，选择合适的检测模态和频率范围。

a)管材类被检构件

• 对于充液的管道，宜采用扭转模态的超声导波进行检测；

• 公称直径为 20mm～100mm 的管道，宜采用 T(0，1)、L(0，1)、L(0，2)模态的超声导波并使用 A 型脉冲检测法；

• 公称直径为 100mm～800mm 的管道，宜采用 T(0，1)、L(0，1)、L(0，2)以及 T(n，1)模态的超声导波并使用 A 型脉冲检测方法或 B 扫查成像检测方法进行检测，必要时同时采用两种方法协同检测；

• 公称直径大于 800mm 的管道，宜采用 T(n，1)模态的超声导波并使用 B 扫查成像检测方法进行检测。

b)板材类被检构件

• 长距中低频检测时，一般宜采用零阶水平剪切波 SH0 模态、零阶兰姆波 S0、A0 模态的导波进行检测；

• 短距高频检测时，一般宜采用高阶水平剪切波、兰姆波进行检测；

• 对于宽度大于 300mm 的板，宜采用导波 B 扫查成像检测方法进行检测。

c)线材和棒材等被检构件

宜采用纵向模态进行检测。

d)型材类被检构件

其频散曲线与型材的几何尺寸及材料声学参数有关且频散特性复杂。根据构件情况计算频散曲线并分析波结构，选取频散现象较弱的模态和频段。

9.2.5 检测频率选择原则

按照以下原则选择频率。

a)宜选用零阶模态的非频散区域实施检测，在选定检测模态后，由频散曲线上检测模态非频散段确定检测频厚积范围。

b)对于上下或内外表面无液体或固体接触的波导结构实施导波检测时，可不考虑波结构的影响，在选定非频散段后，根据检测距离和缺陷检测灵敏度，确定检测频率。

c)对于上下或内外表面有液体或固体接触的波导结构实施导波检测时，识别波结构的影响，在选定非频散段后，液体接触层，优选波结构表面离面位移小的频率点；固体接触层，优选波结构表面处总位移小的频率点。综合考虑检测距离和缺陷检测灵敏度的影响后，最终确定检测频率。

d)绳、索类构件宜采用低频的超声导波进行检测。

9.3 距离-幅度曲线绘制

应采用 8.4.2 规定的对比试样在实验室内经过实测绘制距离-幅度曲线。该曲线族由记录线、评定线和判废线组成；记录线由3%截面损失率的人工缺陷反射波幅直接绘制而成，评定线由6%截面损失率的人工缺陷反射波幅直接绘制而成，判废线由9%截面损失率的人工缺陷反射波幅直接绘制而成。记录线以下(包括记录线)为Ⅰ区，记录线与评定线(包括评定线)之间为Ⅱ区，评定线与判废线之间为Ⅲ区，判废线及其以上区域为Ⅳ区，见图7。

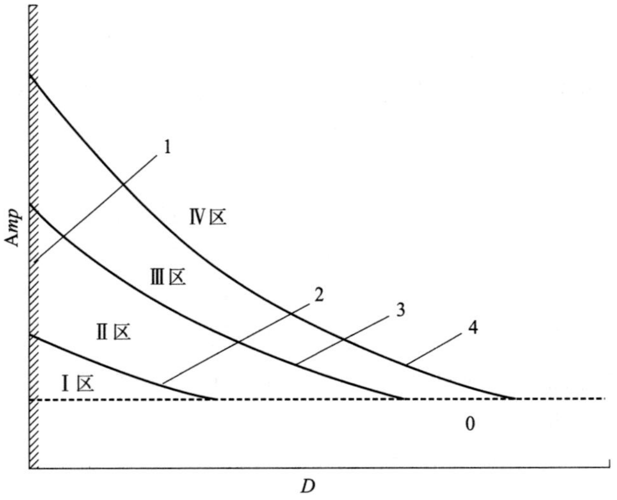

标引说明：
0 ——背景噪声；
1 ——盲区；
2 ——记录线；
3 ——评定线；
4 ——判废线；
D ——距离，单位为米(m)；
A*mp*——幅值，单位为分贝(dB)。

图7 反射法距离-幅度曲线示意图

9.4 传感器安装

传感器安装应满足以下要求：

a)按照确定的检测方案在被检构件上确定传感器安装的具体位置，传感器的安装部位远离被检构件连接、支吊架、支座等结构复杂部位；

b)对传感器的安装部位进行表面处理，对于接触式传感器，被检构件表面清理干净、平整，以提高耦合效率；对于非接触式传感器，靠近被测构件，以减小外界电磁、振动等干扰；

c)传感器压在被检构件的表面，使传感器与被检构件表面达到良好的声耦合状态；

d)采用机械夹具，磁夹具或其他方式将传感器固定在被检构件上，并保持传感器与被检构件和固定装置的绝缘；

e)对于高温构件超声导波检测，采用高温传感器或非接触的电磁超声与磁致伸缩超声导波传感器。

9.5 检测实施

9.5.1 检测仪器调试

检测仪器的调试包括以下步骤：

a)连接传感器与仪器主机；

b)打开仪器开关通电，并按仪器制造商规定的时间预热，使仪器达到稳定工作状态；

c)按照被检构件的具体情况和频散曲线计算确定的检测频率等设定仪器的工作参数；

d)对被检构件发射超声导波信号，观察构件的端头、接头、焊缝、外部支撑等部位产生的超声导波反射信号，测量被检构件超声导波传播的波速；

e)进一步调节仪器工作参数，使仪器处于良好的工作状态。

9.5.2　检测信号分析和解释

检测信号的分析和解释通常应参考相关试验建立的数据库，应至少包括以下内容：

a)采用调节好的仪器，对被检构件进行检测，观察和记录出现的超声导波反射回波信号；

b)对于出现的超声导波反射回波信号，首先确定这些信号是否是由构件的端头、接头、焊缝、外部支撑等部位产生的，如果确定即可排除；

c)对于被检构件上无明显几何形状变化部位的超声导波回波信号，排除反向回波、多次反射波及噪声等干扰信号后，即可确定为材料损失缺陷等截面变化产生的超声导波回波信号，首先确定这一回波信号的反射部位，并加以标识，然后进行检测结果评价和处理。

9.6　对比检测

9.6.1　通则

对比检测包括历史检测数据对比和横向检测数据对比。历史检测数据对比是指同一个被检对象在不同时间的检测结果进行对比分析，横向检测数据对比是指多个相同被检对象的检测结果进行对比分析。

9.6.2　检测仪器与传感器安装

对比检测应采用相同型号的传感器，安装方法应按照9.4执行。

检测仪器调试及传感器安装位置应按照仪器的操作说明执行，其要求应至少包括以下内容：

a)检测仪器参数设置保持一致，包括激励单元、接收单元的参数设置及波速等；

b)数据采集前，仪器按仪器制造商规定的时间预热，使仪器达到稳定工作状态；

c)采用横向检测数据对比时，各被检构件的传感器安装位置保持相同，且被检构件的工况应相同；

d)采用历史检测数据对比时，传感器在检测周期内稳定安装在被检构件上，或每次数据采集时确保传感器的安装条件一致。

9.6.3　横向检测数据对比分析与解释

横向检测数据对比的分析与解释通常应与参考信号进行对比，至少包括以下内容：

a)采用调节好的仪器，对无缺陷的被检构件进行检测，观察和记录出现的超声导波反射回波信号，获取被检构件的参考信号库；

b)对被检构件进行检测，观察和记录出现的超声导波反射回波信号；

c)对于出现的超声导波反射回波信号，结合现场被检构件的特征，首先确定这些信号是否是由构件的端头、接头、焊缝、外部支撑等部位产生的，如果确定即可排除；

d)将被检构件采集到的信号与参考信号进行对比，查找出与参考信号有差异的结构部位即为疑似缺陷，并在被检构件上标识，然后对检测结果进行评价与处理。

9.6.4　历史检测数据对比分析与解释

历史检测数据对比分析与解释通常应与参考信号进行对比，至少包括以下内容。

a)传感器首次安装完成后，采用调节好的仪器，对被检构件进行检测，获取被检构件的参考信号库；首次采集参考信号时，应对被检构件的工况进行分析。构件在不同工况下的差异过大时(如温度、传输介质黏度、构件接触条件等)，应建立不同工况下的参考信号库。

b)分析被检构件的腐蚀速度、关键程度、风险情况等因素，确定被检构件检测的周期。

c)按照检测周期，对被检构件进行定期检测，存储每次检测的波形数据。

d)将定期采集到检测信号与参考信号进行对比，查找出检测信号与参考信号差异的结构部位即为疑似缺陷。可采用人工观察法或计算分析法进行对比分析。

e)对被检构件上的疑似缺陷位置进行标识，然后对检测结果进行评价与处理。

10　检测结果评价和处理

10.1　检测结果分级

将超声导波检测发现的缺陷信号与距离-幅度曲线进行比对分级，反射波幅在Ⅰ区的为Ⅰ级，在Ⅱ区的为Ⅱ级，在Ⅲ区的为Ⅲ级，在Ⅳ区的为Ⅳ级。

10.2　不可接受信号的确定与处理

10.2.1　通则

超声导波检测给出的是缺陷当量，由于腐蚀，机械损伤等金属损失缺陷的大小和形状与人工缺陷不同，且被检构件的实际几何尺寸与对比试样间存在差异，导致检测结果显示的缺陷当量值与其真实缺陷会存在一定的差异，因此不可接受信号的水平的确定应根据被检构件的具体情况由用户和检测人员协商确定。

10.2.2　基于距离-幅度曲线分级的确定

用户参与确定的，以用户的要求确定不可接受信号的等级；用户不参与确定的，由检测人员确定不可接受信号的等级，一般检测结果判为Ⅲ级和Ⅳ级的信号，即为不可接受信号。

10.2.3　基于被检构件上真实缺陷的确定

首先对检测发现的前三个最大的缺陷信号部位，按10.2.4规定的方法进行复检，根据复检结果逐步确定不可接受缺陷信号的水平。

10.2.4　不可接受信号的处理

对于确定的不可接受信号，采用以下方法进行复检：

a)采用目视和小锤敲击的方法进行检测，用以分辨是位于外表面或内部的缺陷；

b)对于外表面缺陷可采用深度尺直接测量缺陷的深度；

c)对于管材或板材的内表面缺陷，应采用双晶直探头进行超声检测测量，以更精确地测量缺陷的深度；

d)对于高温在线检测，宜采用电磁超声测厚进行腐蚀剩余壁厚测量，以更精确地测量缺陷的深度；

e)对于其他形状的构件，可采用射线、超声、漏磁等各种无损检测方法进行复检；

f)必要时，经用户同意，也可采用解剖抽查的方式进行验证。

11　检测记录与报告

11.1　检测记录

应按检测工艺规程的要求记录检测数据和有关信息。

11.2　检测报告

超声导波检测报告应至少包括以下内容：

a)委托单位；
b)检测单位；
c)被检构件的信息，如名称、编号、设计与工作参数、材料和几何尺寸等；
d)本文件编号、规范和相关规定文件；
e)检测仪器型号、检测方式、传感器型号及固定方式；
f)检测仪器工作参数设置；
g)距离-幅度曲线；
h)传感器安装部位示意图；
i)检测软件名及数据文件名；
j)检测结果分析及分级结果及数据图；
k)检测结论；
l)检测人员和审核人员签字及资格证书编号；
m)检测日期。

附录2 Q/SY 05184—2019 钢制管道超声导波检测技术规范

本标准代替 Q/SY 1184—2009《钢制管道超声导波检测技术规范》，与 Q/SY 1184—2009 相比，除编辑性修改外主要技术变化如下：

——增加了规范性引用文件(见第 2 章)；

——增加了一般要求(见第 4 章)；

——增加了通用检测工艺规程相关内容(见 6.3)；

——增加了超声导波监测内容(见 7.4)；

——修改了检测信号验证的有关内容(见 7.5，2009 年版的 5.4)；

——修改了检测报告相关内容(见 9.2，2009 年版的 9.2)。

1 范围

本标准规定了钢制管道超声导波检测的一般要求、检测条件、检测前准备、检测程序、管道缺陷评估和检测报告等内容及要求。

本标准适用于管径大于 10mm 的钢制管道超声导波检测。

2 规范性引用文件

下列文件对于本文件的应用是必不可少的。凡是注日期的引用文件，仅注日期的版本适用于本文件。凡是不注日期的引用文件，其最新版本(包括所有的修改单)适用于本文件。

GB/T 9445 无损检测 人员资格鉴定与认证

GB/T 31211—2014 无损检测 超声导波检测 总则

SY/T 6151 钢质管道管体腐蚀损伤评价方法

SY/T 6477 含缺陷油气管道剩余强度评价方法

3 术语和定义

下列术语和定义适用于本文件。

3.1 超声导波 ultrasonic guided wave

频率高于 20kHz 声波频率的导波。导波是一种以超声频率或声频率在波导中(如管、板、棒、绳等)平行于边界传播的弹性波，与传统超声检测的恒定波速相比，导波检测中波速会随着波的频率和构件几何尺寸变化发生显著变化。

3.2 超声导波检测 ultrasonic guided wave inspection

利用超声导波遇到焊缝、支撑、缺陷等管道特征返回部分能量并且被传感器探测到，进行信号采集并记录，达到检测管道壁厚金属损失的目的。

3.3 超声导波监测 ultrasonic guided wave monitor

利用超声导波永久探头，采集并记录超声导波遇到焊缝、支撑、缺陷等管道特征返回的部分能量信号，达到检测管道壁厚金属损失的目的。

3.4 传感器 transducer

激发和接收超声导波的器件。

3.5 传感器环 transducer rings

用来连接传感器并安装在管道上的器件。

3.6 基准位置 reference

每次检测前确定的检测参考点。

3.7　超声导波永久探头 ultrasonic guided wave permanent probe

集合了传感器的一种特殊的可永久安装在管道上的监测探头。

3.8　磁致伸缩 magnetostriction

铁磁性材料在磁场中磁化时，在磁化方向会发生尺寸、形状变化。

4　一般要求

4.1　人员

采用本标准进行检测的人员，应具备超声导波方面的基础知识，并按 GB/T 9445 的要求或持有经管道业主认可的超声导波检测等级资格证书，从事相应资格等级规定的检测工作。

4.2　设备和器材

设备和器材要求如下：

a)采用压电式和磁致伸缩式传感器，耦合方式为接触式。

b)校准试样和对比试样按 GB/T 31211—2014 的 8.7.1 和 8.7.2 执行。

c)检测和监测探头与管道的耦合应采用专用胶黏剂。

4.3　设备的维护和校准

4.3.1　声导波设备应按照设备的操作和维护规定进行。

4.3.2　应制订书面规程，对检测设备进行周期性维护和检查，以保证设备功能。

4.3.3　在现场进行检测之前，应对检测设备进行核查，以保证设备正常。

4.3.4　在现场进行检测时，如怀疑设备的检测结果，应对设备进行功能检查和调整，并对每次检查的结果进行记录。

4.3.5　Wavemaker 型超声导波设备操作和维护参见附录 A，MsSR3030 型超声导波设备操作和维护参见附录 B。

5　检测条件

5.1　检测设备对管道的要求

待检管道应满足以下要求：

1)管道内介质温度范围为-15～120℃。

2)管道材质为钢质。

3)管径范围为 10mm 以上管径管道。

4)管道不应存在影响检测数据采集的振动。

5)管道周向应具备至少 200mm 的操作空间。

5.2　典型检测对象

典型检测对象包括：

1)站库管道、线路管道。

2)架空管道、埋地管道、穿/跨越管道。

3)直管段、管道弯头部位等。

4)带有防腐层或保温层的管道。

5.3　检测精度

检测精度为管道横截面损失率的最小分辨率，可检测出管道截面积 5%以上的金属损失。

6　检测前准备

6.1　管道资料调查

检测人员在检测工作开始前，应调查下列内容和资料：

1)基本资料，应包括以下内容：

a)管道管径及壁厚；

b)管道使用年限；

c)管道防腐层/保温层的种类、厚度及长度；

d)管道的埋深资料。

2)管道运行资料，包括管道输送介质、压力和温度等。

3)管道维修或改造资料，应包括以下内容：

a)管道维修、改造方案；

b)管道维修、改造竣工资料。

4)以往的检测记录和报告。

6.2 制订检测方案

管道检测或监测前，在分析 6.1 中所涉及资料基础上，应根据管道使用年限、运行状况等因素，合理制订检测/监测方案。检测/监测方案应包括以下内容：

1)检测/监测位置。

2)时间安排。

3)检测模式。

4)检测用设备。

5)检测范围。

6)施工组织。

6.3 通用检测工艺规程

从事超声导波检测的单位应按 GB/T 31211 的要求制定通用检测工艺规程，其内容至少应包括如下要素：

1)适用范围。

2)引用标准、法规。

3)检测人员资格。

4)检测仪器设备：传感器、传感器夹具、信号线、前置放大器、电缆线、仪器主机、检测数据采集和分析软件等。

5)被检测的信息：几何形状与尺寸、材质、设计与运行参数。

6)被测覆盖范围及传感器型号的确定。

7)被检件表面状态及传感器安装方式。

8)检测时机。

9)对比试件及距离-幅度曲线的绘制。

10)检测过程和数据分析解释。

11)检测结果的评定。

12)检测记录、报告和资料存档。

13)工艺规程的编制、审核和批准人员。

14)编制日期。

7 检测程序

7.1 埋地管道开挖

对埋地管道选取测试点进行开挖，使管道沿轴向露出至少 100cm 管段，开挖应保证管道两侧至少各 100cm，底部 50cm，以便检测。非埋地管道直接进行防腐层或保温层剥离。

7.2　管道防腐或保温层剥离

对于存在防腐或保温层的管道应对防腐层进行剥离，防腐或保温层应剥露出被检测管道母材，且宽度应大于30cm。如剥离部分的清洁程度对检测有影响则应进一步清理至满足要求为止。

7.3　超声导波检测

在管线上选择基准位置并安装传感器环，使用超声导波设备对管道进行检测并记录管道缺陷状况、管道特征(法兰、焊缝、支管、弯头等)及它们的位置，以便数据分析。

7.4　超声导波监测

对于特殊位置管道(如穿跨越、水工保护等难以开挖管段、腐蚀高风险管段等)，如需监测壁厚变化，宜安装超声导波永久探头进行监测，要求如下：

1)选择合适的超声导波监测设备。

2)对管道监测位置进行环向20cm、100%表面洁净处理，保证干燥与洁净。

3)选择传感器芯片。

4)对芯片添加液态胶水。

5)将含有胶水的传感器芯片，环向包裹在处理好的管道位置上，表面用钢制紧固环对两侧固紧。

6)将保温外保护胶带包裹在芯片外侧，接好数据线，测试信号来确定传感器的接触良好，然后添加液态保温胶水及黑色保护胶水，完成后表面再次采用钢制紧固环对两侧固紧。

7)待24h之后，采集数据并分析。

7.5　信号验证

对具备验证条件的金属损失信号异常管段，应至少验证1处以上，验证时可采用射线和磁粉、超声测厚、A型超声、相控阵超声、超声衍射时差(TOFD)，C扫描等检测手段，根据验证结果确定是否增加异常信号验证数量，记录管道缺陷特征以供安全评价使用。

7.6　现场记录

按附录C填写《管道超声导波检测记录》，记录管道特征、基准位置、缺陷位置特征及程度，记录计算机文件编号和检测日期，并由检测和审核人员签字确认。

7.7　检测现场恢复

应对检测现场进行恢复，包括防腐层或保温层恢复，开挖段土方回填等。

8　管道缺陷评估

对已验证的管道缺陷，按照SY/T 6477、SY/T 6151或其他相关标准进行评估。

9　检测报告

9.1　报告封面

检测报告封面应包括检测项目具体名称、检测时间、检测单位、编制人、审核人和批准人等。

9.2　报告内容

检测报告应至少包括下列内容：

1)工程概况。

2)检测依据。

3)检测内容。

4)检测数据分析及验证。

5)检测结果。

6)结论及建议。

附录3 GB/T 31211.2—2024无损检测 超声导波检测 第2部分：磁致伸缩法

本文件由全国无损检测标准化技术委员会(SAC/TC 56)提出并归口。

本文件起草单位：中国特种设备检测研究院、华中科技大学、柳州欧维姆机械股份有限公司、上海材料研究所有限公司、浙江大学、广州市开博桥梁工程有限公司、天津大学、杭州浙达精益机电技术股份有限公司、中特检云智安全科技(嘉兴)有限公司、山东科捷工程检测有限公司、安徽华夏高科技开发有限责任公司。

1 范围

本文件描述了磁致伸缩超声导波检测的方法。

本文件适用于检测温度范围为－20℃～550℃，直径为10mm～1000mm(壁厚为0.5mm～80mm)管材、直径为10mm～80mm棒材、直径为5mm～226mm线材和厚度为0.5mm～80mm板材等构件的检测。

2 规范性引用文件

下列文件中的内容通过文中的规范性引用面构成本文件必不可少的条款。其中，注日期的引用文件，仅该日期对应的版本适用于本文件；不注日期的引用文件，其最新版本(包括所有的修改单)适用于本文件。

GB/T 12604.1 无损检测 术语 超声检测

GB/T 12604.6 无损检测 术语 涡流检测

GB/T 31211.1 无损检测 超声导波检测 第1部分：总则

3 术语和定义

GB/T 12604.1、GB/T 12604.6和GB/T 31211.1界定的以及下列术语和定义适用于本文件。

3.1

磁致伸缩效应 magnetostrictive effect

磁致伸缩

铁磁材料受外磁场作用时，其尺寸、形状发生变化的现象。

3.2

逆磁致伸缩效应 inverse magnetostrictive effect

逆磁致伸缩

铁磁材料在受到外力时，其磁场状态发生变化的现象。

3.3

磁致伸缩超声导波 magnetostrictive guided - wave

采用磁致伸缩传感器激励或接收的超声导波。

3.4

磁致伸缩带 magnetostrictive foil

具有较强磁致伸缩效应(3.1)的材料制成的带材。

注。如镍合金带、铁钴硬磁合金带、铁镓合金带、铽镝(Terfenol－D)铁合金带等。

4 检测原理

4.1 通则

磁致伸缩超声导波检测方法，是利用磁致伸缩效应在构件中激励和接收超声导波，对构件实施检测的一种方法。磁致伸缩超声导波检测方法分为直接法和间接法两种。

4.2 直接法

直接法利用材料自身的磁致伸缩效应在构件中直接激励和接收导波，只适用于被检对象为铁磁材料的检测，检测原理见图 1。磁致伸缩换能器包括激励线圈、检测线圈和提供偏置磁场的磁化器三个部分。两种线圈为与被检铁磁材料构件同轴的螺线管，用于实现交变磁场和应力波之间的能量与信号转换。偏置磁场沿轴线方向，其作用主要有两方面，一是提高磁能与声能的换能效率，二是选择导波模态，偏置磁场可以采用电磁或永磁方式加载。

在进行检测时，首先向激励线圈通入大电流脉冲，产生交变磁场；激励线圈附近的铁磁材料由于磁致伸缩效应受到交变应力作用，从而激励出超声波脉冲；超声脉冲沿被检构件轴线传播时，不断在构件内部发生反射、折射和模式转换，经过复杂的干涉与叠加，最终形成稳定的导波模态。当构件内部存在缺陷时，导波将在缺陷处被反射返回；当反射回来的应力波通过检测线圈时，由于逆磁致伸缩效应会引起通过检测线圈的磁通量发生变化，检测线圈将磁通量变化转换为电压信号；通过测量检测线圈的感应电动势可间接测量反射回来的超声导波信号的时间和幅度，从而获取缺陷的位置和大小等信息。

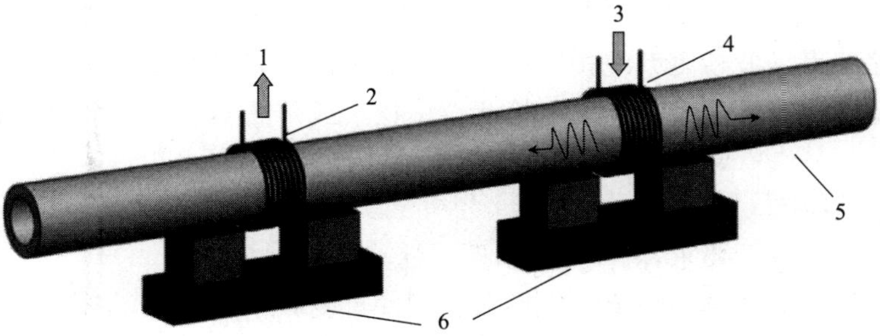

标引序号说明：
1——电压信号；
2——检测线圈；
3——激励电流；
4——激励线圈；
5——被检构件；
6——磁化器。

图 1 直接法磁致伸缩导波检测原理图

4.3 间接法

间接法基于磁致伸缩效应在磁致伸缩材料上激励导波，通过干耦合、粘接耦合、液基耦合或粉末喷涂的方式将导波由磁致伸缩材料传送到被检构件上，实现导波激励；并通过相同的耦合方式将导波从待测构件传送回磁致伸缩材料，基于逆磁致伸缩效应，实现导波接收。该方法既适用于铁磁材料的检测，也适用于非铁磁材料的检测，检测原理见图 2。

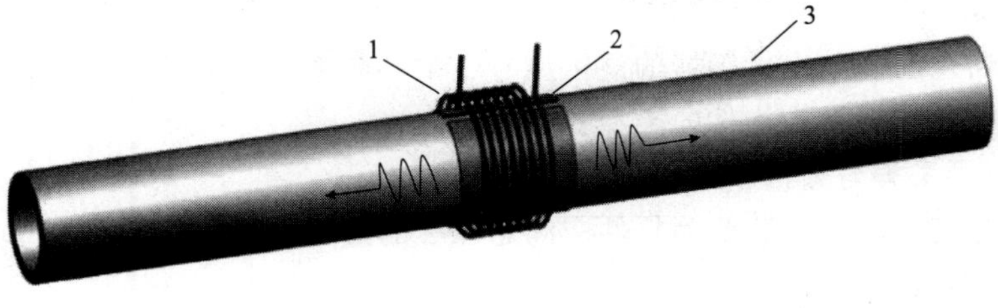

标引序号说明：
1——线圈；
2——磁致伸缩带；
3——被检构件。

图 2 间接法磁致伸缩导波检测原理

采用这种方法的超声导波换能器包括线圈和磁致伸缩带两部分，磁致伸缩带在使用前，需要进行预磁化。检测时，磁致伸缩带与被检构件可采用固化胶紧密粘贴，也可用其他方式紧密耦合，实现声能传递。其检测缺陷的原理与直接法相同。

5　安全要求

除满足 GB/T 31211.1 的要求外，还应满足以下要素：

a)检测前，辨识存在的强磁干扰，对可能受影响的设备、人员做好防护；

b)在进行在线检测时，辨识被检构件的温度状态，以免烫伤或冻伤；辨识安全阀过早或突然开启引起的危险后果，尤其是被检构件内储存有毒或易燃、易爆等危害性介质时。

6　人员要求

按 GB/T 31211.1 的要求执行。

7　通用检测工艺规程

按 GB/T 31211.1 的要求执行。

8　检测系统

8.1　总则

磁致伸缩超声导波检测系统按照检测模式分为静态式导波检测设备和动态扫查成像式导波检测设备两种。检测系统主要由检测仪、探头或传感器、检测软件、试样及其他器材组成。

8.2　检测仪

检测仪应满足以下要求：

——激励信号的频率、幅值、周期数、脉冲重复频率可调；

——数据采集频率不低于激励信号最高频率的 10 倍，与信号激励具有同步功能；

——根据被检构件特征参数，给出频散曲线；

——检测信号实时存储，以备后续处理和分析；

——具有绘制和存储距离-幅度曲线的功能；

——具有时基和距离显示两种方式，实现波形局部放大；

——具备反向回波的识别。

8.3　静态式导波检测设备

8.3.1　静态式超声导波仪

静态式超声导波检测仪应满足 8.2 的规定。

8.3.2　传感器

直接法中，静态式传感器由线圈和磁化器组成。间接法中，静态式传感器由线圈和磁致伸缩带材组成。

每个传感器应明确给出传感器的规格型号、中心频率、频率范围、工作温度范围和适用范围，适用范围包括被检构件的类型、材料、规格。

8.3.3　信号采集与分析软件

检测用的静态式超声导波检测软件应满足 8.2 的规定。

8.3.4　标准试样

8.3.4.1　标准试样 1 为 GB/T 31211.1 规定的标准试样，用于检测设备灵敏度及功能的测试。

8.3.4.2　标准试样 2 用于仪器系统检测距离的测试，选用材质为 20 号钢的无缝直管，规格尺寸为 ϕ219mm×8mm，长度为 3000mm，端面平整光滑、与轴线垂直，无管道包覆层，标准试样 2 的长度误差不应超过±2mm，见图 3。

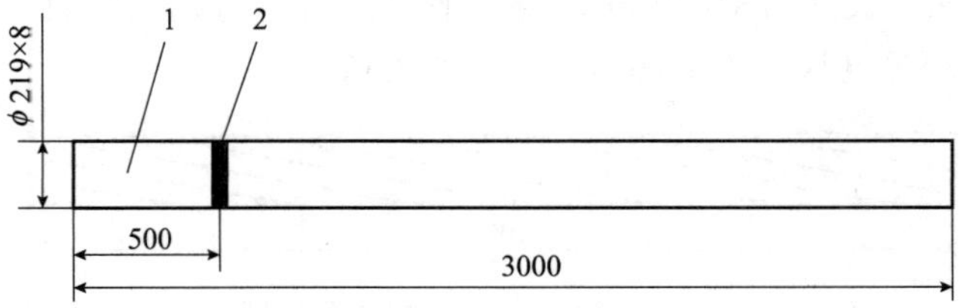

标引序号说明：
1——无缝钢管；
2——传感器位置。

图 3　标准试样 2 示意图

8.3.4.3　标准试样 3 用于仪器系统对导波通过管道弯头检测缺陷能力的测试，选用材质为 20 号钢的两根无缝直管与一个法兰、一个 90°弯头焊接而成，长直管段的规格尺寸 ϕ219mm× 8mm，长度为 3000mm，短直管段的规格尺寸 ϕ219mm × 8mm，长度为 1000mm，端面平整光滑、与轴线垂直，无管道包覆层。在短直管段距离端面 400mm 位置加工一处平底孔，缺陷的截面损失比为 3%，平底孔直径为 27.9mm，平底孔深度为 6mm。在弯头外弧面加工另一处平底孔，截面损失比为 3%，平底孔直径为 27.9mm，平底孔深度为 6mm，平底孔与短直管焊缝夹角为 60°。标准试样 3 的长度误差不应超过±2mm，平底孔的直径和深度误差不超过±0.2mm，见图 4。

GB/T 31211.2—2024
单位为毫米

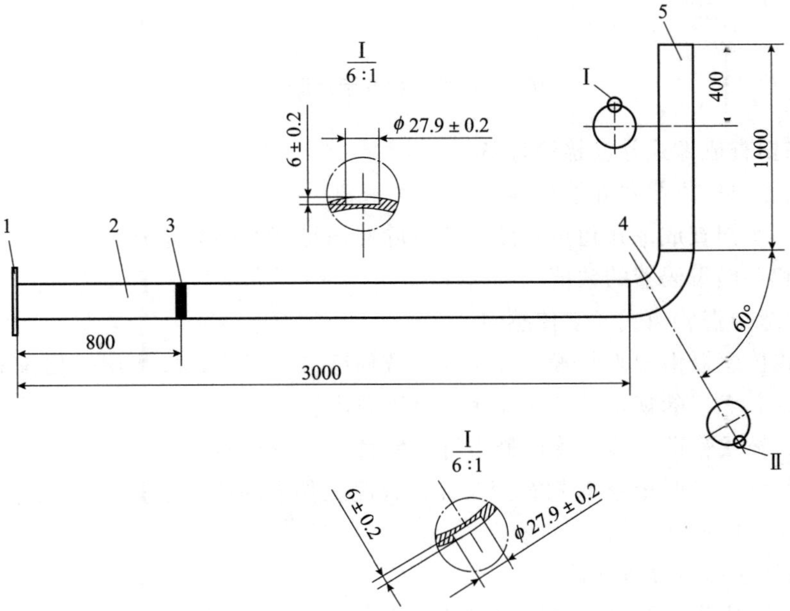

标引序号说明：
1——突面板式平焊钢制管法兰；
2——长直管段；
3——传感器位置；
4——90°弯头；
5——短直管段。

图 4　标准试样 3 示意图

8.3.4.4　标准试样4用于仪器系统对束状构件检测能力的测试，选用钢绞线，规格为1×7－15.2mm，长度为1000mm，端面平整光滑、与轴线垂直，无防腐润滑涂层和护套。标准试样4的长度误差不应超过±2mm，见图5。

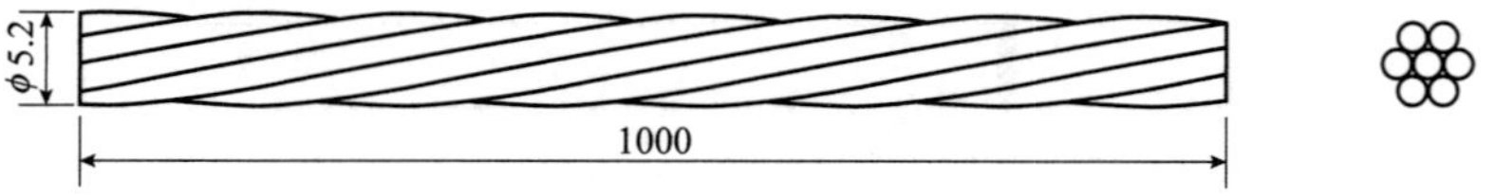

图5　标准试样4示意图

8.3.4.5　标准试样5用于仪器系统对板材检测能力的测试，选用材质为6061铝板，长度为600mm，宽度为300mm，厚度为5mm，板表面平整光滑，无包覆层。试样5的长度误差不应超过±2mm，在铝板长度方向距离端面500mm的位置加工一处平底孔，平底孔直径为5mm，深度为3mm，平底孔的直径和深度误差不应超过±0.2mm，见图6。

单位为毫米

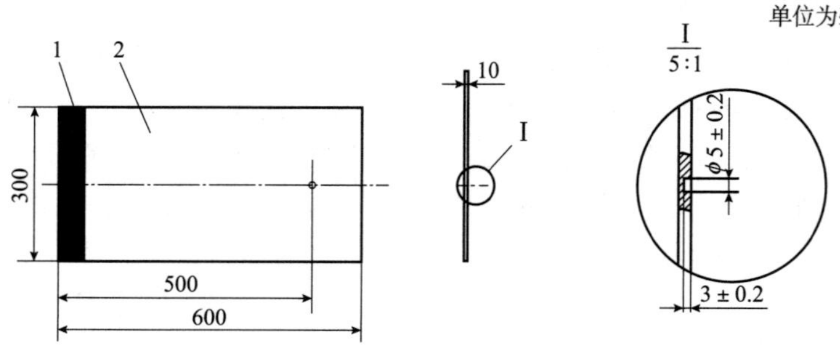

标引序号说明：
1——传感器位置；
2——铝板。

图6　标准试样5示意图

8.4　动态扫查成像式导波检测设备

8.4.1　动态扫查成像式导波仪器

检测用的动态扫查成像式超声导波检测仪除应满足8.2的规定外，还应具有编码器接口，实时读取和存储编码器的数值。

8.4.2　动态扫查成像式导波传感器

动态扫查式传感器由扫查装置、线圈和磁致伸缩带材组成，检测用的扫查成像式导波传感器除应满足8.3.2的规定外，还应满足以下要求：

a)适配金属板或管道，其中管道最小可适配直径为100mm；

b)带编码装置，实时记录B扫查探头在被检测工件上的相对位置；

c)带工作状态指示灯功能。

8.4.3　信号采集与分析软件

检测用的扫查成像式超声导波检测软件除应满足8.2的规定外，还应满足以下要求；

a)具备A型、B型显示功能；

b)实时记录和显示传感器在被检构件的相对位置。

8.4.4　标准试样

标准试样6用于管道检测的仪器周向分辨率及其B扫查功能测试，选用材料为20钢的无缝直管，规格尺寸为φ219mm×8mm，长度为3000mm，端面平整光滑、与轴线垂直，无管道包覆层。在距离端面 2300mm 的位置加工两处平底孔，两处平底孔在圆周方向相差 120°，缺陷的截面损失比为 1%，平底孔直径为 9mm，深度为 6mm。试样的长度误差不应超过±2mm，缺陷的直径和深度误差不超过±0.2mm。见图 7。

GB/T 31211.2—2024

单位为毫米

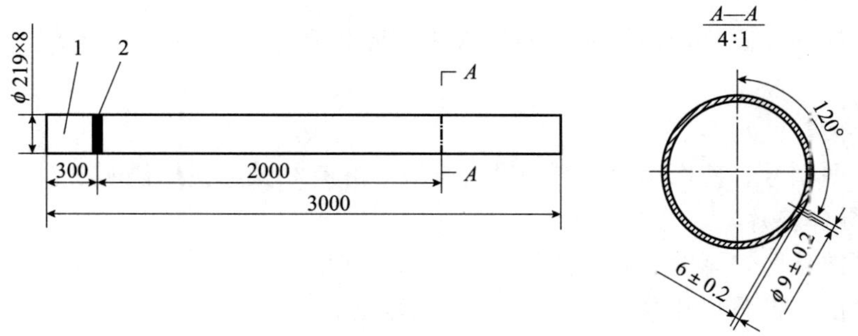

标引序号说明：
1——无缝钢管；
2——传感器位置。

图 7　标准试样 6 示意图

标准试样 7 用于板检测的仪器垂直分辨率及其 B 扫查功能测试，选用 6061 铝板，规格尺寸为 1500mm×1500mm，厚度为 5mm，板表面平整光滑，无包覆层。在距离端面 1200mm 的位置加工两处平底孔，两孔间距 200mm 且中心对称，平底孔直径为 5mm，深度为 3mm。试样的长度误差不应超过±2mm，平底孔的直径和深度误差不超过±0.2mm。见图 8。

单位为毫米

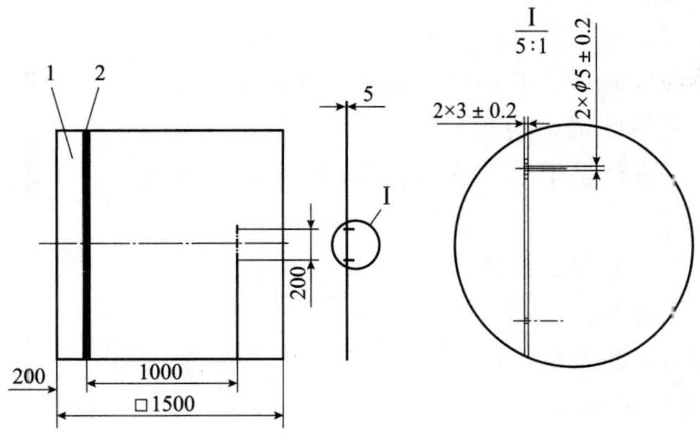

标引序号说明：
1——铝板；
2——传感器位置。

图 8　标准试样 7 示意图

8.5　对比试样

对比试样按 GB/T 31211.1 执行。

8.6　器材

8.6.1　线圈

线圈是传感器的组成部件之一，用于产生和接收交变磁场。

8.6.2 磁致伸缩带材

磁致伸缩带材为激励和接收超声导波的敏感材料，为传感器的一部分，与线圈组合使用。

8.6.3 预磁化器

在间接激励法中，预磁化器的功能是将磁致伸缩带磁化，使其剩磁达到适当大小。

8.6.4 磁化器

在直接激励法中，磁化器的功能是将被检构件磁化到适当大小，为传感器的一部分，与线圈组合使用。

8.6.5 耦合剂

耦合剂应标明型号、使用温度范围、耦合形式，并有相关的使用说明书。

8.6.6 非导体垫片

可采用不同数量已知厚度的非导体垫片来模拟不同厚度的覆盖层，也可直接在标准试样上喷涂实际涂层。推荐垫片厚度为 0.5mm 的整数倍。

8.7 检测设备的维护和核查

按 GB/T 31211.1 的规定执行。

9 检测程序

9.1 检测前的准备

按 GB/T 31211.1 的规定执行。

9.2 传感器安装部位表面处理

采用直接法进行检测时，传感器安装表面应无液体或污垢等固体残留物以及影响检测结果的障碍物，可保留厚度小于 10mm 的涂层、防腐层或保温层。

采用间接法进行检测时，传感器安装表面应首先去除涂层、防腐层或保温层，并进行打磨处理使之露出被检构件本体材料，以便于安装磁致伸缩带，具体要求如下：

a)被检构件表面处理的宽度应大于传感器宽度的 1.5～2 倍；

b)在经客户协商同意后，被检构件表面可采用砂纸或砂轮机打磨，直至被检构件露出金属本体，表面无明显凹坑，凸起和损伤；

c)打磨完成后，应擦拭干净，确保被检构件表面无水渍、浮尘附着。

9.3 传感器的安装

按 GB/T 31211.1 的规定执行。

9.4 距离-幅度曲线的绘制

按 GB/T 31211.1 的规定执行。

9.5 影响检测结果的因素

9.5.1 导波模态

在激励时产生的其他模态导波及在缺陷处发生模态转换会影响检测结果。

9.5.2 激励频率

在选择的激励频率范围内，激励频率越高，检测精度越高，有效检测距离越短；反之，则检测精度低，有效检测距离长。

9.5.3 激励能量

激励能量越大，有效检测距离越长；反之，有效检测距离越短。

9.5.4 磁化状态

对于直接激励法，偏置磁场的强弱直接影响检测信号大小；对于间接激励法，磁致伸缩带的剩磁大小直接影响检测信号大小。

9.5.5 被检构件工况

敷设方式、覆盖层、内部流动介质、支撑物等被检构件外部状态和被检构件温度、承载状态、焊缝以及自身状况等因素均影响到有效检测距离，其中支撑物、焊缝等还易引起多次反射回波信号，增加信号分析难度；构件自身腐蚀越严重，有效检测距离越短。

9.5.6 检测盲区

检测盲区与激励信号的频率、周期数有关。激励频率越高，激励信号周期数越少，检测盲区越小；反之，则检测盲区越大。

采用A型脉冲检测法时，构件与构件、支撑物与被检构件等结合部位及附近区域也属检测盲区。

可通过B扫查成像检测方法及移动传感器的安装位置消除某些检测盲区，对无法消除的检测盲区应采用其他无损检测方法进行检测。

9.5.7 传感器安装质量

检测过程中传感器与被检构件的紧密程度会直接影响检测信号大小，且对间接法的影响更大。

在间接法检测中，耦合剂涂抹的均匀性将影响检测信号的大小和导波模态的纯净程度。

9.6 检测实施

9.6.1 静态超声导波检测

9.6.1.1 通则

按GB/T 31211.1的规定，选择合适的检测技术和波型模态。

9.6.1.2 检测仪器调试

按GB/T 31211.1的规定执行。

9.6.1.3 检测信号采集

将仪器由测试距离-幅度曲线时的灵敏度提高增益进行检测，一旦发现可疑信号，即降低增益并调出已存储好的距离-幅度曲线进行比对，凡处于Ⅱ区、Ⅲ区和Ⅳ区的信号应进行记录，并测量在被检构件上的具体位置，在被检构件示意图和实物上做出标识。

检测中应确认相邻长度有效范围之间的重叠，确保不引起漏检，从而影响检测结果。

9.6.1.4 检测信号分析与解释

按GB/T 31211.1的规定执行。

9.6.1.5 干扰信号识别与排除

9.6.1.5.1 分析对象

根据A型脉冲检测信号图，识别出被检构件端头、接头、焊缝、外部支撑等固有特征部位产生的超声导波反射信号，但不作为分析对象；其余超声导波反射信号均为分析对象。

9.6.1.5.2 反向回波分析

反向回波是较为常见的导波干扰信号，应在信号分析过程中予以排除，其判断的原则包含以下几个要素：

a)反向回波与正向回波相对以传感器为中心镜像分布；

b)一般情况下，反向回波的幅值比正向回波小。

9.6.1.5.3 往复反射波分析

往复反射波是超声导波在被检构件上两个距离较近的结构特征中往复反射形成的，在信号分析中应结合被检构件的结构特征进行排除。

9.6.1.5.4　噪声分析

超声导波信号中的噪声一般分为相干噪声和非相干噪声(随机噪声或环境噪声)，应对信号予以分析并排除。

9.6.1.6　结构特征信号的识别与标识

结合被检构件的结构特征，将被检构件的结构特征引起的回波信号在A型脉冲检测信号图中标识。标识应包含结构特征的导波回波幅值、声程位置等信息。

9.6.2　动态扫查成像式超声导波检测

9.6.2.1　通则

扫查成像式超声导波检测设备一般采用剪切模态对板材、管材等被检构件进行扫查成像检测。

9.6.2.2　传感器的安装

扫查成像式超声导波检测传感器一般可由磁致伸缩带材、线圈、编码器和机械部件等组成的扫查装置，安装时根据厂家提供的传感器说明进行操作。

9.6.2.3　检测设备的调试

将扫查成像式超声导波检测传感器放置在固定位置，且确保该检测位置所覆盖检测区域具有一定的代表性，如含有该被检构件的焊缝、焊接支架、焊接支撑板等特征。

依据9.6.1.2实施检测设备调试。

9.6.2.4　检测信号的采集

磁致伸缩超声导波B扫查成像检测的数据采集包括以下步骤：

a)将B扫查成像传感器在管道上的初始位置做好标记，必要时可进行拍照处理；

b)采用调节好的仪器，根据仪器制造商提供的操作说明对被检构件实施检测。

c)观察和记录B扫查探头移动到每个位置出现的超声导波反射回波信号。

9.6.2.5　检测信号分析与解释

B扫查成像检测方法相对A型脉冲检测法，增加了一个维度的位置信息，其检测信号的分析至少包含以下内容。

a)根据检测到的超声导波反射回波信号绘制B扫查成像图，如图9所示。

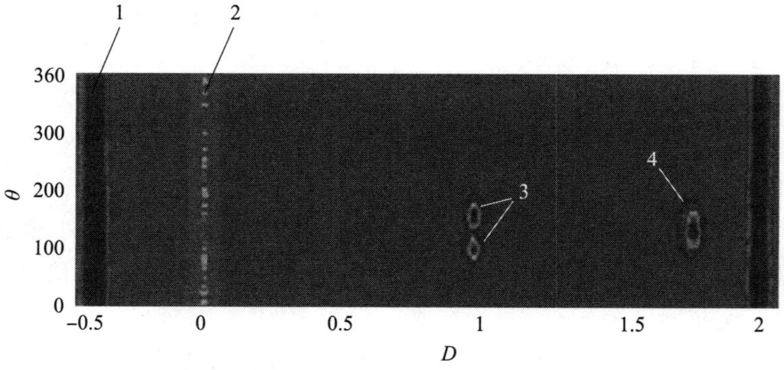

标引说明：
1——焊缝；
2——检测盲区；
3——两个孔缺陷；
4——单个槽缺陷；
5——焊缝；
D——检测距离，单位为米(m)；
θ——周向角度，单位为度(°)。

图9　周向扫查管道时导波B扫查成像检测信号图

b)对导波 B 扫查成像检测信号进行被检构件特征的定性分析，排除由被检构件的端头、接头、焊缝、外部支撑等部位产生的信号。表 1 列举了管道采用 B 扫查成像检测时，部分管道特征的定性分析。

c)对于被检构件上无明显几何形状变化部位的超声导波回波信号，排除反向回波、往复反射波及噪声等干扰信号后，即可确定为材料损失缺陷引起的超声导波回波信号；对于同一声程位置含有多个反射回波，可先确定该位置处疑似缺陷的数量，其次记录缺陷的二维位置信息并在被检构件上加以标识，然后进行检测结果评价和处理。

d)对于焊缝、法兰等全周向特征，可根据反射回波幅值管道周向上的一致性判断缺陷。

表 1 导波 B 扫查成像检测信号图管道特征的定性分析

类别	B 扫查成像检测特点	典型特征结构
全周向特征	同一声程位置处，反射回波在管道周向上连续且幅值较为一致	焊缝、法兰等
对称性周向特征	同一声程位置处，反射回波在管道周向上均匀对称分布	对称性焊接支撑架等
单一周向特征	同一声程位置处，反射回波在管道周向上零星分布或无规律分布	腐蚀缺陷，单一焊接支架、仪表三通等

9.6.2.6 干扰信号的识别与排除

9.6.2.6.1 分析对象

根据 B 扫查成像检测信号图及 A 型脉冲检测信号图，识别出被检构件端头、接头、焊缝、外部支撑等固有特征部位产生的超声导波反射信号，但不作为分析对象；其余超声导波反射信号均为分析对象。

9.6.2.6.2 反向回波分析

反向回波分析按照 9.6.1.5.2 的方法进行，其在周向分布情况与正向回波相同。

9.6.2.6.3 往复反射波分析

往复反射波分析按照 9.6.1.5.3 的方法进行，其往复反射波的周向分布信息与特征分布相关。

9.6.2.6.4 噪声分析

噪声分析按照 9.6.1.5.4 的方法进行，其周向分布情况应与特征无关。

9.6.2.7 结构特征信号识别与标识

结合被检构件结构特征，将被检构件的结构特征引起的回波信号在 B 扫查成像检测信号图及该周向位置的 A 型脉冲检测信号图中标识。标识应包含结构特征的导波回波幅值、水平和垂直方向的位置等信息。

10 检测结果评价和处理

按 GB/T 31211.1 的规定执行。

11 检测记录与报告

磁致伸缩超声导波检测报告应至少包括以下内容：

a)委托单位；

b)检测单位；

c)被检构件的信息，如名称、编号、设计与工作参数、材质和规格尺寸等；

d)本文件编号，规范和相关规定文件；

e)检测仪器型号、检测方式、传感器型号；
f)检测仪器工作参数设置；
g)距离-幅度曲线；
h)传感器安装部位示意图；
i)检测软件名及数据文件名；
j)检测结果分析及信号分级；
k)检测结论；
l)检测人员、报告编写人和审核人签字及资格；
m)检测日期。

附录4　Q/SY 1485—2012 立式圆筒形钢制焊接储罐在线检测及评价技术规范

本标准由中国石油天然气集团公司标准化委员会天然气与管道专业标准化技术委员会提出并归口。

本标准起草单位：管道分公司、西部管道分公司、中国石油天然气管道局天津设计院、大庆石化分公司、西南油气田分公司。

1　范围

本标准规定了声发射技术、超声平板导波技术、超声爬行器技术和机器人技术在储罐底板、壁板与罐顶在线检测应用中的技术要求、检测流程和评价方法。

本标准适用于公称容积为 $15\times10^4 m^3$ 及以下且介质为液体的常压立式圆筒形钢制焊接储罐。

2　规范性引用文件

下列文件对于本文件的应用是必不可少的。凡是注日期的引用文件，仅注日期的版本适用于本文件。凡是不注日期的引用文件，其最新版本(包括所有的修改单)适用于本文件。

GB/T 12604.1 无损检测　术语　超声检测

GB/T 12604.4 无损检测　术语　声发射检测

JB/T 4730.3 承压设备无损检测　第3部分：超声检测

JB/T 4730.10 承压设备无损检测　第10部分：衍射时差法超声检测

JB/T 9212 无损检测　常压钢质储罐焊缝超声检测方法

SY/T 0407 涂装前钢材表面预处理规范

SY/T 5921 立式圆筒形钢制焊接油罐操作维护修理规程

3　术语和定义

GB/T 12604.1 和 GB/T 12604.4 确立的以及下列术语和定义适用于本文件。

3.1

外边缘板 external annular plate

罐壁角焊缝之外的底板外伸部分。

3.2

储罐在线检测 tank in－service inspection

在储罐生产运行工况下实施的检测。

3.3

护卫传感器 guard sensor

辅助罐底板声发射检测传感器进行干扰声信号排除的传感器。

3.4

超声平板导波检测 ultrasonic planar guided wave inspection

利用超声平板导波在材料表面或者内部传播过程中发生的与材料特征相关的特性变化来推断材料特征的检测。

3.5

机器人检测 robotic inspection

在一定应用场合下，采用具有特定功能传感器的机器人对被测对象实施的检验测试过程。

4　一般要求

4.1　人员

检测人员应拥有企业主管部门认可的检测技术资格证明，且只能从事检测资格所界定的检测工作。

4.2　安全

检测过程中应满足如下安全要求：

a)对检测过程各环节开展危险性分析，识别可能的风险并制定应急措施。

b)带电设备在更换部件或者传感器时必须完全切断电源。

c)在易燃易爆介质里使用的仪器必须具有防爆功能。

4.3　检测

在线检测应为开罐检修周期的动态调整提供支持，检测实施的要求包括：

a)在线检测技术的选用应综合考虑技术实施的成本和评价结果类型，宜优先选择定性评价技术。

b)新建储罐第一次在线检测宜在运行7年～9年内实施。

c)未实施过在线检测的在役储罐，宜在距最近一次大修后的4年～6年内实施在线检测。

d)实施过在线检测的储罐，应根据在线检测结果以及其他信息确定下一次检测周期。

5　检测技术选择

5.1　罐底板检测

5.1.1　适用的技术类型

可采用声发射、超声平板导波与机器人技术，各技术的介绍参见附录A。

5.1.2　技术选用

5.1.2.1　定性检测

定性检测应采用声发射技术对储罐底板进行整体状态定性评价。

5.1.2.2　定量/半定量检测

对于内径大于或等于30m的储罐，宜采用机器人和超声平板导波技术配合进行底板定量检测，机器人重点检测罐底中幅板部分，超声平板导波技术重点检测储罐边缘板部分，综合两种技术的检测结果进行底板评价；对于内径小于30m的储罐，宜采用超声平板导波技术进行罐底板半定量检测。

5.2　罐壁检测

5.2.1　适用的技术类型

可采用超声平板导波技术与超声扫描爬行器技术。

5.2.2　技术选用

宜采用超声扫描爬行器定量检测或者超声平板导波技术半定量检测，可根据实际情况组合使用。

5.3　罐顶检测

5.3.1　适用的技术类型

可采用超声平板导波技术与超声扫描爬行器技术。

5.3.2 技术选用

应依据储罐类型确定技术类型：

a)固定顶储罐宜采用超声扫描爬行器定量检测。

b)浮顶储罐可采用超声扫描爬行器定量检测或者超声平板导波技术半定量检测，宜结合使用。

6 适用条件

6.1 声发射检测

声发射检测应具备下列条件：

a)罐内液位应不低于最高设计液位的85%。

b)周围环境噪声小于50dB，风力小于3级，非雨雪天气。

6.2 超声平板导波

6.2.1 罐底板检测

外边缘板应具备下列条件：

a)宽度不小于50mm。

b)表面干净、平整，无涂层、无结垢及焊接飞溅物。

6.2.2 罐壁检测

探头安装部位应平整，无保温层、无涂层、无结垢及焊接飞溅物。

6.3 超声扫描爬行器

被检部位表面应平整、干净，无凸出障碍物，且无保温层。

6.4 机器人

储罐应具备下列条件：

a)罐顶人孔或者透光孔直径不小于500mm。

b)检测部位不存在影响机器人运行的障碍物。

c)储罐内液位高度不小于3m。

7 检测流程

7.1 收集储罐信息

检测前应收集储罐相关的基本信息与维护资料，进行现场考察，并按表B.1的要求整理汇总。

储罐信息应包括：

a)竣工图纸。

b)历次检测与检验记录及报告等资料。

c)修理或改造的记录与文件。

d)生产运行相关记录。

7.2 检测

7.2.1 声发射检测

7.2.1.1 检测前准备

检测前准备工作包括：

a)罐内介质静置12h以上。

b)关闭储罐所有进出管阀门和其他干扰检测的装置，如搅拌器、加热设施等。

7.2.1.2　传感器安装点确定

7.2.1.2.1　安装高度

检测传感器应布置在距边缘板 0.2～1.0m 高度的储罐外壁板上，各传感器高度应一致。

拱顶储罐宜增设护卫传感器，各护卫传感器安装高度应一致，放置在储罐外壁上且高于检测传感器 1.5～3m 的位置处。

7.2.1.2.2　安装间距

传感器沿罐壁周向成等间距分布，间距不宜大于 13m，不同容积的储罐采用的传感器数量可按表 1 确定。

表 1　不同内径的储罐推荐的传感器数量

储罐内径/m	传感器数量
≤12.0	3
14.5～16.5	5
19.0～23.0	7
27.0～29.0	9
37.0～41.0	12
44.0～46.0	15
57.0～61.0	18
78.0～82.0	21
95.0～102.0	27

拱顶储罐用护卫传感器数量不应少于检测传感器数量的 1/2，宜与检测传感器数量一致。

7.2.1.3　安装位置表面处理

以传感器安装高度和间距确定的安装点为中心，取直径 10cm 的圆形区域作为传感器安装位置，安装位置应除锈，达到 SY/T 0407 中规定的 St3 工具除锈质量等级。安装位置附近有障碍物，可向两侧平移 5～10cm 避开障碍物。

7.2.1.4　传感器安装

传感器表面应均匀涂抹耦合剂，并通过专用夹具固定在罐壁安装位置处。

7.2.1.5　检测系统调试

用与罐壁呈 30°的铅芯在距传感器中心 5cm 的周围折断，模拟声发射信号，每个传感器试验多次，连续采集到 5 个幅度均为 85dB 以上的信号，方可进行数据采集。铅芯应选用直径 0.3mm 的 2H 或者直径 0.5mm 的 HB 型号，长度宜为 2～3mm。

7.2.1.6　数据采集

检测至少进行 2 次数据采集，每次采集 10h 以上。检测信息按附录 C 的格式记录。

7.2.2　超声平板导波检测

7.2.2.1　检测前准备

检测前准备工作包括：

a)检测探头布置部位表面除锈，应达到 SY/T 0407 中规定的 St3 工具除锈质量等级。

b)选用具有良好透声性、易清洗、无毒无害的材料作为耦合剂，将传感器耦合在被检部位上。

c)进行传感器探头校正，检查仪器各部件连接状态。

d)检测区域编号。

7.2.2.2　数据采集

罐底板检测时，通过超声平板导波探头遍历储罐外边缘板的方式实现罐底板数据采集；罐壁检测时，依据导波有效传播距离确定探头布置位置，实现检测区域的全面数据采集。检测数据按附录D的格式记录。

7.2.3　超声扫描爬行器检测

7.2.3.1　检测前准备

根据罐壁或罐顶板材的规格和焊缝分布情况，以进油管为基准按顺时针方向对检测部位区域进行划分并编号。

7.2.3.2　探头选择

板材腐蚀检测应依据JB/T 4730.3的规定选择检测探头，焊缝A型脉冲反射式超声检测应依据JB/T 9212的规定选择检测探头，焊缝衍射时差超声检测应依据JB/T 4730.10的规定选择检测探头。

7.2.3.3　探头校准

板材腐蚀检测应依据JB/T 4730.3的规定实施探头校准，焊缝A型脉冲反射式超声检测应依据JB/T 9212的规定实施探头校准，焊缝衍射时差超声检测应依据JB/T 4730.10的规定实施探头校准。

7.2.3.4　爬行器安装

设置爬行器工作参数，将爬行器吸附到被检测部位。

7.2.3.5　数据采集

驱动爬行器对检测区域进行数据采集。

7.2.4　机器人检测

7.2.4.1　检测前准备

检测前准备工作包括：

a)对储罐介质进行材料安全数据评估，根据评估结果选择机器人设备。

b)对罐顶荷载评估，必要时搭建脚手架辅助分散罐顶压力。

c)预备吊装机器人的起重设备。

d)固定顶储罐应在人孔或者透光孔的上方搭建一个3m×3m的支撑平台，用于机器人的下放操作。

7.2.4.2　导航传感器布置

在距罐底板0.6m的储罐外壁板上沿罐周长均匀布置6个导航传感器。如果罐壁有保温层，应将放置传感器处的保温层拆除。

7.2.4.3　机器人状态检查

检查并确认机器人各部件设置正确、工作状态正常。

7.2.4.4　机器人下放操作三脚架

用起重设备将机器人吊装到罐顶或者罐顶支撑平台，通过专用的将机器人逐渐下放到储罐底板上。

7.2.4.5　数据采集

打开机器人本体上的导航用信号发生装置，通过远程控制平台遥控机器人运动，并进行罐底板厚度扫描检测。检测完成后按附录E的规定整理测厚扫描信息。

7.2.4.6 机器人回收与清洗

按下列顺序进行机器人回收与清洗：

a)控制机器人运行到罐顶人孔下方，将本体上的导航用信号发生装置折叠起来。

b)切断三脚架机器人的一切电源。

c)通过将机器人吊到罐顶，并用起重设备下放到地面。

d)拆除罐外壁的导航用传感器。

e)选择合适的场地清洗机器人。

7.3 现场恢复

检测完毕后，应对工作现场实施恢复，包括临时设施的拆除、储罐处理部位恢复、废弃物的回收与处理。

8 检测评价

8.1 总则

应按照相应的检测评价方法对检测数据进行分析处理，做出检测评价结论，出具检测报告。

8.2 声发射检测评价

对罐底声发射数据进行分析处理，确定罐底板泄漏可能性级别和声源活度级别，对罐底板整体状况进行评价，具体见附录F。

8.3 超声平板导波检测评价

对检测探头接收的缺欠回波信息分析处理，确定缺陷位置、缺陷大小、缺陷类型信息，依据SY/T 5921的规定进行评价，给出检测结论。

8.4 超声扫描爬行器检测评价

板材腐蚀检测应依据JB/T 4730.3的规定进行缺陷测定，依据SY/T 5921的规定进行评价；板材焊缝检测应按超声类型依据JB/T 9212或JB/T 4730.10的规定进行缺陷测定，依据SY/T 5921的规定进行评价。

8.5 机器人检测评价

应用机器人检测获得的底板剩余厚度值，进行如下评价：

a)统计罐底板厚度数据，给出罐底板平均腐蚀减薄量。

b)采用极值分析方法预测罐底板的最大腐蚀深度，计算罐底板剩余寿命。极值分析方法参见附录G。

9 检测报告

检测报告编制格式参见附录H，应包括以下内容：

a)储罐基本情况。

b)检测内容。

c)执行标准。

d)检测方法。

e)检测设备。

f)检测结论。

g)检测单位、检测日期。

h)检测人员、报告编制和审核人员名单。

附录 A 在线检测技术

A.1 声发射技术

A.1.1 罐底板声发射在线检测原理

声发射(AE，Acoustic Emission)是一种常见的物理现象，是来自材料内部由于突然释放应变能而形成的一种弹性应力波。大多数材料变形以及断裂时都会产生声发射现象。

储罐在载荷变化时，罐底板腐蚀减薄区产生变形引起的腐蚀层脱落与开裂，以及泄漏产生的湍流声等都会产生声发射现象。通过按一定阵列固定布置在储罐外壁上的换能器(传感器)接收来自罐底板"声源"的信号，应用专门的软硬件对这些信息进行数据采集与分析处理，即可判断罐底板的损伤状态，该技术的检测原理如图 A.1 所示。

A.1.2 技术优点

储罐底板声发射在线检测技术优点如下：

a)声发射检测技术是一种动态无损检测技术。这一特点决定了声发射检测技术具有实时、在线的特性，从而为其迅速发展和广泛应用提供了有力的保证。

b)声发射检测技术是一种整体检测技术。通过按一定阵列布置少量固定不动的传感器．声发射仪就可获得被检对象中声源的活动信息，并可大致地确定声源的位置，这为实际检测和评价工作带来了极大的方便。

A.1.3 技术的不足

声发射技术利用材料的声发射现象进行状态评价，该技术只能定性地对储罐的活性缺陷严重程度进行评价，不能定量评价储罐的缺陷，对于大量储罐的检测而言，这是一种非常高效的快速筛选方法。

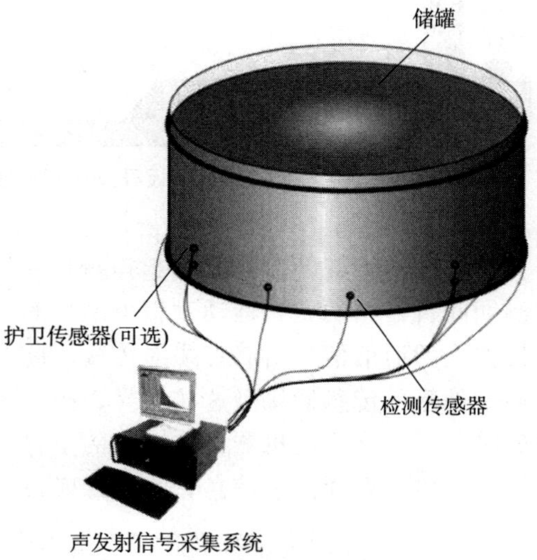

图 A.1 罐底板声发射在线检测原理图

A.1.4 应用情况

声发射技术应用于大型常压金属储罐底板缺陷检测的研究始于 20 世纪 80 年代，目前是应用最为广泛的储罐在线检测技术之一，但是，国际上不同单位在该技术具体的应用上存在一定差异，迫切需要相关标准的制定与完善。

A.2 超声平板导波技术

A.2.1 在线检测原理

导波是由于声波在材料中的不连续交界面间产生多次往复反射，并进一步产生复杂的干涉和几何弥散而形成的，主要分为柱体中的导波以及板中的 SH 波、SV 波、兰姆波(Lamb)等。

储罐底板超声平板导波检测利用布置在储罐外边缘板处的导波探头向底板激发特定类型的导波，并接受底板缺陷反射的回波，通过对回波信号的分析处理实现底板缺陷的检测，其检测原理如图 A.2 所示。

A.2.2 技术优点

相对于传统的超声波技术，超声平板导波技术无需进行逐点扫描就可以得到被测对象的大部分甚至全部的缺陷信息，而且检测速度快，检测成本低，是一种半定量的评价技术。

A.2.3 技术不足

由于板材搭接焊缝对导波信号的衰减较大，因此超声平板导波技术不适合大型储罐底板的高精度检测。

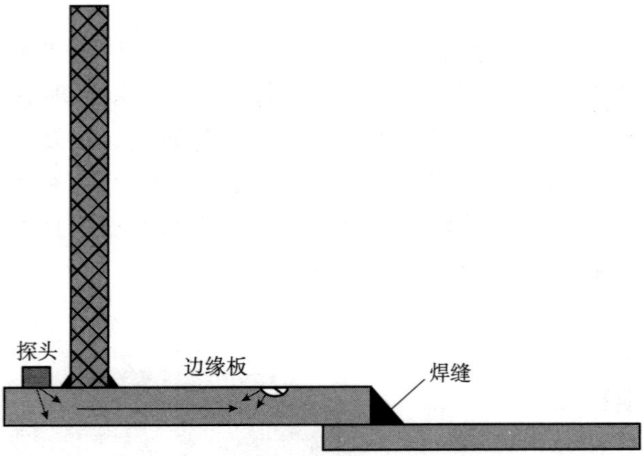

图 A.2 储罐底板超声平板导波检测原理图

A.2.4 技术发展状况

超声平板导波在储罐底板检测中的应用研究大约始于 20 世纪 90 年代，经过多年发展．目前一些单位能够提供大型储罐边缘板的检测服务，可以实现边缘板径向 1m 范围的高分辨率检测。

A.3 机器人在线检测技术

A.3.1 罐底板机器人在线检测原理

储罐底板机器人在线检测的原理如图 A.3 所示。检测时将机器人从罐顶人孔放置到储罐底板上，机器人自身携带特殊的非接触式超声测厚传感器，通过在底板上不断运动实现罐底板检测。检测期间机器人的整个运动过程由罐外的操作控制车(或者操作平台)远程遥控，控制平台与机器人的通信信息由脐带缆绳传输。此外，机器人运动时不断发射特殊的声信号，布置在储罐外壁的传感器接受这些信号，控制平台利用时差定位原理计算各定位传感器收到信号的时差，最终确定机器人在罐内的位置，从而使得机器人可以定量地给出缺陷的具体位置以及相应的腐蚀深度信息，实现罐底板的定量在线检测。

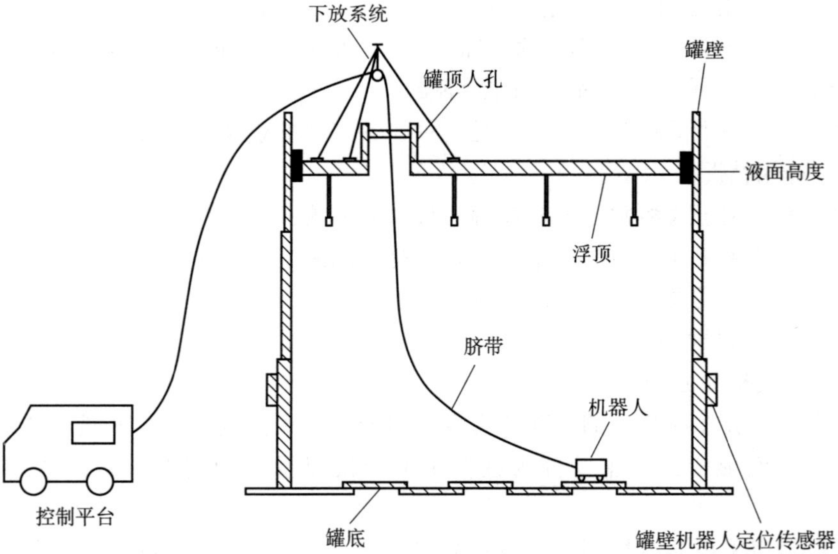

图 A.3 机器人系统在线检测原理图

A.3.2 技术优点

机器人在线检测技术能够对储罐底板腐蚀状况进行定量评价，是常规超声技术的半自动式作业，具有如下优点：

a)检测周期短、环保、成本低、结果可靠。

b)可对底板进行密集的超声测厚扫描，每 4.06mm 检测 8 个数据点。

c)不需要完全扫描整个罐底板，只需检测罐底板的部分区域，通过采用极值分析技术就可以可靠地推断出整个罐底板的最大腐蚀深度情况。

d)不破坏罐底板涂层，同时可清除罐底板上的淤泥。

A.3.3　技术不足

技术不足如下：

a)检测时需要用起重设备将机器人放置到罐顶，某些情况下需要搭脚手架。

b)罐底板凸凹变形对检测具有一定影响。

c)罐底板一些区域无法检测，例如加热盘管支架部位、中央排水管支架部位以及高度低于机器人高度的设施部位，如进出油管附近、正对量油管下端的罐底板部位。

A.3.4　全球应用情况

储罐底板机器人在线检测技术最早始于 20 世纪 90 年代的美国，经过 20 多年的发展．该技术已经被美国(Exxonmobil，Dow)、荷兰(Shell)、英国(BP)、德国、加拿大等国的著名石化公司验证，得到石油行业的认可并开始大量应用，截至 2010 年欧美地区检测的储罐数量达 1100 余座，被检储罐类型有固定顶、外浮顶、内浮顶，涉及的介质类型有水、原油、汽油、柴油、燃油、化学品等。

附录 B　储罐基本资料记录表

表 B.1　规定了储罐基本信息记录格式。

表 B.1　储罐基本信息表

业主：	地理位置：
编号：	投产时间：
制造单位：	在役年限：
设计单位：	设计标准：
直径：	容积：
介质类型：	介质温度：
地基类型：	罐底板厚度，mm：
罐底板材料：	罐底板涂层情况：
底板焊接方式：	罐顶类型：
罐壁高度：	阴极保护情况：
加热器结构：	液位计类型：
上次检修时间：	上次检修类型：
上次检测结论：	
储罐结构图：	
储罐外观图：	
周围环境描述：	
记录人员：	记录日期：

附录 C　罐底板声发射检测记录表

表 C.1 规定了储罐底板声发射在线检测信息记录格式。

表 C.1　罐底板声发射检测记录表

<table>
<tr><td>检测方式</td><td></td><td>仪器型号</td><td></td></tr>
<tr><td>探头型号</td><td></td><td>检测信号频段</td><td></td></tr>
<tr><td>固定方式</td><td></td><td>信号采样率</td><td></td></tr>
<tr><td>前置放大器型号</td><td></td><td>耦合剂</td><td></td></tr>
<tr><td>配置文件名称</td><td colspan="3"></td></tr>
<tr><td>数据文件名称</td><td colspan="3"></td></tr>
<tr><td colspan="4">传感器布局图：</td></tr>
<tr><td colspan="4">备注：</td></tr>
<tr><td colspan="2">记录人员：</td><td colspan="2">记录日期：</td></tr>
</table>

附录 D 超声平板导波检测记录表

表 D.1 规定了储罐超声平板导波检测信息记录格式。

表 D.1 超声平板导波检测记录表

区域编号	缺陷位置描述[a]				信号强度 dB	注释
	X—起点 mm	X—终点 mm	Y—起点 mm	Y—终点 mm		
检测人					检测日期	
审核人					审核日期	

注：X 方向为探头扫描方向，即探头移动的方向；Y 方向为垂直于探头扫描方向沿被测部位罐体伸展的方向。

缺陷采用局部坐标系描述，每个扫描区域定义一个坐标系，各区域坐标原点选取方式应一致。

附录 E　罐底板机器人检测记录表

表 E. 1 为扫描数据位置信息记录表，表 E. 2 为扫描数据最小值和分类数据表。

表 E. 1　扫描数据位置记录表

扫描编号	X—起点 mm	X—终点 mm	Y—起点 mm	Y—终点 mm
检测人			检测日期	
审核人			审核日期	

注：缺陷位置采用全局直角坐标系描述，坐标原点为罐底中心点。

表 E. 2　扫描数据最小值及分类记录表

扫描编号	标称厚度 mm	最小厚度 mm	数据分类						
			正常	焊缝	淤泥	噪声	腐蚀	其他	注释
检测人						检测日期			
审核人						审核日期			

附录 F 罐底板声发射信号检测结果评价

F.1 罐底板泄漏可能性级别划分

根据时差定位情况，对定位相对较集中的所有定位集合(10 个事件以上)进行局部放大分析，同时考虑罐底板结构(如支柱、搅拌器等)在加载过程中的变形及工艺条件的影响，分析罐底板的局部泄漏状况。

泄漏可能性划分为 4 个等级，各级别含义如下：

a)Ⅰ级：无集中的定位群且定位点分散，则认为罐底板不存在泄漏迹象。

b)Ⅱ级：某一区域间断出现较疏定位群，则认为罐底板不存在泄漏迹象。

c)Ⅲ级：某一区域间断出现较集中的定位群，则认为罐底板可能存在泄漏迹象。

d)Ⅳ级：某一区域连续出现高度集中定位群，则认为罐底板存在明显的泄漏迹象。

F.2 罐底板声源活度级别划分

计算出各通道有效数据在单位时间内的事件数 N(单位为事件数每小时)，以及事件的平均能量 E/N(单位为能量计数每事件)，进行声源活度级别划分：

a)Ⅰ级：$N<k$，且 $E/N<p$。

b)Ⅱ级：$k\leqslant N<2k$，且 $E/N<2p$。

c)Ⅲ级：$2k\leqslant N<20k$，且 $\mathrm{p}\leqslant E/N<2p$。

d)Ⅳ级：$20k\leqslant N<200k$，且 $p\leqslant E/N<2p$。

e)Ⅴ级：$N\geqslant 200k$，或 $E/N\geqslant 2p$。

k 取值根据现场被检储罐结构、尺寸、介质和所处环境等因素确定。

声源活度级别表示罐底板整体活性缺陷状态：Ⅰ级——很好；Ⅱ级——较好；Ⅲ级——一般；Ⅳ级——较差；Ⅴ级——很差。

F.3 储罐底板整体状态评价等级的划分

储罐底板整体状态评价等级依据罐底板泄漏的可能性级别和声源活度确定，具体等级划分原则见表 F.1，各等级含义及对应的维护措施建议见表 F.2。

表 F.1 储罐罐底板状态评价级别

泄漏可能性级别	声源活度				
	Ⅰ	Ⅱ	Ⅲ	Ⅳ	Ⅴ
I	A	B	B	C	D
n	B	C	C	C	D
in	C	D	D	E	E
w	D	E	E	E	E

表 F.2 不同评价等级含义及维护措施

评价等级	底板活性缺陷情况	维护措施
A	很轻微	继续运行 5 年再进行在线检测
B	少量	继续运行 3 年再进行在线检测
C	中等	继续运行一段时间(<2 年)再进行在线检测
D	严重	尽快制定检修计划或监控使用(<1 年)
E	非常严重	应立即开罐检修或报废

附录G　机器人检测数据的极值分析

G.1　极值理论介绍

极值理论是极值分布的统计理论，是现有极限分析最先进的理论之一，可以用来预测短时段数据的极限值，是数据外延的一种有效工具，主要用于风险分析和管理中，其应用领域包括结构、保险、金融、交通、气候、工程和环境科学等。其基本原理是：对最大值或最小值数据进行极值统计，构造实际问题的统计分析模型，采用统计方法推断获得最大极值或最小极值的估计值，作为评价或预测评估的依据。

极值理论在金属材料最大孔蚀深度的研究最早始于20世纪50年代。经验和理论证明局部腐蚀的腐蚀坑深度的概率分布服从Gumbel第一类近似函数。

G.2　Gumbel极值分布

Gumbel分布也叫第一渐进分布的最大值分布或二重指数分布，服从Gumbel分布的随机变量x的累积概率函数见公式(G.1)：

$$F(x)=\exp\{-\exp[-(x-\lambda)/\alpha]\} \tag{G.1}$$

式中：λ——位置参数；

α——尺度参数。

为了后续计算方便，定义标准化变量，见公式(G.2)：

$$y=(x-\lambda)/a=ax+b \tag{G.2}$$

将公式(G.2)代入公式(G.1)，可得公式(G.3)：

$$F(y)=\exp[-\exp(-y)] \tag{G.3}$$

求公式(G.3)的反函数可得的表达式，见公式(G.4)：

$$y=-\ln\{-\ln[F(y)]\} \tag{G.4}$$

G.3　罐底板最大腐蚀深度预测过程

G.3.1　数据获取与预处理

在储罐底板的M个区域分别测定其局部腐蚀深度数据，并找出每组的最大值。如果有测定区域未见孔蚀或者其孔蚀深度在测定界限以下，则可得最大孔蚀深度的区域数为n，且$n\leqslant M$。将这n个最大腐蚀数据作为随机变量x，并按从大到小的顺序排列。

G.3.2　计算累积概率$F(y)$

累积概率$F(y)$可由平均顺序法求出，见公式(G.5)：

$$F(y)=1-i/(n+1) \tag{G.5}$$

式中：i——数据x_i的序号。

将公式(G.5)计算结果代入公式(G.4)可以求出x_i对应的y_i。

G.3.3　分布参数估计

在以上步骤的基础上可获得(x_i，y_i)，则可以通过线性回归法来估计λ、α，例如最小二乘法、最小方差无偏估计(MVLUE)等。

G.3.4　最大腐蚀深度的预测

实践中要测定罐底板实际存在的最大孔蚀深度是困难的。应用极值统计方法．就可以在较小的区域内测定该区域内孔蚀深度的最大观测值，再由此推算出整个罐底板孔蚀深度的最大估计值。这需要用到概率统计上的回归期的概率，回归期T定义见公式(G.6)：

$$T=1/[1-F(a)] \tag{G.6}$$

回归期为极值分布的随机变量超过某一临界值a所需要检测的样本数量。对于局部最大腐蚀深度的极值分布，回归期为极值分布的随机变量(单位测量面积上最大腐蚀深度 x)大于某一值(最大腐蚀深度 x_n)所需要进行测量的最大面积与单位测量面积的倍数。反之，可根据小面积的测定值。推断出 T 倍于小面积的面积上的最大腐蚀深度值见公式(G.7)：

$$T=S_a/S_c \tag{G.7}$$

式中：S_a——被检对象的总面积，单位为平方米(m^2)；

S_c——单位测量面积，即单次检测扫描的区域面积，单位为平方米(m^2)。

联合公式(G.6)、公式(G.4)和公式(G.2)并代入 λ、α 和 T 的值可计算得到整个罐底板的最大腐蚀深度 x_n。

G.4　罐底板剩余寿命预测

罐底板剩余寿命主要根据储罐服役期间估计的腐蚀率预测，计算公式见公式(G.8)和公式(G.9)：

$$R_c=(T_{nom}-T_{min})/N \tag{G.8}$$

$$L_{ru}=(T_{min}-T_{a1})/R_c \tag{G.9}$$

式中：R_c——腐蚀率，单位为毫米每年(mm/年)；

T_{nom}——罐底板公称厚度，单位为毫米(mm)；

T_{min}——罐底板最小剩余厚度，单位为毫米(mm)；

N——储罐在役年限，单位为年；

T_{a1}——罐底板最小允许剩余厚度，单位为毫米(mm)；

L_{ru}——剩余寿命，单位为年。

罐底板最小剩余厚度 T_{a1} 可根据最大腐蚀深度和罐底板公称厚度 T_{nom} 确定。对于罐底板厚度不同的储罐，例如，底板由厚度不同的边缘板与中幅板构成的大型储罐，则可分别确定相同厚度底板部分的剩余寿命，并以其中较小者作为储罐底板的剩余寿命。

附录 H　检测报告格式

检测报告主要由三部分构成，分别是报告封面、报告主体内容、附录，各部分格式如下。

<table>
<tr><td colspan="2">(报告封面)</td></tr>
<tr><td>检测单位标识：</td><td>报告编号：</td></tr>
<tr><td colspan="2">报告名称

检测单位名称(盖章)
年　月　日</td></tr>
</table>

（报告主体内容）	
检测背景情况：	
储罐信息介绍：	
参考标准与规范：	
检测方法介绍：	
检测实施过程：	
数据分析过程：	
检测评价结论：	
检测人员：	检测日期：
审核人员：	审核日期：

（附录）
检测数据表：
检测方案：
HSE 作业计划书：

附录5 BS 9690－1《无损检测——导波检测　第1部分：通则》(Non－destructive testing－Guided wave testing Part 1：General guidance and principles)

本英国标准由BSI发布，于2011年10月31日生效。本标准由无损检测技术委员会WEE/46编制。该委员会的组织名单可向委员会秘书索取。

本文件旨在定义使用引导应力波进行无损检测(NDT)的标准。用于无损检测的导波应力波是沿物体传播的声波或超声波，受物体表面或形状的引导，其波长与特征尺寸(如壁厚)相比较大。使用导波进行无损检测，可以对导波传播范围内的部件进行100%的快速检测，因此特别适用于管道、管子和轨道等细长物体。导波的性质与传统超声波检测(UT)中使用的超声波有很大不同，因此有必要将导波检测(GWT)定义为一种独立的方法，并根据自己的标准来管理这一检测分支。该标准的编写具有灵活性，可在能力和需求出现时，通过标准的不同部分纳入导波的不同应用。目前，BS 9690《无损检测——导波检测》包括以下部分。第1部分：一般指导和原则。第2部分：管道和结构管材导波检测的基本要求。然而，预计该标准还将引入其他部分，以涵盖测量结果的解释；管道、管线和结构管材的高级测试；以及导波检测在其他结构和部件中的应用。

1　范围

BS 9690的这一部分规定了导波检测的一般原则。导波测试的具体应用和使用条件取决于被测试物体的类型，在以下文件中有所描述：

a)产品标准；

b)技术规范；

c)导则；

d)合同文件；

e)书面程序。

除非参考文件中另有规定，本标准的最低建议适用。

本标准未作定义：

1)测试范围；

2)特定应用的最佳测试参数；或

3)验收标准。

2　规范性参考资料

以下参考文件对本文件的应用不可或缺。对于有日期的参考文献，仅适用所引用的版本。对于未注明日期的参考文献，适用参考文件的最新版本(包括任何修订)。

BS EN 473，无损检测人员的资格和认证——一般原则

BS EN 1330－2，无损检测—术语—第2部分：无损检测方法通用术语

BS EN 1330－4，无损检测—术语—第4部分：超声波检测中使用的术语

3　术语和定义

就本英国标准而言，BS EN 1330－2和BS EN 1330－4中的术语和定义以及以下内容均适用。

3.1　轴向

导波的主要传播方向，特别是在管道中与管道轴线平行的方向。

3.2　轴向长度

通常与导波传播方向平行的轴向不连续面的长度。

3.3　周向

传播方向或位移方向垂直于轴线，平行于任意点的表面切线。

注意　适用于圆形截面的物体，如管道。

3.4　周向长度

圆周导波模式的振动节点数。

注意　适用于圆形截面的物体，如管道。

3.5　腐蚀

材料(通常是金属)与周围环境发生化学或电化学反应而导致的劣化。

3.6　导波模式的截止频率

能量速度从非零变为零的频率。

注：该定义不同于 BS EN 1330 - 4 中的“截止频率”，后者涉及超声波信号带宽的限制。

3.7　数据采集范围

从特定方向收集数据的距离。

注意　这不一定与诊断范围相同。

3.8　基准

用于报告测试位置并将测试结果与测试物体上的实际位置相关联的参考点，通常是测试物体上的局部物理特征，或与测试物体有固定关系的局部物理特征。

注：如果是管道，可以是焊缝、法兰或任何其他合适的永久性特征。还需报告从基准点到测试位置的距离。

3.9　导波(GW)

声波或超声波沿着物体传播，并由其表面或形状引导，其波长与特征尺寸(如壁厚)相差比较大。

3.10　导波试验(GWT)

利用导波的长距离传播特性，从测试地点对大量材料进行测试。

3.11　渗漏

能量传输到周围材料所造成的导波衰减。

3.12　磁致伸缩传感器

传感器，利用磁致伸缩效应，通过变化的电磁场与弹性应变场的耦合来产生和接收信号。

注：最好使用特定的磁致伸缩材料，以最大限度地提高耦合性能。

3.13　最大可用灵敏度线

测试数据上的叠加线，其值比所有点的噪声线都高出 2 倍(6dB)。

注释　这是最低水平，在此水平上报告的响应不会有噪声信号引起的重大风险。

3.14　模式

特定波。

注：可能存在多种导波，可根据其位移的性质加以区分。纵向模式的位移主要在轴

向；扭转模式的位移在圆周方向。轴对称(通常简称为对称)模式的位移在圆周方向是均匀的；挠曲模式的位移在圆周方向并不均匀。

3.15　导波模式

具有特定振动模式的独特导波类型。

注：任何给定几何形状的物体都可能存在多种模式。就管道而言，有三个模态系列：扭转模态、纵向模态和挠曲模态。每个模态族都有其特定的振动行为，模态族内的模态彼此相似。

3.16　相速度

波的恒定相位点的传播速度。

注：例如，可以观察到波峰的速度。在没有色散的情况下，相位速度等于群速度。

3.17　主模式

在测试对象中选择性产生的单模，作为测试的入射波。

3.18　传播模式

能量速度不为零的导波模式。

3.19　脉冲长度

被测材料中传输脉冲的轴向长度。

3.20　混响

不连续面之间的多次反射造成的假回波。

3.21　筛选

在不要求直接和准确确定尺寸的情况下，对不连续性的存在进行测试和分类的过程。

3.22　信号振幅

信号的最大值，以结果轨迹上的峰高来衡量。

注意　这可能是任意单位，因此需要参考。

3.23　应力波

在材料中产生应力振荡的机械波的总称。

注意　这包括固体、液体和气体中的次声波、声波和超声波。

3.24　波导

导波沿其传播的物体。

4　人员的资格和认证

检验必须由符合 BS EN 473 标准的合格人员进行，或经检验员和客户同意，由符合相关工业部门任何其他同等标准的人员进行。

GWT 所需的知识和技能与传统的超声波检测(UT)或任何其他无损检测方法截然不同。因此，有必要对人员进行专门的培训，使其具备 GWT 的资格。此外，GWT 的特定应用可能需要特殊的培训和认证，这将在本标准的其他部分作必要的说明。

5　检测前所需信息

测试前应考虑以下信息。

a)测试目的。

b)人员的资格和认证。

c)测试物体的材料特性和几何形状。

d)测试对象的环境条件和状态。

e)测试物体表面的可达性。

f)书面测试程序要求。

g)表面处理的任何特殊要求。

h)与测试物体接触的涂层或材料的类型和厚度。

i)任何支撑物的类型和位置。

j)测试灵敏度和设置灵敏度的方法。

k)对评估和记录水平的要求。

l)测试范围。

m)对书面试验报告的要求。

6 GWT 原则

6.1 概述

GWT 利用机械应力波，这种应力波占据测试对象的整个厚度，并沿着测试对象进行引导。这些应力波可以长距离传播，提供快速、几乎100%的覆盖范围。通常的检测概念类似于传统的超声波脉冲回波检测：换能器在选定位置注入波信号，然后接收从任何特征或不连续处返回的回波。回波的到达时间表示这些反射体与换能器的距离。一次测试可以覆盖很大的范围，例如，在测试管道时，通常可以测试50m或更长的长度。

虽然GWT中使用的脉冲回波检测概念简单，与传统的体波超声波检测(UT)类似，但导波现象的基本物理原理比体波更为复杂，因此整个检测方法、设备、程序和操作人员培训都是作为一种单独、独立的无损检测方法来开发的。

目前，大多数导波测试的作用是筛选。仪器接收到的从不连续性区域返回的回波显示了这些区域的大致大小，但并不能提供有关其形态的详细定量信息。因此，测试程序的目的是利用导波测量来确定(调用)任何需要关注的位置，然后仅对这些位置进行常规的详细检查。这样就能快速全面地覆盖测试对象，并在有问题的位置进行既定的详细检测。

6.2 导波的性质

导波是一类声波/超声波，其传播受测试物体形状或边界的引导。物体的几何形状或边界引导着波的方向，而材料特性和形状则决定着波的速度、应力和位移。导波被包含在物体(或波导)内，这意味着导波可以长距离传播而不会消散；这是无损检测的一个主要吸引力。导波沿特定波导传播的特性由波导的材料和几何形状决定；因此，导波是物体的属性。

导应力波可以存在于任何频率。不过，大多数导波测试都是在20～500kHz的低超声波频率范围内进行的。导波可以在任何材料中传播：固体、液体或气体。

导波可以以多种形式或模式存在于任何选定的波导中。可能存在以轴向延伸运动(类似于超声压缩波)、扭转运动、弯曲运动或这些运动的组合为主的波，以及许多其他形状的变形。此外，这些波的传播速度随频率而变化。因此，了解和控制所选的导波对于执行可靠的GWT至关重要。

一般来说，导波模式可分为若干组，这些组在模式形状方面具有共同特征。对于大多数基本对象，这些组的命名约定已经确定。例如，板中的导波分为对称波(“S”)和反对称波(“A”)两组，而管道中的导波则分为纵波(“L”)、挠曲波(“F”)和扭转波(“T”)三组(关于“S”波和“A”波，见 Lamb 1917[1]；关于“L”波、“F”波和“T”波，见 Silk 和 Bainton 1979[2])。

组内特定模态的标注是使用指数来表示模态在物体每个独立有限维度中的阶次。例如，对于板材来说，唯一的有限尺寸是厚度；因此模式按厚度顺序标注，例如 S0 是 S 组中厚度顺序为 0 的模式。对于管道来说，还有一个周向尺寸，因此，例如管道模式 L(0，1)是 L 组的模式，其周向波周期为零(其周向位移和应力均匀)，并且是通壁厚度阶系列中的第一个。

6.3　试验物体的色散曲线

展示导波特性的一种便捷方法是用图形显示称为频散曲线的线条。频散曲线是根据所选测试对象的数学理论计算得出的。每条曲线都表示特定波特性(如相位速度、群速度或衰减)随频率的变化，适用于可在物体中传播的每种不同的导波模式。每种物体的频散曲线都不相同，甚至特定形状的每个尺寸的频散曲线也不相同(例如，每种尺寸的管道的频散曲线都不相同)。色散的作用是使传输的导波脉冲在穿过材料时在时间上分散，从而减小振幅，降低轴向分辨率，即使在没有不连续的情况下也会导致脉冲形状发生变化。任何波模式/测试对象组合的频散曲线都能预测这些影响，并能选择测试条件以尽量减少或避免频散行为。

6.4　特定导波模式的选择

成功利用导波进行无损检测需要注意几个重要的基本考虑因素。

a)纯模式传输。全球定位系统的既定方法认为，在测试对象中只产生一种纯导波模式是至关重要的；在此称为测试的“主模式”。如果不特别注意这一点，就会产生大量能够在测试频率下存在的模式。这些波都会以不同的速度传播，从而产生一个非常难以解释的复杂信号。

b)色散。最好使用色散最小的模式和频率，这样信号的形状就不会随着波的传播而改变。色散波的信号在传播过程中容易扩散，从而降低振幅和分辨率。

c)模式选择。如果想要找到可能位于物体任何位置的不连续性，那么选择一种能量分布在整个横截面上的模式就非常重要。

d)多模式接收。换能器接收到的反射信号通常是主模式和其他一些传播模式的混合物，这些模式可能存在于测试频率下的物体中。这些其他模式被称为“次生模式”，是由主模式在与特征和不连续性相互作用时进行模式转换而产生的。根据反射信号中存在的确切混合模式，可以确定有关反射体几何特性的某些信息。因此，转换系统必须能够检测和识别主模和选定的次模。

e)方向选择。在大多数情况下，导波测试不是从物体(波导)的末端进行的。因此，导波模式有可能沿着物体的多个方向传播。为了成功利用导波法进行无损检测，必须做到以下几点之一：

或者是将传导系统设计成只按选定的方向自然地发送和接收信号。例如，可以使用楔形耦合导波传感器来实现这一点。

或者，换能器使用多个信号路径，通过处理多个信号来实现单向性能。例如，在测试管道时使用两个或多个换能器环。

如果需要在多个方向上进行测试，则最好使用信号处理方法，因为它允许从单个传感器位置进行多次测试。

6.5　选定导波的传输方法

目前有三种不同类型的传导方式可用于激发和接收建筑和组件中的导波：

a)压电传感器；

b)电磁声学传感器(EMAT)；

c)磁致伸缩传感器。

选择性使用所选模式的方法通常是在被测物体的可用表面上使用传感器阵列。阵列内换能器在轴向和切向的分布，以及单个换能器的位移和相位，决定了可以产生和接收的模式。

实现选择性的质量对 GWT 至关重要。例如，在管道测试中，如果圆周上的传导在振幅和相位上不均匀，就会产生一定比例的不需要的模式，并与预期信号一起接收。

除了传感器的物理配置外，管理电信号的形状也很重要。使用传统超声波测试通常使用的短时脉冲是不明智的，因为这种脉冲的带宽很宽，会加剧信号的分散。取而代之的是使用平滑的窗口音脉冲串，这是一种折中的方法：信号的时间相当短，以提高分辨率，但频率仍然很窄，以尽量减少色散。

6.6　试验装置

最常见的 GWT 设置是脉冲回波。

图 1 显示了脉冲回波方案的概念。所选的主模式由换能器装置产生，沿测试物体传播，并从物体横截面发生变化的任何位置进行部分反射。这些位置包括对接焊缝或支撑等良性特征，也包括腐蚀斑块或裂缝等不连续性特征。反射的一次信号和二次信号会返回传感器并被记录下来。

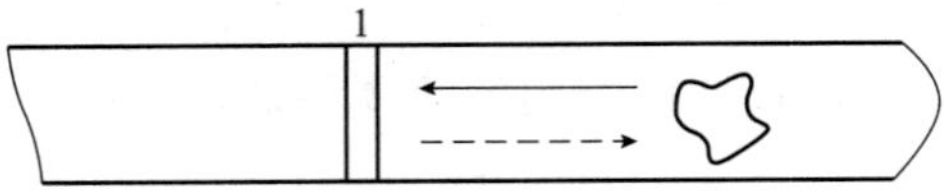

(a) 脉冲回波

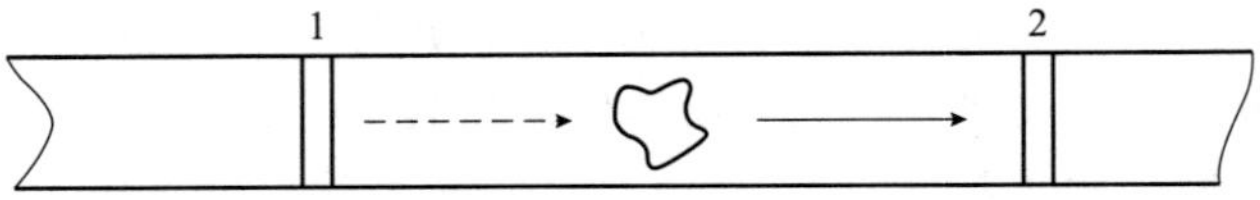

(b) 通过传输

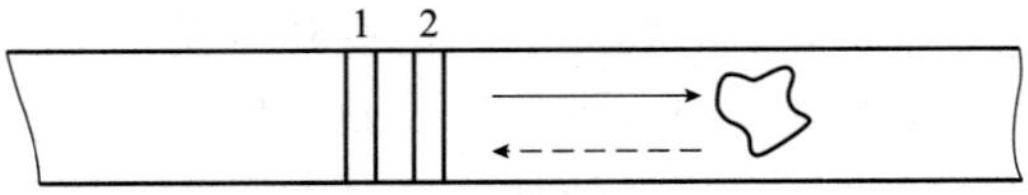

(c) 一激一收

图 1　脉冲回波、俯仰捕捉和直通传输配置示意图

脉冲回波装置[图 1(a)]的主要优点是只需要在物体 1 上的一个位置安装换能器装置，对设备的要求也很低。但缺点是无法直接测量衰减，而且对于需要覆盖靠近换能器位置的区域的检测来说，死区和近场可能会造成限制。

第二种不太常用的方法是直通传输装置[图 1(b)]。在这种情况下，一个传感器设备 1 用来发送信号，而第二个设备 2 则远离第一个设备，用来接收直接发送的信号。这种技术可用于精确测量一定距离内的衰减，以正确设置 DAC 信号电平。

第三种选择是俯仰捕捉配置[图 1(c)]，这种配置也不常用。在这种情况下，一个换能器装置 1 用于发送信号，第二个换能器装置 2 用于接收反射信号。这在概念上与脉冲回波设置相似，只是使用不同的换能器进行发射和接收。虽然这种配置需要更多的设备和准备工作，但由于高振幅激励信号和极小的返回回波在不同的换能器中分离，因此俯仰捕捉数据可以提供更高的灵敏度。此外，还可以减少模态噪声以及死区和换能器靠近地物时产生的影响。此外，还可以使用相同的装置进行传输测试，从而准确测量传出的振幅水平。这样就能在测试位置更准确地设置 DAC 信号电平。

6.7 特征反射

要评估 GWT 的灵敏度，就必须了解地物反射的性质。

使用导波时，可以找到深度远小于一个波长的不连续面。然而，导波的反射率受制于与体波 UT 截然不同的规则。反射的主要决定因素是三个坐标方向上的指示范围：横向、纵深和轴向。指示点的横向和深度尺寸决定了其在波导横截面上的投影；该投影的面积是影响反射率的主要参数。轴向尺寸通过引入信号沿轴向长度产生混响的可能性来影响反射率，从而产生破坏性或建设性干扰。

关于反射率的性质及其如何受各维度影响的更多详情，见附件 A。

6.8 聚焦

通过控制换能器装置在物体表面不同位置的不同功能，可以将测试集中在物体的特定轴向和横向位置，从而提高灵敏度和空间选择性。然后，需要对每个感兴趣的轴向和横向位置重复数据采集过程。

6.9 合成聚焦

除了使用预先确定的特定焦点进行测试外，还可以通过处理收集到的多通道数据集进行合成聚焦。这种处理方法可用于生成一幅反射强度图(以颜色或强度表示)，绘制在轴向位置和横向(在管道检测中为圆周)位置的轴线上，在外观上类似于传统的超声波 C－Scan 图像。

7 设备

7.1 概述

设备应包括

a)用于产生和接收导波模式的传导系统；以及

b)用于记录、处理和分析信号的系统，能够区分特定探测系统的至少一种导波模式。

7.2 换能器

用于产生入射信号的换能器必须能够产生主导波模式，并与物体的其他可能模式隔离。

用于接收信号的传感器必须能够分离出分析所需的单个导波模式，并抑制不需要的模式。

注：传感器可能由相当多的单个有源元件以特定的排列方式组成。

7.3 发射机/接收机

发射器/接收器必须与要使用的传感器相匹配。一般来说，这意味着发射机/接收机只能与同一 GWT 设备制造商提供的传感器一起使用。根据所使用的系统，发射机/接收机将有一个或多个通道能够向传感器发射模拟信号，以及一个或多个通道能够接收模拟信号。这些信号通常会被数字化并记录下来，以便进行后续分析。

7.4 信号处理和分析系统

发射机/接收机收集的原始数据很难解释，因此在操作人员查看之前需要对其进行适当的处理。这种处理可以在发射机/接收机上进行，也可以在单独的个人电脑或笔记本电脑上进行，但处理结果必须能够可靠地记录在电脑存储介质上。记录结果的形式必须能够将结果的特征与测试物体上的物理位置联系起来。

8 设置

为了达到 6.4 中描述的条件，设备设置必须符合设备和应用的相关标准操作程序

(SOP)(如有)。

控制导波传播的主要参数有：

a)生成的波形模式[如 S0、T(0，1)等]；

b)测试中心频率；

c)脉冲带宽(由激励脉冲的持续时间和形状决定)；以及

d)脉冲重复频率。

必须满足以下一般要求：

1)频率和信号设置：为控制信号的频率和带宽而选择的设置必须适合根据测试对象选择的特定导波模式。

2)脉冲重复频率：脉冲重复频率必须设置得足够低，以便所有信号在后续脉冲之间完全衰减。

9 摘要

GWT 是一种从有限的测试位置对大量材料进行检测的有效方法，并提供了一种确定需要进一步进行更详细调查的区域的方法。它对于检测可能发生在不可预测位置的在役退化(如腐蚀)特别有用。不过，导波测试与传统的 UT 有很大不同，因此用户需要了解影响导波测试性能的因素。主要因素包括多种波模式的存在、分散传播以及与测试物体形状和厚度的关系。

BS 9690 的这一部分阐述了这方面的背景，对有关因素作了一些解释，并提出了进行适当测试所需的原则。正如第 6 条所解释的，导波的特性比超声波测试通常使用的压缩和剪切体波的特性更为复杂。此外，这些特性还取决于被测物体的几何形状，因此需要根据被测物体的形状和尺寸来调整测试参数。本标准的其他部分将规定一些常见的细长部件、管道、管材、板材、导轨等的要求，导波也适用于这些部件。

第 2 部分规定了与管道和结构管材导波测试所有应用相关的通用要求。

附加部分(目前正在编制中)规定了在某些情况下将导波应用于特定几何形状部件的详细程序，包括预防措施。

在指定使用导波进行无损检测时，必须了解此类测试所能提供信息的性质。特别是，必须认识到从每个位置测试的材料体积与测试所能达到的灵敏度和分辨率之间存在反比关系。因此，导波测试的灵敏度不如局部超声波测试。此外，目前的应用通常是为了筛选目的，因此无法直接获得确定的测量值，如部件的剩余壁厚，而必须通过对确定为可疑区域的后续测试来确定。不应将导波测试视为其他非破坏性测试方法的直接替代品，因为这些方法能够直接检查部件的每个部分。相反，当直接检查不可行时，导波测试是收集部件总体状况信息的另一种方法。

附件 A 空心圆柱物体 GWT 的理论基础

A.1 概述

本附件提供了有关空心圆柱形物体 GWT 具体情况的理论基础的进一步背景信息。

A.2 物体的色散曲线

展示导波特性的主要方法是用图形显示称为频散曲线的线条。频散曲线是根据所选结构的数学理论计算得出的。每条曲线代表一种不同的导波“模式”，可以在结构上传播。每种结构的频散曲线都不同，甚至特定形状的每个维度的频散曲线也不同(例如，每种尺寸的管道的频散曲线都不同)。

图 A.1 显示了标称外径为 6in(168.3mm)、壁厚为 40 号(7.1mm)的钢管的群速度频散曲线。群速度是波包(例如音爆或脉冲)的速度，是 GWT 中衡量速度的重要指标。

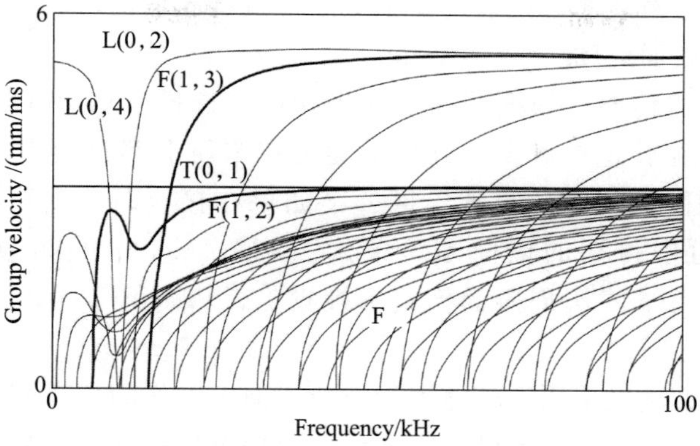

图 A.1　6 英寸附表 40 管材的群速度扩散曲线

图 A.1 显示，在 0～100kHz 的频率范围内有大约 50 种模式(50 条曲线)。这意味着在任何选定的频率下，都可以传播许多不同的导波模式。此外，模式的群速度一般会随频率而变化，这就是所谓的色散：具有这种变化的波被称为色散波，而速度不随频率变化的波被称为非色散波。

管道中的导波可能涉及周向运动和轴向运动。这就在管道中产生了多种圆周阶次模式。零阶模式在圆周上没有应力或位移变化；一阶模式在圆周上有一个正弦波周期(从技术上讲，这是第一谐阶)；二阶模式在圆周上有两个正弦波周期；以此类推。图 A.2 显示了一些不同圆周阶数的位移模态形状，有助于直观地理解这一点。

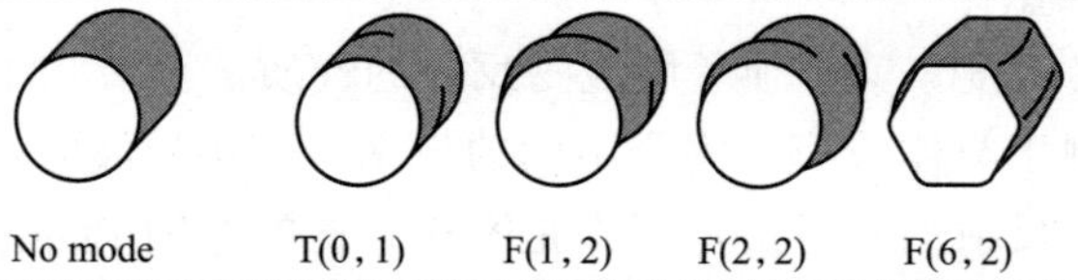

图 A.2　不同圆周阶数模式的位移模态振型

在无损检测中，管道和管材中的导波命名约定俗成。根据位移模式形状，可分为三个模式系列：

a)扭转模态(T)，即仅在圆周方向产生位移的零阶模态(扭转运动)；

b)纵向模态(L)，即仅在轴向和径向产生位移的零阶模态(伸展运动和呼吸运动)；以及

c)挠曲模态(F)，表示所有其他高阶模态，一般具有各个方向的位移(弯曲运动)。

具体模式的标注(如图 A.1 和图 A.2)使用两个索引：第一个索引是圆周顺序；第二个索引是顺序计数数字。例如，基本扭转模式称为 T(0，1)。

A.3　频率缩放

图 A.1 中的频散曲线是针对 6in 管道绘制的，但通过利用比例特性知识，也可用于评估其他尺寸管道的模式和频率选择。例如，如果重新标注 0～200kHz 频率范围的横轴，3in 管道的相关曲线与 6in 管道的曲线几乎相同。这意味着，如果将群速度频散曲线绘制为频率-直径乘积的函数，而不仅仅是频率的函数，那么 L(0，2)和 T(0，1)模式以及 GWT 中使用的其他重要挠曲模式的频散曲线都会相当吻合。在实践中，这意味着一套频

散曲线足以满足各种管道尺寸的要求。

A.4　选定导波的传输方法

选择性地使用所选模式通常是通过使用一个传感器环来实现的，该传感器环可控制管道在其整个圆周上的表面运动。

在圆周上使用受控传导可根据圆周顺序进行模式选择。如果在圆周的所有位置都采用相同的转导，那么在管道中激发的任何波运动在本质上都必须是轴对称的。在这种情况下，只能产生圆周阶数为零的模式。同样，如果在接收时对所有元素一起进行采样，则只能接收到在管道中传播的周向零阶模式。从图 A.1 中的频散曲线可以看出，在 50kHz 等频率下，所有非零圆周阶的模式都被剔除，只剩下 T(0，1)、L(0，1)和 L(0，2)模式。

选择性的第二种方法是采用在管道表面选定方向上工作的传感器。如果换能器装置的组件能够在圆周方向(围绕管道)或轴向方向(沿管道)上选择性地激发和接收，那么就可以在扭转 T(0，1)模式和 L(0，1)及 L(0，2)模式之间进行选择。前者仅在圆周方向运动，而后者仅在轴向和径向运动。

最后，选择性可以通过控制沿结构轴向长度运动的换能器装置来实现，这样可以根据波长和沿结构的传播方向进行选择。管道测试仪器通常使用多排换能器元件来实现这一目的。两排换能器元件足以在 L(0，1)和 L(0，2)模式之间进行选择。两排也足以实现两个不同行进方向之间的选择性。针对这两个多行考虑因素，我们发现使用 T(0，1)模式进行检测需要两行传感器元件，而使用 L(0，2)模式进行检测实际上需要四行。对于 T(0，1)，不需要进行模式剔除，因此两行只用于选择方向。而对于 L(0，2)，则需要剔除 L(0，1)模式并选择方向，因此需要增加行数。

A.5　从特征中反思

要评估 GWT 的灵敏度，就必须了解地物反射的性质。

导波的反射率受制于与体波 UT 完全不同的规则。使用导波时，可以找到深度远小于一个波长的不连续面。反射的主要决定因素是不连续性的范围(轴向和周向)及其深度。

图 A.3～图 A.5 显示了导波对管壁材料损失(如腐蚀)的敏感性。实际的腐蚀通常占管壁周长的一部分、穿过管壁深度的一部分和轴向长度的一部分，并且可能发生在任何形状的剖面上。图中显示的是高度理想化的示例，使用的是最简单的直边缺口形状。显然，这并不能严格代表真实的缺陷，但这些简单的例子还是正确地显示了反射行为的一般性质。这三幅图分别显示了凹槽各主要尺寸的灵敏度曲线。有关腐蚀缺陷导波反射性质的更多详情，请参见 Demma 等人 2004[3]。

图 A.3 显示了理想情况下直边凹口的反射系数，该凹口一直穿过管壁，是其圆周长度的函数。入射波为对称模式 L(0，2)或 T(0，1)；这两种模式的结果几乎相同。在 GWT 使用的典型范围内，对于任何管道尺寸和任何频率，这一结果也几乎相同。这表明对称模式的反射系数与圆周范围成正比。注：入射波是对称的(压缩或剪切)。图中显示了反射的对称波以及反射和模式转换的挠曲波的强度。

图 A.4 显示了轴对称部分深度凹槽理想化情况下的反射系数与深度的函数关系。入射的是 L(0，2)或 T(0，1)对称模式之一，图中显示的是同一模式的反射。在这种情况下，可以看出存在一定的频率依赖性，灵敏度随频率的增加而增加。此外，还与管道直径和壁厚有关(此处未显示)。注：入射波是对称的(压缩波或剪切波)；图中显示了一系列频率下反射对称波的强度。为简单起见，图中显示的是理想情况下的全周(轴对称)凹槽。

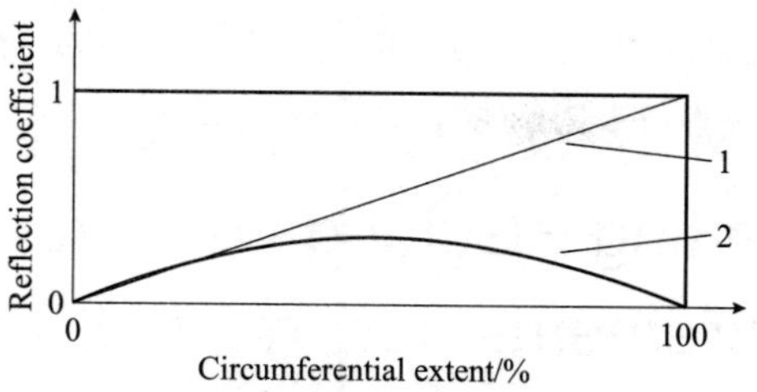

图 A.3 管道穿墙缺口的典型反射系数与缺口圆周范围的关系

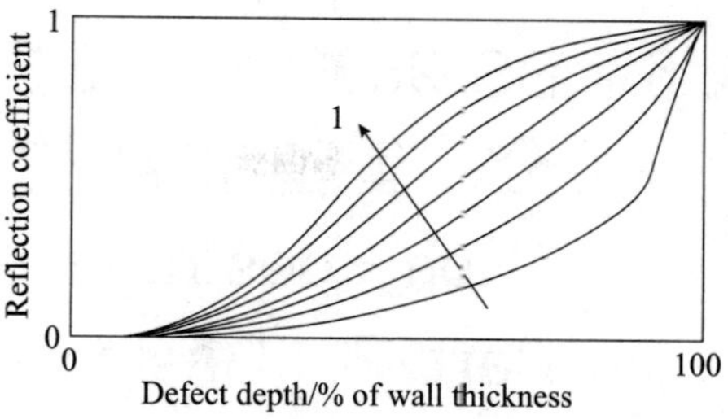

图 A.4 管道穿墙缺口的典型反射系数与缺口圆周范围的关系

凹槽的第三个维度(轴向长度)的反射系数曲线如图 A.5 所示。同样，L(0，2)或T(0，1)对称模式之一入射，图中显示的是同一模式的反射。可以看出，反射对轴向长度很敏感；实际上，在凹口的特定长度上，反射会出现高值和零值。这是因为缺口前方的反射和缺口后方的反射之间存在着建设性干扰(高值)和破坏性干扰(零值)。如果选择其他频率，曲线会沿着横轴压缩或扩展。但需要再次强调的是，这是一种理想情况，使用的是完全矩形凹口和特定单一频率的模型研究。在实践中，不会出现如此强烈的变化，因为实际的腐蚀斑块并不那么规则，而且实际信号由多个频率组成。尽管如此，干扰现象在一定程度上还是会发生，因此收集一定频率范围内的结果是减少干扰降低测试灵敏度风险的重要措施。

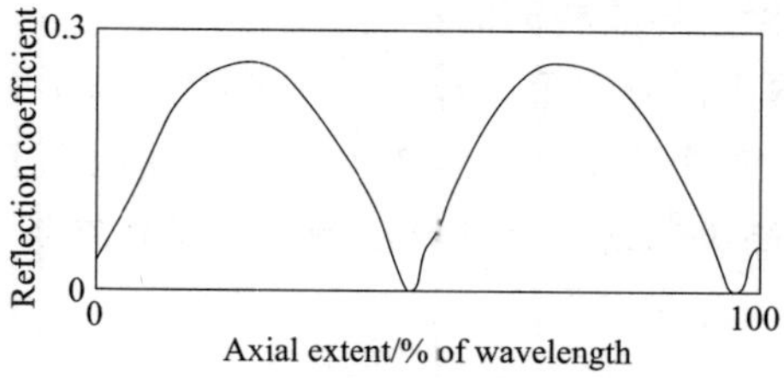

图 A.5 管道穿墙缺口的典型反射系数与缺口圆周范围的关系

注：入射波是对称的(压缩或剪切)；图中显示的是反射对称波的强度。为简单起见，图中显示的是理想化的全周(轴对称)凹槽。需要注意的是，这是一个理想化的直边凹槽；在实际情况中，当凹槽形状不规则时，中间的凹陷不会如此明显(见正文)。

参考书目

对于注明日期的参考文献，只适用于所引用的版本。

对于未注明日期的参考文献，适用参考文件的最新版本(包括任何修订)。

BS EN 583-1，无损检测—超声波检查—第 1 部分：一般原则

其他出版物

[1]LAMB，H. 'On waves in an elastic plate'，Proc Roy Soc，1917，Vol 93，PT Series A，114-128.

[2]SILK，MG，and BAINTON，KF. "The propagation in metal tubing of ultrasonic wave modes equivalent to Lamb waves"，Ultrasonics，1979，17：11-19.

[3]DEMMA，A，CAWLEY，P，LOWE，MJS，ROOSENBRAND，AG，and PAVLAKOVIC，B. 'The reflection of guided waves from notches in pipes：a guide for interpreting corrosion measurement'，NDT & E International，2004，37：167-180.

附录6 BS 9690－2《无损检测——导波检测 第2部分：管道和结构管材导波检测的基本要求》(Non－destructive testing－Guided wave testing Part 2：Basic requirements for guided wave testing of pipes，pipelines and structural tubulars)

此英国标准由BSI发布，于2011年10月31日生效。该标准由WEE/46无损检测技术委员会编写。本文件是系列文件的一部分，旨在涵盖导波检测的不同应用。

目前，BS 9690《无损检测——导波检测》包括两个部分。第1部分：一般指导和原则。第2部分：管道和结构管材导波检测的基本要求。然而，预计该标准还将引入其他部分，以涵盖测量结果的解释；管道、管线和结构管材的高级测试；以及导波测试在其他结构和部件中的应用。

1 范围

BS 9690－2规定了使用导波测试(GWT)方法筛选管道和类似管状物体的基本要求，包括设置、数据收集和数据的基本解释。本部分应与BS 9690－1一并阅读。

注1：附件A介绍了GWT方法的一些背景情况。

本部分适用于直径范围为25～1520mm、最大壁厚为55mm的铁素体碳钢和低合金钢管(用于输送流体的钢管)和结构管材(用于承重结构的钢管)的检测。

注2：本文件中“管材”一词系指本材料和尺寸范围内的管道和结构管件。

BS 9690－2适用于使用脉冲回波技术的GWT方法，传感器安装在管道外侧，测试非常简单。如果遇到第4条a)至i)项所列的因素，导致测试无法直接进行，则超出了上述范围的限制。对于这些情况，有必要做出额外规定。

对于BS 9690目前未涵盖的一些高级情况，可以使用GWT设备制造商提供的具体说明进行检查。根据设备的具体情况，不同制造商提供的说明可能会有所不同。这些说明在本标准中称为“补充说明”。随着普遍接受的导波检测方法的出现，BS 9690将补充其他部分，涵盖一些先进的情况(普适性的导波检测方法)。

对于其他部分未涵盖的高级情况，有必要在BS 9690－2规定的程序之外增加补充程序。任何此类补充程序都必须记录在案，并得到检查员和客户的同意[见5.2a)项]。

2 规范性参考资料

以下参考文件对本文件的应用不可或缺。对于有日期的参考文献，仅适用所引用的版本。对于未注明日期的参考文献，适用参考文件的最新版本(包括任何修订)。

BS 9690－1：2011 无损检测－导波检测－第1部分：一般指南和原则

BS EN 473 无损检测人员的资格和认证－－般原则

BS EN 1330－2 无损检测－术语－第2部分：无损检测方法通用术语

BS EN 1330－4 无损检测－术语－第4部分：超声波检测中使用的术语

BS EN 14127 无损检测－超声波厚度测量

3　术语和定义

在本英国标准中，适用BS 9690－1、BS EN 1330－2 和BS EN 1330－4 中的术语和定义。

4　影响管道导波测试性能的因素

以下因素会对导波在管道中的传播和/或对解释特征和缺陷所产生的响应的能力产生不利影响(按严重程度的大致顺序排列)。

a)内部或外部表面一般粗糙；

b)法兰或弯管等主要特征之间的短管段。考虑到轴向分辨率和死区，管道必须足够长，以便进行测试；

c)弯管，尤其是急半径弯管配件；

d)焊接支撑；

e)分支机构和其他附属机构；

f)管道中存在黏性液体；

g)外部或内部涂层的存在，这些涂层可能导致声能快速损失，从而导致高衰减率；

h)管道埋在地下；

i)声音传播的连续金属路径中的断点，通常是法兰连接处。

注 3：厚度不超过 1mm 的非金属涂料和环氧树脂层通常不会影响导波的传播。

这些因素会影响超声波能量的损耗率，增加衰减率或散射程度，从而产生相干的背景信号(类似于传统超声波检测中的颗粒噪声)。造成的总体影响是缩短了诊断范围，而在一定的灵敏度水平下，诊断范围是可以达到检测不连续性的。

因此，BS 9690 的这一部分应适用以下限值：

注 4：根据 BS 9690 其他部分的要求，超出这些限制的测试可能是允许的。如果不允许，可使用补充程序。

1)[a)、f)、g)和 h)]项中的因素会造成传输脉冲的损失，表现为高衰减和/或背景散射水平升高。如果情况严重，就会导致信号在没有特殊程序的情况下无法轻易判读。在衰减率超过 1dB/m 的测试中，应视为不符合 BS 9690－2 的要求。衰减率的确定方法见 10.1。

2)短管段[b)项]：GWT 使用的长波长和音爆激励产生的脉冲长度可达 500mm 或更长。这限制了可能的轴向分辨率。因此，GWT 并不适合测试短管道。参见第 i)项关于法兰的内容。这一因素还限制了传感器位置与特征之间允许的接近距离(见 9.1.3)，因此，即使多个位置排布传感器，也可能无法测试整个管段的长度。

3)弯管[c)项]：测试不得超出弯头接头。要测试接头以外的区域，必须将传感器移至弯管另一侧的测试位置。这一限制不适用于“拉动式”弯管，即把直管变成弯管。

4)焊接支撑[d)项]：如果焊接支撑的响应振幅比焊接 DAC 曲线低 6dB，则不得在焊接支撑之外进行测试。

注 5：焊接支撑可产生振幅和轴向范围都很大的反射。反射由支架前后截面变化产生的直接反射和支架内部连续辐射产生的信号组合组成，这些信号会对直接反射产生较大的尾波。来自支撑物或与支撑物刚性连接的结构的内部信号到达支撑物以外的距离，其振幅可能比支撑物的直接反射大一个数量级。

5)支管和三通[e)项]：如果支管的直径不大于被测管道直径的一半，则可以在支管之外进行测试。在这种情况下，导波与支管的相互作用使得向前传播的脉冲不会发生明显扭曲。

6)凸缘连接和其他断裂[第 i)项]：这些断裂处不允许声音通过，因此无法在这些断裂处之外进行测试。

5 需要商定和记录的信息和要求

5.1 客户应提供的信息

5.1.1 客户提供的下列信息应完整记录在案。为符合本标准的要求，应同时满足本标准中规定的明确要求和以下记录项目。

a)管道公称直径和壁厚；

b)管材的制造标准；

c)实际管道外径(如果不知道制造标准或非标准尺寸)；

d)材料(铁素体钢、奥氏体不锈钢等)；

e)管道类型(螺旋焊接、缝焊或无缝)；

f)几何形状(直线、弯曲、Ts、焊接或法兰结构)；

g)任何支撑的类型和位置(简单接触、焊接、双层板等)；

h)管道是在地面上还是在地面下，或有外部套管或套管；

i)地面与相邻管道或其他障碍物之间的间隙；

j)涂层(如果有)(内部/外部、类型和厚度)；

k)绝缘(如果有)(类型和传感器位置的拆卸难易程度)；

l)试验时的工作温度和压力；

m)管道内容物；

n)如果存在加热痕迹(电气/蒸汽管道、痕迹数量、与管道的间距)；

o)对表面处理的任何特殊要求，包括对可使用的方法或传感器的限制；

p)进入视察现场所需的培训(见第 7 节)、操作程序和个人防护设备的任何特殊要求。

注意：其他有用信息可能包括

——焊缝或法兰之间的大致距离；

——有关管道的一般照片；

——任何已知/疑似损坏和机制的详细信息；

——之前任何 GWT 检查或其他无损检测的结果；

——管道内装物的流动方向(如适用)。

5.1.2 负责进行试验的组织应提供下列资料。

a)每个测试位置安装和拆卸传感器的最小间隙要求；

b)准备安装传感器的管道表面长度(见 9.1.1)。

5.2 待商定的项目

下列应由合同双方商定的项目在上述条款中作了规定，并应完全记录在案。为符合本标准，应同时满足本标准中规定的明确要求和以下记录项目。

a)如果需要，补充文件说明[见范围；第 6 条 q)项；第 7 条；第 10.1 条 f)项；和第 10.3 条]；

b)允许的表面处理方法[见 9.1.1，b)项]；

c)报告迹象的阈值[“呼叫级别”：见 10.2.2，e)项]；

d)如何报告试验结果[见第 11 条 j)项]。

6　测试程序

GWT 必须按照书面测试程序进行，该程序至少应包括以下内容。

a)说明要测试的管道；

b)参考文件；

c)测试人员的资格和认证；

d)待测管道的状态；

e)测试区域；

f)准备进行测试的表面；

g)GWT 设备描述；

h)说明测试和校准 GWT 设备以及进行壁厚测量等相关测试所需的任何辅助设备；

i)可接受的试验环境条件；

j)校准和设置；

k)测试操作的说明和顺序；

l)确定诊断范围；

m)记录和评估级别；

n)确定不连续性的特征；

o)验收标准；

p)报告要求；

q)必要时的补充程序[见 5.2a)项]。

7　人员资格

执行 GWT 的人员应根据符合 BS EN 473 要求的认证计划或商定的同等认证计划，在 GWT 方面达到相应的资格水平。

检查员只能检查其认证范围内的管道。

检查通常应由至少达到 GWT 2 级资格的操作人员进行。一级检查员可在二级技术员的监督下执行相关认证计划规定的某些任务。

证明检测，如超声波检测(UT)和目测检测(VT)，应由在相应的无损检测领域接受过适当培训并具有相应资格的检测员进行。

如果测试涉及标准本部分范围之外的 GWT 操作，且已商定补充程序[见 5.2a)项]，则高级测试应由经过适当专门培训并具备相应资格的检查员进行。

8　设备校准

所有需要校准的设备均须持有由 GWT 设备制造商或其他公认机构出具的有效校准证书(见 9.1.2)。

9　测试

9.1　设置

9.1.1　准备测试位置

如果待测管道的工作温度高于环境温度，则应测量管道的表面温度，以确保其不超过 GWT 设备制造商规格或测试程序中规定的最高温度。

管道表面应准备就绪，以便将传感器与管道完美连接。至少应采取以下步骤。

a)应检查计划传感器位置的管道表面，确保其没有外部腐蚀和其他松散物质，如污垢、附着力差的油漆、腐蚀产物和涂层去除后的残留物。注：理想情况下，表面状况应与传统 UT 相似。

b)在安全和允许的情况下，应清除传感器位置表面的松散材料。允许的表面处理方法应与客户商定[见 5.2b)项]。

c)对于每个测试位置，负责进行测试的组织应说明是否需要去除任何保护涂层及其范围[见 d)项]。

d)只有在无法满足 9.2.4 中的信噪比(SNR)要求时，才可清除厚度不超过约 1mm 的粘接良好的非金属涂料或环氧树脂层。

e)管道壁厚的测量应符合 BS EN 14127 标准。壁厚测量和内部腐蚀扫描应在测试位置区域内进行。应在管道圆周大致等距的位置记录至少四个管道壁厚读数。如果管道在测试位置是水平的，这些位置应包括管道的顶部和底部。如果厚度的局部变化超过测试位置平均测量值的 10%，则应使用另一个测试位置。

如果测试位置有外部金属损耗，则应测量并报告其深度及其轴向和圆周范围以及角度位置。即使由于金属脱落而无法很好地准备测试位置的表面，在安全的情况下也可以进行测试。但是，如果金属损耗在死区范围内，测试结果的质量可能会受到不利影响。在这种情况下，或因金属损耗而无法安全进行测试时，应使用其他测试位置。

9.1.2　测试设备的测试前检查

在测试开始前，应按照 GWT 设备制造商的规格进行检查，以确保传感器和 GWT 仪器工作正常。这些检查可包括但不限于测量每个通道的电容值、电气连续性和电阻，以及对换能器和导线进行目视检查。

当 GWT 仪器进行自检时，检查结果应与采样数据一起保存。在继续测试之前，必须排除任何设备故障。

9.1.3　安装测试传感器

应按照 GWT 设备制造商的说明和书面测试程序，将传感器安装在准备好的测试位置。应注意确保传感器的所有部件与管道表面均匀耦合。

在可能的情况下，准备区域应距离最近的主要管道特征(即圆周焊缝、支管或法兰)不小于 1.0m，且不得位于两个相邻特征之间的中间距离。

注意　以下一般说明被视为良好做法。

——除非客户另有规定，传感器的安装应使测试的前进方向与管道中产品的流动方向一致。

——在同一管道上进行后续测试时，传感器的轴向和角度方向应保持一致。

——在可能的情况下，应使用全球定位系统(GPS)装置确定测试位置，以便在一系列测试后对测试位置进行跟踪。

应确定死区的长度和对传感器附近测试的任何其他限制，并在测试报告中说明。在此区域内无法报告结果。

任何对安装传感器的通道的限制，如影响到传感器的适当安装、超声波耦合或角度方向，均应记录下来并列入测试报告。

9.1.4　试验地点的确定

在每个测试点，应根据全球定位系统的数据或沿管道的测量结果，确定传感器与已知基准面的位置，已知基准面可以是可见的管道特征或其他物理特征。

注 6：将传感器位置与物理特征相对应，对于将来将指示与后续活动相关联尤为重要。

应在图纸上记录基准点和传感器位置。图纸上应包括所有可见特征，如环缝、支撑、分支、涂层起始位置、套管位置和土壤起始位置。图纸上应包括相对于管道方向的北向以及设施运营商要求的其他特定信息。

注 7：在允许的情况下，建议对测试地点进行拍照记录。

9.2 数据收集

9.2.1 运行条件

只要符合商定的测试程序要求，接受测试的管道可以是在用和在流的。测得的管道表面温度应在所用设备操作程序规定的范围内。

9.2.2 试验条件的确定

测试参数应参照 GWT 设备制造商针对待测管道几何形状的说明确定，并记录在案。所记录的参数应足以让测试独立重复进行。

9.2.3 数据收集

如果所使用的仪器允许包括耦合检查在内的自动数据收集序列，则应记录与可接受状态的任何偏差。如果需要手动耦合检查，则应记录检查结果。

通常情况下，管道应从传感器位置的每个方向进行测试。在每个方向上收集数据的距离应足以记录所需测试长度的信息。

所有测试数据的质量均应在传感器就位时进行检查(见 9.2.4)。如果数据质量不合格，则应重复测试。在将传感器从管道上卸下之前，必须以电子方式保存数据。

9.2.4 数据质量审查

采集数据的质量极为重要：数据质量越高，噪声越小，允许的测试范围就越长(见 10.3)。数据质量主要由传感器耦合和信噪比决定。

应根据 GWT 设备制造商的程序和阈值对传感器耦合进行评估。如果发现耦合不符合阈值，则应改进表面处理，重新安装传感器并重新采样数据。

9.2.5 下一个测试位置

如果需要沿管道从一个以上的测试点进行测试，这些测试点的间距应确保在每次测试的诊断范围内，能完全覆盖要检查的管道长度。

注 8：建议相邻测试位置的诊断范围有一定程度的重叠。

注 9：要确认完全覆盖，最好能从相邻的测试位置识别出共同的管道特征。

下一个测试位置应符合 9.1.3 和 9.1.4 的规定。测试的管道长度和在测试范围内无法测试的区域应记录在测试报告中。

9.2.6 数据的存储和备份

在每个测试位置进行的每次测试(或一系列测试，如果有自动数据收集规程)都应有一个唯一的标识符。该标识符应包括在保存和存储测试数据的文件名中。

注意 测试期间保存的数据应备份到可移动介质上。

10 对结果的初步解释

10.1 振幅校准和设置 DAC/TCG 曲线

GWT 要求将响应振幅与通过距离振幅校正(DAC)曲线或时间校正增益(TCG)振幅水平得出的参考水平进行比较。这些曲线代表了随范围变化的恒定灵敏度水平，可将响应与已知特征的响应进行比较。正确设置 DAC 或 TCG 曲线是一个参考校准过程。这对于正确报告管道特征和不连续性非常重要。此外，还必须确定何时需要补充程序[见范围和 5.2a)]来处理强衰减情况。

a)如果设备允许对振幅进行绝对校准，则应使用绝对校准。否则，应使用已知的、可预测反射率的管道特征反射进行校准。这一程序在概念上与传统 UT 使用校准块上的钻孔相同(例如，见 BS EN 583－2)。由于管道切端表面代表了管壁的整个横截面，因此被认为是理想的 100％反射器，因此该电平被用作其他信号电平的比较器，并被定义为 0dB 电平。无论使用哪种振幅校准方法，其他信号的振幅都应相对于该参考电平进行报告。

注 10：许多管道在制造时都在两端预切了用于焊接的坡口。如果决定为校准目的评估管端真实反射率，则应去除任何此类坡口。切割端平面与垂直于管道轴线的角度不应大于 3°。

注 11：以法兰接头为终端的管端不会表现出与切割端相同的反射率；由于法兰接头的几何形状会产生二次反射和模式转换，因此响应也会复杂得多。不建议将法兰用于振幅校准。

b)在实践中，往往无法使用反射率准确已知的反射器。在这种情况下，应使用反射幅度大致已知的反射器。最常用的参考反射器是管道上的圆周环缝焊缝。

c)对于厚度范围在 7～13mm 的常用管道，并按照常用的含压管道制造标准进行焊接时，环缝焊缝加固处厚度的增加所产生的反射幅度约为从管道切割端获得的名义信号的 20％(相当于管道端参考信号的－14dB)。如果 GWT 仅用于筛选，且无法进行精确校准，则可将此响应振幅作为设定参考(0dB)电平的近似方法。

d)如果在此厚度范围之外的管道中使用环缝焊缝作为参考反射器，或者如果打算使用响应振幅来估计横截面变化值(或估计横截面损耗)，则不应使用 14dB 的近似水平。相反，应进行精确校准。在这种情况下，可根据对焊缝尺寸的了解或测量结果，使用适当的振幅修正系数，对参考 0dB 电平进行校准。校准应按照 GWT 设备制造商的程序进行。应记录实现 0dB 的校正系数。

e)如果可以确定两个焊缝为参考反射体，则可以用它们来确定导波信号的衰减率。否则应通过其他方法估算衰减率。应按照 GWT 设备制造商的程序计算导波信号的衰减率。这通常利用两个焊缝的参考反射。

f)至关重要的是，数模转换器的衰减率(或时间校正增益的变化率)是一个重要的衡量标准，应使用它来确定测试是否属于 BS 9690 这一部分的范围。衰减率大是需要补充说明的复杂现象之一[见范围和 5.2a)项]。

g)DAC(或 TCG)曲线的两个主要参数是相对于数据的垂直位置和随量程变化的梯度。通过前面的步骤可以确定这些参数，可以在测试范围内的所有点确定其他曲线(见 10.2)相对于 0dB 参考电平的位置。

10.2　确定测试灵敏度和报告级别

10.2.1　测试的灵敏度极限(即测试检测不连续性的能力)由信噪比决定。不连续性产生的小振幅反应将出现在背景噪声之上。在 A－Scan 显示屏上将检测不到振幅不足以高于背景“噪声”电平的信号(见注 11)。为避免将噪声信号错误地报告为不连续性信号，应设置一个用于报告的呼叫电平。该呼叫电平是要求评估响应的电平，由 DAC 或 TCG 曲线表示。该电平的振幅始终高于本底噪声。

注 12：导波测试的“噪声”本底由随机噪声和元件的非随机散射组成，它们在整个测试轨迹上共同产生一个背景信号电平。

10.2.2　为确保采用一致的方法确定敏感度和报告等级，应采取以下步骤。

a)测试范围内的噪声水平振幅(见注 9)应通过产生一条噪声线来确定和记录。该线的确定应采用 GWT 设备制造商提供的或标准方法提供的评估噪声级范围的适当程序。这一操作应在每个测试位置的每个测试条件组合(波模式、频率、激励脉冲形状/长度/振幅)的数据集上进行(见注 10)。

注 13：如果认为远距离的噪声水平过高，以致测试地点测试范围最远端的信号无法解读，则可在较短的测试范围内确定噪声水平。如果这样做，则应记录确定噪声水平的范围。超出此范围的信号不得判读。

注 14：对于采用 TCG 的数据，应在应用随时间变化的增益修正后建立噪声曲线。

b)噪声线一旦确定，就不得对与之相关的数据集进行其他操作，如滤波或其他信号处理操作。

c)为充分分辨背景信号和来自不连续性和特征的有效信号，信噪比至少应为 2：1(＝6dB)。因此，应在测试数据上绘制一条代表最大可用灵敏度的曲线，该曲线在所有点上都比噪声线高出 6dB。这就是最大可用灵敏度线。这条线的目的是设定一个限制，以便不报告低于此振幅水平的信号。

d)应设置呼叫级别(DAC 或 TCG)(见 BS 9690－1：2011，3.3)，该级别：

——振幅水平高于诊断范围内的最大可用灵敏度线[见 10.3]；

——具有与 0dB DAC 曲线相同的斜率，如果使用 TCG，则具有固定值。

e)应记录呼叫电平(DAC 或 TCG)相对于 0dB 参考电平的振幅(以 dB 为单位)，并将其列入测试报告。使用的呼叫电平(DAC 或 TCG)应由缔约双方商定[见 5.2c)项]。

10.2.3 以下 DAC/TCG 曲线和其他曲线应叠加在每次试验的 A－Scan 响应上，并应出现在试验报告的任何数据中(见第 11 条)。

a)0dB DAC 曲线(或 TCG 电平)。

b)振幅校准 DAC 曲线(或 TCG 水平)，无论其是通过焊接还是其他方法得出。

c)呼叫级别(DAC 或 TCG)。

d)最大可用灵敏度线。

e)噪声线。

10.2.4 对于 DAC 曲线和 TCG 电平，应说明与 0dB 参考电平的振幅差(dB)。

示例：确定敏感度和报告级别的方法

图 9－10 显示了一组导波测试数据示例。其中包括管道环缝焊缝的一些响应和一般水平的背景噪声。

在这里，参考电平是参照环缝焊缝响应设置的。0dB 参考电平曲线显示在曲线图的右上角。黑色虚线表示噪声线。粗线表示最大可用灵敏度线。在测试数据的所有点上，最大可用灵敏度线都是噪声线振幅的两倍。

注意 在本例中，噪声和最大可用灵敏度线是线性的，但在某些情况下，用更复杂的曲线拟合噪声可能更合适。

在本例中，呼叫电平线不再超过最大可用灵敏度线的点出现在标有“诊断范围极限”的点上。因此，这就是诊断范围的极限。超过这一点，就无法保证检测到需要在呼叫级别报告的不连续性，也不允许在此范围之外进行解释。

10.3 有效测试范围的确定：诊断范围

为明确区分离散响应和一般背景噪声底限，信号和背景之间应采用 2：1 的比率(即 6dB)。因此，最大可用灵敏度曲线[见 10.2.2 c)项]表示可报告的最小响应振幅。该曲线的斜率与呼叫电平(DAC 或 TCG)[见 10.2.2 d)项]的斜率不同。因此，这两条曲线会在某一点相交(见图 9-10)。诊断范围的极限是呼叫电平(DAC 或 TCG)振幅低于最大可用灵敏度线的距离测试位置(不包括死区)最近的位置。

由于超声波的衰减和噪声水平可能因方向而异，因此这一标准应独立适用于从测试位置出发的两个测试方向。应记录每个测试位置上每个测试方向的诊断范围。

诊断范围的终点也是由任何反射器造成的，超过这个范围就无法进行测试。

注 15：对于 BS 9690 本部分规定的要求，此类反射器在第 4 条中有标识。

超出反射器的试验仍可允许，但必须符合与特定反射器相适应的补充说明[见 5.2a)项]。

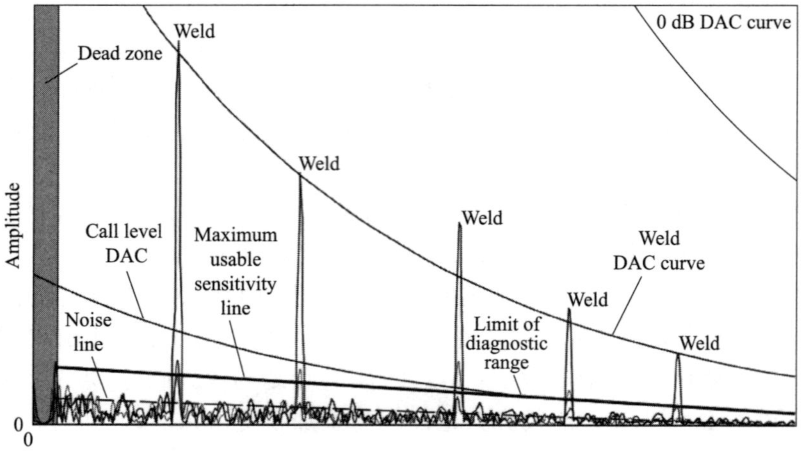

图 9-10　导波数据样例

10.4　不连续性的初步识别

出现在呼叫级别以上的应答应加以识别，以便对其进行解释程序(见注 1)。这可能需要根据 10.5 收集额外的数据。

识别的依据可以是相对于 DAC 或 TCG 曲线的轴对称程度和振幅。如果信号振幅大于最大可用灵敏度线，则可评估振幅低于呼叫电平的响应。

注 16：标准化的解释程序正在制定中，最终将由 BS 9690-3(编制中)提供。

至少应记录每个离散响应相对于 0dB 的振幅，以及与该测试基准点的距离(见 9.1.4)。

应尽可能通过目测确认管道特征的位置。在切实可行的情况下，应使用卷尺或测距仪等实物测量方法确认可进入管道特征的距离。测量结果应记录在测试报告中。

注 17：导波系统依赖于波速的计算值。根据被测管道的状况，计算值可能会略有不同。如果可以测量到可见特征的实际距离，则可以对计算距离进行校准。实际距离和计算距离之间的差异通常不会超过 2%。较大的差异可能会导致特征错位，并可能造成误读。

10.5　收集补充数据

如果对试验数据的初步评估表明需要补充数据，则应按照 9.2 的规定收集这些数据。

注意　由于以下原因，可能需要额外的数据。

——在所需的灵敏度水平上，过量的相干噪声会掩盖不连续性的响应；

——未完全覆盖需要测试的管道长度；

——需要更详细的不连续性信息，例如通过重点测试获得的信息。

10.6　数据解释

应审查和评估在测试位置收集的所有数据，以得出测试结果。这一过程的第一步是确定响应是由管道特征(如焊缝、支撑、分支等)引起的，还是由退化区域引起的。第二步是确定任何此类退化的程度。如 A.2 所述，剩余壁厚不能直接从结果中得出。

提交结果的格式应由缔约各方商定[见 5.2d)项]。不过，以下是建议提供的关于超出要求水平的答复的最基本信息。

a)与指定基准面的距离。

b)相对于 0dB 参考电平的振幅。

c)确定响应是来自管道的几何特征还是来自金属损耗的不连续性。

d)报告反应的诊断范围的 A 扫描图，并清楚标明报告的指标。

如果需要确定不连续处的横截面变化，则应在报告中说明调用水平的横截面变化百分比。

11 测试报告内容

检测报告应至少包含以下信息。

a)客户身份和/或订单号或工作标识号。

b)完整识别测试对象。

c)测试地点。

d)测试物体的表面状况。

e)所用测试设备的标识。

f)参考合同文件、标准等。

g)测试程序参考。

h)检验员或负责检验的任何其他人员的姓名、资格和签名。

i)检验日期。

j)测试和评估结果[见 5.2d)项和 10.6]。

注释 任何测试数据图都应包括 DAC(或 TCG)和 10.2 中所述的其他校准曲线。

k)任何偏离程序的情况。

l)测试物体的标识，包括外径和壁厚。

m)测试位置和参考基准点说明。

n)相对于参考电平的商定呼叫电平，单位为 dB。

o)在有效诊断范围内测试的管道长度，以及在测试范围内无法测试的任何区域。

p)使用的波形模式和测试频率。

q)对于由软件控制的设备：

1)使用的软件名称和发布版本；

2)与测试相关的数据文件名。

附件

A GWT 方法的背景

A.1 运行原理

导波管道测试法利用沿管道长度发送的导波应力波(声波或超声波导波)对管道进行非破坏性测试，通过检测管道几何形状和/或声阻抗的变化来检测管道特征和缺陷。BS 9690 -1 详细介绍了该方法的原理和实施方法。

A.2 管道导波测试的实际情况

GWT 能够从数量有限的测试点对大量材料进行测试，从而快速获得有关长管道状况的信息。结果表明，要么管道状况良好，要么需要对某些区域进行更仔细的检查，以确定其是否适合继续使用。重要因素包括：

a)从每个测试点都可以进行远距离测试(与传统 UT 相比)；

b)无法进入测试的部分可从邻近可进入的位置进行检查；以及

c)在诊断范围内实现对管壁容积的全面覆盖。

然而，从单点测试大量材料的能力对该方法的能力造成了一些限制。为了获得远距离传播，需要比传统 UT 低得多的超声波频率。因此，所使用的波长比传统 UT 大得多，从而降低了分辨率。此外，对缺陷的敏感度取决于对管道横截面上截面积损失的检测，因此无法直接获得剩余壁厚的测量值。

因此，GWT 的一般应用是作为一种筛选方法：首先使用 GWT 测量快速筛选大量材料，然后使用其他本地方法对报告有迹象的区域进行后续测试。

可通过将响应振幅与阈值 DAC 或 TGC 曲线进行比较来确定是否接受或拒绝接受指示。也可以对响应进行解释，以得出横截面积变化(CSC)损失的近似值(通常表示为整个管壁横截面的百分比)，或根据定位程度和响应振幅估算深度。然而，这两种解释都无法测量报告不连续性位置的剩余管壁厚度。此外，BS 9690 的这一部分没有提供根据反射振幅计算估计 CSC 的依据，也没有设定接受或拒绝的阈值；这些需要由缔约各方商定[见 5.2c)项]。为保持与灵敏度校准的联系，有必要说明指定的调用水平所代表的截面变化。

参考书目标准出版物

对于有日期的参考文献，只适用所引用的版本。对于未注明日期的参考文献，则适用所引用文件的最新版本(包括任何修订版)。

BS EN 583－1 无损检测－超声波检查－第 1 部分：一般原则

BS EN 583－2 无损检测－超声波检查－第 2 部分：灵敏度和量程设置

不同测试管道配置的各方向典型衰减率和平均测试范围见表 X1.1。

表 X1.1　不同测试管道配置的各方向典型衰减率和平均测试范围

测试条件	典型衰减	典型测试范围
洁净的直管	－0.15～－0.5dB/m (－0.046～－0.17dB/ft)	50～200m (164～656ft)
干净隔热的羊毛	－0.17～－0.75dB/m (－0.052～－0.23dB/ft)	40～175m (131～574ft)
不明显/轻微腐蚀	－0.5～－1.5dB/m (－0.152～－0.457dB/ft)	20～50m (65.6～164 ft)
严重腐蚀	－1～－2dB/m (－0.305～－0.61dB/ft)	15～30m (49.2～98.4ft)
Kevlar 缠绕	－0.15～－1dB/m (－0.046～－0.305dB/ft)	30～200m (98.4～656ft)
环氧纺丝涂层	－0.75～－1dB/m (－0.23～－0.305dB/ft)	30～50m (98.4～164ft)
包装完好的地面	－1～－2dB/m (－0.305～－0.61dB/ft)	15～30m (49.2～98.4ft)
薄(<2.5mm)、硬质沥青胶带	－1.25～－6dB/m (－0.381～－1.83dB/ft)	5～25m (16.4～82ft)

续表

测试条件	典型衰减	典型测试范围
厚(>2.5mm)、软沥青胶带	−4～−16dB/m (−1.22～−4.88dB/ft)	2～8m (6.56～26.24ft)
粘结混凝土墙	−16～−32dB/m (−4.88～9.76dB/ft)	1～2m (3.28～6.56ft)
内衬灌浆管	−1～−3dB/m (−0.305～0.91dB/ft)	10～30m (32.8～98.4ft)
松散粘结混凝土墙	−4～−16dB/m (−1.22～−4.88dB/ft)	2～8m (6.56～26.24ft)

X2. 典型的线性振幅与距离 GWUT 显示

X2.1 见图 X2.1。

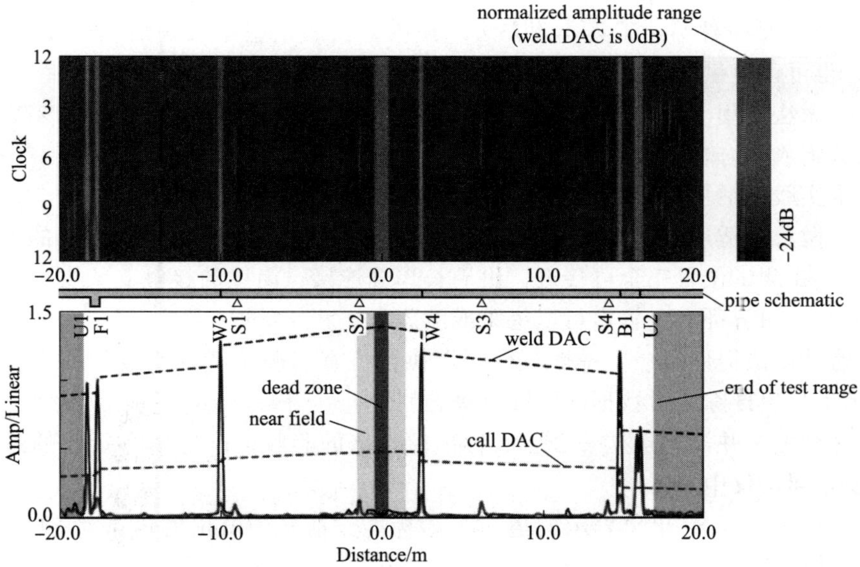

图 X2.1　GWT 的 A 扫描类型(底部)和 C 扫描类型(顶部)结果示例
(C 扫描图提供了底部相应 A 扫描信号的圆周方向，显示为时钟位置)

附录7 ASTM E2775－16《使用压电效应转导对地上钢管进行导波测试的标准实践》(Standard practice for guided wave testing of above ground steel pipework using piezoelectric effect transduction)

1 范围

1.1 本实践提供了一种导波检测(GWT)的使用程序，以前也称为远程超声检测(LRUT)或导波超声检测(GWUT)。

1.2 GWT利用管道轴向发送的超声波，通过检测管道截面和/或刚度的变化，对管道进行缺陷或其他特征检测。

1.3 GWT是一种筛选工具。该方法不提供直接测量壁厚或缺陷/缺陷面积的确切尺寸；然而，也可以提供对缺陷严重程度进行估计。

1.4 本做法适用于标称管尺寸(NPS)2～48对应60.3～1219.5mm(2.375～19.2英寸)的管状碳钢或低合金钢产品。外径，壁厚在3.81～25.4mm(0.15～1in)。

1.5 本实践包括使用压电转导技术的GWT。

1.6 本做法仅适用于基本管道配置的GWT。这包括直线管道，由单一的管道尺寸和时间表构成，在测试位置完全可接近，由周长焊缝连接，简单的接触支架支撑，没有内部或外部涂层，或两者都有；管道可以绝缘或涂漆。

1.7 这种做法提供了一个一般程序，以执行检查和确定特别重要的各个方面，以确保有效的结果，但排除了对数据的实际解释。

1.8 这种做法并没有建立一个验收标准。具体的验收标准应由有责任的系统用户或工程单位在合同协议中规定。

1.9 单位——以SI单位表示的值应视为标准。括号中给出的值是对SI单位的数学转换，仅提供信息。

1.10 本标准并不旨在解决与其使用有关的所有安全问题。本标准的用户有责任建立适当的安全和健康做法，并在使用前确定监管限制的适用性。

2 参考文件

2.1 ASTM标准：

E543 执行无损检测的机构规范

E1065 超声波搜索单元特性评价的实施规程

无损检测的术语

E1324 关于超声波检测仪器的部分电子特性的测量指南

2.2 设备制造商的用户手册

3 术语

3.1 本标准专用术语的定义：

3.1.1 周向范围——管道周向的长度，通常以管道周长的百分比表示。

3.1.2 相干噪声——由真实不连续引起的背景噪声，背景噪声随距离呈指数衰减。

3.1.3 横截面面积变化(CSC)——CSC的计算方法是假设反射纯粹是由横截面的变

化引起的，它以总横截面的百分比表示。然而，它通常被用来报告任何信号的相对振幅，而不管其来源。

3.1.4 距离振幅校正(DAC)曲线——在距离测试位置的不同距离处使用参考反射(例如，焊缝反射)绘制的参考曲线。当从一定距离的反射中估计横截面变化时，这条曲线修正了衰减和振幅下降。

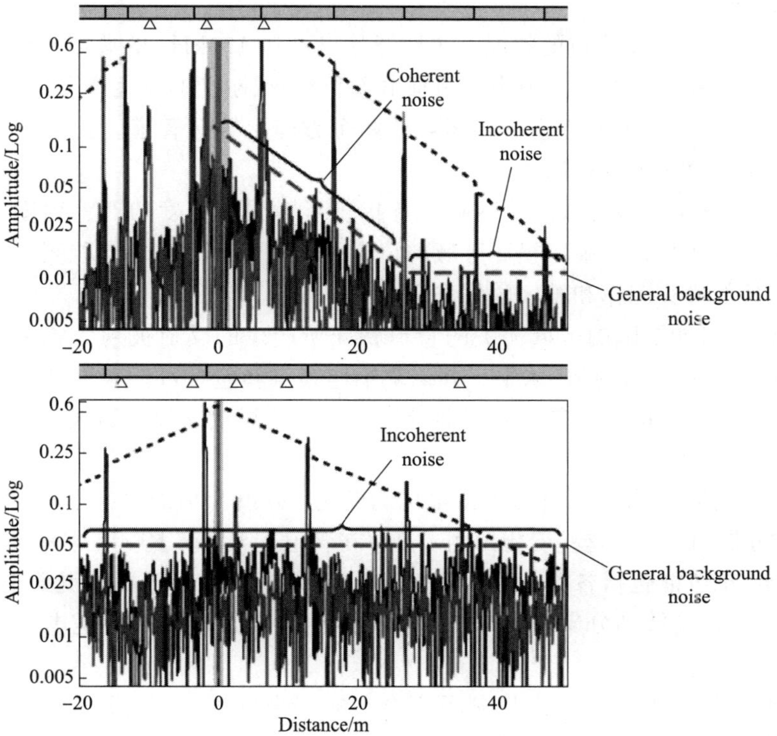

图 9-11 在正常环境(上图)和高环境噪声环境(下图)下收集的典型 GWT 结果(两种结果均以对数振幅标度显示)

3.1.5 估计横截面损失(ECL)——有时使用它来代替横截面积变化，其中的特征与缺陷有关。

3.1.6 在管道中产生弯曲运动的弯曲波——波传播模式。

3.1.7 导波(GW)——应力波，其特性受到波传播的系统材料、几何形状和结构的限制。

3.1.8 导波测试(GWT)——利用导波的无损检测方法。

在管道中产生压缩运动的 3.1.9 纵向波一波传播模式。

3.1.10 非相干噪声——由电气和环境信号污染引起的随机指示，产生一个恒定的平均噪声下限。术语“环境噪声”和“随机噪声”也被使用。

3.1.11 管道特性——管道部件，包括但不限于焊接、支撑、法兰、弯曲和缺陷(缺陷)，由于几何形状的变化而引起导波的反射。

3.1.12 反射振幅——反射信号的振幅，通常报告为 CSC。

3.1.13 反射器方向——特征在管道上的周向位置。这被报告为关于传感器环的方向的时钟位置或度。

3.1.14 信噪比(SNR)——任何感兴趣信号的振幅与平均背景噪声的振幅的比值，其中包括定义的相干和非相干类型的噪声。

在管道中产生扭转运动的 3.1.15 扭转波－波传播模式。

3.1.16　传感器环——一种传感器的环形阵列，可产生 GW。它通常也被称为戒指。

3.1.17　波模式——在管道中产生的一种特殊的波运动传播形式，如弯曲、扭转或纵向。

4　实践总结

4.1　GWT 评估金属管道的状况，主要通过以高达 150kHz 的典型测试频率应用 GW 来建立缺陷的严重程度分类。反射由管道横截面积和/或刚度的变化产生。

4.2　连接在管道周围的传感器环同时在两个方向上屏蔽管道。它可以评估管道的长度，在进入有限管道时尤其有用。

4.3　该检查确定了厚度减少的区域，并提供了对损害程度的严重程度分类。这些结果用于评估管道的状况，以确定损坏区域的位置及其在管道上的周向位置。这些信息可用于规划和确定其他检查工作和维修的优先级。

4.4　与包含可能缺陷的区域无关的管道特征所产生的反射被视为相关信号。这些特性可用于设置 GW 系统的 DAC 水平，并识别不连续点和包含可能存在缺陷的区域的相对位置和距离。这些特性的例子包括：周向焊缝、弯头、焊接支架、通风口、排水口、绝缘凸耳和其他焊接附件。

4.5　其他反射源可能包括管道表面阻抗的变化。这些反射通常并不相关，但应该在解释过程中进行分析和分类。这些变化的例子是存在管道支架和夹具。在本标准中未包括高级应用，这些变化也可能包括各种类型的外部/内部涂层或管道到地面或混凝土墙的入口。

4.6　检查直接连接到分支连接件、弯管或法兰的管道段被认为是本标准不包括的预先应用。

4.7　假回声是由混响、方向控制不完全、肘部失真等现象产生的。在解释过程中，这些信号应该被分析并归类为假回声。

5　意义和用途

5.1　本实践的目的是概述一个使用 GWT 来定位金属管道中由于腐蚀或侵蚀而造成壁面损失的区域的程序。

5.2　GWT 不能提供壁厚的直接测量，但对 CSC 和任何金属损失的周向范围和轴向范围的组合都很敏感。根据这些信息，可以进行严重程度的分类。

5.3　GWT 方法提供了一种筛选工具，以快速识别沿管道的任何不连续点。如果发现可能的缺陷，通常需要用超声波检测或其他 NDT 方法对可疑区域进行后续检查，以获得详细的厚度信息、性质和损伤程度。

5.4　GWT 还提供了一些关于不连续点的轴向长度的信息，只要轴向长度超过激励信号的大约四分之一波长。

5.5　对任何可能存在的缺陷的识别和严重程度的仅是定性的评估。一个解释过程来区分相关和非相关信号是必要的。

5.6　本实践仅涵盖了应用范围中规定的应用程序。GWT 方法具有该能力，可用于管道绝缘、埋地、道路交叉口和通道的有限应用。

5.7　GWT 应由合同或采购订单中规定的合格和认证人员执行。资格应包括所使用设备的具体使用培训、测试结果的解释和导波技术。

5.8　供方应保持包括 GWT 人员认证培训、考试和经验的文件化程序。

6　应用基础

6.1　以下项目应符合双方使用或引用本标准之间的合同协议。

6.2　人员资格——除非合同协议中另有规定，执行本实践考试的人员应符合下列条件之一的资格：

6.2.1　按照本标准进行考试的人员应符合 SNT－TC－1A 的要求，并由雇主或认证机构进行认证。当合同或采购订单中规定时，可以使用其他同等的资格文件。除非双方合同协议另有规定，适用的修订应为最新版本。

6.2.2　经 GWT 制造商认证的人员资格证书。

6.3　所使用的惯例或标准及其适用的修订应在使用方之间的合同协议中确定。

6.4　无损检测机构的资格——除非合同协议中另有规定，NDT 机构应符合 E543 中所述的资格和评估，E543 的适用版本应在合同协议中规定。

6.5　程序和技术——所使用的程序和技术应在合同协议中加以规定。它应包括检查的范围，即旨在识别和估计检查检测到的任何适应证的大小，或简单地定位并提供一个相对严重程度的分类。

6.6　表面处理——除非另有规定，预检现场处理标准应符合 8.3 中的标准。

6.7　要求的考试时间间隔——规定的时间间隔或考试使用的系统时间应在合同协议中规定。

6.8　检查的范围——除非另有规定，检查的范围应符合上述第 6.5 条的规定。其范围应包括但不限于：

6.8.1　待检查管道的尺寸和长度。

6.8.2　该方法在应用领域的局限性。

6.8.3　管道电路的图纸、管道命名法和检查位置的标识。

6.8.4　管道接入方法(s)。

6.8.5　安全要求。

6.9　报告标准——应根据合同协议记录检查的测试结果。这可能包括对所收集的数据和测试报告的永久记录的要求。报告文件应包括：

6.9.1　设备检查员和测试结果(如适用)。

6.9.2　进行检查的日期和时间。

6.9.3　设备使用。

6.9.4　所使用的测试程序/规范。

6.9.5　验收标准。

6.9.6　检查位置。

6.9.7　被检查区域的标识。

6.9.8　检查范围的标识。

6.9.9　被认为是复制或复制测试结果所需的任何其他信息。

6.10　对修理/返工项目的复核——本标准中未规定对修理/返工项目的复核，如有要求，应在合同协议中加以规定。

7　仪器设备

7.1　GWT 设备应包括以下内容：

7.1.1　换能器环形发射机——一种利用压电效应在圆柱管上产生具有轴向传播的导波模式的转导系统。

7.1.2 传感器环接收器——一种用于检测由管道上的几何特征所反射的信号的系统，它可以与发射机或类似的传导系统相同。

7.1.3 仪表——GWT仪表应能够在GWT使用的频率范围内产生、接收和放大电脉冲。此外，它应能够与计算机通信，以便收集到的数据可以被处理和记录。

7.1.4 处理系统——这是一个用于处理和分析信号的软件接口，能够区分针对特定检测系统的至少一种导波模式。

8 检查程序

8.1 重要的是要确保拟议的检查属于技术和设备的能力范围，并且使用方或各方了解适用于其检查的能力和限制。

8.2 预检准备：

8.2.1 所有测试设备都应具有当前和有效的校准证书。

8.2.2 遵循设备制造商关于设备测试前验证和检查清单的建议。此检查清单至少应包括但不限于：

8.2.2.1 电子公司可全面运行。

8.2.2.2 电池的正确充电。

8.2.2.3 验证互连电缆状况良好，工作正常。

8.2.2.4 纠正预期管道的传感器环尺寸。

8.2.2.5 有足够的传感器模块(包括备件)可用于测试工作范围内最大直径的管道。

8.2.2.6 传感器环、模块和传感器工作正常。

8.2.2.7 与系统一起使用的任何计算机都运行正常，并有足够的存储容量来满足预期的工作范围。

8.2.2.8 补充设备，如超声波探伤仪或专用矿坑仪可用并正常工作。

8.2.2.9 所有必要的配件，如胶带标记，都是可用的。

8.2.3 在开始任何现场工作之前，确保所有现场安全要求和程序都得到审查和理解。

8.2.4 测试设备应按照设备制造商的程序进行校准。

8.3 检查现场准备工作：

8.3.1 管道表面条件——为了获得最佳耦合条件，必须从连接传感器环的管道表面去除任何松散材料，如泥浆、剥落油漆和松散腐蚀。然而，粘合良好的涂料层，最高可达1mm(0.04in)可以保留原位。钢丝刷或打磨，或两者都有，通常足以准备表面条件。

8.3.2 绝缘——如果管道是绝缘，小心地拆除大约1m(3in)的绝缘带，用于连接传感器环。在拆卸绝缘材料之前，请确保其是安全的和允许的。

8.3.3 GWT对测试长管最有效。然而，紧密半径肘部扭曲了GWT信号，使得解释它们以外的信号变得困难。在可能的情况下，最好在弯头结束后立即将管道的评估部分排除在外。在任何情况下，两肘关节后都不应分析任何信号。有时，在不同的位置获取额外的数据比解释超出多个特征或复杂几何特征的信号更好。考虑间隔1m(3in)，以确认特征和假回声识别。

8.3.4 目视检查——尽可能目视检查管道有无潜在的损坏区域或腐蚀，如支撑区域，如果在GWT结果中可能发现有缺陷的迹象。

8.3.5 表面温度——验证待测试管道的表面温度在制造商的设备规格范围之内。在高温下进行测试一般不会影响GWT的性能，但必须谨慎行事，以避免伤害人员。在测试低温管道时，应确保传感器表面和管道表面之间无冰形成。

8.3.6 厚度检查——在安装传感器环之前，确认在测试位置的管壁厚度没有退化。作为最低要求，在管道周围不少于四个等距位置的厚度测量应使用适当的厚度测量仪器和程序进行。一些机构还要求测量整个盲区和近场的厚度。需要注意的是，将传感器环安装在腐蚀非常严重的位置，可能会对管道造成进一步的损坏。

8.4 传感器环——环的类型、传感器的方向和间距可以根据收集协议的类型而有所不同。在选择要进行的检查类型的传感器环组件时，请参考8.13。

8.5 与传统的UT相比，GWT使用的是相对较低的频率，通常是在几十千赫(千赫)的区域，而不是兆赫(MHz)。在这些频率下，只要在换能器环上施加足够的机械力，就可以获得良好的耦合。

8.6 选择测试位置——在完成8.3中概述的检查现场准备工作后，将传感器环连接到管道上。应选择测试位置，以尽量减少假回声。避免将环放置在一个特征附近，因为相应的信号可能出现在近场或死区内。在死区中，没有接收到回声，而在近场中，回声的振幅通常低于正常值。按照惯例，第一个检查区域至少应使用1.5m(5in)。用于DAC曲线拟合的焊缝等特征应在近场之外，以确保有效的振幅。此外，传感器环不应放置在两个特征之间的等距，以避免掩盖镜面回声。

8.7 连接传感器环时，必须确保所有传感器与管道良好接触，且传感器环与管道的周长平行安装。按照制造商操作手册中规定的适当的气压或夹紧转矩设置，以正确安装传感器环。应定期检查任何使用的压力表或扭矩表是否正确。

8.8 方向和方位——报告的方向和方位取决于传感器环的安装方式。最好保持不同测试位置之间的方向相同，并在知道产品流动的方向上相同。为确保报告正确的方向，传感器环应连接有正确的环连接配置。

8.9 再现性检查管应有油漆标记，标明传感器环位置、方向和检查日期。如果有必要重现考试，这可以在将来提供帮助，这些资料也应包括在考试文件中。

8.10 测试位置信息——由于大多数GWT设备的数据收集都是完全电子记录的，因此在处理软件中需要最低数量的测试位置信息，以确保能够识别出准确的位置。这些信息应包括以下内容：

8.10.1 网站名称——场地名称，可能包括工厂名称、工厂单位编号、近似英里标记或任何相关参考。

8.10.2 管道标识——如果可提供；如果没有，则应记录管径。

8.10.3 基准——测量测试位置的参考特征。典型的参考特征是焊缝和法兰。

8.10.4 距离——应记录数据与传感器环中心之间的距离。对于环的正负方向，在环的距离值前面分别包括正负符号。

8.11 耦合检查——注意所有传感器与管道耦合良好。在收集任何测试数据之前，请按照制造商的指南进行耦合测试。至少，这应包括一种在管道上模拟“信号”的方法，并验证所有传感器以相似的大小和灵敏度检测到它。

8.12 检查注意事项——在分析所收集的数据时，需要注意以下几点注意事项：

8.12.1 死区——传感器环两侧的长度可达1m(3in)，在测试期间未进行检查。死区的面积是激发频率和传输周期数的函数。面积与频率成反比，并与循环次数直接相关。为了获得管道的100%的覆盖率，有两种选择：.

8.12.1.1 用超声波检测等替代的NDT方法检查盲区。

8.12.1.2 定位下一个镜头，以便与之前的传感器环位置有重叠。有些机构要求在所有可能的镜头上有20%的重叠。

8.12.2 近场——这是一个可延伸到传感器环两侧的3m(10in)的区域。在该区域，振幅认为低于正常值，并且可能会出现反射(见第8.20.4.1节)，这使得分析该区域的反射变得困难。虽然这一领域是可检查的，但在审查这一领域的信号时必须格外小心。这个区域的长度取决于激励信号的长度。通过采用特殊的收集协议，可以减少近场效应的程度。

8.12.3 预期检查范围——管道上或管道周围有几种物理测试条件，会影响可达到的最大检查范围(详见附录X1)。还有设备参数，如频率和增益设置，可以改变，以优化管道上或周围的特定测试条件的测试参数。最大检查范围定义为8.18。

8.12.4 假回声(假信号)——来自真实特征以外的信号，应注意尽量减少错误信号干扰数据解释的可能性。最常见的虚假回声来源是：

8.12.4.1 混响——沿管道的两个大特征之间，或一个长特征的两端之间的多次反射。由混响引起的回声通常的振幅很小。

8.12.4.2 镜像——由于对引导波的传播方向的控制不足，通常发生在近场。镜面回波与传感器环出现的距离相同，但方向相反，与真实反射出现的方向相反。

8.12.4.3 模态噪声——当传感器环无法控制管道中的所有波模态传播时发生。

8.13 采集协议——采集协议根据管道直径和管道上和管道周围的预期机制，改变某些采集参数，以优化数据质量。大多数制造商包括一个自动确定特定测试条件的最佳收集参数的程序。这些集合参数包括：

8.13.1 频率——GWT通常在10～150kHz执行。在执行测试时，应以足够不同的频率收集数据，以便能够对每个指示进行分类。理想情况下，频率可以连续地变化，以观察频率的依赖性。如果仪器中没有这个频率，则应收集多个不同的频率，包括最佳频率。值得注意的是，所使用的确切频率取决于管道的几何形状。

8.13.2 带宽——更改信号带宽可以帮助解决信号的属性。较窄的带宽增强了信号的频率依赖性，而较宽的频率带宽可以提高信号的轴向分辨率，如近间隔反射。

8.13.3 波模式——GWT使用一个轴对称波模式激励，它可以是一个扭转或纵向波模式。这两种波形模式都提供了有效的检测结果。在实践中，通常使用扭转模态，因为它对大多数缺陷类型敏感。如果已知管道上存在某些特殊缺陷类型，如轴向焊接支架处的腐蚀，有时使用纵向模式会比使用扭转模式更有利。

8.14 数据采集——在安装传感器环并进行耦合检查后，检查程序的下一步是数据采集。重要的是，所记录的数据必须足够和全面，以评估和解释管道上可能存在的任何信号。选择最合适的收集方案(见8.13)和收集范围，按照设备制造商的指南进行初始数据收集。在数据收集完成后，必须立即对收集到的数据进行审查，以确保设备在测试过程中的正常运行，并确保质量符合要求。数据审查应包括对信噪比和传感器平衡的评估。低信噪比通常是由高非相干噪声、低传感器耦合或低传感器输出造成的。如果在数据中观察到任何重大问题，应该丢弃并解决问题。

8.15 距离振幅校正(DAC)——当激励信号远离传感器环时，其信号振幅减小。能量损失有几个原因，包括材料阻尼、特征反射、能量泄漏和表面条件。DAC提供了确定在远离传感器环的一个点处的信号幅度的能力。这允许确定在给定的距离下，以CSC或ECL表示的回声的相对振幅。如果DAC曲线设置得太低，那么可能存在的缺陷的大小可能会被高估，反之亦然。因此，在解释数据之前，正确设置DAC水平是至关重要的，因为它们为所有其他信号提供了参考 CSC 水平以进行比较。有四种 DAC 曲线可用于评估 GWT 反射。大多数系统为检查员提供了手动调整这些曲线的方法。

8.15.1 法兰 DAC——这是一个 DAC 曲线，代表了一个大特征的预期反射振幅，反映了大约 100%(即 0dB)的激励信号的振幅，因此没有能量可以通过。

8.15.2 焊缝 DAC——管周焊缝通常为 20%～25% CSC。在焊缝处反射的能量是为什么可以检查的最大管道接头数量有限的原因。

8.15.3 呼叫 DAC——这是一个典型的阈值级别，用于确定如果发现的缺陷的严重程度。大多数系统在默认情况下将呼叫 DAC 级别设置为大约 6%的 CSC，但也允许根据行业的检测灵敏度要求来修改这个级别。

8.16 环境噪声——环境噪声会导致整体非相干噪声水平的增加。在图 9－11 中，证明了环境噪声增加的影响，因此检测灵敏度和最大检测范围都降低了。当环境噪声高于正常水平时，应采取特别的预防措施。大多数设备制造商提供特殊的协议来测试在高环境噪声区域。

8.17 检测阈值(DT)——检查的 DT 相当于灵敏度，通常设置为背景噪声以上 6dB，但也可以由检查员手动设置。

8.18 检查范围——在传感器环与测试结束之间的一个方向上，灵敏度大于呼叫水平的管道段(见 8.15.3)。根据覆盖范围的要求，此检查范围通常用于确定后续的测试位置。衰减随频率变化；检查范围通常针对特定频率。检查范围也仅限于一个法兰，或任何不在该标准范围内的特征。

8.19 距离标准化——不同等级的钢的声学特性略有不同，导致报告的特征距离出现偏移。该程序通常使用碳钢的声学特性。在大多数情况下，距离偏移量非常小，因此不需要执行距离标准化。然而，如果管道材料不是碳钢，在分析数据之前，将程序中的距离标准化是很好的做法。

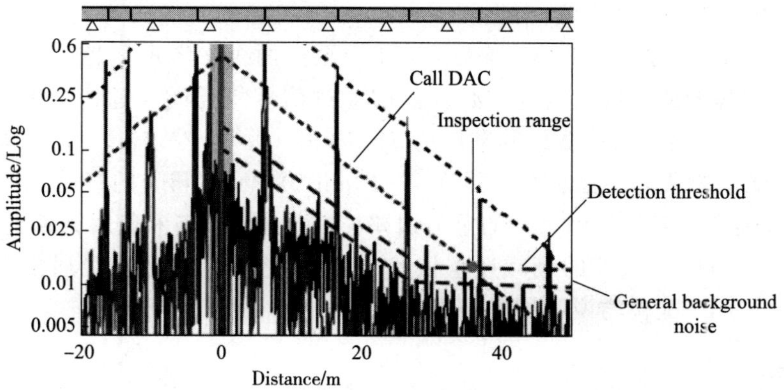

图 9－12 显示如何定义检测范围的 GWT 结果示例

8.20 数据审查——对数据的初步审查是将数据分为相关的、不相关的信号和指示。

8.20.1 信号解释——GWT 信号的解释是该方法的困难部分。有许多工具可以帮助分析和区分各种特性之间的信号，这些工具包括：

8.20.1.1 反射信号的形状——该形状提供了有关一个特征的轴向长度的信息。不规则反射通常与沿管道延伸的特征有关，如腐蚀补丁，而短的均匀反射则表明一个短的反射器，如焊缝。

8.20.1.2 振幅——信号振幅由轴对称波模式(即扭转或纵向模式)的相对信号振幅表

示，以 CSC 表示。由于不连续边界内的反射和散射的干扰，信号的形状也在一定程度上影响了振幅。对于缺陷，振幅与该特定位置缺陷的横截面损失百分比相关。

8.20.1.3 轴对称——由于轴对称波模从非轴对称特征反射，如接触支撑，部分能量被转换为非轴对称波模(即弯曲模的不同阶数)。利用轴对称模式和非轴对称模式之间的反射强度之比，可以确定该特征是如何在管道的周长上分布的。

8.20.1.4 不同频率的行为——通过观察不同频率的信号响应可以获得附加信息。对于一个轴向较短的特征，如焊接，信号的振幅和形状随着频率的变化而保持不变。但是，如果轴向长度很长，如腐蚀贴片，在特征内产生多个信号，造成干扰随频率变化；因此，对于轴向长的特征，振幅和形状通常随频率而变化。此外，引起刚度变化的特征的振幅，如接触支撑，通常也与频率有关。

8.20.1.5 相位——由于信号振幅可以由 CSC 的增加或减少引起，因此相位信息提供了一种确定它们之间的差异的方法。例如，CSC 增加的焊缝与缺陷的增加有不同的阶段，即 CSC 的减少。当评估相对于其他反射器的相位变化时，目的不是确定每个反射信号的实际相位，而是确定哪些反射器可以分组为类似的响应。相位信息只有在信噪比良好时才准确，因此该工具通常不单独使用。

8.20.1.6 周向方向——大多数系统通过评估传感器环各段中的传感器响应来提供有关周向特性的基本信息；而一些高级系统也在处理软件中的聚焦功能或其他特殊视图，如 C-Scan 显示(参见附录 X2 中的示例)。

8.20.1.7 衰减变化——当预期的衰减模式发生变化时，这表明管道状况发生了变化。无论是由一般的腐蚀还是由内部沉积引起的，通常都需要进一步的调查来确定其来源。

8.20.2 DAC 拟合——DAC 的拟合是 GWT 数据解释的重要组成部分，原因见 8.15。有许多方法可以拟合 DAC 水平，按照提高精度的顺序总结如下。如果可行，应使用精度最高的方法作为默认方法。

8.20.2.1 标准方法——DAC 曲线通常使用至少两个参考反射器来设置，通常是具有已知 CSC 值的焊缝或特征。因此，必须能够通过信号特征或视觉特征来识别与参考反射器相对应的信号。对于大多数标称壁厚为 7～13mm(0.28～0.5in)，焊接帽可以近似为一个 20%的 CSC。然而，对于公称壁厚在 7～13mm(0.28～0.5in 的管道)，将焊接帽近似为 20%的 CSC 通常会导致缺陷尺寸的重大误差。因此，在设备和管道条件允许的情况下，首选其他方法。注意，GWT 的衰减严重依赖于频率；因此 DAC 曲线通常设置在数据中所有采集频率，DAC 配件的说明见附录 X2。

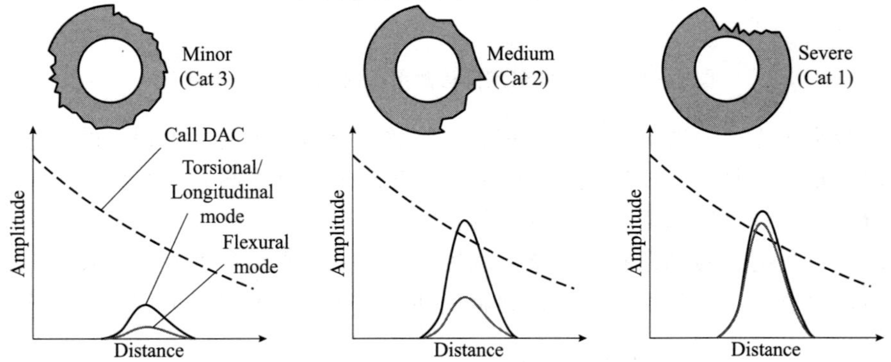

图 9-13 各严重程度分类中的信号图示

8.20.2.2 焊缝尺寸方法——该方法通过将实际焊缝尺寸与特定焊缝的 CSC 相关联，准确的确定焊缝 DAC 水平。焊帽尺寸(轴向宽度和焊帽高度)应从可接近的焊缝中测量，而管壁厚度应从紧邻焊缝的管道中测量。

8.20.2.3 绝对校准方法——该方法在正常测试范围内，使用信号反射及其多次反射的算法来计算 DAC 水平。所使用的任何信号都必须在近场/死区之外。所产生的计算方法具有与频率无关的优点。然而，DAC 衰减仍应使用常用技术，如使用焊缝或相干噪声水平。

8.20.3 相关信号——相关信号由管道的物理配件产生，其中包括但不限于：诸如焊缝、法兰、阀门、弯头、T 形件、支架、直径变化等特征。这些特征通过信号特征识别，并在可能的情况下识别它们在管道上的位置。重要的是，要将引导波的指示与管道的视觉检查联系起来。这些指示应在 GWT 测试设备的软件中注明。关于确定反射器特性的指南，请见附件 A1。

8.20.4 非相关指示——非相关信号是指与噪声、假回波和其他不可用信息相关的信号。以下指标可用于帮助识别非相关指标：

8.20.4.1 镜像——如果系统在一个方向上显示一个大的特征，而在与测试位置相反的相同方向上显示一个小的特征，则较小的指示很有可能是镜像回波。处理反射面回声最有效的方法是将传感器环移动约 0.6m(2in)，并重复测试。这将导致镜像回波随着测试位置的变化而移动或消失。

8.20.4.2 混响——这通常发生在传感器环在两个较大的反射器之间。混响回波通常作为一个超过第一个特征的一个小指示出现。如果怀疑有混响，则将传感器环移动到两个混响特征之外的位置，并进行额外的检查。

8.20.4.3 模态噪声——模态噪声信号通常出现在结果中的测试位置附近，其振幅随距离迅速衰减。模态噪声信号与频率和带宽有关；因此，调整这两个参数中的任何一个通常都可以消除它们。

8.20.5 适应症——所有其他适应症均应考虑未分类，并应对每个适应症进行进一步的分析，以确定其来源和方向。

8.20.6 数据分类——在完成对其他适应症的审查后，那些被确定为可能的缺陷可进一步分类为轻微、中度和严重。该分类是根据 CSC、信号的周向范围及其与呼叫 DAC 级别的关系来确定的。如果呼叫级别设置得过低，检查员可能会超时；而如果呼叫级别设置得过高，检查员可能会超时。重要的是，呼叫级别集应反映双方应事先商定的检测要求。一般来说，每种分类都可以总结如下：

8.20.6.1 轻微(类别 3)——这些被认为是浅和/或延伸的迹象。它们并不是高度集中的。对称(即扭转模式)和非对称(弯曲模式)模式都低于调用 DAC 级别。

8.20.6.2 中度(类别 2)——这些区域比次要指示更有深度，但仍未高度集中。对称模式在上面，而非对称模式低于呼叫 DAC 级别。

8.20.6.3 严重(类别 1)——这些是有深迹象的区域，或高度集中，或两者都在管道的区域。它们被认为很有可能产生穿透管壁的现象。对称模式和非对称模式都在调用 DAC 水平以上。基于轴向短的周长周围的缺陷轮廓的每个分类的信号示例如图 9—13 所示。

8.20.7 严重程度分类的使用和意义——指定严重程度分类应用于参考、适应症分类和确定随访检查的优先级。根据轴对称和非轴对称反射的振幅，以及它们与呼叫 DAC 水平的关系来分配类别。因此，要在反映行业要求的合同协议中指定呼叫 DAC 水平百分比或类似的检测灵敏度要求。GWT 不提供有关剩余壁厚或损坏性质的信息。这些信息只能通过使用其他 NDT 方法对与缺陷相关的区域进行后续检查才能获得。GWT 是一种损伤检测和分类的方法，其结果只能作为定性处理。

9　报告

9.1　试验报告应记录检验结果。它必须有所有的信息，以便能够在将来的日期重现测试。如果不是全部，应该包括 8.10 中详细的项目。此外，所有通过目视检查、UT 厚度测量和其他相关信息获得的被认为对数据或结果的质量或特征，或两者都有影响的观察结果都应被记录并包括在最终报告中。在检查过程中发现的所有相关和不相关的迹象都应根据那些被认为与缺陷相关的反射进行分类。所有采用其他 NDT 方法进行的后续检查的结果都应包含在报告中。

10　关键字

10.1　导波测试管道 NDT 管道检查

附录

A1　反射器特性

A1.1　见表 A1.1。

表 A1.1　反射器特性

特征	视觉的	振幅	形状	频率	对称	阶段	方向
凸缘	可能可见	通常最高	不规则的	不一致的	对称	N/A	全周向
焊接	若不隔热，可能可见	中等	单一	在广泛的范围内保持一致	对称	所有焊缝一样	全周向
扶手	可能可见	中等	第一层焊缝：均匀 第二层焊缝：基本均匀	第一层焊缝：一致 第二层焊缝：不一致	第一层焊缝：对称 第二层焊缝：不对称	N/A	第一层焊缝：全周向 第二层焊缝：取决于弯头方向
阀门/排水口	可能可见	中等	小型：均匀 大型：不规则	小型：一致 大型：不一致	不对称	N/A	顶部或管道顶部或底部
T 形件	可能可见	中等	不规则	不一致的	不对称	N/A	部分周向
减速器	如果不隔热，可能可见	中等	不规则	不一致的	对称	N/A	全周向
短接触	支持可能可见	低	单一	不一致的	不对称	N/A	底部
长接触	支持可能可见	低	不规则	不一致的	不对称	N/A	底部
短夹钳支架	可能可见	中等	单一	不一致的	对称	N/A	全周向
轴向支撑（焊接）	可能可见	中等	不规则	不一致的	不对称	N/A	底部
鞍座支撑	可能可见	中等	不规则	不一致的	不对称	N/A	底部

X1 衰减

X1.1 衰减是指信号沿着一个结构传播时的信号损耗。损耗可能是由多种因素共同造成的——耗散、模态转换、由表面粗糙度引起的散射、对其他介质的吸收等。信号衰减速率是决定任何给定设置的最大测试范围的因子。

X1.2 衰减率通常指定每个距离的损失。这将被表示为 dB/m。少数情况下不同的频率有显著不同的衰减率，它可以表示为 dB/kHz 或 dB/(kHz·m)。

X1.3 不同测试管配置的各方向的典型衰减率和平均测试范围见表 X1.1。

表 X1.1 不同测试管道配置的各方向典型衰减率和平均测试范围

测试条件	典型衰减	典型测试范围
洁净的直管	−0.15～−0.5dB/m (−0.046～−0.17dB/ft)	50～200m (164～656ft)
干净隔热的羊毛	−0.17～−0.75dB/m (−0.052～−0.23dB/ft)	40～175m (131～574ft)
不明显/轻微腐蚀	−0.5～−1.5dB/m (−0.152～−0.457dB/ft)	20～50m (65.6～164ft)
严重腐蚀	−1～−2dB/m (−0.305～−0.61dB/ft)	15～30m (49.2～98.4ft)
Kevlar 缠绕	−0.15～−1dB/m (−0.046～−0.305dB/ft)	30～200m (98.4～656ft)
环氧纺丝涂层	−0.75～−1dB/m (−0.23～−0.305dB/ft)	30～50m (98.4～164ft)
包装完好的地面	−1～−2dB/m (−0.305～−0.61dB/ft)	15～30m (49.2～98.4ft)
薄(<2.5mm)、硬质沥青胶带	−1.25～−6dB/m (−0.381～−1.83dB/ft)	5～25m (16.4～82 ft)
厚(>2.5mm)、软沥青胶带	−4～−16dB/m (−1.22～−4.88dB/ft)	2～8m (6.56～26.24 ft)
粘结混凝土墙	−16～−32dB/m (−4.88～9.76dB/ft)	1～2m (3.28～6.56 ft)
内衬灌浆管	−1～−3dB/m (−0.305～0.91dB/ft)	10～30m (32.8～98.4 ft)
松散粘结混凝土墙	−4～−16dB/m (−1.22～−4.88dB/ft)	2～8m (6.56～26.24 ft)

X2 典型的线性振幅与距离 GWUT 显示。

X2.1 见图 X2.1。

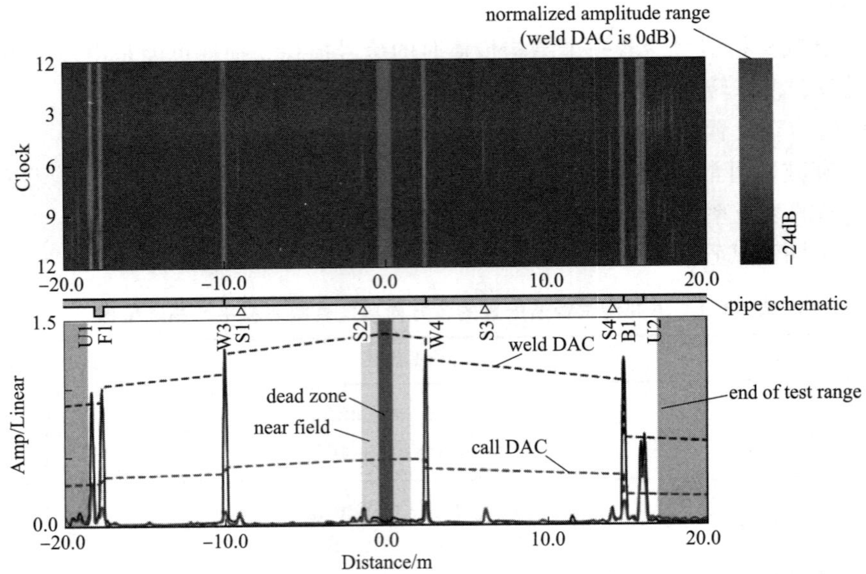

图 X2.1　GWT 的 A 扫描类型(底部)和 C 扫描类型(顶部)结果示例(C 扫描图提供了底部相应 A 扫描信号的圆周方向，显示为时钟位置)

附录8 ASTM E2929－18(2022)《非埋地钢管磁致伸缩超声导波检测规程》(Standard practice for guided wave testing of above ground steel piping with magnetostrictive transduction)

1 范围

1.1 本规范为磁致伸缩传导产生的导波进行焊接管件测试(GWT)提供指导。磁致伸缩材料将时变磁场转换为机械能。当磁致伸缩材料被磁化时，会产生应变。反之，如果外力在磁致伸缩材料中产生应变，材料的磁性状态也会改变。磁致伸缩材料磁性和机械状态之间的双向耦合提供了一种可用于驱动和传导能力的传感设备。

1.2 GWT 利用 10～250kHz 范围内的超声波，沿管道轴向发送，通过检测管道横截面、刚度变化或两者的变化，对管道的不连续性或其他特征进行非破坏性检测。

1.3 GWT 是一种筛选工具。该方法不能直接测量墙壁厚度或不连续性的确切尺寸，但可以估算出不连续性的严重程度。

1.4 本规范适用于公称管尺寸 2～48(NPS)[相当于外径 60.3～1219.2mm(2.375～48in)]、壁厚在 3.81～25.4mm(0.15～1in)的管状碳钢产品。

1.5 本规范仅适用于基本管道结构的 GWT。这包括直管、由单一尺寸和规格的管材制成、在测试地点完全可触及、由环缝焊缝连接、由简单的接触式支架支撑、无内部或外部涂层或两者兼有的管材；管材可以绝缘或涂漆。

1.6 本操作说明提供了进行检查的一般做法。所获得的导波数据的判读比较复杂，需要经过培训才能正确进行数据判读。

1.7 本规范未规定验收标准。具体的验收标准应由主管工程师在合同协议中明确规定。

1.8 单位——以国际单位制表示的数值应视为标准数值。括号中的数值为国际单位数学换算，仅供参考，不视为标准值。

1.9 本标准无意解决与使用本标准有关的所有安全问题。本标准的使用者有责任在使用前制定适当的安全、健康和环保措施，并确定法规限制的适用性。

1.10 本国际标准是根据世界贸易组织技术性贸易壁垒(TBT)委员会发布的《关于制定国际标准、指南和建议原则的决定》确定国际公认的标准化原则制定。

2 参考文件

2.1 ASTM 标准：

E543 无损检测机构规范。

E1316 无损检测术语 IEEE/SI－10 美国度量衡国家标准。

2.2 其他标准：3 SNT－TC－1A 无损检测人员资格和认证。

3 术语

3.1 本节提供了本标准专用术语定义。一些常用术语(如缺陷)可参考术语表 E1316。

3.2 本标准专用术语的定义：

3.2.1 周向范围——不连续性在周向方向上的长度，通常以管道周长的百分比表示。

3.2.2 周向定位——管道上局部指示的周向位置，通常用时钟位置或与管道顶部周向位置度数表示。

3.2.3 相干噪声——由真实不连续性引起的背景噪声，随着距离的增加以指数形式减弱(见术语 E1316)。

3.2.4 截面积变化(CSC)——管道圆周截面与其标称总截面的变化，通常以百分比表示。

3.2.5 死区——这是传感器环两侧长达 1m(3in)的区域，在测试过程中不进行检查。死区面积是激励频率和传输周期数的函数。该区域与频率成反比，与周期数成正比。

3.2.6 估计截面损失(ECL)——当特征与缺陷有关时，有时用它来代替截面面积变化。

3.2.7 弯曲波——在管道中产生弯曲运动的波传播方式。

3.2.8 导波(GW)——在结构中传播的应力波，以结构的几何形状和构造为界。

3.2.9 导波检测(GWT)——利用导波的非破坏性检测方法。

3.2.10 不连贯噪声——由电子和环境射频信号污染引起的随机信号，产生恒定的平均噪声。也使用“环境噪声”和“随机噪声”等术语。

3.2.11 管道特征——管道部件，包括但不限于焊缝、支撑、法兰、弯曲和缺陷(瑕疵)，由于几何形状的变化而导致导波反射。

3.2.12 反射振幅(reflection amplitude)——反射信号的振幅，通常报告为 CSC 或反射系数。

3.2.13 反射系数(reflection coefficient)——表示管道特征反射信号的振幅与入射波振幅之比，通常用百分比表示，称为“反射百分比”。代替 CSC 用于描述指示的严重程度。

3.2.14 剪切波耦合器——专门设计用于有效耦合直接产生的剪切波(非通过纵波折射产生的波)的耦合器。

3.2.15 信噪比(SNR)——任何相关信号的振幅与平均背景噪声(包括相干和非相干噪声)的振幅之比。

3.2.16 测试位置——将传感装置放在管道检查的位置。

3.2.17 时间控制增益(TCG)——作为时间或与初始脉冲距离的函数应用于信号增益，用于补偿管道中的波衰减。TCG 对显示的整个时间范围内的振幅进行归一化处理。例如，使用 TCG，探头附近的 5%反射器与时间显示末端的 5%反射器具有相同的振幅。TCG 曲线图可用于替代 DAC 曲线图。

3.2.18 扭转波——在管道中产生扭转运动的波传播模式。

3.2.19 透射装置——用于产生和探测导波的装置，通常称为“导波探头”。

3.2.20 波浪模式(wave mode)——管道中产生的特定形式的传播波运动，如弯曲波、扭转波或纵波。

4 实践摘要

4.1 GWT 通过在 10～250kHz 的典型测试频率范围内沿管道传播 GW，对金属管道的状况进行评估，主要确定缺陷的严重程度。反射是由管道横截面积、局部刚度的变化或两者的变化引起的。

4.2 安装在管道周围的传导装置可产生在管壁上传播的导波。波的传播方向可以控制，也可以同时向两个方向传播。这些导波可以对较长的管道进行评估，在进入管道受到限制时尤其有用。

4.3 该检查可确定厚度减少的区域，并对损坏程度进行严重性分类。检查结果用于评估管道状况，确定受损区域在管道长度上的位置及其在管道上的圆周位置(当使用分段式发射器或接收器，或两者同时使用时)。这些信息可用于规划和优先安排额外的检测工作和维修。

4.4 管道特征(如环向焊缝、弯头、焊接支撑、通风口、排水口、绝缘耳和其他焊接附件)产生的反射信号，如果与可能存在缺陷的区域无关，则视为相关信号，可用于设置GW 系统缺陷检测灵敏度级别和时间校准。

4.5 其他反射源可能包括管道表面阻抗的变化(如管道支架和夹具)。这些反射通常无关紧要，但应在解释过程中进行分析和分类。在本规范未涵盖的高级应用中，这些变化还可能包括各种类型的外部/内部涂层、管道与地面的入口或混凝土墙。

4.6 对紧接支管连接处、弯管或法兰的管段进行的检查被视为超前应用，不在本规范范围之内。

4.7 混响、波的传播方向未完全控制、局部失真等现象都会产生假信号。在解释过程中，应将这些信号分析并归类为假回波。

5 意义和用途

5.1 本规范的目的是概述使用 GWT 定位金属管道中由于腐蚀或侵蚀而造成管壁损失的区域程序。

5.2 GWT 不能直接测量壁厚，但对 CSC(或反射系数)和任何金属损失圆周范围和轴向范围的组合很敏感。根据这些信息，可以对严重程度进行分类。

5.3 GWT 方法提供了一种筛选工具，可快速识别管道上的任何不连续性。如果发现可能存在缺陷，通常需要使用超声波测试或其他无损检测方法对可疑区域进行后续检查，以获得详细的厚度信息、性质和损坏程度。

5.4 只要轴向长度超过大约四分之一波长，定位系统还能提供不连续面轴向长度的一些信息。

5.5 对任何可能存在缺陷的识别和严重程度评估只能是定性的。有必要进行解释，以区分相关和非相关信号。

5.6 本规范仅涵盖范围中规定的应用。GWT 方法有能力并可用于管道绝缘、埋入地下、道路交叉口和出入受限的应用场合。

5.7 根据合同或采购订单的规定，全球定位系统应由合格的、经认证的人员进行。资格应包括所使用设备的使用、测试结果的解释和导波技术方面的专门培训。

5.8 供应方应保存一份记录在案的计划，其中包括 GWT 人员证书的培训、考试和经验。

6 申请依据

6.1 以下项目须经使用或参照本规范的各方在合同中约定。

6.2 人员资格—除非合同协议中另有规定，否则执行本操作规程的检查人员必须具备以下资格之一：

6.2.1 按照本规范进行检查的人员必须根据 SNT－TC－1A 获得资格，并由雇主或认证机构(如适用)进行认证。如合同或采购订单中另有规定，可使用其他同等资格文件。除非双方在合同协议中另有规定，否则适用的修订版本应为最新版本。

6.2.2 GWT 设备制造商认可的人员资格。

6.3 使用方应在合同协议中注明所使用的惯例或标准及其适用的修订版。

6.4 无损检测机构的资格—除非合同协议中另有规定，无损检测机构应按照规范

E543 中的规定进行资格认定和评估，合同协议中应规定规范 E543 的适用版本。

6.5 程序和技术—应在合同协议中明确规定使用的程序和技术。它应包括检查的范围，即整体无损检测检查，目的是确定和估计检查发现的任何迹象的大小，或只是定位和提供相对的严重程度分类。

6.6 表面处理—除非另有规定，检查前的现场处理标准应符合 8.3 的规定。

6.7 规定的检查间隔——规定的检查间隔或系统服务时间应在合同协议中明确规定。

6.8 检查范围—除非另有规定，检查范围应符合上文 6.5 的规定。

6.8.1 要检查的管道尺寸和长度。

6.8.2 该方法在应用领域的局限性。

6.8.3 管道回路图、管道命名和检查位置标识。

6.8.4 管道接入方法。

6.8.5 安全要求。

6.9 报告标准—检查的测试结果应按照合同约定记录在案。这可能包括对收集数据和测试报告进行永久记录的要求。报告文件应包括：

6.9.1 设备检查员和测试结果(如适用)审查。

6.9.2 检查的日期和时间。

6.9.3 使用的设备。

6.9.4 采用的试验程序/规范。

6.9.5 验收标准。

6.9.6 检查位置。

6.9.7 确定检查区域。

6.9.8 确定检查范围。

6.9.9 为重现或复制试验结果所需的任何其他信息。

6.10 对修理/返工项目的复检—对修理/返工项目的复检未在本操作规程中提及，如果需要，应在合同协议中明确规定。

7 仪器

7.1 传输装置发射器—利用磁致伸缩效应在圆柱形管道上产生轴向传播导波模式的传输系统。

7.2 传导装置接收器—用于探测管道上几何特征反射信号的系统，可与发射机或类似的传输系统相同。

7.3 仪器设备—GWT 仪器设备应能在 GWT 使用的频率范围内产生、接收和放大电脉冲。此外，仪器还应能与计算机通信，以便处理和记录所收集的数据。

7.4 处理系统—这是一个用于处理和分析信号的软件界面，能够区分特定探测系统至少一种导波模式。

8 程序

8.1 必须确保拟议的检查在技术和设备的能力范围之内，并确保使用方了解适用于其检查的能力和限制。

8.2 考前准备：

8.2.1 所有试验设备均须持有现行有效的校准证书。

8.2.2 遵循设备制造商关于设备测试前验证和检查清单的建议。检查清单至少应包括但不限于以下内容：

8.2.2.1　电子设备完全运转。

8.2.2.2　核查互联电缆是否完好无损和正常运行。

8.2.2.3　正确选择适合预定管道的传导装置尺寸。

8.2.2.4　传导装置运行正常。

8.2.2.5　与系统一起使用的任何计算机都能正常运行，并有足够的存储容量来满足预定的工作范围。

8.2.2.6　超声波探伤仪或专用坑规等辅助设备齐备且运行正常。

8.2.2.7　提供所有必要的附件，如卷尺和标记。

8.2.3　确保在开始任何现场工作之前审查并理解所有现场安全要求和程序。

8.3　考场准备：

8.3.1　管道表面条件—为获得最佳耦合条件，表面必须清洁，没有任何松动的油漆、污垢、氧化物或任何可能影响能量传输的外来物质。在安全和允许的情况下，钢丝刷、打磨，或两者兼用，通常足以对表面进行处理。

8.3.2　绝缘材料—如果管道有绝缘材料，则应小心去除一定量的绝缘材料，以便将磁致伸缩传感装置安装到管道上[至少 0.3m(1in)]。在移除绝缘材料之前，应确保这样做是安全和允许的。

8.3.3　GWT 对于测试长管道最为有效。然而，短半径弯头会扭曲 GWT 信号，使弯头以外的信号难以解释。在可能的情况下，好的做法是将弯头后的管段排除在评估范围之外。无论如何，都不应对两个弯头之后的信号进行分析。有时，在不同位置采集更多数据比解释多个特征或几何形状复杂的特征之外的信号更好。考虑在第二个测试位置读取第二个读数(根据制造商的建议)，以确认特征和识别假回声。

8.3.4　目视检查—如果在 GWT 结果中发现可能的缺陷迹象，尽可能对管道进行目视检查，检查潜在的损坏区域或腐蚀情况，例如支撑区域。

8.3.5　表面温度—确认待测试管材的表面温度符合设备制造商的规格要求。

8.3.6　厚度检查—在安装传感装置之前，应检查测试位置的管壁厚度是否下降。作为最低要求，应使用适当的厚度测量仪器和程序在管道周围不少于四个等距位置进行厚度测量。有些机构可能还要求对整个死区进行厚度测量。需要注意的是，在腐蚀非常严重的位置安装传感装置，如果使用机械力系统进行耦合，可能会进一步损坏管道。

8.4　传导装置—应使用适当的连接方法将传导装置连接到管道上。

8.5　耦合器—只需在转导装置上施加足够的机械力，或在转导装置上使用环氧树脂粘合剂或剪切波耦合剂代替机械力装置，即可获得良好的耦合。

8.6　选择测试位置—在完成 8.3 所述的测试点准备工作后，将传感装置安装到管道上。选择测试位置时应尽量减少错误回音。避免将传感装置放置在特征附近，因为相应的信号可能会出现在死区内。在死区内，接收不到任何回音，作为一种惯例，第一个检测区域的最小距离应为 0.13m(0.4in)。用于 DAC 曲线或 TCG 校正拟合的焊缝等特征应位于死区之外，以确保振幅有效。此外，传输装置不应等距离放置在两个特征之间，以避免掩盖镜面回波。

8.7　安装传导装置—安装传导装置时，必须确保钴铁扁平带与管道接触良好，并且传导装置的安装位置与管道圆周平行。此外，必须按照制造商操作手册的规定，使用适当的气压、夹具扭矩设置(干耦合器)或粘合或剪切波耦合器，以正确安装传导装置。

8.8　方向性和方位—报告特征方向和方位取决于转换装置的安装方式。良好的做法是保持不同测试位置之间的方向一致，如果知道产品流动的方向，也要保持一致。为确保报告的方向正确，应按照 GWT 制造商的建议安装分段式转导装置。

8.9 可重复性—检查管道上应有油漆标记，标明转导装置的位置、方向和检查日期。如有必要，这将有助于将来重现检查。这些信息也应包括在检查文件中。

8.10 测试位置信息—在处理软件中需要以下有关测试位置的信息，以确保能确定准确的位置。记录的信息应包括以下内容：

8.10.1 遗址名称—遗址的名称，可包括植物名称、植物单位编号、大约英里标记或任何相关参考信息。

8.10.2 管道—管道标识。如果没有，则应记录管道直径。

8.10.3 基准—测量试验位置的参考特征。典型的参考特征是焊缝和法兰。

8.10.4 距离—应记录基准点与转换装置中心之间的距离。同样重要的是，应在距离值前面加上正负号，分别表示环的正方向和负方向。

8.11 耦合检查—所有传感设备都必须与管道良好耦合。在收集任何测试数据之前，请按照制造商的指导原则进行耦合测试。

8.12 检查注意事项—在分析所收集的数据时，有几个注意事项需要解决。这些注意事项包括：

8.12.1 死区—死区的长度是激励频率和传输周期数的函数。面积与频率成反比，与周期数成正比。为了 100%覆盖管道，有两种选择：

8.12.1.1 用超声波检测等其他无损检测方法检查死区。

8.12.1.2 从另一测试地点收集与前一测试地点重叠的补充数据。有些机构要求在可能的情况下，收集的所有数据要有 20%的重叠。

8.12.2 预期检查范围—管道上或管道周围的一些物理测试条件会影响可达到的最大检查范围(详见附录 X1)。还可以改变频率和增益设置等设备参数，以便针对管道上或管道周围的特定测试条件优化测试参数。最大检测范围见 8.18。

8.12.3 假回波(假信号)—非真实地物发出的信号。应注意尽量减少假信号干扰数据解释的可能性。最常见的虚假回波来源有：

8.12.3.1 混响—管道沿线两个大地物之间或一个长地物两端之间的多次反射。混响引起的回声通常振幅较小。

8.12.3.2 镜像—由于对导波的传播方向控制不足而产生。镜像回波与真实反射的距离相同，但方向相反。

8.12.3.3 模态噪声—当转换装置无法控制管道中传播的所有波模时产生。尽管磁致伸缩转换装置主要产生扭转波，但管道中的反射器会产生各种导波模式；因此，接收到的波形中会存在一些模态噪声。

8.13 采集规程—采集规程根据管道直径和管道上及管道周围的预期机理，改变某些采集参数，以优化数据质量。大多数制造商都有一套程序，用于自动确定特定测试条件下的最佳采集参数。这些采集参数包括：

8.13.1 频率—GWT 通常在 10～250kHz 的频率范围内进行。在进行测试时，应收集足够多的不同频率数据，以便对每种指示进行分类。

8.13.2 带宽—改变信号带宽可以帮助分辨信号的属性。窄带宽可增强信号的频率相关性，而较宽的频率带宽则可提高信号的轴向分辨率，例如近距离反射信号。

8.13.3 波模—GWT 采用轴对称波模激励，可产生扭转波模。

8.14 数据收集—在安装传感装置并进行耦合检查后，检查程序的下一步是收集数据。重要的是，记录的数据要充分、全面，以便评估和解释管道上可能存在的任何信号。根据设备制造商的指导原则，选择最合适的采集协议(见8.13)和采集范围来执行初始数据采集。数据采集完成后，必须立即对所采集的数据进行审核，以确保设备在测试过程中操作正常，质量符合要求。数据审查应包括信噪比和传感器平衡的评估。信噪比低通常是由于磁致伸缩传导装置耦合不良、磁致伸缩带材料磁性调节不良或不连贯噪声过高造成的。如果在数据中发现任何重大问题，应丢弃数据并解决问题。

8.15 距离振幅校正(DAC)或时间校正增益(TCG)—当激励信号远离传导设备时，其信号振幅会减小。能量损失有多种原因，包括材料阻尼、特征反射、能量泄漏和表面状况。DAC或TCG能够确定远离传导装置处的信号振幅。这样就能在给定距离内确定回波的相对振幅，以CSC、ECL或反射系数表示。使用磁致伸缩传导导波技术时，可以使用DAC或TCG增益补偿。使用DAC曲线时，波形屏幕上会显示一条曲线，表示给定反射振幅下衰减与距离的函数关系。使用TCG时，将对设备增益进行校正，使给定振幅的反射器在整个测试长度上具有相同的振幅，从而消除衰减对显示振幅的影响。如果DAC曲线设置过低或TCG应用错误，则可能会高估或低估可能的缺陷大小，反之亦然。因此，在解释数据之前，必须正确设置DAC电平或TCG或两者，因为它们为所有其他信号提供参考的CSC或反射系数电平，以供比较。有四种DAC曲线或TCG设置可用于评估GWT反射。大多数系统都为检测人员提供了手动调整这些曲线的方法。(图1显示的是应用了DAC和TCG的数据，图2显示的是带有显示相干和非相干噪声的DAC曲线的信号)。

8.15.1 法兰DAC或TCG设置—这是一条DAC曲线或TCG设置，表示从大型特征反射的预期振幅，该特征反射的振幅约为激励信号振幅的100%(即0dB)，因此没有能量可以通过。

8.15.2 焊接DAC或TCG设置——管道环缝焊缝通常有10%～35%的CSC。焊缝反射的能量是可检查的最大管道接头数量有限的原因。

8.15.3 调用DAC或应TCG后的阈值—这是典型的阈值水平，用于在发现缺陷时确定缺陷的严重程度。

8.16 环境噪声—环境噪声会导致整体不连贯噪声级的增加。当环境噪声高于正常值时，应采取特别的预防措施。大多数设备制造商提供在高环境噪声区域进行测试的特殊协议。

8.17 检测阈值(DT)—检查的检测阈值相当于灵敏度，通常设定为高于背景噪声6dB，但也可由检查人员手动设定。

8.18 检查范围—从传感装置到测试终点之间，灵敏度大于调用水平(见8.15.3)的一段管道。根据覆盖范围的要求，该检查范围通常用于确定后续的测试位置。由于衰减随频率的变化而变化，检查范围通常是针对特定频率规定的。检查范围还受法兰的存在或不在标准范围内的任何特征的限制。

8.19 距离标准化—不同等级钢材的声学特性略有不同，导致报告的特征距离出现偏差。软件通常使用碳钢的声学特性。在大多数情况下，距离偏移非常小，因此没有必要执行距离标准化。但是，如果管道材料不是碳钢，那么在分析数据之前，最好根据物理测量结果对软件中的距离进行标准化。有些系统可以根据已知的焊缝或法兰位置校准材料的速度。

8.20 数据审查—对数据的初步审查是将数据分为相关、非相关信号和指示。数据审核是一个过程，每个特定的 GWT 系统制造商都会就如何使用其数据审核或数据分析软件提供详细的培训。

8.20.1 信号解释—GWT 信号的解释是本方法的难点。有许多工具可以帮助分析和区分不同特征的信号，这些工具包括：

8.20.1.1 反射信号的形状—形状提供了特征轴向长度的信息。不规则反射通常与沿管道延伸的特征有关，如腐蚀斑块，而短的均匀反射则表示短的反射体，如焊缝。

8.20.1.2 振幅—信号振幅由轴对称波的相对信号振幅表示，以 CSC 或反射系数表示。由于不连续边界内反射和散射的干扰，信号的形状也会在一定程度上影响振幅。对于缺陷而言，振幅与缺陷在特定位置的截面损耗百分比相关。

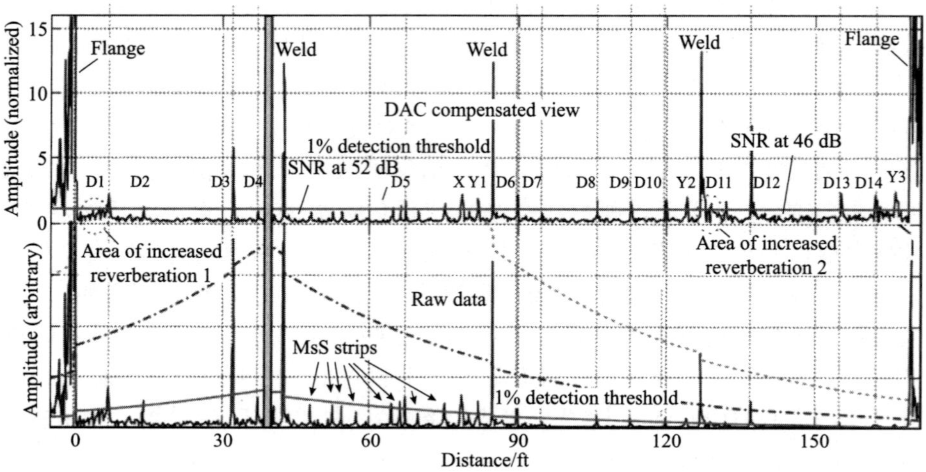

图 1 使用磁致伸缩传导技术的 TCG 数据图(上)与其 DAC 曲线图(下)的比较(两种结果均以线性振幅标度显示)

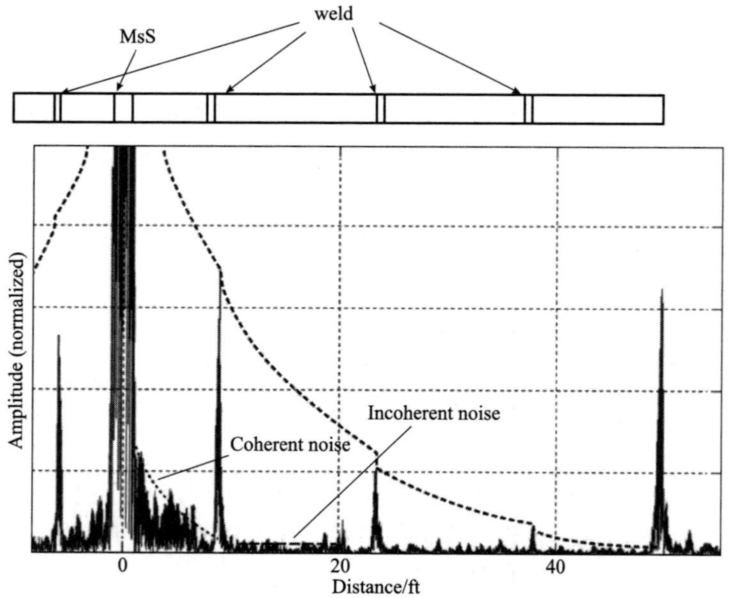

图 2 MsS 数据图，显示 DAC 曲线和来自焊缝的信号以及相干和非相干噪声

8.20.1.3 不同频率下的行为—通过观察某些特征在不同频率下的信号响应，可以获

得更多的信息。轴向短特征(如焊缝)的信号振幅和形状随频率变化保持不变。但是，如果轴向长度较长，例如腐蚀补丁，则会在特征内产生多个信号，造成随频率变化的干扰；因此，对于轴向较长的特征，振幅和形状通常都会随频率变化。此外，导致刚度变化的特征(如接触支撑)的振幅通常也与频率有关。

8.20.1.4 相位—由于信号振幅可由 CSC 的增大或减小引起，相位信息提供了确定两者之间差异的方法。例如，CSC 增加的焊缝与 CSC 减少的缺陷的相位不同。在评估相对于其他反射体的相位变化时，目的不是确定每个反射信号的实际相位，而是确定哪些反射体可以归类为类似的响应。只有在信噪比良好的情况下，相位信息才会准确，因此通常不单独使用这一工具。

8.20.1.5 衰减变化—当预期衰减模式发生变化时，表明管道状况发生了变化。无论是一般腐蚀还是内部沉积物造成的，通常都需要进一步调查以确定来源。

8.20.1.6 DAC 和 TCG 配件—如图 2 所示，DAC 曲线和 TCG 通常使用至少两个参考反射体来设置，这些参考反射体通常是具有已知近似 CSC 或反射系数值的焊缝或特征。因此，必须能够通过信号特征或视觉识别与参考反射体相对应的信号。注意，GWT 中的衰减与频率密切相关；因此，通常会在数据中的所有采集频率上设置 DAC 曲线。DAC 拟合说明见附录 X2。

8.20.2 相关信号—相关信号由管道的物理配件产生，包括但不限于焊缝、法兰、阀门、弯头、T 型件、支架和直径变化等特征。这些特征既可通过信号特征识别，也可在可能的情况下通过视觉识别其在管道上的位置。重要的是要将导波指示与管道的目视观测结果联系起来。这些迹象应在 GWT 测试设备的软件中记录下来。有关确定反射器特征的指南，请参见附件 A1。

8.20.3 非相关指示—非相关信号是指与噪声、虚假回声和其他不可用信息相关的信号。以下内容可用于帮助识别非相关指示：

8.20.3.1 镜像—如果系统在一个方向上显示一个大的特征，而在与测试位置相反的方向上，在相等的距离上显示一个小的特征，那么较小的指示很有可能是镜像回音。处理镜像回声的最有效方法是将转换装置移动约 0.6m(2in)，然后重复测试。这样，镜面回音就会随着测试位置的变化而移动或消失。

8.20.3.2 混响—通常发生在两个较大的反射器之间。混响回波通常会在第一个特征点之后出现一个小的指示。大多数 GWT 系统都有帮助分析是否存在混响的软件。如果确认存在混响，则将转导装置移至两个混响特征之外的位置，并执行额外检查以获得检测结果。

8.20.4 迹象—所有其他迹象均应视为未分类迹象，并应逐一进行进一步分析，以确定其来源和方向。

8.20.5 数据分类—对于磁致伸缩传感系统，分类是根据反射系数及其与呼叫 DAC 级别的关系来确定的。如果呼叫级别设置得太低，检查员可能会呼叫过度；而如果呼叫级别设置得太高，检查员可能会呼叫不足。重要的是，所设定的呼叫电平应反映检测要求，这一点应事先征得各方同意。

8.20.6 严重性分类的用途和意义—评定严重性分类应作为参考、对迹象进行分类和确定后续检查的优先次序。如表 1 所示，通常根据 8.20.1.1 中描述的标准分配类别。因此，重要的是在反映行业要求的合同协议中规定调用 DAC 级百分比或类似的检测灵敏度要求。GWT 不提供有关剩余壁厚或损坏性质的信息。这些信息只能通过使用其他无损检测方法对已发现缺陷相关迹象的区域进行后续检测来获得。GWT 是一种检测和分类损坏的方法，其结果只能作为定性结果。

9　报告

检验报告应记录检验结果。它必须包含所有信息，以便在将来需要时能够重新进行试验。如果不是全部，也应包括 8.10 中详述的大部分项目。此外，从目视检查、UT 厚度测量中获得的所有观察结果，以及被认为对数据或结果的质量、特性或两者均有影响的其他相关信息，都应记录并纳入最终报告。检查过程中发现的所有相关和非相关迹象都应包括在内，并进行分类，前提是这些反映被认为与缺陷有关。如果有其他无损检测方法的后续检查结果，应将其纳入报告。

10　关键词

10.1　导波检测；导波；磁致伸缩传导；管道无损检测；管道检测

表 1　使用磁致伸缩传导技术产生的导波所观察到的症状严重程度分类

假设本底噪声约为 2% CSC		
次要指标为 2%～4% CSC	中等指标为 5%～10% CSC	中等指标为 5%～10% CSC
假设本底噪声大于 2% CSC		
无法确定次要指标	中等指标为 5%～10% CSC	中等指标为 5%～10% CSC

附件

A1　反射器特性

A1.1　见表 A1.1。

表 A1.1　反射器特性

特征	视觉的	振幅	现状	频率	对称	阶段	方向
凸缘	可能可见	通常最高	不规则的	不一致的	对称	N/A	全周向
焊接	若不隔热，可能可见	中等	单一	在广泛的范围内保持一致	对称	所有焊缝一样	全周向
扶手	可能可见	中等	第一层焊缝：均匀 第二层焊缝：基本均匀	第一层焊缝：一致 第二层焊缝：不一致	第一层焊缝：对称 第二层焊缝：不对称	N/A	第一层焊缝：全周向 第二层焊缝：取决于弯头方向
阀门/排水口	可能可见	中等	小型：均匀 大型：不规则	小型：一致 大型：不一致	不对称	N/A	顶部或管道 顶部或底部
T 形件	可能可见	中等	不规则	不一致的	不对称	N/A	部分周向
减速器	如果不隔热，可能可见	中等	不规则	不一致的	对称	N/A	全周向
短接	支持可能可见	低	单一	不一致的	不对称	N/A	底部

续表

特征	视觉的	振幅	现状	频率	对称	阶段	方向
长接触	支持可能可见	低	不规则	不一致的	不对称	N/A	底部
短夹钳支架	可能可见	中等	单一	不一致的	对称	N/A	全周向
轴向支撑（焊接）	可能可见	中等	不规则	不一致的	不对称	N/A	底部
鞍座支撑	可能可见	中等	不规则	不一致的	不对称	N/A	底部

X1　注意

X1.1　衰减是信号沿结构传播时的损耗。信号损耗可由多种因素造成—耗散、模式转换、表面粗糙度造成的散射、其他介质的吸收等。信号衰减率是决定任何给定设置的最大测试范围的因素。

X1.2　衰减率—衰减率通常以每传输距离的损耗率表示。用 dB/m 表示。有时，如果不同频率的衰减率明显不同，则可以 dB/kHz 或 dB/(kHz·m)表示。

X1.3　表 X1.1 列出了不同试验管道配置的各方向典型衰减率和平均试验范围。

表 X1.1　不同测试管道配置的各方向典型衰减率和平均测试范围

测试条件	典型衰减	典型测试范围
洁净的直管	−0.15～−0.5dB/m (−0.046～−0.17dB/ft)	50～200m (164～656ft)
干净隔热的羊毛	−0.17～−0.75dB/m (−0.052～−0.23dB/ft)	40～175m (131～574ft)
不明显/轻微腐蚀	−0.5～−1.5dB/m (−0.152～−0.457dB/ft)	20～50m (65.6～164ft)
严重腐蚀	−1～−2dB/m (−0.305～−0.61dB/ft)	15～30m (49.2～98.4ft)
Kevlar 缠绕	−0.15～−1dB/m (−0.046～−0.305dB/ft)	30～200m (98.4～656ft)
环氧纺丝涂层	−0.75～−1dB/m (−0.23～−0.305dB/ft)	30～50m (98.4～164ft)
包装完好的地面	−1～−2dB/m (−0.305～−0.61dB/ft)	15～30m (49.2～98.4ft)
薄(<2.5mm)、硬质沥青胶带	−1.25～−6dB/m (−0.381～−1.83dB/ft)	5～25m (16.4～82ft)
厚(>2.5mm)、软沥青胶带	−4～−16dB/m (−1.22～−4.88dB/ft)	2～8m (6.56～26.24ft)

续表

测试条件	典型衰减	典型测试范围
粘结混凝土墙	－16～－32dB/m (－4.88～9.76dB/ft)	1～2m (3.28～6.56ft)
内衬灌浆管	－1～－3dB/m (－0.305～0.91dB/ft)	10～30m (32.8～98.4ft)
松散粘结混凝土墙	－4～－16dB/m (－1.22～－4.88dB/ft)	2～8m (6.56～26.24ft)

X2　利用分段接收器进行磁致伸缩传导的线性振幅与距离 GWT 显示的典型示意图

X2.1　见图 X2.1。

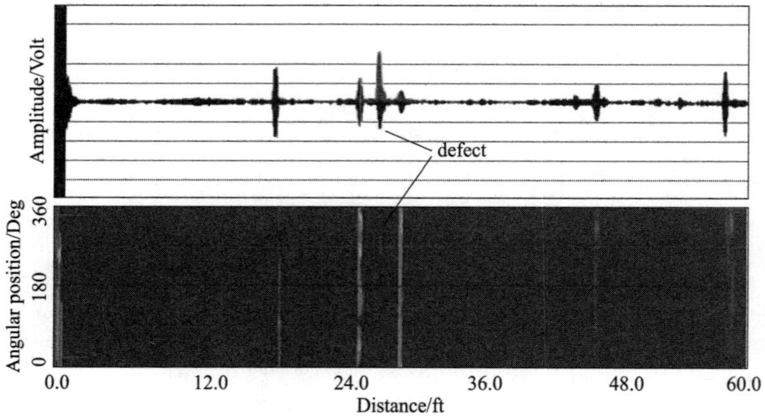

图 X2.1　使用分段接收器时磁致伸缩传导 GWT 线性振幅随距离变化的典型显示和 B 扫描图像

附录9 其他标准

GB/T 31211—2014 正在升级改版；

CSTM 团体标准《无损检测 导波检测 管道电磁超声导波检测》(Non-destructive testing—Guided Wave Testing—Test method for Pipe Electromagnetic acoustic guided wave testing)正在发布。